Craftsman Shielded Arc Welding

피복아크용접기능사
(가스텅스텐아크용접/이산화탄소가스아크용접 포함)
【필기】

나중식, 김법헌 공저

평생직장이라는 개념이 사라지고 경제적인 불황이 길어지면서 자격증 열풍이 되살아나고 있습니다. 특히 용접기능사 및 특수용접기능사 자격은 조선 수주량의 증가, 건설경기의 호전 등 관련 산업의 성장이 되살아나는 시점인 만큼 그 수요가 더욱 크게 요구될 것입니다.

본 수험서는 2023년 종목 개편된 피복아크용접기능사, 가스텅스텐아크용접기능사 및 이산화탄소가스아크용접기능사 자격시험에 보다 쉽고 빠르고 대비할 수 있도록 구성하였습니다. 이를 위해 이론적인 내용은 최대한 간결하게 수록함으로써 핵심적인 요소들을 집중적으로 학습할 수 있도록 하였으며, 과목별 출제예상문제와 해설을 통해 실제 시험에 대한 수험생들의 적응력을 향상시키고자 하였습니다.

특히, 종목 개편 이전의 용접기능사 및 특수용접기능사 기출문제 또한 여전한 유효한 학습 내용인 만큼 이를 상세한 해설과 함께 수록하였으며, 총 10회의 적중모의고사를 수록함으로써 수험생 스스로 자신의 학습 정도를 점검할 수 있을 뿐만 아니라 문제은행 방식으로 치러지는 자격시험에 보다 효과적으로 대비할 수 있도록 하였습니다.

따라서, 수험생 여러분이 2주 정도의 기간에 하루에 1~2시간 정도만 투자한다면 이 수험서를 최소 2번 이상 풀어 볼 수 있을 것이고 문제를 풀면서 덧붙인 해설의 내용을 숙지하면 시험에 합격하는 데 큰 어려움이 없을 것이라 생각합니다.

모쪼록 용접기능사 관련 자격증을 취득하고자 하는 여러 선·후배님들에게 합격의 영광이 있기를 기원하며 모든 수험생 여러분의 건투를 빕니다. 끝으로 이 수험서가 나오기까지 도와주신 모든 분들께도 감사드립니다.

Preface
첫머리에

자격시험안내 및 출제기준

■ **개요**
각종 기계나 금속구조물 및 압력용기 등을 제작하기 위하여 전기, 가스 등의 열원을 이용하거나 기계적 힘을 이용하는 방법으로 다양한 용접장비 및 기기를 조작하여 금속과 비금속 재료를 필요한 형태로 융접, 압접, 납땜을 수행한다.

■ **직무내용**
용접 도면을 해독하여 용접절차 사양서를 이해하고 용접재료를 준비하여 작업환경 확인, 안전보호구 준비, 용접장치와 특성 이해, 용접기 설치 및 점검관리하기, 용접 준비 및 본 용접하기, 용접부 검사, 작업장 정리하기 등의 용접 관련 직무이다.

주요항목	세부항목	세세항목
1. 아크용접 장비준비 및 정리정돈	1. 용접장비 설치, 용접설비 점검, 환기장치 설치	1. 용접 및 산업용 전류, 전압 / 2. 용접기 설치 주의사항 3. 용접기 운전 및 유지보수 주의사항 / 4. 용접기 안전 및 안전수칙 5. 용접기 각 부 명칭과 기능 / 6. 전격방지기 / 7. 용접봉 건조기 8. 용접 포지셔너 / 9. 환기장치, 용접용 유해가스 / 10. 피복아크용접설비 11. 피복아크용접봉, 용접와이어 / 12. 피복아크용접기법
2. 아크용접 가용접작업	1. 용접개요 및 가용접작업	1. 용접의 원리 / 2. 용접의 장·단점 / 3. 용접의 종류 및 용도 4. 측정기의 측정원리 및 측정방법 / 5. 가용접 주의사항
3. 아크용접 작업	1. 용접조건 설정, 직선비드 및 위빙 용접	1. 용접기 및 피복아크용접기기 2. 아래보기, 수직, 수평, 위보기 용접 3. T형 필릿 및 모서리용접
4. 수동·반자동 가스절단	1. 수동·반자동 절단 및 용접	1. 가스 및 불꽃 / 2. 가스용접 설비 및 기구 3. 산소, 아세틸렌용접 및 절단기법 / 4. 가스절단 장치 및 방법 5. 플라스마, 레이저 절단 / 6. 특수가스절단 및 아크절단 7. 스카핑 및 가우징
5. 아크용접 및 기타용접	1. 맞대기(아래보기, 수직, 수평, 위보기)용접, T형 필릿 및 모서리용접	1. 서브머지드아크용접 / 2. 가스텅스텐아크용접, 가스금속아크용접 3. 이산화탄소가스 아크용접 / 4. 플럭스코어드아크용접 5. 플라스마아크용접 / 6. 일렉트로슬래그용접, 테르밋용접 7. 전자빔용접 / 8. 레이저용접 / 9. 저항용접 / 10. 기타용접
6. 용접부 검사	1. 파괴, 비파괴 및 기타검사(시험)	1. 인장시험 / 2. 굽힘시험 / 3. 충격시험 / 4. 경도시험 5. 방사선투과시험 / 6. 초음파탐상시험 7. 자분탐상시험 및 침투탐상시험 / 8. 현미경조직시험 및 기타시험
7. 용접 결함부 보수용접 작업	1. 용접 시공 및 보수	1. 용접 시공 계획 / 2. 용접 준비 / 3. 본 용접 4. 열영향부 조직의 특징과 기계적 성질 5. 용접 전·후처리(예열, 후열 등) 6. 용접결함, 변형 등 방지대책

■ **취득방법**
1. 시 행 처 : 한국산업인력공단
2. 시험과목
   - 필기 : 아크용접, 용접안전, 용접재료, 도면해독, 가스절단, 기타용접
   - 실기 : 아크용접 실무
3. 검정방법 및 합격기준
   - 필기 : 객관식 4지 택일형 60문항(60분) – 100점을 만점으로 하여 60점 이상
   - 실기 : 작업형(2시간 10분정도) – 100점을 만점으로 하여 60점 이상

■ **진로 및 전망**

용접의 활용범위가 광범위해지고, 기술개발을 통한 고용착 및 고속 용접기법이 개발되고 있어 현장적용능력을 갖춘 숙련기능인력에 대한 수요가 예상된다. 그렇지만 기능인력의 수요는 기술인력과는 달리 용접 자동화의 영향으로 자동차 생산공장 등 자동용접이 가능한 분야에서는 점차 감소할 전망이다.

또한 수작업으로 용접을 진행하던 조선업 등에서 전기용접이 CO_2용접으로 대체되고 있고, 기계제조 분야 등에서는 제조공장이 해외로 이전함에 따라 용접인력 수요의 감소요인이 되고 있다.

주요항목	세부항목	세세항목
8. 안전관리 및 정리정돈	1. 작업 및 용접안전	1. 작업안전, 용접 안전관리 및 위생 / 2. 용접 화재방지 3. 산업안전보건법령 / 4. 작업안전 수행 및 응급처치 기술 5. 물질안전보건자료
9. 용접재료준비	1. 금속의 특성과 상태도	1. 금속의 특성과 결정 구조 2. 금속의 변태와 상태도 및 기계적 성질
	2. 금속재료의 성질과 시험	1. 금속의 소성 변형과 가공 / 2. 금속재료의 일반적 성질 3. 금속재료의 시험과 검사
	3. 철강재료	1. 순철과 탄소강 / 2 열처리 종류 / 3. 합금강 / 4. 주철과 주강 5. 기타재료
	4. 비철 금속재료	1. 구리와 그 합금 2. 알루미늄과 경금속 합금 3. 니켈, 코발트, 고용융점 금속과 그 합금 4. 아연, 납, 주석, 저용융점 금속과 그 합금 5. 귀금속, 희토류 금속과 그 밖의 금속
	5. 신소재 및 그 밖의 합금	1. 고강도 재료 / 2. 기능성 재료 / 3. 신에너지 재료
10. 용접도면 해독	1. 용접절차사양서 및 도면해독(재도 통칙 등)	1. 일반사항 (양식, 척도, 문자 등) / 2. 선의 종류 및 도형의 표시법 3. 투상법 및 도형의 표시방법 / 4. 치수의 표시방법 5. 부품번호, 도면의 변경 등 / 6. 체결용 기계요소 표시방법 7. 재료기호 / 8. 용접기호 / 9. 투상도면해독 / 10. 용접도면 11. 용접기호 관련 한국산업규격(KS)

NCS(국가직무능력표준) 안내

NCS(국가직무능력표준)와 NCS 학습모듈

- 국가직무능력표준(NCS, National Competency Standards)이란 산업현장에서 직무를 수행하기 위해 요구되는 지식·기술·소양 등의 내용을 국가가 산업부문별·수준별로 체계화한 것으로 국가적 차원에서 표준화한 것을 의미합니다.
- NCS 학습모듈은 NCS 능력단위를 교육 및 직업훈련 시 활용할 수 있도록 구성한 교수·학습자료입니다. 즉, NCS 학습모듈은 학습자의 직무능력 제고를 위해 요구되는 학습 요소(학습 내용)를 NCS에서 규정한 업무 프로세스나 세부 지식, 기술을 토대로 재구성한 것입니다.

NCS 개념도

NCS의 활용영역

구분		활용 콘텐츠
산업현장	근로자	평생경력개발경로, 자가진단도구
	기업	현장수요 기반의 인력채용 및 인사관리기준, 직무기술서
교육훈련기관		직업교육 훈련과정 개발, 교수계획 및 매체·교재개발, 훈련기준 개발
자격시험기관		자격종목설계, 출제기준, 시험문항, 시험방법

NCS 학습모듈의 특징

- NCS 학습모듈은 산업계에서 요구하는 직무능력을 교육훈련 현장에 활용할 수 있도록 성취목표와 학습의 방향을 명확히 제시하는 가이드라인의 역할을 합니다.
- NCS 학습모듈은 특성화고, 마이스터고, 전문대학, 4년제 대학교의 교육기관 및 훈련기관, 직장교육기관 등에서 표준교재로 활용할 수 있으며 교육과정 개편 시에도 유용하게 참고할 수 있습니다.

NCS와 NCS 학습모듈의 연결 체제

과정평가형 자격취득 안내

과정평가형 자격

과정평가형 자격은 국가기술자격법에 근거하여 국가직무능력표준(NCS)에 따라 설계된 교육·훈련과정을 체계적으로 이수한 교육·훈련생에게 내·외부 평가를 통해 국가기술자격증을 부여하는 새로운 개념의 국가기술자격 취득 제도로서 2015년부터 시행되고 있다.

과정평가형 자격 운영 절차

시행 대상

국가기술자격법의 과정평가형 자격 신청자격에 충족한 기관 중 공모를 통하여 지정된 교육·훈련기관의 단위과정별 교육·훈련을 이수하고 내부평가에 합격한 자

교육·훈련생 평가

① 내부평가(지정 교육·훈련기관)
  ㉮ 평가대상 : 능력단위별 교육·훈련과정의 75% 이상 출석한 교육·훈련생
  ㉯ 평가방법
    ㉠ 지정받은 교육·훈련과정의 능력단위별로 평가
    ㉡ 능력단위별 내부평가 계획에 따라 자체 시설·장비를 활용하여 실시
  ㉰ 평가시기
    ㉠ 해당 능력단위에 대한 교육·훈련이 종료된 시점에서 실시하고 공정성과 투명성이 확보되어야 함
    ㉡ 내부평가 결과 평가점수가 일정수준(40%) 미만인 경우에는 교육·훈련기관 자체적으로 재교육 후 능력단위별 1회에 한해 재평가 실시
② 외부평가(한국산업인력공단)
  ㉮ 평가대상 : 단위과정별 모든 능력단위의 내부평가 합격자
  ㉯ 평가방법 : 1차·2차 시험으로 구분 실시
    ㉠ 1차 시험 : 지필평가(주관식 및 객관식 시험)
    ㉡ 2차 시험 : 실무평가(작업형 및 면접 등)

합격자 결정 및 자격증 교부

① 합격자 결정 기준
  내부평가 및 외부평가 결과를 각각 100점을 만점으로 하여 평균 80점 이상 득점한 자
② 자격증 교부
  기업 등 산업현장에서 필요로 하는 능력보유 여부를 판단할 수 있도록 교육·훈련 기관명·기간·시간 및 NCS 능력단위 등을 기재하여 발급

> NCS 및 과정평가형 자격에 대한 내용은 NCS국가직무능력표준 홈페이지(www.ncs.go.kr)에서 보다 자세하게 살펴볼 수 있습니다.

CBT필기시험 안내

변경된 제도 개요

기능사 CBT(컴퓨터 기반 시험) 필기시험제도는 한국산업인력공단 상설시험장과 외부기관의 시설 및 장비를 임차하여 시행하기 때문에 시험장 사정에 따라 시험일자가 달라질 수 있으며, 수험생들이 선호하는 시험장은 조기 마감될 수 있으므로 주의하여야 합니다.

원서접수 기간 및 접수처

- 한국산업인력공단이 주관 및 시행하는 기능사 정기 CBT 필기시험 및 상시 CBT 필기시험과 관련한 정보는 큐넷 홈페이지(http://www.q-net.or.kr)를 방문하여 확인합니다.
- 기능사 필기시험의 원서접수는 인터넷으로만 가능하며 정기 및 상시시험 모두 큐넷 홈페이지(http://www.q-net.or.kr)에서 접수할 수 있습니다.
- 기능사 상시시험 종목 : 한식조리기능사, 양식조리기능사, 일식조리기능사, 중식조리기능사, 제과기능사, 제빵기능사, 미용사(일반), 미용사(피부), 미용사(네일), 미용사(메이크업), 굴착기운전기능사, 지게차운전기능사, 건축도장기능사, 방수기능사 [14종목]
  ※ 건축도장기능사, 방수기능사 2종목은 정기검정과 병행 시행

CBT 부별 시험시간 안내

구분	입실시간	시험시간	비고
1부	09:30	09:50~10:50	
2부	10:00	10:20~11:20	
3부	11:00	11:20~12:20	
4부	11:30	11:50~12:50	
5부	13:00	13:20~14:20	시험실 입실 시간은 시험 시작 20분 전
6부	13:30	13:50~14:50	
7부	14:30	14:50~15:50	
8부	15:00	15:20~16:20	
9부	16:00	16:20~17:20	
10부	16:30	16:50~17:50	

※ 지역별 접수인원에 따라 일일 시행횟수는 변동될 수 있으며, 원거리 시험장으로 이동할 수 있습니다.

합격자 발표

종이 시험과 달리 CBT 필기시험은 시험이 종료된 후 시험점수와 함께 합격 여부를 확인할 수 있으며, 이 결과는 시험일정 상의 합격자 발표일에 최종 확인할 수 있습니다.

CBT필기시험 체험하기

01 CBT 필기시험 응시를 위해 지정된 좌석에 앉으면 해당 컴퓨터 단말기가 시험감독관 서버에 연결되었음을 알리는 연결 성공 메시지가 나타납니다.

02 수험자 접속 대기 화면에서 좌석번호를 확인합니다. 좌석번호 확인이 끝나면 시험감독관의 지시에 따라 시험 안내 화면으로 자동으로 이동합니다.

03 수험자 정보를 확인합니다. 감독관의 신분 확인 절차가 진행됩니다. 신분 확인이 모두 끝나면 시험을 시작할 수 있습니다.

04 CBT 필기시험에 대한 안내사항이 나타납니다. 화면은 예제이며, 실제 기능사 필기시험은 총 60문제로 구성되며, 60분간 진행됩니다.

05 다음 항목에서 시험과 관련된 유의사항을 확인합니다. 특히, 시험과 관련한 부정행위 적발 시 퇴실과 함께 해당 시험은 무효처리되어 불합격 될 뿐만 아니라, 이후 3년간 국가기술자격검정에 응시할 수 있는 자격이 정지되므로 부정행위로 인정되는 내용을 꼼꼼히 확인하도록 합니다.

06 메뉴설명 항목에서는 문제풀이와 관련된 메뉴에 대한 설명을 확인할 수 있습니다. CBT 화면에서는 글자 크기를 크게 하거나 작게 할 수 있을 뿐 아니라, 화면 배치를 1단 또는 2단 화면 보기 혹은 한 문제씩 보기로 선택할 수 있습니다.

07 문제풀이 연습 항목에서는 실제 문제를 풀어보는 과정을 연습할 수 있습니다. 실제 시험에서 실수하지 않도록 하기 위해 [자격검정 CBT 문제풀이 연습] 버튼을 클릭합니다.

08 보기의 연습 문제는 국가기술자격시험의 정부 위탁기관인 한국산업인력공단의 본부 청사 소재지를 묻는 것입니다. 현재 한국산업인력공단 본부는 울산광역시에 소재하고 있습니다. 문제 아래의 보기에서 번호 항목을 클릭하거나 답안 표기란의 번호 항목에서 해당 답안을 클릭하여 답안을 체크합니다.

09 문제 아래의 보기를 클릭하거나 오른쪽 답안 표기란의 답안 항목을 클릭하면 화면과 같이 선택한 답안이 OMR 카드에 색칠한 것과 같이 색이 채워집니다.

답안을 수정할 때는 마찬가지 방법으로 수정하고자 하는 문제의 보기 항목이나 답안 표기란의 보기 항목에서 수정하고자 하는 답안을 클릭합니다.

10 문제를 풀고 나면 다음 문제를 풀기 위해 화면 하단의 [다음] 버튼을 클릭하여 문제를 계속 풀어나가면 됩니다. 참고로 하단 버튼 중 [계산기]를 클릭하면 간단한 공학용 계산기를 사용하여 계산 문제를 푸는 데 도움을 받을 수 있습니다.

> 계산이 끝나고 계산기를 화면에서 사라지게 하려면 계산기 창의 오른쪽 상단에 있는 닫기 ❌ 버튼을 클릭합니다.

11 문제 풀이 연습이 끝나면 하단의 [답안 제출] 버튼을 클릭하여 답안을 제출합니다.

> 어려운 문제의 경우 하단의 [다음] 버튼을 클릭하여 다음 문제를 풀 수도 있습니다. 단, 이러한 경우 답안을 제출하기 전에 하단의 [안 푼 문제] 버튼을 클릭하여 혹시 풀지 않은 문제가 있는 지 최종적으로 확인하도록 합니다.

12 답안 제출을 클릭하면 나타나는 화면입니다. 수험생들이 실수로 답안을 모두 체크하지 않고 제출할 수 있는 실수를 방지하기 위해 2회에 걸쳐 주의 화면이 나타납니다. 답안을 제출하려면 [예] 버튼을 누릅니다.

13 문제풀이 연습을 모두 마치면 나타나는 화면에서 [시험 준비 완료] 버튼을 클릭합니다. 이후 시험 시간이 되면 시험감독관의 지시에 따라 시험이 자동으로 시작됩니다.

14 본 시험이 시작되면 첫 번째 문제가 화면에 나타납니다. 앞서 문제풀이 연습 때와 마찬가지 방법으로 문제의 보기에서 정답을 클릭하거나 답안 표기란에 해당 문제의 정답 항목을 클릭하여 답을 선택합니다.

15 화면 하단의 [다음] 버튼을 클릭하면 다음 문제를 풀 수 있습니다. 앞서와 마찬가지 방법으로 답안에 체크하고 모든 문제를 풀었다면 [답안 제출] 버튼을 클릭합니다.

> 화면의 상단 오른쪽에 제한 시간과 남은 시간이 표시됩니다. 본 예제는 체험을 위한 것으로 실제 시험시간은 60분이며, 이에 따라 남은 시간도 표시됩니다.

16 수험생의 실수를 방지하기 위해 2회에 걸쳐 주의 문구가 출력됩니다. 모든 문제를 이상없이 풀고 답안에 체크했다면 [예] 버튼을 클릭하여 답안을 제출하고 시험을 마무리합니다.

> 문제 화면으로 다시 돌아가고자 한다면 [아니오] 버튼을 클릭하여 이미 푼 문제들을 다시 확인하고 필요한 경우 답안을 수정할 수 있습니다.

17 답안 제출 화면이 나타납니다. 잠시 기다립니다.

18 CBT 필기시험을 모두 끝내고 답안을 제출하면 곧바로 합격, 불합격 여부를 화면과 같이 확인할 수 있습니다. 독자분들은 꼭 화면과 같은 합격 축하 문구를 볼 수 있기를 기원합니다.

19 앞서의 합격 여부 화면에서 [확인 완료] 버튼을 클릭하면 CBT 필기시험이 종료됩니다. 고생하셨습니다.

본 도서에 수록된 CBT 필기시험 체험하기 내용은 한국산업인력공단의 CBT 체험하기 과정을 인용하여 구성 및 정리한 것입니다. 직접 한국산업인력공단에서 제공하는 CBT 필기시험을 체험하고자 하는 독자께서는 한국산업인력공단이 운영하는 큐넷 홈페이지(www.q-net.or.kr)를 방문하시기 바랍니다.

이 책의 차례 CONTENTS

제1장 용접일반 및 작업안전

제1절 | 용접의 개요
- 01 용접의 원리와 역사 ... 22
- 02 접합과 용접의 종류 ... 22
- 03 용접의 특징 ... 24
- 04 용접자세와 이음의 종류 ... 24

제2절 | 피복아크용접
- 01 원리 및 개요 ... 26
- 02 용접기의 종류와 특징 ... 29
- 03 피복아크용접용 설비 ... 31
- 04 피복아크용접봉 ... 33
- 05 용접부의 결함과 그 대책 ... 35
- 06 피복아크용접기법 ... 36

제3절 | 가스용접
- 01 원리 및 특징 ... 39
- 02 용접용 가스 및 불꽃 ... 40
- 03 가스용접 장치 ... 43
- 04 가스용접법 ... 45

제4절 | 절단
- 01 절단의 개요 ... 47
- 02 가스절단 ... 47
- 03 아크절단 ... 49

제5절 | 특수용접 및 기타 용접
- 01 서브머지드 아크용접(SAW) ... 51
- 02 불활성 가스 아크용접 ... 53
- 03 탄산가스 아크용접 ... 54
- 04 전기저항용접 ... 55
- 05 기타 용접 ... 59

제6절 | 작업안전
- 01 작업 복장 ... 63
- 02 산업안전표지 ... 65
- 03 수공구류의 안전수칙 ... 66
- 04 작업상 화재 ... 66

제7절 | 용접 화재방지 및 안전
- 01 용접의 안전 ... 68
- 02 법규 및 가스용기 ... 69

제8절 | 산업안전
- 01 재해의 종류 ... 71
- 02 산업재해의 발생과정 ... 71
- 03 재해의 원인과 발생형태 ... 72
- 04 산업재해 예방대책 ... 73
- 05 무재해운동 ... 74
- 06 기타 산업재해 관련 사항 ... 74
- 07 산업재해율 ... 75
- ▶ 출제예상문제 ... 76

제2장 용접시공 및 검사

제1절 | 용접이음의 설계
- 01 용접이음의 종류 및 기호표기 ... 116

제2절 | 용접이음의 선택 및 강도
- 01 용접이음의 선택 ... 119
- 02 용접이음의 강도 ... 120
- 03 이음의 강도계산 ... 121

제3절 | 용접시공 및 용접구조물 설계
- 01 용접시공 ... 122
- 02 용접구조물 설계 ... 123

제4절 | 용접부의 시험검사
- 01 시험 및 검사 방법 분류 ... 124
- 02 용접부 검사법 ... 125
- ▶ 출제예상문제 ... 128

제3장 용접재료 및 기계제도

제1절 | 용접재료
- 01 금속총론   142
- 02 철강의 제조법   146
- 03 탄소강   147
- 04 합금강   149
- 05 주철   152
- 06 비철금속 재료   153
- 07 각종 금속 용접   156
- 08 열처리 및 경화법   158

제2절 | 기계제도
- 01 제도 통칙   161
- 02 투상법 및 단면도법   163
- 03 KS 도시기호   168
- ▶ 출제예상문제   175

제4장 기출문제

- 용접기능사 2014년 1회   202
- 용접기능사 2014년 2회   210
- 용접기능사 2014년 3회   218
- 용접기능사 2014년 4회   226
- 용접기능사 2015년 1회   234
- 용접기능사 2015년 2회   242
- 용접기능사 2015년 3회   250
- 용접기능사 2015년 4회   258
- 용접기능사 2016년 1회   266
- 용접기능사 2016년 2회   273
- 용접기능사 2016년 3회   281
- 특수용접기능사 2014년 1회   288
- 특수용접기능사 2014년 2회   296
- 특수용접기능사 2014년 3회   303
- 특수용접기능사 2014년 4회   310
- 특수용접기능사 2015년 1회   318
- 특수용접기능사 2015년 2회   325
- 특수용접기능사 2015년 3회   333
- 특수용접기능사 2015년 4회   341
- 특수용접기능사 2016년 1회   349
- 특수용접기능사 2016년 2회   356
- 특수용접기능사 2016년 3회   364

제5장 적중모의고사

- 적중모의고사 1회   374
- 적중모의고사 2회   383
- 적중모의고사 3회   392
- 적중모의고사 4회   400
- 적중모의고사 5회   408
- 적중모의고사 6회   416
- 적중모의고사 7회   425
- 적중모의고사 8회   435
- 적중모의고사 9회   442
- 적중모의고사 10회   450

CHAPTER 01

용접일반 및 작업안전

Section 01 용접의 개요
Section 02 피복아크용접
Section 03 가스용접
Section 04 절단
Section 05 특수용접 및 기타 용접
Section 06 작업안전
Section 07 용접 화재방지 및 안전
Section 08 산업안전
Section 09 출제 예상문제

SECTION 01 용접의 개요

Craftsman Shielded Arc Welding

STEP 01 용접의 원리와 역사

1. 용접의 원리

① 용접은 접합하고자 하는 2개 이상의 물체나 재료의 접합 부분을 용융 또는 반 용융 상태에서 용가재(용접봉)를 첨가하여 접합하거나, 접합하고자 하는 부분을 적당한 온도로 가열한 후 압력을 가하여 서로 접합시키는 기술을 말한다.
② 금속 원자간 거리를 충분히 접근시키면 금속 원자 사이에 인력이 작용한다. 금속 원자가 인력에 의하여 접합할 수 있는 원자간의 거리는 $1Å$($1Å = 10^{-8}cm$)이다.

2. 용접의 역사

① 그림(a)에서와 같이 1885년 탄소전극과 모재(母材; parent) 사이에 Arc를 발생시켜 용접하였다.
② 1889년 그림(b)와 같이 탄소전극봉 사이에 Arc를 발생시키는 용접기가 개발되었다(베르도스).
③ 1891년 개발되어 현재 주로 사용되고 있는 것으로서 그림(c)와 같이 금속전극과 모재 사이에 Arc를 발생시킨다(슬라비아노프).

STEP 02 접합과 용접의 종류

1. 접합의 분류

1) 기계적 접합

볼트이음, 리벳이음, 접어잇기, 키 및 코더이음 등이 있고 볼트나 키와 같이 수시로 분해할 수 있는 이음과 리벳, 접어잇기와 같이 수시 분해할 수 없는 것들이 있다.

2) 야금적 접합

금속과 금속을 충분히 접근시키면 금속 원자사이에 인력이 작용하며 그 인력에 의하여 금속을 영구 결합시키는 것으로 융접, 압접, 납땜 등이 이에 속한다.

2. 용접의 종류

1) 융접(fusion welding)
접합하고자 하는 물체의 접합부를 가열, 용융시키고 여기에 용가제를 첨가하여 접합하는 방법

2) 압접(pressure welding)
접합부를 냉각 상태 또는 적당한 온도로 가열한 후 기계적 압력을 가하여 접합하는 방법

3) 납땜(brazing and soldering)
모재를 용융시키지 않고 별도의 용융 금속을 접합부에 넣어 접합하는 방법

용접법의 분류

STEP 03 용접의 특징

1. 용접의 장점

① 재료가 절약되고 중량이 경감된다.
② 작업공정이 단축되며 경제적이다.
③ 재료의 두께에 제한이 없다.
④ 기밀, 수밀, 유밀성이 우수하며 이음효율이 높다.
⑤ 제품의 성능과 수명이 향상되며 이종재료도 접합이 가능하다.
⑥ 용접준비 및 작업이 비교적 간단하고 용접의 자동화가 용이하다.
⑦ 소음이 적어 실내에서의 작업이 가능하며 복잡한 구조물 제작이 쉽다.
⑧ 보수와 수리가 용이하다.

2. 용접의 단점

① 재질의 변형 및 잔류응력이 발생한다.
② 저온취성이 발생할 우려가 있다.
③ 품질검사가 곤란하고 변형과 수축이 생긴다.
④ 용접사의 기량에 따라 용접부의 품질이 좌우된다.

STEP 04 용접자세와 이음의 종류

1. 용접자세의 종류

모재를 수평으로 놓고 용접봉을 아래로 향한 아래보기용접(flat welding, F), 모재의 용접면이 수직 또는 수직면에 대하여 45° 이내이고 용접선이 수평인 수평용접(horizontal welding, H), 용접면이 수직 또는 수직면과 45° 이내의 각을 이룬 면상에서 용접선이 상하로 위치하는 수직용접(vertical welding, V), 용접면이 수평인 면에서 용접선이 수평이며 용접봉을 모재의 하방향에 대고 위를 향한 위보기용접(overhead welding, OH) 등이 있다.

아래 보기 자세(F)

수직 자세(V)

수평 자세(H)

위보기 자세(OH)

2. 용접이음의 종류

다음 그림에서와 같이 맞대기용접(1), 겹침용접(2, 3, 4), 구석용접(5,6), 모서리용접(7), 끝단용접(8), 마개용접(plug welding)(9) 등이 있다.

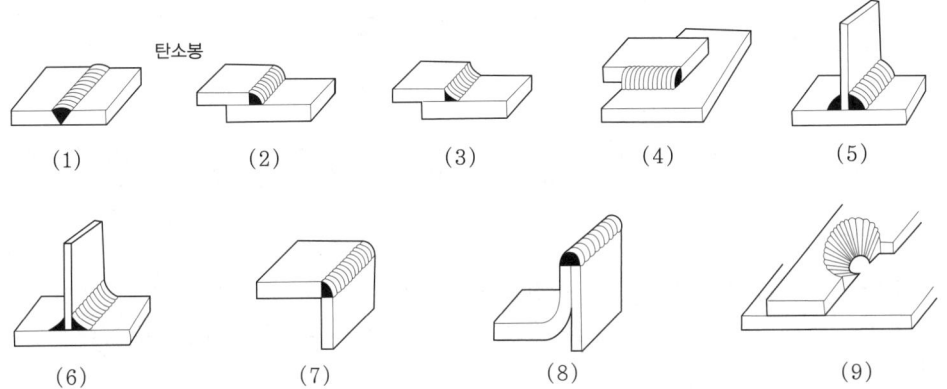

SECTION 02 피복아크용접

Craftsman Shielded Arc Welding

STEP 01 원리 및 개요

1. 피복아크용접 원리

피복제를 바른 용접봉과 모재 사이의 전기 아크열(약 5000℃)을 이용하여 모재와 용접봉을 녹여서 접합하는 용극식 방법(consumable electrode method)으로 직류 또는 교류전압을 걸어 아크를 발생시킨다.

2. 용어의 정의

① 용융지 : 모재가 녹은 쇳물 부분
② 용적 : 용접봉이 녹아 모재로 이행되는 쇳물 방울
③ 용착 : 용접봉이 녹아 용융지에 들어가는 것
④ 용입 : 모재가 녹은 깊이
⑤ 용락 : 모재가 녹아 쇳물이 떨어져 흘러 내려 구멍이 나는 것

[피복아크용접 원리]   [피복아크용접 회로]

3. 극성

1) 직류 용접기를 사용할 경우에 고려해야 할 성질로서 일반적으로 열의 분배는 (+)극에 70% (−)극에 30% 정도이다.

2) 정극성(DCSP)
    ① 모재의 용입이 깊고, 봉의 녹음이 느리다.
    ② 비드(bead) 폭이 좁고, 널리 쓰이고 있다.

3) 역극성(DCRP)
① 모재의 용입이 얕고, 봉의 녹음이 빠르다.
② 비드(bead) 폭이 넓고, 박판, 주철, 합금강, 비철, 금속에 쓰인다.

극성	상태	열분배	특징
정극성 (DCSP)		• 용접봉(-) : 30% • 모재(+) : 70%	• 용입이 깊다. • 비드 폭이 좁다. • 용접봉의 녹음이 늦다. • 일반적으로 많이 쓰인다.
역극성 (DCRP)		• 모재(-) : 30% • 용접봉(+) : 70%	• 용입이 얕다. • 비드 폭이 넓다. • 용접봉의 녹음이 빠르다. • 박판, 주철, 고탄소강, 합금강, 비철금속의 용접에 쓰인다.

4. 용접 입열

① 용접부에 외부에서 주어지는 열량 즉, 피복아크용접의 외부에서 용접부에 주는 입열을 말한다.
② 길이 1cm당 발생하는 전기적 에너지 H는 다음과 같다.

$H = \dfrac{60E \cdot I}{V}$ (joule/cm) [H = 아크전압 E(V), I = 아크전류(A), V = 용접속도(cm/min)]

5. 용융 금속의 이행 형식

① 단락형 : 용접봉과 모재 사이의 용융 금속이 용융지에 접촉하여 단락되고 표면장력의 작용으로서 모재에 이행하는 방법으로 연강 나체 용접봉, 박피 복봉을 사용할 때 많이 볼 수 있다.
② 스프레이형 : 피복제 일부가 가스화하여 맹렬하게 분출하여 용융 금속을 소립자로 불어내는 이행 형식을 말한다.
③ 글로뷸러형 : 비교적 큰 용적이 단락되지 않고 이행하는 형식이다.

6. 아크 쏠림과 방지책

1) 아크 쏠림 발생시
   ① 아크가 불안정
   ② 용착금속 재질 변화
   ③ 슬래그 섞임 및 기공이 발생

2) 방지책
   ① 직류 용접을 하지 말고, 교류 용접을 할 것
   ② 모재와 같은 재료 조각을 용접선에 연장하도록 가용접할 것
   ③ 접지점을 용접부보다 멀리 할 것

④ 긴 용접에는 후퇴법으로 용접할 것
⑤ 짧은 아크를 사용할 것

7. 용접기의 특성

1) 수하특성

부하전류가 증가하면 단자 전압이 낮아지는 특성을 수하특성이라 한다.

(a) Arc전압의 특성(低電流)

(b) 외부 특성곡선 및 Arc 특성곡선

2) 정전압 특성

수하특성과는 반대의 성질을 갖는 것으로서 부하 전류가 변하여도 단자 전압은 거의 변화하지 않는 특성으로서 CP특성이라고도 한다.

3) 상승특성

① 전류의 증가에 따라서 전압이 약간 높아지는 특성을 말한다.
② 자동이나 반자동 용접에 사용되는 가는 지름의 나체 와이어에 큰 전류를 통할 때의 아크는 상승 특성을 나타내는 것이다.

4) 사용률

용접기를 사용하여 아크용접을 할 때 용접기의 2차측에서 아크를 발생하는 시간을 나타내는 것으로서 사용률이 40%이면 아크를 발생하는 시간은 대체로 40%이고, 나머지 60%는 아크를 발생시키지 않고, 쉬는 시간의 비율을 나타낸다.

① 보통 사용률
  ㉮ 정격 2차 전류로서 용접하는 경우에 사용
  ㉯ 사용률 = $\dfrac{\text{아크발생시간}}{\text{아크발생시간+정지시간}} \times 100$

② 허용 사용률
  ㉮ 정격 2차 전류 이하의 전류로서 용접을 하는 경우의 허용되는 사용률
  ㉯ 허용사용률 = $\dfrac{\text{정격2차전류}^2}{\text{실제용접전류}^2} \times \text{정격사용률}$

5) 역률과 효율

교류 용접기에서 전원 입력(무부하 전압×아크 전류)을 kVA로 표시하고 아크의 출력(아크 전압×전류)과 2차측 내부 손실의 화(소비전력)를 kW로 표시할 때 역률과 효율은 다음과 같다.

① 역률(%) = $\dfrac{\text{소비전력(kW)}}{\text{전원입력(kVA)}} \times 100$

② 효율(%) = $\dfrac{\text{아크출력(kW)}}{\text{소비전력(kW)}} \times 100$

STEP 02 용접기의 종류와 특징

1. 교류 아크용접기

1) 가동 철심형
① 가동 철심으로 누설자속을 가감하여 전류를 조정한다.
② 광범위한 전류 조정이 어렵다.
③ 미세한 전류 조정 가능하다.
④ 현재 가장 많이 사용된다.

[가동철심형 교류용접기의 원리]

[가동철심에 의한 누설자속의 변화]

2) 가동 코일형
① 1, 2차 코일 중의 하나를 이동하여 누설자속을 변화하여 전류를 조정한다.
② 아크 안정도가 높고 소음이 없다.
③ 가격이 비싸며 현재 사용이 거의 없다.

3) 탭 전환형

① 코일의 감긴 수에 따라 전류를 조정한다.
② 적은 전류 조정시 무부하 전압이 높아 전격의 위험이 크다.
③ 탭 전환부 소손이 심하다.
④ 넓은 범위는 전류 조정이 어렵다.
⑤ 주로 소형에 많다.

4) 가포화 리액터형

① 가변 저항의 변화로 용접 전류를 조정한다.
② 전기적 전류 조정으로 소음이 없고 기계 수명이 길다.
③ 원격 조작이 간단하고 원격제어가 된다.

2. 직류 아크용접기

1) 발전기형(모터형, 엔진형)

① 완전한 직류를 얻는다.
② 회전하므로 고장이 발생하기 쉽고, 소음을 낸다.
③ 보수와 점검이 어렵다.

2) 정류기형

① 소음이 나지 않는다.

② 교류를 정류하므로 완전한 직류를 얻지 못한다.
③ 보수와 점검이 간단하다.

STEP 03 피복아크용접용 설비

1. 아크용접 부속기구

1) 원격 제어
용접 전류의 조정을 원격으로 조작하는 것으로 이것에는 가동철심 또는 코일을 소형 전동기로 움직이는 방법과 가변 저항기의 전환에 의한 방법이 있다.

2) 전격 방지기
아크가 발생되기 전에는 2차 무부하 전압을 15V 만큼 내려주고 아크가 발생할 때에는 필요한 전압을 올려주게 되어 있다.

3) 핫 스타트 장치
아크가 발생하는 초기만 용접전류를 특별히 크게 하는 것으로서 다음과 같은 장점이 있다.
① 아크 발생을 쉽게 한다.
② 기포를 방지 한다.
③ 비드(bead) 모양을 개선한다.
④ 아크 발생 초기의 비드(bead) 용입을 좋게 한다.

4) 고주파 발생 장치
교류 아크용접기의 아크 안정을 확보하기 위하여 상용주파의 아크 전류 외에 고전압(2,000~3,000)의 고주파 전류(300~1,000kc/s)를 발생시키는 방식이다.

2. 아크용접용 기구

1) 용접용 홀더

① 용접봉 홀더는 용접봉의 피복이 없는 부분을 고정하여 용접 전류를 용접 케이블을 통하여 용접봉과 모재 쪽으로 전달하는 기구로 KS C 9607에 규정되어 있다.
② 무게가 가볍고 전기 절연이 잘 되어 있는 것이 좋으며, 용접봉의 지름이 다른 여러 용접봉을 탈착할 수 있어야 한다. 또 홀더 자신의 전기 저항과 용접봉을 고정시키는 조(jow) 부분의 접촉 저항에 의한 발열에도 과열되지 않아야 한다.
③ 홀더의 종류는 A형과 B형으로 나눌 수 있다.

2) 용접 케이블

① 용접기에 사용되는 전선에는 전원에서 용접기로 연결하는 1차측 케이블과 용접기에서 작업대와 홀더를 연결하는 2차측 케이블이 있다.
② 홀더용 2차측 케이블은 유연성이 좋은 캡타이어 전선을 사용하며, 캡타이어 전선은 지름이 0.2~0.5mm의 가는 구리선을 수백 내지 수천선 꼬아서 튼튼한 종이로 감고 그 위에 고무 피복을 한 것이다.

3) 케이블 커넥터와 러그

① 용접작업시 케이블을 길게 연결하여 사용하고자 할 때 접속을 케이블 커넥터로 한다.
② 커넥터 중 러그는 홀더용 케이블 끝에 연결하고, 또한 커넥터는 용접기의 단자에 연결한다. 연결 및 체결시에 접촉 불량이 되면 접촉 저항에 의한 발열이 생기게 되므로 완전하게 접촉시켜야 한다.

4) 용접 헬멧과 핸드 실드

① 용접작업시 아크에서 나오는 유해 광선인 자외선 및 적외선과 스패터(Spatter)로부터 작업자의 눈이나 얼굴, 머리 등을 보호하기 위하여 사용하는 기구이다.
② 종류로는 머리에 쓰고 작업하는 용접 헬멧(helmet)과 손잡이가 달려 손에 들고 작업하는 핸드 실드(hand shield)가 있다.

STEP 04 피복아크용접봉

1. 개요
① 용접봉은 용접해야 할 모재 사이의 틈을 채우기 위해 필요한 것으로 용가재, 전극봉이라고 한다.
② 금속 아크용접의 용접봉에는 비피복 용접봉과 피복 용접봉이 쓰이는데, 비피복 용접봉은 주로 자동이나 반자동 용접에 사용된다.

2. 피복제의 역할
① 중성 또는 환원성 분위기를 만들어 질화나 산화를 방지하고 용융금속을 보호한다.
② 아크를 안정시킨다.
③ 용접을 미세화하여 용착효율을 높인다.
④ 용착금속의 탈산·정련 작용을 한다.
⑤ 용착금속에 합금 원소를 첨가한다.
⑥ 용융점이 낮고 적당한 점성의 가벼운 슬래그를 생성한다.
⑦ 용착 금속의 응고와 냉각속도를 느리게 한다.
⑧ 어려운 자세의 용접작업을 쉽게 한다.
⑨ 비드(bead) 파형을 곱게 하며 슬래그 제거도 쉽게 된다.
⑩ 절연 작용을 한다.

3. 피복 배합제의 종류
① 가스 발생제 : 유기물(셀룰로우즈, 전분, 펄프), 탄산염(석회석, 마그네사이트)
② 탄산제 : 페로망간, 페로 실리콘
③ 슬래그 생성제 : 규사, 운모, 석면, 석회석, 마그네사이트, 일미나이트, 이산화망간
④ 아크 안정제 : 규산칼륨, 산화티탄, 탄산바륨, 석회석 등
⑤ 합금 첨가제 : 페로망간, 페로실리콘, 페로크롬, 니켈, 페로바나듐

4. 연강용 피복

종류	피복제 계통	용접자세	사용 전류의 종류
E4301	일미나이트계	F, V, H, OH	AC 또는 DC(±)
E4303	라임티타니아계	F, V, H, OH	AC 또는 DC(±)
E4311	고셀룰로오스계	F, V, H, OH	AC 또는 DC(+)
E4313	고산화티탄계	F, V, H, OH	AC 또는 DC(−)
E4316	저수소계	F, V, H, OH	AC 또는 DC(+)
E4324	철분 산화티탄계	F, H-Fill	AC 또는 DC(±)
E4326	철분 저수소계	F, H-Fill	AC 또는 DC(+)

종류	피복제 계통	용접자세	사용 전류의 종류
E4327	철분 산화철계	F, H-Fill	F 용접시는 AC 또는 DC(+) H-Fill 용접시는 AC 또는 DC(−)
E4340	특수계	F, V, H, OH, H-Fill 전부 또는 어느 한 자세	AC 또는 DC(±)

참고 용접봉 표시 방법
E 45 △ □
- 피복제
- 용접자세(0,1 : 전 자세, 2 : 하향 및 수평 fillet 용접, 3 : 하향용접, 4 : 전 자세 또는 특정자세)
- 용착금속의 최저 인장강도(kg/mm²)
- 전극봉(electrode)
※ gas 용접봉

5. 그 밖의 피복아크용접봉

1) 스테인리스강용 피복아크용접봉

스테인리스강은 내식용 재료로 주로 많이 사용되며, 내열 및 저온용에도 사용되므로 스테인리스강의 용접은 이러한 성질을 만족시킬 수 있는 용접봉을 사용해야 한다.

2) 고장력강용 피복아크용접봉

고장력강은 일반 구조용 압연강재(SS400)나 용접 구조용 압연강재(SWS400)보다 높은 강도를 얻기 위해 망간(Mn), 크롬(Cr), 니켈(Ni), 규소(Si) 등의 적당한 원소를 첨가한 저합금강(low alloy steel)이며, 사용목적은 무게 경감, 재료의 절약, 내식성 향상 등이다. 내충격성·내마멸성이 요구되는 구조물, 선박, 차량, 항공기, 압력용기, 병기 등에 사용하며 보통 인장강도가 $490N/mm^2(50kgf/mm^2(HT50 : 하이텐 50))$ 이상인 것을 말한다.

3) 저합금 내열강용 피복아크용접봉

저합금용 피복아크용접봉은 내열용 Mo 및 Cr-Mo 강용 피복아크용접봉과 저온용 피복아크용접봉으로 분류한다.

4) 구리 및 구리합금용 피복아크용접봉

구리 및 구리합금용 피복아크용접봉으로는 주로 탈산구리 용접봉 또는 구리합금 용접봉이 사용되고 있다.

STEP 05 용접부의 결함과 그 대책

1. 용입 불량

1) 결함
① 설계의 결함
② 용접 속도가 빠를 때

2) 대책
① 루트 간격 및 치수를 크게 한다.
② 용접속도를 빠르지 않게 한다.

2. 언더컷(Undercut)

1) 결함
① 전류가 높을 때
② 아크 길이가 너무 길 때
③ 용접 속도가 너무 빠를 때

2) 대책
① 낮은 전류를 사용한다.
② 짧은 아크 길이를 유지한다.
③ 용접 속도를 늦춘다.

3. 오버랩(Overlap)

1) 결함
① 용접전류가 너무 낮을 때
② 운봉 및 봉의 유지, 각도 불량

2) 대책
① 적정 전류를 선택한다.
② 수평 필렛의 경우 봉의 각도를 잘 선택한다.

4. 균열

1) 결함
① 이음의 강성이 큰 경우
② 모재의 C, Mn 등의 합금원소 함량이 많을 때
③ 과대전류, 과대속도

2) 대책
① 예열, 피이닝 작업을 하거나 용접 비드(bead) 배치법을 변경한다.

② 비드(bead) 단면적을 넓게 한다.
③ 예열, 후열을 하고 저수소계 봉을 쓴다.

5. 기공(Porosity)

1) 결함
① 용접부 가운데 수소 또는 일산화탄소의 과잉
② 용접부의 급속한 응고
③ 모재 가운데 유황 함유량 과대
④ 강재에 부착되어 있는 기름, 페인트, 녹 등

2) 대책
① 위빙(weaving)을 하여 열량을 늘리거나 예열을 한다.
② 이음의 표면을 깨끗이 한다.
③ 정해진 범위 안의 전류로 좀 긴 아크를 사용하거나 용접법을 조절한다.

6. 스패터(Spatter)

1) 결함
① 용접봉의 흡습
② 아크 길이가 길거나 아크 블로우가 클 때

2) 대책
① 모재의 두께 봉지에 맞는 낮은 전류까지 내린다.
② 위빙(weaving)을 크게 하지 말고 적당한 아크 길이로 한다.

STEP 06 피복아크용접기법

1. 용접작업 준비
① 용접도면 및 용접작업 시방서 숙지
② 용접봉 건조
③ 보호구 착용
④ 모재 준비 및 청소
⑤ 설비 점검 및 전류 조정

2. 용접작업에 영향을 주는 요소

1) 아크 길이
용접봉 심선의 지름 정도이나 일반적인 아크 길이는 3mm 정도며, 양호한 용접을 하려면 짧은 아크를 사용해야 하고 아크 길이가 너무 길면 아크가 불안정하며, 용융 금속이 산화 및 질화되기 쉽고, 열집중의 부족, 용입 불량 및 스패터가 발생된다.

2) 용접 속도

모재에 대한 용접선 방향의 아크 속도를 용접 속도라고 하며, 운봉 속도라고도 한다. 아크 속도는 8~30cm/min이 적당하다.

3) 용접 각도

① 용접봉의 각도는 언더컷이나 슬래그 섞임을 방지하고, 파형이 균일하고 아름다운 비드(bead)를 얻기 위하여 중요한 것이다.

② 용접봉이 모재와 이루는 각도를 용접봉 각도라 하며 진행각과 작업각으로 나누어지는데 진행각은 용접봉과 용접선이 이루어지는 각도로서 용접봉과 수직선사이의 각도(또는 용접선과 용접봉 사이의 각도)로 표시하며 작업각은 용접봉과 용접이음 방향에 나란하게 세워진 수직평면(또는 수평평면)과의 각도로 표시한다.

[작업각]   [진행각]

3. 아크 발생법과 운봉법

1) 아크 발생법

① 긁기법 : 용접봉을 쥔 손목을 오른쪽(또는 왼쪽으로)으로 운봉하여 아크를 발생시키는 방법으로 초보자에게 알맞다.

② 찍기법 : 용접봉 끝으로 모재면에 점을 찍듯이 대었다가 재빨리 떼어 일점(3~4mm)을 유지하여 아크를 발생시키는 방법이다.

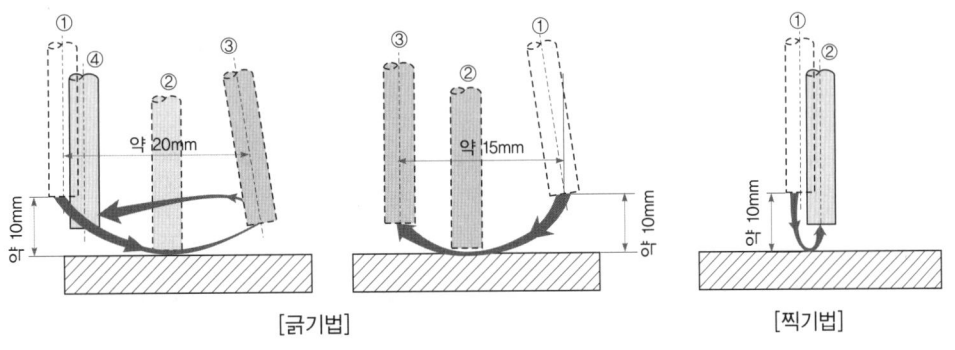

[긁기법]   [찍기법]

2) 운봉법 : 용접봉을 여러 가지 모양으로 움직여 비드(bead)를 형성하는 것

㉮ 직선비드 : 용접봉을 용접선에 따라 직선으로 움직이면 직선비드(straight bead)

㉯ 위빙비드 : 용접봉을 좌우로 움직여 운봉하는 것을 위빙비드(weaving bead)

4. 아크 쏠림

1) 아크 쏠림의 정의
① 용접봉에 아크가 한쪽으로 쏠리는 현상을 말한다.
② 용접 전류에 의해 아크 주위에 발생하는 자장이 용접에 대하여 비대칭으로 나타나는 현상으로 자기불림이라 하기도 한다.

2) 아크 쏠림 방지법
① 직류용접으로 하지 말고 교류용접으로 한다.
② 큰 가접부 또는 이미 용접이 끝난 용착부를 향하여 용접한다.
③ 용접부가 긴 경우는 후퇴용접법(back step welding)으로 한다.
④ 접지점은 될 수 있는 대로 용접부에서 멀리하도록 한다.
⑤ 짧은 아크를 사용한다.(피복제가 모재에 접촉할 정도로 짧게 할 것)
⑥ 용접봉 끝을 아크쏠림 반대방향으로 기울인다.
⑦ 이음의 처음과 끝의 엔드 탭(end tap) 등을 이용한다.
⑧ 접지점 2개를 연결한다.

SECTION 03 가스용접

Craftsman Shielded Arc Welding

STEP 01 원리 및 특징

1. 가스용접의 원리

① 가스용접은 각종 가연성 가스와 산소의 연소반응열을 용접열원으로 이용하는 용접이며 사용하는 가스에 따라 산소-아세틸렌 용접, 산소-수소 용접, 산소-프로판 용접, 공기-아세틸렌 용접 등이 있고 이중에 산소-아세틸렌 용접을 많이 사용되고 있다.

② 산소-아세틸렌 용접은 아크용접과 같은 융접의 일종으로 산소-아세틸렌가스가 연소할 때 발생하는 약 3000℃의 높은 열을 이용하여 모재와 용가재를 용융시켜 접합시키는 방법이다.

2. 가스용접의 특징

1) 장점

① 응용 범위가 넓으며 운반이 편리하다.
② 열량 조절이 자유롭고 박판 용접에 적당하다.
③ 아크용접에 비해 유해 광선의 발생이 적다.
④ 무전원이므로 설치가 쉽고 비용이 저렴하다.

2) 단점

① 아크용접에 비해 불꽃 온도가 낮다.
② 열집중성이 나빠 효율적인 용접이 어렵다.
③ 용접 변형이 크고 금속 종류에 따라 기계적 강도가 떨어진다.
④ 폭발 위험성이 크고 금속 탄화 및 산화될 가능성이 많다.

3. 역화, 역류, 인화

① 역화 : 팁 끝이 모재에 닿는 순간 팁 끝이 막히거나 과열, 가스 압력이 부적당할 때 팁 속에서 폭발음을 내며 불꽃이 꺼졌다가 다시 나타나는 현상이다.
② 역류 : 토치 내부 청소 불량으로 토치 내부가 막혀 고압 산소가 배출되지 못하고 산소보다 낮은 아세틸렌 호스 쪽으로 흐르는 현상이다. 역류를 방지하기 위해서는 팁을 깨끗이 청소하고 산소 및 아세틸렌을 차단시킨다.
③ 인화 : 팁 끝이 순간적으로 막혀 가스 분출이 나빠지고 토치 가스 혼합실까지 불꽃이 그대로 도달 되어 토치가 빨갛게 달구어지는 현상을 말한다.

STEP 02 용접용 가스 및 불꽃

1. 용접용 가스 개요

1) 가스용접에 사용되는 지연성 가스에는 산소(O_2), 가연성 가스에는 아세틸렌(C_2H_2), 프로판(C_3H_8), 부탄(C_4H_{10}), 석탄가스(CO, H_2, CH_4 혼합 gas), 천연가스, 수소(H_2) 등이 있다.

2) 가스(gas)의 화염온도

gas	발열량(kcal/m³)	혼합비(gas : 산소)			최고화염온도(℃)
		최저	최고	최적	
acetylene	12,690	1 : 1.1	1 : 1.8	1 : 1.7	3430
수소	2,420	1 : 0.5	1 : 0.8	1 : 0.5	2900
propane	20,780	1 : 3.75	1 : 4.75	1 : 4.5	2820
methane	8,088	1 : 1.8	1 : 2.25	1 : 2.1	2700
산화탄소	2,860	1 : 0.5	1 : 0.5	1 : 0.5	2820

2. 용접용 가스

1) 산소

① 특징
  ㉮ 공기 중 약 21% 함유되어 있으며 지연성(조연성) 가스이다.
  ㉯ 고압에서 유지류, 유기물, 용제 등이 부착되면 산화폭발 위험이 있으므로 사염화 탄소로 세척한다.
  ㉰ 산소 농도가 증가함에 따라 연소속도, 화염온도, 폭발범위 등이 넓어지고 착화온도, 점화원 에너지 등이 낮아져서 위험성이 증가된다.

② 산소용기
  ㉮ 안전 밸브 : 박판식(파열판식)
  ㉯ 용기 도색 : 녹색(공업용), 백색(의료용)
  ㉰ 용기 구분 : 무계목 용기

㉡ 용기 재질 : 고온, 고압의 산소는 크롬강이나 규소 또는 알루미늄 등 첨가
　③ 제법
　　㉮ 공기의 액화 분리법을 이용한다.
　　㉯ 공기를 단열·팽창시켜 얻은 액체 공기를 정류하면 저비점 성분의 질소를 정류탑의 상부에서 고비점 성분의 산소를 탑 아래에서 얻는다.

2) 아세틸렌
　① 특징
　　㉮ 무색 기체로 순수한 것은 에테르와 같은 향기가 있고 불순물로 인해 악취
　　㉯ 용제 : 아세톤, 디메틸 포름 아미드
　② 아세틸렌 용기
　　㉮ 용기 구분 : 용접 용기, 주황색
　　㉯ 안전 밸브 : 가용전(용융온도 105±5℃)
　　㉰ 용기 재질 : 탄소강
　　㉡ 밸브 재질 : 황동·청동 등의 동합금, 아세틸렌 검지는 염화제1동착염지로 하며 적색으로 변색

3) LPG 가스
　① 특징
　　㉮ 무색, 무취, 무독하다.
　　㉯ 기화 및 액화가 용이하다.
　　㉰ LP가스는 공기보다 무겁다.
　　㉡ 연소시 많은 공기가 필요하고 발열량이 크다.
　　㉢ 연소 범위가 좁고 증발 잠열이 크다.
　　㉣ 착화온도가 높고 연소속도가 늦다.
　② 장점
　　㉮ 점화 및 소화를 자동화하기 쉽다.
　　㉯ 발열량이 크고 열효율이 높다.
　　㉰ 화염 조절이 쉽고 공해가 없다.
　　㉡ 연소성이 좋아서 완전 연소한다.
　　㉢ 일정한 압력으로 공급 가능하다.
　③ 단점
　　㉮ 저장 탱크 및 용기 등의 집합장치가 필요하다.
　　㉯ 연소시 다량의 공기가 필요하다.
　　㉰ 재액화의 우려가 있다.
　　㉡ 공급시에 예비 용기의 확보가 필요하다.
　④ LP가스 용기
　　㉮ 용기 종류 : 용접 용기
　　㉯ 용기 도색 : 회색
　　㉰ 안전 밸브 : 스프링식

㉣ 내압시험압력 : 26 kg/cm²
㉤ 최고충전압력 및 기밀시험 압력 : 15.6 kg/cm²

3. 산소-아세틸렌 불꽃

1) 산소-아세틸렌 불꽃은 산소와 아세틸렌의 혼합비에 의해 불꽃 모양이 변하는데 아세틸렌가스가 완전 연소하는 2.5배의 산소가 필요하지만 실제로는 아세틸렌 1ℓ에 산소 1.2~1.3ℓ가 필요하다.

2) 불꽃의 구성

산소와 아세틸렌을 같은 비율(1 : 1)로 혼합하여 연소시키면 그림과 같이 3부분으로 구성된다.

① 불꽃심(flame core) : 이 부분은 팁에서 나오는 혼합가스가 연소하여 환원성의 백색 불꽃이다.

$$C_2H_2 + O_2 = 2CO + H_2$$

② 속불꽃(inner flame) : 속불꽃은 백심 부분에서 생성된 일산화탄소와 수소가 공기 중의 산소와 결합 연소되어 3200~3500℃의 높은 열을 발생하는 부분으로 무색에 가깝고 약간의 환원성을 띠게 된다.

③ 겉불꽃(outer flame) : 이 불꽃은 연소 가스가 공기 중의 산소와 결합해 완전 연소되는 부분으로 불꽃의 가장 자리를 이루며 2000℃의 열을 내게 된다.

3) 불꽃의 종류

아세틸렌과 산소를 연소시킬 때 공급되는 산소량에 따라 탄화 불꽃, 중성 불꽃, 산화 불꽃으로 구분된다.

① 탄화 불꽃(아세틸렌 과잉 불꽃) : 아세틸렌의 양이 산소보다 많을 때 생기는 불꽃으로 백심과 겉불꽃과의 사이에 연한 백심의 제3의 불꽃으로 알루미늄, 스테인리스 강의 용접에 이용된다.

② 중성 불꽃(표준 불꽃) : 산소와 아세틸렌의 용적비가 약 1 : 1의 비율로 혼합될 때 얻어지며 이론상의 혼합비는 산소 2.5에 아세틸렌 1로써 모든 일반 용접에 이용된다.

③ 산화 불꽃(산소 과잉 불꽃) : 산소의 양이 아세틸렌의 양보다 많은 불꽃인데, 금속을 산화시키는 성질이 있어 구리, 황동 등의 용접에 이용된다.

STEP 03 가스용접 장치

1. 산소 용기

1) 산소용기는 경합금(硬合金)으로서 인장강도 57kg/mm², 연신율 18% 이상의 재료로 되어 있으며, 산소의 대기 중에서의 환산 체적이 5000, 6000, 7000ℓ의 것이 많이 사용된다.

2) 산소 용기 취급상의 주의 사항
① 타격 및 충격을 주면 폭발할 염려가 있으므로 옮길 때 주의할 것
② 누설되어 가연 가스(gas)와 혼합되었을 때 인화할 염려가 있으므로 사용하지 않을 때에는 밸브(valve)를 잠글 것

[산소 용기]

[산소 용기 밸브]

③ 용기는 40℃ 이하가 되도록 직사광선 또는 화기 있는 곳을 피할 것
④ 겨울에 산소가 분출되지 않으면 더운 물로 가열하고, 화기(火氣)를 사용하지 말 것
⑤ 밸브의 개폐는 조용히 할 것
⑥ 누설검사에는 비눗물을 사용할 것이며, 화기를 사용하지 말 것

2. 아세틸렌 용기

1) 아세틸렌은 기체 상태로 압축하면 폭발의 위험성이 있기 때문에 아세톤을 흡수시킨 다음 아세틸렌을 흡수시킨다. 용기 크기는 내용적에 따라 15, 30, 40, 50ℓ가 있고 충전된 용해 아세틸렌가스는 순도가 98% 이상이다.
2) 아세틸렌 용기 속의 다공질 물질의 다공도는 75% 이상 92% 미만이어야 한다.
3) 다공질 물질의 구비 조건
    ① 화학적으로 안정되고 값이 저렴하며 다공성일 것
    ② 가스 충전과 방출이 쉬울 것
    ③ 아세톤이 골고루 침윤 될 것
4) 아세틸렌 발생기
    ① 투입식 : 비교적 많은 양의 아세틸렌가스를 발생시킬 경우에 주로 사용
    ② 주수식 : 카바이드에 물을 주수하는 방식
    ③ 침지식 : 카바이드 덩어리를 물에 닿게 하여 가스를 발생시키는 방식

[아세틸렌 용기 및 밸브 구조]

3. 가스용접 토치

1) 용접용 토치
    아세틸렌가스와 산소를 일정한 혼합 가스를 연소시켜 불꽃을 형성, 용접작업에 사용하는 기구로 손잡이, 혼합실, 팁으로 구성되어 있다.

2) 토치의 종류
   ① 저압식
   ② 중압식
   ③ 고압식

3) 팁의 능력
   ① 독일식 : 강판의 용접을 기준으로 해서 팁이 용접하는 판 두께로 나타낸다.
   ② 프랑스식 : 1시간 동안 표준 불꽃으로 용접하는 경우 아세틸렌의 소비량으로 나타낸다.

[토치의 구조]

4. 압력 조정기
① 감압 조정기라고 하며 산소는 $1\sim5kgf/cm^2$ 이하, 아세틸렌은 $0.1\sim0.2kgf/cm^2$ 이하 정도로 한다.
② 압력 조정기의 구조와 작동원리는 아세틸렌용과 산소용이 같으며, 산소용은 오른나사, 아세틸렌용은 왼나사로 되어 있어 용기에 장착할 때 혼돈을 피하고 있다.

[산소 압력 조정기]　　　　　　[아세틸렌 압력 조정기]

STEP 04 가스용접법

1. 전진 용접
① 전진 용접은 토치를 오른손에, 용접봉을 왼손에 오른쪽에서 왼쪽으로 용접해 나가는 방법으로 좌진법이라고도 한다.
② 화염이 불어 내어 용입을 방해하며 모재를 과열시키고, 용금의 산화가 심하나 비드(bead)의 표면이 매끈하다.
③ 5mm 이하의 얇은 판의 맞대기 용접이나 비철 및 주철, 금속 덧붙이 용접에 이용된다.

2. 후진 용접

① 후진 용접은 토치와 용접봉을 오른쪽으로 용접해 나가는 방법으로 오른쪽 방향으로 움직인다 하여 우진법이라고도 한다.
② 화염이 용접부를 집중 가열하므로 두꺼운 판재의 용접에 적합하다.
③ 용접봉의 위빙(weaving)이 없으므로 홈(groove)이 좁아도 되며, 용접봉 및 gas의 소비량이 적고, 용접속도가 크며, 용접부의 변형도 적다. 그러나 비드(bead) 표면은 전진 용접의 것만큼 매끈하지 못하며 비드(bead)가 높다.

(a) 전진 용접

(b) 후진 용접
[전진 용접과 후진 용접]

3. 전진법과 후진법의 비교

항목	전진법	후진법
열 이용률	나쁘다.	좋다.
용접 속도	느리다.	빠르다.
비드의 모양	보기 좋다.	매끈하지 못하다.
홈의 각도	크다.	작다.
용접 변형	크다.	작다.
용접가능한 판 두께	얇다(5mm까지).	두껍다.
용착 금속의 냉각도	급랭	서랭
산화의 정도	심하다.	약하다.
용착 금속의 조직	거칠어진다.	미세하다.

SECTION 04 절단

Craftsman Shielded Arc Welding

STEP 01 절단의 개요

1. 절단의 종류

2. 가스절단 및 아크절단

① 가스절단 및 아크절단은 용접 이음부의 가열 및 가우징 등의 작업을 하는데 필수적인 공정이다.
② 가스절단은 산소와 금속과의 화학 반응을 이용하여 금속을 절단하는 방법이고, 아크절단은 아크열을 이용하여 절단하는 방법이다.

STEP 02 가스절단

1. 산소절단의 원리

① 가스절단은 강 또는 합금강의 절단에 이용되며, 비철 금속에는 분말 가스절단 또는 아크절단이 이용된다.

② 강의 가스절단은 산소와 철과의 화학 반응열을 이용하는 절단법으로 강재의 절단 부분을 팁에서 나오는 산소-아세틸렌가스 불꽃으로 약 800~900℃로 될 때까지 예열한 후 팁 중심에서 고압 산소를 불어 내면 철은 연소하여 산화철이 되고 그 산화철의 용융점은 강보다 낮으므로 산화와 동시에 절단된다.

나. 가스절단 장치

① 저압식 절단토치 : 아세틸렌가스의 압력이 보통 $0.07 kgf/cm^2$ 이하에서 사용되며, 가장 널리 사용되고 있다.
② 중압식 절단토치 : 아세틸렌가스의 압력이 보통 $0.07~0.4 kgf/cm^2$ 정도에서 사용된다.

3. 가스 시공

1) 가스 가우징

① 홈 작업에 이용되며, 가스용접, 절단용 장치를 그대로 이용할 수 있다.
② 팁은 비교적 저압으로 대용량의 산소를 방출할 수 있도록 슬로우 다이버전트로 되어 있고 용접부 홈파기, 용접 결함부의 제거 절단 및 구멍 뚫기 등에 사용한다.

2) 스카핑

① 강괴, 강판, 슬래그, 기타 표면의 균열이나 주름, 주조결함 탈탄층의 표면 결함을 불꽃가공에 의해 제거하는 방법이다.
② 토치는 가우징 토치에 비해 능력이 크며, 팁은 슬로우 다이버전트로 설계한다.

STEP 03 아크절단

1. 탄소 아크절단
① 탄소 또는 흑연 전극봉과 금속 사이에서 아크를 일으켜 금속의 일부를 용융 제거하는 절단법이다.
② 직류 정극성이 많이 사용되며 교류도 가능하다.

2. 아크 에어 가우징
① 압축 공기로 불어 날려서 홈을 파내는 작업으로 직류 역극성을 사용한다.
② 장점
 ㉮ 작업능률이 2~3배 높고 소음이 없다.
 ㉯ 모재에 나쁜 영향을 미치지 않는다.
 ㉰ 용접 결함 특히 균열이 쉽게 발견 된다.
 ㉱ 비용이 싸고 철, 비철 경우에도 사용가능하다.

[탄소 아크 절단]   [아크 에어 가우징 원리]

3. 금속 아크절단
① 탄소 전극봉 대신에 절단 전용의 특수 피복제를 씌운 전극봉을 써서 절단하는 방법이다.
② 피복봉은 절단 중 3~5mm 보호통을 만들고, 피복제는 발열량이 많고 산화성이 풍부한 것을 사용한다.

4. 산소 아크절단
① 모재와 전극 사이에 아크를 발생시켜 그 아크열로 모재를 가열하고 여기에 산소를 분출시켜 전달하는 방법이다.
② 산소는 99% 이상의 순도를 필요로 하고, 압력은 판 두께에 따라 변화한다.

5. 불활성 가스 아크절단

① 미그(MIG) 절단 : 고전류 밀도의 MIG 아크가 보통 아크용접에 비하면 상당히 깊은 용입이 되는 것을 이용하여 모재와의 사이에서 아크를 발생시켜 용융 절단 하는 것
② 티그(TIG) 절단 : TIG 용접과 같이 텅스텐 전극과 모재와의 사이에 아크를 발생시켜 불활성 가스를 공급해서 절단하는 방법

6. 플라즈마 제트절단

① 기체를 수천도의 고온으로 가열했을 때 기체속의 가스원자가 이온상태로 유지되는 것을 플라즈마라 한다.
② 고온상태의 플라즈마를 적당한 방법에 의하여 한 방향으로 고속으로 분출시키면 플라즈마 제트가 되고 이것을 이용하여 금속, 비금속 등을 절단하는 것이다.

SECTION 05 특수용접 및 기타 용접

Craftsman Shielded Arc Welding

STEP 01 서브머지드 아크용접(SAW)

1. 개요

① 모재 표면 위에 미리 미세한 입상의 용제를 살포하여 두고 이 용제 속에 용접봉을 꽂아 넣어 용접하는 자동 아크용접법이다.
② 잠호 용접, 유니언 멜트 용접, 링컨 용접법이라고도 부른다.

[서브머지드 아크용접 원리]

[서브머지드 아크용접 장치]

2. 장점과 단점

1) 장점

① 대기 중의 산소, 질소 등의 해를 받는 일이 적다.
② 용접속도가 수동용접의 10~20배가 된다.
③ 용접금속의 품질을 양호하게 할 수 있다.
④ 용제의 단열작용으로 용입을 크게 한다.
⑤ 용접조건을 일정하게 하면 용접공의 기술차이가 없다.
⑥ 강도가 좋아 이음의 신뢰도가 높다.
⑦ 높은 전류밀도로 용접 할 수 있다.
⑧ 용접 홈의 크기가 작아도 상관없고 재료소비가 적어 경제적 용접변형이 적다.

2) 단점

① 아크가 보이지 않으므로 용접의 적부를 확인해서 용접할 수 없다.
② 설비비가 많이 든다.
③ 용입이 크므로 모재의 재질을 신중히 검사해야 한다.

④ 용접선이 짧고 복잡한 형상의 경우에는 용접기의 조작이 번거롭다.
⑤ 용입이 크기 때문에 요구된 이음 가공의 정도가 엄격하다.
⑥ 지그 등의 특수한 장치를 사용하지 않는 한 용접자세가 아래보기나 수평 필렛에 한정된다.
⑦ 용제는 흡습이 쉽기 때문에 건조나 취급을 잘해야 한다.
⑧ 용접시공 조건을 잘못 잡으면 제품의 불량률이 커진다.

3. 용접기
1) 구조 : 심선을 보내는 장치, 전압제어상자, 접촉 팁, 및 그 외를 총괄하여 용접 헤드라 한다.

2) 종류
① 대형 : 최대전류 4000A, 75mm 후판을 한 번에 용접 가능
② 표준 : 최대전류 2000A
③ 경량 : 최대전류 1200A
④ 반자동 : 최대전류 900A

4. 용접봉 재료
1) 와이어
① 표면은 접촉팁과의 전기적 접촉을 원활하게 하고 녹을 방지하기 위하여 구리로 도금하는 것이 보통이다.
② 와이어의 지름은 2.0, 2.4, 3.2, 4.0, 5.6, 6.4, 8.0mm이며, 표준무게는 작은 코일(약칭 S) 12.5kg, 중간 코일(약칭 M) 25kg, 큰 코일(약칭 L) 75kg이다.

2) 용제
① 분말상의 입자로서 광물성 물질을 가공하여 만든다.
② 아크의 안정, 아크의 주변 실드, 화학적 금속 반응으로서의 정련작용, 합금 첨가 작용 등의 역할을 한다.

3) 용제의 종류
① 용융형 용제(fusion type flux) : 광물성 원료를 고온(1,300℃ 이상)으로 가열해서 응고시킨 후 분쇄하여 알맞은 입도로 만든 것으로 유리모양의 광택이 난다.
② 소결형 용제(sintered type flux) : 광물성 원료 및 합금분말을 규산나트륨과 같은 점결제와 더불어 원료가 용해되지 않을 정도의 비교적 저온상태(400~1000℃)에서 일정한 입도로 소결하여 제조한 것이다.
③ 혼선형 용제(bonded type flux) : 분말상 원료에 고착제(물, 유리 등)를 가하여 비교적 저온 (300~400℃)에서 건조하여 제작한다.

STEP 02 불활성 가스 아크용접

1. 개요 및 특징

1) 개요 및 원리
① 아크용접법의 한 방식으로 1930년경 호버트, 데버 등에 의해 발명되어 1940년경에 실용화되었다.
② 아르곤(Ar) 또는 헬륨(He) 가스와 같은 고온에서도 금속과 반응하지 않고 불활성 가스 분위기 속에서 텅스텐 전극봉 또는 와이어와 모재와의 사이에서 아크를 발생시켜 그 열로 용접하는 방법을 말한다.

[불활성 가스 텅스텐 아크용접법]

[불활성 가스 금속 아크용접법]

2) 특징
① 피복제 및 용제가 불필요하다.
② 산화하기 쉬운 금속의 용접이 용이하고 용착부의 제성질이 우수하다.
③ 모든 자세의 용접이 용이하고 고능률적이다.
④ 청정작용이 있고 슬래그나 잔류 용제를 제거할 필요가 없다.
⑤ 아크가 안정되고 스패터가 적으며 조작이 용이하다.
⑥ 용접부는 다른 아크용접, 가스용접에 비하여 연성, 강도, 기밀성 및 내열성이 우수하다

나. 불활성 가스 텅스텐 아크용접법(TIG 용접법)

1) 개요
① 불활성 가스 텅스텐 아크용접법은 텅스텐 전극봉을 사용하여 아크를 발생시키고 용접봉을 아크로 녹이면서 용접하는 방법이다.
② 비용극식 또는 비소모식 불활성가스 아크용접법이라 한다.

2) 특징
① 직류역극성 사용시 텅스텐 전극소모가 많아진다.
② 직류역극성 사용시 청정효과가 있으며 Al, Mg 등의 용접시 우수하다.
③ 청정효과는 아르곤(Ar)가스 사용시에 있다.
④ 직류정극성 사용시 용입이 깊고 폭이 좁은 용접부를 얻으나 청정작용이 없다.

⑤ 교류 사용시 직류정극성과 직류역극성의 중간정도 용입을 얻으며 청정작용도 있다.
⑥ 교류 사용시 정극의 정류작용으로 아크의 불안정해져 고주파장치를 사용해야 한다.
⑦ 고주파전류 사용시 아크발생이 쉽고 전극소모를 적게 한다.
⑧ 티그(TIG) 용접 토치는 200A 이하는 공랭식, 200A 이상은 수랭식을 사용한다.
⑨ 텅스텐 전극봉은 순수한 것보다 1~2%의 토륨을 첨가한 것이 전자 방사능력 우수하다.
⑩ 주로 3mm 이하의 얇은 판 용접에 이용한다.

다. 불활성 가스 금속 아크용접법(MIG 용접)

1) 개요
   ① 용가재인 전극 와이어를 연속적으로 보내어 아크를 발생시키는 방식으로 용극 또는 소모식 불활성 아크용접법이라 한다.
   ② 에어 코메틱 용접법, 시그마 용접법, 필러 아크용접법, 아르고 노트 용접법 등이 있다.

2) 특징
   ① 주로 전자동, 반자동 용접모재에 동일한 금속을 사용하는 용극성이다.
   ② 주로 직류를 사용하며 역극성을 이용한 청정작용을 한다.
   ③ 전류밀도가 피복 아크용접의 6~8배이며, 티그(TIG) 용접의 2배 정도이다.
   ④ 주용적 이행은 스프레이형 티그(TIG) 용접에 비해 능률이 커서 3mm 이상의 모재에도 가능하다.
   ⑤ 미그(MIG) 용접은 자기제어 특성이 있다.
   ⑥ 미그(MIG) 용접기는 정전압 특성, 상승 특성의 직류용접기이다.

STEP 03 탄산가스 아크용접

1. 개요 및 종류

① 이산화탄소(탄산가스, CO_2) 아크용접법은 불활성 가스 금속 아크용접에 쓰이는 아르곤(Ar), 헬륨(He)과 같은 불활성 가스 대신에 이산화탄소를 이용한 용극식 용접 방법이다.
② 종류(실드 가스와 용극 방식에 의한 분류)

분류		종류
용극법	순 CO_2법	–
	혼합가스법	CO_2-O_2아크법, CO_2-CO법, CO_2-Ar법, CO_2-Ar-O_2법
	CO_2용제법	아아코스(Arcos) 아크법, 퓨우즈 아크법, NCG법, 유니언 아크법
비용극법		텅스텐 아크법(2중 노즐법)
		탄소 아크법

2. 특징

① 산화나 질화가 없고 수소 함유량이 다른 용접법에 비해 적으므로 우수한 용착금속이 생성된다.
② 킬드강이나 세미킬드강은 물론 림드강도 완전한 용입이 가능하며 기계적 성질도 매우 우수하다.
③ 저렴한 탄산가스를 사용하고 가는 와이어로 고속 용접을 하기에 다른 용접에 비해 저렴하다.
④ 용제를 사용할 필요가 없으므로 용접부에 슬래그 섞임이 없고 용접후 처리가 간단하다.
⑤ 모든 용접자세로 용접이 가능하며 조작이 간단하다.

[이산화탄소 아크용접의 원리]

⑥ 용접전류 밀도가 크므로(100~300A/mm²) 용입이 깊고 용접속도가 매우 빠르다.
⑦ 아크 특성에 적합한 상승 특성을 가지는 전원기기 사용으로 스패터가 적고 안정된 아크를 얻을 수 있다.
⑧ 가시아크이므로 시공이 편리하다.
⑨ 미그(MIG) 용접에 비해 용착강의 기공이 적다.
⑩ 서브머지드 아크용접에 비해 모재표면의 녹, 오물이 있어도 큰 지장이 없으므로 완전한 청소를 하지 않아도 된다.

STEP 04 전기저항용접

1. 개요 및 특징

1) 개요 및 원리

① 전기저항용접은 접합하려는 부분에 압력을 가해 전류를 통하여 그 곳에 발생되는 저항 발열을 이용하여 접합시키는 방법이다.
② 두 금속을 접촉시켜 그 면에 수직으로 압력을 가해 많은 전류를 흘리면 접촉부분은 급격히 온도가 상승하여 반용융 상태로 되므로 가해지고 있는 기계적 압력에 의해 두 금속은 밀착된다. 이때 전류를 끊으면 그 부분이 녹아 붙어 용접이 된다.

2) 저항용접의 특징

① 아크용접과 같이 용접봉이나 용제가 필요 없다.
② 가압에 의한 효과 때문에 용접 후 금속조직이 매우 양호하다.
③ 작업속도가 빠르므로 대량생산에 적합하다.

④ 박판 용접에 적합하다.
⑤ 용접부위의 온도가 아크용접보다 낮으므로 용접 후 열에 의한 변형이나 잔류응력이 낮다.
⑥ 아크용접보다 전류가 크므로 기계 용량 및 전원 용량이 커진다.
⑦ 시설 투자비가 많이 들고 기동성이 저조하다.
⑧ 대량 생산이 아니면 비경제적이다.

2. 점(Spot) 용접

1) 개요
① 연결하고자 하는 판을 2개의 전극 사이에 끼워놓고 전류를 통하면 접촉면의 전기 저항이 크므로 발열한다.
② 점 용접에서는 전류의 세기, 전류를 통하는 시간, 주어지는 압력 등이 주요 요소이다.

2) 특징
① 표면이 평평하고 구멍이 필요 없다.
② 재료가 절약되고 작업속도가 빠르다.
③ 변형이 일어나지 않고 숙련이 필요 없다.
④ 작업자가 덜 피로하다.

[점 용접의 원리]

3. 심(Seam) 용접

1) 개요
① 원판형 전극 사이에 용접물을 끼워 전극에 압력을 주면서 전극을 회전시켜 모재를 이동하면서 점 용접을 반복하는 방법이다.
② 회전 롤러 전극부를 없애면 점 용접기의 원리와 구조가 같으며 기밀, 유밀을 필요로 하는 이음부에 이용된다.

2) 종류
① 중첩 심 용접(일반적인 심 용접)
② 맞대기 심 용접

③ 메쉬 심 용접
④ 포일 심 용접

[심 용접의 원리]

4. 프로젝션(Projection) 용접

1) 원리 : 모재 한쪽 또는 양쪽에 작은 돌기를 만들어 이 부분에 대 전류와 압력을 가해 압접하는 방법이다.

2) 특징
① 작은 지름 점 용접으로 짧은 피치로서 동시에 많은 점 용접이 가능하다.
② 비교적 넓은 면적 판형 전극을 사용함으로 기계적 강도 및 열전도면에서 유리하다.
③ 작업 속도가 빠르며 작업 능률도 높다.
④ 돌기 정밀도가 높아야 정확한 용접이 된다.

[프로젝션 용접의 원리]

5. 업셋(Upset) 용접

1) 원리 : 버트 용접이라 하며 단면 모재를 서로 맞대어 가압하고 전류를 통전하면 모재 단면에 저항열이 발생되어 단접온도가 되었을 때 가압하여 접합하는 방식이다.

2) 특징
① 단면이 큰 것을 용접시 접합면이 산화되기 쉽다.
② 기공 발생이 가능하므로 접합면 청소를 잘해야 한다.
③ 두꺼운 관, 환봉, 체인 접합에 사용한다.

6. 플래시(Flash) 용접

1) 원리 : 모재 단면을 가볍게 접촉시켜 대 전류를 통과시키면 모재 단면이 용융되고, 불꽃이 비산되면서 가열되면 강한 압력을 주어 접합하는 용접 방법이다.

2) 특징
① 가열 범위와 열영향부가 좁다.
② 플래시 과정에서 산화물 비산으로 불순물 제거가 쉽다.
③ 용접물을 아주 정확하게 가공할 필요가 없다.
④ 동일한 전기 용량에 큰 물건 용접이 가능하다.
⑤ 용접 시간이 짧고 업셋 용접보다 전력 소비가 적다.
⑥ 능률이 높고 강재 니켈 합금 등에서 좋은 용접 결과를 얻는다.

[플래시 용접법]

STEP 05 기타 용접

1. 테르밋(Thermit) 용접

1) 개요 및 분류
① 미세한 알루미늄 분말과 산화철분말을 약 1:3~4의 중량비로 혼합한 테르밋제에 과산화바륨과 마그네슘의 혼합분말로 테르밋반응이라 부르는 화학반응에 의해 발열을 이용하는 용접법이다.
② 용융 테르밋 용접법, 가압 테르밋 용접법으로 분류된다.

2) 특징
① 용접작업이 단순하고 용접결과의 재현성이 높다.
② 용접기구가 간단하며 설비비도 저렴하다.
③ 전기를 필요로 하지 않는다.
④ 용접 가격이 저렴하다.
⑤ 용접 후 변형이 적다.

[테르밋 용접]

2. 일렉트로 슬래그(Electro slag) 용접

1) 개요 및 원리
① 고능률 전기용접으로 용융 슬래그 중의 저항 발열을 이용하여 용접하는 방법이다.
② 용융 슬래그와 용융 금속이 용접부에서 흘러내리지 않도록 모재 양측에 수랭식 구리판을 붙이고 용융 슬래그 속에 전극 와이어를 연속적으로 공급하면 용융 슬래그의 전기 저항열에 의하여 와이어와 용융되어 용접된다.

2) 장점 및 단점
① 장점
  ㉮ 후판강재의 용접에 적당하다.

㉯ 특별한 홈 가공이 필요 없다.
㉰ 용접시간이 단축되어 능률적이고 경제적이다.
㉱ 기공 및 슬래그 섞임이 없고, 고온균열이 발생하지 않는다.
② 단점
㉮ 기계적 성질이 나쁘다.
㉯ 노치취성이 크다.

[일렉트로 슬래그 용접]

3. 전자 빔(Electron beam) 용접

1) 개요

고진공 중에서 고속의 전자빔을 모아서 그 에너지를 접합부에 조사하여 그 충격을 이용한 용접법이다.

2) 특징

① 활성재료가 용이하게 용접이 되며 진공 중에서도 용접하므로 불순가스의 오염이 적고 높은 순도의 용접이 가능하다.
② 용접부의 기계적 야금성질이 우수하다.
③ 용접부의 열이 적고 용접부가 좁으며 용입이 깊으므로 용접 변형이 적고 정밀용접이 가능하다.
④ 고용융점 재료의 용접이 가능하다.
⑤ 얇은 판에서 두꺼운 판 용접이 가능하다.
⑥ 에너지 밀도가 크다.

4. 냉간압접

1) 개요

2개의 금속을 가까이하면 자유전자가 공통화하여 결정격자 점의 금속이온과 상호작용으로 금속원자를 결합시키는 결합형식을 이용하는 것으로 상온에서 단순히 가압만의 조작으로 금속 상호간의 확산을 일으켜 압접하는 방법이다.

2) 장점 및 단점
① 장점
- ㉮ 접합부에 열영향이 없다.
- ㉯ 숙련이 필요하지 않다.
- ㉰ 압접공구가 간단하다.
- ㉱ 접합부의 전기저항은 모재와 거의 같다.

② 단점
- ㉮ 용접부가 가공경화 한다.
- ㉯ 겹치기 압접은 눌린 흔적이 남는다.
- ㉰ 철강 재료의 접합은 부적당하다.

5. 일렉트로 가스(Electro gas) 용접

1) 개요
일렉트로 슬래그 용접과 같이 수직 자동 용접의 일종으로 실드 가스는 주로 탄산가스를 사용한다. 탄산가스 분리기 속에서 아크를 발생시켜 아크열로 모재를 용융 용접하는 방법이다.

2) 특징
① 일렉트로 슬래그 용접보다 두께가 얇은 것(40~50mm) 중후판물의 모재에 적용되는 것이 능률적, 효과적이다.
② 용접속도가 빠르다.
③ 용접변형이 거의 없고 작업성이 양호하다.

6. 플라즈마 제트(Plasma jet) 용접

1) 개요
고도의 전리된 가스체인 아크방전 플라즈마(Plasma)를 대기 중에 제트(jet) 모양으로 분출시켜 이때 발생하는 고온, 고속의 에너지를 이용하여 용접하는 방법이다.

2) 장점 및 단점
① 장점
- ㉮ 플라즈마 제트의 에너지 밀도가 크고 안정도가 높으며 보유열량이 크다.
- ㉯ 비드(bead) 폭이 좁고 용입이 깊다.
- ㉰ 용접 홈은 도형이면 되고 용접봉의 소모가 적다.
- ㉱ 용접변형이 적다.
- ㉲ 용접속도가 크며 각종 재료의 용접이 가능하다.

② 단점
- ㉮ 용접속도를 크게 하면 가스의 보호가 불충분해진다.

㉴ 용접부의 경화 현상이 일어나기 쉽다.

[플라즈마 제트]   [플라즈마 아크]

7. 레이저 빔(Laser beam) 용접

1) 개요
레이저에서 얻어진 강렬한 에너지를 가진 접속성이 강한 단색광선을 이용한 용접이다.

2) 특징
① 진공이 필요하지 않다.
② 접촉하기 어려운 부재의 용접이 가능하다.
③ 미세 정밀 용접, 전기가 통하지 않는 부도체 용접이 가능하다.

8. 플라스틱(Plastic) 용접

1) 열풍 용접
전열에 의해 기체를 가열하여 고온으로 되면 그 가스를 용접부와 용접봉에 분출하면서 용접하는 방법이다.

2) 열기구 용접
니켈 도금한 구리나 알루미늄제의 가열된 인두를 사용하여 접합부를 알맞은 온도까지 가열한 후 국부적으로 용융됨에 따라 용접을 한다.

3) 고주파 용접
플라스틱과 같은 절연체를 고주파 전장 내에 넣으면 분자가 강력하게 진동되어 발열하는 성질을 이용하여 이음부를 전극 사이에 놓고, 고주파 전류를 가열하여 연화 또는 용융시켜 용접하는 방법이다.

SECTION 06 작업안전

STEP 01 작업 복장

1. 작업복
① 작업복은 신체에 맞고 가벼운 것이어야 한다.
② 실밥이 풀리거나 터진 것은 즉시 꿰메도록 한다.
③ 늘 깨끗이 하고 특히 기름이 묻은 작업복은 불이 붙기 쉬우므로 위험하다.
④ 더운 계절이나 고온 작업시에는 작업복을 절대로 벗지 않도록 한다.
⑤ 착용자의 연령, 직종 등을 고려해서 적절한 스타일을 선정하도록 한다.

2. 안전모
1) 안전모의 종류

종류(기호)	사용구분	비고
AB	물체의 낙하 또는 비래(날아옴) 및 추락에 의한 위험을 방지 또는 경감시키기 위한 것	-
AE	물체의 낙하 또는 비래(날아옴)에 의한 위험을 방지 또는 경감하고, 머리 부위 감전에 의한 위험을 방지하기 위한 것	내전압성
ABE	물체의 낙하 또는 비래(날아옴) 및 추락에 의한 위험을 방지 또는 경감하고, 머리 부위 감전에 의한 위험을 방지하기 위한 것	내전압성

※ 내전압성이란 7,000V 이하의 전압에 견디는 것을 말함

2) 안전모의 구비조건
　① 쉽게 부식하지 않을 것
　② 피부에 해로운 영향을 주지 않을 것
　③ 사용 목적에 따라 내열성, 내한성 및 내수성을 보유할 것
　④ 안전모의 모체, 착장체 및 충격흡수재를 포함한 질량은 440g을 초과하지 않을 것
　⑤ 모체의 표면은 밝고 선명한 색채로 할 것

3. 안전화
1) 가죽제 발보호 안전화의 성능시험 : 내압박시험, 충격시험, 박리시험, 내답발성시험
2) 고무제 발보호 안전화의 성능시험 : 압박시험, 충격시험, 침수시험
3) 절연화 : 내전압 성능은 60Hz, 14,000V의 전압에 1분간 견디어야 하며, 충전전류가 0.5mA

이하이어야 한다.

4) 절연장화 : 감전보호용도
   ① A종 : 300V 초과 교류 600V, 직류 750V 이하의 작업에 사용
   ② B종 : 직류 750V를 초과 3,500V 이하의 작업에 사용
   ③ C종 : 3,500V 초과 7,000V 이하의 작업에 사용
   ④ 내전압성능은 60Hz, 20,000V 전압에 1분간 견디고, 충전전류가 20mA 이하

4. 보호구

1) 보호구의 정의와 한계
   ① 정의 : 인체에 미치는 각종의 유해, 위험으로부터 인체를 보호하기 위하여 착용하는 보조기구를 말한다.
   ② 한계 : 안전의 소극적 대책이다.

2) 보호구가 갖추어야 할 구비요건
   ① 착용이 간편할 것
   ② 작업에 방해가 되지 않도록 할 것
   ③ 유해·위험요소에 대한 방호성능이 충분할 것
   ④ 재료의 품질이 양호할 것
   ⑤ 구조와 끝마무리가 양호할 것
   ⑥ 외양과 외관이 양호할 것

3) 보호구의 선정시 유의사항
   ① 사용목적에 적합할 것
   ② 검정에 합격하고 성능이 보장되는 것
   ③ 작업에 방해가 되지 않는 것
   ④ 착용이 쉽고 크기 등 사용자에게 편리한 것

4) 검정대상보호구의 종류
   안전모, 안전대, 안전화, 보안경, 안전장갑, 보안면, 방진마스크, 방독마스크, 귀마개 또는 귀덮개, 방열복

5) 보호구의 관리
   ① 햇빛이 들지 않고 통풍이 잘 되며, 청결하고 습기가 없는 장소에 보관할 것
   ② 발열체가 주변에 없을 것
   ③ 부식성 액체, 유기용제, 기름, 화장품, 산 등과 혼합하여 보관하지 않을 것
   ④ 모래, 진흙 등이 묻는 경우는 세척하고 그늘에서 말려 보관할 것
   ⑤ 땀 등으로 오염된 경우는 세탁하고 건조시킨 후 보관할 것

STEP 02 산업안전표지

1. 산업안전표지의 개요

① 안전표지의 사용목적 : 위험성을 표지로 경고 → 작업환경 통제 → 사전에 재해예방
② 산업 안전표지의 크기 : 그림 또는 부호의 크기는 표지의 크기와 비례하여야 하며, 산업안전표지 전체규격의 30% 이상이 되어야 함
③ 안전표찰 : 녹십자표지로 부착 위치는 작업복 또는 보호의의 우측 어깨, 안전모의 좌우면, 안전완장

2. 산업안전표지의 종류

① 금지표지(8종) : 적색원형으로 특정 행동을 금지시키는 표지(바탕은 흰색, 기본모형은 빨간색, 관련 부호 및 그림은 검은색)
② 경고표지(15종) : 흑색 삼각형의 황색표지로 유해 또는 위험물에 대한 주의를 환기시키는 표지(바탕은 노란색, 기본모형·관련부호 및 그림은 검은색)
　※ 단, 경고 인화성물질경고, 산화성물질경고, 폭발성물질경고, 급성독성물질경고, 부식성물질경고의 기본 모형은 빨간색(검은색도 가능)임
③ 지시표지(9종) : 청색원형으로 보호구 착용을 시시하는 표지(바탕은 파란색, 관련 그림은 흰색)
④ 안내표지(8종) : 위치(비상구, 의무실, 구급용구)를 알리는 표지(바탕은 흰색, 기본모형 및 관련부호는 녹색, 바탕은 녹색, 관련부호 및 그림은 흰색)

3. 안전·보건표지의 색채, 색도기준 및 용도

색채	색도기준	용도	사용례
빨간색	7.5R 4/14	금지	정지신호, 소화설비 및 그 장소, 유해행위의 금지
		경고	화학물질 취급장소에서의 유해·위험 경고
노란색	5Y 8.5/12	경고	화학물질 취급장소에서의 유해·위험 경고 이외의 위험 경고, 주의표지 또는 기계방호물
파란색	2.5PB 4/10	지시	특정 행위의 지시 및 사실의 고지
녹색	2.5G 4/10	안내	비상구 및 피난소 사람 또는 차량의 통행 표시
흰색	N9.5	–	파란색 또는 녹색에 대한 보조색
검은색	N0.5	–	문자 및 빨간색 또는 노란색에 대한 보조색

STEP 03 수공구류의 안전수칙

1. 해머 작업
① 녹이 슨 공작물에는 보호안경을 착용할 것
② 최초에는 서서히 칠 것
③ 장갑을 끼지 말 것
④ 해머를 자루에 꼭 끼울 것

2. 정, 끌 작업
① 끌 작업시는 끌날에 주의할 것
② 머리가 찌그러진 것은 고른 후 사용할 것
③ 따내기 작업시는 보호안경을 착용할 것

3. 줄, 바이스, 드라이버 작업
① 줄을 망치대용으로 쓰지 말 것
② 바른손에 힘을 주고 왼손은 균형만을 주게 잡을 것
③ 바이스 대에 재료, 공구 등을 올려놓지 말 것
④ 작업 중 바이스를 자주 조일 것
⑤ 드라이버는 홈에 맞는 것을 쓸 것

4. 스패너, 렌치 작업
① 해머대용으로 쓰지 말 것
② 너트와 꼭 맞게 사용할 것
③ 스패너에 파이프를 끼우거나 해머로 두들겨서 돌리지 말 것
④ 스패너와 너트 사이에 물림쇠를 끼우지 말 것

STEP 04 작업상 화재

1. 용접
① 용접작업장은 원칙으로 가연물에서 격리된 곳에서 한다.
② 인화성 물질이나 가연물의 곁에서는 절대로 하지 않는다.
③ 마루바닥이나 벽, 창 등의 갈라진 틈에 불꽃이 튀어 들어가는 경우가 있으므로 막을 수 있는 방법을 취해야 한다.

2. 전기 설비
① 전기로 건조기 등의 전열기 사용시는 가연물과의 접촉, 근접을 피하고 특히 코드 절연, 열화가 생기기 쉬우므로 잘 점검한다.
② 기타의 전기설비, 배선기구에 대해서는 기구 장치류의 청소 점검을 하고 발열이나 과열 아크 등이 일어나지 않게 주의 한다.

3. 소화기 종류와 용도

종류 소화기	보통화재	기름화재	전기화재
포말소화기	적합	적합	부적합
분말소화기	양호	적합	양호
CO_2 소화기	양호	양호	적합

SECTION 07 용접 화재방지 및 안전

STEP 01 용접의 안전

1. 아크용접의 안전대책

① 아크용접자는 용접기 내부에 손을 대지 않도록 한다.
② 용접기의 리드 단자와 케이블의 접속부는 반드시 절연물로 보호한다.
③ 홀더는 항시 파손이 없는 것을 사용한다.
④ 용접봉 교환시는 홀더에 몸이 닿지 않도록 조심스럽게 한다.
⑤ 작업장 이동시 홀더와 홀더선을 바닥에 끓지 않도록 한다.
⑥ 특히 위험한 장소에서는 반드시 절연용 홀더를 사용한다.
⑦ 캡타이어 케이블은 사용 전에 점검하여 피복부분에 상처가 있는 지 살펴본다.
⑧ 피용접물 또는 작업대에 접속된 접지선이 완강한가 점검하고 작업에 착수한다.
⑨ 차광유리는 아크 전류의 크기에 적당한 번호를 사용한다.
⑩ 작업장은 충분한 통풍 환기를 해서 유해가스를 호흡하지 않도록 한다.
⑪ 가스가 많이 발생시 통풍환기가 불충분시 보호 호흡기를 사용한다.
⑫ 아연 도금 강판 용접시는 유해가스가 발생하므로 통풍 환기를 충분히 한다.
⑬ 용접 작업장 주위에는 기름, 나무조각, 도료 등의 타기 쉬운 물건을 두지 않는다.

2. 가스용접의 안전

1) 중독의 예방

① 용접 또는 절단을 할 경우에는 취급금속, 용접봉, 용제 등의 종류에 따라서 산화질소, 일산화탄소, 탄산가스 등의 가스나 철, 납, 아연, 카드뮴, 망간 등의 가루가 포함되어 있으므로 주의 한다.
② 황동과 아연 도금한 재료 용접, 절단의 경우 아연 연기 때문에 아연 중독이 생길 위험이 있으므로 환기를 자주 한다.
③ 알루미늄, 용접봉 용제에는 불화물 사용시 해로운 가스가 발생 하므로 통풍이 잘되도록 해야 한다.
④ 해로운 가스, 연기, 분진 등 발생이 심한 작업이나 선실속 탱크 속과 같이 특별한 배기장치를 사용해서 환기를 시키면서 작업한다.

2) 화재 폭발 예방

① 용접과 절단 작업은 화재 방지 설비가 되어 있으며 부근에 가연물이 없는 안전한 장소를 선택한다.

② 이동 작업이나 출장 작업은 화재난 폭발 위험이 많으므로 부근에 위험물이나 가연물이 없는 지 살펴보고 작업에 착수한다.
③ 작업 중에는 반드시 가까운 장소에 소화기를 설치한다.
④ 가연성 가스 또는 인화성 액체가 들어 있는 용기 탱크, 배관장치 등은 증기, 열탕 물로 완전히 청소 후 통풍 구멍을 개방하고 작업한다.

3) 기타 안전 수칙

① 산소 봄베 운반시는 충격을 주지 않도록 한다.
② 산소 봄베는 기름이나 먼지를 피하고 40℃ 이하 온도에서 보관하고 직사광선을 피하여 그늘진 곳에 두어야 한다.
③ 산소 누설 시험에는 비눗물을 사용한다.
④ 토치 점화는 성냥불과 담뱃불을 사용하지 않도록 한다.(점화라이터 사용)
⑤ 토치를 고무 호스에 연결시 산소와 아세틸렌이 바뀌지 않도록 한다.
⑥ 산소 봄베와 아세틸렌 봄베 가까이에서 불꽃 조정을 피해야 한다.
⑦ 아세틸렌 도관과 접속 부분에는 구리를 쓰지 말 것(구리 함유량 62% 이하 사용)
⑧ 산소 봄베는 화기에서 최소 4m 이상 거리를 둘 것

STEP 02 법규 및 가스용기

1. 안전관리 관계법규

① 안전 관리자의 자격 인원 및 직무 범위 기타 필요한 사항을 대통령령으로 정한다.
② 수소, 산소 및 액화 석유가스 등의 사용시는 법에 정하는 바에 의하여 시장, 군수, 구청장에 신고하여야 한다.
  ㉮ 산소가스는 35℃에서 150kg/cm²으로 용기에 충전한다.
  ㉯ 아세틸렌 가스는 충전 후 24시간 저장을 한 후 15℃, 15.5kg/cm이 되었을 때 운반 및 시판
  ㉰ 상온온도에서 2kg/cm² 이상되는 액화가스
③ 용기 관리에서 고압가스 충전용기는 40℃ 이하 온도에서 보관한다.
④ 매시간당 200m³ 이하에서는 안전 관리자 1인을 둔다.
⑤ 가연성가스의 저장 용적 300m³ 이상은 단속법 고압가스에 적용
⑥ 도관은 그 온도를 항시 40℃ 이하로 유지할 수 있을 것
⑦ 용기 보관 장소에는 가스 충전용기 빈 용기를 구분하여 놓을 것
⑧ 습식 아세틸렌가스 발생기 표면은 섭씨 70℃ 이하의 온도로 유지하여야 하며 그 부분에서는 불꽃이 튀는 작업을 하지 아니할 것
⑨ 상하통으로 구성된 아세틸렌 제조 설비로 고압가스를 제조할 때에는 사용 후 고압가스발생장치의 상하통을 분리하거나 잔류가 없도록 조치할 것
⑩ 석유류, 유지류, 글리세린 또는 농후한 글린세린수는 압축기내의 윤활제로 사용하지 아니할 것

⑪ 충전 용기(내용적 5L 이하의 것을 제외)에는 전락, 전도 등에 의한 충격 및 밸브의 손상을 방지하는 등의 조치를 하고 난폭한 취급을 하지 아니할 것.
⑫ 아세틸렌가스 충전 용기에 동 또는 동의 함유량이 62% 이상인 동합금을 사용하지 아니할 것
⑬ 안전밸브는 그 성능이 용기의 내압시험 압력의 80% 이하 압력에서 작동할 수 있는 것일 것
   (산소는 170kg/cm² 이상에서 작동)
⑭ 산소 저장 설비주위 5m 이내에서는 화기를 취급해서는 아니되며 작업에 필요한 양 이상의 연소하기 쉬운 물질을 두지 아니할 것
⑮ 용기 표기 방식
   ㉮ 제조업자 명칭 또는 약호
   ㉯ 충전하는 가스의 명칭
   ㉰ 용기 기호의 번호
   ㉱ 내용적(V : L로 표시)
   ㉲ 아세틸렌 가스 충전용기에 있어서는 용기 다공질 물질 용제 및 밸브의 질량을 합한 질량
      (TW : 킬로그램)
   ㉳ 내압 시험에 합격한 연월

2. 가스 용기의 도색

1) 일반 용기

가스 종류	도색 구분	가스 종류	도색 구분
액화석유가스(LPG)	회색	액화암모니아	백색
수소	주황색	산소	녹색
아세틸렌	황색	액화탄산가스	청색
액화염소	갈색	그밖의 가스	회색

2) 의료 용기

가스 종류	도색 구분	가스 종류	도색 구분
산소	백색	헬륨	갈색
액화탄산가스	회색	에틸렌	자색
질소	흑색	이산화질소	청색

SECTION 08 산업안전

Craftsman Shielded Arc Welding

STEP 01 재해의 종류

1. 안전사고와 재해
① 통제를 벗어난 Energy의 광란으로 인하여 입은 인명과 재산의 피해현상
② 산업안전보건법상 산업재해 : 근로자가 업무에 관계되는 건설물, 설비, 원자재, 가스, 증기, 분진 등에 의하거나 작업 기타업무에 기인하여 사망 또는 부상하거나 질병에 이환되는 것

2. 중대재해
① 사망자가 1인 이상 발생한 재해
② 3개월 이상의 요양을 요하는 부상자 또는 직업성 질병자가 동시에 2인 이상 발생한 재해
③ 부상자 또는 직업성 질병자가 동시에 10인 이상 발생한 재해

3. 중대재해 발생시 관할 지방 노동관서의 장에게 보고해야 할 사항
① 발생개요 및 피해상황
② 조치 및 전망
③ 기타 중요한 사항

4. 산업재해의 통상적인 분류
① 통계적 분류 : 사망, 중경상(8일 이상의 노동손실), 경상해(1일 이상, 7일 이하의 노동손실), 무상해사고
② 상해정도별 분류(ILO에 의한 구분) : 사망, 영구전노동불능, 영구일시노동불능, 일시전노동불능, 일시일부노동불능 구급처치상해

STEP 02 산업재해의 발생과정

1. 하인리히(Heinrich)의 사고연쇄성 이론
① 1단계 : 사회적 환경 및 유전적 요소
② 2단계 : 개인적 결함
③ 3단계 : 불안전한 행동 및 불안전한 상태(물리적, 기계적 위험)

④ 4단계 : 사고
⑤ 5단계 : 재해
※ 재해발생 비율은 "사망 : 경상해 : 무상해 =1 : 29 : 300"

2. 버드(Bird)의 최신사고 연쇄성 이론

① 1단계 : 관리의 부족(통제부족)
② 2단계 : 기본원인 - 기원론, 원인학(기원)
③ 3단계 : 직접원인 - 불안전행동, 불안전상태(징후)
④ 4단계 : 사고(접촉)
⑤ 5단계 : 상해(손실)

3. 아담스(Adams)의 연쇄이론

① 관리구조 : 목적, 조직, 운영
② 작전적(전략적) 에러 : 관리자나 감독자에 의해서 만들어진 에러
③ 전술적 에러 : 불안전한 행동 및 불안전한 상태를 전술적 에러
④ 사고 : 사고의 발생 부상해 사고, 물적 손실사고
⑤ 상해 또는 손해 : 대인, 대물

STEP 03 재해의 원인과 발생형태

1. 재해의 원인

1) 간접원인

① 기술적 원인 : 건물, 기계장치 설계 불량, 구조, 재료의 부적합, 생산 공정의 부적당, 점검, 정비보존 불량
② 교육적 원인 : 안전의식의 부족, 안전수칙의 오해, 경험훈련의 미숙, 작업방법의 교육 불충분, 유해위험 작업의 교육 불충분
③ 관리적 원인 : 안전관리 조직 결함, 안전수칙 미제정, 작업준비 불충분, 인원배치 부적당, 작업지시 부적당

2) 직접원인

① 불안전한 행동 : 위험장소 접근, 안전장치의 기능 제거, 복장 보호구의 잘못사용, 기계 기구 잘못사용, 운전중인 기계장치의 손질, 불안전한 속도 조작, 위험물 취급 부주의, 불안전한 상태 방치, 불안전한 자세 동작, 감독 및 연락 불충분
② 불안전한 상태 : 물 자체 결함, 안전 방호장치 결함, 부장 보호구의 결함, 물의 배치 및 작업장소 결함, 작업환경의 결함, 생산 공정의 결함, 경계표시, 설비의 결함

2. 재해발생 형태

① 집중형 : 발생요소가 각각 독립적으로 작용하는 형태(재해가 집중적으로 발생)
② 연쇄형 : 원인들이 연쇄적 작용을 일으켜 결국 재해를 발생케 하는 형태
③ 복합형 : 집중형과 연쇄형의 혼합형으로 대부분의 재해가 이 형태를 따름

STEP 04 산업재해 예방대책

1. 재해예방 기본원칙

① 손실우연의 원칙 : 사고에 의해서 생기는 손실(상해)의 종류와 정도는 우연적이다.
② 원인계기의 원칙 : 모든 재해는 필연적인 원인에 의해서 발생한다.
③ 예방가능의 원칙 : 재해는 원칙적으로 모두 방지가 가능하다.
④ 대책선정의 원칙 : 재해방지 대책은 신속하고 확실하게 실시되어야 한다.

2. 하인리히의 사고방지 5단계

① 제1단계 : 안전관리조직의 조직
② 제2단계 : 사실의 발견
③ 제3단계 : 분석 평가
④ 제4단계 : 시정책의 선정(인사조정, 교육 및 훈련방법 개선)
⑤ 제5단계 : 시정책의 적용(3E, 3S의 활용)

3. 재해발생시 조치순서

① 제1단계 : 긴급처리(기계정지-응급처치-통보-2차 재해방지-현장보존)
② 제2단계 : 재해조사(6하 원칙에 의해서)
③ 제3단계 : 원인강구(중점분석대상 : 사람 – 물체 – 관리)
④ 제4단계 : 대책수립(이유 : 동종 및 유사재해의 예방)
⑤ 제5단계 : 대책실시 계획
⑥ 제6단계 : 대책실시
⑦ 제7단계 : 평가

4. 재해사례 연구의 순서

① 제1단계 : 사실의 확인
② 제2단계 : 문제점 발견(작업표준 등을 근거)
③ 제3단계 : 근본적인 문제점 결정(각 문제점마다 재해요인의 인적, 물적, 관리적 원인 결정)
④ 제4단계 : 대책수립

STEP 05 무재해운동

1. 무재해운동의 정의 및 이념
① 사업주와 근로자가 참여하여 재해예방을 위한 자율적인 운동으로 사업장내의 잠재적인 재해요인을 사전에 발견하여 근원적으로 이를 제거하기 위한 운동을 의미한다.
② 무재해운동의 근본이념은 인간존중의 이념이며, 안전과 건강을 다 함께 선취하는 운동이다.

2. 무재해운동의 기본 3원칙
① 무(Zero)의 원칙 : 산재 위험의 잠재요인을 근원적으로 해결하기 위한 원칙
② 선취의 원칙 : 위험요인 행동 전에 예지, 발견
③ 참가의 원칙 : 전원(근로자, 회사내 전종업원, 근로자 가족) 참가

3. 무재해운동 추진의 3기둥(무재해운동의 3요소)
① 최고 경영자의 경영자세
② 라인화의 철저(관리감독자에 의한 안전보건의 추진)
③ 직장(소집단)의 자주활동의 활발화

4. 무재해운동 적용대상 사업장
① 안전 관리자를 선임해야 할 사업장
② 건설공사의 경우 도급액이 10억원 이상인 건설현장
③ 해외건설공사의 경우 상시근로자수 500인 이상이거나 도급금액이 1억달러 이상인 건설현장

STEP 06 기타 산업재해 관련 사항

1. 위험예지 훈련

1) 위험예지 훈련의 안전 선취를 위한 방법
   ㉮ 감수성 훈련
   ㉯ 단시간미팅훈련
   ㉰ 문제해결 훈련

2) 위험예지 훈련의 4단계
   ㉮ 1R(현상파악) : 어떤 위험이 잠재하고 있는지 사실을 파악하는 라운드(BS적용)
   ㉯ 2R(본질추구) : 가장 위험한 요인(위험 포인트)을 합의로 결정하는 라운드(요약)
   ㉰ 3R(대책수립) : 구체적인 대책을 수립하는 라운드(BS적용)
   ㉱ 4R(목표달성-설정) : 수립한 대책 가운데 질이 높은 항목에 합의하는 라운드(요약)

2. 브레인 스토밍 및 STOP

① 브레인 스토밍(팀 미팅기법) : 비평금지, 자유분방, 대량발언, 수정발언
② STOP(안전관찰 점검표) : 결심(Decide) → 정지(Stop) → 관찰(Observe) → 조치(Act) → 보고(Report)

STEP 07 산업재해율

1. 연천인율(年千人率)

① 근로자 1000인당 1년간 발생하는 사상자수
② 연천인율 = $\dfrac{\text{사상자수}}{\text{연평균 근로자수}} \times 1000$

2. 도수율(Frequeency Rate of Injury : FR)

① 산업재해의 발생빈도를 나타내는 것으로, 연 근로시간 합계 100만 시간당의 재해 발생건수
② 도수율 = $\dfrac{\text{재해발생건수}}{\text{연간 총 근로시간}} \times 10^6$

3. 연천인율과 도수(빈도)율과의 관계

① 연천인율 = 도수(빈도)율 × 2.4
② 도수(빈도)율 = 연천인율 ÷ 2.4

4. 강도율(Severity Rate of Injury : SR)

① 재해의 경중, 강도를 나타내는 척도로 연 근로시간 1000시간 당 재해에 의해서 잃어버린 일수
② 강도율 = $\dfrac{\text{근로손실일수}}{\text{연간 총 근로시간}} \times 1000$

5. 안전활동률

① 일정기간의 안전활동률
② 안전활동율 = $\dfrac{\text{안전활동률}}{\text{근로 시간수} \times \text{평균 근로자수}} \times 10^6$

제01장 _ 용접일반 및 작업안전
출제예상문제

1. 용접일반

01 아크 용접을 할 때 아크 열에 의하여 모재가 녹은 깊이를 무엇이라 하는가?

① 용적지
② 용적
③ 용융지
④ 용입

- 용입 : 모재가 녹은 깊이
- 용적 : 용접봉이 녹아 모재로 이행되는 쇳물 방울
- 용융지 : 모재가 녹은 쇳물 부분

02 직류 아크 용접 중 정극성이란?

① 모재에 용접기의 양극(+)을 연결하고, 용접봉을 용접기의 음극(-)에 연결하는 것이다.
② 모재에 용접기의 음극(-)을 연결하고, 용접봉을 양극(+)에 연결하는 것이다.
③ 용접기의 양극(+)을 모재와 용접봉을 동시에 연결하는 것이다.
④ 용접기의 음극(-)을 모재와 용접봉에 동시에 연결하는 것이다.

- 정극성은 모재(+) 70% 용접봉(-) 30%로 연결하는 것이다.

03 교류 아크 용접기와 비교한 직류 아크 용접기의 특징으로 옳은 것은?

① 전류의 방향이 바뀌므로 아크가 불안정하다.
② 취급하기 쉽고, 고장도 적으며, 보수가 쉽다.
③ 무부하 전압이 높고, 감전의 위험이 많다.
④ 아크는 안정되나 아크 쏠림이 있다.

- 직류아크 용접기는 아크 안정이 우수하고 극성 변화 가능하면서 아크쏠림이 있다.

04 교류 아크 용접기중 용접전류의 원격조정이 가능한 용접기는?

① 가동철심형
② 가동코일형
③ 가포화 리액터형
④ 탭전환형

- 가포화 리액터 특징
  - 전기적 전류 조정으로 소음이 없고 기계 수명이 길다.
  - 원격 조작이 간단하고 원격제어가 된다.

05 아크 용접기의 용량을 나타내는 것은?

① 무부하전압
② 정격 2차전류
③ 효율
④ 부하전압

06 부하전류가 증가하면 단자전압이 저하하는 특성으로서 피복아크 용접에 필요한 특성은?

① 정전류 특성
② 정전압 특성
③ 부특성
④ 수하 특성

- 수하 특성 : 부하전류가 증가하면 단자 전압이 낮아지는 특성
- 정전압 특성 : 수하특성과는 반대의 성질을 갖는 것으로서 부하 전류가 변하여도 단자 전압은 거의 변화하지 않는 특성
- 부특성 : 전류가 커지면 저항이 작아져서 전압도 낮아지는 현상

07 용접봉의 용융속도는 무엇으로 나타내는가?

① 단위시간당 소비되는 용접봉의 길이 또는 무게
② 단위시간당 용착된 비드의 길이
③ 단위시간당 형성된 용착금속의 무게
④ 1분당의 운봉길이

- 단위 시간당 소비되는 용접봉의 길이 또는 무게를 용융속도라 한다.

정답 [1. 용접일반] 01 ④ 02 ① 03 ④ 04 ③ 05 ② 06 ④ 07 ①

08 피복 아크 용접봉 E4316을 올바르게 설명한 것은?

① 일미나이트계 용접봉으로 최소 인장강도가 43kg/mm^{2}이다. (전자세용)
② 일미나이트계 용접봉으로 최소 인장강도가 16kg/mm^{2}이다. (아래보기 자세용)
③ 저수소계 용접봉으로 최소 인장강도가 43kg/mm^{2}이다. (전자세용)
④ 저수소계 용접봉으로 최소 인장강도가 16kg/mm^{2}이다. (아래보기 자세용)

> E4316은 저수소계 용접봉으로 아크가 불안하고 용접속도가 느리다.

09 고산화티탄계(E4313) 용접봉에 관한 설명으로 옳지 않은 것은?

① 기계적 성질이 약간 좋지 않으므로 주요부분의 용접에 잘 사용되지 않는다.
② 아크는 안정되고 스패터도 적다.
③ 용접 작업 중에 슬랙이 잘 밀려나므로 가는 용접봉으로도 작업이 용이하다.
④ 용입이 얕으므로 얇은 판 용접에도 좋다.

10 저수소계(E4316) 용접봉에 관한 설명 중 틀린 것은?

① 강력한 탈산작용을 한다.
② 용착금속의 기계적 성질과 인성이 좋다.
③ 작업성이 극히 우수하다.
④ 염기성 탄산염이 주성분이다.

> 작업성이 우수하고 스패터가 적은 것은 철분산화티탄계(E4324) 용접봉이다.

11 피복제 중에 산화티탄과 석회석이 주성분이고, 작업성이 양호하며 전자세 용접에 사용 할 수 있고, 용입이 얕아 박판용접에 적합한 용접봉은?

① 라임티타니아계(E4303)
② 고셀룰로스계(E4311)
③ 고산화티탄계(E4313)
④ 철분산화티탄계(E4324)

12 수평용접 자세 등에서 운봉법이 나쁘면 비드 아래쪽에 용접 금속이 모재위에 겹쳐서 덮이는 수가 있는데 이와 같은 결함을 무엇이라 하는가?

① 언더컷
② 크래킹
③ 오버랩
④ 비이딩

> • 언더컷 : 전류가 너무 높고 아크길이가 길 때 발생하는 되는 현상
> • 오버랩 : 용접 전류가 너무 낮고 운봉 및 봉 유기 각도가 불량할 때 발생된다.

13 피복 아크 용접에서 용접전류에 의한 아크 주위에 발생하는 자성이 용접봉에 비하여 비대칭이므로 발생하는 현상은?

① 아크 발생
② 아크 쏠림
③ 아크 소멸
④ 아크 자장

> 아크쏠림을 자기 불림이라고도 한다.

14 다음 피복제 중 탈산제에 속하는 것은?

① 산화티탄
② 규산칼륨
③ 페로망간
④ 탄산나트륨

> 탈산제로는 페로망간, 망간, 크롬, 페로 크롬, 페로 바나듐 알루미늄, 마그네슘, 소맥분, 펄프, 목재 톱밥 등이 있다.

15 두께가 3.2mm인 연강판을 지름 2.6mm인 용접봉으로 용접하려고 할 때 적합한 표준 전류값은?

① 100~120A   ② 80~100A
③ 50~70A   ④ 30~40A

> 두계 3.2mm인 경우 용접봉 지름 2.0mm이면 40~60A 2.6mm이면 50~70A임

16 아크 용접시 용입 부족의 원인이 아닌 것은?

① 운봉속도가 너무 빠를 때
② 용접전류가 낮을 때
③ 홈의 각도가 너무 좁을 때
④ 루트 간격이 클 때

🔍 루트 간격을 크게 하고 용접 속도를 빠르지 않게 하면 용입 부족 방지 대책이다.

17 아크 안정도 좋으며 전류도 최저 10~15A까지 낮출수 있으므로 박판용접에도 좋은 결과를 갖는 용접기는?

① 전지식 직류 아크 용접기
② 발전식 직류 아크 용접기
③ 교류 아크 용접기
④ 정류기형 직류 아크 용접기

🔍 박판 용접에 좋은 용접기는 전지식 직류 아크 용접기이다.

18 전류가 작은 범위에서 아크 전류가 증가함에 따라 아크 저항이 작아서 결국 전압이 낮아지는 특성을 무엇이라 하는가?

① 정전압 특성　② 상승 특성
③ 수하 특성　④ 부 특성

🔍 부특성은 아크 전류밀도가 작을 때 나타나며 밀도가 크면 아크 길이에 따라 전압이 상승하는 상승 특성을 나타낸다.

19 다음 피복 아크 용접봉 중 용착금속의 충격값(0℃ V 노치샬피)이 가장 높은 용접봉은?

① 일미나이트계(E4301)
② 철분산화철계(E4327)
③ 저수소계(E4316)
④ 고셀룰로스계(E4311)

20 다음 중 직류 정극성의 영문 약어는?

① DCRP　② DCSP
③ ACRP　④ ACSP

🔍 • 직류 정극성 : DCSP　• 직류 역극성 : DCRP
• 교류 정극성 : ACSP　• 교류 역극성 : ACRP

21 직류 아크 용접에서 용접봉을 용접기의 양(+)극에, 모재를 음극(-)극에 연결하였을 때의 극성은?

① 정극성　② 역극성
③ 자극성　④ 용극성

🔍 모재 (-) 용접봉 (+) : 역극성 / 모재 (+) 용접봉 (-) : 정극성

22 용접기에 AW300이란 표시가 있다. 이 중 300이란 무엇을 표시하는가?

① 정격 사용률　② 2차 사용률
③ 정격 2차 전류　④ 최고 2차 무부하 전압

🔍 • AW : 교류아크용접기
• 300 : 정격 2차 전류를 나타낸다.

23 정격 2차 전류 200A, 정격사용률 40%의 아크 용접기로 150A의 용접 전류를 사용하여 용접하는 경우 허용 사용률은?

① 약 58%　② 약 64%
③ 약 86%　④ 약 71%

🔍 허용사용률 = $\dfrac{\text{정격2차전류}^2}{\text{실제용접전류}^2}$ × 정격사용률
= $\dfrac{200^2}{150^2}$ × 40 = 71.1

24 피복 아크 용접 작업에서 아크 길이 및 아크전압에 관한 설명으로 틀린 것은?

① 품질이 좋은 용접을 하려면 원칙적으로 짧은 아크를 사용하여야 한다.
② 아크 길이는 심선의 지름보다 짧아야 한다.
③ 아크의 길이가 적당할 때는 정상적인 작은 입자의 스패터가 생긴다.
④ 아크 전압은 아크 길이에 비례한다.

🔍 아크 길이는 심선의 지름과 동일해야 한다.

정답　16 ④　17 ①　18 ④　19 ③　20 ②　21 ②　22 ③　23 ④　24 ②

25 피복 아크 용접에서, 아크의 발생 및 그 준비동작에 관한 설명으로 틀린 것은?

① 용접봉 끝으로 모재 위를 긁는 기분으로 운봉하여, 아크를 발생시키는 방법이 긁는법이다.
② 용접봉 끝으로 모재를 살짝 찍는 법은 초보자에게 가장 알맞은 방법이다.
③ 용접봉 끝을 모재면에서 10mm 정도 되게 가까이 대고 아크 발생위치를 정한 다음 핸드 실드로 얼굴을 가린다.
④ 용접봉을 순간적으로 재빨리 모재면에 접촉시켰다가 3~4mm 정도 떼면 아크가 발생한다.

🔍 초보자에게는 긁는 법이 적당하다.

26 피복 아크 용접법에서 용접봉의 각도에 대한 설명으로 틀린 것은?

① 아크는 용융금속이 옮겨지는 방향, 발생가스의 분출 방향 등에 영향을 준다.
② 용접봉의 각도는 진행각과 작업각으로 나눈다.
③ 용접봉의 진행각은 용접봉과 이음방향에 나란하게 세워진 수평평면이 이루는 각도이다.
④ 용접봉의 각도는 용접봉이 모재와 이루는 각도로서, 용접품질에 큰 영향을 준다.

🔍 용접봉의 진행각은 용접봉과 용접선이 이루는 각도로 용접봉과 수직선 사이의 각도이며 작업각은 용접봉과 이음 방향에 나란히 세워진 수평 평면과의 각도 표시이다.

27 다음 용접 중 융접에 해당하지 않는 것은?

① 테르밋 용접
② 엘렉트로 슬랙 용접
③ TIG용접
④ 초음파 용접

🔍 압접으로는 초음파 용접, 테르 용접, 마찰용접 등이 있다.

28 직류 피복 아크 용접기와 교류 피복 아크 용접기를 비교할 때 직류 피복 아크 용접기에 관한 사항으로 옳지 않은 것은?

① 교류에 비해 아크가 안정되고 아크쏠림 현상이 없다.
② 무부하전압이 교류보다 낮아 감전의 위험이 적다.
③ 발전기형, 정류기형은 교류 아크 용접기에 비해 값이 비싸다.
④ 발전기형 직류 아크 용접기는 소음이 난다.

🔍 교류에 비해 아크는 안정되나 아크 쏠림 현상은 많다.

29 피복 아크 용접봉에서 피복 배합제의 종류 중 아크 안정제 역할에 해당하는 것은?

① 규산칼륨, 규산나트륨, 산화티탄, 석회석
② 녹말, 목재, 톱밥, 셀룰로오스, 석회석
③ 산화철, 루틸, 일미나이트, 이산화망간
④ 망간철, 규소철, 티탄철

🔍 아크 안정제 : 규산칼륨, 규산나트륨, 산화티탄, 석회석, 소맥분, 목재, 톱밥, 펄프, 자철광, 적철광, 생석회 등이 있다.

30 피복제 중에 유기물을 약 30% 이상 포함하고 있어, 많은 환원가스를 발생하며, 아크는 스프레이형이고 용입도 좋으나, 스패터가 많은 용접봉은?

① 고셀룰로스계 용접봉
② 일미나이트계 용접봉
③ 고산화티탄계 용접봉
④ 라임티타니아계 용접봉

31 피복 아크 용접에서 아래보기 V형 용접에 비교적 많이 적용되는 운봉법이 아닌 것은?

① 삼각형   ② 원형
③ 직선   ④ 부채꼴 모양

🔍 삼각형은 아래보기 T형 용접, 수평용접으로 사용된다.

정답 25 ② 26 ③ 27 ④ 28 ① 29 ① 30 ① 31 ①

32 다음은 용접의 장점을 설명한 것이다. 옳지 않은 것은?

① 자재가 절약되어 중량이 감소한다.
② 리벳이음에 비해 맞대기 용접시의 이음 효율은 100%로 잡을 수 있다.
③ 이종 재료의 조합이 가능하다. .
④ 열 영향으로 이음부의 재질이 변하지 않는다.

🔍 열 영향으로 이음부의 재질이 변하게 되는 것은 용접의 단점이다.

33 아크 용접기의 사용에 대한 설명으로 틀린 것은?

① 전격방지기가 부착된 용접기를 사용 한다.
② 용접기 케이스는 접지를 확실히 해 둔다.
③ 개로전압이 높은 용접기를 사용 한다.
④ 사용률을 초과하여 사용하지 않는다.

🔍 개로 전압이 낮은 용접기를 사용해야 한다.

34 가스 발생식 아크 용접봉에 관한 설명으로 틀린 것은?

① 전자세 용접이 가능하다.
② 슬랙의 제거가 손쉽다.
③ 아크가 매우 안정된다.
④ 스패터가 거의 없다.

🔍 가스 발생식 아크 용접봉은 전자세 용접이 가능하고 슬래그 제거가 쉽고 아크가 안정되며 스패터가 많이 발생된다.

35 연강의 피복 아크 용접봉인 E4316이 KS규격과 관계 있는 계열은 다음 중 어느 것인가?

① 저수소계
② 고산화티탄계
③ 일미나이트계
④ 철분 산화철계

- 저수소계 : E4316
- 고산화티탄계 : E 4313
- 일미나이트계 : E 4301
- 철분산화철계 : E4327
- 라임티타니아계 : E4303
- 고셀룰로오스계 : E4311

36 피복 아크 용접의 아크 길이 및 아크전압에 대한 설명이다. 이 중 옳지 않은 것은?

① 아크 길이가 변동하면 발열량도 변화한다.
② 아크를 처음 발생시킬 때, 찬 모재를 예열하기 위해 짧은 아크를 이용할 때가 많다.
③ 아크 길이는 심선의 지름과 거의 같은 것이 좋다.
④ 품질이 좋은 용접을 하려면 원칙적으로 짧은 아크를 사용하여야 한다.

37 피복아크 용접에서 아크 및 용접봉의 각도에 관한 설명으로 옳지 않은 것은?

① 용접봉의 각도에 따라서 용접의 품질이 좌우된다.
② 아크는 용접봉 끝에서부터 용접봉의 방향으로 향하므로 용융금속의 용착상태 등에 큰 영향을 끼친다.
③ 용접봉의 각도는 진행각과 작업각으로 나누어진다.
④ 용접진행각은 용접봉과 이음방향에 나란하게 세워진 수직 평면과의 각도로 표시한다.

🔍 진행각은 용접봉과 용접선이 이루는 각도로 용접봉과 수직선 사이의 각도로 표시한다.

38 피복아크 용접에서 용접속도 V(cm/min)를 구하는 식은?(단, 아크전압 E(V), 아크전류 I(A), 용접의 단위 길이 1cm당 발생하는 전기적 에네지 H(J/cm)임)

① H = 60EI/V
② V = H/60EI
③ V = 60E/HI
④ V = HI/60E

39 일반 피복아크 용접봉의 피복제의 작용에 관한 설명으로 옳지 않은 것은?

① 아크발생을 쉽게 하고 안정시킨다.
② 용착금속의 탈산과 정련작용을 한다.
③ 용융점이 높은 무거운 슬랙을 만든다.
④ 용착금속의 응고와 냉각속도를 느리게 한다.

🔍 피복제는 아크를 안정시키고, 용착 금속의 탈산 정련작용을 하며 용착금속의 응고와 냉각속도를 느리게 하고 용착효율을 높인다.

정답 32 ④ 33 ③ 34 ④ 35 ① 36 ② 37 ④ 38 ① 39 ③

40 피복아크 용접에서 피복 배합제 중 아크 안정제에 속하지 않는 것은?

① 규산칼륨 ② 석면
③ 석회석   ④ 페로 티탄

🔍 아크 안정제로 규산 칼륨, 산화티탄, 탄산바륨, 석회석, 석면 등이 있다.

41 피복아크 용접봉의 피복 배합제 중 고착제에 속하지 않는 것은?

① 규산칼륨 ② 소맥분
③ 젤라틴   ④ 탄가루

🔍 고착제로는 규산나트륨, 규산 칼륨, 소맥분, 아교, 카세인, 젤라틴 등이 있다.

42 피복아크 용접봉에서 산화철을 주성분으로 철분을 첨가한 것으로 아크는 스프레이형이고 스패터는 적으며 용입이 깊고, 슬랙은 무거우며, 비드 표면이 고운 용접봉은?

① 고산화티탄계(E4313)
② 철분산화철계(E4327)
③ 라임티탄계(E4313)
④ 철분저수소계(E4326)

43 연강용 피복아크 용접봉 심선의 화학성분에 해당되지 않는 것은?

① 구리 ② 규소
③ 망간 ④ 니켈

🔍 용접봉 심선은 탄소, 규소, 망간, 황, 인, 구리로 구성된다.

44 피복아크 용접봉 종류의 표시법 중 E4301에서 43은 무엇을 나타내는가?

① 피복제의 종류 표시
② 용접자세
③ 전기용접봉의 뜻
④ 전용착금속의 최소 인장강도(kg/mm²)

🔍 용접봉 표시 방법
- E : 전극봉(electrode) ※gas 용접봉
- 45 : 용착금속의 최저 인장강도(kg/mm²)
- △ : 용접자세(0,1 : 전 자세, 2 : 하향 및 수평 fillet 용접, 3 : 하향용접, 4 : 전 자세 또는 특정자세)
- □ : 피복제

45 교류아크 용접기에서 효율(%)을 구하는 식은?

① 아크 출력 / 소비 전력 × 100
② 소비 전력 / 아크 출력 × 100
③ 소비 전력 / 전원 입력 × 100
④ 아크 출력 / 전원 입력 × 100

46 피복아크 용접에서 용접봉을 양(+)극에, 모재를 음(-)극에 연결하는 용접 방식은?

① 역극성
② 정극성
③ 소모성
④ 비소모성

47 피복아크 용접에서 교류아크 용접기의 종류 형태가 아닌 것은?

① 발전기형
② 가동 철심형
③ 탭전환형
④ 가동 코일형

🔍 교류아크 용접기에는 가동 철심형, 가동 코일형, 탭전환형, 가포화 리액터형이 있으며 직류 아크 용접기에는 전동 발전식, 엔진 구동형, 정류식이 있다.

48 피복아크 용접에서 교류전원이 없는 곳에서만 사용할 수 있는 용접기는?

① 정류형 직류아크 용접기
② 엔진구동형 직류아크 용접기
③ AC-DC 아크 용접기
④ 가포화 리액터형 교류아크 용접기

정답 40 ④ 41 ④ 42 ② 43 ④ 44 ④ 45 ① 46 ① 47 ① 48 ②

49 모든 수동 아크 용접기는 이 특성으로 설계되어 있으며, 아크 길이가 변해도 아크 전류는 변하지 않는다는 특성은?

① 정 특성　　② 상승 특성
③ 정전류 특성　④ 정전압 특성

> 아크 길이가 변해도 아크 전류는 변하지 않는 특성은 정전류 특성이다.

50 피복아크 용접에서 다음 나열한 것 중 그 뜻이 다른 3개와 다른 것은?

① 용접 속도　② 용융 속도
③ 운봉 속도　④ 아크 속도

51 다음은 아크용접과 가스 용접을 비교한 것이다. 아크 용접의 장점이 아닌 것은?

① 용접변형이 적다.
② 모재가열시 열량조절이 비교적 자유롭다.
③ 작업속도가 빠르다.
④ 폭발의 위험성이 없다.

> 열량 조절이 자유로운 것은 가스 용접의 장점이다.

52 직류 용접기가 교류 용접기보다 우수한 점이 아닌 것은?

① 아크가 안정하다.
② 비피복봉의 사용이 가능하다.
③ 무부하 전압이 낮아 전격의 위험이 적다.
④ 아크 쏠림현상이 없다.

> 아크 쏠림현상은 교류 용접기가 우수하다.

53 피복아크 용접시 품질이 좋은 용접을 하려면 아크의 길이가 적당하여야 한다. 아래에서 아크 길이가 적당할 때 나타나는 현상은?

① 아크가 불안정하다.
② 산화 및 질화현상이 나타난다.
③ 작은 스패터가 생기고 기름 튀기는 소리가 난다.
④ 발열량이 증대한다.

> 아크 길이가 적당할 때는 스패터가 적게 생기고 용접비드 모양도 우수하다.

54 가스 발생제로서 식물성 유기물을 함유시킨 용접봉으로 대형 구조물의 현장 용접에 적합한 가스 실드식 용접봉은?

① 저수소계　　　② 고셀룰로오스계
③ 철분 산화철계　④ 고산화 티탄계

55 직류 아크 용접의 극성에 대한 설명 중 옳은 것은?

① 양극(+)을 모재에 연결하는 것을 역극성이라 한다.
② 전자의 충격을 받은 양극(+)이 발열량이 적다.
③ 역극성일 때는 용접봉의 용융 속도가 빠르다.
④ 얇은 판의 용접에는 용락을 방지하기 위해 정극성을 사용하는 것이 좋다.

56 다음 중 압접에 해당되지 않는 것은?

① 초음파 용접　② 마찰 용접
③ 전자비임 용접　④ 유도가열 용접

> 전자비임 용접은 융접 중에 특수용접에 포함된다.

57 직류아크 용접의 정극성과 역극성에 관한 사항 중 옳은 것은?

① 정극성일 때는 용접봉의 용융이 늦고 모재의 용입은 깊다.
② 얇은 판의 용접에는 용락을 피하기 위하여 정극성이 편리하다.
③ 모재에 음극(-), 용접봉에 양극(+)을 연결하는 방식을 정극성이라 한다.
④ 역극성은 일반적으로 두꺼운 모재의 용접에 적합하다.

정답　49 ③　50 ②　51 ②　52 ④　53 ③　54 ②　55 ③　56 ③　57 ①

58 아크 용접기에서 수하 특성이란 무엇인가?

① 전압 : 전류의 특성
② 변압기 : 리액터 정류기 특성
③ 철심 : 1차 코일의 특성
④ 1차코일 : 2차 코일의 특성

59 직류 용접기가 교류 용접기 보다 좋은 이유는?

① 아크의 열이 약하다.
② 용접기의 가격이 싸다.
③ 아크가 안정되어 있다.
④ 구조가 간단하다.

60 다음 용접기의 형식에서 교류 아크 용접기에 해당하지 않는 것은?

① 가동철심형　② 정류기형
③ 탭 전환형　　④ 가포화 리액터형

🔍 교류 아크 용접기에는 가동철심형, 가동 코일형, 탭 전환형, 가포화 리액터형이 있으며 정류기형은 직류 아크 용접기에 속한다.

61 다음 피복 아크 용접봉 중에서 이산화탄소가 가장 많이 발생하는 용접봉은?

① E4301　② E4311
③ E4313　④ E4316

🔍 E4316은 저수소계 용접봉으로 석회석이나 형석을 주성분으로 한다.

62 심선 표면에 도포된 피복제의 역할 중 틀린 것은?

① 정련된 용착 금속을 만든다.
② 용착금속에 필요한 원소를 보충한다.
③ 용착금속의 흐름을 억제한다.
④ 용착금속의 급랭을 방지한다.

63 피복 아크 용접봉에 탄소(C)량을 적게 하는 이유는?

① 기포 방지　② 스패터 방지
③ 균열 방지　④ 산화 방지

64 E4301은 어느 계열의 용접봉인가?

① 일미나이트계
② 저수소계
③ 고산화티탄계
④ 라임티탄계

🔍 저수소계 E4316, 고산화티탄계 E4313, 라임티탄계 E4303

65 아크 용접봉의 피복제 중에서 아크를 안정 시켜주는 성분은?

① 산화티탄
② 붕사
③ 망간
④ 니켈

🔍 아크 안정제로 규산칼륨, 산화티탄, 탄산바륨, 석회석이 있다.

66 다음 중 아크 쏠림을 방지하는 방법으로서 틀린 것은?

① 접지점을 바꾼다.
② 가접을 크게 한다.
③ 아크 길이를 길게 유지한다.
④ 교류 용접기를 사용한다.

🔍 아크가 한쪽으로 쏠리는 현상을 아크 쏠림이라 하는데 방지책으로 교류 용접을 하고, 가접을 크게, 아크길이를 짧게, 접지점을 2개 연결한다.

67 피복 아크 용접에 필요한 특성으로 아크를 안정시키는데 필요한 특성은?(단, 부하 전압의 증가로 단자 전압이 저하 한다)

① 부 특성
② 수하 특성
③ 회로 특성
④ 정전류 특성

🔍 수하특성 : 부하전류가 증가하면 단자 전압이 저하하는 특성을 말한다.

정답 58 ① 59 ③ 60 ② 61 ④ 62 ③ 63 ③ 64 ① 65 ① 66 ③ 67 ②

68 다음 중 피복제의 역할을 쓴 것 중 틀린 것은?

① 용착 금속에 수소 공급
② 용착 금속의 보호
③ 용착금속의 탈산 정련 작용
④ 용이한 아크 발생과 아크 안정

🔍 용착 금속에 수소 공급하고는 상관없다.

69 다음 중 교류 아크 용접기의 종류에 해당하지 않는 것은?

① 가동 철심형 ② 가동 코일형
③ 탭 전환형   ④ 정류기형

🔍 정류기형과 발전기형은 직류 아크 용접기에 속한다.

70 직류 용접기가 교류 용접기보다 좋은 이유는?

① 구조가 간단하다.
② 아크가 안정되어 있다.
③ 용접기의 가격이 싸다.
④ 아크 열이 강하다.

🔍 직류용접기는 교류용접기보다 아크가 안정되고 구조는 복잡하며 가격이 비싸며 아크 열이 강하다.

71 다음 중 ( ) 속에 들어갈 것으로 옳게 짝지워진 것은?

> 금속 아크 용접이란 전극(모재)과 전극(용접봉) 사이에 (1)를 발생시켜 그 (2)로서 모재와 용접봉을 용융시켜 용접금속을 형성하는 것이다.

① 1 아크, 2 용접열 ② 1 전압차, 2 전류
③ 1 저항차, 2 전류 ④ 1 전류차, 2 용접열

72 직류아크 용접으로 얇은 판을 용접할 때 용락을 방지하기 위하여 사용하는 극성은?

① 용극성   ② 비용극성
③ 직류 정극성 ④ 직류 역극성

73 용접봉에서 모재로 옮겨가는 금속이행 방식이 아닌 것은?

① 비산형
② 단락형
③ 글로뷸러형
④ 스프레이형

🔍 용융 금속 이행 형식에는 단락형, 스프레이형, 글로뷸러형이 있다.

74 직류 정극성을 관한 다음 사항 중 올바른 것은?

① 용락을 피하기 위하여 얇은 판의 용접에 적합하다.
② 전자 충격을 받은 음극이 양극보다 발열량이 크다.
③ 용접봉의 용융이 늦고 모재의 용입이 깊어진다.
④ 양극에 용접봉, 음극에 모재를 접속한다.

75 용접 작업시간 10분 중 아크시간이 6분이고 휴식시간이 4분일 경우 이 용접기의 사용률은?

① 40%
② 60%
③ 80%
④ 120%

🔍 사용률
$= \dfrac{\text{아크발생시간}}{\text{아크발생시간 + 정지시간}} \times 100 = \dfrac{6}{10} \times 100 = 60$

76 교류아크 용접기와 비교한 직류아크 용접기에 관한 설명으로 옳은 것은?

① 전류의 방향이 바뀌므로 아크가 불안정하다.
② 취급하기가 쉽고, 고장도 적으며 보수가 쉽다.
③ 무부하 전압이 높고, 감전의 위험이 많다.
④ 아크는 안정되나 아크쏠림이 있다.

🔍 직류 아크 용접기는 아크 안정되고, 극성변화가 가능하며 아크쏠림이 있으며 박판 및 특수용접에 가능하다.

정답 68 ① 69 ④ 70 ② 71 ① 72 ③ 73 ① 74 ③ 75 ② 76 ④

77 용접봉의 피복제 작용으로 볼 수 없는 것은?

① 중성 및 환원성 분위기를 만든다.
② 아크 길이를 일정하게 유지한다.
③ 아크를 안정되게 한다.
④ 냉각 속도를 느리게 한다.

🔍 피복제 역할 : 아크를 안정시키고 용착금속을 보호하여 용착효율을 높이며 탈산정련 작용을 하며 금속의 급랭을 막아 조직을 좋게 한다.

78 균열에 대한 감수성이 좋아서 두꺼운 판의 첫층 용접 혹은 구속도가 큰 구조물이나 고장력강 및 황의 함유량이 많은 강의 용접에 가장 적합한 용접봉은?

① 고셀룰로스계(E4311)
② 고산화티탄계(E4313)
③ 일미나이트계(E4301)
④ 저수소계(E4316)

79 다음 용접봉의 표시법 중 철분산화철계를 나타내는 것은?

① E4313
② E4324
③ E4327
④ E4326

🔍 고산화티탄계 E4313, 철분산화티탄계 : E4324, 철분산화철계 : E4327, 철분저수소계 : E4326

80 다음 피복 배합제의 종류 중 아크 안정제가 아닌 것은?

① 탄산마그네슘
② 규산칼륨
③ 규산나트륨
④ 산화티탄

🔍 탄산마그네슘, 알루미나, 빙정석은 슬래그화 생성제이다.

81 다음 중 교류아크 용접기의 종류에 해당하지 않는 것은?

① 가포화 리액터형
② 탭 전환형
③ 가동 코일형
④ 실리콘형

82 용접 작업에 있어서 작업성을 좋게 하기 위한 다음 사항 중 올바르지 않은 것은?

① 아크의 안정 및 집중이 좋을 것
② 아크가 일정하게 발생될 수 있을 것
③ 슬랙의 용융온도가 높을 것
④ 슬랙은 가볍고 유동성이 양호할 것

🔍 슬랙의 용융온도는 낮아야 작업성을 좋게 할 수 있다.

83 다음 중 용접의 단점에 들지 않는 것은?

① 재질 변화
② 잔류응력 존재
③ 수축 변형
④ 수밀, 기밀 유지

🔍 수밀, 기밀 유지는 용접에 장점에 포함된다.

84 직류 아크 용접의 극성에 관한 다음 사항 중 틀린 것은?

① 피복아크 용접에서는 용접봉은 가늘고 모재는 두꺼운 경우가 많으므로 정극성이 효율적이다.
② 정극성일 때는 용접봉의 용융이 늦고 모재의 용입은 깊다.
③ 역극성에서는 용접봉을 용접기의 음극에, 모재를 양극에 연결한다.
④ 얇은 판의 용접에는 용락을 피하기 위하여 역극성이 편리할 때도 있다.

🔍 용접봉(-), 모재(+)는 정극성이다.

85 다음은 용융금속 이행방식에 관한 설명이다. 잘못된 것은?

① 피복아크 용접봉에 가장 많이 채택되는 형식은 스프레이형이다.
② MIG 용접이나 서브머지드 용접에 사용되는 형식은 핀치효과형이다.
③ 고셀룰로스계 용접봉의 이행형식은 스프레이형 이다.
④ 연강용 비피복봉은 핀치효과형의 대표적인 예이다.

🔍 비피복 용접봉 사용시 단락형이 나타난다.

정답 77 ② 78 ④ 79 ③ 80 ① 81 ④ 82 ③ 83 ④ 84 ③ 85 ④

86 다음 교류용접기의 특징 중 잘못된 것은?

① 아크가 불안정하다.
② 값이 싸다.
③ 취급이 손쉽다.
④ 고장이 생기기 쉽다.

🔍 교류용접기는 아크가 불안정하고 가격이 싸며, 고장이 적고 취급이 손쉽다.

87 다음은 직류용접기와 교류용접기를 비교한 것이다. 틀린 것은?

① 직류용접기는 역률이 매우 불량하고 교류용접기는 양호하다.
② 직류용접기는 자기쏠림 방지가 불가능하고 교류는 가능하다.
③ 직류용접기는 아크 안정이 우수하고 교류는 약간 떨어진다.
④ 직류용접기는 전격의 위험이 적고 교류용접기는 많다.

🔍 직류용접기는 교류용접기에 비해 역률이 매우 양호하다.

88 아크 용접봉 선택시 주의할 점이 아닌 것은?

① 용착금속의 기계적 성질이 좋을 것
② 아크가 안정되고 작업성이 좋을 것
③ 피복제가 균일하게 코팅되어 있을 것
④ 되도록 낮은 전류에서 높을 것

89 다음 중 피복제의 작용이 아닌 것은?

① 용착금속의 탈산 정련 작용을 한다.
② 용착금속에 적당한 합금 원소를 첨가한다.
③ 용착금속의 응고와 냉각속도를 빠르게 한다.
④ 많은 경우 피복제는 전기 절연작용을 한다.

🔍 피복제가 슬래그가 되어 용착금속을 급랭을 막아 조직을 좋게 한다.

90 다음 중 용접봉을 선택할 때 고려할 사항이 아닌 것은?

① 모재의 재질
② 사용 전류의 극성
③ 사용 전압의 고저
④ 이음의 형상

91 석회석 등의 염기성 탄산염을 주성분으로 하고, 여기에 형석, 페로 실리콘 등을 배합한 용접봉으로 단락형 아크를 발생시키는 용접봉은?

① 일미나이트계
② 고셀룰로스계
③ 라임티탄계
④ 저수소계

92 수하특성 용접기의 전압과 전류의 상관 관계를 설명한 것으로 옳은 것은?

① 전류의 흐름이 많아지면 전압이 낮아진다.
② 전류의 흐름이 적어지면 전압이 낮아진다.
③ 전류의 흐름이 많아지면 전압이 높아진다.
④ 전류의 흐름과 전압은 서로 비례한다.

🔍 수하특성은 전류가 많아지면 전압이 낮아지는 특성을 말한다.

93 직류 용접기가 교류 용접기보다 좋은 점은?

① 아크가 안정되고 역률이 좋다..
② 자기 불림이 없다.
③ 교류 용접기보다 구조가 간단하다.
④ 교류 용접기보다 가격이 싸다.

94 용접케이블 끝에 연결하여 용접케이블을 손쉽게 용접물에 손쉽게 연결 또는 분리할 수 있게 한 피복아크 용접용 기구는?

① 케이블 커넥터   ② 접지 클램프
③ 실드 커넥터   ④ 픽스춰

정답 86 ④ 87 ① 88 ④ 89 ③ 90 ③ 91 ④ 92 ① 93 ① 94 ②

95 아크 길이가 길면 아크 전압은 어떻게 변화하는가?

① 낮아진다.
② 높아진다.
③ 변동이 없다.
④ 높다가 낮아진다.

🔍 아크 길이가 길어지면 전압은 높아진다.

96 다음 중 피복 용접봉의 성분이 아닌 것은?

① 황산　　　② 붕산
③ 석회석　　④ 붕사

97 아크 용접시 비드의 종점에 오목하게 발생하는 결함은?

① 스패터　　② 오버랩
③ 언더컷　　④ 크레이터

🔍 크레이터는 용접 중에 아크를 중단시키면 중단된 부분이 오목하거나 납작하게 파진 모습을 말한다.

98 다음 중 피복제 용접봉을 사용하는 이유가 옳게 설명된 것은?

① 용착금속을 보호한다.
② 전력소비를 감소한다.
③ 작업자의 건강을 보호한다.
④ 용접기 수명을 연장한다

99 다음 중 직류 용접기의 종류가 아닌 것은?

① 가동 철심형　　② 전동 발전형
③ 엔진 구동형　　④ 정류기형

🔍 직류 용접기에는 전동발전형, 엔진 구동형, 정류기형이 있다.

100 고셀룰로스계(E4311) 연강용 피복아크 용접봉에 관한 사항 중 적합하지 않은 것은?

① 수평 또는 아래보기 자세 또는 넓은 홈의 용접에 적합하다.
② 피복의 두께가 얇으며, 슬랙의 양도 극히 적다.
③ 아크는 스프레이형이고 용입도 좋으나 스패터가 많다.
④ 피복제 중에 다량의 유기물을 포함하고 있으므로 보관 중 습기를 흡습하기 쉽다.

🔍 고셀룰로스계는 수직, 위보기 용접에 적합하다.

101 전원과 용접물에 어스 접촉이 불량하면 어떤 현상이 일어나는가?

① 용입이 깊다.
② 용입이 얕다.
③ 아크가 불안정하다.
④ 용접전류가 커진다.

102 다음 중 E4301에서 43은 무엇을 뜻하는가?

① 피복제의 종류
② 용착금속의 최저 인장강도
③ 피복제의 종류와 용접자세
④ 아크 용접시의 사용 전류

103 직류아크 용접에는 두 전극의 연결에 따라서 정극성과 역극성으로 구별되는데 정극성은 다음 중 어느 것인가?

① 음극(-)을 모재에 연결한다.
② 양극(+)을 모재에 연결한다.
③ 음극, 양극 구별이 없다.
④ 교류에만 정극성과 역극성이 있다.

104 교류아크 용접기의 2차측 무부하 전압은 얼마 정도인가?

① 200 - 220V
② 150 - 180V
③ 100 - 120V
④ 70 - 80V

🔍 교류아크 용접기 2차측 무부하 전압은 보통 85V 이하이다.

정답　95 ②　96 ①　97 ④　98 ①　99 ①　100 ①　101 ③　102 ②　103 ②　104 ④

105 다음 용접봉의 종류 중 일미나이트계에 속하는 것은?

① E4301　　② E4303
③ E4311　　④ E4313

> • E4301 : 일미나이트계
> • E4303 : 라임티타니아계
> • E4311 : 고셀룰로오스계
> • E4313 : 고산화티탄계

106 직류아크 용접으로 얇은 판을 용접할 때 용락을 방지하기 위하여 사용하는 극성은?

① 용극성　　② 비용극성
③ 직류정극성　　④ 직류역극성

107 피복 배합제인 니켈과 구리는 어떤 성질을 가지는가?

① 탈산제　　② 고착제
③ 합금제　　④ 환원 가스발생제

108 다음 용접봉 선택의 조건 중 틀리는 것은?

① 피복제가 균일하고 편심, 균열, 흠 등의 결함이 없을 것
② 아크가 안정되고 작업성이 좋을 것
③ 심선에 녹이 있어도 믿을 수 있는 회사 제품이면 무관함
④ 용착금속의 성질이 양호할 것

109 다음 설명 중 틀린 것은?

① 직류아크 용접기는 무부하전압은 교류에 비해 높다.
② 아크 용접은 가스 용접보다 두꺼운 판의 용접에 사용된다.
③ 아크 용접기는 교류보다 직류가 안정되어 있다.
④ 아크 용접이 가스 용접보다 온도가 높다.

> 무부하 전압은 직류 용접기는 40~60V, 교류 용접기는 70~80V이므로 직류 아크 용접기는 교류에 비해 낮다.

110 교류아크 용접기에 역률 개선용 콘덴서를 사용할 때 생기는 이익이 아닌 것은?

① 전원 용량이 다소 적어도 된다.
② 전압 변동율이 적어진다.
③ 용접봉 사용량이 줄어 경제적이다.
④ 입력 전압이 적어지므로 전력 요금이 싸진다.

> 용접봉 사용량은 상관이 없다.

111 교류 용접기의 역률을 좋게 하기 위해 1차측에 적당한 콘덴서를 용접기에 병렬로 설치한다. 이것의 장점으로서 틀린 것은?

① 1차 전류를 감소하면 전원입력이 크게 되어 전기요금이 적게 든다.
② 배전선의 재료가 절감된다.
③ 전원용량이 작으면서 같은 용량이면 여러개의 용접기를 접속할 수 있다.
④ 전압변동률이 적어진다.

> 역률이 개선되어 전원입력이 적어지며, 이에 따라 전기요금이 줄어 든다.

112 일반 피복아크 용접봉의 피복제의 주요 작용에 관한 사항으로 옳은 것은?

① 용융점이 낮은 적당한 점성의 가벼운 슬랙을 안 생기게 한다.
② 용착금속의 응고와 냉각속도를 느리게 한다.
③ 많은 경우에는 피복제는 전기 도체작용을 한다.
④ 용착금속의 탈탄 정련작용을 한다.

113 전기용접기에 콘덴서를 부착하는 경우가 있는데, 그 이유로서 옳은 것은?

① 용접기의 사용률을 높이기 위하여
② 용접기의 효율을 높이기 위하여
③ 용접기의 역률을 높이기 위하여
④ 전격방지를 위하여

정답　105 ①　106 ④　107 ③　108 ③　109 ①　110 ③　111 ①　112 ②　113 ③

114 아크 용접기의 취급상 주의할 사항이 아닌 것은?

① 정격사용율 이상으로 사용하지 않도록 한다.
② 2차측 단자의 한초과 용접기 케이스는 반드시 접지하도록 할 것
③ 탭 전환형의 용접기를 사용할 때에는 아크를 발생시키면서 전류를 조정하도록 할 것
④ 그늘진 곳에 두어야 하며, 얇은 판이나 특수 목적형으로 직류 용접기를 사용하는 것이 좋다.

115 아크 자기쏠림의 방지대책으로 잘못된 것은?

① 엔드탭 설치
② 짧은 아크 사용
③ DC 대신 AC 사용
④ 접지점을 용접부에 가까이 함

116 용접 아크는 해로운 광선(자외선, 적외선)을 발생시키므로 눈을 보호하기 위하여 용접 헬멧에 착색된 필터유리를 끼워서 사용하여야 하는데, 피복아크 용접(용접봉 지름 3.2~5.0mm)에 적합한 필터유리의 차광번호는?

① 4~5   ② 7~8
③ 10~11   ④ 13~14

🔍 용접봉 지름 3.2~4.0mm는 차광번호 11이므로 10~11이 적당하다.

117 아크 용접기에서 무부하전압이 높으면 어떤 현상이 생기는가?

① 전격의 위험이 있다.
② 아크가 불안정해진다.
③ 용접변형이 커진다.
④ 용입이 커진다.

118 다음 용접법의 분류에서 압접에 해당하는 것은?

① 원자 수소 용접   ② 전자 빔 용접
③ 초음파 용접   ④ 테르밋 용접

🔍 압접에는 유도가열, 초음파, 마찰, 가압 테르밋 용접 등이 있다.

119 다음은 용접이음의 장점이다. 틀린 것은?

① 중량을 경감 시킬 수 있다.
② 기밀을 유지할 수 있다.
③ 일반적으로 강도가 크다.
④ 비용이 많이 든다.

🔍 작업 공정이 단축되어 비용이 적게 든다.

120 다음 중 피복제의 성분에 포함되지 않는 것은?

① 아크 안정 성분
② 탈산성분
③ 피복 이탈성분
④ 합금성분

121 교류아크 용접에서 용접봉 측과 모재측에 발생하는 열량은?(단, 60Hz의 전원일 경우)

① 같다.
② 극성에 따라 다르다.
③ 모재측이 크다.
④ 용접봉측이 크다.

122 직류아크 용접에서 모재에 양극(+), 용접봉에 음극(−)을 연결하는 극성은?

① 역극성
② 정극성
③ 용극성
④ 비용극성

🔍 모재 (−) 용접봉 (+) : 역극성 / 모재 (+) 용접봉 (−) : 정극성

123 다음 중 접지 클램프를 잘못 접속했을 때 일어나는 사항 중 맞지 않는 것은?(단, 피복아크 용접에서)

① 전력을 낭비한다.
② 아크가 불안정하다.
③ 열이 과도하게 발생한다.
④ 아크 블로우 현상이 일어난다.

정답 114 ③ 115 ④ 116 ③ 117 ① 118 ③ 119 ④ 120 ③ 121 ① 122 ② 123 ④

124 다음 중 아크 길이를 길게 하여 작업할 경우이다. 틀린 사항은 어느 것인가?

① 스패터가 많아진다.
② 산화, 질화 등에 의해 용접부 재질이 나빠진다.
③ 아크가 집중하지 않고 불안하게 된다.
④ 모재가 열영향으로 담금질의 효과가 생긴다.

125 피복아크 용접의 용접회로에 포함되지 않는 것은?

① 접지 케이블
② 모재
③ 슬랙
④ 용접봉 홀더

🔍 용접기에서 발생한 전류가 전극 케이블을 지나 다시 용접기로 되돌아오는 한 바퀴를 용접회로라 하면 용접기, 용접봉 홀더, 전극 케이블, 용접봉, 모재, 접지 케이블이 있다.

126 아크 용접에 대한 다음 설명 중 바르게 설명된 것은?

① 교류 용접기는 아크쏠림이 많다.
② 피복아크 용접에서 피복제는 심선의 녹을 막아 주는 일을 한다.
③ 두꺼운 판의 용접에서는 직류 정극성을 사용한다.
④ 아크는 되도록 길게 하는 것이 용접 결과가 좋다.

127 다음 용접의 종류 중 융접에 해당되는 것은?

① 일렉트로 슬랙 용접
② 업셋 맞대기 용접
③ 가압 테르밋 용접
④ 유도 가열 용접

🔍 업셋 맞대기 용접, 가압 테르밋용접, 유도가열 용접은 압접에 포함된다.

128 용접봉에서 모재로 용융금속이 옮겨갈 때, 큰 용적이 용융지에 접촉하여 단락되고 표면장력의 작용으로 모재에 옮겨가는 형식은?

① 단락형
② 글로뷸러형
③ 스프레이형
④ 용락형

🔍 • 글로뷸러형 : 비교적 큰 용접이 단락되지 않고 이행하는 형식
• 스프레이형 : 피복제 일부가 가스화하여 맹렬하게 분출되어 용융금속을 소립자에 불어내는 이행 형식

129 용접기의 2차측 단자와 케이블 단자를 연결할 때 가장 좋은 방법은?

① 철사로 단단히 고정시킨다.
② 굵은 동선으로 감아 놓는다.
③ 볼트 등으로 고정 시킨다.
④ 용접해 놓는다.

130 다음은 용접기의 종류를 든 것이다. 이 중 무부하 전압이 높아 감전의 위험이 가장 큰 용접기는?

① 정류기형 용접기
② 발전기형 용접기
③ 전동 발전형 용접기
④ 탭 전환형 용접기

🔍 무부하 전압이 높은 것은 교류 아크 용접기로 가동철심형, 가동코일형, 탭전환형, 가포화 리액터형이 있다.

131 다음은 용접 길이의 뜻을 설명한 것이다. 맞는 것은?

① 용접 길이는 크레이터부를 포함한다.
② 용접 길이는 중단되지 않은 용접의 시발점 및 크레이터를 제외한 부분 길이이다.
③ 용접 길이는 중단된 용접의 시발점 및 크레이터를 포함한 길이이다.
④ 용접 길이는 용접봉 하나를 용융시켜 용접한 길이이다.

132 정류기형 직류아크 용접기의 정류기가 아닌 것은?

① 리액턴스 정류기
② 셀렌 정류기
③ 실리콘 정류기
④ 게르마늄 정류기

🔍 직류아크 용접기의 정류기는 셀렌, 실리콘, 게르마늄 정류기가 있다.

정답 124 ④ 125 ③ 126 ③ 127 ① 128 ① 129 ③ 130 ④ 131 ② 132 ①

133 피복아크 용접에서 과대전류, 용접봉의 운봉각도의 부적합, 용접이 빠를 때, 아크길이가 길 때 일어나며 모재와 비드 경계부분에 홈으로 나타나는 표면 결함은?

① 용입 불량
② 언더컷
③ 슬랙 섞임
④ 오버랩

- 용입 불량 : 용접속도가 너무 빠르고 용접 전류가 낮을 때 발생되는 결함
- 슬랙 섞임 : 전층의 슬래 제거 불안전하고 전류 과소, 운봉조작이 불완전할 때 발생
- 오버랩 : 용접 전류가 너무 낮을 때 발생되는 결함

134 교류아크 용접기의 1차 입력이 24kVA이고 1차측 전원 전압이 200V일 때 퓨즈 용량으로 적당한 것은?

① 48A
② 24A
③ 120A
④ 200A

퓨즈용량 = $\dfrac{1차입력}{입력전압}$ = $\dfrac{24000}{200}$ = 120

135 피복아크 용접에서 용접봉과 모재와의 사이에 전원을 넣고 용접봉 끝을 모재에 살짝 접촉시켰다가 떼면 청백색의 강한 빛을 내며 큰 전류가 흐르는데 이것은 무슨 현상인가?

① 아크 현상
② 정전기 현상
③ 스패터 현상
④ 전해 현상

136 아크 용접기에 전격 방지기를 설치하는 이유는?

① 작업자의 감전 재해로 부터 보호하기 위하여
② 용접기의 역률을 높이기 위하여
③ 용접기의 효율을 높이기 위하여
④ 용접기의 연속 사용시 과열을 방지하기 위하여

전격방지기는 교류 용접기 무부하 전압이 높아 감전의 위험이 있어 작업자를 보호하기 위해 설치하는 장치이다.

137 용접 전류가 적정 전류보다 낮을 때 발생되기 쉬운 용접 결함은?

① 용입 불량
② 언더컷
③ 기공
④ 비드 균열

전류가 낮을 때는 용입불량, 오버랩이 생기며 전류가 높을 때는 비드 균열, 언더컷이 발생된다.

138 피복아크 용접봉의 품질로 규정되어 있지 않은 것은?

① 피복
② 형틀 굽힘시험 성적
③ 탄소량시험 성적
④ 필릿시험 성적

139 전원을 이용하지 않고, 화학반응에 의해 열을 이용한 용접법은?

① 테르밋 용접
② 서브머지드 용접
③ 이산화탄소 아크 용접
④ 일렉트로 슬랙 용접

알루미늄 분말과 산화철 분말을 혼합한 테르밋제에 점화 촉진제를 넣어 연소시키면 화학반응에 의해 생성되는 용융 금속을 금속 접합부에 유입시켜 금속을 접합하는 방법으로 철도 레일에 많이 사용된다.

140 용접부에 외부에서 주어지는 열량을 무엇이라 하는가?

① 용접발열
② 용접가열
③ 용접 열효율
④ 용접입열

141 융접에 해당하는 용접법은?

① 초음파 용접
② 연납땜
③ 업셋 맞대기 용접
④ 일렉트로 슬랙 용접

- 압접 : 초음파용접, 업셋 맞대기 용접
- 납땜 : 연납땜

정답 133 ② 134 ③ 135 ① 136 ① 137 ① 138 ② 139 ① 140 ④ 141 ④

142 아크 용접기의 용량은 무엇으로 정하는가?

① 정격 2차 전류
② 개로 전압
③ 정격 사용율
④ 최고 2차 무부하 전압

143 교류아크 용접기의 2차측 무부하전압은 다음 중 몇 V 정도인가?

① 40~60   ② 70~80
③ 80~90   ④ 90~100

🔍 무부하 전압은 직류 용접기는 40~60V, 교류 용접기는 70~80V

144 용접기를 사용할 때에 지켜야 할 사항이다. 맞지 않는 것은?

① 정격 이상으로 사용하면 과열되어 소손이 생긴다.
② 탭 전환은 반드시 아크를 중지 시킨 후에 시행한다.
③ 1차측 탭은 2차측 무부하 전압을 높이거나 용접전류를 올리는데 사용한다.
④ 2차측 단자의 한초과 용접기 케이스는 반드시 접지를 확실히 하여야 한다.

145 일반적인 전기회로는 오옴의 법칙에 의해 동일한 저항에 흐르는 전류는 그 전압에 비례하지만 낮은 전류에서 아크의 경우는 반대로 전류가 크게 되면 저항이 작아져서 전압도 낮아진다. 이러한 현상을 아크의 무슨 특성이라고 하는가?

① 전압 회복 특성   ② 절연 회복 특성
③ 부 특성   ④ 상승 특성

146 다음 중 스테인리스강 용접시 용입은 얕으나 작업성이 우수한 피복아크 용접봉은?

① 저수소계   ② 철분 산화철계
③ 티탄계   ④ 고셀룰로스계

147 아크용접시 피복아크 용접봉의 사용전류의 종류를 설명한 것이다. 잘못 설명된 것은?

① AC : 교류
② ACHF : 고주파 교류
③ DC(-) : 직류용접봉 음극
④ DC(±) : 직류 정극성 및 역극성

🔍 ACHF : 교류 용접

148 용접기와 멀리 떨어진 곳에서 용접전류 또는 전압을 조절 (제어)할 수 있는 장치를 무엇이라고 하는가?

① 원격제어장치   ② 핫 스타트 장치
③ 고주파 발생장치   ④ 자동전격방지장치

🔍
- 원격제어장치 : 전동기 조작형과 가포화 리액터형이 있다
- 핫 스타트 장치 : 아크 초기만 용접 전류를 높게 하는 장치
- 고주파 발생장치 : 교류 아크 용접기에서 안정된 아크를 얻기 위해 상용 주파의 아크 전류에 고전압의 고주파를 중첩시키는 장치
- 자동전격방지장치 : 감전 위험이 있어 작업자를 보호하기 위한 장치

149 피복제에 습기가 있는 용접봉으로 용접하였을 때 나타나는 현상이 아닌 것은?

① 용접부에 기포가 생기기 쉽다.
② 용접부에 균열이 생기기 쉽다.
③ 언더컷, 오버랩이 생기기 쉽다.
④ 수소의 발생으로 아크가 불안정하게 된다.

🔍 언더컷은 전류가 높을 때 오버랩은 전류가 낮을 때 발생한다.

150 아크쏠림 방지책으로 틀린 것은?

① 모재와 같은 재료를 처음과 끝에 용접선을 연장하도록 가용접한 후 사용할 것
② 직류 대신에 교류 전류를 사용할 것
③ 용접부가 긴 경우에 전진법으로 사용할 것
④ 접지점을 용접부에서 멀리할 것

🔍 용접부가 긴 경우에 후진법으로 해야 아크 쏠림을 방지할 수 있다.

정답 142 ① 143 ② 144 ③ 145 ③ 146 ③ 147 ② 148 ① 149 ③ 150 ③

151 피복 아크용접봉에서 피복제의 주요 작용이 아닌 것은?

① 아크를 안정하게 한다.
② 용착금속의 탈산 정련 작용을 한다.
③ 용착금속의 응고와 냉각속도를 느리게 한다.
④ 용착금속의 급랭으로 기계적 성질을 우수하게 한다.

🔍 용착금속의 냉각 속도를 느리게 하여 급랭을 방지한다.

152 아크길이가 길 때 일어나는 현상이 아닌 것은?

① 아크가 불안정해진다.
② 용융금속의 산화 질화가 안 된다.
③ 열 집중력이 부족하다.
④ 전압이 높고 스패터가 많다.

🔍 용융금속의 산화 질화는 관련이 없다.

153 모재를 (+)극에, 용접봉을 (-)극에 연결하는 아크 용접은?

① 직류정극성
② 직류역극성
③ 용극성
④ 비용극성

🔍 · 역극성 : 모재(-), 용접봉(+)
　· 정극성 : 모재(+), 용접봉(-)

154 피복아크 용접에서 용접전류에 의해 아크 주위에 발생 하는 자장이 용접봉에 대해서 비대칭일 때 일어나는 현상은?

① 자기흐름
② 언더컷
③ 자기불림
④ 오버랩

🔍 아크쏠림은 용접봉에 아크가 한쪽으로 쏠리는 현상으로 자기 불림이라고도 한다.

155 피복제 중에 산화티탄을 포함하며, 박(얇은)판 구조물 등과 같이 용입이 얕고 충분한 강도를 요하지 않는 곳에 적합한 피복아크 용접봉은?

① E4301(일미나이트계)
② E4311(고셀룰로스계)
③ E4313(고산화티탄계)
④ E4316(저수소계)

156 용접전류에 의한 아크 주위에 발생하는 자장이 용접봉에 대해서 비대칭으로 나타나는 현상을 방지하기 위한 방법 중 옳은 것은?

① 직류용접에서 극성을 바꿔 연결한다.
② 접지점을 될 수 있는 대로 용접부에서 가까이 한다.
③ 용접봉 끝을 아크가 쏠리는 방향으로 기울인다.
④ 피복제가 모재에 접촉할 정도로 짧은 아크로 한다.

🔍 아크쏠림 방지책으로 교류용접으로 하고 접지점을 될 수 있는 대로 용접부에서 멀리 하며 아크 쏠림 반대 방향으로 기울여야 한다.

157 아크전류가 일정할 때 아크전압이 높아지면 용융속도가 늦어지고, 아크전압이 낮아지면 용융속도가 빨라진다. 이와 같은 아크 특성은?

① 부저항 특성
② 절연회복 특성
③ 전압회복 특성
④ 아크길이 자기제어 특성

🔍 아크 길이 자기 제어 특성은 밀도가 클 때 가장 잘 나타난다.

158 아크용접에서 아크를 중단시켰을 때 비드의 끝에 약간 움푹 들어간 부분이 생기는데 이것을 무엇이라 하는가?

① 스패터
② 크레이터
③ 오버랩
④ 슬랙섞임

정답 151 ④　152 ②　153 ①　154 ③　155 ③　156 ①　157 ④　158 ②

159 아크용접에서 피복제의 역할이 아닌 것은?

① 용적을 미세화하고 용착효율을 높인다.
② 용착금속의 응고와 냉각속도를 빠르게 한다.
③ 많은 경우에 피복제는 전기 절연작용을 한다.
④ 용착 금속에 적당한 합금원소를 첨가한다.

🔍 용착금속의 응고와 냉각속도를 느리게 한다.

160 전류 조정이 용이하고 전류 조정을 전기적으로 하기 때문에 이동부분이 없으며, 가변저항을 사용함으로써 용접 전류의 원격 조정이 가능한 용접기는?

① 탭 전환형
② 가동 코일형
③ 가동 철심형
④ 가포화 리액터형

🔍 원격제어장치를 주로 사용되는 것은 전동기 조작형과 가포화 리액터형이 있다.

161 아크 용접기에서 수하특성이란?

① 전압 – 전류의 특성
② 변압기 – 리액터 정류기의 특성
③ 철심 – 1차 코일의 특성
④ 1차 코일 – 2차 코일의 특성

162 피복아크 용접봉에서 피복제의 역할에 해당되는 것은?

① 서랭 방지작용
② 슬래그 제거작용
③ 산화 정련작용
④ 아크 안정작용

163 교류용접기의 규격은 무엇으로 정하는가?

① 입력 정격 전압
② 입력 소모 전압
③ 정격 1차 전류
④ 정격 2차 전류

164 용입이 비교적 얕아서 박판의 용접에 적당하며 기계적 성질이 다른 용접봉에 비하여 약하고 용접중에 고온 균열을 일으키기 쉬운 결점이 있으며, TiO2를 포함하는 용접봉의 계통은?

① 고산화티탄계
② 저수소계
③ 일미나이트계
④ 고셀룰로스계

165 전격방지기의 기능은 작업을 하지 않을 때, 보조변압기에 의해 용접기의 2차 무부하 전압을 다음 중 약 몇 V이하로 유지시켜야 하는가?

① 75
② 55
③ 45
④ 25

🔍 2차 무부하 전압을 20~30V이하로 유지해야 한다.

166 용접봉의 용융속도는 무엇으로 표시하는가?

① 단위 시간당 소모되는 용접봉의 길이
② 단위 시간당 형성되는 비드의 길이
③ 단위 시간당 용접 입열의 양
④ 단위 시간당 소모되는 용접전류

167 피복아크 용접에서 상진법으로 수직 용접할 때 비교적 많이 적용되는 운봉법이 아닌 것은?

① 직선
② 삼각형
③ 8자형
④ 백스텝

168 아크용접 작업에서 빛을 가리는 가장 큰 이유는?

① 빛이 너무 세기 때문에
② 빛이 너무 밝기 때문에
③ 자외선, 적외선으로부터 눈을 보호하기 위하여
④ 빛이 자주 깜박거리기 때문에

정답 159 ② 160 ④ 161 ① 162 ④ 163 ③ 164 ① 165 ② 166 ① 167 ③ 168 ③

169 KS규격에 규정된 연강용 피복아크 용접봉 심선의 재질은?

① 킬드강
② 고탄소강
③ 주철
④ 저탄소림드강

170 용접법의 분류 중에서 압접에 해당하는 것은?

① 마찰용접
② 전자빔용접
③ 테르밋용접
④ 피복아크용접

🔍 전자빔, 테르밋, 피복아크 용접은 용접에 해당된다.

171 다른 교류 용접기에 비해 가포화 리액터형 용접기에 특별하게 부착된 장치는?

① 원격제어 장치
② 고주파발생 장치
③ 스패터방지 장치
④ 전동기조작 장치

🔍 용접전류 또는 전압을 조절 (제어)할 수 있는 원격제어장치는 전동기 조작형과 가포화 리액터형이 있다.

172 용접법의 주된 장점을 잘못 설명한 것은?

① 용기 제작에서 기밀성, 수밀성, 유밀성이 높다.
② 구조물의 중량 감소는 제작비가 줄어든다.
③ 구조물 제작에서 소량 생산에만 가능하다.
④ 로봇 용접의 등장으로 공정의 무인화가 가능하다.

🔍 구조물 제작으로 대량 생산도 가능하지만 시간이 많이 걸리는 단점이 있다.

173 아크 용접기에 사용하는 변압기는 어느 것이 가장 적당한가?

① 누설변압기
② 단권 변압기
③ 전압 조절용 변압기
④ 계기용 변압기

174 다음 용접에 관한 설명 중 틀린 것은?

① 아크용접은 가스용접보다 두꺼운 판의 용접에 사용한다.
② 아크용접에서 교류보다 직류의 아크가 안정되어있다.
③ 직류 전류에서 60~75%가 음극에서 열이 발생한다.
④ 아크용접이 가스용접보다 온도가 높다.

175 피복아크의 용접회로가 알맞게 연결된 것은?

① 전원 - 전극케이블 - 용접봉 홀더 - 용접봉 - 모재 - 접지케이블 - 전원
② 전원 - 전극케이블 - 모재 - 용접봉 홀더 - 용접봉 - 접지케이블 - 전원
③ 전원 - 접지케이블 - 용접봉 홀더 - 용접봉 - 모재 - 전극케이블 - 전원
④ 전원 - 접지케이블 - 전극케이블 - 용접봉 홀더 - 모재 - 전원

176 교류아크 용접기 부속장치 중 핫 스타트 장치를 사용했을때 이점이 아닌 것은?

① 용락을 방지한다.
② 비드 모양을 개선한다.
③ 아크 발생을 쉽게 한다.
④ 아크 발생 초기의 비드 용입을 양호하게 한다.

🔍 핫 스타트 장치 사용시 아크 발생이 쉽고 기공을 방지하며, 비드 모양을 개선하고 아크 발생 초기 용입을 양호하게 한다.

177 전격 방지 대책에 대한 설명 중 올바르지 않은 것은?

① 용접기의 내부에 함부로 손을 대지 않는다.
② 홀더나 용접봉은 절대로 맨손으로 취급하지 않는다.
③ 가죽장갑, 앞치마, 발덮개 등 규정된 보호구를 반드시 착용한다.
④ 땀, 물 등에 의해 습기 찬 작업복, 장갑, 구두 등을 착용하여도 이상 없다.

정답 169 ④ 170 ① 171 ③ 172 ③ 173 ① 174 ③ 175 ① 176 ① 177 ④

178 피복아크 용접시 슬랙을 제거할 때 안전사항에 가장 위배되는 것은?

① 가능한 한 눈을 가까이 접근시켜 제거한다.
② 보호안경을 쓰고 하는 것이 좋다.
③ 슬래그 해머를 사용한다.
④ 와이어 브러시를 사용한다.

179 용접법의 일반적인 장점이 아닌 것은?

① 작업공정이 단축된다.
② 완전한 기밀과 수밀을 얻을 수 있다.
③ 작업의 자동화가 용이하다.
④ 강도가 증가되고 변형이 없다.

🔍 용접 단점으로 재질 변형 및 잔류 응력이 발생하고 저온취성이 생길 우려가 있으며 변형과 수축이 생긴다.

180 다음 피복배합제 중 탈산제의 역할을 하지 않는 것은?

① 규소철(Fe – Si)
② 석회석(CaCO₃)
③ 망간철(Fe – Mn)
④ 티탄철(Fe – Ti)

🔍 석회석은 아크 안정제, 가스 발생제, 슬래그 생성제이다.

181 전류 조정이 용이하고 전류 조정을 전기적으로 하기 때문에 이동부분이 없으며 가변 저항을 사용함으로써 용접전류의 원격조정이 가능한 용접기는?

① 탭 전환형   ② 가동 코일형
③ 가동 철심형   ④ 가포화 리액터형

182 아크용접기에 누전되었을 때 가장 올바른 조치는?

① 전압이 낮기 때문에 계속 용접하여도 된다.
② 스위치는 그냥 두고 누전된 부분을 절연시킨다.
③ 용접기만 만지지 않으면 된다.
④ 스위치를 끄고 누전된 부분을 절연시킨다.

183 용접에서 직류 역극성의 특징 설명 중 틀린 것은?

① 모재의 용입이 깊다.
② 봉의 녹음이 빠르다.
③ 비드 폭이 넓다.
④ 박판, 주철, 고탄소강, 합금강, 비철금속의 용접에 사용한다.

🔍 역극성은 용입이 얕고 용접봉의 녹음이 빠르며 비드 폭이 넓고 박판, 주철, 고탄 소강, 합금강, 비철 금속 용접에 쓰인다.

184 용접의 단점이 아닌 것은?

① 재질의 변형 및 잔류응력이 존재한다.
② 이종 재료를 접합할 수 없다.
③ 저온 취성이 생길 우려가 많다.
④ 품질 검사가 곤란하고 변형과 수축이 생긴다.

185 피복아크 용접에서 용착을 가장 옳게 설명한 것은?

① 모재가 녹는 시간
② 용접봉이 녹는 시간
③ 용접봉이 용융지에 녹아 들어가는 것
④ 모재가 용융지에 녹아 들어가는 것

🔍 용착은 용접봉이 용융지에 녹아 들어가는 현상을 말한다.

2. 특수용접

01 MIG용접 제어장치에 해당하지 않는 것은?

① 알곤 가스 개폐제어
② 용접와이어의 기동, 정지 및 속도제어
③ 용접전압의 차단제어
④ 보호 장치와 안전장치

🔍 용접 전압 차단제어는 아크 용접에 사용된다.

정답 178 ① 179 ④ 180 ② 181 ④ 182 ④ 183 ① 184 ② 185 ③ [2. 특수용접] 01 ③

02 불활성가스 아크 용접에서 TIG용접의 전극봉은?

① 니켈
② 탄소강
③ 텅스텐
④ 저합금강

03 서브머지드 아크 용접의 특징 설명으로 옳은 것은?

① 용접 중 아크는 눈에 보이므로 용접부의 확인이 쉽다.
② 용접선이 구부러지거나 짧으면 능률적이다.
③ 알맞은 용접조건, 용제 및 와이어를 쓰더라도 기계적 성질은 개선할 수 없다.
④ 용접 설비비가 고가이다.

> • 서브머지드 아크 용접 장점
>   - 저항열이 적게 발생되어 고전류 사용이 가능하고 용융속도, 용착속도가 빠르다.
>   - 용입이 깊고 개선각을 작게 하여 용접 패스 수를 줄일 수 있다.
>   - 유해 광선이나 퓸 등이 적게 발생되어 작업환경이 깨끗하고 비드가 아름답다.
> • 서브머지드 아크 용접 단점
>   - 장비가 비싸고 개선 홈의 정밀을 요구한다.
>   - 용접선이 짧거나 복잡한 경우 수동에 비해 비능률적이다.

04 저항용접의 3대요소가 아닌 것은?

① 전극 모양   ② 통전시간
③ 전극 가압력 ④ 용접전류

05 서브머지드 용접장치에 대한 설명 중 틀린 것은?

① 와이어 송급장치, 접촉 팁, 용제호퍼 등을 용접헤드라 한다.
② 용접 전류는 접촉 팁에서 와이어에 송급된다.
③ 직류 전원이 설비비가 적고, 자기불림이 없다.
④ 박판에서는 약 400A 이하에서 직류 정극성으로 고속도 용접시공하면 아름다운 비드를 얻을 수 있다.

> 교류적원은 가격이 싸서 좋으나 자기불림현상이 없고 직류 전원은 고가이며 자기불림현상이 있다.

06 플라즈마 아크 용접장치에서 아크 플라즈마의 냉각가스로 쓰이는 것은?

① 알곤 + 수소의 혼합가스
② 알곤 + 산소의 혼합가스
③ 알곤 + 질소의 혼합가스
④ 알곤 + 공기의 혼합가스

07 아크 플라즈마의 외각을 강제적으로 냉각하면 아크 플라즈마는 열손실이 최소한이 되도록 표면적을 축소시켜야 전류 밀도가 증가하여 온도가 상승한다. 이와 같은 현상을 무엇이라 하는가?

① 열적 핀치효과
② 자기적 핀치효과
③ 플라즈마 핀치효과
④ 플라즈마 제트

> • 열적 핀치 효과 : 냉각으로 인한 단면 수축으로 전류 밀도 증대
> • 자기적 핀치 효과 : 방전 전류에 의한 자장과 전류의 작용으로 단면 수축하여 전류 밀도 증대

08 연강용접을 수동용접에 비해 경제적으로 할 수 있고 특히 필릿용접 이음에서 종래의 수동용접 보다 깊은 용입을 얻을 수 있는 용접법은?

① 불활성가스 텅스텐 아크 용접
② 이산화탄소 아크 용접
③ 불활성가스 금속아크 용접
④ 단락옮김 아크 용접

> 이산화탄소 아크 용접은 불활성 가스 대신 이산화탄소를 이용하는 용접법이다.

09 아크 점 용접법에서 비용극식 용접법에 해당하는 것은?

① 불활성가스 텅스텐 아크 점용접
② 불활성가스 금속 아크 점용접법
③ 이산화탄소 아크 점 용접법
④ 피복 아크 점 용접법

정답 02 ③ 03 ④ 04 ① 05 ③ 06 ① 07 ① 08 ② 09 ①

10 초음파 용접의 특징에 관한 다음 사항 중 적합하지 않은 것은?

① 경도가 크게 다르지 않는 한 종류가 다른 금속의 용접이 가능하다.
② 극히 얇은 판 즉 필름(film)도 쉽게 용접된다.
③ 냉간 압접에 비해 주어지는 압력이 작으므로 변형율이 적다.
④ 판 두께에 따른 용접 강도가 현저한 차이가 없다.

🔍 초음파 용접은 용접물을 겹쳐서 용접팁과 하부앤빌사이에 끼워 놓고 압력을 가하여 마찰열을 발생시켜 압접하는 방법으로 판 두께에 따라 용접 강도가 현저하게 변화한다.

11 아크점 용접법에서 극히 얇은 판재를 용접 할 때에는 뒷면에 받침쇠를 써서 용락을 방지할 필요가 있다. 무슨 받침쇠를 써야 하는가?

① 주철   ② 구리
③ 알루미늄   ④ 납

12 이음의 표면에 쌓아올린 미세한 와이어를 집어 넣고 모재와의 사이에 생기는 아크열로 용접하는 방법이며 피복제에는 용융형, 소결형 등이 있는 용접은?

① 서브머어지드 아크 용접
② 불활성가스 아크용접
③ 원자수소용접
④ 아크 점용접

13 충분히 탈산제를 포함하는 탈주강선 와이어를 사용해서 CO_2공급가스에 산소를 적당량 첨가하여 용융간의 산화반응을 격렬하게 일어나게 하여 작업하는 용접은?

① 이산화탄소 아크용접
② 서브머어지드 아크 용접
③ 단락 옮김 아크 용접
④ 불활성가스 아크 용접

🔍 이산화탄소 가스 아크 용접은 불활성 가스 대신에 탄산가스를 사용하는 것으로 용접 장치 기능과 취급은 MIG 용접 장치와 거의 동일하다.

14 용접봉을 용제속에 넣고 아크를 일으켜 용접하는 용접법은?

① 원자수소 용접
② 서브머지드 아크 용접
③ 불활성가스 아크 용접
④ 탄소 아크 용접

🔍 서브머지드 아크 용접은 모재 표면 위에 미리 미세한 입상의 용제를 살포해 두고 이 용제 속으로 용접봉을 꽂아 넣어 용접하는 자동 아크 용접법이다.

15 다음 중 서브머지드 아크용접의 장점에 해당하는 것은?

① 시설비가 적게 들고 제품의 불량률이 적다.
② 전자세 용접에 적합하다.
③ 자유곡선 용접이 용이하다.
④ 용착 금속의 기계적 성질을 개선할 수 있다.

16 다음 중 전극봉으로 금속봉을 사용하지 않는 것은?

① MIIG용접
② TIG용접
③ 서브머지드 아크 용접
④ 금속 아크 용접

🔍 TIG용접은 텅스텐 봉을 사용한다.

17 다음 중 CO_2가스 용접의 시일드 가스로서 쓰여지지 않은 것은 어느 것인가?

① CO_2가스
② $CO_2 + Ar + O_2$가스
③ $CO_2 + Ar$가스
④ CO_2H_2가스

🔍 시일드 가스로 이산화탄소, 산소, 아르곤이 있으며 용극법으로 순이산화탄소법, 혼합가스법, 이산화탄소용제법으로 나눌 수 있다.

정답 10 ④ 11 ② 12 ① 13 ① 14 ② 15 ④ 16 ② 17 ④

18 다음 용접법 중 전기 저항용접은 어느 것인가?

① 전자 빔 용접　② 원자 수소 용접
③ 프로젝션 용접　④ 테르밋 용접

🔍 저항용접으로 점용접, 심용접, 프로젝션용접 등이 있다.

19 테르밋 용접법의 특징에 관한 다음 사항 중 틀린 것은?

① 전력이 불필요 하다.
② 용접하는 시간이 비교적 많다
③ 용접 작업 후의 변형이 많다.
④ 용접 작업이 단순하고, 용접 결과의 재현성이 높다.

🔍 테르밋 용접 특징은 용접가격이 싸고 전기가 필요 없으며, 용접시간이 길고, 용접 후 변형이 적으며, 설비도 싸다.

20 매우 두꺼운 판의 용접이 가능하며 홈가공이 필요 없는 용접법으로 와이어와 용융 슬랙 사이에 통전된 전류의 저항열을 이용한 것은?

① 테르밋 용접
② 일렉트로 슬랙 용접
③ 탄산가스 아크 용접
④ 단락 옮김 아크 용접

🔍 일렉트로 슬랙 용접은 고능률의 전기 용접 방법으로 용융 슬래그 중의 저항 발열을 이용해 용접하는 방식이다.

21 다음 용접 방법에서 아크의 상태를 육안으로 볼수 없는 것은?

① 탄산가스 아크 용접
② 가스 용접
③ 플라즈마 용접
④ 서브머지드 아크 용접

22 불활성 가스 금속 아크 용접(MIG용접)에 사용되는 전원 및 극성은?

① 직류 역극성　② 교류 역극성
③ 직류 정극성　④ 교류 정극성

🔍 MIG 용접은 직류 역극성으로 한다.

23 불활성 가스 아크 용접에 사용하는 가스는?

① 산소　② 헬륨
③ 질소　④ 오존

🔍 불활성 가스는 아르곤과 헬륨 가스를 주로 사용한다.

24 다음은 테르밋 용접에 관한 설명이다. 잘못된 것은?

① 테르밋 혼합제는 미세한 알루미늄 분말과 산화철의 혼합물이다.
② 테르밋 반응시 온도는 약 4,000℃이다.
③ 테르밋 용접시 모재를 약 800~900℃ 예열시킨다.
④ 테르밋은 차축, 레일, 선미프레임 등 단면이 큰 부재 용접시 사용한다.

🔍 테르밋 화학 반응은 1,100℃ 이상의 고온에서 시작하여 2,800℃에 도달한다.

25 TIG용접 작업중 아크 윈더링(흔들림)이 생기는 원인 중 틀린 것은?

① 전극의 전류밀도가 높은 경우
② 전극의 끝이 불량한 경우
③ 자기의 영향을 받는 경우
④ 알곤 가스에 공기가 혼입한 경우

26 원자수소 아크 용접법은 주로 어디에 사용되는가?

① 비금속의 용접　② 주철의 용접
③ 연강의 용접　④ 특수강의 용접

🔍 원자수소 아크 용접은 수소 원자를 해리시켜 분자상태로 될 때 방출되는 열(3000~4000℃)을 이용하는 방법으로 특수강 합금이나 얇은 금속관의 용접에 많이 이용된다.

정답　18 ③　19 ③　20 ②　21 ④　22 ①　23 ②　24 ②　25 ①　26 ④

27 다음은 서브머지드 아크 용접법이다. 설명 중 잘못된 것은?

① 용제속에서 용접이 진행된다.
② 비 소모식이므로 일명 TIG 용접이라고도 한다.
③ 아크나 발생 가스가 용제속에 잠겨 보이지 않는다.
④ 아크 길이를 일정하게 유지하면서 연속용접을 한다.

🔍 TIG 용접은 불활성 가스 텅스텐 아크 용접을 말한다.

28 청정효과는 어느 용접에 생기는 효과인가?

① 원자수소용접
② 이산화탄소 아크 용접
③ 잠호 용접
④ 불활성가스 아크 용접

🔍 청정효과는 가스 이온이 모재에 충돌하여 모재 표면의 산화막이 제거되는 현상을 말하며 아르곤을 사용할 때 효과가 크다.

29 탄산가스 아크 용접의 원리와 같은 것은?

① 원자수소 아크 용접
② 테르밋 용접
③ 일렉트로슬래그 용접
④ 불활성가스 아크 용접

30 테르밋 용접의 테르밋이란 무엇과 무엇의 혼합물인가?

① 붕사와 붕산의 분말
② 탄소와 규소의 분말
③ 알루미늄과 산화철의 분말
④ 알루미늄과 인의 분말

🔍 알루미늄 분말과 산화철 분말을 1:3~4 중량비로 혼합한 것을 말한다.

31 다음 중 용극식 용접법에 해당되지 않는 것은?

① TIG 용접
② 피복아크 용접
③ 서브머지드 아크 용접
④ MIG 용접

🔍 TIG용접은 비용극식 용접이다.

32 TIG 용접법의 설명과 틀린 것은?

① 금속심선을 전극으로 한다.
② 텅스텐 전극을 사용한다.
③ 아르곤 분위기에서 한다.
④ 특수 아크 용접법이다.

33 서브머지드 아크 용접의 V형 맞대기 용접시 루트 면 쪽에 받침쇠가 없는 경우에는 루트 간격을 몇 mm 이하로 하여야 하는가?

① 0.8mm 이하   ② 1.2mm 이하
③ 1.8mm 이하   ④ 2.0mm 이하

🔍 루트 간격을 0.8mm 이하 루트 오차는 ±20mm로 해야 한다.

34 다음 중 두께가 매우 두꺼운 재료의 용접에 가장 적합한 용접법은?

① 불활성가스 아크 용접
② 전자빔 용접
③ 서브머지드 아크 용접
④ 일렉트로 슬랙 용접

35 용접봉을 용제 속에 넣고 아크를 일으켜 용접하는 용접 방법은?

① 원자수소 아크 용접
② 탄소 아크 용접
③ 서브머지드 아크 용접
④ 불활성가스 아크 용접

🔍 서브머지드 용접은 용제 속에 용접봉을 꽂아 넣어 용접하는 자동 아크 용접법으로 잠호용접 또는 유니언 멜트 용접법이라 부른다.

정답 27 ② 28 ④ 29 ③ 30 ③ 31 ① 32 ① 33 ① 34 ④ 35 ③

36 다음 중 플래시 용접의 특징이 아닌 것은?

① 가열범위가 좁고 열 영향부가 좁다.
② 용접물에 산화물 개입이 많다.
③ 용접면의 끝맺음 가공을 정확하게 할 필요가 없다.
④ 종류가 다른 재료의 용접이 가능하다.

🔍 플래시 용접은 업셋 용접과 비슷한 용접으로 예열- 플래시 - 업셋 순으로 진행되며 용접물에 산화물 개입이 없는 용접이다.

37 아크 점 용접법에 해당하지 않는 것은?

① 불활성가스 금속아크점 용접법
② 아세틸렌가스 금속아크점 용접법
③ 아산화탄소 아크점 용접법
④ 피복아크점 용접법

38 TIG 용접에서 토치를 수랭해 주는 용접전류의 범위는 몇 A인가?

① 200A 이상   ② 150A 이상
③ 400A 이상   ④ 300A 이상

🔍 TIG 용접 토치는 200A 이하는 공랭식, 200A 이상은 수랭식을 사용한다.

39 청정효과는 어느 용접에 생기는 효과인가?

① 원자수소 아크 용접
② 이산화탄소 아크 용접
③ 서브머지드 아크 용접
④ TIG 용접

🔍 청정효과는 가스 이온이 모재에 충돌하여 모재 표면의 산화막이 제거되는 현상을 말하며 아르곤을 사용할 때 효과가 크며 TIG 용접에서 생긴다.

40 서브머지드 아크 용접에서 용착금속의 화학성분이 변화하는 요인과 관계 없는 것은?

① 용접층수   ② 용접전류
③ 용접속도   ④ 용접봉의 건조

41 탄산가스 아크용접시 비드의 외관이 불량하게 되었을 경우, 그 시정 조치로서 올바른 것은?

① 운봉속도를 빠르게 한다.
② 모재를 과열 시킨다.
③ 운봉속도를 고르게 한다.
④ 아크 전압을 높게 한다.

42 서브머지드 아크용접에 관한 다음 설명 중 올바른 것은?

① 용접 재료의 소비가 적어서 경제적이고 이음의 신뢰도가 높다.
② 아크가 극히 안정되고 용접 홈이 크다.
③ 연성, 강도, 기밀성, 내열성이 매우 우수하며, 용접 길이가 길다.
④ 열의 집중이 좋고 위보기 용접에 매우 능률적이다.

🔍 홈의 정밀도가 높아야 하고 용접 길이가 짧고, 특수한 장치를 사용하지 않는 한 아래보기 또는 수평 필릿 용접에 한정된다.

43 이산화탄소 아크 용접의 특징으로 적당하지 않은 것은?

① 용착 금속의 기계적, 야금적 성질이 우수하다.
② 자동, 반자동의 고속 용접이 가능하다.
③ 용접 입열이 커서 용융 속도가 빠르다.
④ 용접선이 구부러지거나 짧으면 더 능률적이다.

🔍 용접선이 구부러지면 작업 능률은 저하된다.

44 다음 중 이산화탄소 아크 용접에 관한 사항으로 가장 적합한 것은?

① 용접속도가 수동용접의 10~20배 정도나 된다.
② 전자세 용접이 가능하고 열의 집중이 좋으므로 용접능률이 높다.
③ 가시 아크이므로 시공이 편리하다.
④ 열 에너지의 손실이 적고 조작이 용이하다.

🔍 열 에너지 손실이 많아 용접 능률이 저하되며 용접속도는 수동용접보다는 빠르게 할 수는 있다.

정답 36 ② 37 ② 38 ① 39 ④ 40 ④ 41 ③ 42 ① 43 ④ 44 ③

45 다음 중 플래시 용접의 특징으로서 틀린 것은?

① 가열 범위가 넓고 열 영향부가 좁다.
② 용접물에 산화물의 개입이 적다.
③ 신뢰도가 높고 이음강도가 좋다.
④ 용접시간이 짧고 소비전력도 적어 경제적이다.

🔍 플래시 용접은 가열범위는 좁다.

46 점 용접의 3대 요소에 해당하지 않는 것은?

① 용접전류
② 통전시간
③ 가압력
④ 도전율

🔍 점 용접은 가압하면서 전류를 통하면 저항열로 접합부를 가열 융합하는 용접으로 도전율과는 상관없다.

47 다음은 아크 용접의 종류를 든 것이다. 이중 환기장치가 반드시 필요한 용접법은?

① 불활성가스 아크 용접
② 탄산가스 아크 용접
③ 서브머지드 아크 용접
④ 플라즈마 용접

🔍 탄산가스 아크 용접은 탄산가스가 발생하므로 환기장치가 필요하며 가스 소멸을 위해 용접 와이어에 탈산제를 첨가해서 사용한다.

48 다음은 전원을 이용하지 않고 화학반응에 의한 발열을 이용한 용접법은 어느 것인가?

① 테르밋 용접법
② 일렉트로 슬랙 용접
③ 이산화탄소 아크 용접
④ 서브머지드 아크 용접

🔍 테르밋 용접은 전원을 사용하지 않고 테르밋 반응에 의해 생성되는 열을 이용하여 금속을 용접하는 방법이다.

49 알곤가스는 1기압에서 약 6,500ℓ의 양을 약 몇 기압으로 알곤가스 병에 충전하여 공급하는가?

① 100
② 140
③ 180
④ 200

50 두 개의 롤러 전극 사이에 용접할 금속판을 포개 놓고 롤러 전극을 회전시키면서 연속으로 용접을 하는 것은?

① 점 용접
② 심 용접
③ 프로젝션 용접
④ CO_2가스 용접

🔍 심용접은 원판상의 롤러 전극 사이에 용접물을 끼워 전극을 회전시켜 연속적으로 점 용접을 반복하는 방법으로 종류에는 맞대기, 매시, 포일 심 용접이 있다.

51 저항용접의 이점이 아닌 것은?

① 열영향을 적게 받는다.
② 연강이나 경강은 용접이 잘 된다.
③ 용접시간이 길다.
④ 조작이 기계적이다.

52 용접전류, 통전시간, 가압력이 큰 영향을 미치는 용접은 어느 것인가?

① 심 용접
② 점 용접
③ 프로젝션 용접
④ 가스 용접

53 다음은 점 용접의 장점을 설명한 것이다. 틀린 것은?

① 용접부의 표면이 깨끗하고 평활하다.
② 숙련이 필요없다.
③ 재료가 절약된다.
④ 작업속도가 느리다.

🔍 점 용접은 가압하면서 전류를 통하면 저항열로 접합부를 가열 융합하는 용접으로 작업속도가 빠르고 재료가 절약되며 숙련이 필요없고, 표면이 깨끗하다.

정답 45 ① 46 ④ 47 ② 48 ① 49 ② 50 ② 51 ③ 52 ② 53 ④

54 불활성가스 텡스텐 아크용접의 상품명으로 불리는 것은?

① 에어 코우메틱 용접법
② 시그마 용접법
③ 필러 아크 용접법
④ 헬륨 아크 용접법

55 비소모성 전극봉을 사용하는 용접법은?

① MIG용접
② TIG용접
③ CO_2용접
④ 서브머지드 아크 용접

56 플래시 용접의 3단계는?

① 예열, 플래시, 업셋
② 업셋, 플래시, 후열
③ 예열, 플래시, 검사
④ 업셋, 예열, 후열

🔍 플래시 용접의 3단계는 예열 – 플래시 – 업셋으로 이루어진다.

57 TIG절단 작업시 사용되는 가스는?

① 알곤 + 질소의 혼합가스
② 알곤 + 산소의 혼합가스
③ 알곤 + 오존의 혼합가스
④ 알곤 + 수소의 혼합가스

58 불활성 가스 금속아크(MIG)용접에 관한 설명으로 틀린 것은?

① 용접 후 슬랙 또는 잔류용제를 제거하기 위한 처리가 필요하다.
② 청정작용에 의해 산화막이 강한 금속도 쉽게 용접할 수 있다.
③ 아크가 극히 안정되고 스패터가 적다.
④ 전 자세 용접이 가능하고 열의 집중이 좋다.

🔍 MIG 용접은 깨끗한 비드를 얻을 수 있어 슬랙 및 잔류 용제 제거가 필요없다.

59 아크 스터드 용접의 특징은?

① 대개 급열, 급랭을 받기 때문에 고탄소강에 좋다.
② 주로 철골, 건축, 자동차의 볼트용접에 이용된다.
③ 용융온도가 높은 금속과 비금속재료 용접에 적합하다.
④ 용접 속도가 빠르고 내식성을 필요로 하는 용접에 좋다.

🔍 아크 스터드 용접은 볼트나 환봉, 핀 등을 직접 강판이나 형강에 용접하는 방법이다.

60 프로젝션 용접에서 용접 접합부에 나타나는 용융 응고된 금속의 부분을 무엇이라 하는가?

① 너깃
② 스포트
③ 포인트
④ 마크

🔍 프로젝션 용접은 제품의 한쪽 또는 양쪽에 돌기를 만들어 이 부분에 용접 전류를 집중시켜 압접하는 방법으로 용융 응고된 금속부분을 너깃이라 한다.

61 알루미늄을 불활성가스 텡스텐 아크 용접법으로 접합하고자 하는 경우 필요한 전원과 극성으로 가장 접합한 것은?

① 직류 정극성(DCSP)
② 직류 역극성(DCRP)
③ 직류(AC)
④ 고주파 장치가 붙은 교류(ACHF)

62 MIG용접의 기본적인 특징이 아닌 것은?

① 대체로 모든 금속의 용접이 가능하다.
② 스패터 및 합금성분의 손실이 적다.
③ 아크가 안정되므로 박판 용접에 적합하다.
④ 용착금속의 품질이 높다.

정답 54 ④ 55 ② 56 ① 57 ④ 58 ① 59 ② 60 ① 61 ④ 62 ③

63 서브머지드 아크 용접의 장점에 해당되지 않는 것은?

① 용접속도가 수동용접보다 빠르고 능률이 높다.
② 용접홈의 크기는 작아도 상관없고, 용접변형도 적다.
③ 용접조건을 일정하게 하면 강도가 좋아서 이음의 신뢰가 높다.
④ 루트간격이 너무 커도 용락 될 위험이 없다.

> 홈 정밀도가 높아야 하므로 루트 간격은 0.8mm 이하로 해야 한다.

64 불활성가스 텅스텐 아크용접의 상품명으로 불리는 것은?

① 에어 코우메틱 용접법
② 시그마 용접법
③ 필러아크 용접법
④ 헬륨 아크용접법

65 이산화탄소 아크용접에 대한 설명으로 맞는 것은?

① 탄소 전극봉을 사용한다.
② 비철금속 용접에만 적합하다.
③ 전류밀도가 낮아 용입이 얕다.
④ 용접속도가 빠르고 경제적이다.

66 이산화탄소 아크용접기의 특성으로 맞는 것은?

① 정전압특성
② 동전류특성
③ 수하특성
④ 자기제어특성

> 정전압특성은 전류가 증가하여도 전압이 일정하게 되는 특성을 말한다.

67 저항용접의 3요소에 대하여 설명한 것 중 맞는 것은?

① 용접전류, 가압력, 통전시간
② 가압력, 용접전압, 통전시간
③ 용접전류, 용접전압, 가압력
④ 용접전류, 용접전압, 통전시간

68 불활성 가스 텅스텐 아크 용접을 설명한 것 중 잘못된 것은?

① 직류 역극성에서는 청정작용이 있다.
② 알루미늄과 마그네슘의 용접에 적합하다.
③ 텅스텐을 소모하지 않아 비용극식이라고 한다.
④ 잠호 용접법이라고도 한다.

69 보호가스 공급없이 와이어 자체에서 발생하는 가스에 의해 아크 분위기를 보호하는 용접법으로 용접전원은 교류, 직류 어느 것이나 사용이 가능하며, 직류를 사용하면 비교적 낮은 용접전류로 안정된 아크가 얻어지므로 얇은 판의 용접에 적합한 용접법은?

① 일렉트로 슬래그 용접
② 스터드 용접
③ 논가스 아크 용접
④ 플라즈마 아크 용접

70 TIG용접에서 정극성과 역극성의 설명으로 알맞은 것은?

① 정극성은 전자가 모재에서 전극으로 흐른다.
② 정극성은 용입이 깊다.
③ 역극성은 전자가 전극에서 모재로 흐른다.
④ 역극성은 용입이 깊다.

> 정극성은 전자가 전극에서 모재로 흐르고 비드폭이 좁고 용입이 깊어지며, 역극성은 모재에서 전극으로 흐르고, 비드 폭이 넓고 용입이 얕다.

71 산화철 가루와 알루미늄 가루를 약 3 : 1의 비율로 혼합한 배합제에 점화하면 반응열이 약 2800℃에 달하며 주로 레일의 이음에 쓰인 용접법은?

① 스폿용접
② 테르밋용접
③ 일렉트로 가스용접
④ 심용접

72 열적 핀치 효과와 자기적 핀치 효과를 이용하는 용접은?

① 초음파 용접
② 고주파 용접
③ 레이져 용접
④ 플라즈마 아크 용접

정답 63 ④ 64 ④ 65 ④ 66 ① 67 ① 68 ④ 69 ③ 70 ② 71 ② 72 ④

73 TIG용접 토치의 형태에 따른 종류가 아닌 것은?

① T형 토치
② Y형 토치
③ 직선형 토치
④ 플렉시블형 토치

> 형태에 따른 종류에는 T형 토치, 직선형 토치, 플렉시블형 토치가 있고 냉각방식에 따른 종류에는 공랭식토치와 수랭식 토치가 있다.

74 이산화탄소 아크용접에서 전류는 용입을 결정하는 가장 큰 요인이며 용접속도는 용접전류, 아크전압과 함께 용입깊이, 비드형상, 용착 금속량 등이 결정되는 중요한 요인이다. 아크 전압이 결정하는 가장 중요한 요인은?

① 용착 금속량
② 비드형상
③ 용입
④ 용접결함

75 미그(MIG)용접 제어장치에 해당되지 않는 것은?

① 아르곤가스 개폐제어장치
② 용접와이어의 가동, 정지 및 속도제어장치
③ 용접전압의 투입 차단제어장치
④ 보호장치와 안전장치

> 전압 투입 차단 제어 장치는 피복 아크 용접에 사용된다.

76 MIG용접의 기본적인 특징이 아닌 것은?

① 대체로 모든 금속의 용접이 가능하다.
② 스패터 및 합금성분의 손실이 적다.
③ 아크가 안정되므로 박판용접에 적합하다.
④ 용착 금속의 품질이 높다.

> MIG용접은 박판 용접(3mm 이하)에는 적용이 곤란하다.

77 금속산화물이 알루미늄에 의하여 산소를 빼앗기는 반응에 의해 생성되는 열을 이용하여 금속을 접합하는 방법은?

① 일렉트로 슬래그 용접
② 테르밋 용접
③ 불활성 가스 금속 아크용접
④ 저항 용접

78 저항용접이 아닌 것은?

① 스폿(spot)용접
② 심(seam)용접
③ 프로젝션(projection)용접
④ 스터드(stud)용접

> 저항용접에는 스폿, 심, 프로젝션, 플래시 맞대기, 업셋 맞대기, 방전충격 용접이 있으며 스터드 용접은 아크(플래시)를 발생시켜 용접하는 방법이다.

79 제품의 한쪽 또는 양쪽에 돌기를 만들어 이 부분에 용접전류를 집중시켜 압접하는 방법은?

① 프로젝션 용접
② 점 용접
③ 전자 빔용접
④ 심 용접

> 프로젝션 용접은 제품의 한쪽 또는 양쪽에 돌기를 만들어 이 부분에 용접 전류를 집중시켜 압접하는 방법

80 이산화탄소 아크용접 토치 취급시 주의사항 중 틀린 것은?

① 와이어 굵기에 적합한 팁을 끼운다.
② 팁구멍의 마모상태를 점검한다.
③ 토치케이블은 가능한 한 곡선으로 사용한다.
④ 노즐에 부착된 스패터를 제거한다.

> 토치 케이블은 가능한 직선을 사용해야 한다.

81 아크를 발생시키지 않고 와이어와 용융 슬래그 그리고 모재 내에 흐르는 전기 저항열에 의하여 용접하는 방법을 무엇인가?

① 티그용접
② 미그용접
③ 일렉트로 슬래그 용접
④ 이산화 탄소 용접

정답 73 ② 74 ② 75 ③ 76 ③ 77 ② 78 ④ 79 ① 80 ③ 81 ③

82 볼트나 환봉 등을 직접 강판이나 형강에 용접하는 방법으로 볼트나 환봉을 피스톤형의 홀더에 끼우고 모재와 볼트 사이에 순간적으로 아크를 발생시켜 용접하는 방법은?

① 테르밋 용접
② 스터드 용접
③ 서브머지드 아크용접
④ 불활성가스 용접

🔍 스터드 용접은 아크(플래시)를 발생시켜 용접하는 방법이다.

83 저항용접의 종류가 아닌 것은?

① 스폿 용접
② 심 용접
③ 업셋 맞대기 용접
④ 초음파 용접

🔍 저항용접에는 스폿, 심, 프로젝션, 플래시맞대기, 업셋 맞대기, 방전충격 용접이 있다.

84 기공 또는 용융금속이 튀는 현상이 생겨 용접한 부분의 바깥면에 나타나는 작고 오목한 구멍을 무엇이라고 하는가?

① 플래시   ② 피닝
③ 플럭스   ④ 피트

🔍 • 플래시 : 용접에서 과대 전류 때문에 불꽃이 튀어 용접부가 패는 현상
• 피닝 : 금속의 표면을 해머로 두드리는 것
• 플럭스 : 접합시에 산화물이 생기는 것을 방지하며, 접합이 확실하게 이루어지게 하는 조성제

85 아크를 보호하고 집중시키기 위하여 도자기로 만든 페롤이라는 기구를 사용하는 용접은?

① 스터드용접   ② 테르밋용접
③ 전자빔용접   ④ 플라즈마용접

🔍 스터드 용접은 페롤 기구를 사용하여 볼트나 환봉, 핀등을 강판이나 형강에 용접하는 방법을 말한다.

86 불활성 가스 아크 용접에서 TIG용접의 전극봉은?

① 니켈   ② 탄소강
③ 텅스텐   ④ 저합금강

🔍 TIG용접의 전극봉은 텅스텐봉이다.

87 탄산가스 아크 용접의 특징 설명으로 틀린 것은?

① 용착 금속의 기계적 성질이 개선된다.
② 가스 아크이므로 시공이 편리하다.
③ 아르곤 가스에 비하여 가스 가격이 저렴하다.
④ 용입이 얕아서 용접 속도가 빠르다.

🔍 용접 전류의 밀도가 커서 용입이 깊으나 용접속도는 빠르다.

88 MIG 용접시 와이어 송급 방식의 종류가 아닌 것은?

① 풀 방식   ② 푸쉬 방식
③ 푸쉬 풀 방식   ④ 푸쉬 언더 방식

🔍 와이어 송급방식에는 푸쉬방식, 풀 방식, 푸쉬-풀방식, 더블 푸시 방식이 있다.

89 불활성가스 텅스텐 아크용접의 직류 정극성에는 좋으나 교류에는 좋지 않고 주로 강, 스테인리스강, 동합금 용접에 사용되는 토륨-텅스텐 전극봉의 토륨 함유량은 몇 %인가?

① 0.15~0.5   ② 1~2
③ 3~4   ④ 5~6

🔍 전극봉의 종류에는 순 텅스텐 전극봉, 텅스텐 금속에 토륨을 1~2% 함유한 토륨-텅스텐 전극봉, 지르코늄 0.15~0.5% 함유한 지르코늄-텅스텐 전극봉이 있다.

90 열적 핀치 효과나 자기적 핀치 효과를 이용한 용접법은?

① 이산화탄소 아크 용접법
② 서브머지드 아크 용접법
③ 불활성가스 금속 아크 용접법
④ 프라즈마 아크 용접법

정답 82 ② 83 ④ 84 ④ 85 ① 86 ③ 87 ④ 88 ④ 89 ② 90 ④

91 서브머지드 용제 중 흡습성이 가장 적은 것은?

① 소결형 ② 용융형
③ 혼성형 ④ 용제형

🔍 흡습성이 가장 적은 것은 용융형이고, 가장 큰 것은 소결형이다.

92 MIG 용접의 전류밀도는 TIG 용접에 비해 몇 배 정도인가?

① 2배 ② 3~4배
③ 4~6배 ④ 6~8배

🔍 MIG 용접의 전류 밀도는 피복 아크 용접의 6~8배, TIG 용접의 2배 정도이다.

93 MIG 용접의 적당한 아크 길이는?

① 2~3mm ② 4~5mm
③ 6~8mm ④ 9~10mm

🔍 MIG 용접의 아크 길이는 약 6~8mm가 적당하며 가스 노즐의 단면과 모재와의 간격은 12mm가 좋다.

3. 작업안전

01 전기 화재 소화시 가장 좋은 것은?

① 젖은 모래 ② 포말 소화기
③ 분말 소화기 ④ CO_2 소화기

🔍 전기화재는 CO_2소화기, 기름화재는 분말소화기, 보통 화재는 포말소화기가 적합하다.

02 폭발 인화성 인화물질 취급시 주의사항으로 틀린 것은?

① 위험물 부근에서는 화기를 사용하지 않도록 한다.
② 위험물은 습기가 없고 양지바르고 온도가 높은 곳에 둔다.
③ 위험물은 취급자 이외에는 취급하여서는 아니 된다.
④ 위험물이 든 용기에 충격을 주든지 난폭하게 취급해서는 안 된다.

🔍 인화물질은 고온일때 폭발 우려가 있으므로 온도가 낮은 곳에 두어야 한다.

03 다음 중 주의표지로 사용되는 색깔은?

① 빨강 ② 노랑
③ 주황 ④ 녹색

🔍 • 빨강 : 방화 금지, 규제 및 고도의 위험
• 주황 : 위험, 항해 항공의 보안시설
• 녹색 : 안전지도, 대피소, 구호소 위치
• 노랑 : 주의표시

04 전기 용접시 가장 주의해야 할 부분은?

① 홀더의 충전부
② 접지 부분
③ 케이블 부분
④ 용접봉 부분

05 전기용접 작업시의 안전사항으로 적당하지 못한 것은?

① 항상 정격에 맞게 전류를 조절 할 것
② 용접기는 그늘진 곳에 설치할 것
③ 전류는 아크를 튀기면서 조절할 것
④ 용접기는 항상 건조하게 설치할 것

🔍 전류는 먼저 조절하여 아크를 발생시켜야 감전에 우려가 없다.

06 전단기에서 두 사람 이상이 작업을 할 경우 안전상 유의하여야 할 가장 중요한 사항은?

① 전단된 재료가 규격에 맞는가를 조사할 것
② 페달을 밟은 사람을 정할 것
③ 정확한 측정에 맞도록 절단할 것
④ 용량 이상의 재료만 자를 것

🔍 페달을 밟은 사람을 정해 놓아야 안전하게 전단기 작업을 할 수 있다.

정답 91 ② 92 ① 93 ③ [3. 작업안전] 01 ④ 02 ② 03 ② 04 ① 05 ③ 06 ②

07 특히 위험한 장소의 출입으로 가장 옳은 설명은?

① 근로자만이 출입한다.
② 고용주만이 출입한다.
③ 안전관리자만이 출입한다.
④ 불필요한 자의 출입만을 금한다.

08 다음 중 안전, 진행, 구급, 기호 등에 사용되는 색은?

① 주황　　　② 흰색
③ 녹색　　　④ 노랑

- 주황 : 위험, 항해, 항공의 보안 시설
- 흰색 : 글씨 및 보조색, 정리정돈
- 녹색 : 안전지도, 위생, 구호소 위치, 진행
- 노랑 : 주의 표시(충돌, 장애물 등)

09 감전의 위험이 있는 장소의 전기를 차단하여 수선 점검을 할 때의 조치로써 틀린 것은?

① 통전되어 있는 전선 부근에는 절연 방호를 한다.
② 스위치를 통전장치를 한다.
③ 기타의 위험에 대비한 방지 장치를 한다.
④ 필요한 장소에 통전금지 시간에 관한 사항을 제시한다.

10 용접시 아크 광선에 의하여 눈에 피해를 받았을 때 제일 먼저 취해야 할 사항은?

① 누워서 안정을 한다.
② 온수로 찜질을 한다.
③ 청결한 냉수로 냉수포를 한다.
④ 수면을 취한다.

11 용접시 전기의 감전방지법으로 옳지 않은 것은?

① 홀더에 용접봉을 꽂은 채 방치하지 않는다.
② 홀더의 절연커버가 파손되었을 때는 즉시 새것으로 교체한다.
③ 습기가 있는 장갑, 신발을 착용하지 않는다.
④ 가스관 및 수도관 등의 배관을 접지로 이용한다.

배관을 접지로 이용하다가 감전 사고를 발생 시킬 수 있다.

12 화상의 응급처치 및 주의사항으로 옳지 않은 것은?

① 화상자의 의복을 벗기지 않는다.
② 화상부를 온수에 담구어 화기를 뺀다.
③ 절대로 물집을 터트리지 않는다.
④ 환자의 갈증시는 소다를 탄 냉수를 조금씩 마시게 한다.

13 아세틸렌의 발화나 폭발과 관계 없는 것은?

① 온도　　　② 압력
③ 가스 혼합비　　　④ 유화수소

유화수소는 용접 기구 및 용접부를 부식시킨다.

14 용접기의 전원스위치를 넣기 전에 점검해야 할 사항으로서 틀린 것은?

① 용접기가 전원에 잘 접속되어 있는가 점검한다.
② 결선부의 나사가 풀어진 곳이나 케이블에 손상된 곳은 없는지 점검한다.
③ 용접기의 케이스에 접지선이 연결되어 있는지 점검한다.
④ 회전부나 마찰부에 윤활유가 완전히 닦아져 있는지 점검한다.

15 아세틸렌 가스의 폭발 위험성이 기압은?

① 1　　　② 1.5
③ 2　　　④ 2.5

아세틸렌 가스는 15℃에서 1.5기압이면 폭발 위험이 있고 2기압 이상이면 폭발한다.

16 가스 누설 검사 시 사용되는 것은?

① 가스라이터　　　② 비눗물
③ 물　　　④ 냄새

냄새로는 가스 중 불순물을 알 수 없고 가스 누설 검사는 일반적으로 비눗물을 가장 많이 사용하고 있다.

정답　07 ④　08 ③　09 ②　10 ③　11 ④　12 ②　13 ④　14 ④　15 ②　16 ②

17 아크 용접시 가장 전격을 일으키기 쉬운 경우는?

① 용접봉이 굵고 취약할 때
② 무부하 전압이 높을 때
③ 아크가 불안정할 때
④ 접지점의 거리가 가까울 때

18 아세틸렌 용기의 보관 장소는 어느 것이 적당한가?

① 직사광선이 비치는 창고
② 습기가 있는 옥내
③ 전류가 흐르고 있는 창고
④ 발화성 물질이 없는 창고

🔍 가스 용기는 직사광선을 피하고 습기가 없으며 통풍이 잘되고 발화성 물질이 없는 장소에 설치해야 한다.

19 아크 빛으로 인해 혈안이 되고 눈이 부었을 때 우선 취해야 할 일은?

① 온수로 씻은 후 휴식을 취한다.
② 소금물로 씻은 후 작업한다.
③ 안약을 넣은 후 작업한다.
④ 냉습포를 눈 위에 얹고 안정을 취한다.

20 용접봉 안전 홀더를 사용하는 이유로서 가장 옳은 것은?

① 홀더의 수명을 길게 한다.
② 용접기의 과대 전류를 방지한다.
③ 아크를 안정시켜 용접 작업 능률을 높인다.
④ 감전을 방지하고 전격에 의한 사고를 방지한다.

21 토치의 취급상 부주의로 일어나기 쉬운 현상이 아닌 것은?

① 토치 역류
② 토치 인화
③ 토치 역화
④ 산소용기의 압력 상승

🔍 산소 용기 압력은 진동, 압력, 충격 온도에 의한 내부압력에 영향이 있다.

22 줄 작업시 안전수칙에 위배되는 사항은?

① 손바닥이 상처우려가 있으므로 면장갑을 끼는 것이 좋다.
② 넓은 면은 톱 작업하기 전에 삼각줄로 안내홈을 만든다.
③ 드릴 작업에서 생긴 쇳밥은 손으로 제거하지 않는다.
④ 줄눈에 끼인 쇳밥은 와이어 브러쉬로 제거한다.

🔍 줄작업시 미끄럼 방지를 위해 면장갑 착용을 금하고 있다.

23 아크 용접 작업 기구 중 성질이 다른 것은?

① 헬멧
② 용접용 장갑
③ 앞치마
④ 용접 홀더

🔍 용접 홀더는 용접기구이며 헬멧, 장갑, 앞치마는 보호기구이다.

24 피복아크 용접시 피복제 성분으로 인한 유해가스의 재해를 방지하기 위한 옳은 방법은?

① 보통의 마스크를 사용한다.
② 마스크에 냉수를 적시어 사용한다.
③ 마스크에 온수를 적시어 사용한다.
④ 마스크에 가성소다에 적시어 사용한다.

25 다음 중 일산화탄소 중독의 증상에 속하지 않는 것은?

① 심한 두통   ② 귀울림
③ 경련   ④ 식은땀을 흘림

26 전등 스위치가 옥내 저장소에 있으면 안 되는 경우는 어느 것인가?

① 산소 저장소   ② 카바이트 저장소
③ 기계유 저장소 ④ 절삭유 저장소

🔍 카바이드는 가연성 가스가 발생될 가능성이 있으며 전기 스파크에 의해 인화될 위험성이 있기 때문이다.

정답 17 ② 18 ④ 19 ④ 20 ④ 21 ④ 22 ① 23 ④ 24 ④ 25 ② 26 ②

27 인화될 위험성이 있는 기름통을 수리 용접할 때 올바른 방법은?

① 유류를 완전히 제거하고 용접한다.
② 유류를 완전히 제거하고 통풍한 후 용접한다.
③ 통풍을 잘하고 용접하면 된다.
④ 수리할 곳을 직접하여도 무방하다.

28 다음은 전기화재 발생의 원인을 열거하였다. 틀린 것은?

① 부하의 증가
② 퓨즈대신 동선 사용
③ 피뢰침 설치
④ 불량기구 사용

29 용접작업시 차광유리를 사용하는 이유는?

① 용접시 스패터로부터 눈을 보호하기 위하여
② 용접시 유해광선으로부터 눈을 보호하기 위하여
③ 용접시 유해광선으로부터 얼굴을 보호하기 위하여
④ 용접시 스패터로부터 얼굴을 보호하기 위하여

30 팁이 막혔을 때 뚫는 방법은?

① 철판위에 가볍게 문지른다.
② 줄칼로 부착물을 제거한다.
③ 구리선이나 황동선 또는 팁클리너로 제거한다.
④ 내화 벽돌 위에 가볍게 문지른다.

> 팁이 막혔을 때는 팁 클리너를 사용해서 제거해야 한다.

31 다음 중 전기 용접기를 설치하여도 무방한 장소는?

① 진동이나 충격을 받는 장소
② 수증기 또는 습기가 높은 장소
③ 주위온도가 -5℃되는 장소
④ 휘발성가스가 있는 장소

32 필터렌즈 앞에 맨유리를 부착하는 이유는?

① 자외선을 흡수한다.
② 적외선을 흡수한다.
③ 헐거워서 끼운다.
④ 필터렌즈를 보호하기 위해서 끼운다.

33 아크용접 작업 중 방독마스크를 쓰지 않아도 될 때는?

① 황동용접을 할 때
② 연강용접을 할 때
③ 카드뮴 용접을 할 때
④ 아연 합금 용접을 할 때

34 용접중의 작업 검사로서 해야 되는 검사 사항으로 옳은 것은?

① 각층마다 융합상태
② 용접조건, 예열, 후열 등의 처리
③ 용접공의 기량
④ 홈각도, 루트 간격, 이음부의 표면상황

35 아크 용접시 광선에 의해 초기에 인체에 일어나기 쉬운 가장 타당한 재해는?

① 광선관계로 수정체에 자극을 주어 근시가 된다.
② 자외선 때문에 각막과 망막에 자극을 주어 결막염을 일으킨다.
③ 강력한 광선 때문에 시신경이 피로해져 맹인이 된다.
④ 강력한 가시광선 때문에 수정체에 영향을 주어 난시가 된다.

36 다음 중 방진 마스크를 사용하는 작업은?

① 밀링   ② 선반
③ 주조   ④ 압연

> 주조 작업에는 금속 증기 및 가스 배출이 있으므로 방진 마스크를 사용한다.

정답 27② 28③ 29② 30③ 31③ 32④ 33② 34① 35② 36③

37 위험물 취급시 정전기 때문에 생기는 위험은?

① 감전사고의 위험
② 물체가 대전하면 낙뢰의 위험
③ 쇼팅으로 흘러나온 전류가 물체를 파괴하는 위험
④ 불꽃 방전을 일으켜 점화원이 될 수 있는 위험

38 다음 중 귀마개를 착용해야 하는 작업은?

① 전기 용접작업   ② 드릴 작업
③ 리베팅 작업   ④ 선반 작업

🔍 리베팅 시 해머 타격 소리 때문에 귀마개가 필요하다.

39 안전을 위하여 장갑을 사용할 수 있는 작업은?

① 드릴링 작업   ② 선반 작업
③ 용접 작업   ④ 밀링 작업

40 다음 중 소화기를 두어야 할 곳으로 적당하지 않는 것은?

① 인화 물질이 있는 바로 옆
② 적당한 구석
③ 눈에 잘 띄는 곳
④ 방화물을 놓아두는 곳

🔍 소화기는 쉽게 이용할 수 있는 장소에 보관해야 한다.

41 화상의 응급처치 및 주의사항으로 옳지 않은 것은?

① 화상자의 의복은 벗기지 않는다.
② 화상부를 온수에 담그어 화기를 뺀다.
③ 물집을 터트리지 않는다.
④ 환자가 갈증을 느낄 때에는 소다를 탄 냉수를 조금씩 마시게 한다.

🔍 화상부를 냉찜질을 해서 화기를 빼야 한다.

42 용접 작업시 안전수칙에 관한 사항이다. 다음 중 틀린 것은?

① 용접 헬멧과 용접 장갑은 반드시 착용해야 한다.
② 심신에 이상이 있을 때에는 쉬지 않고 보다 더 집중해서 작업을 한다.
③ 접지선은 큰 것을 사용하고 단단히 고정한다.
④ 환기가 잘 되게 한다.

🔍 몸에 이상이 있을 때는 잠시 휴식을 취해야 한다.

43 용접 작업상의 안전수칙 중 적당하지 않은 것은?

① 산소병이나 아세틸렌병은 운반시 충격을 주면 안 된다.
② 가열된 가스용접 토치는 물에 그 전체를 담그어 식힌다.
③ 전기아크용접을 할 때에는 보호구를 착용해야 한다.
④ 산소와 아세틸렌 고무호스는 바뀌지 않도록 해야 한다.

44 다음 중 소화설비에 적용해야 할 사항이 아닌 것은?

① 작업의 성질   ② 화재 성질
③ 폭발의 상태   ④ 작업의 상태

🔍 화재 성질에 따라 소화기의 사용도가 다르다.

45 용접작업을 시작하기 전의 점검사항 중 안전상 특히 가장 중요한 것은?

① 토치의 각부 접속 불량을 점검한다.
② 아세틸렌 가스의 순도 및 발생량을 점검한다.
③ 안전기의 수위를 점검한다.
④ 산소 용기의 위치와 조정기를 점검한다.

46 화재의 3요소가 아닌 것은?

① 가연성 물질   ② 연쇄 반응
③ 산소 공급원   ④ 착화원

🔍 화재의 3요소는 가연성 물질, 산소 공급원, 착화원으로 구성된다.

정답 37 ④ 38 ③ 39 ③ 40 ① 41 ② 42 ② 43 ② 44 ④ 45 ③ 46 ②

47 소규모의 인화성 액체화재나 불전도성 소화제를 필요로 하는 전기설비 화재의 제일 적합한 소화기는?

① 일반소화기
② 포말소화기
③ 분말소화기
④ CO_2소화기

48 피부가 빨갛게 되며 쓰리고 아픈 증세의 화상을 입었다고 하면 몇도 화상에 해당하는가?

① 제 1도 화상　② 제 2도 화상
③ 제 3도 화상　④ 제 4도 화상

49 전격 방지 대책에 대한 설명 중 올바르지 못한 것은?

① 용접기의 내부에 함부로 손을 대지 않는다.
② 홀더나 용접봉은 절대로 맨손으로 취급하지 않는다.
③ 가죽장갑, 앞치마, 발덮개 등 규정된 보호구를 반드시 착용한다.
④ 땀, 물 등에 의해 습기 찬 작업복, 장갑, 구두 등을 착용하여도 이상 없다.

50 KS규격에서 나타내는 방사능의 안전표시 색채는?

① 빨강　② 녹색
③ 자주　④ 주황

- 빨강 : 방화금지, 방향 표시
- 녹색 : 안전지도, 진행, 위생표시, 대피소
- 자주 : 방사능 위험표시
- 주황 : 위험, 항해, 항공의 보안 시설

51 다음 중 가장 독성이 적은 금속은?

① 수은　② 납
③ 구리　④ 크롬

구리는 중독성이 있으며 용접 시에는 용제로 인한 가스 중독도 있다.

52 가스용접의 안전작업 중 적합하지 않은 것은?

① 가스를 들어 마시지 않도록 한다.
② 토치 끝으로 용접물의 위치를 바꾸거나 재를 제거하면 안된다.
③ 토치에 불꽃을 점화 시킬 때에는 산소밸브를 먼저 열고 다시 아세틸렌 밸브를 연다.
④ 산소 누설시험에는 비눗물을 사용한다.

점화시에는 아세틸렌 밸브를 열고 산소 밸브를 열어 불꽃을 조절한다.

53 아크 용접 중 아크 빛으로 인해 혈안이 되고 눈이 붓는 수가 있으며 눈병이 생긴다. 이 경우 우선 취해야 할 일은?

① 안약을 넣고 계속 작업을 해도 좋다.
② 냉습포를 눈 위에 얹어놓고 안정을 취한다.
③ 신선한 공기와 맑은 하늘을 보면 된다.
④ 소금을 물에 타서 눈을 닦고 작업한다.

54 공기 중 탄산 가스 농도가 몇 % 이상이면 중독 사망을 일으키는가?

① 35%　② 30%
③ 25%　④ 20%

- 8% : 호흡 곤란
- 15% 이상 : 심한 두통
- 30% 이상 : 사망

55 용접부에 발생한 잔류응력을 제거하기 위해서 열거한 방법 중 옳은 것은?

① 풀림처리를 한다.
② 담금질처리를 한다.
③ 서브제로처리를 한다.
④ 뜨임처리를 한다.

56 용접작업에서 안전에 대해 설명한 것 중 틀린 것은?

① 높은 곳에서 용접 작업할 경우 추락, 도괴, 낙하 등의 위험이 있으므로 항상 안전 벨트와 안전모를 착용한다.

정답　47 ④　48 ①　49 ④　50 ③　51 ②　52 ③　53 ②　54 ①　55 ①　56 ④

② 용접 작업 중에 여러 가지 유해가스가 발생하기 때문에 통풍 또는 환기 장치가 필요하다.
③ 가연성의 분진, 화약류 등 위험물이 있는 곳에서는 용접을 해서는 안된다.
④ 가스 용접은 강한 빛이 나오지 초기 때문에 보안경을 착용하지 않아도 괜찮다.

🔍 가스 용접에도 보안경을 착용하고 작업을 해야 한다.

57 금속나트륨, 마그네슘 등과 같은 가연성 금속의 화재는 몇 급 화재로 분류되는가?

① A급 화재 ② B급 화재
③ C급 화재 ④ D급 화재

🔍
- A급 : 일반화재
- B급 : 유류 화재
- C급 : 전기화재
- D급 : 금속 화재
- E급 : 가스 화재

58 다음 중 가스 중독성이 가장 큰 것은?

① 암모니아
② 탄산가스
③ 크로루메틸
④ 아황산 가스

🔍 아황산가스는 공기 중에서 농도가 가장 적어도 치사량이 크다.

59 다음 중 인화 물질이 아닌 것은?

① 프로판 가스 ② 아세틸렌
③ 암모니아   ④ 산소 가스

🔍 산소는 지연성(조연성) 가스이므로 인화되지 않는다.

60 용접에서 안전 작업 복장을 설명한 것 중 틀린 것은?

① 작업 특성에 맞아야 한다.
② 기름이 묻거나 더러워지면 세탁하여 착용한다.
③ 무더운 계절에는 반바지를 착용한다.
④ 고온 작업시에는 작업복을 벗지 않는다.

61 용접 작업시 안전 수칙에 관한 내용이다 다음 중 틀린 것은?

① 용접 헬멧, 용접보호구, 용접 장갑은 반드시 착용해야 한다.
② 심신에 이상이 있을 때에는 쉬지 않고 보다 더 집중해서 작업을 한다.
③ 미리 소화기를 준비하여 작업중에는 만일의 사고에 대비한다.
④ 환기가 잘되게 한다.

62 불꽃이 순간적으로 "팡" 소리를 내며 팁 안으로 끌려 들어간 후 곧 완전히 꺼지는 형상은?

① 흡입   ② 인화
③ 역류   ④ 역화

🔍 역화는 모재에 팁 끝이 닿거나 팁이 과열되었을 때, 가스 압력이 부적당하거나 팁 조임이 허술한 경우에 발생되며 팁 속에서 터지는 소리를 내면서 끌려 들어가다가 또는 완전히 불꽃이 꺼지는 현상이다.

63 용접 작업시의 안전 사항이다 올바르지 못한 것은?

① 전류 10mA로 감전되면 순간적으로 사망할 위험이 있다.
② 습한 장갑이나 작업복을 입고 용접하면 감전의 위험이 있으므로 주의한다.
③ 절연 홀더의 절연 부분이 균열이나 파손되었으며 곧바로 보수하거나 교체한다.
④ 맨홀과 같이 밀폐된 구조물 안에서 용접을 할 때에는 보호자를 두거나 2명 이상이 교대로 작업한다.

64 가스 폭발을 방지하기 위한 예방대책 중 제일 먼저 조치를 취해야 할 것은?

① 소화기의 비치   ② 가스 누설의 방지
③ 착화 원인의 제거 ④ 배관의 강도 증가

정답 57 ④ 58 ④ 59 ③ 60 ③ 61 ② 62 ④ 63 ① 64 ②

CHAPTER 02

용접시공 및 검사

Craftsman Shielded Arc Welding

Section 01 용접이음의 설계
Section 02 용접이음의 선택 및 강도
Section 03 용접시공 및 용접구조물 설계
Section 04 용접부의 시험검사
Section 05 출제 예상문제

SECTION 01 용접이음의 설계

Craftsman Shielded Arc Welding

STEP 01 용접이음의 종류 및 기호표기

1. 이음의 종류

1) 맞대기 용접

동일 평면에 있는 두 부재를 맞대어서 용접하는 이음

2) 필렛 용접

겹치기 또는 T 이음의 구석부분을 용접

3) 슬롯 또는 플러그 용접

2개의 판에서 한쪽 판에 긴 홈 또는 둥근 구멍을 내어서 덧붙이 용접

2. 용접기호(KS B0052 규격 기준 – 미국방식과 동일)

1) 아크용접 및 가스 용접 기호

용접 종류	기호	용접 종류		기호
I형	‖	필렛 용접	연속	◿
V형	∨		단속	◿
X형	✕		연속(병렬)	◿
V형	V		단속(병렬)	◿
K형	K		지그재그	◿
J형	⌐	플러그 용접		⌂
양면 J형	K	비드 용접		⌒
U형	∪	용입 용접		⌒
H형(양면 U형)	⋈	덧살올림 용접		⌒⌒

2) 보조 기호

구분		기호	비고
용접부 표면현상	평면(동일한 면으로 마감처리)	─	기선(基線)의 외부측으로 명기
	볼록형	⌒	
	오목형	⌣	
용접부 다듬질 방법	치핑	C	다듬질 방법 미 구분시 F로 표기
	연삭	G	
	절삭	M	
전둘레용접		○	전둘레 용접 확실시 생략 가능
현장용접		●	
전둘레현장용접		◎	

3) 저항 용접

용접 종류	기호	용접 종류	기호
점용접	✳	프로젝션 용접	⋈⋈
시임 용접	✕	플러시/오프셋 용접	|

3. 용접기호 표기

SECTION 02 용접이음의 선택 및 강도

Craftsman Shielded Arc Welding

STEP 01 용접이음의 선택

1. 주요 사항

① 가능한 아래보기 용접
② 용접작업에 간섭이 없도록 공간 확보
③ 맞대기 용접은 뒷면용접 및 이면비드(Back bead)가 가능하도록 하여 용입 부족이 없도록 유의
④ 판 두께가 다를 경우 경사 테이퍼를 주어 가능한 유사 두께로 용접
⑤ 집중용접이 되지 않도록 설계
⑥ 용접 교차시 둥근 아치(Arch)형으로 하여 용접부 겹침 방지
⑦ 충격, 반복하중, 운전조건을 고려하여 이음부 설계

2. 두께별 적용 그루브 형태

① I형 : 판두께 약 6mm 이하
② V형 : 판두께 6~25mm
③ X, U, H형 : 판두께 25mm 이상

3. V 그루브 형상 표준 예

STEP 02 용접이음의 강도

1. 이음강도의 구분

1) 용접이음의 정적(靜的)강도

① 맞대기 이음

㉮ 연강 용접부는 용착금속의 강도가 모재보다 약간 높게 용접봉 선정 · 덧살(Reinforcement) 이 불요하며, 있을 경우 피로강도 감소 우려

㉯ 용접부의 용접끝(Toe of weld)은 응력집중이 발생하며, 정적강도는 소성변형에 의한 응력집중이 저감되어 문제가 거의 없음

② 앞면 필렛 용접 : 용접선의 방향이 응력방향과 직각인 필렛 용접

③ 목 두께(Throat thickness)

㉮ 필렛 용접의 강도는 목 두께를 기준하며 주로 이론 두께 적용

㉯ 이론 두께는 용접부에 내접하는 이등변 삼각형으로 간주하여 계산

2) 용접이음의 충격강도

① 취성파괴에 대한 저항력으로 노치인성(Notch toughness)으로 정적강도와 충격강도는 별개의 사항

② 노치위치에 따라 차이 : Weld, HAZ, Base metal

③ 용접부의 각종 결함 즉, 언더컷, 슬래그혼입, 기공, 용입 부족 등이 노치로서 존재함에 따른 취성파괴의 가능성 내포

3) 용접이음의 피로강도

① 피로강도는 정적강도와는 무관계이며 이음 형상, 용접부 표면형상에 민감하게 영향

② 용접구조물 파괴는 정적하중에 의한 소성변형에 의한 파괴는 거의 없고, 노치부에서 저기온시에 발생하는 취성파괴나 반복하중에 의한 피로파괴가 많음

③ 피로시험 하중 : 양진하중, 편진하중, 반복하중

④ 피로곡선 : S와 Log N의 관계, 강의 경우 $N=10^6 \sim 10^7$ 회수 이상의 경우 평행하게 되며, 이 응력 (피로한도, 내구한도, Endurance limit) 이하에서는 아무리 많은 회수의 하중을 가해도 파단되지 않음

 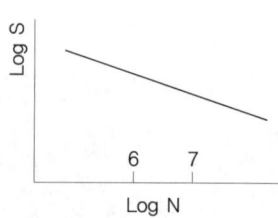

④ 임의의 반복수(n)에 대한 피로강도(s)는 기지(旣知)의 회수(N)에 대한 피로강도(S)를 알고 있을 때 다음의 식으로 예측가능

$s = S (N/n)k$, 용접이음의 경우 $k ≒ 0.18$ (0.05~0.35)

STEP 03 이음의 강도계산

1. 강도의 계산식

1) 정적강도
   ① 맞대기 이음 : 모재강도와 동일하게 고려
   ② 필렛 이음 : 실험적으로 목 단면에 대한 파단강도로서 강도계산

2) 연강의 이음강도(예시)
   ① 맞대기 : 약 $45kg/mm^2$
   ② 전면 필렛(겹치기) : 약 $40kg/mm^2$
   ③ 전면 필렛(T형) : 약 $35kg/mm^2$
   ④ 측면 필렛 : 약 $32kg/mm^2$

3) 피로강도 : 피로강도 표준 기준치

4) 굽힘, 전단을 받는 맞대기 이음
   ① $\sigma b\ max = M/Zw = 6PL/lh^2 = 6PL/lt^2$
   ② $\tau max = 3P/2lt$ ← 판두께의 중심

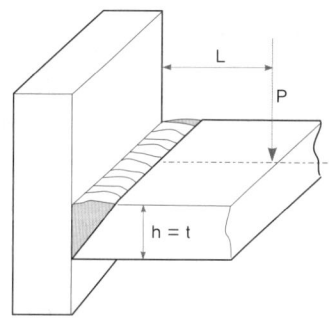

2. 안전율 및 허용응력

1) 안전율(Safety factor) : $\dfrac{\text{재료강도}}{\text{허용응력(Allowable stress)}}$

2) 강재의 허용응력
   ① 정하중의 경우 인장강도의 1/4값, 고항복점을 갖는 고장력강은 인장강도의 1/3의 응력이 적용 ← 구조물에 부하시 항복하지 않는다는 전제하의 탄성설계에 근거
   ② 재료의 국부적 항복을 허용하는 소성설계(Plastic design)로 재료절감 ← 국부적으로 항복하여도 전체적으로 큰 하중을 지탱하며 재료가 충분한 연성을 갖고 있다는 전제하에 설계

3) 이음효율(Joint efficiency) : $\dfrac{\text{이음의 파단강도}}{\text{모재의 파단강도}} \times 100$
   ① 용착부 물성치의 근거하에 안전율을 고려하여 계산
   ② 이음효율 × 모재의 허용응력
   ③ 이음효율은 규정에 따라 다르다.

SECTION 03 용접시공 및 용접구조물 설계

STEP 01 용접시공

1. 용접시공과 계획

용접 시공은 적당한 사양서에 따라 소요의 구조물을 제작하는 방법이며, 용접 설계나 사양서 제작이 부적당하면 시공은 매우 곤란하므로 용접 설계자는 시공에 관한 충분한 이해를 가지고 시공 요령과 기술을 익혀야 한다.

2. 용접 준비

용접 제품이 잘 되고 못 되고는 용접 전의 여러 준비에 따라 영향을 받으며 준비 사항으로 재료, 용접공, 지그, 조립과 가용접, 홈 가공 청소 작업이 있어야 한다.

3. 본 용접

① 용착법 : 용접 방향에 따라 전진법, 후진법, 대칭법, 비석법으로 나누며 적층법에 따라 빌트업법, 캐스케이드법, 블록법이 있다.
② 이면치핑과 뒷받침 : 맞대기 용접에서 중요한 이면 치핑을 하지 않고 이면 용접을 할 수 없으며 맞대기 이음의 제1층에 용입 불충분 등의 결함이 생기기 쉬우므로, 제2층 이후가 끝난 뒤 이면 치핑으로 제거하여 이면을 용접하여야 한다. 이면 치핑에는 기계적 절삭, 정 외에 가스 가우징 또는 아크 에어 가우징을 많이 사용한다.
③ 예열

4. 용접 후 처리

① 응력 제거 : 잔류응력 제거법에는 응력제거 어닐링, 저온 응력 제거법 또는 피닝이 있다.
② 변형 교정
 ㉮ 롤링 : 판상 또는 직선상과 같이 형성이 간단한 것이 아니면 적용할 수 없다.
 ㉯ 피닝 : 각 층마다 용접 비드의 표면을 두드려 소성변형시켜 신장시킴으로 변형을 교정하는 방법이다.
 ㉰ 소부 : 박판에 대한 점 가열, 형재에 대한 직선 가열, 가열 후 해머로 두드리는 방법, 후판 또는 큰 구조의 것에 대한 구속판 등에 의한 압력을 가하면서 가열 수행하는 방법이다.
③ 결함보수 : 용접부에 결함이 발생된 경우에 교정하도록 하고, 가공 또는 슬래그 섞임이라면 깎아내고 재 용접을 한다.

STEP 02 용접구조물 설계

1. 용접구조의 단점

① 변형이나 비틀림이 발생
② 용접부 수축에 의해 내부에 항복점에 가까운 잔류응력 존재 : 변형, 파괴원인
③ 대형 용접구조물에서 저온하 노치부의 취성균열이 전파 우려
④ 용접 열영향으로 재질 취화 가능성
⑤ 용접사의 기능에 의존함에 따라 품질이 불균일
⑥ 용접결함 확인을 위한 세심한 검사 및 품질관리 필요

2. 설계상의 유의사항

① 용접수행에 적합한 설계 : 이면비드, 재질별 개선치수
② 용착량은 강도상 필요한 최소량
③ 적절한 용접이음 형상을 선택하여 사용
④ 용접하기 용이하게 설계 : 간섭, 접근성
⑤ 결함이 생기기 쉬운 형상 유의 : 겹침부위는 모따기
⑥ 약한 필렛용접을 피할 것 : 굽힘응력이 취약, 약간 돌림용접
⑦ 구조상 노치 : 집중응력 있는 곳 용접을 피할 것

SECTION 04 용접부의 시험검사

STEP 01 시험 및 검사 방법 분류

1. 용접작업 검사와 완성검사

① 용접설비는 용접기기, 부속기구, 보호기구, 지그 및 고정구의 적합성을 조사한다.
② 용접봉은 겉모양과 치수, 용착 금속의 성분과 성질, 모재와 조합한 이음부의 성질, 작업성과 균열 등을 조사한다.
③ 모재는 화학 성분, 기계적 성질, 물리적 성질, 화학적 성질 그리고 여러 가지 결함의 유무와 표면 상태를 조사한다.

2. 용접부 검사법의 분류

STEP 02 용접부 검사법

1. 비파괴 검사

1) **외관 검사** : 비드 파형, 덧붙임 형태, 용입상태, 균열, 스패터 발생, 언더컷, 오버랩, 표면균열, 형상불량, 변형 등을 육안으로 판단하는 방법이다.
2) **누수 검사** : 수밀, 기밀, 유밀을 필요로 하는 제품에 사용되는 검사하는 방법이다.
3) **침투 검사** : 제품 표면에 나타나는 미세한 균열이나 구멍으로 인하여 불연속부가 존재할 때에 이곳에 침투액을 사용하여 결함의 불연속부에 남아 있는 침투액을 비드 표면으로 노출시키는 방법으로 형광 침투검사, 염료 침투 검사가 있다.
4) **자기 검사** : 자기 검사는 검사 재료를 자화시킨 상태에서 결함부에 생기는 누설 자속 상태를 철분 또는 검사 코일을 사용하여 검출하는 방법이다.
5) **초음파 검사**
   ① 투과법 : 물체 한쪽에서 송신한 후 반대쪽에 수신하면서 이때 도달되는 초음파 강도로서 결함부를 찾아내는 방법
   ② 펄스 반사법 : 초음파 펄스 물체의 일면에서 송신한 후 동일면상에 수신용 진동자를 통해 반사파를 받아서 이 때 발생되는 저압 펄스를 브라운관에 투영시켜 관찰하는 방법
   ③ 공진법 : 송신피와 반사파가 공진하여 징상파가 되는 원리를 이용한 것으로 판두께 측정, 부식 정도, 내부 결함 등을 알아내는 방법
6) **방사선 투과 검사** : X선과 γ선을 이용하여 용접부 결함을 조사하는 방법으로 현재 가장 많이 사용되고 있는 비파괴 검사법이다.

2. 인장시험

1) 인장하중과 인장시험의 필요성
   ① 재료를 잡아당겨 늘이는 하중을 인장하중이라 한다.
   ② 인장에 의한 응력은 부품이 구부림이나 뒤틀림을 받을지라도 작용하므로 재질을 평가하는데 인장시험은 꼭 필요하다.

2) 인장시험으로 알 수 있는 결과
   ① 탄성률 = $\dfrac{응력}{변형}$
   ② 단면수축률 = $\dfrac{기시편 단면적 - 파단된 단면적}{초기시편 단면적} \times 100$
   ③ 연신율 = $\dfrac{파단된 표점길이 - 원래 표점길이}{원래 표점길이} \times 100$

3) 하중-연신율 곡선
   ① 비례한도 : 시험편이 하중에 비례하여 늘어나는 구간
   ② 탄성한도 : 하중을 제거할 때 시험편이 원래대로 돌아갈 수 있는 한도

③ 항복점 : 하중을 제거한 이후에 시험편이 원래대로 돌아가지 않고 영구 변형하기 시작하는 곳
④ 인장강도 : 항복점 이상에서 영구적인 소성변형이 발생하며, 가장 큰 하중을 받게 되는 곳의 강도

3. 경도시험

1) 브리넬 경도
① 강철 볼로 압입한 시편부분의 표면적으로 하중을 나누어 경도 측정
② 하중 시간은 15~30초
③ 얇은 재료나 침탄강, 질화강 등의 표면을 측정하기에는 부적당함

2) 로크웰 강도
① 압입된 시편 부분의 깊이 정도로 경도를 측정
② B 스케일 경우 : 특수 강구
㉢ C 스케일 경우 : 꼭지각 120℃인 다이아몬드 원뿔의 압입자를 이용

3) 비커즈 경도
① 압입된 시편 부분의 표면적으로 경도를 측정
② 연한 재료, 얇은 재료, 침탄, 질화층 같은 엷은 부분의 경도를 측정
③ 압입부의 흔적이 적으므로 경화 재료에는 부적당함

4) 쇼어 경도
① 일정 높이에서 자유 낙하시켜 낙하체가 시험편에 부딪혀 튀어 오르는 높이에 의해 경도를 측정
② 시험편에 자국이 생기지 않으므로 완성된 기어, 압연, 롤 등에 사용

4. 충격시험
① 시험편에 충격적인 하중을 가해 시험편 파괴 시 충격값을 구하고 시험편이 취성파괴, 인성파괴되는지를 알아보는 시험방법
② 샤르피 충격시험 : 시험편을 수평으로 지지하고 충격을 주는 방법
③ 아이조드 충격시험 : 시험편의 한 끝을 수직으로 고정하여 충격을 주는 방법

5. 피로시험
① 하중이 계속적인 반복 하중으로 작용하는 경우 파괴가 이루어지는 하중보다 더 작은 하중인 피로파괴 하중을 측정하는 시험
② 시험편에 피로하중을 가하는 방법 : 밀고 당김, 회전 구부림, 뒤틀림, 평면 구부림 등

6. 굽힘시험

① 재료를 굽힌 후 표면에 나타난 균열과 불연속적인 결함을 파악하기 위한 실험
② 굽힘 시험 종류
　㉮ 굽힘에 대한 저항력을 알아보는 항복 시험
　㉯ 굽힘이 심할 경우 파열이 발생하는지 알아보는 굴곡 시험

7. 크리프시험

① 크리프 현상은 어떤 재료에 일정한 응력을 가할 때 생기는 변형량의 시간적 변화
② 고온 상태에서 금속 내부는 열진동이 커져 원자가 빠르게 움직이게 되므로 하중 상태에서는 시간적인 변화도 고려해야 함
③ 고온에서 기간 경과에 따라서 외력에 비례한 만큼, 이상변형이 일어나는 크리프 현상을 측정하는 것

8. 에릭슨시험

① 금속판의 연성을 평가 또는 비교하기 위한 시험
② 시험방법
　㉮ 두께 0.1~2.0mm의 금속을 상하 다이 사이에 놓고 펀치를 넣어 시험편 뒷면에 적어도 1개 균열이 생성될 때까지 가압한다.
　㉯ 펀치 앞 끝이 하형 다이 시험편에 접하는 면에서 이동한 거리를 측정하여 소성가공성을 평가한다.

제02장_ 용접시공 및 검사 출제예상문제

01 다음은 용접 이음의 기본형식이다. 이음의 종류가 아닌 것은?

① 맞대기 이음 ② 변두리 이음
③ 모서리 이음 ④ K형 이음

🔍 K형 이음은 용접 홈 현상의 종류이다.

02 용접 이음에 생기는 결함 중 가장 크게 영향을 받는 결함은?

① 언더컷 ② 기공
③ 균열 ④ 오버랩

🔍 용접이음에 생기는 결함 중 언더컷, 기공은 비교적 적고 균열이 크게 영향을 받는다.

03 용접이음이 짧다든지 변형 및 잔류응력이 별로 문제가 되지 않을 때에 사용하기 좋은 용착법은?

① 비석법 ② 전진법
③ 후진법 ④ 대칭법

🔍
- 전진법 : 용접 끝나는 부분이 수축 및 잔류 응력이 커서 용접 이음이 짧고 변형, 잔류 응력이 그다지 문제가 되지 않을 때 사용한다.
- 후진법 : 용접을 단계적으로 후퇴하면서 전체 길이를 용접하는 방법으로 수축과 잔류 응력을 줄이는 방법
- 대칭법 : 용접 전 길이에 대하여 중심에서 좌우로 또는 용접물 형상에 따라 좌우 대칭으로 용접하여 변형과 수축 응력을 경감한다.
- 비석법(스킵법) : 용접 길이를 짧게 나누어 놓고 간격을 두면서 용접하는 방법으로 잔류응력을 적게 할 경우 사용한다.

04 용접순서를 결정하기 위하여 주의해야 할 사항 중 틀린 것은?

① 수축은 가능한 한 자유단으로 보낸다.
② 중심에 대하여 항상 대칭으로 용접을 진행시킨다.
③ 수축이 작은 이음을 먼저 용접하고 수축이 큰 이음을 뒤에 용접한다.
④ 용접물의 중립축에 대하여 용접에 인한 수축력 모멘트의 값이 0이 되도록 한다.

🔍 수축이 큰 이음을 먼저 용접하고 수축이 작은 이음을 뒤에 용접해야 변형이 적다.

05 고탄소강 아크 용접부의 균열을 방지하는 방법 중에 해당하지 않는 것은?

① 예열을 한다.
② 후열을 한다.
③ 용접속도를 빠르게 한다.
④ 전류를 낮춘다.

06 용접부를 해머로 두드리는 피이닝 작업 목적은?

① 변형교정
② 용접부의 인장응력 제거
③ 용접부의 결함부분 제거
④ 불순물의 제거

🔍 피이닝은 용접 직후 해머로 비드를 두드려서 용접 금속 변형을 방지하는 방법이지만 비드가 고온(700℃ 이상)일 때 해야 한다.

07 용접홈을 만드는 이유가 아닌 것은?

① 변형 방지를 하기 위해
② 용입을 충분히 하기 위해
③ 용접 치수를 조정하기 위해
④ 변형을 크게 하기 위해

🔍 용접홈을 만드는 이유 중 하나는 변형을 적게 하기 위한 것이다.

정답 01 ④ 02 ③ 03 ② 04 ③ 05 ③ 06 ① 07 ④

08 다음 중 안전율은?

① 인장강도 / 허용응력
② 허용응력 / 인장강도
③ 이음효율 / 허용응력
④ 최대응력 / 인장강도

> 안전율 = $\dfrac{\text{인장강도}}{\text{허용응력}}$

09 용접부의 냉각 속도에 대한 설명 중 옳은 것은?

① 열이 확산되는 방향이 많을수록 냉각속도는 작아진다.
② 맞대기 이음 용접보다 T형 이음 용접이 냉각속도가 크다.
③ 두꺼운 판보다 얇은판의 냉각 속도가 크다.
④ 열 전도율이 큰 금속일수록 냉각 속도는 느리다.

10 용접시공 준비에서 일반 준비사항에 해당되지 않는 것은?

① 지그의 결정   ② 용접공의 선임
③ 용접 비드의 검사 ④ 용접봉의 선택

> 용접 일반 준비는 모재 재질확인, 용접기 선택, 용접봉 선택, 용접공 선임, 용접 지그의 결정 등이 있다.

11 용접 작업의 용착법에서 다층 용접에 해당 되지 않는 것은?

① 스카이핑 법   ② 캐스케이드법
③ 전진 블록법   ④ 덧살올림법

> 다층 용접에는 덧살올림법, 캐스케이드법, 전진 블록법, 도열법이 있다.

12 용접 작업의 용착법에서 용접하는 방향에 의해 분류할 때 이에 해당되지 않는 것은?

① 전진법   ② 후진법
③ 융단법   ④ 대칭법

> 용착법에는 전진법, 후진법, 대칭법, 스킵법, 교호법이 있다.

13 용접부에 수소 영향으로 나타나는 점은?

① 슬래그 혼입
② 언더컷
③ 기공, 은점
④ 설퍼 밴드

> 용접부에 수소량이 많으면 기공, 적으면 은점이 발생된다.

14 용접 작업에서 가접에 관한 설명으로 옳지 않은 것은?

① 가접 상태의 좋고 나쁨은 용접 결과에 직접 영향을 준다.
② 가접은 잠정적 고정이므로 본 용접공보다 기량이 떨어지는 용접공에 의해 실시될 수 있다.
③ 가접은 본 용접보다는 지름이 약간 가는 용접봉을 사용하는 것이 좋다.
④ 홈안에 불가피 가접하였을 때는 본용접 전에 갈아내는 깃이 좋다.

> 가접도 용접에서 중요한 사항이므로 기량이 있는 용접공이 해야 한다.

15 다음 중 변형방지법이 아닌 것은?

① 역변형법
② 도열법
③ 구속법
④ 점가열법

> 점가열법은 완성품의 변형을 고정하는 방법이다.

16 다음 중 용접 작업상 주의사항에 적당하지 않은 것은?

① 능률이 좋고 결함이 적은 아래보기 용접을 택한다.
② 현장 용접을 적게 하고 주로 공장 내에서 용접하도록 한다.
③ 맞대기 용접은 뒷면 용접을 해서는 안 된다.
④ 용접 변형과 잔류응력이 작게 용접 순서를 정한다.

17 다음 중 용접시에 발생한 잔류응력을 제거하는 방법이 아닌 것은?

① 노내 풀림법
② 수직선 수축법
③ 국부 풀림법
④ 기계적 응력완화법

> 잔류응력 제거법에는 노내 풀림법, 국부 풀림법, 기계적 응력 완화법, 저온 응력 완화법, 피닝법이 있다.

18 맞대기 이음의 이음효율은 보통 얼마인가?

① 100% ② 80%
③ 60%   ④ 40%

19 용접 이음의 기본 형식은 몇 종류인가?

① 5가지 ② 6가지
③ 7가지 ④ 8가지

> 용접이음에는 맞대기, 겹치기, 한면 덮개판, 양면 덮개판, 모서리, 변두리, T이음, 십자이음 등 8가지가 있다.

20 용접변형 교정에서 가열할 때 생기는 열응력을 이용하여 소성변형을 일으키는데 외력도 이용되고 있는 것은?

① 파이닝법
② 로울러에 거는 방법
③ 얇은 판에 대한 점수축법
④ 절단에 의해 변형하고 재용접하는 방법

21 다음 중 용접결함과 그 원인을 조합한 것으로 틀린 것은?

① 변형 – 홈각도의 과대
② 기공 – 용접봉의 습기
③ 언더컷 – 고전류, 고속도
④ 용입 불량 – 홈각도의 과대

> 용입 불량은 전류가 낮거나 용접 속도가 빠를 때 발생된다.

22 다음 용착법 중 수축이나 잔류응력이 용접의 시작부분보다 끝나는 부분이 두드러지게 더 커지는 특징을 갖고 있는 것은?

① 전진법
② 후진법
③ 대칭법
④ 비석법

> 전진법 : 용접 끝나는 부분이 수축 및 잔류 응력이 커서 용접 이음이 짧고 변형, 잔류 응력이 그다지 문제가 되지 않을 때 사용한다.

23 수평 필렛 용접시 목의 두께는 각장의 몇 % 정도가 적당한가?

① 약 50%
② 약 60%
③ 약 70%
④ 약 80%

24 금속재료가 온도가 높은 경우에는 일정 하중 밑에서도 시간과 더불어 변형율이 증가되는 현상은?

① 스캘럽 현상
② 크리프 현상
③ 저온 특성 현상
④ 고온 특성 현상

> • 스캘럽 : 용접선의 교차를 피하기 위해 부채꼴로 잘라낸 모양
> • 저온취성 : 저온시에 연하게 되는 현상

25 용접 결함의 보수 용접에 관한 사항 중 옳지 않은 것은?

① 기공이나 슬랙 섞임은 연삭하여 재용접한다.
② 균열 부분은 절단 자유로운 상태에서 재용접한다.
③ 차축이 마모되었을 경우 마모용의 용접봉을 사용하여 덧붙이 용접한다.
④ 언더컷, 오버랩은 완전 절단해 버리고 덧붙이 용접한다.

정답 17 ② 18 ① 19 ④ 20 ② 21 ④ 22 ① 23 ③ 24 ② 25 ④

26 용접작업에서 조립 및 가접에 관한 설명으로 옳지 않은 것은?

① 가접에는 본 용접 보다도 지름이 약간 굵은 용접봉을 사용하는 것이 좋다.
② 조립 및 가접은 용접 시공에서 중요한 공정의 하나이다.
③ 홈 가공을 끝낸 판은 제품으로 제작하기 위해 조립 및 가접을 실시한다.
④ 가접은 본 용접을 실시하기 전에 좌우의 홈 부분을 잠정적으로 고정하기 위한 짧은 용접이다.

27 용접 준비 중 홈 가공의 중요성이 될 수 없는 것은?

① 홈의 모양은 용접부의 강도에 영향을 준다.
② 용접 뒤틀림의 영향을 준다.
③ 용접재료의 소비, 용접시간의 낭비를 가져온다.
④ 홈 모양을 형상, 구조에 따라 용접공의 편의대로 바꿀 수 있다.

28 다음 중 가우징 방법이 아닌 것은?

① 아크 에어 가우징
② 불꽃 가우징
③ 기계적 가우징
④ 납땜 가우징

🔍 가우징은 강재 표면에 둥근 홈을 파내는 작업으로 납땜 가우징은 없다.

29 비드 시점과 종점에 붙인 보조판을 무엇이라 하는가?

① 용접금속   ② 엔드 탭
③ 용적   ④ 용접부

30 주철용접의 예열 및 후열은 다음 중 어느 것이 적당한가?

① 500~550℃   ② 600~650℃
③ 700~750℃   ④ 800~850℃

31 스테인리스강판을 납땜하기 곤란한 이유는?

① 경도가 높으므로
② 재질이 강하므로
③ 니켈을 함유하고 있으므로
④ 강한 산화막이 있으므로

32 다음은 알루미늄 용접이 일반 용접법으로는 용접이 곤란한 이유를 말한 것이다. 가장 관계가 적은 것은?

① 비열 및 열전도도가 크므로 높은 온도의 열원이 필요하다.
② 용융점이 비교적 낮고 지나친 융해가 되기 쉽다.
③ 표면이 산화 알루미늄으로 되어 잘 녹지 않는다.
④ 팽창 계수가 크고 비중이 산화 알루미늄보다 작다.

33 용접 작업에서 변형이 발생하는 이유 중 맞는 것은?

① 용착 금속의 수축과 팽창
② 용착 금속의 용착 불량
③ 용착 금속의 경화
④ 이음부의 가공 불량

34 용접 금속부의 인장 응력을 완화하는데 큰 효과가 있는 응력 제거법은?

① 저온 응력 완화법   ② 피닝법
③ 고온 응력 제거법   ④ 기계적 응력 완화법

🔍 • 피닝법 : 용접 표면에 소성 변형을 주어 인장 응력을 완화
• 기계적 응력 완화법 : 용접부에 하중을 주어 소성 변형으로 응력을 제거
• 저온 응력 완화법 : 용접선 방향의 인장 응력을 완화

35 다음 중 용접 변형을 적게 하는 중요한 역할을 하는 것은 어느 것인가?

① 홈 각도를 크게 한다.
② 층수를 많게 한다.
③ X형 홈일 때 한편을 먼저 완전하게 용접한다.
④ 가능한 대칭으로 용접한다.

정답 26 ① 27 ③ 28 ④ 29 ② 30 ① 31 ④ 32 ④ 33 ① 34 ① 35 ④

36 용접시에 발생한 변형을 고정하는 방법 중에 가열을 해서 변형을 교정하는 방법이 있는데 알맞은 가열 온도는?

① 1200℃ 이상
② 800~900℃
③ 500~600℃
④ 300℃ 이하

37 모재의 두께가 20mm 이상의 용접에 적합지 않는 그루브의 모양은?

① V 형
② X 형
③ U 형
④ H 형

38 용접 전의 준비 사항이다. 옳지 않은 것은?

① 제작 도면을 잘 이해하고 작업 내용을 검토한다.
② 모재를 국부적 가열하거나 냉각한다.
③ 사용 재료를 확인하고 기계적 성질 용접성과 용접 후 모재의 변형을 알아 둔다.
④ 용접봉은 용접 재료(모재)에 알맞은 것을 선택한다.

> 모재를 국부적 가열하거나 냉각하는 것은 용접 전후 처리 방법이다.

39 다음 중 용접 전류가 많고 운봉 속도가 적당치 않을 때 일어나기 쉬운 용접 결함은?

① 균열
② 용입불량
③ 오버랩
④ 언더컷

40 맞대기 용접의 경우에는 수평 용접 때만 사용되는 것으로 T형 이음 등에서 충분한 용입을 얻기 위하여 사용되는 용접홈은?

① V형 홈
② U형 홈
③ K형 홈
④ H형 홈

41 용접시공에 있어 이음 준비로서 구비하지 않아도 되는 것은?

① 홈 가공
② 조립 및 가접
③ 이음부의 청소
④ 용접기의 선택

42 다음 중 구면인 특수한 해머로서 용접부를 연속적으로 두드리며 용접 표면상에 소성변형을 주는 방법으로 알맞은 것은?

① 국부 풀림법
② 저온 응력 완화법
③ 기계적 응력 완화법
④ 피이닝법

> • 피닝법 : 용접 표면에 소성 변형을 주어 인장 응력을 완화
> • 기계적 응력 완화법 : 용접부에 하중을 주어 소성 변형으로 응력을 제거
> • 저온 응력 완화법 : 용접선 방향의 인장 응력을 완화
> • 국부 풀림법 : 큰 제품, 현장 구조물 등과 같이 노내 풀림이 곤란할 경우 사용

43 용접이음 효율을 나타내는 공식은?

① 용접 인장강도/용접봉 인장강도 × 100%
② 용접봉 인장강도/모재 인장강도 × 100%
③ 용접시 인장강도/모재 인장강도 × 100%
④ 용착 인장강도/모재 인장강도 × 100%

용접이음효율 = $\dfrac{\text{용접시험편 인장강도}}{\text{모재 인장강도}} \times 100$

44 모재의 홈 가공을 V형으로 했을 경우 엔드 탭은 어떠한 홈 가공을 하는 것이 좋은가?

① I 형
② V 형
③ X 형
④ 홈 가공이 필요 없다

정답 36 ③ 37 ① 38 ② 39 ④ 40 ③ 41 ④ 42 ④ 43 ③ 44 ②

45 용접 결함 중 내부 결함이 아닌 것은?

① 블로우홀과 피트
② 용입 불량과 융합불량
③ 선상 조직
④ 비드 및 균열

🔍 비드는 결함에 속하지 않는다.

46 수축변형의 영향을 미치는 인자가 아닌 것은?

① 다듬질 정도
② 용접 입열
③ 판의 예열온도
④ 판두께와 이음 형상

47 용접이음 형상 중 V형 이음은 보통 판두께 몇 mm에 많이 적용되는가?

① 6mm 이하
② 6~20mm
③ 20~35mm
④ 35mm 이상

48 결함이 언더컷일 경우 결함의 보수 방법은?

① 일부분을 깍아 내고 재 용접한다.
② 홈을 만들어 용접한다.
③ 가는 용접봉을 사용하여 보수한다.
④ 결함부분을 절단하여 재용접 한다.

🔍 가는 용접봉을 사용해서 재 용접을 한다.

49 국부풀림법의 가열장치는?

① 아크열
② 유도가열
③ 마찰열
④ 저항열

50 연강의 용접이음에서 설계상 이음 강도가 가장 큰 것은?

① 맞대기 이음
② 전면 필릿 이음
③ 측면 필릿 이음
④ 플러그 용접 이음

51 용접 작업을 할 때의 지그(jig)의 잇점에 대하여 설명한 것이다. 틀린 것은?

① 제품의 정도를 높인다.
② 용접작업이 용이하고 확실한 용접을 할 수 있다.
③ 용접능률을 높인다.
④ 용접후의 잔류응력을 줄인다.

52 용접 접합면에 홈을 만드는 이유는?

① 용접 치수 조절
② 용접 방향을 감소시키기 위하여
③ 경화 도중에 균열 경향이 있다
④ 용착금속이 잘 녹아 들어가기 위해

53 용접 비드 부근이 부식되기 쉬운 가장 큰 원인은?

① 용접에 의하여 탄소함유량이 많아지므로
② 모재의 열 영향으로 담금질 효과가 생기므로
③ 잔류응력이 생기며 재질이 변화하기 때문에
④ 녹은 용착금속이 잘 흐르기 때문에

54 용접공사 초기에 나타난 용착 과다는 무엇의 원인이 되는가?

① 기계적 성질이 많이 달라지는 원인이 된다.
② 균열의 원인이 된다.
③ 비용의 낭비 및 뒤틀림의 원인이 된다.
④ 슬랙의 침입으로 용접효과가 나빠지는 원인이 된다.

정답 45 ④ 46 ① 47 ② 48 ③ 49 ② 50 ① 51 ④ 52 ④ 53 ② 54 ③

55 구조물에 걸리는 하중이 비교적 느린 속도로 작용할 때의 하중은?

① 정적하중 ② 동적하중
③ 충격적 동하중 ④ 크리프 하중

56 용접부의 천이온도에 관한 설명으로 옳은 것은?

① 천이온도가 높으면 충격값은 상승한다.
② 용착금속부, 열영향부, 모재부에서의 천이온도가 각각 같다.
③ 재료가 연성파괴에서 취성파괴로 변화하는 온도범위를 말한다.
④ 재료가 취성파괴에서 연성파괴로 변화하는 온도범위를 말한다.

57 용접 보조기호 중 용접부의 다듬질 방법을 특별히 지정하지 않는 경우의 기호는?

① C ② F
③ G ④ M

🔍 C : 치핑, G : 연삭, M : 절삭

58 용접 설계상 주의해야 할 사항으로 틀린 것은?

① 국부적으로 열이 집중되도록 한다.
② 이음부에서 될 수 있는 한 모우멘트가 작용하지 않도록 한다.
③ 현저하게 서로 다른 부재끼리 용접하지 않는다.
④ 용접이음의 형식과 응력 집중을 항상 고려해야 한다.

🔍 국부적으로 열이 집중되면 피로한계를 발생시키므로 열은 분산시켜야 한다.

59 맞대기 용접 홈 중에서 가장 얇은 박판에 사용하는 홈은?

① I형 홈 ② V형 홈
③ H형 홈 ④ J형 홈

60 다음 중에서 특히 두꺼운 판을 맞대기 용접에 의한 충분한 용입을 얻으려고 할 때 가장 적합한 홈의 형상은?

① H형 ② V형
③ U형 ④ I형

61 용접부 표면의 불연속 부위의 검사를 위한 가장 간단한 검사 방법은?

① 자분탐상 검사
② 방사선 투과검사
③ 초음파탐상
④ 누수검사

🔍 방사선 투과검사는 X선과 γ선을 이용하여 용접부의 결함을 조사하는 방법 중 가장 신뢰도가 높고 가장 간단한 방법이다.

62 기공을 찾아내기에 가장 좋은 용접 검사법(시험법)은?

① 침투검사 ② 피로검사
③ 인장시험 ④ 파면시험

🔍 침투 검사는 미세한 균열이나 구멍으로 인한 불연속부가 존재할 때 침투액을 표면장력 작용으로 침입시켜 검사 하는 방법이다.

63 용접부의 시험과 검사에서 부식시험은 어느 시험법에 속하는가?

① X선 시험법
② 기계적 시험법
③ 물리적 시험법
④ 화학적 시험법

64 다음 용접부의 검사 중 비파괴 검사법에 해당하는 것은?

① 인장시험 ② 침투검사
③ 피로 시험 ④ 화학분석

🔍 비파괴 검사법에는 방사선, 초음파, 누설, 침투, 자기 검사가 있다.

정답 55 ① 56 ③ 57 ② 58 ① 59 ① 60 ① 61 ② 62 ① 63 ④ 64 ②

65 방사선 검사로 발견할 수 없는 결함은?

① 블로우 홀 ② 슬랙 혼입
③ 균열 ④ 라미네이션 변질 층

🔍 라미네이션은 강괴일 때 기포가 압연되어 생기는 띠 모양 현상으로 초음파 검사로 발견할 수 있다.

66 용접부의 시험과 검사에 대한 각각의 용도 설명으로 틀린 것은?

① 경도시험 - 용접의 경도(경화)
② X선 투과검사 - 기공이나 슬랙 섞임
③ 수압시험 - 용접부의 수밀, 기밀
④ 침투검사 - 언더컷이나 오버랩

🔍 언더컷, 오버랩은 방사선 검사로 파악할 수 있다.

67 용접재료 알루미늄 및 그 합금용의 부식제로 사용되는 것은?

① 피크린산 ② 플루오르화 수소액
③ 왕수 알콜액 ④ 초산 알콜액

68 용접부에 생기는 결함을 검사하는 침투검사에 대해서 열거한 사항 중 틀린 것은?

① 자기탐상 검사가 되지 않는 금속재료에 자주 사용한다.
② 표면에 사용되는 검사법이다.
③ 비교적 간단하고 경비가 적게 든다.
④ 외관의 좋고 나쁨을 검사하는 것이다.

🔍 외관의 좋고 나쁨은 검사하는 것은 외관 검사로 가장 간편하게 널리 사용된다.

69 탱크, 용기 등의 기밀, 수밀 및 어느 정도의 내압을 요하는 용접부에 대해서 실시하는 용접부의 결함 검사법은?(단, 수압에 의해 실시한다)

① 누압검사 ② 누수검사
③ 침투검사 ④ 초음파검사

70 X-선 검사로 찾아내기 힘든 용접 결함은?

① 기공 ② 라미네이션
③ 슬랙 섞임 ④ 은점

🔍 라미네이션은 초음파 검사로 찾을 수 있는 결함이다.

71 다음 중 γ선 검사법에 관한 설명으로서 옳은 것은?

① 가장 확실한 비파괴 검사법이다.
② 모재가 철강인 경우에 한하여 검사할 수 있다.
③ 두꺼운 용접물의 검사에 적합하나 검사에 전문적인 기술과 각별한 주의를 요한다.
④ 두꺼운 용접물의 검사에 적합하나 정확한 결함을 판정하기 어렵다.

72 다음 중 용접 검사법에 관한 설명으로 옳은 것은?

① X선 검사는 일반적으로 검사에 고도의 기술과 경험을 필요로 한다.
② 육안 검사는 용접부의 내부 결함 사항도 발견할 수 있다.
③ 외관 검사는 특정한 시험편에만 실시한다.
④ 음향 검사는 제품 전반에 걸쳐 적은 결함도 검사할 수 있다.

73 다음은 자분검사법을 설명한 것인데 바르게 설명되지 않은 것은?

① 비교적 표면에서 가까이 존재하는 균열, 게재물, 편석, 기공 등을 검출한다.
② 오스테나이트계 스테인리스강 등에 적용하는 방법이다.
③ 자화전류로서 표면결함의 검출에는 교류가 적합하다.
④ 종 자화법과 원주 자화법 등이 있다.

🔍 자분 검사는 검사 재료를 자화시킨 상태에서 결함부에 생기는 누설 자속 상태를 철분 또는 검사코일을 사용해 검출하므로 비자성 금속(오스테나이트계 스테인리스강 등)은 어렵다.

정답 65 ④ 66 ④ 67 ② 68 ④ 69 ② 70 ② 71 ③ 72 ① 73 ②

74 용접부의 결함 검사법 중 자기탐상검사가 되지 않는 비자성 금속(오스테나이트계 스테인리스강 등)의 결함 검출에 가장 편리한 검사 방법은?

① 형광 침투 검사
② 방사선 투과 검사
③ 맴돌이 전류 검사
④ 초음파 검사

75 초음파 탐상법에 속하지 않는 것은?

① 투과법 ② 펄스 반사법
③ 공진법 ④ 맥동법

> 초음파에는 투과법, 펄스 반사법, 공진법 3가지가 있다.

76 비파괴 용접 시험법이 아닌 것은?

① 초음파 시험
② 자기적 시험
③ 방사선 시험
④ 설퍼 프린트 시험

> 비파괴 검사법에는 방사선, 초음파, 누설, 침투, 자기 검사가 있다.

77 용접부의 비파괴 검사 중 비자성체 재료에 이용할 수 없는 것은?

① 방사선 투과 검사
② 초음파 검사
③ 천공검사
④ 자기적 검사

78 용접부의 시험방법 중 파괴 시험의 기계적 시험법에 속하는 것은?

① 파면시험 ② 용접균열시험
③ 압력시험 ④ 피로시험

> 기계적 시험법에는 인장시험, 굽힘시험, 경도시험, 충격시험, 피로시험등이 있다.

79 모재에 라미네이션이 발생하였다. 이 결함을 찾는데 좋은 비파괴 검사 방법은?

① 침투액 탐상시험
② 자분탐상시험
③ 방사선 투과시험
④ 초음파 탐상시험

80 B스케일과 C스케일이 있는 경도 시험법은?

① 브리넬 경도시험
② 로크웰 경도시험
③ 비커어즈 경도시험
④ 쇼어 경도시험

> 로크웰 경도 시험은 다이아몬드 입자를 사용하여 경도를 측정하는 시험으로 B스케일, C스케일이 있다.

81 인장시험에서 시험전의 표점거리가 50mm인 시험편을 시험한 후 표점거리를 측정하였더니 60mm였다. 이 시험편의 연신율은?

① 10%
② 15%
③ 20%
④ 30%

> 연신율
> $= \dfrac{\text{늘어난 거리} - \text{처음 거리}}{\text{처음 거리}} \times 100$
> $= \dfrac{60 - 50}{50} \times 100 = 20$

82 다음 중 경도시험 방법이 아닌 것은?

① 로크웰
② 브리넬
③ 제네바
④ 쇼어

> 경도시험에는 로크웰, 브리넬, 비커스, 쇼어 경도가 있다.

정답 74 ③ 75 ④ 76 ④ 77 ④ 78 ④ 79 ④ 80 ② 81 ③ 82 ③

83 용접 결함을 크게 3가지로 구분했을 때 옳지 않은 것은?

① 운봉상의 결함
② 치수상의 결함
③ 구조상의 결함
④ 성질상의 결함

84 용접 시편 용착부의 균열 검사에 적당한 시험방법은?

① 인장 시험
② 굴곡 시험
③ 충격 시험
④ 피로 시험

85 모재 및 용접부의 연성 결함의 유무를 조사하기 위하여 무슨 시험을 하는 것이 가장 쉬운가?

① 경도 시험
② 압축 시험
③ 인장 시험
④ 충격 시험

🔍 인장시험은 시험편을 잡아당겨 파단시켜 인장강도, 항복점, 단면수축률 등을 측정하는 방법이다.

86 부식시험은 어느 시험법에 속하는가?

① 금속학적 시험
② 화학적 시험
③ 피로 시험
④ 충격 시험

🔍 화학적 시험으로 화학분석, 부식시험, 수소시험이 있다.

87 다음 용접제품을 파괴하지 않고 육안검사가 가능한 결함은 어느 것인가?

① 융합 불량   ② 피트
③ 용입 불량   ④ 은점

🔍 용입 불량은 외관 검사로 가능한 용접 결함이다.

88 용접이음의 굽힘시험 방법이 아닌 것은?

① 표면 굽힘시험
② 뒷면 굽힘 시험
③ 공간 굽힘시험
④ 측면 굽힘시험

89 다음 중 내부 결함 검사에 적당한 시험법은?

① 인장 시험
② 피로 시험
③ 형광 검사법
④ 방사선 투과 시험

🔍 방사선 투과 시험으로 내부 결함(융합불량, 기공, 균열, 텅스텐 혼입, 용입불량, 슬래그 섞임 등)을 파악할 수 있다.

90 결정의 파면으로서 은백색으로 빛나는 파면을 무엇이라 하는가?

① 연성 파면
② 취성 파면
③ 인성 파면
④ 은백색 파면

🔍 은백색으로 빛나는 파면은 취성 파면이고, 쥐색의 치밀한 파면은 연성파면이다.

91 용접사의 기능검사 시험에 용접시험편 균열부의 길이를 측정하게 되어 있다. 다음 중 적당한 시험편은?

① 인장 시험법   ② 굴곡 시험법
③ 충격 시험법   ④ 피로 시험법

92 용접부의 시험 및 검사의 분류에서 수소 시험은 무슨 시험에 속하는가?

① 기계적 시험   ② 낙하 시험
③ 화학적 시험   ④ 압력 시험

🔍 화학적 시험으로 화학분석, 부식시험, 수소시험이 있다.

정답 83 ① 84 ② 85 ③ 86 ② 87 ③ 88 ③ 89 ④ 90 ② 91 ② 92 ③

93 인장 시험기를 사용하여 측정할 수 없는 것은?

① 항복점　　② 연신율
③ 경도　　　④ 인장강도

> 인장 시험기로 인장강도, 항복점, 단면 수축률, 연신율을 측정할 수 있고 경도는 경도시험기로 가능하다.

94 시험편을 인장 파단시켜 항복점(내력), 인장강도, 연신율, 단면 수축율 등을 조사하는 시험법은?

① 경도시험　　② 굽힘시험
③ 충격시험　　④ 인장시험

95 샤르피식의 시험기를 사용하는 시험 방법은?

① 경도시험
② 충격시험
③ 인장시험
④ 피로시험

> 충격시험은 시험편에 노치를 만들고 충격적인 하중을 주어 파단시키는 방법으로 샤르피식과 아이조드식 시험기가 있다.

96 용접부의 시험법 중 기계적 시험법에 해당하는 것은?

① 파면시험
② 육안조직시험
③ 현미경 조직시험
④ 피로시험

> 피로 시험은 시험편에 규칙적인 주기를 가지는 교번 하중을 걸고 하중의 크기와 파단이 될 때까지 되풀이 횟수에 따라 피로강도를 측정하는 방법이다.

97 용접부의 표면이 좋고 나쁨을 검사하는 것으로 가장 많이 사용하고 있으며 간편하며 경제적인 검사 방법은?

① 자분검사　　② 외관검사
③ 초음파검사　④ 침투검사

> 외관 검사는 가장 널리 쓰이는 방법으로 육안으로 판단하는 방법이다.

98 모재 및 용접부의 연성과 결함의 유무를 조사하기 위하여 무슨 시험을 하는 것이 가장 쉬운가?

① 경도 시험　　② 압축 시험
③ 굽힘 시험　　④ 충격 시험

> 굽힘 시험은 모재 및 용접부의 연성 결함 유무를 조사하는 방법으로 시험편을 적당한 크기로 절취해 자유 굽힘이나 형 굽힘에 의하여 용접부를 구부리는 것이다.

99 용접물이 청수, 해수, 유기산, 무기산 및 알칼리 등에 접촉되어 받는 부식상태에 시험하는 부식시험에 속하지 않는 것은?

① 습부식시험
② 건부식시험
③ 응력부식시험
④ 시간부식시험

> 부식 시험은 스테인리스강, 구리 합금, 모넬메탈 등 내식성을 주로 한 금속 또는 합금의 용접부에 부식 시험을 한다.

100 다음 용접 결함 중 구조상 결함이 아닌 것은?

① 슬래그 섞임
② 용입 불량
③ 변형
④ 선상조직, 은점

정답 93 ③　94 ④　95 ②　96 ④　97 ②　98 ③　99 ④　100 ③

CHAPTER 03

용접재료 및 기계제도

Section 01 용접재료
Section 02 기계제도
Section 03 출제 예상문제

SECTION 01 용접재료

STEP 01 금속총론

1. 금속의 특성
① 상온에서 고체이며 결정체이다(단, 수은은 제외).
② 전기 및 열의 양도체이다.
③ 금속 특유의 광택을 가지고 있다.
④ 연성과 전성이 많아 소성변형이 가능하다.
⑤ 대체로 비중이 크지만 니켈(Li)과 같이 0.534 밖에 안 되는 것도 있다.

2. 경금속과 중금속(비중 4를 기준으로 구분)
① 경금속 : Al, Mg, Be, Ca
② 중금속 : Fe, Cu, Cr, Ni, Bi, Cd, Ce, Co, Mo, Pb, Zn

3. 금속의 결정구조

1) 결정격자의 구분
① 체심입방격자(BCC) : 입방체의 각 모서리에 1개씩의 원자와 입방체의 중심에 1개의 원자가 있는 결정구조로 Li, Na, Cr, Fe, Mo, Ta, W, K, V 등이 있다.
② 면심입방격자(FCC) : 입방체의 각 모서리와 면 중심에 1개씩의 원자가 있는 결정구조로 Al, Ca, Fe, Ni, Cu, Pd, Ag, Ce, Ir, Pt, Au, Pb, Tb 등이 있다.

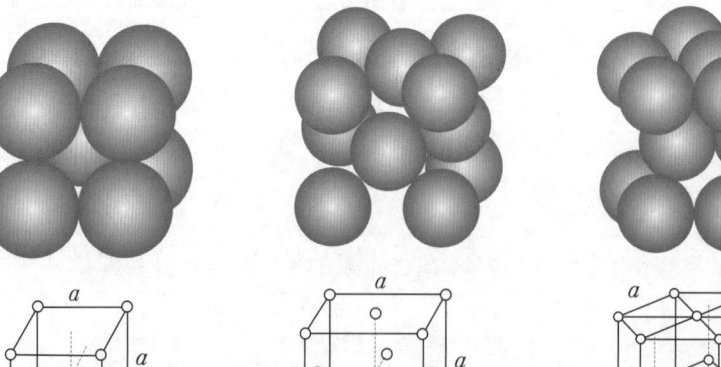

③ 조밀육방격자(HCP) : 육각기둥의 모양으로 되어 있고 6각주 상하면의 모서리와 그 중심에 1개씩의 원자가 있고 6각주를 구성하는 6개의 3각주 중 1개씩 띄어서 3각주의 중심에 1개씩의 원자가 배열되어 있는 결정구조로 Be, Mg, Zn, Cd, Ti, Zr, Ce, Co, Ru, Os, Hg 등이 있다.

2) 결정구조 간의 비교

결정구조	원자수	배위수	충진율	금속	특성
면심입방격자 (FCC)	4	12	74%	금, 은, 납, 알루미늄, 백금 등	전기전도가 크다. 전연성이 크다.
체심입방격자 (BCC)	2	8	68%	텅스텐, 크롬, 망간, 나트륨 등	강도가 크며 융점이 높다. 전연성이 적다.
조밀육방격자 (HCP)	2	12	74%	코발트, 아연, 마그네슘 등	결합력이 적다.

4. 금속의 변태

1) 어떠한 온도점을 중심으로 하여 고체에서 액체, 액체에서 고체등과 같이 결정격자의 변화 또는 자기의 변화 등을 총칭하여 변태라 하며 동소변태와 자기변태가 있다.

2) 동소변태와 자기변태
   ① 동소변태 : 고체 내에서 원자배열의 변화를 수반하는 변태로써 순철의 변태에서 A_4 변태점에서 면심입방격자로 바뀌고 다시 A_3 변태점에서 체심입방격자로 된다.
   ② 자기변태 : 원자배열의 변화없이 다만 자기의 강도만 변화되는 것으로 순철의 변태에서는 A_2 변태점(768℃)에서 일어난다.

3) 금속의 변형과 재결정
   ① 탄성변형 : 외력을 가해 제거하면 변형이 원 상태로 돌아오는 상태
   ② 소성변형 : 외력이 재료 탄성한계를 넘으면 재료 내의 전위 움직임에 따라 영구적으로 변형을 일으키는 것
   ③ 슬립 : 외력에 의해 변형될 때 일정 면을 따라 전위가 움직이는 현상
   ④ 쌍정 : 소성변형시 변형 전과 후의 원자배열이 대칭적으로 배열하는 것
   ⑤ 전위 : 금속결정격자에 결함이 있을 때 외력에 의해 결함이 이동되는 것

5. 합금

1) 합금이란
하나의 금속원소에 다른 한개 이상의 금속 또는 비금속 원소를 첨가시켜서 금속적 성질을 나타내게 하는 것으로써 다음과 같은 변화가 일반적으로 나타난다.
① 경도가 증가한다.
② 색이 변하고 주조성이 커진다.
③ 용융점이 낮아진다.
④ 성분을 이루는 금속보다 우수한 성질을 나타내는 경우가 많다.

2) 주요한 합금

합금명	성분	성질	용도
18-8스테인리스	Fe에 Cr18, Ni8	녹슬지 않고 산에 부식 안 된다.	식기, 화학기구
고속도강	Fe에 W, Cr, C	강하고 열에 잘 견딘다.	금속 절단기
규소강	Fe에 Si, C	자화하기 쉽다.	변압기, 발전기
황동(놋쇠)	Cu에 Zn	잘 녹슬지 않으며 가공이 쉽고 황색	가정용구
청동	Cu에 Sn	구리색~황금색	화폐, 종
니크롬	Ni에 Cr	전기저항이 크고 산화가 안 된다.	전열선
활자금	Pb에 Sb, Sn	용융점이 낮다.	활자
땜납	Pb에 Sn	용융점이 낮다.	EOA
퓨우즈	Pb에 Sb, Sn	용융점이 낮다.	전기의 안전기
두랄루민	Al에 Cu, Mg, Mn, Si	가볍고 질기다.	비행기

3) 주요 용어 설명
① 공정 : 하나의 액체를 어떤 온도로 냉각시키므로서 동시에 두개 또는 그 이상의 고체의 종류를 생기게 하는 현상이다.
② 고용체 : 2종 이상의 물질이 고체 상태로 완전히 융합된 것을 말하며, 침입형 고용체와 치환형 고용체, 그리고 규칙 격자형 고용체의 3경우가 있다.
③ 금속간 화합물 : 금속과 금속 사이에 친화력이 클 때에는 화학적으로 결합하여 성분 금속과는 다른 성질을 가지는 독립된 화합물을 만들게 되는데 이것을 금속간 화합물이라 한다.
④ 포정반응 : 하나의 고체에 다른 액체가 작용하여 다른 고체를 형성하는 반응을 말한다.
⑤ 편정반응 : 하나의 액체에서 고체와 다른 종류의 액체를 동시에 형성하는 반응이다.

6. 금속의 성질
① 비중 : 물질의 단위 용적의 무게와 표준물질(4℃의 물)의 무게와의 비를 말한다.
② 용융점 : 고체가 액체로 변화하는 온도점이고, 금속 중에서 텅스텐은 3400℃로 가장 높고, 수은은 -38.8℃로 가장 낮음. 순철의 용융점은 1530℃이다.

③ 변율 : 재료가 변형되었을 때와 변형전의 치수와의 비율을 말한다.
④ 비열 : 단위 중량의 물체의 온도를 1℃ 올리는데 필요한 열량이다.
⑤ 선팽창 계수 : 물체의 단위 길이에 대하여 온도가 1℃ 만큼 높아지는데 따라 막대의 길이가 늘어나는 양을 의미한다.
⑥ 열전도율 : 거리 1cm에 대하여 1℃의 온도차가 있을 때 $1cm^2$의 단면을 통하여 1초간에 전해지는 열량을 말하며, 열전도율이 좋은 금속으로는 은, 구리, 금, 알루미늄 등이 있다.
⑦ 전기전도율 : 은, 구리, 금, 알루미늄, 마그네슘 등의 순서로 좋아진다.
⑧ 항복점 : 금속 재료의 인장시험에서 하중을 0으로부터 증가시키면 응력의 근소한 증가나 또는 전연증가 없이도 변형이 급격히 증가하는 점에 이르게 되는데 이 점을 항복점이라 한다. 연강에는 존재하지만 경강이나 주철에는 거의 없다.
⑨ 연성 : 물체가 탄성한도를 초과한 힘을 받고도 파괴되지 않고 늘어나서 소성변형이 되는 성질을 말한다.
⑩ 전성 : 가단성과 같은 말로써 금속을 얇은 판이나 박으로 만들 수 있는 성질이다.
⑪ 인장강도 : 인장시험에서 인장하중을 시험편 평행부의 원단면적으로 나눈 값이다.
⑫ 취성 : 약간의 변형에도 견디지 못하고 파괴되는 성질을 말한다.
⑬ 가공경화 : 금속의 가공에 의하여 강도, 경도가 커지고 연신율이 감소되는 성질을 말한다.
⑭ 강도 : 물체에 하중을 가한 후 파괴되기까지의 변형저항을 총칭하는 말로써 보통 인장강도가 표준이 된다.
⑮ 경도 : 물체의 기계적인 단단함의 정도를 나타내는 수치이다.
⑯ 재결정 : 냉간가공으로 소성변형된 금속을 적당한 온도로 가열하면 가공으로 인하여 일그러진 결정 속에 새로운 결정이 생겨나 이것이 확대되어 가공물 전체가 변형이 없는 본래의 결정으로 치환되는 과정을 재결정이라 하며, 재결정을 시작하는 온도를 재결정 온도라 한다.

7. 금속의 재결정 온도

금속원소	재결정온도(℃)	금속원소	재결정온도(℃)
Au	200	Al	150
Ag	200	Fe	450
W	1,200	Mg	150
Cu	200~300	Sn	-10
Ni	600	Pb	-3

STEP 02 철강의 제조법

1. 제철법

1) 선철의 제조
   ① 철광석을 용광로에 넣고 용해 환원시키므로 제조된다. 용광로에 철광석, 코크스(cokes), 석회석 등을 교대로 장입시킨 후 용융된 철을 얻게 되는 것이다.
   ② 용광로 내부에서 생기는 화학변화는 다음과 같다.
      ㉮ $3Fe_2O_3 + CO \rightarrow 2Fe_3O_4 + CO_2$
      ㉯ $Fe_3O_4 + CO \rightarrow 3FeO + CO_2$
      ㉰ $FeO + CO \rightarrow Fe + CO_2$

2) 철광석의 종류

광석명	주성분	Fe 함량
자철광	Fe_3O_4	50~70%
적철광	Fe_2O_3	40~60%
갈철광	$2Fe_2O_3 3H_2O$	30~40%
능철광	$FeCO_3$	30~40%

2. 제강법

1) 강괴 : 제강로에서 퍼낸 용강을 금속주형이나 사형에 넣어서 덩어리 모양으로 냉각시킨 것. 그 모양으로 4각, 6각, 8각형 등의 기둥과 같으며 탈산정도에 따라서 다음 3가지로 분류된다.
   ① 킬드강 : 완전 탈산강을 말하며, 사용되는 탈산제로는 규소철, 망간철, 알루미늄 분말 등을 이용한다. 편석이 적고 재질이 균일하며 압연제로 널리 쓰인다.
   ② 세미 킬드강 : 약간 탈산강으로 킬드강보다 탈산이 적은 것이기 때문에 킬드강과 림드강의 중간정도이다.
   ③ 림드강 : 탈산 및 가스처리가 불충분한 상태의 것으로 강괴 전부를 쓸 수 있는 이점이 있으나 기계적 성질은 킬드강만 못하며 용접봉 선재 등으로 쓰인다.

2) 제강법
   ① 전로 제강법
      ㉮ 용융선을 벳세머 전로에 넣고 노의 밑에서 공기를 흡입시켜 제거하는 방법이다.
      ㉯ 단지 모양의 노를 회전해서 쇳물을 충강하기 때문에 전로라고 하며 제조비가 저렴하고 소요시간이 30분 정도이다.
   ② 평로 제강법
      ㉮ 제강용의 반사로가 편평해서 불리워지는 이름으로 지멘스(Siemens)법이라고도 한다.
      ㉯ 장시간 소요되지만 성분을 조절할 수 있고 대량생산이 가능하다.

③ 전기로 제강법
  ㉮ 전기로를 사용하는 것으로 전류의 열효과를 이용하여 200~3000℃의 고온을 얻어 사용한다.
  ㉯ 전기로는 저항로, 아크로, 유도전기로의 3종이 있고 공구강이나 특수강의 제조에 적합하나 전력비가 많이 들고 탄소 전극의 소모가 많은 결점이 있다.
④ 도가니로 제강법
  ㉮ 절련을 목적으로 하는 것 보다는 순도가 높은 것을 얻는데 쓰이며 뚜껑으로 인하여 불꽃이 직접 닿지 초기 때문에 금속의 성분이 변화하지 않으나 열효율이 낮아 비용이 많이 드는 결점이 있다.
  ㉯ 동합금, 경합금, 합금강과 같은 성분의 정확성이 필요한 것에 적합하다.

STEP 03 탄소강

1. 순철

1) 순철의 성질
  ① 탄소함량(0.03% 이하)이 낮아서 기계재료로써는 부적당하지만 항장력이 낮고 투자율이 높기 때문에 변압기, 발전기용의 박철판으로 사용한다.
  ② 순철의 물리적 성질은 융점 1530℃, 비중 7.86~7.88, 열전도율 0.159이며, 기계적 성질 중 경도는 브리넬 경도 H_B로 60~65 정도이다.

2) 순철의 변태
  ① 순철의 변태에는 A_2(768℃), A_3(910℃), A_4(1400℃) 변태가 있으며 A_3, A_4 변태를 동소변태라 하고 A_2 변태를 자기변태라 한다.
  ② 순철은 변태에 따라서 α철, γ철, δ철의 3개 동소체가 있으며, α철은 910℃ 이하에서 체심입방격자 원자배열이고, γ철은 910~1,400℃ 사이에서 면심입방격자로 존재하며 1,400℃ 이상에서는 δ철이 체심입방격자로 존재한다.

2. 탄소강

1) 강의 표준 조직 : 강을 A_3선 또는 A_{cm}선 이상 40~50℃까지 가열한 후 대기 중에서 서랭시키는 것을 소준(노말라이징, 燒準)이라 한다.
  ① 페라이트(ferrite) : 일명 지철이라고도 하며 강의 현미경조직에 나타나는 조직으로서 α철이 녹아있는 가장 순철에 가까운 조직이다. 극히 연하고 상온에서 강자성체인 체심입방격자 조직이다.
  ② 펄라이트(pearlite) : 726℃에서 오오스테나이트가 페라이트와 시멘타이트의 층상의 공석정(共析晶)으로 변태한 것으로서 탄소 함유량은 0.85%이다. 강도, 경도는 페라이트보다 크며 자성이 있다.

③ 시멘타이트(cementite) : 고온의 강중에서 생성하는 탄화철(Fe_3C)을 말하며 경도가 높고 취성이 많으며 상온에선 강자성체이다.

2) 조직과 결정구조

기호	명칭	결정구조 및 내용
α	α-ferrite	B.C.C(체심입방격자)
γ	austenite	F.C.C(면심입방격자)
δ	δ-ferrite	B.C.C(체심입방격자)
Fe_3C	cementite 또는 탄화철	금속간 화합물
α + Fe_3C	pearlite	α와 Fe_3C의 기계적 혼합
γ + Fe_3C	ledeburite	γ와 Fe_3C의 기계적 혼합

3) 탄소강 중에 함유된 성분과 그 영향 [Mn, Si, P, S, 가스(O_2, N_2, H_2)]
  ① 0.2~0.8% Mn : 강도·경도·인성·점성 증가, 연성 감소, 담금질성 향상, S의 양과 비례
  ② 0.1~0.4% Si : 강도·경도·주조성 증가, 연성·충격치 감소
  ③ 0.06% 이하 S : 강도·경도·인성·절삭성 증가(MnS로), 변형율·충격치 저하
  ④ 0.06% 이하 P : 강도·경도 증가, 연신율 감소, 편석 발생(담금 균열의 원인)
  ⑤ H_2 : 헤어크랙(백점) 발생, Ni – Cr – Mo
  ⑥ Cu : 부식저항 증가, 아연시 균열 발생

4) 탄소강의 성질
  ① 표준조직 : γ고용체의 범위(A_3, A_{cm} 이상 30~60℃)로 가열한 후 서랭시킨 조직
  ② 탄소량 증가에 따라 : 강도·경도 증가, 인성·충격치 감소(가공성 감소)
  ③ 온도의 상승에 따라 : 강도·경도 감소, 인성·전연성 증가(단조성 향상)
  ④ 아공석강에서의 강도 및 경도
    ㉮ 강도 = 20 + 100 × C
    ㉯ 경도 = 2.8 × δ_B

5) 탄소강의 종류와 용도
  ① 저탄소강(0.3%C 이하) : 가공성 위주, 단접 양호, 열처리 불량
  ② 고탄소강(0.3%C 이상) : 경도 위주, 단접 불량, 열처리 양호
  ③ 일반구조용강(SB) : 저탄소강(0.08~0.23%C), 구조물, 일반기계 부품으로 사용
  ④ 공구강(탄소 : STC, 합금 : STS), 스프링강(SPS) : 고탄소강(0.6~1.5%C), 킬드강으로 제조
  ⑤ 주강(SC) : 수축율이 주철의 2배, 융점(1600℃)이 높고 강도가 크나 유동성이 작음
  ⑥ 쾌삭강(Free Cutting Steel) : 강에 S, Zr, Pb, Ce를 첨가하여 절삭성 향상(S의 량 : 0.25% 함유)
  ⑦ 침탄강(표면경화강) : 표면에 C를 침투시켜 강인성과 내마멸성을 증가시킨 강

6) 강의 취성(메짐 = 여짐)
  ① 적열 취성 : 900~950℃에서 FeS가 파괴되어 균열을 발생. 황(S)이 원인

② 청열 취성 : 200~300℃에서 강도, 경도 최대, 연신율, 단면수축율 최소, 인(P)이 원인
③ 상온(냉간) 취성 : FeP가 상온에서 연신율, 충격치를 감소시킴. 인(P)이 원인
④ 저온 취성 : 상온보다 낮아지면 강도, 경도증가, 연신율, 충격치 감소되어 약해짐

STEP 04 합금강

1. 구조용 합금강(특수강)

1) 합금강(특수강)

① 탄소강에 다른 원소를 첨가하여 강의 기계적 성질을 개선한 강을 말하며, 특수한 성질을 부여하기 위하여 사용하는 특수 원소로서는 니켈(Ni), 망간(Mn), 텅스텐(W), 크롬(Cr), 몰리브덴(Mo), 코발트(Co), 바나듐(V), 알루미늄(Al) 등이 있다(5% 기준 : 저 고합금).

② 용도별 특수강의 분류

분류	종류
구조용 특수강	강인강, 표면경화강(침탄강, 질화강), 스프링강, 쾌삭강
공구용 특수강(공구용)	합금 공구강, 고속도강, 다이스강, 비철 합금공구재료
특수용도 특수강	내식용 특수강, 내열용 특수강, 자석용 특수강, 전기용 특수강, 베어링강, 불변강

2) 첨가 원소의 영향

① 니켈(Ni) : 강인성, 내식, 내마멸성 증가
② 규소(Si) : 내열성 증가, 전자기적 특성
③ 망간(Mn) : 니켈(Ni)과 비슷, 내마멸성 증가, 황(S) 메짐 방지
④ 크롬(Cr) : 탄화물 생성 내식, 내마멸성 증가
⑤ 텅스텐(W) : 크롬(Cr)과 유사함, 고온강도, 경도 증가
⑥ 몰리브덴(Mo) : 텅스텐(W) 효과의 두 배, 뜨임 메짐 방지, 담금질 깊이 증가
⑦ 바나듐(V) : 몰리브덴(Mo)과 비슷, 경화성은 더욱 커지나 단독으로 사용 안 됨

3) 강인강

① Ni강(1.5~5%Ni 첨가) : 표준상태에서 Pearlite 조직, 자경성금, 강인성 목적
② Cr강(1~2%Cr 첨가) : 상온에서 Pearlite조직, 자경성금, 내마모성 목적
③ Ni-Cr강(SNC) : 가장 널리 쓰이는 구조용강, Ni강에 Cr 1% 이하 첨가로 경도를 보충한 강
④ Ni-Cr-Mo강 : 가장 우수한 구조용강, SNC에 0.15~0.3%Mo 첨가로 내열성, 담금질성 증가
⑤ Cr-Mo강(SCM) : SNC의 대용품, 값이 저렴, Ni 대신 1/10%Mo 첨가로 용접성, 고온강도 증가
⑥ Mn-Cr강 : Ni-Cr강의 Ni 대신 Mn을 넣은 강
⑦ Cr-Mn-Si(크로망실) : 차축에 사용, 값이 저렴

⑧ Mn강
  ㉮ 저Mn강(1~2%Mn) : Pearlite Mn강, 듀코올(ducol)강, 구조용
  ㉯ 고Mn강(10~14%Mn) : Austenite Mn강, 하드필드(hardfield)강, 수인강

4) 표면경화강
  ① 침탄용강 : Ni, Cr, Mo 함유강
  ② 질화용강 : Al, Cr, Mo 함유강

5) 스프링강
  ① 탄성한계, 항복점이 높은 Si-Mn강이 사용됨
  ② 정밀·고급품에는 Cr-V강 사용

2. 공구용 합금강

1) 합금공구강(STS)
   탄소공구강의 결점인 담금질효과, 고온경도를 개선하기 위하여 크롬(Cr), 텅스텐(W), 몰리브덴(Mo), 바나듐(V) 첨가

2) 공구재료의 조건
  ① 고온경도, 내마멸성, 강인성이 클 것
  ② 열처리 및 공작이 쉽고 가격이 저렴할 것

3) 고속도강(SKH) : 대표적인 절삭용 공구재료, 일명 HSS(하이스)
  ① 표준형 고속도강 : 18W-4Cr-1V, 탄소량 = 0.8%
  ② 특성 : 600℃까지 경도가 유지되므로 고속절삭 가능. 담금질 후 뜨임으로 2차 경화함
  ③ 종류
    ㉮ W고속도강(표준형)
    ㉯ Co고속도강 : 20% Co 첨가로 경도, 점성증가, 중절삭용
    ㉰ Mo고속도강 : 5~8% Mo 첨가로 담금질성 향상, 뜨임 메짐 방지

4) 열처리
  ① 예열(800~900℃) : 텅스텐(W)의 열전도율이 나쁘기 때문
  ② 급가열(1250~1300℃ 염욕) : 담금질 온도는 2분간 유지
  ③ 냉각(유랭) : 300℃에서부터 공기중 서랭(균열방지)~1차 마르텐사이트
  ④ 뜨임(550~580℃로 가열) : 20~30분 유지 후 공랭, 300℃에서 더욱 서랭

5) 주조경질합금 : Co-Cr-W(Mo)을 금형에 주조 연마한 합금
  ① 대표적인 주경합금 : 스텔라이트(Stellite) : Co-Cr-W,Co가 주성분(40%)
  ② 특성 : 열처리 불필요. 절삭속도 SKH의 2배, 800℃까지 경도 유지
  ③ 용도 : 강철, 주철, 스테인리스강의 절삭용

6) 초경합금 : 금속탄화물을 프레스로 성형, 소결시킨 합금 : 분말 야금 합금
  ① 금속탄화물종류 : WC, TiC, TaC(결합재 : Co분말)

② 제조방법 : 분말을 금형에서 성형 후 800~1000℃로 예비소결, H_2 기류 중에서 1400~1500℃로 소결
③ 특성 ; 열처리 불필요, 고온경도가 가장 우수
④ 용도 : 동합금, 유리, PVC의 정밀 절삭용
⑤ 종류 : S종(강절삭용), D종(다이스용), G종(주철용)

7) 세라믹공구 : 알루미나를 주성분으로 소결시킨 일종의 도기
① 제조방법 : 산화물(Al_2O_3)을 1600℃ 이상에서 소결 성형
② 특성 : 내열성이 가장 크며 고온경도, 내마모성이 큼, 비자성, 비전도체, 충격에 약함(항장력 = 초경합금의 1/2)
③ 용도 : 고온절삭, 고속정밀가공용, 강자성재료의 가공용

3. 특수용도용 합금강

1) 스테인리스강(STS) : 강에 크롬(Cr), 니켈(Ni) 등을 첨가하여 내식성을 갖게 한 강
① 13Cr스테인리스 : Ferrite계 스테인리스. 열처리 됨(담금질로 Martensite 조직을 얻음)
② 18Cr-8Ni스테인리스 : Austenite계로 담금질 안됨, 연전성이 크고 비자성체, 13Cr스테인리스보다 내식·내열 우수

2) 내열강(SEH)
① 내열강의 조건 : 고온에서 조직, 기계적·화학적 성질이 안정할 것
② 내열성을 주는 원소 : Cr(고크롬강), Al(AlO), Si(SiO)
③ Si-Cr강 : 내연기관 밸브 재료로 사용
④ 초내열합금 : 탐켄, 해스텔로이, 인코넬, 서미트

3) 자석강(SK)
① 자석강의 조건 : 항자력이 클것, 자기강도의 변화가 없을 것
② 종류 : Si강(1~4% Si 함유, 변압기철심용), 쿠니페, 알루나코, 쾨스터, 비칼로이

4) 베어링강
① 고탄소크롬강(C=1%, Cr=1.2%)
② 내구성이 큼, 담금질 후 반드시 뜨임 필요

5) 불변강(고Ni강) : 비자성강이며, Ni 26%에서 오스테나이트 조직을 갖음
① 인바(Invar) : Ni36%, 줄자, 정밀기계 부품으로 사용, 기이 불변
② 초인바(Superinvar) : Ni29~40%, Co5% 이하, 인바아보다 열팽창율 작음
③ 엘린바(Elinvar) : Ni36%, Cr12%, 시계부품, 정밀계측기 부품으로 사용, 탄성 불변
④ 코엘린바(Coelinvar) : 엘린바에 코발트(Co)를 첨가한 것으로 탄성율이 극히 적어 기상관측용 기구의 부품에 주로 사용
⑤ 퍼말로이(Permalloy) : Ni75~80% 장하코일용

STEP 05 주철

1. 주철의 개요

1) 주철은 탄소 함유량이 1.7~6.68%까지로 철(Fe), 탄소(C) 이외에 규소(Si), 망간(Mn), 인(P), 황(S) 등의 원소를 포함한다.

2) 주철의 장점 및 단점

장점	단점
• 용융점이 낮고 유동성이 좋다. • 주조성이 양호하다. • 마찰 저항이 좋다. • 가격이 저렴하다. • 절삭성이 우수하다. • 압축강도가 크다.	• 인장강도가 작다. • 충격값이 작다. • 가공이 안 된다.

2. 주철의 조직 및 특성

1) 주철의 조직 : 바탕인 펄라이트 조직과 흑연으로 구성되어 있으며, 주철 중의 탄소는 일반적으로 흑연상태로 존재한다.

2) 주철의 특성
   ① 주철은 공정반응을 내타내는 철과 탄소의 합금으로 일반적인 주철의 경우 탄소 함유량은 2.4~4.5%, 규소 0.5~3.0% 정도를 주성분으로 한다.
   ② 주철은 강에 비해 용융점(1150℃)이 낮고 유동성이 좋으며 마찰저항, 절삭성이 우수할 뿐만 아니라 압축강도는 인장의 3배이고 절연성, 충격치가 작고 가공이 안 된다. 비중은 7.1~7.3 정도이다.

3. 주철의 종류

① 백주철 : 보통 백선 또는 백주철이라고 하며 흑연의 석출이 없고 Fe_3C 상태이고 망간(Mn)이 많고 냉각이 빠를 때 $F + Fe_3C$ 칠드 가단용으로 사용된다.
② 반주철 : 백주철 중에서 탄화철의 일부가 흑연화 하여서 파면에 부분적으로 특색이 보이는 것으로 반선이라고도 한다.
③ 회주철 : 흑연이 비교적 다량으로 석출되어 파면이 회색으로 부이며 흑연은 보통 편상으로 존재한다. 회선이라고도 한다.
④ 구상 흑연 주철 : 회주철의 흑연이 편상으로 존재하면 이것이 예리한 노치가 되어 주철이 많은 취성을 갖게 되기 때문에 마그네슘(Mg), 세륨(Ce) 등을 첨가하여 구상 흑연으로 바꿔서 연성을 부여한 것이다. 종류로는 시멘타이트형, 펄라이트형, 페라이트형이 있다
⑤ 가단 주철 : 칼슘이나 규소를 첨가하여 흑연화를 촉진시켜 미세 흑연을 균일하게 분포시키거나 백주철을 열처리하여 연신율을 향상시킨 주철이다.

⑥ 고급주철 : 일명 펄라이트 주철이라 하며, 인장강도는 25kg 이상으로 P+흑연, 난쯔법, 에멜법, 코살리법, 파외스키법, 미이하나이트법 Si, Ca-Si 핵형성 촉진, 담금질이 가능하다.
⑦ 미히나이트 주철 : 흑연의 형상을 미세, 균일케 하기 위하여 Si, Ca-Si 분말을 첨가하여 흑연의 핵형성을 촉진시킨 주철이다. 인장강도 25~24kg/mm²로 담금질이 가능하다.
⑧ 칠드 주철 : 용융 상태에서 금형에 주입하여 접촉면을 백주철로 만든 것이다.

STEP 06 비철금속 재료

1. 구리(copper, Cu)

① 면심, 비자성, 전연성이 풍부하다.
② 경도는 가공경화로 증가하며 급랭으로 변화한다.
③ 황산, 염산에 용해된다.
④ 고용체로 성질이 개선된다.

2. 황동(brass)

① 성질
  ① 구리와 아연의 합금으로 가공성, 주조성, 내식성, 기계성이 우수하다. 완전 풀림온도는 600~650℃이다.
  ② 가공성 : 7.3 = α고용체, 6.4 = γ고용체(50%), α + β 고용체(40%)

② 종류 및 특성
  ① 자연균열(탈아현상) : 바닷물에 침식되어 아연(Zn)이 용해 부식되는 현상
  ② 톰백(tombac) : 아연(Zn) 8~20% 함유, 장식용 및 전기용 밸브
  ③ 문쯔메탈(6.4황동) : 아연(Zn) 40% 내외, 500~600℃ 가열, 유연성
  ④ 쾌삭황동(연황동, lead brass) : 납(Pb) 1.5~3.0% 첨거
  ⑤ 주석황동(tin brass) : 내식성 주석(Sn) 1% 첨가
      ㉮ 애드머럴티 황동 : 7.3황동에 주석(Sn) 1% 첨가
      ㉯ 네이벌 황동 : 6.4황동에 주석(Sn) 1% 첨가
  ⑥ 델타메탈(철황동, iron brass) : 6.4황동에 철(Fe) 1~2% 첨가

3. 청동(bronze)

1) 성질
  ① 구리와 주석의 합금 또는 구리와 특수원소(Al, Si 등)의 합금을 총칭한다.
  ② 주조성, 강도, 내마멸성이 좋다. 주석(Sn) 4% 첨가로 연신율이 최대가 되며, 15%에서는 강도 및 경도가 증가한다.

2) 특수 청동

① 인청동(phoshor bronze) : 청동에 1% 이하의 인(P)을 탈산제로 첨가, 내마멸성이 크고 냉간 가공으로 인장강도 및 탄성한계 증가, 스프링, 베어링, 기어 등에 사용
② 켈밋(kelmet alloy) : 구리에 30~40%의 납(Pb)을 첨가, 압축강도가 크고 마찰계수가 작아 고속 고하중 베어링에 사용
③ 암스청동(arms bronze) : 알루미늄청동에 철(Fe), 망간(Mn), 니켈(Ni), 규소(Si), 아연(Zn) 첨가
④ 콜슨(corson) : Cu-Ni-Si계의 합금으로 전선, 스프링용 등으로 사용
⑤ 양은(니켈황동) : 황동에 니켈(Ni)을 10~20% 첨가한 것으로 전기저항이 높고 내열, 내식성이 좋으므로 일반 전기 저항재료로 사용되며, 주조된 상태에서는 밸브, 콕, 장식품, 악기 등에 사용

4. 알루미늄(aluminum)

1) 알루미늄 성질

① 열 및 전기의 양도체로 표면에 산화막이 형성되어 있어 내식성이 우수하다. 단, 염류에 침식 증상을 나타낸다.
② 유동성이 불량하고 수축률이 커서 순수 알루미늄은 주조가 불가능하여 구리, 규소, 마그네슘, 아연 등을 합금하여 기계적 성질을 개선한다.
③ 알루미늄 합금의 열처리는 탄소강과 달리 시효경화를 이용한다.

2) 알루미늄 합금

① 실루민(silumin)
  ㉮ Al-Si계로 11~14% 개질(개량, modification)처리, 주조성 양호, 절삭성 불량
  ㉯ 개질처리는 Si의 결정을 미세화하기 위해 금속 Na, F, NaOH 첨가하는 것을 의미
② 로우엑스(Lo-Ex) : Al-Si계에 Cu, Mg, Ni 등을 첨가한 특수 실루민으로서 열팽창이 작고 내열성이 우수하여 내연기관의 피스톤에 사용
③ 하이드로날륨(hydronalium) : Al-Mg계로 대표적인 내식성, 비열처리형 합금, 주단조품, 바닷물에 강함(마그날륨이라고도 함)
④ Y-합금 : 내열성 Al-Cu-Mg-Ni의 합금으로 내연기관용, 열처리 510~530℃ 4일간 상온시효
⑤ 두랄루민(duralumin) : Al-Cu-Mg-Mn의 합금으로 시효경화처리한 대표적인 합금, 강인성, 비중은 강의 1/3

3) 내식성 Al합금

① 하이드로날륨(hydronalium) : Al-Mg계
② 알민(almin) : Al-Mn계
③ 알드레이(aldrey) : Al-Mg-Si계

5. 기타 비철금속과 그 합금

1) 마그네슘(Mg)과 그 합금
① Mg의 성질 : 조밀육방, 산화연소, 열간가공, 해수에 약함, 강도가 큼
② Mg 합금
   ㉮ 다우메탈(dow metal) : Mg-Al계로 Al10% 내외, 대표적인 주물용 합금
   ㉯ 엘렉트론(electron) : Mg-Al-Zn계, 내연기관 피스톤에 사용
   ㉰ 가공용 Mg 합금 : Mg-회토류계의 이슈메탈

2) 니켈(Ni), 티탄(Ti)과 그 합금
① Ni 성질 : 면심, 전기저항, 내열, 내식, 불변 화학용. 360℃ 자기변태
② Ni-Cu계 합금
   ㉮ 콘스탄탄(constantan) : Ni45%, 온도 측정용 열전쌍, 표준 전기 저항선
   ㉯ 어드밴스(advence) : Ni44% Mn1%, 정밀기기 전기의 저항선
   ㉰ 모넬메탈(monel metal) : Ni65~70%, Fe1.0~3.0% Cu, 강도, 내식성 우수, 화학용
③ 내식, 내열용 합금
   ㉮ 니크롬 : Ni50~90%, Cr15~20%, Fe0~25%, 내열성 우수, 절연저항선
   ㉯ 인코넬 : Ni에 Cr13~21%, Fe6.5%
   ㉰ 하스텔로이 : Ni에 Fe22%, Mo22%
   ㉱ 알루멜 : Ni에 Al30% 첨가
   ㉲ 코로멜 : Ni에 Cr10% 첨가
④ Ti 성질 및 용도
   ㉮ 비강도가 가장 큼, 고온강도, 내식성, 내열성 우수
   ㉯ 방공기 외관, 송풍기 프로펠라

3) Zn, Sn, Pb와 그 합금
① Zn 성질
   ㉮ 지마크계 합금
   ㉯ 조밀육방, 다이케스트용, Zn-Al4%
② Sn 성질
   ㉮ 비벳트메탈, 저융점 합금
   ㉯ 232℃(저융점), 내식성, 18℃동소변태
   ㉰ 화이트메탈(Sn-Cu-Sb-Zn)
   ㉱ 퓨우즈, 활자, 정밀오형, 우두, 뉴튼, 리포워쯔, 도우즈, 비스무트

4) 분말 야금
① 분말 야금 제품
② 초경합금, 베어링, 분말압축, 성형 후 소결

STEP 07 각종 금속 용접

1. 철강 금속의 용접

1) 철강의 분류
   ① 순철 : 탄소 0~0.025%의 철
   ② 탄소강 : 탄소 0.025~2.1%를 포함한 철과 탄소의 합금
   ③ 주철 : 탄소 2.1~6.67%를 포함한 철과 탄소의 합금
   ④ 합금강 : 탄소강에 1종 이상의 금속 또는 원소를 합금시켜 그 성질을 실용적으로 개선한 것

2) 탄소강의 용접
   ① 저탄소강의 용접 : 저탄소강은 0.3% 이하의 탄소를 함유하고 있는 강이고, 연강은 0.25% 정도의 탄소를 함유한 탄소강을 말하는데 보통 저탄소강을 연강이라 부르고 일반 구조용 강으로 널리 사용된다.
   ② 고탄소강의 용접 : 고탄소강은 0.5~1.3%의 탄소를 함유한 강을 말하면 연강에 비해 용접에 의해 일어나는 열영향부의 경화가 현저하다.

2. 주철의 용접

1) 주철의 종류 : 백주철, 회주철, 반주철, 구상흑연주철, 가단주철
2) 주철의 용접 : 모재 전체를 먼저 500~600℃의 고온에서 예열하는 열간 용접법과 예열하지 않거나 저온으로 예열해서 용접하는 냉간 용접법으로 나눈다.

3. 스테인리스강의 용접

1) 스테인리스강의 종류 : 마텐자이트(martensite)계, 페라이트(ferrite)계, 오스테나이트(austenite)계

2) 피복 금속 아크용접
   ① 가장 많이 이용되며 아크 열집중이 좋고 고속도 용접이 가능하며, 용접 후 변형도가 비교적 적다.
   ② 전류는 직류 역극성이 사용되며 탄소강 경우보다 10~20% 낮게 하면 좋은 결과를 얻을 수 있다.

3) 불활성 가스 아크용접
   ① 불활성 가스 아크용접법은 스테인리스강의 용접에 많이 사용되며, TIG용접법은 0.4~0.8mm 정도의 얇은 판의 용접에 사용된다.
   ② 용접전류는 직류 정극성이 좋다.

4. 구리와 구리 합금의 용접

1) 구리 합금의 종류

① 황동, 인청동, 규소청동
② 알루미늄청동, 니켈청동

2) 구리의 용접
① 불활성 텅스텐 아크용접법
㉮ 판두께 6mm 이하에 많이 사용된다.
㉯ 전극은 토륨이 들어 있는 텅스텐봉을 쓴다.
㉰ 용가재는 탈산된 구리봉을 사용한다.
② 불활성 가스 금속 아크용접
㉮ 판두께 3.2mm 이상의 것에 사용된다.
㉯ 구리, 규소청동, 알루미늄청동에 가장 적합하다.
③ 피복 금속 아크용접
㉮ 예열을 충분히 해서 사용한다.
㉯ 니켈청동에 사용된다
㉰ 스패터, 슬래그 섞임, 용입 불량 등의 결함이 많이 생긴다.
④ 가스용접
㉮ 발생된 기공은 피닝작업으로 비교적 좋은 용접부가 된다.
㉯ 판두께 6mm까지는 슬래그 섞임에 주의한다.
⑤ 납땜법
㉮ 이음이 잘된다.
㉯ 구리 합금은 은납땜 쉽다.

5. 알루미늄 합금의 용접

1) 알루미늄 합금의 종류
① 주조용 알루미늄 합금 : 실루민. Y-합금, 로엑스합금, 하이드로날륨
② 단련용 알루미늄 합금 : 두랄루민, 초두랄루민

2) 알루미늄 합금의 용접
① 가스 용접법
㉮ 불꽃은 탄화된 불꽃을 사용한다.
㉯ 200~400℃의 예열을 한다.
② 불활성 가스 아크용접법
㉮ 용제를 사용할 필요가 없다.
㉯ 슬래그를 제거할 필요가 없다.
㉰ 직류역극성을 사용할 때 세척작용이 있어 용접부가 깨끗하다.
③ 전기 저항 용접법
㉮ 점 용접법에 가장 많이 사용된다.
㉯ 표면의 산화피막을 제거해야 한다.
㉰ 다른 금속의 용접법에 비해 시간, 전류, 주어지는 압력의 조성이 필요하다.

STEP 08 열처리 및 경화법

1. 열처리의 정의 및 목적

1) **열처리의 정의** : 열처리란 금속을 목적하는 성질 및 상태를 만들기 위해 가열 후 냉각 등의 조작을 적당한 속도로 하여 그 재료 특성을 개량하는 조작을 말한다.

2) **열처리의 목적**
   ① 결정입자의 미세화 및 조직의 표준화
   ② 조직의 안정화 및 가공 시 생긴 응력 제거 및 변형 방지
   ③ 경도, 항자력 증가 및 기계 가공성의 향상

2. 일반 열처리

1) **담금질**(소입, 퀜칭, quenching)
   ① 경도 증가를 위해 강을 A_3 변태 및 A_1 선 이상 30~50℃로 가열한 후 수랭 또는 유랭으로 급랭시킨다.
   ② 담금질 조직 : 오스테나이트(austenite), 소르바이트(sorbite), 트루스타이트(troostite), 마텐자이트(martensite)

2) **뜨임**(소려, 템퍼링, tempering)
   ① 담금질한 강의 강인성을 부여하기 위해 담금질된 강을 A_1 변태점 이하로 가열 후 냉각시켜 담금질로 인한 취성을 제거하고 경도를 떨어뜨려 강인성을 증가시키기 위한 열처리를 말한다.
   ② 뜨임의 방법
      ㉮ 저온뜨임 : 주로 150~200℃ 가열 후 공랭, 내부응력 제거, 경도 유지, 변형 방지, 내마모성 향상
      ㉯ 고온뜨임 : 주로 500~600℃ 가열 후 급랭, 뜨임 취성 발생

3) **불림**(소준, 노멀라이징, normalizing)
   ① 조직의 균일화 및 표준화, 잔류 응력의 제거를 위해 공기 중 공랭하여 미세한 소르바이트 조직을 얻는다.
   ② 불림처리한 강은 경도, 강도가 크게 증가하고 연신율과 인성도 다소 증가한다.

4) **풀림**(소둔, 어닐링, annealing)
   ① 가공경화 된 재료의 연화를 위해 노 내에서 서랭하여 내부응력을 제거한다.
   ② 풀림의 종류
      ㉮ 고온 풀림 : 완전 풀림, 확산 풀림, 항온 풀림
      ㉯ 저온 풀림 : 응력 제거 풀림, 재결정 풀림, 구상화 풀림 등

3. 냉각 속도에 따른 조직 변화

1) 냉각제
   ① 담금질 용액으로 쓰이며, 목적에 따라 다르나 물과 기름이 가장 많이 사용된다.
   ② 소금물, 수산화나트륨 용액은 물보다 냉각 능력이 크지만 비눗물은 물보다 냉각능력이 낮다.

2) 냉각 속도에 따른 조직 변화 : 수랭 〉 유랭 〉 공랭 〉 노냉
   ① 수랭 : 금속을 물에 담그는 것
   ② 유랭 : 기름에 담그는 것
   ③ 공랭 : 금속을 공기 중에 방치하는 것
   ④ 노냉 : 가열한 금속을 노 내부에 두고 천천히 냉각하는 것

4. 열처리 조직

1) 마텐자이트(martensite)
   ① 강을 수랭한 침상 조직이다.
   ② 강도는 크나 취성이 있다.

2) 트루스타이트(troostite)
   ① 강을 유랭한 조직이다.
   ② $\alpha-Fe$과 Fe_3C의 혼합 조직이다.

3) 소르바이트(sorbite)
   ① 공랭 또는 유랭 조직으로 $\alpha-Fe$과 Fe_3C의 혼합 조직이다.
   ② 강도와 탄성을 동시에 요구하는 구조용 재료로 사용된다.

4) 오스테나이트(austenite)
   ① $\alpha-Fe$과 Fe_3C의 침상조직으로 수랭시 나타나는 조직이다.
   ② 연성이 크고, 상온가공과 절삭성이 양호하다

5) 베이나이트(bainite)
   ① 마텐자이트와 트루스타이트의 중간 상태 조직이다.
   ② 열처리에 따른 변형이 적고 강도가 높고 인성이 크다.
   ③ 마텐자이트에 비해 시약에 잘 부식된다.

5. 뜨임 취성의 종류

① 저온 뜨임 취성 : 300~350℃ 정도에서 충격치가 저하
② 뜨임 시효 취성 : 500℃ 정도에서 시간 경과와 더불어 충격값이 저하되는 현상
③ 뜨임 서랭 취성 : 550~650℃정도에서 수랭 및 유랭한 것보다 서랭하면 취성이 커지는 현상

6. 심냉 처리

1) 정의 : 담금질한 강에 잔류 오스테나이트를 제거하기 위하여 0℃ 이하인 영하 온도로 냉각하여 마텐자이트로 변태시켜 주는 처리를 말한다.

2) 심냉 처리 목적
   ① 강에 강인성을 부여하는 것이 주목적이다.
   ② 형상 및 치수 변형 방지, 침탄층의 경화가 주목적이다.
   ③ 게이지강의 자연 시효 및 경도가 증가한다.
   ④ 공구강의 경도 증가 및 절삭성을 향상시킨다.
   ⑤ 스테인리스강의 기계적 성질 개선 및 담금질한 강 조직을 안정화시킨다.

7. 강의 표면 경화

1) 물리적 표면 경화
   ① 화염 경화법 : 산소, 아세틸렌 불꽃을 사용하여 강 표면을 가열한 후 물을 분사해 급랭시키는 방법으로 부품 크기와 형상은 무관하며 설비비가 저렴하다.
   ② 고주파 경화법 : 표면에 고주파 유도 전류에 의해 표면을 급히 가열한 후 물을 분사해 급랭하는 방법으로 열영향이 적어 변형이 작다

2) 화학적 표면 경화
   ① 침탄법 : 저 탄소강의 표면에 탄소를 침투·확산시켜 고 탄소강으로 만든 후 담금질하여 표면을 경화시키는 방법이다.
   ② 질화법 : 암모니아 가스를 이용하여 520℃에서 50~100 시간 가열하면 알루미늄, 크롬 등이 질화되는 방법으로 높은 표면 경도를 얻기 위해 사용한다.

3) 금속 침투법 : 모재와 다른 종류 금속을 침투·확산시켜 합금 피복층을 얻는 방법
   ① 크로마이징(chromizing) : 크롬(Cr)을 재료 표면에 침투·확산시켜 내식성, 내마모성이 향상
   ② 세라다이징(sheradizing) : 아연(Zn)을 침투·확산시켜 표면 경화층을 얻음
   ③ 실리코나이징(siliconiging) : 규소(Si)를 침투·확산시켜 내산성을 향상
   ④ 칼로라이징(calorizing) : 알루미늄(Al)을 침투·확산시켜 내식성을 향상
   ⑤ 보로나이징(boronizing) : 붕소(B)를 재료 표면에 침투·확산시켜 표면 경도를 향상

SECTION 02 기계제도

STEP 01 제도 통칙

1. 제도의 개요

1) 설계자의 요구 사항을 제작자에게 전달하기 위하여 선, 문자, 기호 등을 사용하여 생산품의 형상, 구조, 크기, 재료, 가공법 등을 제도 규격에 맞추어 정확하고 간단, 명료하게 도면을 작성하는 과정
2) 제품이나 구조물 등을 만들 때에는 그 사용 목적에 알맞은 모양, 기능, 구조, 크기 및 공작 방법 등을 합리적으로 설계하여 제품의 치수, 다듬질 정도, 재료, 공정 등을 도면에 나타내는 것
3) 제도의 목적
   ① 설계자의 의도를 도면 사용자에게 확실하고 쉽게 전달하는데 있다.
   ② 도면의 물체의 모양이나 치수, 재료, 표면 정도 등을 정확하게 표시하여 설계자의 의사가 제작, 시공자에게 확실하게 전달되어야 한다.

2. 제도의 규격

1) 각국의 표준 규격

각국 명칭	표준 규격기호	각국 명칭	표준 규격기호
국제 표준화 기구	ISO	미국 규격	ANSI
한국 산업 규격	KS	스위스 규격	SNV
영국 규격	BS	프랑스 규격	NF
독일 규격	DIN	일본 공업 규격	JIS

2) KS의 분류

기호	부문	기호	부문	기호	부문
KS A	기본	KS F	토건	KS M	화학
KS B	기계	KS G	일용품	KS P	의료
KS C	전기	KS H	식료품	KS R	수송기계
KS D	금속	KS K	섬유	KS V	조선
KS E	광산	KS L	요업	KS W	항공

3. 도면의 종류와 크기

1) 도면의 종류
① 도면 성질에 따른 분류 : 원도, 트레이스, 복사도
② 사용목적에 따른 분류 : 계획도, 제작도, 주문도, 승인도, 견적도, 설명도, 공정도
③ 내용에 따른 분류 : 전체 조립도, 부분 조립도, 부품도, 접속도, 배선도, 배관도, 기초도, 설치도, 배치도
④ 표현 형식에 따른 분류 : 외형도, 구조선도, 계통도, 곡면선도, 전개도

2) 도면의 분류
① 도면의 크기는 폭과 길이로 나타내는데 그 비는 $1:\sqrt{2}$가 되며 A0~A4를 사용한다.
② 도면은 길이방향으로 놓는 것이 원칙이다.
③ 큰 도면을 접을 때는 A4 크기로 접는 것을 원칙으로 한다.
④ 도면에는 치수에 따라 굵기 0.5mm 이상의 윤곽선을 그린다.
⑤ 도면에는 중심마크를 설치한다.
⑥ 원도를 말아서 보관할 때의 안지름은 ∅40mm이다.

[가로 도면]

[세로 도면]

호칭방법		A0	A1	A2	A3	A4
a×b		841×1189	594×841	420×594	297×420	210×297
c(최소)		20	20	10	10	10
d(최소)	철하지 않을 때	20	20	10	10	10
	철할 때	25	25	25	25	25

3) 척도
① 도면에서 그려진 길이와 대상물의 실제 길이와의 비율
② 척도 표시 방법
  A : B
  A : 도면에서 크기
  B : 물체의 실제 크기

4) 윤곽선, 표제란, 부품란
  ① 윤곽선 : 도면에 담아 넣는 내용을 기재하는 영역을 명확히 하고 용지의 가장 자리에서 생기는 손상으로 기재 사항을 해치지 않도록 그리는 테두리선을 말한다.
  ② 표제란 : 도면의 오른쪽 아래에 표제란을 두어 도면번호, 도명, 척도, 투상법, 제도한 곳, 도면 작성 연월일, 제도자 이름 등을 기입한다.
  ③ 부품란 : 부품란 위치는 도면 오른쪽 위의 부분으로 품번, 품명, 재질, 수량, 무게, 공정 비고란 등을 기입한다.

4. 선과 문자

1) 선의 종류와 용도

종류	구분	명칭	용도
실선	———————	굵은 실선	외형선
	———————	가는 실선	치수선, 치수보조선 등
파선	- - - - - - - -	파선	숨은 선
쇄선	—·—·—·—·—	가는 1점 쇄선	중심선, 기준선 등
	—··—··—··—	가는 2점 쇄선	가상선, 무게중심선
	—·—·—·—·—	굵은 1점 쇄선	특수지정선

2) 선의 굵기
  ① 선 굵기 기준은 0.18, 0.25, 0.35, 0.5, 0.7, 1mm로 한다.
  ② 도면에서 두 종류 이상의 선이 같은 장소에 겹치는 경우에는 외형선, 숨은선, 절단선, 중심선, 무게중심선, 치수 보조선 순으로 한다.

3) 문자
  ① 글자는 명백히 쓰고 글자체는 고딕으로 하여 수직 또는 15° 경사로 쓴다.
  ② 문자의 크기는 문자의 높이로 나타낸다.
  ③ 한글의 크기는 호칭 2.24, 3.15, 4.5, 6.3, 9mm의 5종류로 한다.
  ④ 아라비아 숫자의 크기는 호칭 2.24, 3.15, 4.5, 6.3, 9mm의 5종류로 한다.
  ⑤ 문장은 왼편에서 가로쓰기를 원칙으로 한다.

STEP 02 투상법 및 단면도법

1. 투상법의 종류

1) 정투상법
  ① 물체로부터 나온 투상선(projecting line)은 모두 정점(station point)에 모아진다. 따라서 투상면(projection plane)이 물체로부터 멀어지면 투상도의 크기도 점점 작아진다.

② 정투상법에서는 물체로부터 나온 투상선이 투상면에 수직이며 서로 평행한 것으로 가정한다. 따라서 투상면이 어느 위치에 있든지 투상도의 크기는 항상 일정하다.

투상도의 명칭
1. 정면도(front view)—물체를 앞에서 바라본 모양
2. 평면도(top view)—물체를 위에서 바라본 모양
3. 우측면도(right side view)—물체를 오른쪽에서 바라본 모양
4. 좌측면도(left side view)—물체를 왼쪽에서 바라본 모양
5. 저면도(bottom view)—물체를 아래에서 바라본 모양
6. 배면도(rear view)—물체를 뒤쪽에서 바라본 보양

2) 등각투상법

① 등각투상도(isometric view)는 물체의 옆면 모서리가 수평선과 30°가 되도록 회전시켜서, 세 모서리가 이루는 각이 모두 120°가 되도록 그린 투상도를 말한다. 등각을 이루는 세 개의 모서리를 등각축(isometric axis)이라 한다.

② 대상물의 실제길이에 있어 등각투상도는 원칙적으로 (0.8165)배의 등 축척(isometric scale)은 사용하기가 불편하여 현척을 사용한다.

3) 사투상법
　① 정투상도에서 정면도의 크기와 모양은 그대로 사용하고, 평면도와 우측면도를 경사시켜 그리는 투상법을 말한다.
　② 종류에는 카발리에도와 캐비닛도가 있다.

2. 투상각

1) 제1각법 : 물체를 제1상한에 놓고 투상하여 투상면의 앞쪽에 물체를 놓는다.

2) 제3각법 : 물체를 제3상한에 놓고 투상하여, 투상면의 뒤쪽에 물체를 놓는다.

3) 제1각법과 제3각법 도면 배열 위치

A : 정면도
B : 평면도
C : 좌측면도
D : 우측면도
E : 저면도
F : 배면도

[제1각법의 투상도 배치]   [제3각법의 투상도 배치]

4) 보조 투상도 : 경사면부가 있는 물체는 정투상도로 그리면 물체의 실형을 나타낼 수 없으므로 그 경사면과 맞서는 위치에 보조 투상도를 그려 경사면의 실형을 나타낸다.

[수평 배열]   [인접 배열]   [투상도 위치의 구역 표시]

5) 부분 투상도 : 그림의 일부를 도시하는 것으로 충분한 경우에는 그 필요 부분만을 부분 투상도로써 표시하고 생략한 부분과의 경계를 파단선으로 나타낸다.

6) 국부 투상도 : 대상물의 구멍, 홈 등 한 국부만의 모양을 도시하는 것으로 충분한 경우에는 그 필요 부분을 국부 투상도로써 나타낸다.

[홈의 국부 투상도]   [축의 키 홈 국부 투상도]

7) 부분 확대도 : 특정 부분의 도형이 작아서 그 부분의 상세한 도시나 치수 기입을 할 수 없을 때에는 그 부분을 가는 실선으로 에워싸고, 글자 및 척도를 기입한다.

3. 단면의 표시와 종류

1) 단면 표시
   ① 단면도와 다른 도면과의 관계는 정투상법에 따른다
   ② 절단면은 기본 중심선을 지나고 투상면에 평행한 면을 선택하되, 같은 직선상에 있지 않아도 된다.
   ③ 투상도는 전부 또는 일부를 단면으로 도시할 수 있다.

2) 단면도의 종류
   ① 은 단면도
   ② 한쪽 단면도
   ③ 부분 단면도
   ④ 회전 도시 단면도

STEP 03 KS 도시기호

1. 치수 기입법

1) 치수 수치 표시 방법
   ① 길이의 치수 수치는 mm 단위로 기입하고 단위 기호는 붙이지 않는다.
   ② 각도의 치수 수치는 일반적으로 도의 단위로 기입하고, 필요한 경우에는 분 및 초를 병용할 수 있다.
   ③ 치수 수치의 소수점은 아래쪽의 점으로 하고 숫자 사이를 적당히 떼어서 그 중간에 약간 크게 쓴다.

2) 치수 기입 방법 : 치수 기입에는 치수, 치수선, 치수 보조선, 지시선, 화살표, 치수 숫자 등이 쓰인다.

3) 현, 현호, 각도 치수 기입

[변의 길이 치수선]   [현의 길이 치수선]   [호의 길이 치수선]   [각도 치수선]

2. 재료 기호 및 표시 방법

1) **기계 재료 기호** : 도면에서 부품의 금속 재료를 표시할 때 KS D에 정해진 기호를 사용하면 재질, 형상, 강도 등을 간단명료하게 나타낼 수 있다.

2) **재료 기호의 표시**
   ① 제1위 문자 : 재질을 나타내는 기호이며, 영어 또는 로마자의 머리문자, 원소 기호를 표시한다.
   ② 제2위 문자 : 규격명과 제품명을 표시하는 기호로서 판, 봉, 관, 선, 주조품 등 제품의 형상별 종류 등과 용도를 표시한다.
   ③ 제3위 문자 : 금속 종별의 기호로서 최저 인장강도 또는 재질 종류 기호를 숫자 다음에 기입한다.
   ④ 제 4위 문자 : 제조법을 표시한다.
   ⑤ 제 5위 문자 : 제품 형상 기호를 표시한다.

3. 용접 기호

① 용접부의 기호는 기본기호 및 보조기호로 되어 있다.
② 기본기호는 원칙적으로 두 부재 사이의 용접부의 모양을 표시하고 보조기호는 용접부의 표면형상, 다듬질 방법, 시공상의 주의 사항 등을 표시한다.

〈용접부 기본 기호〉

번호	명칭	도시	기호
1	양면 플랜지형 맞대기 용접		⋀
2	평행(I형) 맞대기 용접		‖
3	V형 맞대기 용접		V
4	일면 개선형 맞대기 용접		V

번호	명칭	도시	기호
5	넓은 루트면이 있는 V형 맞대기 용접		Y
6	넓은 루트면이 있는 한 면 개선형 맞대기 용접		Y
7	U형 맞대기 용접(평행 또는 경사면)		Y
8	J형 맞대기 용접		Y
9	이면 용접		⌒
10	필릿 용접		◢
11	플러그 용접 : 플러그 또는 슬롯 용접(미국)		⊓
12	점 용접		○
13	심(seam) 용접		⊖
14	개선 각이 급격한 V형 맞대기 용접		V
15	개선 각이 급격한 일면 개선형 맞대기 용접		⌐
16	가장자리(edge) 용접		|||
17	표면 육성		⌢
18	표면 접합부		=

〈용접부 보조 기호〉

용접부 및 용접부 표면의 형상	기호
a) 평면(동일 평면으로 마감 처리)	─
b) 볼록형	⌢
c) 오목형	⌣
d) 토우(끝단부)를 매끄럽게 함	⌓
e) 영구적인 이면 판재(backing strip) 사용	M
f) 제거 가능한 이면 판재 사용	MR

4. 배관 도시 기호

1) 높이 표시
① EL 표시 : 배관 높이를 관의 중심을 기준으로 표시
② BOP 표시 : 서로 지름이 다른 관의 높이를 나타낼 때 적용되는 것으로 관 바깥지름의 밑면까지를 기준으로 표시
③ TOP 표시 : 관 윗면을 기준으로 표시
④ GL 표시 : 포장된 지표면의 높이를 표시
⑤ FL 표시 : 1층 바닥면을 기준으로 높이를 표시

2) 관 접속 상태

접속 상태	실제 모양	도시 기호	접속 상태	실제 모양	도시 기호
접속하지 않을 때		─┼─┼─	파이프 A가 앞쪽으로 수직으로 구부러질 때		─⊙─
접속하고 있을 때		─┼─	파이프 B가 뒤쪽으로 수직으로 구부러질 때		─○─
분기하고 있을 때		┬	파이프 C가 뒤쪽으로 구부러져서 D에 접속될 때		─○─

3) 관 연결 방법

이음 종류	연결 방법	도시 기호	예	이음 종류	연결 방법	도시 기호
관이음	나사형	—┼—		신호이음	루프형	◠
	용접형	—✕—			슬리브형	—▭—
	플랜지형	—╫—			벨로스형	—〰—
	턱걸이형	—⊂—			스위블형	
	납땜형	—○—				

4) 밸브 및 계기의 표시

종류	기호	종류	기호
옥형 밸브(글로브 밸브)	—▶◀—	일반 조작 밸브	
사절 밸브(슬루스 밸브)	—▷◁—	전자 밸브	Ⓢ
앵글 밸브		전동 밸브	Ⓜ
역지 밸브(체크 밸브)	—▷│—	도출 밸브	⊕
안전 밸브(스프링식)		공기 빼기 밸브	◇
안전 밸브(추식)		닫혀 있는 일반 밸브	—▶◀—
일반 콕	—◇—	닫혀 있는 일반 콕	—◆—
삼방 콕		온도계·압력계	Ⓣ Ⓟ

5) 배관도의 일반 표시

명칭	기호	비고	명칭	기호	비고
송기관	———	증기 및 온수	편싱 조인트		주철 이형관
복귀관	--------	증기 및 온수	팽창 곡관		
증기관	—/—/—	증기	배관 고정점	—✳—	
응축수관	--/--/--		금탕관	—│—	
기타 관	A/A		온수 복귀관	—‖—	
급수관	—▬ ▬—		기수 분리기	—Ⓢ․Ⓢ—	
상수도관	— - —		리프트 피팅	—∞—	
우물 급수관	— - - —		분기 가열기	●▬	

6) 비파괴 시험 기호

기호	시험의 종류	기호	시험의 종류
RT	방사선 투과 시험	LT	누설 시험
UT	초음파 탐상 시험	ST	변형도 측정 시험
MT	자분 탐상 시험	VT	육안 시험
PT	침투 탐상 시험	PRT	내압 시험
ET	와류 탐상 시험	AET	에쿠스틱에미션 시험

5. 도면 해독(전개)

1) 평행 전개법

직각기둥이나 직원기둥을 직 평면 위에 전개하는 방법으로 모서리와 직선 면소에 직각 방향으로 전개된다.

2) 방사 전개법

각뿔이나 뿔면을 꼭지 점을 중심으로 해서 방사상으로 전개하는 방식으로 방사 전개시의 원뿔각을 구하는데 사용된다.

3) 삼각 전개법

방사 전개법으로 곤란한 원뿔, 즉 꼭지점의 위치가 멀거나, 전개지가 작을 경우에 사용하는 방법으로 서로 이웃하는 부분을 4각형으로 생각하여 대각선으로 2등분하여 두 개의 삼각형으로 나누어 작도한다.

제03장_ 용접재료 및 기계제도
출제예상문제

CHECK POINT QUESTION

1. 용접재료

01 탄소강에서 시멘타이트(Cementite) 조직이란?

① Fe와 C의 화합물　② Fe와 S의 화합물
③ Fe와 P의 화합물　④ Fe와 O의 화합물

> 시멘타이트는 고온의 강 중에서 생성하는 탄화철(Fe_3C)을 말하고 경도가 높고 취성이 많으며 상온에서는 강자성체이다.

02 탄소강의 성질에 가장 큰 영향을 끼치는 원소는?

① 탄소　② 규소
③ 망간　④ 황

> 철강의 5원소는 탄소, 규소, 망간, 인, 황이며 탄소가 철강 성질에 가장 큰 영향을 준다.

03 마우러의 조직도(Maurer's diagram)를 올바르게 설명한 것은?

① 탄소와 흑연량에 따른 주철의 조직관계를 표시한 것
② 탄소와 시멘타이트량에 따른 주철의 조직관계를 표시한 것
③ 규소와 망간량에 따른 주철의 조직관계를 표시한 것
④ 탄소와 규소량에 따른 주철의 조직관계를 표시한 것

> 마우러 조직도는 주철 중의 탄소, 규소량, 냉각 속도에 따른 조직 변화를 표시한 것이다.

04 주조시에 유동성이 나쁘고 응고수축이 크기 때문에 그 대책이 필요한 것은?

① 단강　② 주강
③ 알루미늄　④ 청동

05 구리의 합금 중 6:4 황동에 1% 정도의 주석을 넣어 스프링용 및 선박 기계용에 사용되는 특수 황동은?

① 에드미럴티 황동
② 네이벌 황동
③ 델타메탈
④ 강력 황동

> • 에드미럴티 황동 : 7:3 황동에 주석 1%를 첨가한 것이며, 콘덴서 튜브에 사용
> • 델타메탈 : 6:4 황동에 철 1~2% 첨가한 것이며, 광산, 산박, 화학기계에 사용
> • 강력황동 : 고속도 황동으로 6:4 황동에 망간, 알루미늄, 철, 니켈, 주석 등을 첨가해 조조와 가공성을 향상시킨 것

06 비중이 4.5정도이며, 강도는 알루미늄(Al)이나 마그네슘(Mg)보다 크고, 해수에 대한 내식성이 스테인리스강과 비슷하며, 순수한 것은 $50kg/mm^2$ 정도의 강도를 갖는 비철 금속은?

① 티탄(Ti)
② 아연(Zn)
③ 크롬(Cr)
④ 마그네슘(Mg)

> 티탄은 소량일때 흑연화 촉진, 다량일 때 흑연화 방지한다.

07 알루미늄-마그네슘계 합금으로 내식성 알루미늄 합금의 대표적인 것은?

① Y합금
② 실루민
③ 라우탈
④ 하이드로날륨

> • Y합금 : 고온강도가 크고 내연기관 실린더에 사용된다.
> • 실루민 : 알루미늄-규소계 합금의 대표적이며 주조성이 좋으나 절삭성은 나쁘다.
> • 하이드로날륨 : 알루미늄-마그네슘계 합금의 대표적이며 주조성도 좋다.

정답　[1. 용접재료]　01 ①　02 ①　03 ④　04 ②　05 ②　06 ①　07 ④

08 탄소강의 표준상태에서 기계적 성질에 관한 설명으로 옳은 것은?

① 탄소가 많을수록 강도나 경도가 감소하지만 인성 및 충격값은 증가한다.
② 탄소가 많을수록 강도나 경도가 증가하지만 인성 및 충격값은 감소한다.
③ 탄소가 적을수록 강도나 경도가 증가하지만 인성 및 충격값은 감소한다.
④ 탄소가 적을수록 강도나 경도가 증가하며 인성 및 충격값도 함께 증가한다.

09 질량효과가 가장 큰 금속은?

① 탄소강　　② 니켈강
③ 크롬강　　④ 니켈-크롬강

🔍 강의 질량이 담금질에 미치는 영향을 질량효과라 하고 탄소강이 가장 크다.

10 공석강의 탄소 함유량(%)은 얼마인가?

① 0.3　　② 0.8
③ 1.2　　④ 4.3

🔍 공석강은 탄소 함유량은 0.77% 이고 공정점은 4.3%이다.

11 탄소강 중에 함유되어 있는 대표적인 5원소는?

① Mn, S, P, He, Si
② C, P, S, Si, Mn
③ Si, C, Ni, Cr, Mo
④ P, S, Si, Ni, O_2

🔍 철강의 5원소는 탄소, 규소, 망간, 인, 황이다.

12 다음 중 강의 표준 조직이 아닌 것은?

① 트루스타이트　　② 페라이트
③ 시멘타이트　　　④ 펄라이트

🔍 강의 표준 조직에는 페라이트와 시멘타이트, 펄라이트가 있다.

13 탄소강 중에서 고온 취성을 갖게 하는 적열 취성의 원인이 되는 원소는?

① 규소　　② 망간
③ 황　　　④ 인

🔍 강이 고온이 되면 유화철이 되어 유황은 결정립계에 분포하여 취성을 갖게 된다.

14 황동에 니켈을 10~20% 첨가한 것으로 전기저항이 높고 내열, 내식성이 좋으므로 일반 전기 저항재료로 사용되며, 주조된 상태에서는 밸브, 콕, 장식품, 악기등에 사용되는 것은?

① 포금
② 양은
③ 톰백
④ 켈멧

🔍 양은(니켈황동)은 황동에 니켈(Ni)을 10~20% 첨가한 것이다.

15 다음 중 용융점이 가장 낮은 것은?

① Fe　　② Pb
③ Zn　　④ Sn

🔍
- Fe : 1538℃ 정도
- Pb : 327℃
- Zn : 419℃
- Sn : 231℃

16 주철의 장점으로 옳지 않은 것은?

① 주조성이 우수하며, 크고 복잡한 것도 제작할 수 있다.
② 인장강도, 휨 강도 및 충격값은 크나, 압축강도는 작다.
③ 금속재료 중에서 단위 무게당의 값이 싸다.
④ 주물의 표면은 굳고 녹이 잘 슬지 않고 또 칠도 잘 된다.

🔍 주철은 경도는 크나 잘 부서진다.

정답　08 ②　09 ①　10 ②　11 ②　12 ①　13 ③　14 ②　15 ④　16 ②

17 강철의 담금질 성질을 높이기 위한 원소가 아닌 것은?

① Pb
② Mo
③ Ni
④ Mn

🔍 담금질은 경도를 증가시키는 것으로 납은 담금질 성질을 낮춘다.

18 뜨임을 하는 목적은 무엇인가?

① 재질을 단단하게 하기 위해
② 조직이 거칠고 큰 것을 균일하게 하기 위해
③ 재질을 연하게 하기 위해
④ 담금질한 강에 강인성을 주기 위해

🔍 • 담금질 : 경도 증가
• 뜨임 : 담금질한 강의 강인성 부여
• 불림 : 조직의 균일화 및 표준화
• 풀림 : 가공 경화된 재료의 연화

19 다음 중 체심입방격자는?

① 크롬, 텅스텐, 몰리브덴
② 동, 금, 은, 니켈
③ 마그네슘, 아연
④ 수은, 카드뮴

🔍 • 체심입방격자 : 크롬, 텅스텐, 몰리브덴, 나트륨
• 면심입방격자 : 동, 은, 니켈, 금, 납, 알루미늄
• 조밀육방격자 : 마그네슘, 아연, 수은, 카드뮴

20 7:3황동에 주석을 1% 정도 첨가하여 탈아연 부식을 억제하고 내식성 및 내해수성을 증대시킨 특수 황동은?

① 쾌삭황동
② 네이벌황동
③ 애드미럴티황동
④ 강력황동

🔍 애드미럴티 황동은 7:3황동에 주석을 1% 첨가한 것으로 콘덴서 튜브에 사용된다.

21 다음 중 고탄소강의 탄소 함유량은?

① 0~0.08%   ② 0.5~1.3%
③ 1.7~4.3%   ④ 4.3~6.67%

🔍 저탄소강은 탄소 0.3% 이하 고탄소강은 탄소 0.5~1.3% 이하이다.

22 순철에 대한 설명 중 맞는 것은?

① 순철은 동소체가 없다.
② 전기 재료 변압기 철심에 많이 사용된다.
③ 기계 구조용으로 많이 사용된다.
④ 순철에는 전해철, 탄화철, 쾌삭강등이 있다.

🔍 순철은 탄소 함량이 0.25% 이하로 항장력이 낮고 투자율이 높기 때문에 변압기, 발전기용 박철판으로 사용된다.

23 표준조성이 구리 4%, 니켈 2%, 마그네슘 1.5%를 함유한 알루미늄(Al)합금으로 공랭실린더 헤드(Cylinder head), 피스톤 등에 사용하는 합금은?

① 로우엑스(Lo-Ex)
② 와이합금(Y-alloy)
③ 하이드로날륨(Hydronalium)
④ 라우탈(Lautal)

🔍 Y-합금(내열합금)은 고온 강도가 크므로 내연기관 실린더에 많이 사용된다.

24 저 탄소강의 탄소함유량은?

① C = 0.30% 이하   ② C = 0.30~0.45%
③ C = 0.45~1.7%   ④ C = 1.7~2.5%

🔍 저탄소강은 탄소 0.3% 이하, 고탄소강은 탄소 0.5~1.3% 이하이다.

25 실용금속 재료 중 가장 가벼운 합금을 만드는 주체원소에 해당되는 것은?

① Mg   ② Zn
③ Cr   ④ Ni

정답 17 ① 18 ④ 19 ① 20 ③ 21 ② 22 ② 23 ② 24 ① 25 ①

26 금색에 가까워 금박대용으로 사용되며 화폐, 메달, 악기에 많이 사용되는 황동을 무엇이라 하는가?

① 네이벌 황동 ② 델타 황동
③ 톰백 ④ 쾌삭 황동

- 톰백은 8~20% 아연 함유한 것으로 연성이 크며 금 대용품, 장식품에 이용된다.
- 델타황동은 내식성이 우수하여 광산, 선박, 화학 기계에 사용

27 순철에 0.2~0.6% 정도 함유되어 있고 이것이 0.35%이상 함유 되면 인장강도, 탄성한도, 경도 등이 높아지는 원소는?

① Cu ② Mn
③ Ni ④ Si

28 다음 재료 기호 중에서 용접 구조용 압연강재를 표시하는 것은?

① SS ② SBB
③ SM ④ SWRW

- SS : 일반구조용 압연강재
- SBB : 보일러용 압연강재
- SWRW : 아크 용접봉 심선재

29 철강의 분류는 무엇을 하는가?

① 성질 ② 탄소강
③ 조직 ④ 제작방법

- 탄소강의 탄소 함유량에 따라 0.03% 이하는 순철, 2.0% 이하는 강(탄소강, 합금강), 2.0~6.68%는 주철로 분류된다.

30 강(steel)의 고온 가공성을 나쁘게 하며, 적열취성의 원인이 되는 것은?

① 유황 ② 인
③ 규소 ④ 수소

- 강이 고온이 되면 유화철이 되어 유황은 결정립계에 분포하여 취성을 갖게 된다.

31 제강법의 종류가 아닌 것은?

① 평로 제강법 ② 전로 제강법
③ 전기로 제강법 ④ 용광로 제강법

- 제강법에는 전로, 평로, 전기로, 도가니로 제강법이 있다.

32 알루미늄과 그 합금에 관한 설명으로 옳은 것은?

① 알루미늄도 변태점이 있으며, 그 합금은 열처리에 따라 기계적 성질에 많은 변화를 일으킨다.
② 알루미늄합금의 열처리도 강과 같고, 뜨임경화나 담금질 경화를 이용한다.
③ 알루미늄에 구리나 규소 또는 마그네슘을 첨가하면 기계적 성질이 우수해진다.
④ 인공시효경화가 생기는 온도는 합금의 종류, 과포화의 경도, 가공 정도 등에 따라서는 차이가 없다.

33 황동에 생기는 자연균열(Season crack)의 방지법은?

① 황동판을 도금한다.
② 황동판에 전기를 흐르게 한다.
③ 황동에 약간의 철을 합금 시킨다.
④ 수중기를 제거 시킨다.

- 황동에 균열을 방지하기 위해 도금을 한다.

34 형상이 복잡하여 단조로서는 만들기가 곤란하고, 주철로서는 강도가 부족할 경우에 사용되는 강은?

① 침탄강 ② 기계구조용강
② 탄소공구강 ④ 주강

35 내열강의 주요 성분은?

① 크롬 ② 니켈
③ 코발트 ④ 망간

- 고크롬강은 내열강으로 높은 온도에서 크롬의 산화 피막이 나타나며 내부로 산화되는 것을 막는다.

36 다음 중 Y 합금의 성분은?

① Al 92.5%, Cu 4%, Ni 2%, Mg 1.5%
② Al 4%, Cu 92.5%, Ni 2%, Mg 1.5%
③ Al 92%, Cu 2%, Ni 4%, Mg 2%
④ Al 4%, Cu 93%, Ni 1%, Mg 2%

> Y-합금(내열합금)은 Al : 92.5%, Cu 4%, Ni 2%, Mg 1.5%로 고온 강도가 크므로 내연기관 실린더에 많이 사용된다.

37 초경합금이 아닌 것은?

① 위디아   ② 카볼로이
③ 다이어몬드   ④ 텅갈로이

> 초경합금은 금속 탄화물의 분말형 금속 원소를 프레스로 성형하고 소결하여 만든 합금으로 위디아, 텅갈로이, 카볼로이 등이 있다.

38 마텐자이트 조직의 스테인리스강 S80의 내식성을 개량 시키는 방법으로 맞는 것은?

① 탄소량 증가와 크롬의 감소
② 니켈, 몰리브덴의 첨가
③ 티타늄, 바나듐의 첨가
④ 아연, 주석의 첨가

39 불변강인 엘린바의 성분 원소가 아닌 것은 어느 것인가?

① 니켈   ② 크롬
③ 철   ④ 인

> 불변강에는 인바, 엘린바, 플래티나이트가 있고 엘린바는 니켈, 크롬, 철의 조성으로 시계의 진자, 지진계, 저울의 스프링 등에 쓰인다.

40 구리의 성질을 잘못 설명한 것은?

① 전기 전도도가 높다.
② 내식성, 가공성이 좋다.
③ 전기 및 열의 양도체이다.
④ 석출경화가 높다.

41 게이지강 재료로 적당한 것은 어느 것인가?

① Cr – Mn강   ② Si 강
③ B강   ④ Cr – Ni강

> 게이지강으로 실용되는 것은 성분은 C 0.85~1.2%, W 0.5~3%, Cr 0.5~3.6%, Mn 0.9~1.45% 이다.

42 베빗 메탈(babit metal)이란?

① Pb를 기지로한 화이트 메탈
② Sn을 기지로한 화이트 메탈
③ Sb을 기지로한 화이트 메탈
④ Zn을 기지로한 화이트 메탈

> 베빗 메탈은 화이트 메탈 중 Sn을 주성분으로 하는 베어링 합금이다.

43 구리에 40~50% Ni을 첨가한 합금으로 전기 저항이 크고, 온도계수가 낮으므로 통신 기재, 저항선, 전열선 등으로 사용되는 것은?

① 큐프로 니켈   ② 콘스탄탄
③ 모넬메탈   ④ 인바

> 콘스탄탄은 Cu+Ni 45% 합금으로 전기 저항선에 많이 사용된다.

44 탄소강에서 헤어크랙(hair crack)의 원인이 되는 원소는?

① O_2 ② N_2
③ H_2 ④ C

> 헤어크랙은 수소가스로 인하여 강의 파단면에 원형 또는 타원형의 은백색으로 빛나는 부분으로 균열의 원인이 된다.

45 다음 주철에 관한 설명으로 틀린 것은?

① 인장강도가 압축강도보다 크다.
② 주철은 백주철, 반주철, 회주철 등으로 나눈다.
③ 주철은 취성이 연강보다 크다.
④ 흑연은 인장강도를 약하게 한다.

> 주철은 압축강도가 인장강도의 3~4배이다.

정답 36 ① 37 ③ 38 ② 39 ④ 40 ④ 41 ① 42 ② 43 ② 44 ③ 45 ①

46 오스테나이트계 스테인리스강의 성분표시가 올바르게 된 것은?

① 크롬 8% – 니켈 18%
② 텅스텐 18% – 니켈 8%
③ 크롬 18% – 니켈 8%
④ 크롬 18% – 텅스텐 8%

47 탄소강이 가열되어 200~300℃ 부근에서 상온일 때보다 메지게 되는 현상을 무엇이라 하는가?

① 적열 메짐 ② 고온 메짐
③ 저온 메짐 ④ 청열 메짐

- 적열 취성 – 900~950℃에서 FeS가 파괴되어 균열을 발생. S이 원인
- 청열 취성 – 200~300℃에서 강도, 경도최대, 연신율, 단면수축율최소, P가 원인
- 상온(냉간) 취성 – FeP가 상온에서 연신율, 충격치를 감소시킴. P가 원인
- 저온취성 – 상온보다 낮아지면 강도, 경도증가, 연신율, 충격치 감소되어 약해짐.

48 표면 경화법은 크게 물리적 방법과 화학적 방법으로 분류된다. 이때 화학 조성을 변화시키면서 표면을 경화시키는 화학적인 방법은?

① 질화법 ② 화염 경화법
③ 쇼트 피닝 ④ 하드 페이싱

- 화학적 방법 : 침탄법, 질화법, 청화법, 금속 침투법
- 물리적 방법 : 화염 경화법, 고주파 경화법, 하드 페이싱, 쇼트 피닝

49 탄소강에서 함유된 성분 중 황에 대한 설명으로 옳지 않은 것은?

① 고온가공성을 해치게 한다.
② 냉간메짐을 일으킨다.
③ 망간을 첨가하여 황의 해를 제거할 수 있다.
④ 0.25%의 황이 함유된 강을 쾌삭강이라고 한다.

- 황으로 인해 적열취성을 일으키고 냉간 취성은 인으로 인해 발생된다.

50 18-8형 스테인리스 강에서 "8"이 의미하는 재료는?

① Co ② Ni
③ Mo ④ Si

51 비행기 몸체로 주로 쓰기 위하여 개발된 합금은?

① 알코아 ② 도이치
③ 두랄루민 ④ 실루민

- 두랄루민은 단조용 알루미늄 합금의 대표로 고온에서 물로 급랭시켜 시효 경화시켜 강인성을 얻는 합금이다.

52 스테인리스강의 종류를 나열한 것 중 틀린 것은?

① 페라이트계
② 펄라이트계
③ 마텐자이트계
④ 오스테나이트계

- 스테인리스강에는 마텐자이트계, 페라이트계, 오스테나이트계가 있다.

53 A_3 또는 A_{cm} 이상 30~50℃ 정도로 가열하여 균일한 오스테나이트 조직으로 한 후에 공랭시키는 열처리 작업은?

① 담금질(quenching)
② 불림(normalizing)
③ 풀림(annealing)
④ 뜨임(tempering)

- 담금질 : 경도 증가
- 뜨임 : 담금질한 강의 강인성 부여
- 불림 : 조직의 균일화 및 표준화
- 풀림 : 가공 경화된 재료의 연화

54 페라이트(ferrite)에 대한 설명 중 틀린 것은?

① 극히 연하고 연성이 크다.
② 상온에서 강자성이다.
③ 전기 전도도가 높다.
④ 담금질에 의해서 경화된다.

정답 46 ③ 47 ④ 48 ① 49 ② 50 ② 51 ③ 52 ② 53 ② 54 ④

55 다음 중 화염 경화법에 적당한 탄소강의 탄소량은?

① 1% 전후
② 1.2% 전후
③ 0.8% 전후
④ 0.4% 전후

56 6:4 황동의 설명으로 틀린 것은?

① 60Cu − 40Zn의 합금이다.
② 내식성이 다소 낮고, 탈 아연 부식을 일으키기 쉽다.
③ 일반적으로 판재, 선재, 볼트, 너트, 열교환기 등의 재료로 쓰인다.
④ 상온에서 7:3 황동에 비하여 전연성이 높고, 인장강도가 작다.

57 줄의 재질로는 보통 어떤 강을 사용하는가?

① 고속도강　② 고탄소강
③ 초경 합금강　④ 특수 합금강

🔍 줄 강으로는 1.30~1.5% C 강이 사용된다.

58 다음 중 금속 침투법의 주목적으로 맞는 것은?

① 경도, 강도 증대
② 인성, 연성 증대
③ 내식성, 내고온산화성 향상
④ 표면경화

🔍 금속 침투법은 내식성, 방청성, 내고온산화성 향상을 위해 실시한다.

59 인(P)이 탄소강에 주는 영향이 아닌 것은?

① 연신율 증가　② 충격치 감소
③ 가공 시 균열　④ 강도, 경도 증가

🔍 인은 제강 시 편석을 일으키고 담금 균열이 생기며, 연신율을 감소시키고 조직을 거칠게 하여 강을 메지게 한다.

60 다음 중 림드강에 대한 설명으로 옳지 않은 것은?

① 편석을 일으킨다.
② 기공이 생기며 가스 방출이 있다.
③ 탈산이 불충분하다.
④ 탄소가 1.7% 이하인 극연강이다.

🔍 탄소가 0.15% 이하인 구조용 강재에 사용된다.

61 회백색의 금속으로 윤활성이 좋고 내식성이 우수하며, X선이나 라듐 등의 방사선 차단용으로 쓰이는 것은?

① 니켈(Ni)　② 아연(Zn)
③ 구리(Cu)　④ 납(Pb)

62 경도가 가장 높은 강의 조직은?

① 페라이트
② 펄라이트
③ 솔바이트
④ 투르스타이트

🔍 투르스타이트는 α−Fe과 Fe_3C의 혼합조직으로 경도가 가장 높다.

63 주철의 용해중 쇳물의 유동성을 감소시키는 원소는?

① P　② Mn
③ Si　④ S

64 켈밋(kelmet)에 대한 설명으로 적당하지 않은 것은?

① 순동과 납의 합금이다.
② 납의 양이 많으면 연하다.
③ 연강의 받침쇠에 붙여서 사용한다.
④ 저속회전에 많이 사용한다.

🔍 켈밋은 구리+납(30~40%) 합금으로 열전도, 압축강도가 크고 마찰계수가 적고 고속 고하중 베어링에 사용된다.

정답　55 ④　56 ④　57 ②　58 ③　59 ①　60 ④　61 ④　62 ④　63 ④　64 ④

65 청동의 성질을 설명한 것이다. 틀린 것은?

① 내마모성이 있다.
② 주조하기 곤란하다.
③ 내식성이 크다.
④ 주석이 많으면 경도가 증가한다.

> 청동은 구리와 주석의 합금으로 주조성, 강도, 내마멸성이 좋고, 주석함량에 따라 경도가 증가된다.

66 분말 야금에 의해서 만들어진 것은?

① 초경합금
② 고속도강
③ 두랄루민
④ 가단주철

67 알루미늄의 성질에 관한 설명으로 틀린 것은?

① 수산화 암모늄 중에서는 잘 부식된다.
② 일반적으로 대기 중에서는 내식성이 좋다.
③ 순도가 높은 알루미늄은 지나치게 유연하다.
④ 염산 중에서는 대단히 빨리 침식된다.

> 알루미늄은 전연성이 풍부하고 무기산, 염류에 침식되며 대기 중에는 산화피막을 형성한다.

68 구리합금 중에서 가장 높은 강도와 경도를 가진 청동은?

① 규소청동
② 니켈청동
③ 베릴륨청동
④ 망간청동

69 금속 침투법에서 칼로라이징은 질화를 촉진시켜 어떤 원소를 첨가시켜 주는가?

① 니켈(Ni)
② 알루미늄(Al)
③ 크롬(Cr)
④ 몰리브덴(Mo)

> 크로마이징 : 크롬, 세라다이징 : 아연, 실리코나이징 : Si, 보로나이징 : B

70 특수용도 특수강인 Cr 13% C 0.2% 이하인 크롬-스텐인리스 강의 설명으로 옳은 것은?

① 페라이트계 스테인리스 강이라고도 한다.
② 황산이나 염산속에서도 내식성을 잃지 않는다.
③ 니켈이 13% 함유되어 있으므로 내식성을 갖는다.
④ 열처리에 의해 경화할 수 없다.

71 가단주철에 해당되지 않는 것은?

① 흑심가단주철
② 적심가단주철
③ 펄라이트가단주철
④ 백심가단주철

> 가단 주철은 백주철을 풀림처리하여 탈탄 또는 흑연화에 의하여 가단성을 준 것으로 흑심가단주철, 백심가단주철, 펄라이트 가단주철이 있다.

72 탄소강 중 함유된 성분에 대한 각각의 설명으로 옳은 것은?

① 황(S)은 크랙(hair crack)이라고 하는 내부 균열을 가지고 있다.
② 규소(Si)는 강의 고온 가공성을 나쁘게 한다.
③ 수소(H_2)는 용융금속의 유동성을 좋게 하고, 피 절삭성을 향상시킨다.
④ 인(P)은 제강할 때 편석을 일으킨다.

73 금속의 공통적 특성이 아닌 것은?

① 상온에서 고체이며, 결정체이다(단, Hg은 제외).
② 열과 전기의 부도체이다.
③ 비중이 크고 금속적 광택을 갖는다.
④ 소성변형이 있어 가공하기 쉽다.

> 금속은 열과 전기의 양도체이다.

74 비철 금속재료가 아닌 것은?

① 알루미늄
② 구리
③ 주철
④ 니켈

정답 65 ② 66 ① 67 ① 68 ③ 69 ② 70 ① 71 ② 72 ④ 73 ② 74 ③

75 알루미늄에 Cu(3-8%)와 Si(3-6%)를 첨가한 합금은?

① 콘스탄탄 ② 알팩스
③ 라우탈 ④ 실루민

- 콘스탄탄 : 구리 55% + 니켈 45%의 합금
- 실루민 : 알루미늄 + 규소의 합금

76 정밀절삭, 가공을 필요로 하는 시계나 계기용 기어, 나사 등의 재료로 사용되는 쾌삭황동은?

① 납황동 ② 주석황동
③ 철황동 ④ 니켈황동

쾌삭황동(납황동)은 황동(6:4)에 납(1.5~3%)를 첨가하여 절삭성을 개량한 것으로 정밀 가공품에 사용된다.

77 담금질이 쉽고 뜨임 메짐이 적으며 열간가공이 용이하고 다듬질 표면이 아름다우며 용접성이 좋고 고온 강도가 있어 니켈-크롬강과 더불어 널리 사용되는 구조용 합금강은?

① 니켈강
② 크롬강
③ 크롬-망간강
④ 크롬-몰리브덴강

78 탄소강 조직에서 과공석강의 조직은?

① 페라이트와 펄라이트의 혼합조직
② 펄라이트
③ 펄라이트와 시멘타이트의 혼합조직
④ 시멘타이트

과공석강은 0.85~1.7% 탄소를 함유한 것으로 펄라이트와 시멘타이트의 혼합조직

79 탄소강의 담금질 효과는 냉각액과 밀접한 관계가 있다. 다음 중 냉각 능력이 가장 강한 것은?

① 소금물 ② 비눗물
③ 수도물 ④ 각종 유류

80 가단주철은 어떤 방법으로 만드는가?

① 백주철을 탈탄하여
② 구상화 주철을 열처리하여
③ 반강주물을 단조하여
④ 주철을 담금질하여

가단 주철은 백주철을 풀림처리하여 탈탄 또는 흑연화에 의하여 가단성을 준 것

81 주석보다 융점이 더 낮은 합금의 총칭으로 납, 주석, 카드뮴 등의 두 가지 이상의 공정 합금으로 보아도 무관한 합금은?

① 저용융점 합금
② 베어링용 합금
③ 납 청동 켈밋합금
④ 땜용 합금 및 경납

저용융점 합금은 주석보다 용융점이 낮은 합금으로 퓨즈, 활자, 정밀 모형에 사용되며 명칭은 우드메탈, 뉴톤합금, 로즈합금, 리포위츠 합금이 있다.

82 기차의 차륜은 어떤 주철로 만드는가?

① 구상 흑연 주철 ② 가단 주철
③ 미하나이트 주철 ④ 칠드 주철

칠드 주철은 용융상태로 금형에 주입하여 접촉면을 백주철로 만든 것으로 규사가 적은 용선에 망간을 첨가하여 금형에 주입한 것으로 각종 롤러의 기차 바퀴에 사용된다.

83 실루민과 같은 우수한 성질을 가지며 또한 주조성과 절삭성을 향상시킨 알루미늄 합금이며, 일명 라우탈이라고 하는 것은?

① Al-Cu-Mo계 합금
② Al-Cu-Mg계 합금
③ Al-Cu-Ti계 합금
④ Al-Cu-Si계 합금

라우탈은 규소 첨가로 주조성을 향상시키고 구리첨가로 절삭성을 향상시킨다.

정답 75 ③ 76 ① 77 ④ 78 ③ 79 ① 80 ① 81 ① 82 ④ 83 ④

84 상태도에 따른 주철의 분류에 해당되지 않는 것은?
① 아공석주철
② 과공석주철
③ 공정주철
④ 공석주철

🔍 주철은 상태도에 따라 아공석주철, 공석주철, 과공석주철로 구분한다.

85 다음 중 알루미나(Al₂O₃)의 물리적 성질로 맞는 것은?
① 용융점 2050℃, 비중 4
② 용융점 660℃, 비중 2.7
③ 용융점 2454℃, 비중 4
④ 용융점 650℃, 비중 1.74

86 구리에 40-50% Ni를 첨가한 합금으로 전기 저항이 크고 온도계수가 낮으므로 통신기재, 저항선, 전열선 등으로 사용되는 것은?
① 큐프로 니켈
② 콘스탄탄
③ 모넬메탈
④ 인바

🔍 콘스탄탄 : 구리 55% + 니켈 45 % 의 합금

87 열처리의 종류에 해당되지 않는 것은?
① 연속냉각 열처리
② 표면경화 열처리
③ 항온 열처리
④ 전해 열처리

88 다음 중 주철의 흑연화를 방지하며 탄화물을 안정시키는 원소는?
① Al
② Cr
③ Ti
④ Ni

🔍 • 흑연화 방지제 : Mo, S, Cr, V, Mn
• 흑연화 촉진제 : Si, Ni, Ti, Al

89 스테인리스강을 조직상으로 분류한 것 중 틀린 것은?
① 오스테나이트계
② 마텐자이트계
③ 시멘타이트계
④ 페라이트계

🔍 스테인리스강에는 마텐자이트계, 페라이트계, 오스테나이트계가 있다.

90 다음 중 아연의 일반적인 특성에 해당하는 것은?
① 비중이 4.51이다.
② 용융온도는 913℃이다.
③ 조밀육방격자의 회백색 금속이다.
④ 아연의 제련에는 증류법, 직류법, 교류법이 있다.

🔍 아연은 비중 7.13, 용융점 419℃, 조밀육방격자, 염기성 표면 산화막을 형성한다.

91 주철에 미치는 규소의 영향 중 틀린 것은?
① 주철 중의 화합탄소를 분리하여 흑연을 유리시킨다.
② 냉각시 수축을 적게 한다.
③ 주철의 질을 연하게 한다.
④ 주철의 성장을 방해한다.

🔍 규소는 주철의 성장을 촉진시킨다.

92 Y합금이란?
① 알루미늄 합금
② 구리 합금
③ 마그네슘 합금
④ 니켈 합금

🔍 Y-합금(내열합금)은 Al : 92.5%, Cu 4%, Ni 2%, Mg 1.5%로 고온 강도가 크므로 내연기관 실린더에 많이 사용된다.

93 구리의 융해점은?
① 850℃
② 1083℃
③ 1830℃
④ 1500℃

🔍 구리의 융해점은 1083℃이다.

정답 84 ③ 85 ① 86 ② 87 ④ 88 ② 89 ③ 90 ③ 91 ④ 92 ① 93 ②

94 황동의 기계적 성질 중 연신율이 최대가 되는 아연 함유량은?

① 40% ② 4%
③ 25% ④ 30%

95 니켈 중의 크롬 함유량이 증가함에 따라 합금의 전기 비저항이 증가하는 데 약 몇 % Cr에서 최대가 되는가?

① 40% ② 30%
③ 20% ④ 10%

96 알루미늄의 성질에 관한 설명으로 틀린 것은?

① 비중이 가벼운 경금속이다.
② 전기 및 열전도율이 구리보다 좋다.
③ 공기중에서 표면에 Al_2O_3의 얇은 막이 생겨 내식성이 좋다.
④ 상온 및 고온에서 가공이 용이하다.

🔍 전기 및 열전도율은 구리가 알루미늄보다 훨씬 좋다.

97 6 : 4 황동에 관한 설명으로 옳은 것은?

① 아연 40% 내외의 것을 문쯔메탈이라고도 한다.
② 상온에서도 전성이 있다.
③ 압연, 드로잉 등의 가공으로 쉽게 판재, 봉재, 관재 등을 만들 수 있다.
④ 냉간가공성이 좋다.

🔍 6:4 황동은 문츠메탈로 값이 싸고 강도가 크다.

98 Mg – Al – Zn 합금의 대표적인 것은?

① 실루민 ② 듀랄루민
③ Y합금 ④ 일렉트론

🔍 일렉트론은 알루미늄이 많은 것은 고온내식성 향상, 알루미늄+아연이 많은 것은 주물용 재료 주조용으로 사용 내열성이 크므로 내연 기관 피스톤에 사용한다.

99 통주철의 압축강도는 인장강도의 약 몇 배 정도가 되는가?

① 1~1.5배 ② 1.5~2배
③ 3~4배 ④ 5~6배

100 표면경화를 위하여 철강표면에 Zn을 확산시키는 금속 침투법은?

① 실리코나이징 ② 칼로라이징
③ 크로나이징 ④ 세라다이징

🔍 크로마이징 : Cr, 세라다이징 : Zn, 실리코나이징 : Si, 보로나이징 : B

101 담금질한 강을 A_1 변태점보다 낮은 온도에서 일정온도로 가열하여 인성을 증가시킬 목적으로 시행하는 열처리는?

① 뜨임 ② 침탄
③ 풀림 ④ 불림

🔍 담금질 : 경도증가, 뜨임 : 인성증가, 불림 : 조직의 균일화, 풀림 : 재료연화

102 구리에 납을 30~40% 함유한 합금으로 고속 항공기 및 자동차의 베어링 메탈로 쓰이는 것은?

① 포금
② 아암즈 청동
③ 켈밋
④ 델타 메탈

🔍 켈밋은 구리와 납 합금으로 고속 항공기 및 자동차 베어링에 많이 사용된다.

103 불변강의 종류가 아닌 것은?

① 인바 ② 엘린바
③ 스텔라이트 ④ 플래티나이트

🔍 불변강에는 인바, 슈퍼인바, 엘린바, 코엘린바, 퍼멀로이, 플래티나이트가 있다.

104 백선철에 대한 설명이 아닌 것은?

① 파면이 회색이다.
② 경도가 크고 절삭이 곤란하다.
③ 제강용으로 사용한다.
④ 탄소는 철과 화합상태로 되어있다.

105 아래 조직 중 용접금속의 특징으로 볼 수 있는 것은?

① Chill정   ② 등축정
③ 주상결정   ④ 수지상정

106 탄소강에서 탄소의 양이 증가하면 기계적 성질은 어떻게 변화하는가?

① 인장강도, 경도, 연신율이 모두 증가한다.
② 인장강도, 경도, 연신율이 모두 감소한다.
③ 인장강도, 경도는 증가하고 연신율은 감소한다.
④ 인장강도, 경도는 감소하나 연신율은 증가한다.

🔍 탄소양이 증가하면 인장강도, 경도는 증가하나 연신율은 감소한다.

107 주철은 함유하는 탄소의 상태와 파단면의 색에 따라 3종으로 분류되는 데 다음 중 아닌 것은?

① 회주철   ② 백주철
③ 반주철   ④ 합금주철

🔍 주철은 회주철, 백주철, 반주철로 분류된다.

108 탄소강의 청열 메짐의 온도는?

① 900℃ 이상   ② 50~80℃
③ 100~200℃   ④ 200~300℃

🔍 • 적열 취성 : 900~950℃에서 FeS가 파괴되어 균열을 발생. S이 원인
• 청열 취성 : 200~300℃에서 강도, 경도최대, 연신율, 단면수축율최소, P가 원인
• 상온(냉간) 취성 : FeP가 상온에서 연신율, 충격치를 감소시킴. P가 원인
• 저온취성 : 상온보다 낮아지면 강도, 경도증가, 연신율, 충격치 감소되어 약해짐.

109 3-4% Ni, 1% Si의 구리합금으로 강도와 전기 전도율을 좋게 한 것은?

① 켈멧
② 암즈 청동
③ 네이벌 황동
④ 코슨 합금

🔍 코슨합금은 Cu + Ni 4% +Si 1% 합금으로 통신선, 전화선으로 사용된다.

110 합금강에서 Cr 원소 첨가 효과 중 틀린 것은?

① 내열성   ② 내마모성
③ 내식성   ④ 인성

🔍 • Cr : 내열성, 내마모성, 내식성을 향상
• Mo : 뜨임 취성 방지
• Ni : 인성, 저온 충격저항 증가
• Si : 전자기적 특성개선, 탈산, 고용강화

111 뜨임 시효 경화성이 있어서 내식성, 내열성, 내 피로성 등이 우수하여 베어링이나 고급 스프링에 이용되며, 구리에 2~3%의 Be을 첨가한 청동 합금은?

① 코슨 합금
② 암즈 청동
③ 베릴륨 청동
④ 에버듀

🔍 • 베릴륨 청동은 Cu +Be 2~3%, 뜨임시효 경화성이 크다.
• 코슨 합금은 Cu +Ni 4% +Si 1%, 통신, 전화선으로 사용된다.

112 티탄과 그 합금에 관한 설명으로 틀린 것은?

① 티탄은 비중에 비해 강도가 크며 고온에서 내식성이 좋다.
② 티탄에 Mo, V 등을 첨가하면 내식성이 더욱 향상된다.
③ 티탄 합금은 인장강도가 작고 고온에서 크리프 한계가 낮다.
④ 티탄은 가스 터빈 재료로서 사용된다.

정답 104 ① 105 ③ 106 ③ 107 ④ 108 ④ 109 ④ 110 ④ 111 ③ 112 ③

113 소강에 합금 원소를 상당량 첨가하여 특정한 기계적 성질이나 물리, 화학적 성질을 개선하여 여러 가지 목적에 알맞도록 한 강을 무엇이라 하는가?

① 주철
② 성질강
③ 주강
④ 합금강

🔍 합금강은 탄소강에 다른 원소를 첨가하여 강의 기계적 성질을 개선한 강을 말한다.

114 주철의 기계적 성질 중 틀린 것은?

① 휨강도가 작다.
② 절삭성이 좋다.
③ 인장강도가 작다.
④ 연성, 전성이 크다.

🔍 주철은 경도는 크나 잘 부서지고 주물 재료로 사용된다.

115 18-4-1형 고속도강의 성분이 그 순서대로 옳은 것은?

① W, Cr, Ni
② W, Cr, Cu
③ W, V, Co
④ W, Cr, V

116 알루미늄 용접에서 용접부의 청소방법이 아닌 것은?

① 야금학적 청소법
② 화학적 청소법
③ 끓인 물로 세척
④ 찬 물로 세척

117 탄소강의 냉간 가공시 가공 경화된 재료에 대하여 600~650℃의 저온으로 경도를 저하시켜 소성 가공과 절삭 가공을 쉽게 하는 풀림 방법은?

① 확산풀림
② 연화풀림
③ 구상화풀림
④ 완전풀림

118 다음 중 강 표면에 침탄 탄소를 확산 침투시켜 표면을 경화시키는 방법은?

① 고체 침탄법
② 액체 질화법
③ 가스 질화법
④ 시멘테이션법

🔍 침탄법은 저탄소강 표면에 탄소를 침투 확산시켜 고탄소강으로 만든 후 담금질하여 표면을 경화시키는 방법으로 고체 침탄법, 액체 침탄법, 가스 침탄법이 있다.

119 탄소강의 물리적 성질을 설명한 것 중 틀린 것은?

① 탄소 함유량의 증가와 더불어 탄성률, 열전도율이 증가한다.
② 탄소 함유량이 많아지면 시멘타이트가 증가한다.
③ 탄소 함유량의 증가와 더불어 비중, 열팽창계수가 감소한다.
④ 탄소 함유량에 따라 물리적 성질은 직선적으로 변화한다.

🔍 탄소함유가 증가하면 탄성률은 감소한다.

120 상온에서 공석강의 현미경 조직은?

① 펄라이트
② 페라이트 + 펄라이트
③ 시멘타이트 + 펄라이트
④ 오스테나이트 + 펄라이트

121 다음 중 경도가 가장 낮은 순서부터 바르게 나열된 것은?

① 소르바이트 – 마텐자이트 – 트루스타이트 – 시멘타이트
② 소르바이트 – 트루스타이트 – 마텐자이트 – 시멘타이트
③ 시멘타이트 – 마텐자이트 – 트루스타이트 – 소르바이트
④ 트루스타이트 – 소르바이트 – 마텐자이트 – 시멘타이트

🔍 • 소르바이트 : HB 270
• 트루스타이트 : HB 420
• 마텐자이트 : HB 600~700
• 시멘타이트 : HB 820

정답 113 ④ 114 ① 115 ④ 116 ① 117 ② 118 ① 119 ① 120 ① 121 ②

122 저융점 합금이란 다음의 어느 금속보다 낮은 융점을 가진 합금의 총칭인가?

① 납 ② 주석
③ 아연 ④ 비스무트

🔍 주석은 융점이 231.8℃이다.

123 연강제 표면에 스텔라이트나 경합금을 용착시켜 표면경화 시키는 방법은?

① 브레이징 ② 숏 피닝
③ 하드 페이싱 ④ 질화법

🔍 질화법은 암모니아 가스를 이용해 높은 표면 경도를 얻기 위한 방법이고, 금속화학성분 변화 없이 표면만 경화하는 물리적 표면 경화에는 화염경화법, 고주파경화법, 하드페이싱, 숏 피닝법이 있다.

124 W, Ti, Ta 등의 금속탄화물의 분말형 금속원소를 프레스로 성형한 다음 이것을 소결하여 만든 합금으로 절삭공구에는 물론 다이스 및 내열, 내마멸성이 요구되는 부품에 많이 사용되는 금속은?

① 초경합금 ② 주조경질합금
③ 합금공구강 ④ 세라믹

🔍 금속 탄화물을 프레스로 성형, 소결시킨 합금을 경합금이라 하고 종류에는 S종(강절삭용), D종(다이스), G종(주철용)이 있다.

125 고장력강은 연강에 비해서 다음과 같은 잇점이 있는데 그 잇점의 설명에 해당되지 않는 것은?

① 용접공의 기량에 관계없이 용접품질이 일정하다.
② 동일한 강도에서 판의 두께를 얇게 할 수 있다.
③ 소요강재의 중량을 대폭으로 경감시킨다.
④ 재료의 취급이 간편하고 가공이 용이하다.

126 자연균열을 방지하는 대책이 아닌 것은?

① 도료
② 암모니아, 탄산가스 접촉
③ Zn도금
④ 응력제거 풀림

127 문쯔 메탈에 1~2%의 철을 첨가하여 강도와 내식성을 향상시킨 특수 황동은?

① 네이벌 황동 ② 배빗 메탈
③ 델타 메탈 ④ 애드미럴티 황동

🔍 철황동(델타 메탈)은 문쯔메탈(6:4황동)에 철 1~2%를 첨가하여 강도와 내식성을 향상시킨 것으로 선박, 화학 기계에 사용된다.

128 탄소강은 온도에 따라 기계적 성질 변화가 있는데 200~300℃에서 인장 강도와 경도가 최대로 되며 연신율과 단면수축률은 최소로 된다. 이와 같이 상온에서 보다 취약해 지는 성질을 무엇이라고 하는가?

① 적열 취성 ② 인성
③ 자경성 ④ 청열 취성

🔍 청열 취성 : 200~300℃에서 강도, 경도최대, 연신율, 단면수축률최소, P가 원인

129 특수강에서 뜨임취성이 가장 많이 나타나는 강종은?

① Si강 ② Cr강
③ Ni – Cr강 ④ Ni-Mo강

130 산화물의 생성을 용이하게 하고 결정입자 사이의 부식에 대한 저항을 증가시키는 합금원소는?

① 티탄 ② 구리
③ 규소 ④ 주석

🔍 티탄은 내식성, 내열성이 우수하나 절삭성, 주조성이 나쁘다.

131 7:3 황동에서 각 성분의 비율은 얼마인가?

① Cu 70%, Zn 30%
② Cu 70%, Ni 30%
③ Cu 70%, Sn 30%
④ Cu 70%, Sb 30%

🔍 7:3 황동은 연신율 최대, 가공성이 양호하며 탄피 가공용으로 많이 사용된다.

정답 122 ② 123 ③ 124 ① 125 ① 126 ② 127 ③ 128 ④ 129 ③ 130 ① 131 ①

132 주강품에 대한 설명 중 잘못된 것은?

① 형상이 복잡하여 단조로서는 만들기 곤란할 때 주강품을 사용한다.
② 지나친 용해가 되기 쉽다.
③ 팽창계수가 매우 작다.
④ 고온강도가 나쁘며 용접변형이 크다.

133 표준 성분은 18(크롬)-8(니켈)로서 내식성, 내충격성, 기계가공성이 좋으며 비자성체로 용접도 비교적 잘 되며 염산, 황산에 약하고 결정 입계부식이 발생하기 쉬운 스테인리스강을 무엇이라 하는가?

① 페라이트계 스테인리스강
② 마텐자이트계 스테인리스강
③ 오스테나이트계 스테인리스강
④ 석출 경화형 스테인리스강

134 합금강의 원소 효과에서 함유량이 많아지면 그 영향을 잘못 설명한 것은?

① 크롬 ; 내마멸성이 증가 한다.
② 망간 ; 적열취성을 방지 한다.
③ 몰리브덴 ; 뜨임취성을 일으킨다.
④ 규소 ; 내식성이 증가 한다.

🔍 몰리브덴은 뜨임 취성을 방지한다.

135 다음 중 TTT 곡선의 nose time에 영향을 미치는 요인이라 할 수 없는 것은?

① 탄소 함유
② 인장 성질
③ 결정 입도
④ 합금 원소

🔍 탄소 함량, 결정 입도, 합금 원소가 TTT 곡선의 형상에 영향을 미친다.

2. 기계제도

01 다음 제도의 정의에 대한 설명 중 옳은 것은?

① 기계를 설계하는 것
② 자기만 알 수 있는 문자, 선, 기호 등을 이용
③ 문자, 선, 기호 등을 이용하여 물체의 다듬질 정도, 재료 및 공정 등을 제도지에 작성하는 과정
④ 입체감을 주어 그린 그림

02 KS 규격 중 기계 부분에 해당하는 것은?

① KS D
② KS C
③ KS B
④ KS A

🔍 D : 금속부분, C : 전기부분, B : 기계부분, A : 기본사항

03 도면 종류 중 사용 목적에 따른 분류에 속하지 않는 것은?

① 계획도
② 제작도
③ 조립도
④ 주문도

🔍 용도에 따른 분류에 속하는 도면은 계획도, 제작도, 주문도, 승인도, 설명도, 견적도 등이 있다.

04 다음 중 실물을 축소하여 그리는 것은 무엇인가?

① 실척
② 배척
③ 축척
④ 현척

🔍 도면에 그려진 길이와 대상물의 실제 길이가 같은 현척, 실물보다 축소하여 그린 축척, 실물보다 확대하여 그린 배척이 있다.

정답 132 ② 133 ③ 134 ④ 135 ② [2. 기계제도] 01 ③ 02 ③ 03 ③ 04 ③

05 도면에 반드시 있어야 할 사항이 아닌 것은?
① 윤곽선
② 표제란
③ 중심 마크
④ 비교 눈금

> 비교눈금, 구역을 표시하는 구분선이나 기호, 재단마크는 도면에 마련하는 것이 바람직한 사항이다.

06 선의 종류에는 3가지가 있다. 이에 속하지 않는 것은?
① 실선　　② 치수선
③ 파선　　④ 쇄선

07 다음 중 외형선은 무슨 선으로 표시하는가?
① 굵은 실선
② 가는 실선
③ 파선
④ 쇄선

> 외형선은 대상물이 보이는 부분의 모양을 표시하는 선

08 보이지 않는 외형선으로 사용되는 선은?
① 이점 쇄선　　② 파선
③ 굵은 실선　　④ 파단선

> 대상물의 보이지 않는 부분의 모양을 표시하는데 가는 파선 또는 굵은 파선을 사용한다.

09 대칭선, 중심선을 나타내는 선은?
① 가는 실선
② 가는 이점 쇄선
③ 가는 일점 쇄선
④ 굵은 쇄선

> 가는 일점쇄선의 굵기는 0.3mm 이하이며, 기어나 체인의 피치선, 피치원 표시에 사용된다.

10 가는 실선을 사용하지 않는 것은?
① 치수선
② 해칭선
③ 회전 단면 외형선
④ 은선

> 은선은 물체가 보이지 않는 부분을 나타내는 선

11 다음 중 표면 처리 부분을 나타내는 선은?
① 굵은 실선
② 가는 실선
③ 굵은 일점 쇄선
④ 가는 일점 쇄선

> 굵은 일점 쇄선은 특수한 가공을 하는 부분 등 특별한 요구사항을 적용할 수 있는 범위를 표시한다.

12 기어나 체인의 피치선 등은 어느 것으로 표시하는가?
① 일점 쇄선
② 이점 쇄선
③ 가는 실선
④ 굵은 일점 쇄선

13 수직선을 긋는 방법에 대한 설명 중 옳은 것은?
① 위에서 아래로 긋는다.
② 두 번에 나누어 긋는다.
③ 왼쪽에서 오른쪽으로 긋는다.
④ 아래에서 위로 긋는다.

> 빗금선은 왼쪽 위로 향한 경사선은 위에서 아래로

14 도면에 사용되는 문자가 아닌 것은?
① 한글　　② 로마 글자
③ 아라비아 숫자　　④ 로마 숫자

> 도면에 사용되는 문자로는 한글, 아라비아 숫자, 로마글자가 있다.

정답　05 ④　06 ②　07 ①　08 ②　09 ③　10 ④　11 ③　12 ①　13 ④　14 ④

15 굵기에 따른 선의 종류 중 틀린 설명은?

① 가는 선 : 굵기가 0.18~0.5mm
② 굵은 선 : 굵기가 가는 선의 2배 정도인 선
③ 굵은 선 : 굵기가 0.35~1mm인 선
④ 아주 굵은 선 : 굵기가 0.7~1mm인 선

16 각국의 공업 규격 중 잘못된 것은?

① 한국 : KS
② 미국 : ANSI
③ 일본 : JIS
④ 독일 : BS

🔍 독일 : DIN, 영국 : BS

17 투상도법에서 원근감을 갖도록 나타낸 그림을 무엇이라 하는가?

① 등각 투상도
② 투시도
③ 정투상도
④ 부등각 투상도

🔍 투시도는 원근감이 있어 건축 조감도 등 건축제도에 널리 사용된다.

18 건축, 선박 제도에서 주로 사용하는 것은 몇 각법인가?

① 제 1각법
② 제 2각법
③ 제 3각법
④ 제 4각법

19 다음 투상도법 중 기계 제도에서는 어떤 방법을 쓰는가?

① 정투상도
② 등각 투상도
③ 투시도
④ 회화식 투상도

🔍 투상도법은 정투상도법과 회화식 투상도법으로 나눌 수 있고 회화식 투상도법에는 사투상도, 등각투상도, 부등각 투상도, 투시도 등이 있다.

20 제1각법과 제 3각법 설명 중 틀린 것은?

① 제3각법은 정면도를 기준으로 평면도를 위에 그린다.
② 제1각법은 정면도를 기준으로 평면도를 우측에 그린다.
③ 제3각법은 정면도를 기준으로 우측면도를 우측에 그린다.
④ 제1각법은 정면도를 기준으로 우측면도를 좌측에 그린다.

🔍 1각법은 정면도를 기준으로 평면도를 아래에 그려야 한다.

21 제3각법에서 우측면도는 정면도의 어느 쪽에 위치하는가?

① 좌측
② 우측
③ 상부
④ 하부

22 다음 그림을 제 1각법으로 투상했을 때 각 그림과 투상도의 그림이 잘못된 것은?

정답 15 ④ 16 ④ 17 ② 18 ② 19 ① 20 ② 21 ② 22 ②

23 보기와 같은 입체도를 보고 3각법으로 제도한 것 중 맞는 것은?

24 다음 보기의 투상도는 보기 중 어느 입체도에 해당하는가?(3각법)

25 다음 보기에 대한 투상도로서 알맞은 것은?

26 다음 보기와 같은 그림은 어느 것에 속하는가?

① 보조 투상도 ② 국부 투상도
③ 회전 투상도 ④ 관용도

27 그림 중 A와 같은 투상도를 무엇이라 하는가?

① 보조 투상도 ② 국부 투상도
③ 가상도   ④ 회전도법

🔍 보조 투상도는 경사면부가 있는 물체는 정투상도로 그리면 그 물체의 실형을 나타낼 수가 없으므로 경사면과 맞서는 위치에 보조 투상도를 그려 경사면의 실형을 나타낸다.

28 도면에서 어떤 경우에 해칭을 하는가?
① 가상 부분을 표시할 경우
② 절단 단면을 표시할 경우
③ 회전 부분을 표시할 경우
④ 부품이 겹치는 부분을 표시할 경우

🔍 해칭은 단면 부분에 가는 실선으로 빗금선을 긋는 방법이다.

29 입체 표면을 한 평면 위에 펼쳐서 그린 그림을 무엇이라 하는가?
① 입체도   ② 투시도
③ 전개도   ④ 평면도

정답 23 ② 24 ③ 25 ③ 26 ③ 27 ① 28 ② 29 ③

30 물체의 일부 또는 단면의 경계를 나타내는 선으로 자를 쓰지 않고 자유로이 긋는 선은?

① 파단선　　② 지시선
③ 가상선　　④ 절단선

31 해칭선의 각도는 어느 것을 원칙으로 하는가?

① 수평선에 대하여 45°로 한다.
② 수평선에 대하여 60°로 한다.
③ 수평선에 대하여 30°로 한다.
④ 수직 또는 수평으로 긋는다.

🔍 해칭선은 45° 원칙으로 하나 부득이한 경우는 30°, 60°로 표시한다.

32 중심선에 수평한 평면으로 절단했을 때 단면이 4각형인 것은?

① 원기둥　　② 원뿔
③ 정4면체　　④ 4각뿔

33 다음 중 밑면에 평행하게 절단했을 때 단면이 삼각형이 되는 것은?

① 정사각뿔
② 정삼각뿔
③ 정육면체
④ 원기둥

34 회전 도시 단면도에 관한 사항 중 틀린 것은?

① 파단선을 써서 가운데를 자르고, 그 사이에 그린다.
② 단면을 표시할 필요의 범위가 좁을 때 쓰인다.
③ 파단하지 않고 직접 도형 안에 가상선을 그린다.
④ 회전각도는 90°이다.

🔍 회전 도시 단면도는 절단면을 절단할 곳의 전후를 끊어서 그 사이에 또는 절단선의 연장선 위에, 도형 내의 절단한 곳에 겹쳐서 가는 실선을 사용하여 그린다.

35 다음 중 단면 부분을 표시하는 것은?

① 외형선　　② 점선
③ 이점 쇄선　　④ 해칭선

36 다음 중 도면에 기입되는 치수는?

① 원자재 치수
② 소재 치수
③ 마무리 치수
④ 최소 허용 공차 치수

37 치수 기입 시에 필요하지 않은 선은?

① 치수선
② 치수 보조선
③ 지시선
④ 이점 쇄선

🔍 치수 기입에는 치수, 치수선, 치수보조선, 지시선, 화살표, 치수 숫자 등이 쓰인다.

38 다음 중 다른 셋과 선의 굵기가 다른 것은?

① 외형선
② 치수선
③ 치수 보조선
④ 지시선

39 치수 기입 상의 주의 사항 중 틀린 것은?

① 치수는 계산을 하지 않아도 되게 기입한다.
② 도형의 외형선이나 중심선을 치수선 대용해서는 안된다.
③ 원형의 그림에서는 치수를 방사상으로 기입해도 좋다.
④ 서로 관련이 있는 치수는 될 수 있는 대로 한곳에 모아서 기입한다.

🔍 치수 기입 시 특별 지시가 없는 한 완성치수로 기입한다.

정답　30 ①　31 ①　32 ①　33 ②　34 ②　35 ④　36 ③　37 ④　38 ①　39 ③

40 치수선 양끝에 붙이는 화살표의 길이와 폭의 비율은 어느 것이 가장 적당한가?

① 1.5 : 1
② 2 : 1
③ 3 : 1
④ 5 : 1

41 다음 그림 중 호의 길이를 표시하는 치수 기입법이 옳게 된 것은?

 ① ②

 ③ ④

42 치수와 같이 사용되는 기호는 치수 숫자의 어디에 기입하는가?

① 치수 숫자 앞
② 치수 숫자 뒤
③ 치수 숫자 위
④ 적당한 곳

43 다음 중 기울기(구배)에 관한 사항은 어느 것인가?

① 한쪽만 기울어진 경우를 구배라 한다.
② 양쪽 다 대칭으로 경사를 이루는 경우를 구배라 한다.
③ 양쪽 다 비대칭으로 경사를 이루는 경우를 구배라 한다.
④ 한쪽만 경사가 지든 양쪽이 경사가 지든 간에 구배라 한다.

44 재료의 기호 중 SS41에서 41이 나타내는 것은?

① 재질
② 재료의 종별
③ 최저 인장강도
④ 규격 또는 제품명

45 다음 중 열간 압연 강판의 KS 표시는?

① SBH
② SBC
③ PWT
④ SM

- SBC : 냉간압연 강판 및 강대
- PWT : 피아노선
- SM : 기계 구조용 탄소 강재

46 다음 중 고속도강의 기호는 무엇인가?

① NC
② G
③ KH
④ K

NC : 니켈 크롬강, G : 고압가스용기, K : 공구강

47 용접 기호의 기입법에 대한 설명 중 틀린 것은?

① 용접 기호와 치수는 설명선을 사용하여 기입한다.
② 용접 방법 및 기타 특별한 지시할 사항이 있을 때는 꼬리를 그려 그 부분에 기입한다.
③ 기호 및 치수는 용접하는 쪽이 화살표 쪽인 경우에는 기선의 아래쪽에 기입한다.
④ 기호 및 치수는 용접하는 쪽이 화살표 반대인 경우 기선 좌측에 기입한다.

48 다음 중심 용접을 표시하는 기호는?

① ②

③ ④

① : 점용접
② : 플러그용접
③ : 심용접
④ : 이면 용접

49 다음 용접 기호는 무엇을 나타내는가?

① 업셋 용접　　② 필릿 용접
③ 플러그 용접　④ U형 맞대기 용접

50 다음 중 필릿 용접의 기호는?

🔍 ① : 필릿 용접
　② : 이면용접
　③ : 겹침 접합부
　④ : 플러그 용접

51 다음 용접 기호 중 점 용접을 나타내는 기호는?

🔍 ① : 필릿용접
　③ : 점용접
　④ : J형 맞대기 이음

52 다음 용접 기호 중 전체 둘레 현장 용접을 나타내는 것은?

🔍 ① : 플러그 용접
　② : 이면용접
　③ : 전체 둘레 현장 용접
　④ : 필릿용접

53 I형 맞대기 홈 용접의 기호 표시로 옳은 것은?(단 양쪽 용접임)

54 배관의 일부분을 인출하여 작도한 그림을 무엇이라 하는가?

① 평면 배관도　② 입면 배관도
③ 입체 배관도　④ 부분 조립도

55 다음은 배관 도면상의 치수 표시법에 관한 설명이다. 잘못된 것은?

① 관은 일반적으로 한 개의 선으로 그린다.
② 치수는 mm를 단위로 하여 표시한다.
③ 관의 중심을 기준으로 하여 배관 높이를 표시할 때는 GL로 나타낸다.
④ 지름이 서로 다른 관의 높이를 표시할 때 관 바깥지름의 아래면까지를 기준으로 하여 표시하는 EL법을 BOP라 한다.

56 다음 중 파이프 연결을 도시한 것으로 틀린 것은?

① 나사형
② 턱걸이형
③ 플랜지형
④ 유니언형

🔍 ③항은 절연유니언 형이며 플랜지형은 ──╂╂── 이다.

정답 49 ④　50 ①　51 ③　52 ③　53 ④　54 ④　55 ③　56 ③

57 다음 KS 배관 도시 기호 중 일반 밸브를 표시한 것은?

🔍 ① : 체크밸브
② : 안전밸브
③ : 수동 밸브

58 전자 밸브를 나타낸 도시 기호는?

🔍 ① : 일반 조작밸브
② : 전동밸브
③ : 안전밸브(추식)

59 다음 중 관의 유니언 연결의 도시 기호는?

🔍 ① : 턱걸이 이음
② : 납땜 이음
③ : 플랜지 이음
④ : 유니언 이음

60 공기 조화용 기기의 자동 팽창 밸브의 기호로 적합한 것은?

61 다음 중 송기관을 나타낸 도시 기호는?

🔍 ① : 송기관   ② : 복귀관
③ : 급탕관   ④ : 응축수관

62 파이프의 접속 상태 표시 중 파이프 A가 앞쪽으로 수직으로 구부러질 때는?

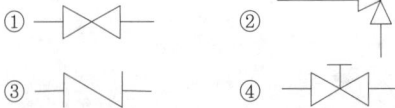

63 유체 문자 기호의 의미가 틀린 것은?

① 공기 - A   ② 가스 - G
③ 유류 - O   ④ 물 - S

🔍 물은 W 표시한다.

64 다음 중 수동 밸브의 표시 기호는?

🔍 ① : 슬루스 밸브
② : 앵글밸브
③ : 체크밸브
④ : 수동밸브

정답 57 ④ 58 ① 59 ④ 60 ④ 61 ① 62 ② 63 ④ 64 ④

65 다음 KS 배관 도시 기호 중 글로브 밸브 플랜지 이음을 표시한 것은?

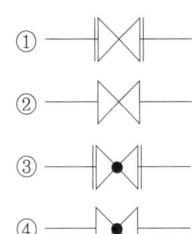

🔍 ① : 슬루스 밸브 플랜지 이음
② : 슬루스 밸브
③ : 글로브 밸브 플랜지 이음
④ : 글로브 밸브

66 접속해 있을 때의 관의 접속 상태 도시 기호는?

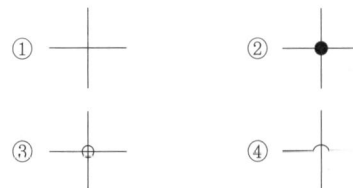

67 다음 중 파이프 이음을 도시한 것 중 틀린 것은?

① 일반형 ─┼─
② 플랜지형 ─┤├─
③ 턱걸이형 ─────┤
④ 유니언형 ─┤╫├─

68 다음 신축 조인트의 도면 기호 중 잘못된 것은?

① 루프형
② 스위블형
③ 플리브형
④ 벨로스형

🔍 ③항은 일반 콕을 나타낸다.

69 편심 줄이개의 나사 이음 도시 기호는?

70 다음 중 용접 이음용 안전 밸브는?

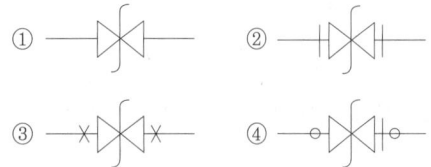

71 다음 중 공장 배관 도면의 종류에 들어 가지 않는 것은?

① 계통도
② PID
③ 관 장치도
④ 계략도

72 KS 배관 도시 기호에서 줄임 플랜지의 표시 방법은?

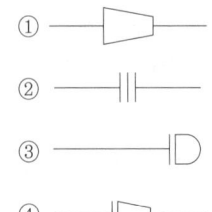

73 전개도를 그리는 방법으로 적당하지 않은 것은?

① 평행선을 그려서 전개하는 방법
② 사각형법으로 전개하는 방법
③ 방사선을 그려서 전개하는 방법
④ 삼각형을 그어서 실제 길이를 구하여 전개하는 방법

🔍 전개법에는 평행선 전개법, 방사선 전개법, 삼각형 전개법이 있다.

정답 65 ③ 66 ② 67 ③ 68 ④ 69 ② 70 ③ 71 ④ 72 ④ 73 ②

74 보조 투상도는 몇 각법으로 그려야 하는가?

① 제 1각법 ② 단면도법
③ 전개도법 ④ 제 3각법

🔍 보조 투상도는 보통 3각법을 많이 사용한다.

75 전개도법에서 원뿔의 전개에 가장 적합한 것은?

① 평행 전개법 ② 방사 전개법
③ 삼각 전개법 ④ 정다각형의 연속

🔍 각뿔이나 뿔면은 꼭지점을 중심으로 방사상으로 전개하는 방사 전개법을 이용한다.

76 전개도는 어느 경우에 많이 사용되는가?

① 판금 작업
② 기계 공작 작업
③ 구조 작업
④ 일반 작업

77 강관을 사용하여 동심 T 분기관을 전개법에 의해 제작하려 한다. 가장 적합한 전개 방식은?

① 삼각 전개법 ② 평행 전개법
③ 방사선 전개법 ④ 사다리 전개법

78 다음과 같은 원추 모양은 어떤 방법으로 전개하는 것이 가장 적당한가?

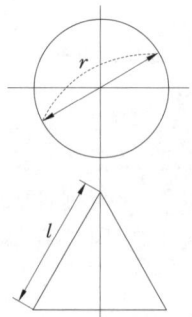

① 평행선법 ② 방사선법
③ 삼각형법 ④ 종합선법

🔍 각뿔이나 뿔면은 꼭지점을 중심으로 방사상으로 전개하는 방사 전개법을 이용한다.

79 다음과 같은 6각 기둥은 어떤 방법으로 전개하는 것이 가장 적당한가?

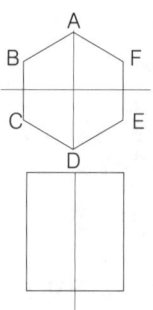

① 평행선법 ② 방사선법
③ 삼각형법 ④ 종합선법

🔍 능선이나 직선면소에 직각 방향으로 전개하는 평행선법을 많이 사용된다.

80 다음 형강의 표시법은 어느 것인가?

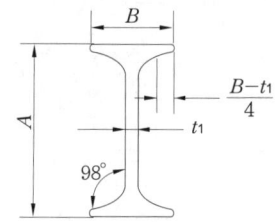

① I$A \times B \times t_1 \times$ 길이
② I길이 $\times t_1 \times A \times B$
③ I길이 $\times A \times B \times t_1$
④ I$A \times t_1 \times$ 길이 $\times B$

81 다음 중 리벳의 길이 표시 방법으로 옳은 것은?

① 머리 부분을 포함한 전체 길이
② 머리 부분을 제외한 길이
③ 머리 부분의 길이
④ 리벳 이음 후의 전체 길이

정답 74 ④ 75 ② 76 ① 77 ② 78 ② 79 ① 80 ① 81 ②

82 리벳 사용 목적에 의한 분류에서, 구조 리벳에 관한 설명에 해당되는 것은?

① 주로 강도를 목적으로 하는 리벳 이음으로 차량, 철교 등에 사용한다.
② 주로 수밀을 중요시하는 리벳 이음으로 저압 탱크 등에 사용한다.
③ 강도와 기밀을 모두 필요로 하는 리벳 이음으로 보일러, 고압 탱크 등에 사용한다.
④ 주로 기밀을 중요시 하는 리벳 이음으로 압력 용기 등에 사용한다.

정답 82 ①

CHAPTER 04

Craftsman Shielded Arc Welding

기출문제

01 용접 2014년 1회
02 용접 2014년 2회
03 용접 2014년 3회
04 용접 2014년 4회
05 용접 2015년 1회
06 용접 2015년 2회
07 용접 2015년 3회
08 용접 2015년 4회
09 용접 2016년 1회
10 용접 2016년 2회
11 용접 2016년 3회
12 특수용접 2014년 1회
13 특수용접 2014년 2회
14 특수용접 2014년 3회
15 특수용접 2014년 4회
16 특수용접 2015년 1회
17 특수용접 2015년 2회
18 특수용접 2015년 3회
19 특수용접 2015년 4회
20 특수용접 2016년 1회
21 특수용접 2016년 2회
22 특수용접 2016년 3회

2014년 1회 용접기능사

01 용접기 설치 및 보수할 때 지켜야 할 사항으로 옳은 것은?

① 셀렌 정류기형 직류아크 용접기에서는 습기나 먼지 등이 많은 곳에 설치해도 괜찮다.
② 조정핸들, 미끄럼 부분 등에는 주유해서는 안 된다.
③ 용접 케이블 등의 파손된 부분은 즉시 절연 테이프로 감아야 한다.
④ 냉각용 선풍기, 바퀴 등에도 주유해서는 안 된다.

> 습기나 먼지 등이 많은 곳을 피하며 가동 부분, 냉각팬을 점검하고 주유해야 한다.

02 서브머지드 아크 용접에서 다전극 방식에 의한 분류가 아닌 것은?

① 텐덤식　　② 횡병렬식
③ 횡직렬식　④ 이행형식

> 다전극 방식에는 텐덤식, 횡병렬식, 횡직렬식이 있다.

03 TIG 용접에서 직류 정극성으로 용접할 때 전극 선단의 각도로 가장 적합한 것은?

① 5~10°　　② 10~20°
③ 30~50°　④ 60~70°

> 직류 정극성은 아크열의 집중성이 좋아 용입이 깊어지므로 보통 전극 선단의 각도는 30~50° 되게 한다.

04 용접결함 중 구조상 결함이 아닌 것은?

① 슬래그 섞임　② 용입불량과 융합불량
③ 언더 컷　　　④ 피로강도 부족

> 피로강도 부족은 성질상의 결함이다.

05 화재 발생 시 사용하는 소화기에 대한 설명으로 틀린 것은?

① 전기로 인한 화재에는 포말소화기를 사용한다.
② 분말 소화기는 기름 화재에 적합하다.
③ CO_2 가스 소화기는 소규모의 인화성 액체 화재나 전기 설비 화재의 초기 진화에 좋다.
④ 보통화재에는 포말, 분말, CO_2 소화기를 사용한다.

06 필릿 용접부의 보수방법에 대한 설명으로 옳지 않은 것은?

① 간격이 1.5mm 이하일 때에는 그대로 용접하여도 좋다.
② 간격이 1.5~4.5mm일 때에는 넓혀진 만큼 각장을 감소시킬 필요가 있다.
③ 간격이 4.5mm일 때에는 라이너를 넣는다.
④ 간격이 4.5mm 이상일 때에는 300mm 정도의 치수로 판을 잘라낸 후 새로운 판으로 용접한다.

> 간격이 1.5~4.5mm일 때에는 그대로 용접하여도 좋으나 넓혀진 만큼 각장을 증가시킬 필요가 있다.

07 다음 그림과 같은 다층 용접법은?

① 빌드업법　　② 캐스케이드법
③ 전진 블록 법　④ 스킵법

> 캐스케이드법은 한 부분의 몇 층을 용접하다가 이것을 다음 부분의 층으로 연속시켜 전체가 계단형태의 단계를 이루도록 용착시켜 나가는 방법이다.

08 용접작업 시 작업자의 부주의로 발생하는 안염, 각막염, 백내장 등을 일으키는 원인은?

① 용접 흄 가스　　② 아크 불빛
③ 전격 재해　　　④ 용접 보호 가스

09 플라즈마 아크용접에 대한 설명으로 잘못된 것은?

① 아크 플라즈마의 온도는 10000~30000℃ 온도에 달한다.
② 핀치효과에 의해 전류밀도가 크므로 용입이 깊고 비드 폭이 좁다.
③ 무부하 전압이 일반 아크 용접기에 비하여 2~5배 정도 낮다.
④ 용접장치 중에 고주파 발생장치가 필요하다.

> 무부하 전압이 일반 아크 용접기의 2~5배 정도 높다.

10 전기저항 점 용접법에 대한 설명으로 틀린 것은?

① 인터랙 점 용접이란 용접점의 부분에 직접 2개의 전극을 물리지 않고 용접전류가 피용접물의 일부를 통하여 다른 곳으로 전달하는 방식이다.
② 단극식 점 용접이란 적극이 1쌍으로 1개의 점 용접부를 만드는 것이다.
③ 맥동 점 용접은 사이클 단위를 몇 번이고 전류를 연속하여 통전하는 것으로 용접 속도 향상 및 용접변형방지에 좋다.
④ 직렬식 점 용접이란 1개의 전류 회로에 2개 이상의 용접점을 만드는 방법으로 전류 손실이 많아 전류를 증가시켜야 한다.

11 이산화탄소 아크용접의 솔리드와이어 용접봉에 대한 설명으로 YGA-50W-1.2-20에서 "50"이 뜻하는 것은?

① 용접봉의 무게
② 용착금속의 최소 인장강도
③ 용접와이어
④ 가스실드 아크용접

12 다음 중 스터드 용접법의 종류가 아닌 것은?

① 아크 스터드 용접법
② 텅스텐 스터드 용접법
③ 충격 스터드 용접법
④ 저항 스터드 용접법

> 스터드 용접법은 아크 스터드, 충격 스터드, 저항 스터드 용접법으로 구분된다.

13 아크 용접부에 기공이 발생하는 원인과 가장 관련이 없는 것은?

① 이음 강도 설계가 부적당 할 때
② 용착부가 급랭될 때
③ 용접봉에 습기가 많을 때
④ 아크 길이, 전류 값 등이 부적당할 때

14 전자빔 용접의 종류 중 고전압 소전류형의 가속 전압은?

① 20~40kV
② 50~70kV
③ 70~150kV
④ 150~300kV

15 다음 중 TIG 용접기의 주요장치 및 기구가 아닌 것은?

① 보호가스 공급장치
② 와이어 공급장치
③ 냉각수 순환장치
④ 제어장치

> 와이어 공급장치는 불활성 가스 금속 용접의 주요장치이다.

16 용접부에 X선을 투과하였을 경우 검출할 수 있는 결함이 아닌 것은?

① 선상조직　　② 비금속 개재물
③ 언더컷　　　④ 용입불량

17 다층용접 방법 중 각 층마다 전체의 길이를 용접하면서 쌓아 올리는 용착법은?

① 전진 블록법
② 덧살 올림법
③ 캐스케이드법
④ 스킵법

> • 전진 블록법 : 한 개의 용접봉으로 살을 붙일만한 길이로 구분해 홈을 한 부분씩 여러 층으로 쌓아 올린 다음 다른 부분으로 진행하는 방법
> • 캐스케이드법 : 한 부분의 몇 층을 용접하다가 이것을 다음 부분의 층으로 연속시켜 전체가 계단 형태의 단계를 이루도록 용착시켜 나가는 방법
> • 스킵법 : 비석법으로 용접길이를 짧게 나누어 간격을 두면서 용접하는 방법

18 용접부의 시험검사에서 야금학적 시험 방법에 해당되지 않는 것은?

① 파면 시험
② 육안 조직 시험
③ 노치 취성 시험
④ 설퍼 프린트 시험

> 노치 취성 시험은 구조용 강의 용접성을 판정하는 것으로 샤르피 충격시험, 슈나트시험, 카안인열 시험 등이 있다.

19 구리와 아연을 주성분으로 한 합금으로 철강이나 비철금속의 납땜에 사용되는 것은?

① 황동납
② 인동납
③ 은납
④ 주석납

20 탄산가스 아크용접에 대한 설명으로 맞지 않는 것은?

① 가시 아크이므로 시공이 편리하다.
② 철 및 비철류의 용접에 적합하다.
③ 전류밀도가 높고 용입이 깊다.
④ 바람의 영향을 받으므로 풍속 2m/s 이상일 때는 방풍장치가 필요하다.

> 탄산가스 아크용접은 철 계통 용접에 적합하다.

21 MIG 용접 제어장치의 기능으로 크레이터 처리 기능에 의해 낮아진 전류가 서서히 줄어들면서 아크가 끊어지며 이면 용접부가 녹아내리는 것을 방지하는 것을 의미하는 것은?

① 예비 가스 유출시간
② 스타트 시간
③ 크레이터 충전 시간
④ 버언 백 시간

22 일반적으로 안전을 표시하는 색채 중 특정행위의 지시 및 사실의 고지 등을 나타내는 색은?

① 노란색
② 녹색
③ 파란색
④ 흰색

23 산소 프로판 가스 절단에서 프로판 가스 1에 대하여 얼마 비율의 산소를 필요로 하는가?

① 8
② 6
③ 4.5
④ 2.5

> • 산소 : 프로판 = 1 : 4.5
> • 산소 : 수소 = 1 : 0.5
> • 산소 : 아세틸렌 = 1 : 1.1

24 용접설계에 있어서 일반적인 주의사항 중 틀린 것은?

① 용접에 적합한 구조 설계를 할 것
② 용접 길이는 될 수 있는 대로 길게 할 것
③ 결함이 생기기 쉬운 용접 방법은 피할 것
④ 구조상의 노치부를 피할 것

> 용접 길이는 될 수 있는 대로 짧게 해야 한다.

25 가스용접에서 양호한 용접부를 얻기 위한 조건으로 틀린 것은?

① 모재 표면에 기름, 녹 등을 용접 전에 제거하여 결함을 방지하여야 한다.
② 용착 금속의 용입 상태가 불균일해야 한다.
③ 과열의 흔적이 없어야 하며, 용접부에 첨가된 금속의 성질이 양호해야 한다.
④ 슬래그, 기공 등의 결함이 없어야 한다.

26 직류 아크 용접에서 역극성의 특징으로 맞는 것은?

① 용입이 깊어 후판 용접에 사용된다.
② 박판, 주철, 고탄소강, 합금강 등에 사용된다.
③ 봉의 녹음이 느리다.
④ 비드 폭이 좁다.

> 역극성(DCRP) 특징
> • 용입이 얕고, 비드 폭이 넓다.
> • 용접봉의 녹음이 빠르다.
> • 박판, 주철, 고탄소강, 합금강, 비철 금속의 사용된다.

27 직류아크 용접기와 비교한 교류아크 용접기의 설명에 해당되는 것은?

① 아크의 안정성이 우수하다.
② 자기쏠림 현상이 있다.
③ 역률이 매우 양호하다.
④ 무부하 전압이 높다.

> 무부하 전압은 직류는 40~60V, 교류는 70~80V로 높다.

28 피복 아크 용접봉에서 피복 배합제인 아교는 무슨 역할을 하는가?

① 아크 안정제   ② 합금제
③ 탈산제   ④ 환원가스 발생제

29 피복금속 아크 용접봉은 습기의 영향으로 기공(blow hole)과 균열(crack)의 원인이 된다. 보통 용접봉(1)과 저수소계 용접봉(2)의 온도와 건조 시간은?(단, 보통 용접봉은 (1)로, 저수소계 용접봉은 (2)로 나타냈다)

① (1) 70~100℃ 30~60분, (2) 100~150℃ 1~2시간
② (1) 70~100℃ 2~3시간, (2) 100~150℃ 20~30분
③ (1) 70~100℃ 30~60분, (2) 300~350℃ 1~2시간
④ (1) 70~100℃ 2~3시간, (2) 300~350℃ 20~30분

30 가스가공에서 강재 표면의 홈, 탈탄층 등의 결함을 제거하기 위해 얇게 그리고 타원형 모양으로 표면을 깎아내는 가공법은?

① 가스 가우징   ② 분말 절단
③ 산소창 절단   ④ 스카핑

> 스카핑은 강재 표면의 홈, 탈탄층 등의 결함을 제거하기 위해 얇게 타원 모양으로 표면을 깎아내는 방법이다.

31 가스용접에서 가변압식(프랑스식) 팁(tip)의 능력을 나타내는 기준은?

① 1분에 소비하는 산소가스의 양
② 1분에 소비하는 아세틸렌가스의 양
③ 1시간에 소비하는 산소가스의 양
④ 1시간에 소비하는 아세틸렌가스의 양

> • 가변압식(프랑스식) : 1시간에 소비하는 아세틸렌가스 양
> • 불변압식(독일식) : 용접하는 강판의 두께를 나타낸다.

32 아크 쏠림은 직류아크 용접 중에 아크가 한쪽으로 쏠리는 현상을 말하는데 아크 쏠림 방지법이 아닌 것은?

① 접지점을 용접부에서 멀리한다.
② 아크 길이를 짧게 유지한다.
③ 가용접을 한 후 후퇴 용접법으로 용접한다.
④ 가용접을 한 후 전진법으로 용접한다.

> 가용접을 한 후 후진법으로 용접한다.

33 용접기의 가동 핸들로 1차 코일을 상하로 움직여 2차 코일의 간격을 변화시켜 전류를 조정하는 용접기로 맞는 것은?

① 가포화 리액터형
② 가동코어 리액터형
③ 가동 코일형
④ 가동 철심형

> 가동 코일형은 아크 안정도 높고 소음이 없으며 가격이 비싸 현재 사용이 거의 없다.

34 프로판 가스가 완전연소 하였을 때 설명으로 맞는 것은?

① 완전 연소하면 이산화탄소로 된다.
② 완전 연소하면 이산화탄소와 물이 된다.
③ 완전 연소하면 일산화탄소와 물이 된다.
④ 완전 연소하면 수소가 된다.

> $C_3H_8 + 5O_2 = 3CO_2 + 4H_2O$

35 아세틸렌가스가 산소와 반응하여 완전 연소할 때 생성되는 물질은?

① CO, H_2O
② $2CO_2, H_2O$
③ CO, H_2
④ CO_2, H_2

> $C_2H_2 + 2.5O_2 = 2CO_2 + H_2O$

36 가스용접 시 사용하는 용제에 대한 설명으로 틀린 것은?

① 용제의 융점은 모재의 융점보다 낮은 것이 좋다.
② 용제는 용융금속의 표면에 떠올라 용착금속의 성질을 양호하게 한다.
③ 용제는 용접 중에 생기는 금속의 산화물 또는 비금속개재물을 용해하여 용융온도가 높은 슬래그를 만든다.
④ 연강에는 용제를 일반적으로 사용하지 않는다.

37 용접법을 융접, 압접, 납땜으로 분류할 때 압접에 해당하는 것은?

① 피복아크 용접
② 전자 빔 용접
③ 테르밋 용접
④ 심 용접

> 압접 : 단접, 냉간 압접, 저항 용접(스폿, 심, 프로젝션, 플래시 맞대기, 업셋맞대기, 방전충격), 마찰용접, 유도가열용접, 초음파 용접, 가압 테르밋 용접 등

38 A는 병 전체 무게(빈병 + 아세틸렌가스)이고, B는 빈병의 무게이며, 또한 15℃ 1기압에서의 아세틸렌 가스 용적을 905 리터라고 할 때, 용해 아세틸렌가스의 양 C(리터)를 계산하는 식은?

① $C = 905(B - A)$
② $C = 905 + (B - A)$
③ $C = 905(A - B)$
④ $C = 905 + (A - B)$

39 내용적 40.7리터의 산소병에 150kgf/cm²의 압력이 게이지에 표시되었다면 산소병에 들어있는 산소량은 몇 리터인가?

① 3400
② 4055
③ 5055
④ 6105

> $40.7 \times 150 = 6105$

40 저 용융점 합금이 아닌 것은?

① 아연과 그 합금
② 금과 그 합금
③ 주석과 그 합금
④ 납과 그 합금

41 다음 중 알루미늄 합금(Alloy)의 종류가 아닌 것은?

① 실루민(silumin)
② Y 합금
③ 로엑스(Lo - Ex)
④ 인코넬(inconel)

> 인코넬은 니켈을 주체로 하여 15%의 크로뮴, 6~7%의 철, 2.5%의 타이타늄, 1% 이하의 알루미늄·망간·규소를 첨가한 내열합금이다.

42 철강에서 펄라이트 조직으로 구성되어 있는 강은?

① 경질강
② 공석강
③ 강인강
④ 고용체강

43 Ni-Cu계 합금에서 60~70% Ni 합금은?

① 모넬메탈(Monel-metal)
② 어드밴스(Advance)
③ 콘스탄탄(Constantan)
④ 알민(Almin)

> 모넬메탈은 Ni-Cu합금으로 내식성이 크고, 인장 강도가 연강에 비해서 낮지 않으므로 봉, 선, 단조물, 터빈 블레이드, 밸브 및 밸브 시트, 화학 공업용 용기 등으로 많이 사용된다.

44 가스 침탄법의 특징에 대한 설명으로 틀린 것은?

① 침탄온도, 기체혼합비 등의 조절로 균일한 침탄층을 얻을 수 있다.
② 열효율이 좋고 온도를 임의로 조절할 수 있다.
③ 대량 생산에 적합하다.
④ 침탄 후 직접 담금질이 불가능하다.

45 다음 중 풀림의 목적이 아닌 것은?

① 결정립을 조대화시켜 내부응력을 상승시킨다.
② 가공경화 현상을 해소시킨다.
③ 경도를 줄이고 조직을 연화시킨다.
④ 내부응력을 제거한다.

> 풀림은 재료를 일정한 온도로 가열 후 노내에서 냉각하여 내부 조직을 고르게 하고 응력을 제거하는 것으로 연화풀림, 응력제거풀림, 완전풀림 등이 있다.

46 18-8 스테인리스강의 조직으로 맞는 것은?

① 페라이트　　② 오스테나이트
③ 펄라이트　　④ 마텐자이트

47 주철의 편상 흑연 결함을 개선하기 위하여 마그네슘, 세륨, 칼슘 등을 첨가한 것으로 기계적 성질이 우수하여 자동차 주물 및 특수 기계의 부품용 재료에 사용되는 것은?

① 미하나이트 주철　　② 구상 흑연 주철
③ 칠드 주철　　④ 가단 주철

> 구상흑연주철은 주조한 채로 흑연이 구상(球狀)으로 되어 있는 주철로 주조할 때 용탕에 마그네슘, 칼슘 등을 첨가하고 조직 속의 흑연을 구상화한 것으로 보통 주철에 비해 강력하고 점성이 강하다.

48 특수 주강 중 주로 롤러 등으로 사용되는 것은?

① Ni 주강
② Ni-Cr 주강
③ Mn 주강
④ Mo 주강

49 탄소가 0.25%인 탄소강이 0~500℃의 온도 범위에서 일어나는 기계적 성질의 변화 중 온도가 상승함에 따라 증가되는 성질은?

① 항복점
② 탄성한계
③ 탄성계수
④ 연신율

50 용접할 때 예열과 후열이 필요한 재료는?

① 15mm 이하 연강판
② 중탄소강
③ 18℃일 때 18mm 연강판
④ 순철판

51 단면도의 표시방법에 관한 설명 중 틀린 것은?

① 단면을 표시할 때에는 해칭 또는 스머징을 한다.
② 인접한 단면의 해칭은 선의 방향 또는 각도를 변경하든지 그 간격을 변경하여 구별한다.
③ 절단했기 때문에 이해를 방해하는 것이나 절단하여도 의미가 없는 것은 원칙적으로 긴 쪽 방향으로는 절단하여 단면도를 표시하지 않는다.
④ 개스킷 같이 얇은 제품의 단면은 투상선을 한 개의 가는 실선으로 표시한다.

52 2종류 이상의 선이 같은 장소에서 중복될 경우 다음 중 가장 우선적으로 그려야할 선은?

① 중심선
② 숨은선
③ 무게 중심선
④ 치수 보조선

🔍 숨은선은 대상물이 보이지 않는 부분의 모양을 표시하는데 사용되며 가는 파선 또는 굵은 파선으로 나타낸다.

53 배관도에 사용된 밸브표시가 올바른 것은?

① 밸브 일반 :
② 게이트 밸브 :
③ 나비 밸브 :
④ 체크 밸브 :

🔍 ① : 게이트 밸브, ② : 글로브 밸브, ③ : 앵글 밸브

54 다음 중 일반 구조용 탄소 강관의 KS 재료 기호는?

① SPP
② SPS
③ SKH
④ STK

55 용접 보조기호 중 현장용접을 나타내는 기호는?

① 🚩
②
③
④

56 도면에 리벳의 호칭이 "KS B 1102 보일러용 둥근 머리 리벳 13 × 30 SV 400"로 표시된 경우 올바른 설명은?

① 리벳의 수량 13개
② 리벳의 길이 30mm
③ 최대 인장강도 400kPa
④ 리벳의 호칭 지름 30mm

🔍 지름 : 13mm, 길이 : 30mm, SV 400 : 재료

57 전개도는 대상물을 구성하는 면을 평면 위에 전개한 그림을 의미하는데, 원기둥이나 각기둥의 전개에 가장 적합한 전개도법은?

① 평행선 전개도법
② 방사선 전개도법
③ 삼각형 전개도법
④ 사각형 전개도법

58 그림과 같은 정면도와 우측면도에 가장 적합한 평면도는?

(정면도) (우측면도)

①

②

③

④

59 그림은 투상법의 기호이다. 몇 각법을 나타내는 기호인가?

① 제1각법
② 제2각법
③ 제3각법
④ 제4각법

🔍 3각법은 눈 – 투상면 – 물체로 투상도를 얻는 원리이다.

60 기계제도에서 도면에 치수를 기입하는 방법에 대한 설명으로 틀린 것은?

① 길이는 원칙으로 mm의 단위로 기입하고, 단위 기호는 붙이지 않는다.
② 치수의 자릿수가 많을 경우 세 자리마다 콤마를 붙인다.
③ 관련 치수는 되도록 한 곳에 모아서 기입한다.
④ 치수는 되도록 주 투상도에 집중하여 기입한다.

정답 용접기능사 2014년 1회				
01 ③	02 ④	03 ③	04 ④	05 ①
06 ②	07 ②	08 ②	09 ③	10 ③
11 ②	12 ②	13 ①	14 ②	15 ②
16 ①	17 ②	18 ③	19 ①	20 ②
21 ④	22 ③	23 ③	24 ②	25 ②
26 ②	27 ④	28 ④	29 ③	30 ④
31 ④	32 ④	33 ③	34 ②	35 ②
36 ③	37 ④	38 ③	39 ④	40 ②
41 ④	42 ②	43 ①	44 ④	45 ①
46 ②	47 ②	48 ③	49 ④	50 ②
51 ④	52 ②	53 ④	54 ④	55 ①
56 ②	57 ①	58 ③	59 ③	60 ②

2014년 2회 용접기능사

01 다음 [보기]와 같은 용착법은?

① 대칭법　　　　② 전진법
③ 후진법　　　　④ 스킵법

> 스킵법은 비석법으로 용접 길이를 짧게 나누어 간격을 두면서 용접하는 방법으로 피용접물 전체에 변형이나 잔류 응력이 적게 발생하도록 하는 용착법이다.

02 가연성가스로 스파크 등에 의한 화재에 대하여 가장 주의해야 할 가스는?

① C_3H_8　　　　② CO_2
③ He　　　　　　④ O_2

> 프로판은 가연성 가스이므로 화재에 주의해야 한다.

03 서브머지드 아크 용접기에서 다전극 방식에 의한 분류에 속하지 않는 것은?

① 푸시 풀식　　　② 텐덤식
③ 횡병렬식　　　④ 횡직렬식

> 다전극 방식에는 텐덤식, 횡병렬식, 횡직렬식이 있다.

04 용접기의 구비조건에 해당되는 사항으로 옳은 것은?

① 사용 중 용접기 온도 상승이 커야 한다.
② 용접 중 단락되었을 경우 대전류가 흘러야 된다.
③ 소비전력이 큰 역률이 좋은 용접기를 구비한다.
④ 무부하 전압을 최소로 하여 전격기의 위험을 줄인다.

> 아크 발생이 잘 되도록 무부하 전압이 유지되어야 한다.(교류 70~80V, 직류 40~60V)

05 CO_2 가스 아크 용접장치 중 용접전원에서 박판 아크 전압을 구하는 식은?(단, I는 용접 전류의 값이다.)

① $V = 0.04 \times I + 15.5 \pm 1.5$
② $V = 0.004 \times I + 155.5 \pm 11.5$
③ $V = 0.05 \times I + 11.5 \pm 2$
④ $V = 0.005 \times I + 111.5 \pm 2$

06 이산화탄소의 특징이 아닌 것은?

① 색, 냄새가 없다.
② 공기보다 가볍다.
③ 상온에서도 쉽게 액화한다.
④ 대기 중에서 기체로 존재한다.

> 이산화탄소는 공기보다 무겁다.

07 용접 전류가 낮거나, 운봉 및 유지 각도가 불량할 때 발생하는 용접 결함은?

① 용락
② 언더컷
③ 오버랩
④ 선상조직

> 오버랩은 전류가 낮거나, 용접봉 선택 불량일 때 발생하며 방지 대책으로 적정 전류, 적정 봉을 선택하고 수평 필릿의 경우 봉의 각도를 잘 선택한다.

08 CO_2 가스 아크 용접에서 일반적으로 용접전류를 높게 할 때의 사항을 열거한 것 중 옳은 것은?

① 용접입열이 작아진다.
② 와이어의 녹아내림이 빨라진다.
③ 용착율과 용입이 감소한다.
④ 우수한 비드 형상을 얻을 수 있다.

09 용접부의 검사법 중 기계적 시험이 아닌 것은?

① 인장시험   ② 부식시험
③ 굽힘시험   ④ 피로시험

- 기계적 시험 : 인장, 굽힘, 경도, 충격, 피로 시험
- 화학적 시험 : 화학 분석, 부식, 함유 수소시험

10 주성분이 은, 구리, 아연의 합금인 경납으로 인장강도, 전연성 등의 성질이 우수하여 구리, 구리합금, 철강, 스테인리스강 등에 사용되는 납재는?

① 양은납   ② 알루미늄납
③ 은납   ④ 내열납

11 용접 이음을 설계할 때 주의 사항으로 틀린 것은?

① 구조상의 노치부를 피한다.
② 용접 구조물의 특성 문제를 고려한다.
③ 맞대기 용접보다 필릿 용접을 많이 하도록 한다.
④ 용접성을 고려한 사용 재료의 선정 및 열 영향 문제를 고려한다.

- 강도가 약한 필릿 용접은 가급적 피해야 한다.

12 불활성 아크 용접에 관한 설명으로 틀린 것은?

① 아크가 안정되어 스패터가 적다.
② 피복제나 용제가 필요하다.
③ 열 집중성이 좋아 능률적이다.
④ 철 및 비철 금속의 용접이 가능하다.

- 피복제, 용제가 필요없다.

13 용접 후 인장 또는 굴곡시험으로 파단 시켰을 때 은점을 발견할 수 있는데 이 은점을 없애는 방법은?

① 수소 함유량이 많은 용접봉을 사용한다.
② 용접 후 실온으로 수개월 간 방치한다.
③ 용접부를 염산으로 세척한다.
④ 용접부를 망치로 두드린다.

14 가스 중에서 최소의 밀도로 가장 가볍고 확산속도가 빠르며, 열전도가 가장 큰 가스는?

① 수소   ② 메탄
③ 프로판   ④ 부탄

- 수소는 가장 가볍고 확산속도가 빠르다.

15 초음파 탐상법에서 널리 사용되며 초음파의 펄스를 시험체의 한쪽 면으로부터 송신하여 결함에코의 형태로 결함을 판정하는 방법은?

① 투과법
② 공진법
③ 침투법
④ 펄스 반사법

- 투과법 : 시험체 속에 초음파의 펄스 또는 연속파를 투과하고 뒷면에서 이를 수신하여 결함으로 인한 초음파의 장해 및 쇠약정도를 조사한다.
- 공진법 : 시험체의 두께에 따라 어떤 특정 주파수일 때 시험체 속에 초음파의 정상파가 생겨 공진하므로 그 상황을 근거로 라미네이션을 검출할 수 있다.

16 전기 저항 점용접 작업 시 용접기에서 조정할 수 있는 3대 요소에 해당하지 않는 것은?

① 용접 전류   ② 전극 가압력
③ 용접 전압   ④ 통전 시간

- 3대 요소 : 전류, 통전시간, 전극 가압력

17 다음 중 비용극식 불활성 가스 아크 용접은?

① GMAW   ② GTAW
③ MMAW   ④ SMAW

18 알루미늄 분말과 산화철 분말을 1:3의 비율로 혼합하고, 점화제로 점화하면 일어나는 화학반응은?

① 테르밋반응   ② 용융반응
③ 포정반응   ④ 공석반응

19 불활성가스 금속 아크 용접에서 가스 공급계통의 확인 순서로 가장 적합한 것은?

① 용기 → 감압밸브 → 유량계 → 제어장치 → 용접 토치
② 용기 → 유량계 → 감압밸브 → 제어장치 → 용접 토치
③ 감압밸브 → 용기 → 유량계 → 제어장치 → 용접 토치
④ 용기 → 제어장치 → 감압밸브 → 유량계 → 용접 토치

20 용접을 크게 분류할 때 압접에 해당 되지 않는 것은?

① 저항용접 ② 초음파용접
③ 마찰용접 ④ 전자빔용접

🔍 압접 : 단접, 냉간 압접, 저항 용접(스폿, 심, 프로젝션, 플래시 맞대기, 업셋맞대기, 방전충격), 마찰용접, 유도가열용접, 초음파 용접, 가압 테르밋 용접 등

21 용접 현장에서 지켜야 할 안전 사항 중 잘못 설명한 것은?

① 탱크 내에서는 혼자 작업한다.
② 인화성 물체 부근에서는 작업을 하지 않는다.
③ 좁은 장소에서의 작업 시는 통풍을 실시한다.
④ 부득이 가연성 물체 가까이서 작업 시는 화재발생 예방조치를 한다.

🔍 탱크 내에서는 2인 1조로 작업을 진행해야 한다.

22 용접 시 냉각속도에 관한 설명 중 틀린 것은?

① 예열을 하면 냉각속도가 완만하게 된다.
② 얇은 판보다는 두꺼운 판이 냉각속도가 크다.
③ 알루미늄이나 구리는 연강보다 냉각속도가 느리다.
④ 맞대기 이음보다는 T형 이음이 냉각속도가 크다.

🔍 알루미늄이나 구리는 연강보다 냉각속도가 빠르다.

23 수소함유량이 타 용접봉에 비해서 1/10정도 현저하게 적고 특히 균열의 감소성이나 탄소, 황의 함유량이 많은 강의 용접에 적합한 용접봉은?

① E4301 ② E4313
③ E4316 ④ E4324

🔍 E4316은 저수소계로 피복제 중에 석회석이나 형석을 주성분으로 사용한 것이다.

24 다음 중 아크에어 가우징에 사용되지 않는 것은?

① 가우징 토치 ② 가우징봉
③ 압축공기 ④ 열교환기

🔍 아크에어 가우징은 탄소 아크 절단에 압축 공기를 병용하여 전극 홀더의 구멍에서 탄소 전극봉에 나란히 분출하는 고속 공기를 분출시켜 용융 금속을 불어 내어 홈을 파는 방법이다.

25 다음 중 주철 용접 시 주의사항으로 틀린 것은?

① 용접봉은 가능한 한 지름이 굵은 용접봉을 사용한다.
② 보수 용접을 행하는 경우는 결함부분을 완전히 제거한 후 용접한다.
③ 균열의 보수는 균열의 성장을 방지하기 위해 균열의 양 끝에 정지 구멍을 뚫는다.
④ 용접 전류는 필요 이상 높이지 말고 직선비드를 배치하며, 지나치게 용입을 깊게 하지 않는다.

🔍 용접봉은 가능한 한 지름이 가는 용접봉을 사용한다.

26 가스용접용 토치의 팁 중 표준불꽃으로 1시간 용접 시 아세틸렌 소모량이 100L인 것은?

① 고압식 200번 팁
② 중압식 200번 팁
③ 가변압식 100번 팁
④ 불변압식 100번 팁

🔍 가변압식은 1시간 용접 시 아세틸렌 가스소모량으로 나타낸다.

27 고체 상태에 있는 두 개의 금속 재료를 융접, 압접, 납땜으로 분류하여 접합하는 방법은?

① 기계적인 접합법　② 화학적 접합법
③ 전기적 접합법　④ 야금적 접합법

28 헬멧이나 핸드실드의 차광유리 앞에 보호유리를 끼우는 가장 타당한 이유는?

① 시력을 보호하기 위하여
② 가시광선을 차단하기 위하여
③ 적외선을 차단하기 위하여
④ 차광유리를 보호하기 위하여

29 직류 아크용접기의 음(-)극에 용접봉을, 양(+)극에 모재를 연결한 상태의 극성을 무엇이라 하는가?

① 직류정극성　② 직류역극성
③ 직류음극성　④ 직류용극성

🔍 직류정극성(DCSP)은 모재 용입이 깊고, 용접봉 녹음이 느리며 비드폭이 좁다.

30 수동 가스절단 작업 중 절단면의 윗 모서리가 녹아 둥글게 되는 현상이 생기는 원인과 거리가 먼 것은?

① 팁과 강판사이의 거리가 가까울 때
② 절단가스의 순도가 높을 때
③ 예열불꽃이 너무 강할 때
④ 절단속도가 너무 느릴 때

31 교류아크 용접기의 종류 중 조작이 간단하고 원격 조정이 가능한 용접기는?

① 가포화 리액터형 용접기
② 가동 코일형 용접기
③ 가동 철심형 용접기
④ 탭 전환형 용접기

🔍 가포화 리액터형은 가변 저항의 변화로 용접 전류를 조정하고 조작이 간단하며 원격제어가 된다.

32 가연성 가스에 대한 설명 중 가장 옳은 것은?

① 가연성 가스는 CO_2와 혼합하면 더욱 잘 탄다.
② 가연성 가스는 혼합 공기가 적은 만큼 완전 연소한다.
③ 산소, 공기 등과 같이 스스로 연소하는 가스를 말한다.
④ 가연성 가스는 혼합한 공기와의 비율이 적절한 범위 안에서 잘 연소한다.

33 수중 절단 작업을 할 때에는 예열 가스의 양을 공기 중의 몇 배로 하는가?

① 0.5~1배
② 1.5~2배
③ 4~8배
④ 9~16배

34 아크 용접기의 구비조건으로 틀린 것은?

① 구조 및 취급이 간단해야 한다.
② 사용 중에 온도 상승이 커야 한다.
③ 전류 조정이 용이하고, 일정한 전류가 흘러야 한다.
④ 아크 발생 및 유지가 용이하고 아크가 안정 되어야 한다.

🔍 사용 중에 온도 상승이 작아야 한다.

35 철강을 가스절단 하려고 할 때 절단조건으로 틀린 것은?

① 슬래그의 이탈이 양호하여야 한다.
② 모재에 연소되지 않은 물질이 적어야 한다.
③ 생성된 산화물의 유동성이 좋아야 한다.
④ 생성된 금속 산화물의 용융온도는 모재의 용융점보다 높아야 한다.

🔍 생성된 금속 산화물의 용융온도는 모재의 용융점보다 작아야 한다.

36 아크용접에서 피복제의 역할이 아닌 것은?

① 전기 절연작용을 한다.
② 용착금속의 응고와 냉각속도를 빠르게 한다.
③ 용착금속에 적당한 합금원소를 첨가한다.
④ 용적(globule)을 미세화하고, 용착효율을 높인다.

> 용착금속의 냉각속도를 느리게 하여 급랭을 방지한다.

37 직류용접에서 발생되는 아크 쏠림의 방지 대책 중 틀린 것은?

① 큰 가접부 또는 이미 용접이 끝난 용착부를 향하여 용접할 것
② 용접부가 긴 경우 후퇴 용접법(back step welding)으로 할 것
③ 용접봉 끝을 아크가 쏠리는 방향으로 기울일 것
④ 되도록 아크를 짧게 하여 사용할 것

> 용접봉 끝을 아크 쏠리는 방향의 반대 방향으로 기울여야 한다.

38 산소-아세틸렌가스 불꽃 중 일반적인 가스용접에는 사용하지 않고 구리, 황동 등의 용접에 주로 이용되는 불꽃은?

① 탄화 불꽃
② 중성 불꽃
③ 산화 불꽃
④ 아세틸렌 불꽃

39 두 개의 모재를 강하게 맞대어 놓고 서로 상대 운동을 주어 발생되는 열을 이용하는 방식은?

① 마찰 용접   ② 냉간 압접
③ 가스 압접   ④ 초음파 용접

40 18-8형 스테인리스강의 특징을 설명한 것 중 틀린 것은?

① 비자성체이다.
② 18-8에서 18은 Cr%, 8은 Ni%이다.
③ 결정구조는 면심입방격자를 갖는다.
④ 500~800℃로 가열하면 탄화물이 입계에 석출하지 않는다.

> 층간 온도가 320℃ 이상을 넘어서는 안된다.

41 용접금속의 용융부에서 응고 과정의 순서로 옳은 것은?

① 결정핵 생성 → 수지상정 → 결정경계
② 결정핵 생성 → 결정경계 → 수지상정
③ 수지상정 → 결정핵 생성 → 결정경계
④ 수지상정 → 결정경계 → 결정핵 생성

42 질량의 대소에 따라 담금질 효과가 다른 현상을 질량효과라고 한다. 탄소강에 니켈, 크롬, 망간 등을 첨가하면 질량효과는 어떻게 변하는가?

① 질량효과가 커진다.
② 질량효과가 작아진다.
③ 질량효과는 변하지 않는다.
④ 질량효과가 작아지다가 커진다.

43 Mg(마그네슘)의 융점은 약 몇 ℃인가?

① 650℃
② 1538℃
③ 1670℃
④ 3600℃

> - 철 : 1,535℃
> - 텅스텐 : 3,400℃
> - 몰리브덴 : 2,620℃
> - 지르코늄 : 1,900℃

44 주철에 관한 설명으로 틀린 것은?

① 인장강도가 압축강도보다 크다.
② 주철은 백주철, 반주철, 회주철 등으로 나눈다.
③ 주철은 메짐(취성)이 연강보다 크다.
④ 흑연은 인장강도를 약하게 한다.

45 강재 부품에 내마모성이 좋은 금속을 용착시켜 경질의 표면층을 얻는 방법은?

① 브레이징(brazing)
② 숏 피닝(shot peening)
③ 하드 페이싱(hard facing)
④ 질화법(nitriding)

> 하드 페이싱은 금속 재료의 표면을 마모(磨耗)나 부식으로부터 방지하기 위하여 표면에 각종 합금층을 만드는 것을 말한다.

46 용해 시 흡수한 산소를 인(P)으로 탈산하여 산소를 0.01% 이하로 한 것이며, 고온에서 수소 취성이 없고 용접성이 좋아 가스관, 열교환관 등으로 사용되는 구리는?

① 탈산구리
② 정련구리
③ 전기구리
④ 무산소구리

> 탈산 구리는 구리 속에 함유되는 산소의 양을 특히 낮게한 구리로 일반적으로 구리지금(地金) 속의 산소량은 0.03~0.05%인데 0.02% 이하인 것을 탈산구리, 0.01% 이하인 것을 저산소구리, 0.001% 이하인 것을 무산소구리라 한다.

47 저합금강 중에서 연강에 비하여 고장력강의 사용 목적으로 틀린 것은?

① 재료가 절약된다.
② 구조물이 무거워진다.
③ 용접공수가 절감된다.
④ 내식성이 향상된다.

48 다음 중 주조상태의 주강품 조직이 거칠고 취약하기 때문에 반드시 실시해야 하는 열처리는?

① 침탄
② 풀림
③ 질화
④ 금속침투

> 풀림은 재료를 일정한 온도로 가열 후 노에서 냉각하여 내부 조직을 고르게 하고 응력을 제거하는 것으로 연화풀림, 응력제거풀림, 완전풀림 등이 있다.

49 합금강이 탄소강에 비하여 좋은 성질이 아닌 것은?

① 기계적 성질 향상
② 결정입자의 조대화
③ 내식성, 내마멸성 향상
④ 고온에서 기계적 성질 저하방지

50 산소나 탈산제를 품지 않으며, 유리에 대한 봉착성이 좋고 수소취성이 없는 시판동은?

① 무산소동
② 전기동
③ 전련동
④ 탈산동

> 구리 중에 산소가 있으면 수소와의 반응으로 물을 생성하여 수소 취성을 일으키며, 또한 내식성도 나쁘기 때문에 산소를 제거한다.

51 도면에 "KS b 1101 둥근 머리 리벳 25 × 36 SWRM 10"와 같이 리벳이 표시되었을 경우 올바른 설명은?

① 호칭 지름은 25mm이다.
② 리벳이음의 피치는 400mm이다.
③ 리벳의 재질은 황동이다.
④ 둥근머리부의 바깥지름은 36mm이다.

52 기계제도 도면에서 "t120"이라는 치수가 있을 경우 "t"가 의미하는 것은?

① 모떼기
② 재료의 두께
③ 구의 지름
④ 정사각형의 변

> • 구의 지름 : SØ
> • 구의 반지름 : SR
> • 정사각형 변 : �口
> • 45도 모떼기 : C

53 도면에서의 지시한 용접법으로 바르게 짝지어진 것은?

① 이면 용접, 필릿 용접
② 겹치기 용접, 플러그 용접
③ 평형 맞대기 용접, 필릿 용접
④ 심 용접, 겹치기 용접

54 그림은 배관용 밸브의 도시 기호이다. 어떤 밸브의 도시 기호인가?

① 앵글 밸브　　② 체크 밸브
③ 게이트 밸브　④ 안전 밸브

🔍 체크 밸브는 역류 방지 밸브이다.

55 배관용 아크 용접 탄소강 강관의 KS 기호는?

① PW　　② WM
③ SCW　④ SPW

56 기계 제작 부품 도면에서 도면의 윤곽선 오른쪽 아래 구석에 위치하는 표제란을 가장 올바르게 설명한 것은?

① 품번, 품명, 재질, 주서 등을 기재한다.
② 제작에 필요한 기술적인 사항을 기재한다.
③ 제조 공정별 처리방법, 사용공구 등을 기재한다.
④ 도번, 도명, 제도 및 검도 등 관련자 서명, 척도 등을 기재한다.

> 표제란은 도면관리에 필요한 사항과 도면내용에 관한 중요한 사항을 정리하여 기입하는데, 도면번호, 도면명칭, 도면작성 연월일, 척도, 투상법, 제도자, 설계자, 공사명 등을 기입한다.

57 그림과 같이 제3각법으로 정면도와 우측면도를 작도할 때 누락된 평면도로 적합한 것은?

①

②

③

④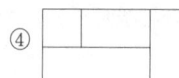

58 그림과 같은 원추를 전개하였을 경우 전개면의 꼭지각이 180°가 되려면 ØD의 치수는 얼마가 되어야 하는가?

① Ø100　　② Ø120
③ Ø180　　④ Ø200

59 단면을 나타내는 해칭선의 방향이 가장 적합하지 않은 것은?

 ①
 ②
 ③
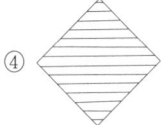 ④

60 기계제도에서 사용하는 선의 굵기 기준이 아닌 것은?

① 0.9mm ② 0.25mm
③ 0.18mm ④ 0.7mm

🔍 선 굵기의 기준은 0.18, 0.25, 0.35, 0.5, 0.7, 1.0mm로 한다.

정답 용접기능사 2014년 2회

01 ④	02 ①	03 ①	04 ④	05 ①
06 ②	07 ③	08 ②	09 ②	10 ③
11 ③	12 ②	13 ②	14 ①	15 ④
16 ③	17 ②	18 ①	19 ③	20 ④
21 ①	22 ③	23 ③	24 ④	25 ①
26 ③	27 ④	28 ④	29 ①	30 ②
31 ①	32 ②	33 ③	34 ②	35 ④
36 ②	37 ②	38 ③	39 ①	40 ④
41 ①	42 ②	43 ②	44 ①	45 ③
46 ①	47 ②	48 ②	49 ①	50 ①
51 ①	52 ②	53 ③	54 ②	55 ④
56 ④	57 ②	58 ④	59 ③	60 ①

2014년 3회 용접기능사

01 납땜시 강한 접합을 위한 틈새는 어느 정도가 가장 적당한가?
① 0.02~0.10 mm
② 0.20~0.30 mm
③ 0.30~0.40 mm
④ 0.40~0.50 mm

02 다음 중 맞대기 저항 용접의 종류가 아닌 것은?
① 업셋 용접
② 프로젝션 용접
③ 퍼커션 용접
④ 플래시 비트 용접

> 겹치기 용접 : 스폿, 심, 프로젝션 용접 등

03 MIG 용접에서 가장 많이 사용되는 용적 이행 형태는?
① 단락 이행
② 스프레이 이행
③ 입상 이행
④ 글로뷸러 이행

> 스프레이형(분무형)은 스패터가 거의 없고 용착 속도가 빠르고 용입이 깊기 때문에 가장 많이 사용된다.

04 다음 중 용접부의 검사방법에 있어 비파괴 검사법이 아닌 것은?
① X선 투과 시험
② 형광침투 시험
③ 피로시험
④ 초음파 시험

> 피로 시험은 파괴시험 중 기계적 시험이다.

05 CO_2 가스 아크 용접에서 솔리드 와이어에 비교한 복합 와이어의 특징을 설명한 것으로 틀린 것은?
① 양호한 용착금속을 얻을 수 있다.
② 스패터가 많다.
③ 아크가 안정된다.
④ 비드 외관이 깨끗하며 아름답다.

> 복합와이어는 용제에 탈산제, 아크 안정제 등 합금 원소가 포함되어 있어 아크도 안정되어 스패터가 적고 비드 외관이 깨끗하며 아름답다.

06 다음 용접법 중 저항용접이 아닌 것은?
① 스폿용접
② 심용접
③ 프로젝션용접
④ 스터드 용접

> 스터드 용접은 아크 용접에 속한다.

07 아크 용접의 재해라 볼 수 없는 것은?
① 아크 광선에 의한 전안염
② 스패터 비산으로 인한 화상
③ 역화로 인한 화재
④ 전격에 의한 감전

08 다음 중 전자 빔 용접의 장점과 거리가 먼 것은?
① 고진공 속에서 용접을 하므로 대기와 반응하기 쉬운 활성 재료도 용이하게 용접된다.
② 두꺼운 판의 용접이 불가능하다.
③ 용접을 정밀하고 정확하게 할 수 있다.
④ 에너지 집중이 가능하기 때문에 고속으로 용접이 된다.

> 두꺼운 판의 용접에도 가능하다.

09 대상물에 감마선(γ-선), 엑스선(X-선)을 투과시켜 필름에 나타나는 상으로 결함을 판별하는 비파괴 검사법은?

① 초음파 탐상 검사
② 침투 탐상 검사
③ 와전류 탐상 검사
④ 방사선 투과 검사

> 방사선 투과 검사는 감마선, 엑스선을 투과시켜 필름에 나타나는 상으로 결함을 판별하는 방법으로 가장 많이 사용된다.

10 다음 그림 중에서 용접 열량의 냉각속도가 가장 큰 것은?

 ① ②

 ③ ④

11 MIG 용접의 용적이행 중 단락 아크용접에 관한 설명으로 맞는 것은?

① 용적이 안정된 스프레이형태로 용접된다.
② 고주파 및 저전류 펄스를 활용한 용접이다.
③ 임계전류이상의 용접 전류에서 많이 적용된다.
④ 저전류, 저전압에서 나타나며 박판용접에 사용된다.

12 용접결함 중 내부에 생기는 결함은?

① 언더컷
② 오버랩
③ 크레이터 균열
④ 기공

> 기공은 용접 분위기 가운데 수소 또는 일산화탄소의 과잉, 모재 가운데 유황 함유량 과대, 아크 길이, 전류 조작의 부적당, 용접 속도가 빠를 때 발생되는 내부 결함이다.

13 다음 중 불활성 가스 텅스텐 아크 용접에서 중간 형태의 용입과 비드 폭을 얻을 수 있으며, 청정 효과가 있어 알루미늄이나 마그네슘 등의 용접에 사용되는 전원은?

① 직류 정극성
② 직류 역극성
③ 고주파 교류
④ 교류 전원

14 용접용 용제는 성분에 의해 용접 작업성, 용착 금속의 성질이 크게 변화하는데 다음 중 원료와 제조방법에 따른 서브머지드 아크 용접의 용접용 용제에 속하지 않는 것은?

① 고온 소결형 용제
② 저온 소결형 용제
③ 용융형 용제
④ 스프레이형 용제

> 입자 상태의 광물성 물질로 용융형, 소결형 용제로 나누고, 소결형 용제는 제조 온도에 따라 고온 소결형, 저온 소결형으로 분류한다.

15 용접시 발생하는 변형을 적게 하기 위하여 구속하고 용접하였다면 잔류응력은 어떻게 되는가?

① 잔류응력이 작게 발생한다.
② 잔류응력이 크게 발생한다.
③ 잔류응력은 변함없다.
④ 잔류응력과 구속용접과는 관계없다.

16 용접결함 중 균열의 보수방법으로 가장 옳은 방법은?

① 작은 지름의 용접봉으로 재용접한다.
② 굵은 지름의 용접봉으로 재용접한다.
③ 전류를 높게 하여 재용접한다.
④ 정지구멍을 뚫어 균열부분은 홈을 판 후 재용접한다.

17 안전 · 보건 표지의 색채, 색도기준 및 용도에서 문자 및 빨간색 또는 노란색에 대한 보조색으로 사용되는 색채는?

① 파란색
② 녹색
③ 흰색
④ 검은색

18 감전의 위험으로부터 용접 작업자를 보호하기 위해 교류 용접기에 설치하는 것은?

① 고주파 발생 장치
② 전격 방지 장치
③ 원격 제어 장치
④ 시간 제어 장치

> 무부하 전압 70~80V 정도로 비교적 높아 감전 위험이 있어 용접사를 보호하기 위해 전격 방지장치를 부착한다.

19 산화하기 쉬운 알루미늄을 용접할 경우에 가장 적합한 용접법은?

① 서브머지드 아크용접
② 불활성가스 아크용접
③ CO_2 아크용접
④ 피복아크 용접

20 용접 홈의 형식 중 두꺼운 판의 양면 용접을 할 수 없는 경우에 가공하는 방법으로 한쪽 용접에 의해 충분한 용입을 얻으려고 할 때 사용되는 홈은?

① I형 홈 ② V형 홈
③ U형 홈 ④ H형 홈

> U형 홈은 V형에 비해 홈 폭이 좁아도 되고, 루트 간격을 0으로 해도 작업성과 용입이 좋으며 용착 금속 양도 적으나 홈가공이 다소 어려운 단점이 있다.

21 금속산화물이 알루미늄에 의하여 산소를 빼앗기는 반응에 의해 생성되는 열을 이용하여 금속을 접합시키는 용접법은?

① 스터드 용접
② 테르밋 용접
③ 원자수소 용접
④ 일렉트로슬래그 용접

> 테르밋 용접은 테르밋 반응에 의해 생성되는 열을 이용하여 금속을 용접하는 방법이다.

22 아래 [그림]과 같이 각 층마다 전체의 길이를 용접하면서 쌓아 올리는 가장 일반적인 방법으로 주로 사용하는 용착법은?

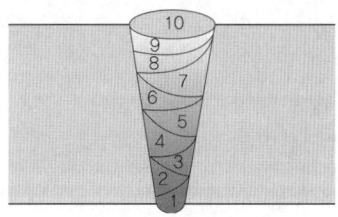

① 교호법
② 덧살 올림법
③ 캐스케이드법
④ 전진 블록법

> 덧살 올림법은 각 층 마다 전체 길이를 용접하면서 쌓아 올리는 방법으로 가장 일반적인 방법이다.

23 용접에 의한 이음을 리벳이음과 비교했을 때, 용접이음의 장점이 아닌 것은?

① 이음구조가 간단하다.
② 판 두께에 제한을 거의 받지 않는다.
③ 용접 모재의 재질에 대한 영향이 작다.
④ 기밀성과 수밀성을 얻을 수 있다.

> 용접 모재의 재질에 대한 영향이 크다.

24 피복 아크 용접 회로의 순서가 올바르게 연결된 것은?

① 용접기 – 전극케이블 – 용접봉 홀더 – 피복 아크 용접봉 – 아크 – 모재 – 접지케이블
② 용접기 – 용접봉 홀더 – 전극케이블 – 모재 – 아크 – 피복아크 용접봉 – 접지케이블
③ 용접기 – 피복아크용접봉 – 아크 – 모재 – 접지케이블 – 전극케이블 – 용접봉 홀더
④ 용접기 – 전극 케이블 – 접지케이블 – 용접봉 홀더 – 피복아크 용접봉 – 아크 – 모재

25 연강용 가스 용접봉의 용착금속의 기계적 성질 중 시험편의 처리에서 "용접한 그대로 응력을 제거하지 않은 것"을 나타내는 기호는?

① NSR　　　② SR
③ GA　　　　④ GB

- GA, GB : 가스 용접봉의 재질에 따른 종류
- NSR : 용접한 그대로 응력을 제거하지 않은 것
- SR : 625±5℃에서 1시간 동안 응력을 제거한 것

26 용접 중에 아크가 전류의 자기작용에 의해서 한쪽으로 쏠리는 현상을 아크 쏠림(Arc Blow)이라 한다. 다음 중 아크 쏠림의 방지법이 아닌 것은?

① 직류 용접기를 사용한다.
② 아크의 길이를 짧게 한다.
③ 보조판(엔드탭)을 사용한다.
④ 후퇴법을 사용한다.

아크 쏠림이 발생하면 교류 용접기를 사용해야 한다.

27 발전(모터, 엔진형)형 직류 아크 용접기와 비교하여 정류기형 직류 아크 용접기를 설명한 것 중 틀린 것은?

① 고장이 적고 유지보수가 용이하다.
② 취급이 간단하고 가격이 싸다.
③ 초소형 경량화 및 안정된 아크를 얻을 수 있다.
④ 완전한 직류를 얻을 수 있다.

발전형 용접기는 완전한 직류를 얻으며 보수와 점검이 어렵고, 구동부, 발전기부로 되어 가격이 비싸다.

28 가스 절단에서 양호한 절단면을 얻기 위한 조건으로 맞지 않는 것은?

① 드래그가 가능한 한 클 것
② 절단면 표면의 각이 예리할 것
③ 슬래그 이탈이 양호할 것
④ 경제적인 절단이 이루어질 것

드래그가 가능한 한 작아야 한다.

29 용접봉의 용융금속이 표면장력의 작용으로 모재에 옮겨 가는 용적이행으로 맞는 것은?

① 스프레이형
② 핀치효과형
③ 단락형
④ 용적형

- 스프레이형 : 피복제의 일부가 가스화하여 가스를 뿜어 냄으로 미세한 용적이 날려 모재에 옮겨가서 용착되는 방식
- 글로불러형 : 비교적 큰 용적이 단락되지 않고 옮겨가는 형식

30 피복 아크 용접봉에서 피복제의 가장 중요한 역할은?

① 변형 방지　　　② 인장력 증대
③ 모재 강도 증가　④ 아크 안정

31 저수소계 용접봉의 특징이 아닌 것은?

① 용착금속 중 수소량이 다른 용접봉에 비해서 현저하게 적다.
② 용착금속의 취성이 크며 화학적 성질도 좋다.
③ 균열에 대한 감수성이 특히 좋아서 두꺼운 판 용접에 사용된다.
④ 고탄소강 및 황의 함유량이 많은 쾌삭강 등의 용접에 사용되고 있다.

저수소계는 강인성이 풍부하고 기계적 성질, 내균열성이 우수하다.

32 폭발 위험성이 가장 큰 산소와 아세틸렌의 혼합비(%)는?(단, 산소 : 아세틸렌)

① 40 : 60　　　② 15 : 85
③ 60 : 40　　　④ 85 : 15

33 연강용 피복금속 아크 용접봉에서 다음 중 피복제의 염기성이 가장 높은 것은?

① 저수소계　　　② 고산화철계
③ 고셀루로스계　④ 티탄계

34 35℃에서 150kgf/cm² 으로 압축하여 내부용적 45.7리터의 산소 용기에 충전하였을 때, 용기속의 산소량은 몇 리터 인가?

① 6855 ② 5250
③ 6150 ④ 7005

🔍 150 × 45.7 = 6855

35 산소 프로판 가스용접 시 산소 : 프로판 가스의 혼합비로 가장 적당한 것은?

① 1 : 1 ② 2 : 1
③ 2.5 : 1 ④ 4.5 : 1

36 교류피복 아크 용접기에서 아크발생 초기에 용접전류를 강하게 흘려보내는 장치를 무엇이라고 하는가?

① 원격 제어장치
② 핫 스타트 장치
③ 전격 방지기
④ 고주파 발생장치

🔍 핫 스타트 장치는 아크가 발생하는 초기에 용접봉과 모재가 냉각되어 있어 용접입열이 부족하여 아크가 불안정하므로 아크 초기만 용접 전류를 높게 하는 장치이다.

37 아크 절단법의 종류가 아닌 것은?

① 플라즈마제트절단
② 탄소아크절단
③ 스카핑
④ 티그절단

🔍 스카핑은 가스 절단법이다.

38 부탄가스의 화학 기호로 맞는 것은?

① C_4H_{10} ② C_3H_8
③ C_5H_{12} ④ C_2H_6

🔍 ① 부탄, ② 프로판, ③ 펜탄, ④ 에탄

39 아크 에어 가우징에 가장 적합한 홀더 전원은?

① DCRP
② DCSP
③ DCRP, DCSP 모두 좋다.
④ 대전류의 DCSP가 가장 좋다.

40 열간가공이 쉽고 다듬질 표면이 아름다우며 용접성이 우수한 강으로 몰리브덴 첨가로 담금질성이 높아 각종 축, 강력볼트, 암, 레버 등에 많이 사용되는 강은?

① 크롬 – 몰리브덴강
② 크롬 – 바나듐강
③ 규소 – 망간강
④ 니켈 – 구리 – 코발트강

41 고장력강(HT)의 용접성을 가급적 좋게 하기 위해 줄여야 할 합금원소는?

① C
② Mn
③ Si
④ Cr

42 내식강 중에서 가장 대표적인 특수 용도용 합금강은?

① 주강
② 탄소강
③ 스테인리스강
④ 알루미늄강

43 아공석강의 기계적 설질 중 탄소함유량이 증가함에 따라 감소하는 성질은?

① 연신율 ② 경도
③ 인장강도 ④ 항복강도

🔍 탄소함유량이 증가함에 따라 연신율은 감소된다.

44 금속침투법에서 칼로라이징이란 어떤 원소로 사용하는 것인가?

① 니켈
② 크롬
③ 붕소
④ 알루미늄

- 크로마이징 : 크롬
- 세라다이징 : 아연
- 브로나이징 : 붕소
- 실리코나이징 : 규소

45 주조시 주형에 냉금을 삽입하여 주물표면을 급랭시키는 방법으로 제조되며 금속 압연용 롤 등으로 사용되는 주철은?

① 가단주철
② 칠드주철
③ 고급주철
④ 페라이트주철

칠드주철 : 주물의 일부, 전부의 표면을 높은 경도, 내마모성으로 만들기 위해 금형에 접해서 주철용탕을 응고급랭시켜서 제조하는 주철주물이다.

46 알루마이트법이라 하며, Al 제품을 2% 수산 용액에서 전류를 흘려 표면에 단단하고 치밀한 산화막을 만드는 방법은?

① 통산법
② 황산법
③ 수산법
④ 크롬산법

47 주위의 온도에 의하여 선팽창 계수나 탄성률 등의 특정한 성질이 변하지 않는 불변강이 아닌 것은?

① 인바
② 엘린바
③ 슈퍼인바
④ 베빗메탈

베빗메탈은 Pb가 들어가지 않는 순수한 Sn-Sb-Cu 합금이다.

48 다음 가공법 중 소성가공법이 아닌 것은?

① 주조
② 압연
③ 단조
④ 인발

소성가공법 : 단조, 압연, 인발, 전조, 판금 등

49 다음 중 담금질에서 나타나는 조직으로 경도와 강도가 가장 높은 조직은?

① 시멘타이트
② 오스테나이트
③ 소르바이트
④ 마텐자이트

마텐자이트는 강철을 담금질하면, 고온에서 안정된 오스테나이트로부터 실온에서 안정한 α철과 시멘타이트로 구성되는 조직으로 변화하는, 변태가 일부 저지되어 단단한 조직이다.

50 일반적으로 강에 S, Pb, P 등을 첨가하여 절삭성을 향상시킨 강은?

① 구조용강
② 쾌삭강
③ 스프링강
④ 탄소공구강

쾌삭강 : 강의 피삭성을 증가시켜, 절삭 가공을 쉽게 하기 위해 특히 황을 첨가한 강

51 그림과 같이 파단선을 경계로 필요로 하는 요소의 일부만을 단면으로 표시하는 단면도는?

① 온 단면도
② 부분 단면도
③ 한쪽 단면도
④ 회전 도시 단면도

부분 단면도는 일부분을 잘라 내고 필요한 내부 모양을 그리기 위한 방법이다.

52 그림과 같은 치수 기입 방법은?

① 직렬 치수 기입법
② 병렬 치수 기입법
③ 조합 치수 기입법
④ 누진 치수 기입법

53 관의 구배를 표시하는 방법 중 틀린 것은?

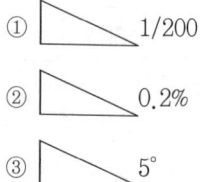

54 도면에서 표제란과 부품란으로 구분할 때 다음 중 일반적으로 표제란에만 기입하는 것은?

① 부품번호   ② 부품기호
③ 수량   ④ 척도

> 표제란 : 도면번호, 도면명칭, 척도, 투상법 등을 기입

55 그림과 같은 용접이음 방법의 명칭으로 가장 적합한 것은?

① 연속 필릿 용접
② 플랜지형 겹치기 용접
③ 연속 모서리 용접
④ 플랜지형 맞대기 용접

56 KS 재료 기호에서 고압 배관용 탄소강관을 의미하는 것은?

① SPP   ② SPS
③ SPPA   ④ SPPH

> • SPP : 배관용 탄소 강관
> • SPPH : 고압 배관용 탄소강관

57 용도에 의한 명칭에서 선의 종류가 모두 가는 실선인 것은?

① 치수선, 치수보조선, 지시선
② 중심선, 지시선, 숨은선
③ 외형선, 치수보조선, 해칭선
④ 기준선, 피치선, 수준면선

> • 굵은 실선 : 외형선
> • 가는 실선 : 치수선, 치수보조선, 지시선, 회전단면선, 중심선, 수준면선
> • 가는 일점쇄선 : 중심선, 기준선, 피치선
> • 굵은 파선 : 숨은선

58 그림과 같은 원뿔을 전개하였을 경우 나타난 부채꼴의 전개각(전개된 물체의 꼭지각)이 150°가 되려면 ℓ의 치수는?

① 100   ② 122
③ 144   ④ 150

59 리벳의 호칭 방법으로 옳은 것은?

① 규격 번호, 종류, 호칭지름×길이, 재료
② 명칭, 등급, 호칭지름×길이, 재료
③ 규격번호, 종류, 부품 등급, 호칭, 재료
④ 명칭, 다듬질 정도, 호칭, 등급, 강도

60 그림과 같은 제3각법 정투상도의 3면도를 기초로 한 입체도로 가장 적합한 것은?

①   ②

③   ④

2014년 4회 용접기능사

01 차축, 레일의 접합, 선박의 프레임 등 비교적 큰 단면을 가진 주조나 단조품의 맞대기 용접과 보수용접에 주로 사용되는 용접법은?

① 서브머지드 아크 용접
② 테르밋 용접
③ 원자 수소 아크 용접
④ 오토콘 용접

🔍 테르밋 용접은 테르밋제(산화철과 알루미늄의 분말)의 화학 반응열에 의해 용융된 금속을 용접부에 부어 용접하는 방법이다.

02 용접부 시험 중 비파괴 시험 방법이 아닌 것은?

① 피로 시험
② 누설 시험
③ 자기적 시험
④ 초음파 시험

🔍 피로 시험은 반복 하중의 작용에 대해 얼마만큼 강도를 갖는지를 테스트하는 기계적 시험이다.

03 불활성 가스 금속 아크 용접의 제어장치로써 크레이터 처리 기능에 의해 낮아진 전류가 서서히 줄어들면서 아크가 끊어지는 기능으로 이면용접 부위가 녹아내리는 것을 방지하는 것은?

① 예비가스 유출시간
② 스타트 시간
③ 크레이터 충전시간
④ 버언 백 시간

04 다음 중 용접 결함의 보수 용접에 관한 사항으로 가장 적절하지 않은 것은?

① 재료의 표면에 있는 얕은 결함은 덧붙임 용접으로 보수한다.
② 언더컷이나 오버랩 등은 그대로 보수 용접을 하거나 정으로 따내기 작업을 한다.
③ 결함이 제거된 모재 두께가 필요한 치수보다 얇게 되었을 때에는 덧붙임 용접으로 보수한다.
④ 덧붙임 용접으로 보수할 수 있는 한도를 초과할 때에는 결함부분을 잘라내어 맞대기 용접으로 보수한다.

🔍 보수를 필요로 하는 기공이나 슬래그 섞임 등은 깎아내고 재용접한다.

05 불활성가스 금속아크 용접의 용적이행 방식 중 용융이행 상태는 아크기류 중에서 용가재가 고속으로 용융, 미입자의 용적으로 분사되어 모재에 용착되는 용적이행은?

① 용락 이행
② 단락 이행
③ 스프레이 이행
④ 글로뷸러 이행

🔍 단락 이행은 용적이 1초에 수십 번 모재에 닿았다 떨어졌다 하면서 용적이 옮겨가는 형식을 말한다.

06 경납용 용가재에 대한 각각의 설명이 틀린 것은?

① 은납 : 구리, 은, 아연이 주성분으로 구성된 합금으로 인장강도, 전연성 등의 성질이 우수하다.
② 황동납 : 구리와 니켈의 합금으로, 값이 저렴하여 공업용으로 많이 쓰인다.
③ 인동납 : 구리가 주성분이며 소량의 은, 인을 포함한 합금으로 되어있다. 일반적으로 구리 및 구리 합금의 땜납으로 쓰인다.
④ 알루미늄납 : 일반적으로 알루미늄에 규소, 구리를 첨가하여 사용하며 융점은 660°C 정도이다.

🔍 황동은 구리와 아연으로 합금한 것이다.

07 토륨 텅스텐 전극봉에 대한 설명으로 맞는 것은?

① 전자 방사능력이 떨어진다.
② 아크 발생이 어렵고 불순물 부착이 많다.
③ 직류 정극성에는 좋으나 교류에는 좋지 않다.
④ 전극의 소모가 많다.

> 토륨 함유 전극봉은 전자 방사 능력이 좋으며, 아크 발생이 쉽고 불순물 부착이 적다.

08 일렉트로 슬래그 용접의 단점에 해당되는 것은?

① 용접능률과 용접품질이 우수하므로 후판용접 등에 적당하다.
② 용접진행 중에 용접부를 직접 관찰할 수 없다.
③ 최소한의 변형과 최단시간의 용접법이다.
④ 다전극을 이용하면 더욱 능률을 높일 수 있다.

> 일렉트로 슬래그 용접의 단점
> • 박판 용접에 적용할 수 없으며 장비가 비싸다.
> • 장치 설치가 복잡하여 냉각장치가 요구된다.
> • 높은 입열로 인하여 용접부의 기계적 성질이 저하될 수 있다.
> • 용접 자세가 수직 자세로 한정적이다.
> • 용접 구조가 복잡한 형상은 적용하기 어렵다.
> • 용접진행 중 용접부를 직접 관찰할 수 없다.

09 다음 전기저항용접 중 맞대기 용접이 아닌 것은?

① 업셋 용접
② 버트 심용접
③ 프로젝션 용접
④ 퍼커션 용접

> 프로젝션 용접은 겹치기 용접이다.

10 CO_2 가스 아크 용접시 저전류 영역에서 가스유량은 약 몇 ℓ/min 정도가 가장 적당한가?

① 1~5   ② 6~10
③ 10~15 ④ 16~20

> 저전류 영역에서의 가스 유량은 10~15 ℓ/min가 적당하다.

11 상온에서 강하게 압축함으로써 경계면을 국부적으로 소성 변형시켜 접합하는 것은?

① 냉간 압접   ② 플래시 버트 용접
③ 업셋 용접   ④ 가스 압접

12 서브머지드 아크 용접에서 다전극 방식에 의한 분류가 아닌 것은?

① 유니언식   ② 횡 병렬식
③ 횡 직렬식   ④ 텐덤식

> 다전극 방식에는 텐덤식, 횡병렬식, 횡직렬식이 있다.

13 용착금속의 극한 강도가 $30kgf/mm^2$에 안전율이 6이면 허용 응력은?

① $3kgf/mm^2$ ② $4kgf/mm^2$
③ $5kgf/mm^2$ ④ $6kgf/mm^2$

> 안전율 = $\dfrac{극한응력}{허용응력}$,
> 허용응력 = $\dfrac{극한강도}{안전율} = \dfrac{30}{6} = 5$

14 하중의 방향에 따른 필릿 용접의 종류가 아닌 것은?

① 전면 필릿   ② 측면 필릿
③ 연속 필릿   ④ 경사 필릿

> 필릿 용접은 연속성 여부에 따라 연속 필릿, 단속 필릿으로, 방향에 따라 전면, 측면, 경사 필릿으로 구분한다.

15 모재 두께 9mm, 용접 길이 150mm인 맞대기 용접의 최대 인장 하중(kgf)은 얼마인가?(단, 용착금속의 인장 강도는 $43kgf/mm^2$이다.)

① 716kgf   ② 4450kgf
③ 40635kgf   ④ 58050kgf

> $\sigma = \dfrac{P}{A} = \dfrac{P}{t\ell}$
> $P = \sigma \cdot t \cdot \ell = 43 \times 9 \times 150 = 58050$

16 화재의 폭발 및 방지조치 중 틀린 것은?

① 필요한 곳에 화재를 진화하기 위한 발화 설비를 설치 할 것
② 배관 또는 기기에서 가연성 증기가 누출되지 않도록 할 것
③ 대기 중에 가연성 가스를 누설 또는 방출시키지 말 것
④ 용접 작업 부근에 점화원을 두지 않도록 할 것

🔍 화재를 진화하기 위한 방화 설비를 설치해야 한다.

17 용접 변형에 대한 교정 방법이 아닌 것은?

① 가열법
② 가압법
③ 절단에 의한 정형과 재 용접
④ 역변형법

🔍 역변형법은 변형 방지법에 해당된다.

18 용접시 두통이나 뇌빈혈을 일으키는 이산화탄소 가스의 농도는?

① 1~2%
② 3~4%
③ 10~15%
④ 20~30%

🔍 CO_2 가스 농도 : 15% 이상이면 위험, 30% 이상이면 극히 위험(치사량)하다.

19 용접에서 예열에 관한 설명 중 틀린 것은?

① 용접 작업에 의한 수축 변형을 감소시킨다.
② 용접부의 냉각 속도를 느리게 하여 결함을 방지한다.
③ 고급 내열합금도 용접 균열을 방지하기 위하여 예열을 한다.
④ 알루미늄합금, 구리합금은 50~70℃의 예열이 필요하다.

20 현미경 조직시험 순서 중 가장 알맞은 것은?

① 시험편 채취 – 마운팅 – 샌드 페이퍼 연마 – 폴리싱 – 부식 – 현미경검사
② 시험편 채취 – 폴리싱 – 마운팅 – 샌드 페이퍼 연마 – 부식 – 현미경검사
③ 시험편 채취 – 마운팅 – 폴리싱 – 샌드 페이퍼 연마 – 부식 – 현미경검사
④ 시험편 채취 – 마운팅 – 부식 – 샌드 페이퍼 연마 – 폴리싱 –현미경검사

21 용접부의 연성결함의 유무를 조사하기 위하여 실시하는 시험법은?

① 경도 시험
② 인장 시험
③ 초음파 시험
④ 굽힘 시험

🔍
• 경도 시험 : 재료의 단단한 정도 시험
• 인장 시험 : 인장 강도, 연신율, 단면 수축율, 항복 강도 등
• 초음파 시험 : 용접부의 내부 결함 검출 시험

22 TIG 용접 및 MIG 용접에 사용되는 불활성 가스로 가장 적합한 것은?

① 수소 가스
② 아르곤 가스
③ 산소 가스
④ 질소 가스

23 가스 용접시 양호한 용접부를 얻기 위한 조건에 대한 설명 중 틀린 것은?

① 용착금속의 용입 상태가 균일해야 한다.
② 슬래그, 기공 등의 결함이 없어야 한다.
③ 용접부에 첨가된 금속의 성질이 양호하지 않아도 된다.
④ 용접부에는 기름, 먼지, 녹 등을 완전히 제거하여야 한다.

🔍 용접부에 첨가된 금속의 성질이 양호해야 용접부도 양호하다.

24 교류 아크 용접기 종류 중 AW-500의 정격 부하 전압은 몇 V인가?

① 28V
② 32V
③ 36V
④ 40V

> AW-200 : 30V 이하, AW-300 : 35V 이하, AW-400 : 40V 이하로 되어 있음

25 연강 피복 아크 용접봉인 E4316의 계열은 어느 계열인가?

① 저수소계
② 고산화티탄계
③ 철분 저수소계
④ 일미나이트계

> • 고산화티탄계 : E4313
> • 철분 저수소계 : E4326
> • 일미나이트계 : E4301

26 용해 아세틸렌 가스는 각각 몇 ℃, 몇 kgf/cm² 로 충전하는 것이 가장 적합한가?

① 40℃, 160 kgf/cm²
② 35℃, 150 kgf/cm²
③ 20℃, 30 kgf/cm²
④ 15℃, 15 kgf/cm²

27 다음 ( ) 안에 알맞은 용어는?

"용접의 원리는 금속과 금속을 서로 충분히 접근 시키면 금속원자 간에 ( )이 작용하여 스스로 결합하게 된다."

① 인력
② 기력
③ 자력
④ 응력

28 산소 아크 절단을 설명한 것 중 틀린 것은?

① 가스절단에 비해 절단면이 거칠다.
② 직류 정극성이나 교류를 사용한다.
③ 중실(속이 찬) 원형봉의 단면을 가진 강(steel)전극을 사용한다.
④ 절단 속도가 빨라 철강 구조물 해체, 수중 해체 작업에 이용된다.

> 산소-아크 절단 : 중공(속이 빈)의 원형봉을 전극으로 사용하여 절단한다.

29 피복 아크 용접봉의 피복 배합제의 성분 중에서 탈산제에 해당하는 것은?

① 산화티탄(TiO₂)
② 규소철(Fe-Si)
③ 셀룰로오스(Cellulose)
④ 일미나이트(TiO₂·FeO)

> 탈산제는 규소철, 망간철, 티탄철 등의 철합금 또는 금속 망간, 알루미늄 등이 사용된다.

30 다음 가스 중 가연성 가스로만 되어있는 것은?

① 아세틸렌, 헬륨
② 수소, 프로판
③ 아세틸렌, 아르곤
④ 산소, 이산화탄소

> 가연성 가스란 산소와의 반응으로 연소되는 가스를 말하며 수소, 프로판, 아세틸렌, 도시가스, 메탄 등이 있다.

31 용접법을 크게 융접, 압접, 납땜으로 분류할 때 압접에 해당되는 것은?

① 전자 빔 용접
② 초음파 용접
③ 원자 수소 용접
④ 일렉트로 슬래그 용접

> 압접에는 단접, 냉간압접, 저항용접, 유도가열 용접, 초음파 용접, 마찰용접, 가압 테르밋 용접, 가스 압접 등이 있다.

32 정격 2차 전류 200A, 정격 사용률 40%, 아크 용접기로 150A의 용접전류 사용시 허용 사용률은 약 얼마인가?

① 51%   ② 61%
③ 71%   ④ 81%

🔍 허용 사용률 = $\dfrac{200^2}{150^2} \times 40 = 71$

33 가스 용접에 대한 설명 중 옳은 것은?

① 아크 용접에 비해 불꽃의 온도가 높다.
② 열집중성이 좋아 효율적인 용접이 가능하다.
③ 전원 설비가 있는 곳에서만 설치가 가능하다.
④ 가열할 때 열량 조절이 비교적 자유롭기 때문에 박판 용접에 적합하다.

🔍 • 가스 용접 : 불꽃 최고 온도 3420℃
　• 아크 용접 : 3500~5000℃

34 연강용 피복 아크 용접봉의 피복 배합제 중 아크 안정제 역할을 하는 종류로 묶어 놓은 것 중 옳은 것은?

① 적철강, 알루미나, 붕산
② 붕산, 구리, 마그네슘
③ 알루미나, 마그네슘, 탄산나트륨
④ 산화티탄, 규산나트륨, 석회석, 탄산나트륨

🔍 아크안정제로는 산화티탄, 규산나트륨, 석회석, 규산칼륨 등이 주로 사용되며 아크열에 의하여 이온화되어 아크 전압을 강하시키고 아크를 안정시키는 역할을 한다.

35 가스 가우징용 토치의 본체는 프랑스식 토치와 비슷하나 팁은 비교적 저압으로 대용량의 산소를 방출할 수 있도록 설계되어 있는데 이는 어떤 설계 구조인가?

① 초코   ② 인젝트
③ 오리피스   ④ 슬로우 다이버전트

🔍 슬로우 다이버전트 노즐은 유속을 빨리할 수 있으며, 가스의 소비량도 절약된다.

36 가스용접 작업에서 후진법의 특징이 아닌 것은?

① 열 이용률이 좋다.
② 용접속도가 빠르다.
③ 용접 변형이 작다.
④ 얇은 판의 용접에 적당하다.

🔍 후진법은 용입이 깊어 전진법보다 두꺼운 판의 용접에 적당하다.

37 가스 절단시 양호한 절단면을 얻기 위한 품질 기준이 아닌 것은?

① 슬래그 이탈이 양호할 것
② 절단면의 표면각이 예리할 것
③ 절단면이 평활하며 노치 등이 없을 것
④ 드래그의 홈이 높고 가능한 클 것

🔍 드래그 홈이 낮아야 하며 가능한 작아야 한다.

38 피복 아크 용접봉은 피복제가 연소한 후 생성된 물질이 용접부를 보호한다. 용접부의 보호방식에 따른 분류가 아닌 것은?

① 가스 발생식
② 스프레이형
③ 반가스 발생식
④ 슬래그 생성식

39 직류 아크 용접에서 정극성의 특징 설명으로 맞는 것은?

① 비드 폭이 넓다.
② 주로 박판용접에 쓰인다.
③ 모재의 용입이 깊다.
④ 용접봉의 녹음이 빠르다.

🔍 직류 정극성(DCSP)은 모재가 +, 용접봉이 −로 연결된 전원으로 +쪽에서 약 70%가 열이 나므로 모재의 녹음이 많고 용접봉의 녹음은 적어 좁고 깊은 용접이 이루어진다.

40 스테인리스강의 종류에 해당되지 않는 것은?

① 페라이트계 스테인리스강
② 레데뷰라이트계 스테인리스강
③ 석출경화형 스테인리스강
④ 마텐자이트계 스테인리스강

41 금속 침투법 중 칼로라이징은 어떤 금속을 침투시킨 것인가?

① B
② Cr
③ Al
④ Zn

> • 브로나이징 : B(보론) 침투
> • 크로마이징 : Cr 침투
> • 세라다이징 : Zn 침투

42 마그네슘(Mg)의 특성을 설명한 것 중 틀린 것은?

① 비강도가 Al 합금보다 떨어진다.
② 구상흑연 주철의 첨가제로 사용된다.
③ 비중이 약 1.74 정도로 실용금속 중 가볍다.
④ 항공기, 자동차 부품, 전기기기, 선박, 광학기계, 인쇄제판 등에 사용된다.

> Mg은 비중이 1.74로 Al의 2.67보다 낮으나 강도는 비슷하므로 비강도가 더 좋다.

43 Al-Si계 합금의 조대한 공정조직을 미세화하기 위하여 나트륨(Na), 수산화나트륨(NaOH), 알칼리염류 등을 합금 용탕에 첨가하여 10~15분간 유지하는 처리는?

① 시효 처리
② 폴링 처리
③ 개량 처리
④ 응력제거 풀림처리

44 조성이 2.0~3.0%C, 0.6~1.5%Si 범위의 것으로 백주철을 열처리로에 넣어 가열해서 탈탄 또는 흑연화 방법으로 제조한 주철은?

① 가단 주철
② 칠드 주철
③ 구상 흑연 주철
④ 고력 합금 주철

> 백주철을 탈탄시킨 것을 백심 가단 주철, 흑연화시킨 것을 흑심 가단 주철이라 한다.

45 구리(Cu)에 대한 설명으로 옳은 것은?

① 구리는 체심입방격자이며, 변태점이 있다.
② 전기 구리는 O_2나 탈산제를 품지 않는 구리이다.
③ 구리의 전기 전도율은 금속 중에서 은(Ag)보다 높다.
④ 구리는 CO_2가 들어 있는 공기 중에서 염기성 탄산 구리가 생겨 녹청색이 된다.

> 구리는 변태점이 없으며, 면심 입방 격자 구조이다.

46 담금질에 대한 설명 중 옳은 것은?

① 위험구역에서는 급랭한다.
② 임계구역에서는 서랭한다.
③ 강을 경화시킬 목적으로 실시한다.
④ 정지된 물속에서 냉각시 대류단계에서 냉각속도가 최대가 된다.

> 담금질(Quenching, 소입)은 오스테나이트 조직으로 가열한 후 위험 구역은 서랭, 임계 구역에서는 급랭하여 강을 경화시키는 열처리이다.

47 열간가공과 냉간가공을 구분하는 온도로 옳은 것은?

① 재결정 온도
② 재료가 녹는 온도
③ 물의 어는 온도
④ 고온취성 발생온도

> 재결정 온도로 열간가공과 냉간가공으로 구분한다.

48 강의 표준 조직이 아닌 것은?

① 페라이트(ferrite)
② 펄라이트(pearlite)
③ 시멘타이트(cementite)
④ 소르바이트(sorbite)

> 소르바이트는 열처리 조직의 하나이며 강인하여 탄성이 필요한 피아노선이나 스프링의 조직으로 적합하다.

49 보통 주강에 3% 이하의 Cr을 첨가하여 강도와 내마멸성을 증가시켜 분쇄기계, 석유화학 공업용 기계부품 등에 사용되는 합금 주강은?

① Ni 주강
② Cr 주강
③ Mn 주강
④ Ni-Cr 주강

50 다음 중 탄소량이 가장 적은 강은?

① 연강
② 반경강
③ 최경강
④ 탄소공구강

> 철에 탄소를 함유시킨 강을 탄소강이라 하며, 탄소 함유량 증가에 따라 경도가 증가하므로 극연강, 연강, 반연강, 반경강, 경강, 최경강, 탄소 공구강 순으로 부른다.

51 기계제도에서의 척도에 대한 설명으로 잘못된 것은?

① 척도는 표제란에 기입하는 것이 원칙이다.
② 축척의 표시는 2:1, 5:1, 10:1 등과 같이 나타낸다.
③ 척도란 도면에서의 길이와 대상물의 실제길이의 비이다.
④ 도면을 정해진 척도값으로 그리지 못하거나 비례하지 않을 때에는 척도를 'NS'로 표시할 수 있다.

> 실물보다 작게 그린 것을 축척이라 하며, 1:2, 1:5, 1:10 등으로 표시한다. 보기 ②항은 배척을 설명한 것이다.

52 다음 배관 도면에 포함되어 있는 요소로 볼 수 없는 것은?

① 엘보
② 티
③ 캡
④ 체크밸브

>
> ✚ : 엘보, ┬ : 캡, ╧ : 티

53 리벳 구멍에 카운터 싱크가 없고 공장에서 드릴 가공 및 끼워 맞추기 할 때의 간략 표시 기호는?

54 그림과 같이 지름이 같은 원기둥과 원기둥이 직각으로 만날 때의 상관선은 어떻게 나타나는가?

① 점선 형태의 직선
② 실선 형태의 직선
③ 실선 형태의 포물선
④ 실선 형태의 하이포이드 곡선

55 리벳 이음(Rivet Joint) 단면의 표시법으로 가장 올바르게 투상된 것은?

56 KS 재료기호 중 기계 구조용 탄소강재의 기호는?

① SM 35C
② SS 490B
③ SF 340A
④ STKM 20A

- SM : 기계구조용 탄소강재
- SS : 일반구조용 압연강재

57 다음 중 치수기입의 원칙에 대한 설명으로 가장 적절한 것은?

① 중요한 치수는 중복하여 기입한다.
② 치수는 되도록 주 투상도에 집중하여 기입한다.
③ 계산하여 구한 치수는 되도록 식을 같이 기입한다.
④ 치수 중 참고 치수에 대하여는 네모 상자 안에 치수 수치를 기입한다.

치수는 중복 기입을 피하며, 치수는 되도록 계산해 구할 필요가 없도록 한다.

58 다음 용접기호에서 "3"의 의미로 올바른 것은?

① 용접부 수
② 용접부 간격
③ 용접의 길이
④ 필릿 용접 목 두께

a : 목두께, 50 : 용접 길이, (160) : 용접부 간격

59 다음 중 지시선 및 인출선을 잘못 나타낸 것은?

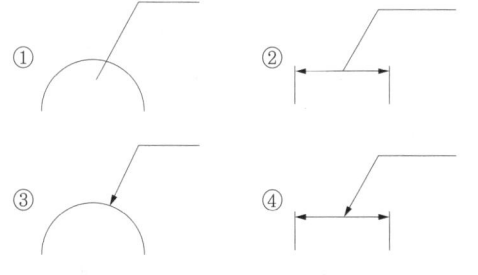

화살표에 지시선으로 또 화살표가 붙으면 안 된다.

60 제 3각 정투상법으로 투상한 그림과 같은 투상도의 우측면도로 가장 적합한 것은?

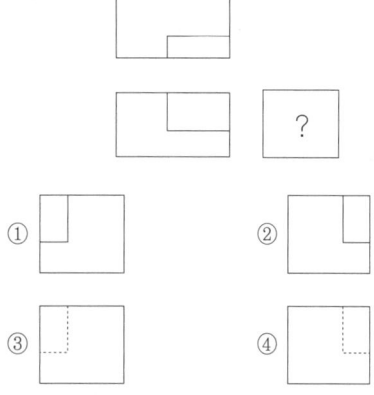

정답 용접기능사 2014년 4회

01 ②	02 ①	03 ④	04 ①	05 ③
06 ②	07 ③	08 ②	09 ③	10 ③
11 ①	12 ①	13 ③	14 ③	15 ④
16 ①	17 ③	18 ②	19 ④	20 ①
21 ④	22 ②	23 ③	24 ④	25 ①
26 ④	27 ①	28 ③	29 ②	30 ②
31 ②	32 ③	33 ④	34 ③	35 ④
36 ④	37 ③	38 ②	39 ③	40 ②
41 ③	42 ①	43 ②	44 ①	45 ④
46 ③	47 ①	48 ④	49 ②	50 ①
51 ②	52 ④	53 ③	54 ②	55 ④
56 ①	57 ②	58 ①	59 ④	60 ①

2015년 1회 용접기능사

01 불활성 가스 텅스텐 아크용접(TIG)의 KS 규격이나 미국용접협회(AWS)에서 정하는 텅스텐 전극봉의 식별 색상이 황색이면 어떤 전극봉인가?

① 순텅스텐
② 지르코늄 텅스텐
③ 1% 토륨 텅스텐
④ 2% 토륨 텅스텐

🔍 텅스텐 전극봉 구분 색 ① : 녹색, ② : 갈색, ④ : 적색

02 서브머지드 아크 용접의 다전극 방식에 의한 분류가 아닌 것은

① 푸시식
② 텐덤식
③ 횡병렬식
④ 횡직렬식

🔍 푸시식 : 금속보호가스 용접에서 송급장치의 송급 방식의 일종으로 와이어를 밀어주는 식이다.

03 다음 중 정지구멍(Stop hole)을 뚫어 결함 부분을 깎아내고 재용접해야 하는 결함은?

① 균열
② 언더컷
③ 오버랩
④ 용입부족

🔍 • 언더컷 보수 : 가는 봉으로 언더컷 부분을 재용접한다.
• 오버랩 : 깎아내고 재용접한다.

04 다음 중 비파괴 시험에 해당하는 시험은?

① 굽힘 시험
② 현미경 조직 시험
③ 파면 시험
④ 초음파 시험

🔍 • 굽힘 시험 : 기계적 파괴 시험의 일종이다.
• 현미경 조직 시험, 파면 시험 : 금속학적 파괴 시험이다.

05 산업용 로봇 중 직각좌표계 로봇의 장점에 속하는 것은?

① 오프라인 프로그래밍이 용이하다.
② 로봇 주위에 접근이 가능하다.
③ 1개의 선형축과 2개의 회전축으로 이루어졌다.
④ 작은 설치공간에 큰 작업영역이다.

06 용접 후 변형 교정시 가열 온도 500~600℃, 가열시간 약 30초, 가열 지름 20~30mm로 하여 가열한 후 즉시 수랭하는 변형 교정법을 무엇이라 하는가?

① 박판에 대한 수랭 동판법
② 박판에 대한 살수법
③ 박판에 대한 수랭 석면포법
④ 박판에 대한 점 수축법

07 용접 전의 일반적인 준비 사항이 아닌 것은?

① 사용 재료를 확인하고 작업 내용을 검토한다.
② 용접전류, 용접 순서를 미리 정해둔다.
③ 이음부에 대한 불순물을 제거한다.
④ 예열 및 후열처리를 실시한다.

🔍 후열처리는 용접 후에 실시하는 사항이다.

08 금속간의 원자가 접합하는 인력 범위는?

① 10^{-4}cm
② 10^{-6}cm
③ 10^{-8}cm
④ 10^{-10}cm

🔍 원자간의 접합 인력 거리는 10^{-8}cm, 즉 1억분의 1cm(Å)로 접근시키면 가열이 없어도 접합이 가능하다. 그러나 실질적으로 금속 표면은 아무리 정밀가공이 되어도 크게 확대하면 요철이 있게 되며, 표면의 산화막 등이 있어 접합이 안된다.

09 불활성 가스 금속 아크 용접(MIG)에서 크레이터 처리에 의해 낮아진 전류가 서서히 줄어들면서 아크가 끊어지는 기능으로 용접부가 녹아내리는 것을 방지하는 제어 기능은?

① 스타트 시간
② 예비 가스 유출 시간
③ 버언 백 시간
④ 크레이터 충전 시간

10 다음 중 용접용 지그 선택의 기준으로 적절하지 않은 것은?

① 물체를 튼튼하게 고정시켜 줄 크기와 힘이 있을 것
② 변형을 막아줄 만큼 견고하게 잡아줄 수 있을 것
③ 물품의 고정과 분해가 어렵고 청소가 편리할 것
④ 용접 위치를 유리한 용접 자세로 쉽게 움직일 수 있을 것

11 다음 중 테르밋 용접의 특징에 관한 설명으로 틀린 것은?

① 전기가 필요 없다.
② 용접 작업이 단순하다.
③ 용접 시간이 길고 용접 후 변형이 크다.
④ 용접 기구가 간단하고 작업 장소의 이동이 쉽다.

🔍 테르밋 용접은 용접 시간이 짧고 용접 후 변형이 적다.

12 서브머지드 아크 용접에 대한 설명으로 틀린 것은?

① 가시 용접으로 용접시 용착부를 육안으로 식별이 가능하다.
② 용융속도와 용착속도가 빠르며 용입이 깊다.
③ 용착금속의 기계적 성질이 우수하다.
④ 개선각을 작게 하여 용접 패스 수를 줄일 수 있다.

🔍 서브머지드 아크 용접은 용제 속에서 아크가 발생하므로 육안으로 용착부를 식별할 수 없으며, 아크가 용제에 잠겨 있어 잠호 용접, 또는 불가시 아크 용접이라 부르며, 개발회사의 이름을 따서 유니온 멜트 용접이라고도 한다.

13 다음 중 용접 설계상 주의해야 할 사항으로 틀린 것은?

① 국부적으로 열이 집중되도록 할 것
② 용접에 적합한 구조의 설계를 할 것
③ 결함이 생기기 쉬운 용접 방법은 피할 것
④ 강도가 약한 필릿 용접은 가급적 피할 것

🔍 설계시 주의사항으로 국부적으로 열이 집중되지 않도록 해야 한다.

14 이산화탄소 아크 용접법에서 이산화탄소(CO_2)의 역할을 설명한 것 중 틀린 것은?

① 아크를 안정시킨다.
② 용융금속 주위를 산성 분위기로 만든다.
③ 용융속도를 빠르게 한다.
④ 양호한 용착금속을 얻을 수 있다.

15 이산화탄소 아크 용접에 관한 설명으로 틀린 것은?

① 팁과 모재간의 거리는 와이어의 돌출 길이에 아크길이를 더한 것이다.
② 와이어 돌출길이가 짧아지면 용접 와이어의 예열이 많아진다.
③ 와이어의 돌출길이가 짧아지면 스패터가 부착되기 쉽다.
④ 약 200A 미만의 저전류를 사용할 경우 팁과 모재간의 거리는 10~15mm 정도 유지한다.

🔍 ・와이어 돌출길이가 길어지면 와이어의 예열이 많아진다.
・와이어 돌출 길이가 짧으면 아크 안정면에서는 좋으나 용접부 관찰이 어렵고 노즐 안에 스패터가 많이 부착되어 가스 분출이 나빠지게 된다.

16 강구조물 용접에서 맞대기 이음의 루트 간격의 차이에 따라 보수용접을 하는데 보수방법으로 틀린 것은?

① 맞대기 루트 간격 6mm 이하일 때에는 이음부의 한쪽 또는 양쪽을 덧붙임 용접한 후 절삭하여 규정 간격으로 개선 홈을 만들어 용접한다.
② 맞대기 루트 간격 15mm 이상일 때에는 판을 전부 또는 일부(대략 300mm 이상의 폭)를 바꾼다.

③ 맞대기 루트 간격 6~15mm일 때에는 이음부에 두께 6mm 정도의 뒷댐판을 대고 용접한다.
④ 맞대기 루트 간격 15mm 이상일 때에는 스크랩을 넣어서 용접한다.

🔍 루트 간격이 15mm 이상이면 일부 또는 전부를 교체해야 되며, 용접부에 스크랩, 환봉이나 철사 등을 넣어 용접하면 미용착부가 생겨 강도가 부족하고 응력집중이 생기며, 슬래그 혼입, 기공 발생 등 매우 좋지 않은 방법이다.

17 용접 시공시 발생하는 용접 변형이나 잔류응력의 발생을 줄이기 위해 용접시공 순서를 정한다. 다음 중 용접 시공 순서에 대한 사항으로 틀린 것은?

① 제품의 중심에 대하여 대칭으로 용접을 진행시킨다.
② 같은 평면 안에 많은 이음이 있을 때에는 수축은 가능한 자유단으로 보낸다.
③ 수축이 적은 이음을 가능한 먼저 용접하고 수축이 큰 이음을 나중에 용접한다.
④ 리벳작업과 용접을 같이 할 때는 용접을 먼저 실시하여 용접열에 의해서 리벳의 구멍이 늘어남을 방지한다.

🔍 용접 우선 순위 중 맞대기 이음 등 수축이 큰 이음을 먼저 용접하고 필릿 용접 등 수축이 작은 이음을 나중에 용접한다.

18 용접 작업시의 전격에 대한 방지 대책으로 올바르지 않은 것은?

① TIG 용접시 텅스텐 봉을 교체할 때는 전원 스위치를 차단하지 않고 해야 한다.
② 습한 장갑이나 작업복을 입고 용접하면 감전의 위험이 있으므로 주의한다.
③ 절연홀더의 절연 부분이 균열이나 파손되었으면 곧바로 보수하거나 교체한다.
④ 용접 작업이 끝났을 때나 장시간 중지할 때에는 반드시 스위치를 차단시킨다.

19 단면적이 10cm²의 평판을 완전 용입 맞대기 용접한 경우의 견디는 하중은 얼마인가?(단, 재료의 허용응력을 1600kgf/cm²로 한다.)

① 160 kgf
② 1600 kgf
③ 16000 kgf
④ 16 kgf

🔍 응력 : 1600 × 10 = 16000

20 용접 길이가 짧거나 변형 및 잔류응력의 우려가 적은 재료를 용접할 경우 가장 능률적인 용착법은?

① 전진법　　② 후진법
③ 비석법　　④ 대칭법

21 다음 중 아세틸렌(C_2H_2) 가스의 폭발성에 해당되지 않는 것은?

① 406~408℃가 되면 자연 발화한다.
② 마찰, 진동, 충격 등의 외력이 작용하면 폭발 위험이 있다.
③ 아세틸렌 90%, 산소 10%의 혼합시 가장 폭발 위험이 크다.
④ 은, 수은 등과 접촉하면 이들과 화합하여 120℃ 부근에서 폭발성이 있는 혼합물을 생성한다.

🔍 산소와 아세틸렌의 혼합비에서 산소가 현저히 많아 산소 85%, 아세틸렌 15% 이상이면 폭발 위험이 있다.

22 스터드 용접의 특징 중 틀린 것은?

① 긴 용접 시간으로 용접 변형이 크다.
② 용접 후의 냉각 속도가 비교적 빠르다.
③ 알루미늄, 스테인리스강 용접이 가능하다.
④ 탄소 0.2%, 망간 0.7% 이하시 균열 발생이 없다.

🔍 스터드 용접은 용접시간이 매우 짧고 용접 변형이 적다.

23 연강용 피복 아크 용접봉 중 저수소계 용접봉을 나타내는 것은?

① E 4301
② E 4311
③ E 4316
④ E 4327

> • E 4301 : 일미나이트계
> • E 4311 : 고셀룰로스계
> • E 4327 : 철분산화철계

24 산소-아세틸렌 가스 용접의 장점이 아닌 것은?

① 용접기의 운반이 비교적 자유롭다.
② 아크 용접에 비해서 유해광선의 발생이 적다.
③ 열의 집중성이 높아서 용접이 효율적이다.
④ 가열할 때 열량 조절이 비교적 자유롭다.

25 직류 피복 아크 용접기와 비교한 교류 피복 아크 용접기의 설명으로 옳은 것은?

① 무부하 전압이 낮다.
② 아크의 안정성이 우수하다.
③ 아크 쏠림이 거의 없다.
④ 전격의 위험이 적다.

> 교류 피복 아크 용접기는 직류보다 무부하 전압이 높아 전격(감전) 위험이 높고 아크가 불안정하나, +, - 구분이 없으므로 자기 발생이 없어 아크 쏠림이 거의 없다.

26 다음 중 산소 용기의 각인 사항에 포함되지 않는 것은?

① 내용적
② 내압시험압력
③ 가스충전일시
④ 용기 중량

> 가스 용기 각인
> • 내용적 : V
> • 내압시험 압력 : TP
> • 최고 충전 압력 : FP
> • 용기 중량 : W

27 정류기형 직류 아크 용접기에서 사용되는 셀렌 정류기는 80℃ 이상이면 파손되므로 주의해야 하는데 실리콘 정류기는 몇 ℃ 이상에서 파손이 되는가?

① 120℃
② 150℃
③ 80℃
④ 100℃

28 가스용접 작업시 후진법의 설명으로 옳은 것은?

① 용접속도가 빠르다.
② 열 이용률이 나쁘다.
③ 얇은 판의 용접에 적합하다.
④ 용접변형이 크다.

> 후진법은 전진법에 비해 열 이용율이 좋고 후(두꺼운)판 용접에 적합하며 변형이 적다.

29 절단의 종류 중 아크 절단에 속하지 않는 것은?

① 탄소 아크 절단
② 금속 아크 절단
③ 플라즈마 제트 절단
④ 수중 절단

30 강재의 표면에 개재물이나 탈탄층 등을 제거하기 위하여 비교적 얇고 넓게 깎아내는 가공방법은?

① 스카핑
② 가스 가우징
③ 아크 에어 가우징
④ 워터 제트 절단

> 가우징은 홈을 파는 작업으로 가스를 이용한 방법과 아크열과 공기를 이용한 방법이 있다. 워터 제트 절단은 물의 초고압 수압을 이용한 절단이다.

31 다음 중 용접기에서 모재를 (+)극에, 용접봉을 (-)극에 연결하는 아크 극성으로 옳은 것은?

① 직류 정극성
② 직류 역극성
③ 용극성
④ 비용극성

> 극성은 직류에서 모재를 기준으로 모재가 (+)극일 때를 직류 정극성, (-)극일 때를 직류 역극성이라 한다.

32 야금적 접합법의 종류에 속하는 것은?

① 납땜 이음
② 볼트 이음
③ 코터 이음
④ 리벳 이음

🔍 ②, ③, ④는 모두 기계적 접합에 속한다.

33 수중 절단작업에 주로 사용되는 연료 가스는?

① 아세틸렌
② 프로판
③ 벤젠
④ 수소

🔍 수중 절단은 수압에 견딜 수 있어야 되는데 아세틸렌은 2기압 이상이면 폭발 위험이 있으므로 사용하지 않으며, 프로판은 압력이 높아지면 액화하므로 적합하지 않다.

34 탄소 아크 절단에 압축 공기를 병용하여 전극 홀더의 구멍에서 탄소 전극봉에 나란히 분출하는 고속의 공기를 분출시켜 용융금속을 불어 내어 홈을 파는 방법은?

① 아크 에어 가우징
② 금속 아크 절단
③ 가스 가우징
④ 가스 스카핑

35 가스 용접시 팁 끝이 순간적으로 막혀 가스 분출이 나빠지고 혼합실까지 불꽃이 들어가는 현상을 무엇이라 하는가?

① 인화
② 역류
③ 점화
④ 역화

🔍 • 역류 : 토치 내부가 막혀서 고압의 산소가 아세틸렌 호스 쪽으로 흐르는 현상
• 역화 : 토치의 취급이 불량할 때 순간적으로 불꽃이 토치의 팁 끝에서 빵빵 소리를 내면서 불꽃이 꺼지는 현상

36 피복배합제의 종류에서 규산나트륨, 규산칼륨 등의 수용액이 주로 사용되며 심선에 피복제를 부착하는 역할을 하는 것은 무엇인가?

① 탈산제
② 고착제
③ 슬래그 생성제
④ 아크 안정제

🔍 규산나트륨, 규산칼륨은 슬래그 생성제, 아크 안정제, 고착제 역할을 하지만 여기서는 부착성을 물었으므로 고착제가 답이다.

37 판의 두께(t)가 3.2mm인 연강판을 가스용접으로 보수하고자 할 때 사용할 용접봉의 지름(mm)은?

① 1.6mm
② 2.0mm
③ 2.6mm
④ 3.0mm

38 가스 절단시 예열 불꽃의 세기가 강할 때의 설명으로 틀린 것은?

① 절단면이 거칠어진다.
② 드래그가 증가한다.
③ 슬래그 중의 철 성분의 박리가 어려워진다.
④ 모서리가 용융되어 둥글게 된다.

39 황(S)이 적은 선철을 용해하여 구상흑연주철을 제조시 주로 첨가하는 원소가 아닌 것은?

① Al
② Ca
③ Ce
④ Mg

40 하드필드(hadfield)강은 상온에서 오스테나이트 조직을 가지고 있다. Fe 및 C 이외에 주요 성분은?

① Ni
② Mn
③ Cr
④ Mo

🔍 하드필드강은 망간을 10% 이상 함유한 고망간강을 말하며 파쇄기, 착암기 부품 등에 쓰인다.

41 조밀육방격자의 결정구조로 옳게 나타낸 것은?

① FCC
② BCC
③ FOB
④ HCP

> • FCC : 면심입방격자
> • BCC : 체심입방격자

42 전극재료의 선택 조건을 설명한 것 중 틀린 것은?

① 비저항이 작아야 한다.
② Al과의 밀착성이 우수해야 한다.
③ 산화 분위기에서 내식성이 커야 한다.
④ 금속 규화물의 용융점이 웨이퍼 처리 온도보다 낮아야 한다.

43 7-3 황동에 주석을 1% 첨가한 것으로 전연성이 좋아 관 또는 판을 만들어 증발기, 열교환기 등에 사용되는 것은?

① 문쯔메탈
② 네이벌 황동
③ 카트리지 브레스
④ 애드미럴티 황동

> • 문쯔메탈 : Cu 60%, Zn 40%의 황동
> • 네이벌 황동 : 6 : 4 황동에 Sn 1~2% 함유한 황동
> • 카트리지 브레스 : 7:3 황동, 탄피 등 제조

44 탄소강의 표준 조직을 검사하기 위해 A_3 또는 A_{cm} 선보다 30~50℃ 높은 온도로 가열한 후 공기 중에서 냉각하는 열처리는?

① 노말라이징
② 어닐링
③ 템퍼링
④ 퀜칭

> 노말라이징 : 불림 어닐링 : 풀림, 템퍼링 : 뜨임, 퀜칭 : 담금질

45 소성 변형이 일어나면 금속이 경화하는 현상을 무엇이라 하는가?

① 탄성 경화
② 가공 경화
③ 취성 경화
④ 자연 경화

46 납 황동은 황동에 납을 첨가하여 어떤 성질을 개선한 것인가?

① 강도
② 절삭성
③ 내식성
④ 전기 전도도

47 마우러 조직도에 대한 설명으로 옳은 것은?

① 주철에서 C와 P 량에 따른 주철의 조직 관계를 표시한 것이다.
② 주철에서 C와 Mn 량에 따른 주철의 조직 관계를 표시한 것이다.
③ 주철에서 C와 Si 량에 따른 주철의 조직 관계를 표시한 것이다.
④ 주철에서 C와 S 량에 따른 주철의 조직 관계를 표시한 것이다.

48 순 구리(Cu)와 철(Fe)의 용융점은 약 몇 ℃인가?

① Cu 660℃, Fe 890℃
② Cu 1063℃, Fe 1050℃
③ Cu 1083℃, Fe 1539℃
④ Cu 1455℃, Fe 2200℃

49 게이지용 강이 갖추어야 할 성질로 틀린 것은?

① 담금질에 의한 변형이 없어야 한다.
② HRC 55 이상의 경도를 가져야 한다.
③ 열팽창 계수가 보통 강보다 커야 한다.
④ 시간에 따른 치수 변화가 없어야 한다.

> 게이지강은 열팽창계수가 적어서 열에 의한 치수 변화가 없어야 되며, 내마성이 커야 되므로 HRC(로크웰 C경도)가 55 이상 되어야 된다.

50 그림에서 마텐자이트 변태가 가장 빠른 곳은?

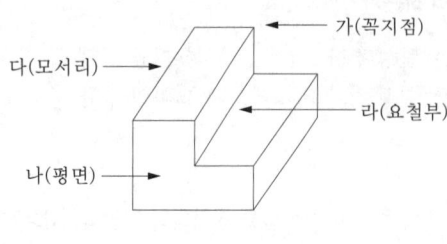

① 가　　② 나
③ 다　　④ 라

🔍 마텐자이트 조직은 강을 담금질하였을 때 생기는 조직이다. 따라서 가장 빨리 냉각되는 부분이 가장 마텐자이트 변태가 가장 빠른 곳이 된다.

51 그림과 같은 입체도의 제3각 정투상도로 가장 적합한 것은?

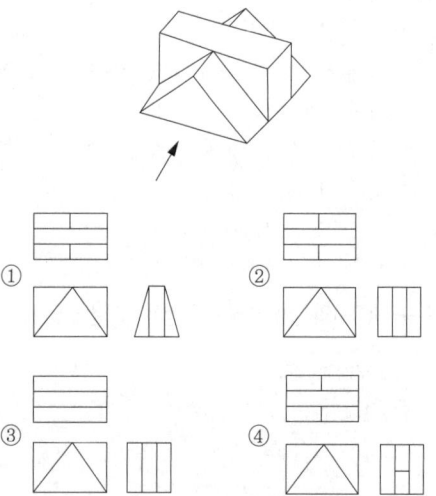

52 다음 중 저온 배관용 탄소 강관의 기호는?

① SPPS　　② SPLT
③ SPHT　　④ SPA

53 다음 중에서 이면 용접 기호는?

① ◯　　② ∨
③ ⌒　　④ ⩛

54 다음 중 현의 치수 기입을 올바르게 나타낸 것은?

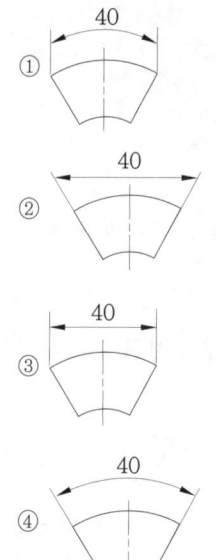

🔍 ① : 호, ④ : 각도

55 다음 중 대상물을 한쪽 단면도로 올바르게 나타낸 것은?

🔍 한쪽 단면도는 대칭인 물체에서 1/4 부분을 절단한 것으로 가상하여 나타낸 단면도로 상하 대칭인 경우 중심선에 대하여 상부에는 단면을 하단에는 외형으로 나타내는 것이 일반적이다.

56 다음 중 도면에서 단면도의 해칭에 대한 설명으로 틀린 것은?

① 해칭선은 반드시 주된 중심선에 45°로만 경사지게 긋는다.
② 해칭선은 가는 실선으로 규칙적으로 줄을 늘어 놓는 것을 말한다.
③ 단면도에 재료 등을 표시하기 위해 특수한 해칭(또는 스머징)을 할 수 있다.
④ 단면 면적이 넓을 경우에는 그 외형선에 따라 적절한 범위에 해칭(또는 스머징)을 할 수 있다.

🔍 단면에 대한 표시는 가는 실선으로 해칭하거나 색연필 등으로 단면 부분을 옅게 칠하는 방법이며 다수의 부품이 조립된 경우 다양한 각도로 경사지게 그어 나타낼 수 있다.

57 배관의 간략 도시방법 중 환기계 및 배수계의 끝장치 도시방법의 평면도에서 그림과 같이 도시된 것의 명칭은?

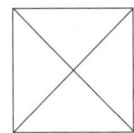

① 배수구
② 환기관
③ 벽붙이 환기 삿갓
④ 고정식 환기 삿갓

58 그림과 같은 입체도에서 화살표 방향에서 본 투상을 정면으로 할 때 평면도로 가장 적합한 것은?

①
②
③
④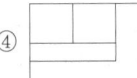

59 나사 표시가 "L 2N M50×2 - 4h"로 나타낼 때 이에 대한 설명으로 틀린 것은?

① 왼 나사이다.
② 2줄 나사이다.
③ 미터 가는 나사이다.
④ 암나사 등급이 4h이다.

60 무게 중심선과 같은 선의 모양을 가진 것은?

① 가상선
② 기준선
③ 중심선
④ 피치선

🔍 무게 중심선이나 가상선은 가는 2점 쇄선을 사용한다.

정답 용접기능사 2015년 1회

01 ③	02 ①	03 ①	04 ④	05 ①
06 ④	07 ④	08 ③	09 ③	10 ③
11 ③	12 ①	13 ①	14 ③	15 ②
16 ④	17 ③	18 ①	19 ③	20 ①
21 ③	22 ①	23 ③	24 ④	25 ③
26 ③	27 ①	28 ①	29 ④	30 ①
31 ①	32 ①	33 ④	34 ①	35 ①
36 ②	37 ①	38 ①	39 ①	40 ②
41 ④	42 ④	43 ①	44 ①	45 ②
46 ②	47 ③	48 ③	49 ③	50 ①
51 ②	52 ②	53 ③	54 ③	55 ③
56 ①	57 ④	58 ①	59 ④	60 ①

2015년 2회 용접기능사

01 용접작업 시 안전에 관한 사항으로 틀린 것은?

① 높은 곳에서 용접작업 할 경우 추락, 낙하 등의 위험이 있으므로 항상 안전벨트와 안전모를 착용한다.
② 용접작업 중에 여러 가지 유해 가스가 발생하기 때문에 통풍 또는 환기 장치가 필요하다.
③ 가연성의 분진, 화약류 등 위험물이 있는 곳에서는 용접을 해서는 안 된다.
④ 가스 용접은 강한 빛이 나오지 초기 때문에 보안경을 착용하지 않아도 괜찮다.

🔍 가스 용접의 경우도 불빛이 강하므로 적당한 차광도의 보안경을 착용해야 된다.

02 다음 전기 저항 용접법 중 주로 기밀, 수밀, 유밀성을 필요로 하는 탱크의 용접 등에 가장 적합한 것은?

① 점(spot)용접법
② 시임(seam)용접법
③ 프로젝션(projection)용접법
④ 플래시(flash)용접법

🔍 시임 용접 : 회전하는 전극과 모재 사이의 저항열을 이용하여 연속으로 점용접하는 용접법으로 기밀, 수밀, 유밀 등을 필요로 할 때 적용하는 겹치기 저항 용접법이다.

03 용접부의 중앙으로부터 양끝을 향해 용접해 나가는 방법으로, 이음의 수축에 의한 변형이 서로 대칭이 되게 할 경우에 사용되는 용착법을 무엇이라 하는가?

① 전진법
② 비석법
③ 캐스케이드법
④ 대칭법

04 불활성 가스를 이용한 용가재인 전극 와이어를 송급장치에 의해 연속적으로 보내어 아크를 발생시키는 소모식 또는 용극식 용접 방식을 무엇이라 하는가?

① TIG 용접
② MIG 용접
③ 피복아크 용접
④ 서브머지드 아크 용접

🔍 TIG 용접은 불활성 가스 분위기 속에서 텅스텐 전극과 모재 사이에 아크를 발생하여 용융지에 용가제를 첨가하여 용접하는 비소모식, 비용극식 용접법이다.

05 용접부에 결함 발생 시 보수하는 방법 중 틀린 것은?

① 기공이나 슬래그 섞임 등이 있는 경우는 깎아내고 재용접한다.
② 균열이 발견되었을 경우 균열 위에 덧살올림 용접을 한다.
③ 언더컷일 경우 가는 용접봉을 사용하여 보수한다.
④ 오버랩일 경우 일부분을 깎아내고 재용접 한다.

🔍 균열 보수 방법은 균열 끝부분에 작은 드릴 구멍(스톱홀)을 뚫고 균열부를 파낸 후 재용접한다.

06 용접할 때 용접 전 적당한 온도로 예열을 하면 냉각 속도를 느리게 하여 결함을 방지할 수 있다. 예열 온도 설명 중 옳은 것은?

① 고장력강의 경우는 용접 홈을 50~350℃로 예열
② 저합금강의 경우는 용접 홈을 200~500℃로 예열
③ 연강을 0℃ 이하에서 용접할 경우는 이음의 양쪽 폭 100mm 정도를 40~250℃로 예열
④ 주철의 경우는 용접홈을 40~75℃로 예열

07 서브머지드 아크 용접에 관한 설명으로 틀린 것은?

① 장비의 가격이 고가이다.
② 홈 가공의 정밀을 요하지 않는다.
③ 불가시 용접이다.
④ 주로 아래보기 자세로 용접한다.

🔍 서브머지드 아크 용접은 높은 전류를 사용하는 용접으로 홈 가공에 정밀도가 요구되며 홈 간격이 0.8mm 이상일 경우 이면받침판을 사용해야 된다.

08 안전표지 색채 중 방사능 표지의 색상은 어느 색인가?

① 빨강　　② 노랑
③ 자주　　④ 녹색

안전·보건표지의 색채 및 용도

색채	용도	사용례
빨간색	금지	정지신호, 소화설비 및 그 장소, 유해행위의 금지
	경고	화학물질 취급장소에서의 유해·위험 경고
노란색	경고	화학물질 취급장소에서의 유해·위험 경고 이외의 위험 경고, 주의표지 또는 기계방호물
파란색	지시	특정 행위의 지시 및 사실의 고지
녹색	안내	비상구 및 피난소 사람 또는 차량의 통행 표시
흰색	–	파란색 또는 녹색에 대한 보조색
검은색	–	문자 및 빨간색 또는 노란색에 대한 보조색

09 용접부의 시험에서 비파괴 검사로만 짝지어진 것은?

① 인장 시험 – 외관 시험
② 피로 시험 – 누설 시험
③ 형광 시험 – 충격 시험
④ 초음파 시험 – 방사선 투과시험

파괴 시험 : 인장 시험, 피로 시험, 충격 시험

10 용접 시공 시 발생하는 용접변형이나 잔류응력 발생을 최소화하기 위하여 용접순서를 정할 때 유의사항으로 틀린 것은?

① 동일평면 내에 많은 이음이 있을 때 수축은 가능한 자유단으로 보낸다.
② 중심선에 대하여 대칭으로 용접한다.
③ 수축이 적은 이음은 가능한 먼저 용접하고, 수축이 큰 이음은 나중에 한다.
④ 리벳작업과 용접을 같이 할 때에는 용접을 먼저 한다.

용접 우선순위 : 수축이 큰 맞대기 이음 등을 먼저 용접하고 수축이 적은 필릿 용접 등은 나중에 한다.

11 다음 중 용접부 검사방법에 있어 비파괴 시험에 해당하는 것은?

① 피로 시험
② 화학분석 시험
③ 용접균열 시험
④ 침투 탐상 시험

①항과 ③항은 파괴 시험, ②항은 금속학적 파괴시험에 해당된다.

12 다음 중 불활성가스(inert gas)가 아닌 것은?

① Ar　　② He
③ Ne　　④ CO_2

13 납땜에서 경납용 용제에 해당하는 것은?

① 염화아연
② 인산
③ 염산
④ 붕산

①, ②, ③항은 연납용 용제에 해당한다.

14 논 가스 아크 용접의 장점으로 틀린 것은?

① 보호 가스나 용제를 필요로 하지 않는다.
② 피복아크용접봉의 저수소계와 같이 수소의 발생이 적다.
③ 용접비드가 좋지만 슬래그 박리성은 나쁘다.
④ 용접장치가 간단하며 운반이 편리하다.

15 용접선과 하중의 방향이 평행하게 작용하는 필릿 용접은?

① 전면　　② 측면
③ 경사　　④ 변두리

전면 필릿 용접 : 용접선과 하중의 방향이 직각으로 작용하는 필릿 용접

16 납땜 시 용제가 갖추어야 할 조건이 아닌 것은?

① 모재의 불순물 등을 제거하고 유동성이 좋을 것
② 청정한 금속면의 산화를 쉽게 할 것
③ 땜납의 표면장력에 맞추어 모재와의 친화도를 높일 것
④ 납땜 후 슬래그 제거가 용이할 것

🔍 납땜시 용제는 청정한 금속의 산화를 방지할 수 있는 것을 사용해야 한다.

17 피복아크용접시 전격을 방지하는 방법으로 틀린 것은?

① 전격방지기를 부착한다.
② 용접홀더에 맨손으로 용접봉을 갈아 끼운다.
③ 용접기 내부에 함부로 손을 대지 않는다.
④ 절연성이 좋은 장갑을 사용한다.

18 맞대기이음에서 판 두께 100mm, 용접 길이 300cm, 인장하중이 9000kgf일 때 인장응력은 몇 kgf/cm²인가?

① 0.3 ② 3
③ 30   ④ 300

🔍 인장강도 = 하중/단면적 = 9000/(10×300) = 3

19 다음은 용접 이음부의 홈의 종류이다. 박판 용접에 가장 적합한 것은?

① K형
② H형
③ I형
④ V형

🔍 판 두께별 홈의 형상 : I형 〉 V형 〉 K형 〉 H형

20 주철의 보수용접방법에 해당되지 않는 것은?

① 스터드링   ② 비녀장법
③ 버터링법   ④ 백킹법

21 MIG 용접이나 탄산가스 아크 용접과 같이 전류 밀도가 높은 자동이나 반자동 용접기가 갖는 특성은?

① 수하 특성과 정전압 특성
② 정전압 특성과 상승 특성
③ 수하 특성과 상승 특성
④ 맥동 전류 특성

🔍 수하 특성은 주로 수동 용접을 하는 교류 아크 용접기나 TIG 용접기에 적용한다.

22 CO_2 가스 아크 용접에서 아크전압에 대한 설명으로 옳은 것은?

① 아크전압이 높으면 비드 폭이 넓어진다.
② 아크전압이 높으면 비드가 볼록해진다.
③ 아크전압이 높으면 용입이 깊어진다.
④ 아크전압이 높으면 아크길이가 짧다.

23 다음 중 가스 용접에서 산화불꽃으로 용접할 경우 가장 적합한 용접 재료는?

① 황동
② 모넬메탈
③ 알루미늄
④ 스테인리스

🔍 • 중성(표준) 불꽃 : 연강, 탄소강 등의 용접에 적합
• 탄화 불꽃 : 모넬메탈, Al, 스테인리스강 용접에 적합

24 용접기의 사용률이 40%인 경우 아크 시간과 휴식시간을 합한 전체시간은 10분을 기준으로 했을 때 아크 발생시간은 몇 분인가?

① 4
② 6
③ 8
④ 10

🔍 • 사용률(%) = $\dfrac{\text{아크 발생시간}}{\text{아크 발생시간 + 정지시간}} \times 100$
∴ 아크 발생시간 = 0.4 × 10 = 4

25 얇은 철판을 쌓아 포개어 놓고 한꺼번에 절단하는 방법으로 가장 적합한 것은?

① 분말절단 ② 산소창절단
③ 포갬절단 ④ 금속아크절단

26 용접봉의 용융속도는 무엇으로 표시하는가?

① 단위 시간당 소비되는 용접봉의 길이
② 단위 시간당 형성되는 비드의 길이
③ 단위 시간당 용접 입열의 양
④ 단위 시간당 소모되는 용접전류

27 전류조정을 전기적으로 하기 때문에 원격조정이 가능한 교류 용접기는?

① 가포화 리액터형 ② 가동 코일형
③ 가동 철심형   ④ 탭 전환형

> • 가동 코일형 : 1차 또는 2차 코일 중의 하나를 움직여 전류를 조절하는 형식
> • 가동 철심형 : 고정 철심 사이에 가동 코일을 움직여 전류를 조절하는 형식
> • 탭 전환형 : 탭과 탭을 전환하여 전류를 조절하는 형식

28 35℃에서 150kgf/cm²으로 압축하여 내부용적 40.7 리터의 산소 용기에 충전하였을 때, 용기속의 산소량은 몇 리터인가?

① 4470 ② 5291
③ 6105 ④ 7000

> 용기속의 가스량
> 내용적 × 게이지 압력 = 40.7 × 150 = 6105 리터

29 아크 전류가 일정할 때 아크 전압이 높아지면 용융 속도가 늦어지고, 아크 전압이 낮아지면 용융 속도는 빨라진다. 이와 같은 아크 특성은?

① 부저항 특성
② 절연회복 특성
③ 전압회복 특성
④ 아크길이 자기제어 특성

> 부저항 특성 : 전기는 옴의 법칙에 따라 동일 저항에 흐르는 전류는 그 전압에 비례하지만, 아크의 경우는 전류가 커지면 저항이 작아져서 전압도 낮아지는 현상을 말한다.

30 다음 중 산소-아세틸렌 용접법에서 전진법과 비교한 후진법의 설명으로 틀린 것은?

① 용접 속도가 느리다.
② 열 이용률이 좋다.
③ 용접변형이 작다.
④ 홈 각도가 작다.

31 다음 중 가스 절단에 있어 양호한 절단면을 얻기 위한 조건으로 옳은 것은?

① 드래그가 가능한 클 것
② 절단면 표면의 각이 예리할 것
③ 슬래그 이탈이 이루어지지 않을 것
④ 절단면이 평활하며 드래그의 홈이 깊을 것

> 양호한 절단면을 얻기 위해서는 드래그가 가능한 작고, 슬래그 이탈이 잘되며, 절단면이 평활하며, 드래그 홈이 낮아야 한다.

32 피복아크용접봉의 피복배합제 성분 중 가스발생제는?

① 산화티탄   ② 규산나트륨
③ 규산칼륨   ④ 탄산바륨

> 아크 안정제 : 산화티타늄(TiO_2), 석회석($CaCO_3$), 규산나트륨(Na_2SiO_3), 규산칼륨(K_2SiO_3) 등

33 가스절단에 대한 설명으로 옳은 것은?

① 강의 절단 원리는 예열 후 고압산소를 불어내면 강보다 용융점이 낮은 산화철이 생성되고 이때 산화철은 용융과 동시 절단된다.
② 양호한 절단면을 얻으려면 절단면이 평활하며 드래그의 홈이 높고 노치 등이 있을수록 좋다.
③ 절단산소의 순도는 절단속도와 절단면에 영향이 없다.
④ 가스절단 중에 모래를 뿌리면서 절단하는 방법을 가스분말절단이라 한다.

34 가스용접에 사용되는 가스의 화학식을 잘못 나타낸 것은?

① 아세틸렌 : C_2H_2
② 프로판 : C_3H_8
③ 에탄 : C_4H_7
④ 부탄 : C_4H_{10}

> 에탄 : C_2H_6

35 다음 중 아크 발생 초기에 모재가 냉각되어 있어 용접 입열이 부족한 관계로 아크가 불안정하기 때문에 아크 초기에만 용접 전류를 특별히 크게 하는 장치를 무엇이라 하는가?

① 원격제어장치
② 핫스타트장치
③ 고주파발생장치
④ 전격방지장치

36 납땜 용제가 갖추어야 할 조건으로 틀린 것은?

① 모재의 산화 피막과 같은 불순물을 제거하고 유동성이 좋을 것
② 청정한 금속면의 산화를 방지할 것
③ 납땜 후 슬래그의 제거가 용이할 것
④ 침지 땜에 사용되는 것은 젖은 수분을 함유할 것

> 납땜 용제 중 침지 땜에는 수분이 없어야 된다.

37 직류 아크 용접 시 정극성으로 용접할 때의 특징이 아닌 것은?

① 박판, 주철, 합금강, 비철금속의 용접에 이용된다.
② 용접봉의 녹음이 느리다.
③ 비드 폭이 좁다.
④ 모재의 용입이 깊다.

> 직류 정극성은 모재를 (+), 용접봉을 (-)에 연결하고 용접하는 방식으로, 모재쪽에 열이 70% 이상 발생하므로, 용입이 깊고 비드 폭이 좁아지게 된다.

38 피복 아크 용접 결함 중 기공이 생기는 원인으로 틀린 것은?

① 용접 분위기 가운데 수소 또는 일산화탄소 과잉
② 용접부의 급속한 응고
③ 슬래그의 유동성이 좋고 냉각하기 쉬울 때
④ 과대 전류와 용접속도가 빠를 때

39 금속재료의 경량화와 강인화를 위하여 섬유 강화금속 복합재료가 많이 연구되고 있다. 강화섬유 중에서 비금속계로 짝지어진 것은?

① K, W
② W, Ti
③ W, Be
④ SiC, Al_2O_3

40 상자성체 금속에 해당되는 것은?

① Al
② Fe
③ Ni
④ Co

> 강자성체는 자성의 성질을 강하게 갖고 있는 물질로 ②, ③, ④ 항이 해당된다.

41 동(Cu)합금 중에서 가장 큰 강도와 경도를 나타내며 내식성, 도전성, 내피로성 등이 우수하여 베어링, 스프링 및 전극재료 등으로 사용되는 재료는?

① 인(P) 청동
② 규소(Si) 동
③ 니켈(Ni) 청동
④ 베릴륨(Be) 동

42 고 Mn강으로 내마멸성과 내충격성이 우수하고, 특히 인성이 우수하기 때문에 파쇄 장치, 기차 레일, 굴착기 등의 재료로 사용되는 것은?

① 엘린바(elinvar)
② 디디뮴(didymium)
③ 스텔라이트(stellite)
④ 해드필드(hadfield)강

> 고망간강은 10~14% Mn 함유한 강으로, 오스테나이트 망간강, 하드필드강, 수인강이라고 한다. 스텔라이트는 주조경질 합금의 일종으로, Co(코발트)를 주성분으로 한 Co-Cr-W-C의 합금으로, 단조나 절삭이 안되기 때문에 주조 후 연마나 성형해서 사용한다.

43. 시험편의 지름이 15mm, 최대하중이 5200kgf일 때 인장강도는?

① 16.8kgf/mm²
② 29.4kgf/mm²
③ 33.8kgf/mm²
④ 55.8kgf/mm²

> 인장강도 = $\dfrac{\text{하중}}{\text{단면적}} = \dfrac{5200}{\dfrac{\pi \times 15^2}{4}} = 29.4$

44. 다음의 금속 중 경금속에 해당하는 것은?

① Cu   ② Be
③ Ni   ④ Sn

> 경금속과 중금속의 구분은 비중 4.5(5.0)를 기준으로 하여 이보다 비중이 가벼운 금속은 경금속, 무거운 금속은 중금속이라 한다. Cu(구리) : 8.9, Be(베릴륨) : 1.84, Ni(니켈) : 8.8, Sn(주석) : 7.28

45. 순철의 자기변태(A₂)점 온도는 약 몇 ℃인가?

① 210℃
② 768℃
③ 910℃
④ 1400℃

> ①항은 시멘타이트의 자기 변태점, ③항과 ④항은 순철의 동소 변태점이다.

46. 주철의 일반적인 성질을 설명한 것 중 틀린 것은?

① 용탕이 된 주철은 유동성이 좋다.
② 공정 주철의 탄소량은 4.3% 정도이다.
③ 강보다 용융 온도가 높아 복잡한 형상이라도 주조하기 어렵다.
④ 주철에 함유하는 전탄소(total carbon)는 흑연+화합탄소로 나타낸다.

> 주철은 용융점이 1200℃(공정 주철은 1130℃, 4.3%C) 내외로 강보다 낮으며, 유동성이 좋아 복잡한 형상도 주조가 쉽다.

47. 포금(gun metal)에 대한 설명으로 틀린 것은?

① 내해수성이 우수하다.
② 성분은 8~12%Sn 청동에 1~2%Zn을 첨가한 합금이다.
③ 용해주조 시 탈산제로 사용되는 P의 첨가량을 많이 하여 합금 중에 P를 0.05~0.5% 정도 남게 한 것이다.
④ 수압, 수증기에 잘 견디므로 선박용 재료로 널리 사용된다.

48. 황동은 도가니로, 전기로 또는 반사로 등에서 용해하는데, Zn의 증발로 손실이 있기 때문에 이를 억제하기 위해서는 용탕 표면에 어떤 것을 덮어 주는가?

① 소금   ② 석회석
③ 숯가루   ④ Al 분말가루

49. 건축용 철골, 볼트, 리벳 등에 사용되는 것으로 연신율이 약 22%이고, 탄소함량이 약 0.15%인 강재는?

① 연강   ② 경강
③ 최경강   ④ 탄소공구강

> • 극연강 : 0.12%C   • 연강 : 0.2%C 이하의 강
> • 반연강 : 0.3%C 이하   • 반경강 : 0.4%C 이하
> • 경강 : 0.5%C 이하   • 최경강 : 0.5~0.8%C
> • 탄소 공구강 : 0.6%C 이하

50. 저용융점(fusible) 합금에 대한 설명으로 틀린 것은?

① Bi를 55% 이상 함유한 합금은 응고 수축을 한다.
② 용도로는 화재통보기, 압축공기용 탱크 안전밸브 등에 사용된다.
③ 33~66%Pb를 함유한 Bi 합금은 응고 후 시효 진행에 따라 팽창현상을 나타낸다.
④ 저용융점 합금은 약 250℃ 이하의 용융점을 갖는 것이며 Pb, Bi, Sn, Cd, In 등의 합금이다.

> 저융점 합금 : 일반적으로 주석의 용융점(232℃)보다 낮은 융점의 금속을 말한다.

51 치수 기입 방법이 틀린 것은?

①
②
③
④

52 다음과 같은 배관의 등각 투상도(isometric drawing)를 평면도로 나타낸 것으로 맞는 것은?

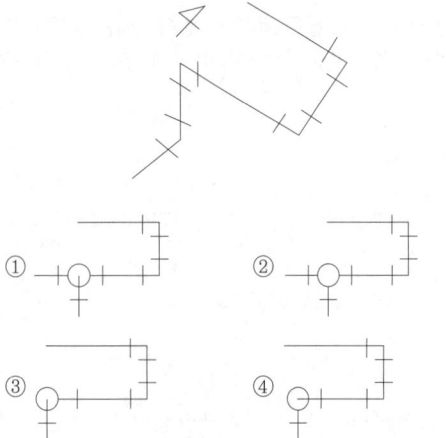

53 표제란에 표시하는 내용이 아닌 것은?

① 재질
② 척도
③ 각법
④ 제품명

🔍 표제란은 도면의 명찰에 해당되며 도명, 도번, 제품명, 각법, 척도, 제도자, 사도자, 검토자 등이 기입되며, 부품표에는 품번, 품명, 재질, 수량, 비고 등이 기록된다.

54 그림과 같은 용접기호의 설명으로 옳은 것은?

① U형 맞대기 용접, 화살표쪽 용접
② V형 맞대기 용접, 화살표쪽 용접
③ U형 맞대기 용접, 화살표 반대쪽 용접
④ V형 맞대기 용접, 화살표 반대쪽 용접

🔍 실선 위의 기호는 U형 맞대기 용접을 의미하며, 실선에 이 기호가 있으므로 화살표 쪽에서 U형 맞대기 용접함을 의미한다.

55 전기아연도금 강판 및 강대의 KS기호 중 일반용 기호는?

① SECD
② SECE
③ SEFC
④ SECC

56 보기 도면은 정면도와 우측면도만이 올바르게 도시되어 있다. 평면도로 가장 적합한 것은?

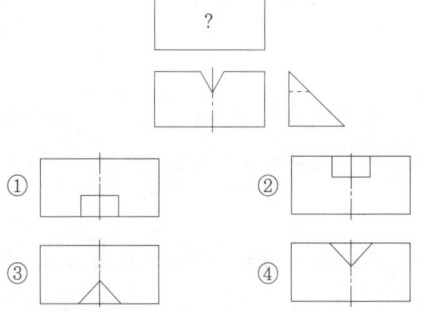

57 선의 종류와 용도에 대한 설명의 연결이 틀린 것은?

① 가는 실선 : 짧은 중심을 나타내는 선
② 가는 파선 : 보이지 않는 물체의 모양을 나타내는 선
③ 가는 1점 쇄선 : 기어의 피치원을 나타내는 선
④ 가는 2점 쇄선 : 중심이 이동한 중심궤적을 표시하는 선

58 그림의 입체도를 제3각법으로 올바르게 투상한 투상도는?

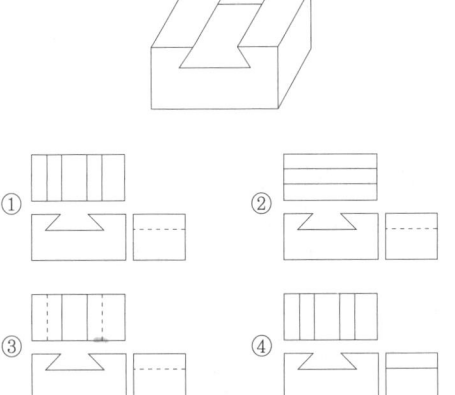

59 KS에서 규정하는 체결부품의 조립 간략 표시방법에서 구멍에 끼워 맞추기 위한 구멍, 볼트, 리벳의 기호 표시 중 공장에서 드릴 가공 및 끼워 맞춤을 하는 것은?

60 그림과 같은 단면도에서 "A"가 나타내는 것은?

① 바닥 표시 기호
② 대칭 도시 기호
③ 반복 도형 생략 기호
④ 한쪽 단면도 표시 기호

🔍 그림은 한쪽 단면도를 나타낸 것으로 붕심선을 기준으로 양쪽이 동일한 형상임을 나타낸 것이다.

정답 용접기능사 2015년 2회

01 ④	02 ②	03 ④	04 ②	05 ②
06 ①	07 ②	08 ②	09 ④	10 ③
11 ④	12 ④	13 ④	14 ③	15 ②
16 ②	17 ②	18 ②	19 ③	20 ④
21 ②	22 ①	23 ①	24 ①	25 ③
26 ①	27 ①	28 ③	29 ④	30 ①
31 ②	32 ④	33 ①	34 ③	35 ②
36 ④	37 ①	38 ③	39 ④	40 ①
41 ④	42 ①	43 ②	44 ④	45 ②
46 ③	47 ③	48 ③	49 ①	50 ①
51 ②	52 ④	53 ①	54 ④	55 ④
56 ③	57 ④	58 ③	59 ①	60 ②

2015년 3회 용접기능사

01 다음 중 텅스텐과 몰리브덴 재료 등을 용접하기에 가장 적합한 용접은?

① 전자 빔 용접
② 일렉트로 슬래그 용접
③ 탄산가스 아크 용접
④ 서브머지드 아크 용접

🔍 전자 빔 용접은 높은 진공실 속에서 음극으로부터 방출된 전자를 고전압으로 가속시켜 피용접물과 충돌에 의한 에너지로 용접하는 방법이다.

02 서브머지드 아크 용접시, 받침쇠를 사용하지 않을 경우 루트 간격을 몇 mm 이하로 하여야 하는가?

① 0.2
② 0.4
③ 0.6
④ 0.8

🔍 받침쇠를 사용하지 않을 경우에는 루트 간격 0.8mm 이하로 사용한다.

03 연납땜 중 내열성 땜납으로 주로 구리, 황동용에 사용되는 것은?

① 인동납
② 황동납
③ 납-은납
④ 은납

04 용접부 검사법 중 기계적 시험법이 아닌 것은?

① 굽힘 시험
② 경도 시험
③ 인장 시험
④ 부식 시험

🔍 화학적 시험에는 화학 분석, 부식, 함유 수소 시험 등이 있다.

05 일렉트로 가스 아크 용접의 특징 설명 중 틀린 것은?

① 판 두께에 관계없이 단층으로 상진 용접한다.
② 판 두께가 얇을수록 경제적이다.
③ 용접속도는 자동으로 조절된다.
④ 정확한 조립이 요구되며, 이동용 냉각 동판에 급수 장치가 필요하다.

06 텅스텐 전극봉 중에서 전자 방사능력이 현저하게 뛰어난 장점이 있으며 불순물이 부착되어도 전자 방사가 잘 되는 전극은?

① 순텅스텐 전극
② 토륨 텅스텐 전극
③ 지르코늄 텅스텐 전극
④ 마그네슘 텅스텐 전극

🔍 토륨 텅스텐은 전류 전도성이 좋아 아크가 안정되고 방사능력이 뛰어나며 강, 스테인리스, 동합금에 적합하다.

07 다음 중 표면 피복 용접을 올바르게 설명한 것은?

① 연강과 고장력강의 맞대기 용접을 말한다.
② 연강과 스테인리스강의 맞대기 용접을 말한다.
③ 금속 표면에 다른 종류의 금속을 용착시키는 것을 말한다.
④ 스테인리스 강판과 연강판재를 접합시 스테인리스 강판에 구멍을 뚫어 용접하는 것을 말한다.

08 산업용 용접 로봇의 기능이 아닌 것은?

① 작업 기능
② 제어 기능
③ 계측인식 기능
④ 감정 기능

🔍 감정 기능은 로봇 기능이 아니다.

09 불활성 가스 금속 아크 용접(MIG)의 용착효율은 얼마 정도인가?

① 58% ② 78%
③ 88% ④ 98%

10 다음 중 일렉트로 슬래그 용접의 특징으로 틀린 것은?

① 박판용접에는 적용할 수 없다.
② 장비 설치가 복잡하며 냉각장치가 요구된다.
③ 용접시간이 길고 장비가 저렴하다.
④ 용접 진행 중 용접부를 직접 관찰할 수 없다.

🔍 일렉트로 슬래그 용접은 원판의 용접에 적당하며, 1m 두께의 강판을 연속 용접이 가능하고 장비가 고가이다.

11 용접에 있어 모든 열적 요인 중 가장 영향을 많이 주는 요소는?

① 용접 입열
② 용접 재료
③ 주위 온도
④ 용접 복사열

🔍 용접 입열은 용접부에 외부에서 주어지는 열량으로 모재에 흡수된 열량은 입열의 75~85% 정도이다.

12 사고의 원인 중 인적 사고 원인에서 선천적 원인은?

① 신체의 결함
② 무지
③ 과실
④ 미숙련

13 TIG 용접에서 직류 정극성을 사용하였을 때 용접효율을 올릴 수 있는 재료는?

① 알루미늄 ② 마그네슘
③ 마그네슘 주물 ④ 스테인리스강

14 재료의 인장 시험방법으로 알 수 없는 것은?

① 인장 강도 ② 단면 수축율
③ 피로 강도 ④ 연신율

🔍 피로 강도는 피로 시험으로 파악할 수 있다.

15 용접 변형 방지법의 종류에 속하지 않는 것은?

① 억제법
② 역변형법
③ 도열법
④ 취성 파괴법

🔍 용접 변형 방지법 : 억제법, 역변형법, 도열법, 피닝법 등

16 솔리드 와이어와 같이 단단한 와이어를 사용할 경우 적합한 용접 토치 형태로 옳은 것은?

① Y형 ② 커브형
③ 직선형 ④ 피스톨형

17 안전·보건표지의 색채, 색도기준 및 용도에서 색채에 따른 용도를 올바르게 나타낸 것은?

① 빨간색 : 안내 ② 파란색 : 지시
③ 녹색 : 경고 ④ 노란색 : 금지

🔍 안전·보건표지의 색채 및 용도

색채	용도	사용례
빨간색	금지	정지신호, 소화설비 및 그 장소, 유해행위의 금지
	경고	화학물질 취급장소에서의 유해·위험 경고
노란색	경고	화학물질 취급장소에서의 유해·위험 경고 이외의 위험 경고, 주의표지 또는 기계방호물
파란색	지시	특정 행위의 지시 및 사실의 고지
녹색	안내	비상구 및 피난소 사람 또는 차량의 통행 표시
흰색	–	파란색 또는 녹색에 대한 보조색
검은색	–	문자 및 빨간색 또는 노란색에 대한 보조색

18 용접금속의 구조상의 결함이 아닌 것은?

① 변형
② 기공
③ 언더컷
④ 균열

- 구조상 결함 : 기공, 슬래그 섞임, 용입 불량, 융합 불량, 언더컷, 오버랩, 균열, 표면 결함
- 치수상 결함 : 변형, 용접 금속부 크기 및 형상 부적당

19 금속재료의 미세조직을 금속현미경을 사용하여 광학적으로 관찰하고 분석하는 현미경 시험의 진행순서로 맞는 것은?

① 시료채취 → 연마 → 세척 및 건조 → 부식 → 현미경 관찰
② 시료채취 → 연마 → 부식 → 세척 및 건조 → 현미경 관찰
③ 시료채취 → 세척 및 건조 → 연마 → 부식 → 현미경 관찰
④ 시료채취 → 세척 및 건조 → 부식 → 연마 → 현미경 관찰

20 강판의 두께가 12mm, 폭 100mm인 평판을 V형 홈으로 맞대기 용접 이음할 때, 이음효율 η = 0.8로 하면 인장력 P는?(단, 재료의 최저인장강도는 40N/mm²이고, 안전율은 4로 한다.)

① 960N
② 9600N
③ 860N
④ 8600N

- 허용응력(σ) = $\dfrac{최저\ 인장강도}{안전율}$
- 인장력(p) = 이음효율(η) × 허용응력(σ) × 면적(A)
  = 0.8 × 10 × 1200 = 9600

21 다음 중 목재, 섬유류, 종이 등에 의한 화재의 급수에 해당하는 것은?

① A급
② B급
③ C급
④ D급

- A급 (일반 화재) : 종이, 목재, 석탄 등
- B급 (유류 화재) : 휘발유, 벤젠 등
- C급 (전기 화재)
- D급 (금속 화재)
- E급 (가스 화재)

22 용접부의 시험 중 용접성 시험에 해당하지 않는 시험법은?

① 노치 취성 시험
② 열특성 시험
③ 용접 연성 시험
④ 용접 균열 시험

23 다음 중 가스 용접의 특징으로 옳은 것은?

① 아크 용접에 비해 불꽃의 온도가 높다.
② 아크 용접에 비해 유해광선의 발생이 많다.
③ 전원 설비가 없는 곳에서는 쉽게 설치할 수 없다.
④ 폭발의 위험이 크고 금속이 탄화 및 산화될 가능성이 없다.

- 아크 용접에 비해 불꽃 온도가 낮으며, 유해 광선 발생도 적고, 쉽게 설치할 수 있다.

24 산소-아세틸렌 용접에서 표준불꽃으로 연강판 두께 2mm를 60분간 용접하였더니 200리터의 아세틸렌가스가 소비되었다면 다음 중 가장 적당한 가변압식 팁의 번호는?

① 100번
② 200번
③ 300번
④ 400번

- 가변압식 팁 번호는 1시간 동안 표준 불꽃을 이용하여 용접할 경우 아세틸렌 가스의 소비량으로 나타내므로 200리터 사용하였으므로 200번이 적당하다.

25 연강용 가스 용접봉의 시험편 처리 표시 기호 중 NSR의 의미는?

① 625±25℃로써 용착금속의 응력을 제거한 것
② 용착금속의 인장강도를 나타낸 것
③ 용착금속의 응력을 제거하지 않은 것
④ 연신율을 나타낸 것

26 피복 아크 용접에서 사용하는 아크 용접용 기구가 아닌 것은?

① 용접 케이블
② 접지 클램프
③ 용접 홀더
④ 팁 크리너

팁 크리너는 가스 용접용 기구이다.

27 피복아크 용접봉의 피복제의 주된 역할로 옳은 것은?

① 스패터의 발생을 많게 한다.
② 용착 금속의 필요한 합금원소를 제거한다.
③ 모재 표면에 산화물이 생기게 한다.
④ 용착 금속의 냉각속도를 느리게 하여 급랭을 방지한다.

피복제는 스패터 발생을 적게 하고 용착 금속의 필요한 합금원소를 첨가시키며, 모재 표면에 산화물을 제거하여 양호한 용접부를 만든다.

28 용접의 특징에 대한 설명으로 옳은 것은?

① 복잡한 구조물 제작이 어렵다.
② 기밀, 수밀, 유밀성이 나쁘다.
③ 변형의 우려가 없어 시공이 용이하다.
④ 용접사의 기량에 따라 용접부의 품질이 좌우된다.

29 가스 절단에서 팁(Tip)의 백심 끝과 강판 사이의 간격으로 가장 적당한 것은?

① 0.1~0.3mm
② 0.4~1mm
③ 1.5~2mm
④ 4~5 mm

예열 불꽃의 백심 끝이 모재 표면에서 약 1.5~ 2.0mm가 적당하다.

30 스카핑 작업에서 냉간재의 스카핑 속도로 가장 적합한 것은?

① 1~3 m/min
② 5~7 m/min
③ 10~15 m/min
④ 20~25 m/min

31 AW-300, 무부하 전압 80V, 아크 전압 20V인 교류용접기를 사용할 때, 다음 중 역률과 효율을 올바르게 계산한 것은?(단, 내부손실을 4kW라 한다.)

① 역률 : 80.0%, 효율 : 20.6%
② 역률 : 20.6%, 효율 : 80.0%
③ 역률 : 60.0%, 효율 : 41.7%
④ 역률 : 41.7%, 효율 : 60.0%

32 가스 용접에서 후진법에 대한 설명으로 틀린 것은?

① 전진법에 비해 용접변형이 작고 용접속도가 빠르다.
② 전진법에 비해 두꺼운 판의 용접에 적합하다.
③ 전진법에 비해 열 이용율이 좋다.
④ 전진법에 비해 산화의 정도가 심하고 용착금속 조직이 거칠다.

후진법은 산화 정도가 약하고 용착 금속 조직이 미세하다.

33 피복아크용접에 관한 사항으로 아래 그림의 (   )에 들어가야 할 용어는?

① 용락부
② 용융지
③ 용입부
④ 열영향부

34 용접봉에서 모재로 용융금속이 옮겨가는 이행형식이 아닌 것은?

① 단락형
② 글로뷸러형
③ 스프레이형
④ 철심형

이행형식에는 단락형, 글로뷸러형, 스프레이형이 있다.

35 직류 아크용접에서 용접봉의 용융이 않고, 모재의 용입이 깊어지는 극성은?

① 직류 정극성
② 직류 역극성
③ 용극성
④ 비용극성

36 아세틸렌 가스의 성질로 틀린 것은?

① 순수한 아세틸렌 가스는 무색무취이다.
② 금, 백금, 수은 등을 포함한 모든 원소와 화합시 산화물을 만든다.
③ 각종 액체에 잘 용해되며, 물에는 1배, 알코올에는 6배 용해된다.
④ 산소와 적당히 혼합하여 연소시키면 높은 열을 발생한다.

37 아크 용접기에서 부하전류가 증가하여도 단자 전압이 거의 일정하게 되는 특성은?

① 절연 특성
② 수하 특성
③ 정전압 특성
④ 보존 특성

🔍 정전압 특성은 수하 특성과 반대로 부하 전압이 변화하여도 단자 전압은 거의 변하지 않는 특성을 말한다.

38 피복제 중에 산화티탄을 약 35% 정도 포함하였고 슬래그의 박리성이 좋아 비드의 표면이 고우며 작업성이 우수한 특징을 지닌 연강용 피복 아크 용접봉은?

① E4301
② E4311
③ E4313
④ E4316

🔍 E4313은 고산화티탄계로 일반 경구조물 용접에 많이 사용된다.

39 상율(Phase Rule)과 무관한 인자는?

① 자유도
② 원소 종류
③ 상의 수
④ 성분 수

40 공석조성을 0.80%C라고 하면, 0.2%C 강의 상온에서의 초석페라이트와 펄라이트의 비는 약 %인가?

① 초석페라이트 75% : 펄라이트 25%
② 초석페라이트 25% : 펄라이트 75%
③ 초석페라이트 80% : 펄라이트 20%
④ 초석페라이트 20% : 펄라이트 80%

41 금속의 물리적 성질에서 자성에 관한 설명 중 틀린 것은?

① 연철은 잔류자기는 작으나 보자력이 크다.
② 영구자석재료는 쉽게 자기를 소실하지 않는 것이 좋다.
③ 금속을 자석에 접근시킬 때 금속에 자석의 극과 반대의 극이 생기는 금속을 상자성체라 한다.
④ 자기장의 강도가 증가하면 자화되는 강도도 증가하나 어느 정도 진행되면 포화점에 이르는 이 점을 퀴리점이라 한다.

42 다음 중 탄소강의 표준 조직이 아닌 것은?

① 페라이트
② 펄라이트
③ 시멘타이트
④ 마텐자이트

🔍 마텐자이트는 강철을 담금질하면 고온에서 안정된 오스테나이트로부터 실온에서 안정한 α철과 시멘타이트로 구성되는 조직으로 변화하는 변태가 일부 저지되어 형성되는 단단한 조직이다.

43 주요성분이 Ni-Fe 합금인 불변강의 종류가 아닌 것은?

① 인바
② 모넬메탈
③ 엘린바
④ 플래티나이트

🔍 모넬메탈은 Ni-Cu 합금으로 내식성, 내열성이 좋고, 기계적 성질도 뛰어나다.

44 탄소강 중에 함유된 규소의 일반적인 영향 중 틀린 것은?

① 경도의 상승
② 연신율의 감소
③ 용접성의 저하
④ 충격값의 증가

45 다음 중 이온화 경향이 가장 큰 것은?

① Cr
② K
③ Sn
④ H

> 이온화 경향 크기 : K 〉 Cr 〉 Sn 〉 H

46 실온까지 온도를 내려 다른 형상으로 변형시켰다가 다시 온도를 상승시키면 어느 일정한 온도 이상에서 원래의 형상으로 변화하는 합금은?

① 제진합금
② 방진합금
③ 비경질합금
④ 형상기억합금

> 형상기억합금은 힘을 가해서 변형을 시켜도 본래의 형상을 기억하고 있어 조금만 가열해도 곧 본래의 형상으로 복원하는 합금을 말한다.

47 금속에 대한 설명으로 틀린 것은?

① 리튬(Li)은 물보다 가볍다.
② 고체 상태에서 결정구조를 가진다.
③ 텅스텐(W)은 이리듐(Ir)보다 비중이 크다.
④ 일반적으로 용융점이 높은 금속은 비중도 큰 편이다.

> 텅스텐 비중 : 18.6, 이리듐 비중 : 22.42

48 고강도 Al 합금으로 조성이 Al – Cu – Mg – Mn인 합금은?

① 라우탈
② Y-합금
③ 두랄루민
④ 하이드로날륨

> 두랄루민은 알루미늄 합금 중 가공용으로 강력한 재료의 거의 대부분을 차지하고 있다.

49 7:3 황동에 1% 내외의 Sn을 첨가하여 열교환기, 증발기 등에 사용되는 합금은?

① 코슨 황동
② 네이벌 황동
③ 애드미럴티 황동
④ 에버듀어 메탈

50 구리에 5~20% Zn을 첨가한 황동으로 강도는 낮으나 전연성이 좋고 색깔이 금색에 가까워, 모조금이나 판 및 선 등에 사용되는 것은?

① 톰백
② 켈밋
③ 포금
④ 문쯔메탈

> 톰백은 구리 합금으로 8~20%의 아연을 구리에 첨가한 것으로 아연이 20% 전후인 것은 연성이 크며, 금박의 대용품으로 사용된다.

51 열간 성형 리벳의 종류별 호칭길이(L)를 표시한 것 중 잘못 표시된 것은?

①
②
③
④

52 다음 중 배관용 탄소 강관의 재질 기호는?

① SPA
② STK
③ SPP
④ STS

> • ① 배관용 합금 강관(KS)
> • ② 일반 구조용 탄소 강관(JIS)
> • ④ 고압배관용 탄소 강관(JIS)

53 그림과 같은 KS 용접 보조기호의 설명으로 옳은 것은?

① 필릿 용접부 토우를 매끄럽게 함
② 필릿 용접 중앙부를 볼록하게 다듬질
③ 필릿 용접 끝단부에 영구적인 덮개 판을 사용
④ 필릿 용접 중앙부에 제거 가능한 덮개 판을 사용

54 그림과 같은 경 ㄷ 형강의 치수 기입 방법으로 옳은 것은?(단, L은 형강의 길이를 나타낸다.)

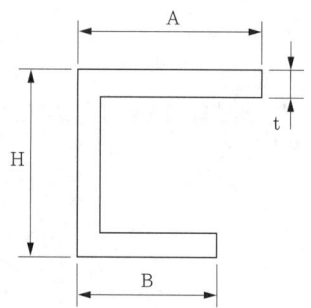

① ㄷ A×B×H×t - L
② ㄷ H×A×B×t - L
③ ㄷ B×A×H×t - L
④ ㄷ H×B×A×L - t

55 도면에서 반드시 표제란에 기입해야 하는 항목으로 틀린 것은?

① 재질　　　　② 척도
③ 투상법　　　④ 도명

🔍 표제란은 도면의 일부에 위치하며 도명, 도면 번호, 제도 회사, 척도, 투상법, 도면작성년월일·책임자의 서명을 기입한다.

56 선의 종류와 명칭이 잘못된 것은?

① 가는 실선 - 해칭선
② 굵은 실선 - 숨은선
③ 가는 2점 쇄선 - 가상선
④ 가는 1점 쇄선 - 피치선

🔍 굵은 실선은 물체의 보이는 부분의 모양을 표시한 선이다.

57 그림과 같은 입체도에서 화살표 방향을 정면으로 할 때 평면도로 가장 적합한 것은?

58 도면의 밸브 표시 방법에서 안전밸브에 해당되는 것은?

🔍 ① : 체크밸브, ② : 게이트 밸브

59 제 1각법과 제 3각법에 대한 설명 중 틀린 것은?

① 제 3각법은 평면도를 정면도의 위에 그린다.
② 제 1각법은 저면도를 정면도의 아래에 그린다.
③ 제 3각법의 원리는 눈 → 투상면 → 물체의 순서가 된다.
④ 제 1각법에서 우측면도는 정면도를 기준으로 본 위치와는 반대쪽인 좌측에 그려진다.

🔍 1각법은 저면도를 정면도 위에 그린다.

60 일반적으로 치수선을 표시할 때 치수선 양 끝에 치수가 끝나는 부분임을 나타내는 형상으로 사용하는 것이 아닌 것은?

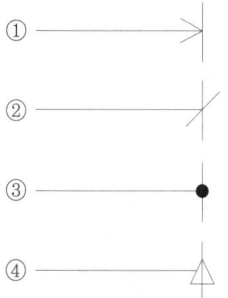

정답	용접기능사 2015년 3회			
01 ①	02 ④	03 ③	04 ④	05 ②
06 ②	07 ③	08 ④	09 ④	10 ③
11 ①	12 ①	13 ④	14 ③	15 ④
16 ②	17 ②	18 ①	19 ①	20 ②
21 ①	22 ②	23 ④	24 ②	25 ③
26 ④	27 ②	28 ②	29 ③	30 ②
31 ④	32 ④	33 ④	34 ④	35 ①
36 ②	37 ③	38 ③	39 ②	40 ①
41 ①	42 ④	43 ②	44 ④	45 ②
46 ④	47 ③	48 ③	49 ③	50 ①
51 ④	52 ③	53 ①	54 ②	55 ①
56 ②	57 ①	58 ③	59 ②	60 ④

2015년 4회 용접기능사

01 초음파 탐상법의 종류에 속하지 않는 것은?

① 투과법
② 펄스반사법
③ 공진법
④ 극간법

> 초음파 탐상법에는 투과법, 펄스 반사법, 공진법이 있다.

02 CO_2 가스 아크 용접에서 기공의 발생 원인으로 틀린 것은?

① 노즐에 스패터가 부착되어 있다.
② 노즐과 모재 사이의 거리가 짧다.
③ 모재가 오염(기름, 녹, 페인트)되어 있다.
④ CO_2 가스의 유량이 부족하다.

> 노즐과 모재 사이의 거리가 길 때 기공이 발생된다.

03 연납과 경납을 구분하는 온도는?

① 550℃　　② 450℃
③ 350℃　　④ 250℃

> 연납땜 : 450℃ 이하, 경납땜 : 450℃ 이상

04 전기저항용접 중 플래시 용접 과정의 3단계를 순서대로 바르게 나타낸 것은?

① 업셋 → 플래시 → 예열
② 예열 → 업셋 → 플래시
③ 예열 → 플래시 → 업셋
④ 플래시 → 업셋 → 예열

> 플래시 용접은 예열, 플래시, 업셋 3단계로 구분된다.

05 용접작업 중 지켜야 할 안전사항으로 틀린 것은?

① 보호 장구를 반드시 착용하고 작업한다.
② 훼손된 케이블은 사용 후에 보수한다.
③ 도장된 탱크 안에서의 용접은 충분히 환기시킨 후 작업한다.
④ 전격 방지기가 설치된 용접기를 사용한다.

> 훼손된 케이블은 사용 전에 바로 보수해야 감전의 우려가 없다.

06 전격의 방지대책으로 적합하지 않는 것은?

① 용접기의 내부는 수시로 열어서 점검하거나 청소한다.
② 홀더나 용접봉은 절대로 맨손으로 취급하지 않는다.
③ 절연 홀더의 절연부분이 파손되면 즉시 보수하거나 교체한다.
④ 땀, 물 등에 의해 습기찬 작업복, 장갑, 구두 등은 착용하지 않는다.

07 용접 홈 이음 형태 중 U형은 루트 반지름을 가능한 크게 만드는데 그 이유로 가장 알맞은 것은?

① 큰 개선각도　　② 많은 용착량
③ 충분한 용입　　④ 큰 변형량

08 다음 중 용접 후 잔류응력완화법에 해당하지 않는 것은?

① 기계적응력완화법　　② 저온응력완화법
③ 피닝법　　④ 화염경화법

> 잔류응력완화법은 저온응력완화법, 기계적응력 완화법, 피닝법이 있다.

09 용접 지그나 고정구의 선택 기준 설명 중 틀린 것은?

① 용접하고자 하는 물체의 크기를 튼튼하게 고정시킬 수 있는 크기와 강성이 있어야 한다.
② 용접 응력을 최소화할 수 있도록 변형이 자유스럽게 일어날 수 있는 구조이어야 한다.
③ 피용접물의 고정과 분해가 쉬워야 한다.
④ 용접간극을 적당히 받쳐주는 구조이어야 한다.

🔍 변형이 자유롭게 일어나지 않아야 한다.

10 다음 중 CO_2 가스 아크 용접의 장점으로 틀린 것은?

① 용착 금속의 기계적 성질이 우수하다.
② 슬래그 혼입이 없고, 용접 후 처리가 간단하다.
③ 전류밀도가 높아 용입이 깊고, 용접 속도가 빠르다.
④ 풍속 2m/s 이상이 바람에도 영향을 받지 않는다.

🔍 바람의 영향을 받으므로 풍속 2m/s 이상에서는 방풍 장치가 필요하다.

11 다음 중 용접 작업 전 예열을 하는 목적으로 틀린 것은?

① 용접 작업성의 향상을 위하여
② 용접부의 수축 변형 및 잔류 응력을 경감시키기 위하여
③ 용접금속 및 열 영향부의 연성 또는 인성을 향상시키기 위하여
④ 고탄소강이나 합금강의 열 영향부 경도를 높게 하기 위하여

12 다음 중 다층용접 시 적용하는 용착법이 아닌 것은?

① 빌드업법   ② 캐스케이드법
③ 스킵법   ④ 전진블록법

🔍 다층용접 방법에는 덧살올림법(빌드업법), 캐스케이드법, 전진블록법이 있다.

13 다음 중 용접자세 기호로 틀린 것은?

① F   ② V
③ H   ④ OS

🔍 F : 아래보기, V : 수직, H : 수평, OH : 위보기

14 피복아크 용접 시 지켜야 할 유의사항으로 적합하지 않은 것은?

① 작업 시 전류는 적정하게 조절하고 정리 정돈을 잘하도록 한다.
② 작업을 시작하기 전에는 메인스위치를 작동시킨 후에 용접기 스위치를 작동시킨다.
③ 작업이 끝나면 항상 메인스위치를 먼저 끈 후에 용접기 스위치를 꺼야 한다.
④ 아크 발생 시 항상 안전에 신경을 쓰도록 한다.

🔍 작업이 끝나면 용접기 스위치를 끈 뒤 메인 스위치를 내려야 한다.

15 자동화 용접장치의 구성요소가 아닌 것은?

① 고주파 발생장치   ② 칼럼
③ 트랙   ④ 갠트리

16 주철 용접 시 주의사항으로 옳은 것은?

① 용접 전류는 약간 높게 하고 운봉하여 곡선비드를 배치하며 용입을 깊게 한다.
② 가스 용접 시 중성불꽃 또는 산화불꽃을 사용하고 용제는 사용하지 않는다.
③ 냉각되어 있을 때 피닝작업을 하여 변형을 줄이는 것이 좋다.
④ 용접봉의 지름은 가는 것을 사용하고, 비드의 배치는 짧게 하는 것이 좋다.

🔍 주철 용접시 주의사항
• 용접 전류는 필요 이상 높이지 말고 직선 비드를 배치할 것이며 지나치게 용입을 깊게 하지 않는다.
• 가스 용접시 중성불꽃 또는 약한 탄화 불꽃을 사용하며 용제를 충분히 사용해야 한다.
• 가열되어 있을 때 피닝작업을 하여 변형을 줄이는 것이 좋다.

17 다음 중 테르밋 용접의 특징에 관한 설명으로 틀린 것은?

① 용접 작업이 단순하다.
② 용접기구가 간단하고, 작업장소의 이동이 쉽다.
③ 용접 시간이 길고, 용접 후 변형이 크다.
④ 전기가 필요없다.

> 테르밋 용접은 용접 시간이 비교적 짧고, 용접 후 변형도 적다.

18 용접 진행 방향과 용착 방향이 서로 반대가 되는 방법으로 잔류 응력은 다소 적게 발생하나 작업의 능률이 떨어지는 용착법은?

① 전진법   ② 후진법
③ 대칭법   ④ 스킵법

> • 전진법 : 한 끝에서 다른 쪽 끝을 향해 연속적으로 진행하는 간단한 방법으로 용접 길이가 짧은 경우나 변형과 잔류 응력이 그다지 문제가 되지 않을 때 이용된다.
> • 대칭법 : 용접부의 중앙으로부터 양끝을 향해 대칭적으로 용접해 나가는 방법으로 이음 수축에 의한 변형이 서로 대칭이 되게 할 경우에 사용된다.
> • 스킵법 : 비석법이라 하며 용접 길이를 짧게 나누어 간격을 두면서 용접하는 방법으로 피용접물 전체에 변형이나 잔류 응력이 적게 발생하도록 하는 용착 방법이다.

19 서브머지드 아크 용접의 특징으로 틀린 것은?

① 콘택트 팁에서 통전되므로 와이어 중에 저항열이 적게 발생되어 고전류 사용이 가능하다.
② 아크가 보이지 않으므로 용접부의 적부를 확인하기가 곤란하다.
③ 용접 길이가 짧을 때 능률적이며 수평 및 위보기 자세 용접에 주로 이용된다.
④ 일반적으로 비드 외관이 아름답다.

20 전기저항용접의 발열량을 구하는 공식으로 옳은 것은?(단, H : 발열량(cal), I : 전류(A), R : 저항(Ω), t : 시간(sec) 이다.)

① $H = 0.24\ IRt$ ② $H = 0.24\ IR^2t$
③ $H = 0.24\ I^2Rt$ ④ $H = 0.24\ IRt^2$

21 비용극식, 비소모식 아크 용접에 속하는 것은?

① 피복아크 용접
② TIG 용접
③ 서브머지드 아크 용접
④ CO_2 용접

22 TIG 용접에서 직류 역극성에 대한 설명이 아닌 것은?

① 용접기의 음극에 모재를 연결한다.
② 용접기의 양극에 토치를 연결한다.
③ 비드 폭이 좁고 용입이 깊다.
④ 산화 피막을 제거하는 청정작용이 있다.

> 직류 역극성(DCRP) : 용접기의 음극에 모재를, 양극에 토치를 연결하는 방식으로 비드 폭이 넓고 용입이 얕으며 산화 피막을 제거하는 청정 작용이 있다.

23 재료의 접합방법은 기계적 접합과 야금적 접합으로 분류하는데 야금적 접합에 속하지 않는 것은?

① 리벳
② 융접
③ 압접
④ 납땜

> • 기계적 접합 : 볼트 이음, 리벳 이음, 접어 잇기, 키 및 코터 이음 등
> • 야금적 접합 : 융접, 압접, 납땜 등

24 다음 중 알루미늄을 가스 용접할 때 가장 적절한 용제는?

① 붕사
② 탄산나트륨
③ 염화나트륨
④ 중탄산나트륨

> 알루미늄을 용접할 때는 염화나트륨 30% + 염화칼륨 45% + 염화리튬 15% + 플루오르화칼륨 7% + 황산칼륨 3%으로 용제를 사용한다.

25 다음 중 연강용 가스용접봉의 종류인 "GA43"에서 "43"이 의미하는 것은?

① 가스 용접봉
② 용착금속의 연신율 구분
③ 용착금속의 최소 인장강도 수준
④ 용착금속의 최대 인장강도 수준

> 43은 용착 금속의 최소 인장강도를 나타낸다.

26 일반적인 용접의 장점으로 옳은 것은?

① 재질 변형이 생긴다.
② 작업 공정이 단축된다.
③ 잔류 응력이 발생한다.
④ 품질검사가 곤란하다.

27 아크 용접에서 아크쏠림 방지 대책으로 옳은 것은?

① 용접봉 끝을 아크쏠림 방향으로 기울인다.
② 접지점을 용접부에 가까이 한다.
③ 아크 길이를 길게 한다.
④ 직류용접 대신 교류용접을 사용한다.

> 아크쏠림 방지 대책
> • 직류 용접으로 하지 말고 교류용접으로 할 것
> • 큰 가접부 또는 이미 용접이 끝난 용착부를 향하여 용접할 것
> • 용접부가 긴 경우는 후퇴용접법으로 할 것
> • 접지점을 될 수 있는 대로 용접부에서 멀리 할 것
> • 짧은 아크를 사용할 것
> • 용접봉 끝을 아크 쏠림 반대 방향으로 기울일 것
> • 접지점 2개를 연결할 것

28 토치를 사용하여 용접 부분의 뒷면을 따내거나 U형, H형으로 용접 홈을 가공하는 것으로 일명 가스 파내기라고 부르는 가공법은?

① 산소창 절단   ② 선삭
③ 가스 가우징   ④ 천공

> 가스 가우징은 용접부의 결함, 뒤따내기, 가접의 제거, 압연 강재, 단조, 주강의 표면 결함의 제거 등에 사용되며 스카핑에 비해서 나비가 좁은 홈을 가공한다.

29 가스절단 시 예열 불꽃이 약할 때 일어나는 현상으로 틀린 것은?

① 드래그가 증가한다.
② 절단면이 거칠어진다.
③ 역화를 일으키기 쉽다.
④ 절단속도가 느려지고, 절단이 중단되기 쉽다.

> 예열 불꽃이 강할 때
> • 절단면이 거칠어진다.
> • 슬래그 중의 철 성분의 박리가 어려워진다.
> • 모서리가 용융되어 둥글게 된다.

30 환원가스발생 작용을 하는 피복아크 용접봉의 피복제 성분은?

① 산화티탄   ② 규산나트륨
③ 탄산칼륨   ④ 당밀

> 환원가스발생제 : 소맥분, 면사, 면포, 종이, 목재 톱밥, 탄가루, 당밀, 해초, 아교 등

31 용접작업을 하지 않을 때는 무부하 전압을 20~30V 이하로 유지하고 용접봉을 작업물에 접촉시키면 릴레이(relay)작동에 의해 전압이 높아져 용접작업이 가능하게 하는 장치는?

① 아크부스터
② 원격제어장치
③ 전격방지기
④ 용접봉 홀더

> 전격방지기 : 교류 용접기는 무부하 전압 70~80V 정도로 비교적 높아 감전의 위험이 있어 용접사를 보호하기 위해 설치한다.

32 직류아크 용접기와 비교하여 교류아크 용접기에 대한 설명으로 가장 올바른 것은?

① 무부하 전압이 높고 감전의 위험이 많다.
② 구조가 복잡하고 극성변화가 가능하다.
③ 자기쏠림 방지가 불가능하다.
④ 아크 안정성이 우수하다.

33 피복 아크 용접에서 직류 역극성(DCRP) 용접의 특징으로 옳은 것은?

① 모재의 용입이 깊다.
② 비드 폭이 좁다.
③ 봉의 용융이 느리다.
④ 박판, 주철, 고탄소강의 용접 등에 쓰인다.

> DCRP(역극성)의 특징
> • 용입이 얕고 용접봉의 녹음이 빠르고 비드 폭이 넓다
> • 박판, 주철, 고탄소강, 합금강, 비철 금속의 용접에 쓰인다.

34 다음 중 아세틸렌가스의 관으로 사용할 경우 폭발성 화합물을 생성하게 되는 것은?

① 순구리관　　② 스테인리스강관
③ 알루미늄합금관　　④ 탄소강관

35 가스용접 모재의 두께가 3.2mm일 때 가장 적당한 용접봉의 지름을 계산식으로 구하면 몇 mm인가?

① 1.6　　② 2.0
③ 2.6　　④ 3.2

> 지름 = $\frac{두께}{2} + 1 = \frac{3.2}{2} + 1 = 2.6$

36 가스 용접에 사용되는 가연성 가스의 종류가 아닌 것은?

① 프로판 가스　　② 수소 가스
③ 아세틸렌 가스　　④ 산소

> 산소는 조연성(지연성) 가스이다.

37 피복아크 용접기를 사용하여 아크 발생을 8분간 하고 2분간 쉬었다면, 용접기 사용률은 몇 %인가?

① 25　　② 40
③ 65　　④ 80

> 사용률(%) = $\frac{아크시간}{아크시간 + 휴식시간} \times 100$
> $= \frac{8}{8+2} \times 100 = 80$

38 피복제 중에 산화티탄(TiO_2)을 약 35% 정도 포함한 용접봉으로서 아크는 안정되고 스패터는 적으나, 고온 균열(hot crack)을 일으키기 쉬운 결점이 있는 용접봉은?

① E 4301　　② E 4313
③ E 4311　　④ E 4316

> 고산화티탄계(E4313)는 일반 경구조물의 용접에 적합하며 기계적 성질이 다른 용접봉에 비하여 낮은 편이고 고온 균열을 일으키기 쉽다.

39 알루미늄과 마그네슘의 합금으로 바닷물과 알칼리에 대한 내식성이 강하고 용접성이 매우 우수하여 주로 선박용 부품, 화학 장치용 부품 등에 쓰이는 것은?

① 실루민　　② 하이드로날륨
③ 알루미늄 청동　　④ 애드미럴티 황동

> 하이드로날륨은 알루미늄에 약 10%까지의 마그네슘을 첨가한 합금으로 다른 주물용 합금에 비해 내식성, 강도, 연신율이 우수하다.

40 열과 전기의 전도율이 가장 좋은 금속은?

① Cu　　② Al
③ Ag　　④ Au

41 섬유 강화 금속 복합 재료의 기지 금속으로 가장 많이 사용되는 것으로 비중이 약 2.7인 것은?

① Na　　② Fe
③ Al　　④ Co

> 알루미늄은 회백색이며 녹는점은 660℃, 비중은 2.7인 가벼운 금속이다.

42 비파괴검사가 아닌 것은?

① 자기탐상시험　　② 침투탐상시험
③ 샤르피 충격시험　　④ 초음파탐상시험

> 샤르피 충격시험은 파괴시험이다.

43 주철의 유동성을 나쁘게 하는 원소는?

① Mn ② C
③ P   ④ S

44 다음 금속 중 용융 상태에서 응고할 때 팽창하는 것은?

① Sn ② Zn
③ Mo ④ Bi

45 강자성체 금속에 해당되는 것은?

① Bi, Sn, Au
② Fe, Pt, Mn
③ Ni, Fe, Co
④ Co, Sn, Cu

🔍 강자성체(Mn, Co, Fe, Ni) : 외부에서 강한 자계를 걸었을 때, 그 자계의 방향으로 강하게 자화된 뒤 외부 자계가 사라져도 자화가 남아 있는 물질. 자석에 달라붙는 성질을 갖는 물질을 말한다.

46 강에서 상온 메짐(취성)의 원인이 되는 원소는?

① P   ② S
③ Mn ④ Cu

🔍 인 : 상온취성, 황 : 적열취성

47 60%Cu - 40%Zn 황동으로 복수기용 판, 볼트, 너트 등에 사용되는 합금은?

① 톰백(Tombac)
② 길딩메탈(Gilding metal)
③ 문쯔메탈(Muntz metal)
④ 애드미럴티메탈(Admiralty metal)

🔍 문쯔메탈은 4·6황동이라는 것으로 적열하면 단조할 수가 있어서, 가단 황동이라고도 한다.

48 구상흑연주철에서 그 바탕조직이 펄라이트 이면서 구상흑연의 주위를 유리된 페라이트가 감싸고 있는 조직의 명칭은?

① 오스테나이트(austenite) 조직
② 시멘타이트(cementite) 조직
③ 레데뷰라이트(ledeburite) 조직
④ 불스 아이(bull's eye) 조직

49 시편의 표점거리가 125mm, 늘어난 길이가 145mm 이었다면 연신율은?

① 16%
② 20%
③ 26%
④ 30%

🔍 사용률(%) = $\dfrac{\text{파단후 길이} - \text{표점간 거리}}{\text{표점간 거리}} \times 100$
= $\dfrac{145 - 125}{125} \times 100 = 16\%$

50 주변 온도가 변화하더라도 재료가 가지고 있는 열팽창계수나 탄성계수 등의 특정한 성질이 변하지 않는 강은?

① 쾌삭강
② 불변강
③ 강인강
④ 스테인리스강

🔍 불변강은 온도에 의한 성질 변화가 극히 작은 강을 말한다.

51 그림과 같은 도시 기호가 나타내는 것은?

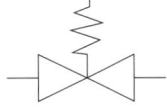

① 안전 밸브   ② 전동 밸브
③ 스톱 밸브   ④ 슬루스 밸브

52 도면에 물체를 표시하기 위한 투상에 관한 설명 중 잘못된 것은?

① 주 투상도는 대상물의 모양 및 기능을 가장 명확하게 표시하는 면을 그린다.
② 보다 명확한 설명을 위해 주 투상도를 보충하는 다른 투상도를 많이 나타낸다.
③ 특별한 이유가 없는 경우 대상물을 가로길이로 놓은 상태로 그린다.
④ 서로 관련되는 그림의 배치는 되도록 숨은선을 쓰지 않도록 한다.

53 KS 기계재료 표시기호 SS 400의 400은 무엇을 나타내는가?

① 경도
② 연신율
③ 탄소 함유량
④ 최저 인장강도

🔍 400 : 최저 인장강도

54 그림과 같은 입체도의 화살표 방향 투상도로 가장 적합한 것은?

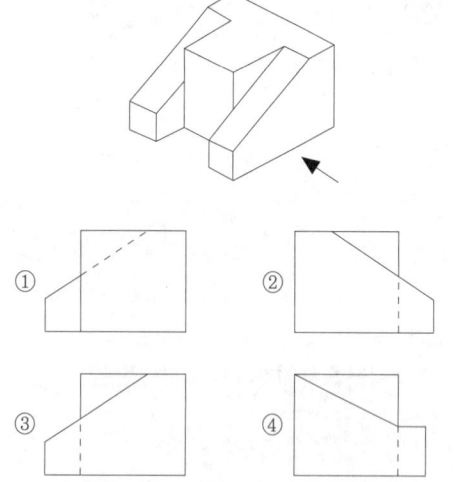

55 치수 기입의 원칙에 관한 설명 중 틀린 것은?

① 치수는 필요에 따라 기준으로 하는 점, 선, 또는 면을 기준으로 하여 기입한다.
② 대상물의 기능, 제작, 조립 등을 고려하여 필요하다고 생각되는 치수를 명료하게 도면에 지시한다.
③ 치수 입력에 대해서는 중복 기입을 피한다.
④ 모든 치수에는 단위를 기입해야 한다.

🔍 단위를 쓰지 않고 다만 단위가 mm가 아닌 경우에는 명시해야 한다.

56 그림과 같은 KS 용접기호의 해석으로 올바른 것은?

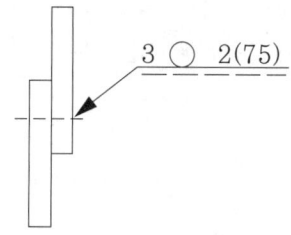

① 지름이 2mm이고 피치가 75mm인 플러그 용접이다.
② 폭이 2mm이고 길이가 75mm인 심 용접이다.
③ 용접 수는 2개이고, 피치가 75mm인 슬롯 용접이다.
④ 용접 수는 2개이고, 피치가 75mm인 스폿(점) 용접이다.

57 그림과 같은 입체도를 3각법으로 올바르게 도시한 것은?

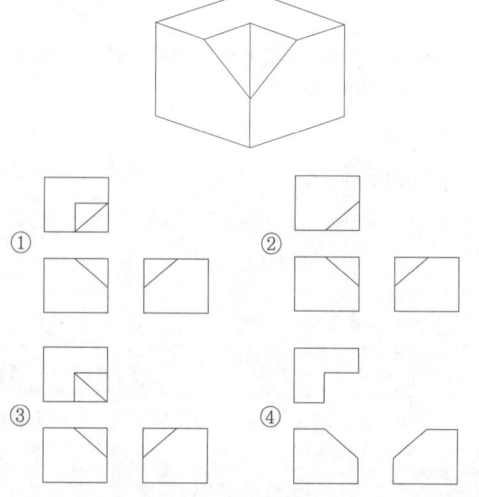

58 그림과 같이 기계 도면 작성 시 가공에 사용하는 공구 등의 모양을 나타낼 필요가 있을 때 사용하는 선으로 올바른 것은?

① 가는 실선
② 가는 1점 쇄선
③ 가는 2점 쇄선
④ 가는 파선

🔍 가는 2점 쇄선은 물체의 가공 전이나 가공 후의 모양을 나타낼 때 사용되는 선의 종류이다.

59 도면의 척도 값 중 실제 형상을 확대하여 그리는 것은?

① 2 : 1
② 1 : 2
③ 1 : 1
④ 1 : 2

🔍 배척은 제도에서 도형을 실물보다 크게 그리는 경우에 사용되는 척도(尺度)를 말하며, 기계 제도에서는 2/1, 5/1, 10/1의 배척을 사용하는 것이 표준으로 되어 있다.

60 기호를 기입한 위치에서 먼 면에 카운터 싱크가 있으며, 공장에서 드릴 가공 및 현장에서 끼워 맞춤을 나타내는 리벳의 기호 표시는?

①   ②

③   ④

정답 용접기능사 2015년 4회

01 ④	02 ②	03 ②	04 ③	05 ②
06 ①	07 ③	08 ④	09 ②	10 ④
11 ④	12 ③	13 ④	14 ②	15 ①
16 ④	17 ③	18 ②	19 ③	20 ③
21 ②	22 ③	23 ①	24 ③	25 ③
26 ②	27 ④	28 ③	29 ②	30 ④
31 ③	32 ①	33 ④	34 ①	35 ③
36 ④	37 ④	38 ②	39 ②	40 ③
41 ③	42 ③	43 ④	44 ④	45 ③
46 ①	47 ③	48 ④	49 ①	50 ②
51 ①	52 ②	53 ④	54 ③	55 ④
56 ④	57 ③	58 ③	59 ①	60 ②

2016년 1회 용접기능사

01 지름이 10cm인 단면에 8000kgf의 힘이 작용할 때 발생하는 응력은 약 몇 kgf/cm²인가?

① 89　　② 102
③ 121　　④ 158

$$응력 = \frac{P}{\frac{\pi \times d^2}{4}} = \frac{8000}{\frac{3.14 \times 10^2}{4}} ≒ 102$$

02 화재의 분류 중 C급 화재에 속하는 것은?

① 전기 화재　　② 금속 화재
③ 가스 화재　　④ 일반 화재

- A급 : 일반 화재　　• B급 : 유류 화재
- C급 : 전기 화재　　• D급 : 금속 화재

03 다음 중 귀마개를 착용하고 작업하면 안 되는 작업자는?

① 조선소의 용접 및 취부작업자
② 자동차 조립공장의 조립작업자
③ 강재 하역장의 크레인 신호자
④ 판금작업장의 타출 판금작업자

크레인 신호자는 귀를 막아서는 안 된다.

04 용접 열원을 외부로부터 공급받는 것이 아니라, 금속 산화물과 알루미늄간의 분말에 점화제를 넣어 점화제의 화학반응에 의하여 생성되는 열을 이용한 금속 용접법은?

① 일렉트로 슬래그 용접　② 전자 빔 용접
③ 테르밋 용접　　　　　④ 저항 용접

테르밋 용접은 알루미늄 분말 : 산화철 분말(1:3~4)의 화학반응에 의해 발생된 열을 이용하여 용접하는 방법으로 철도 레일 등에 많이 이용된다.

05 용접 작업 시 전격 방지대책으로 틀린 것은?

① 절연 홀더의 절연부분이 노출, 파손되면 보수하거나 교체한다.
② 홀더나 용접봉은 맨손으로 취급한다.
③ 용접기의 내부에 함부로 손을 대지 않는다.
④ 땀, 물 등에 의한 습기찬 작업복, 장갑, 구두 등을 착용하지 않는다.

06 서브머지드 아크 용접봉 와이어 표면에 구리를 도금한 이유는?

① 접촉 팁과의 전기 접촉을 원활히 한다.
② 용접 시간이 짧고 변형을 적게 한다.
③ 슬래그 이탈성을 좋게 한다.
④ 용융 금속의 이행을 촉진시킨다.

구리를 도금하는 이유는 전기 전도도 향상과 와이어의 녹을 방지하기 위한 것이다.

07 기계적 접합으로 볼 수 없는 것은?

① 볼트 이음　　② 리벳 이음
③ 접어 잇기　　④ 압접

기계적 접합 : 볼트이음, 리벳이음, 접어잇기, 나사이음 등

08 플래시 용접(flash welding)법의 특징으로 틀린 것은?

① 가열 범위가 좁고 열영향부가 적으며 용접 속도가 빠르다.
② 용접면에 산화물의 개입이 적다.
③ 종류가 다른 재료의 용접이 가능하다.
④ 용접면의 끝맺음 가공이 정확하여야 한다.

09 서브머지드 아크 용접부의 결함으로 가장 거리가 먼 것은?

① 기공
② 균열
③ 언더컷
④ 용착

> 용착은 아크 열에 의해 용접 와이어의 용융금속이 모재와 녹아 접합되는 현상을 말한다.

10 다음이 설명하고 있는 현상은?

> 알루미늄 용접에서는 사용 전류에 한계가 있어 용접 전류가 어느 정도 이상이 되면 청정 작용이 일어나지 않아 산화가 심하게 생기며 아크 길이가 불안정하게 변동되어 비드 표면이 거칠게 주름이 생기는 현상

① 번 백(burn back)
② 퍼커링(pickering)
③ 버터링(buttering)
④ 멜트 백킹(melt backing)

11 CO_2 가스 아크 용접 결함에 있어서 다공성이란 무엇을 의미하는가?

① 질소, 수소, 일산화탄소 등에 의한 기공을 말한다.
② 와이어 선단부에 용적이 붙어 있는 것을 말한다.
③ 스패터가 발생하여 비드의 외관에 붙어 있는 것을 말한다.
④ 노즐과 모재간 거리가 지나치게 적어서 와이어 송급 불량을 의미한다.

> 다공성은 질소, 수소, 일산화탄소 등에 의해 생긴 기공이다.

12 아크 쏠림의 방지대책에 관한 설명으로 틀린 것은?

① 교류용접으로 하지 말고 직류용접으로 한다.
② 용접부가 긴 경우는 후퇴법으로 용접한다.
③ 아크 길이는 짧게 한다.
④ 접지부를 될 수 있는 대로 용접부에서 멀리한다.

> 아크 쏠림은 직류 용접시 발생된다.

13 박판의 스테인리스강의 좁은 홈의 용접에서 아크 교란 상태가 발생할 때 적합한 용접방법은?

① 고주파 펄스 티그 용접
② 고주파 펄스 미그 용접
③ 고주파 펄스 일렉트로 슬래그 용접
④ 고주파 펄스 이산화탄소 아크 용접

14 현미경 시험을 하기 위해 사용되는 부식제 중 철강용에 해당되는 것은?

① 왕수
② 염화제2철용액
③ 피크린산
④ 플루오르화수소액

15 용접 자동화의 장점을 설명한 것으로 틀린 것은?

① 생산성 증가 및 품질을 향상시킨다.
② 용접조건에 따른 공정을 늘일 수 있다.
③ 일정한 전류 값을 유지할 수 있다.
④ 용접와이어의 손실을 줄일 수 있다.

16 용접부의 연성 결함을 조사하기 위하여 사용되는 시험법은?

① 브리넬 시험
② 비커스 시험
③ 굽힘 시험
④ 충격 시험

> • 굽힘 시험 : 연성의 유무 검사
> • 경도 시험 : 브리넬, 비커스, 로크웰 경도 시험 등이 있다.

17 서브머지드 아크 용접에 관한 설명으로 틀린 것은?

① 아크발생을 쉽게 하기 위하여 스틸 울(steel wool)을 사용한다.
② 용융속도와 용착속도가 빠르다.
③ 홈의 개선각을 크게 하여 용접효율을 높인다.
④ 유해 광선이나 흄(fume) 등이 적게 발생한다.

18 가용접에 대한 설명으로 틀린 것은?

① 가용접 시에는 본용접보다도 지름이 큰 용접봉을 사용하는 것이 좋다.
② 가용접은 본용접과 비슷한 기량을 가진 용접사에 의해 실시되어야 한다.
③ 강도상 중요한 것과 용접의 시점 및 종점이 되는 끝 부분은 가용접을 피한다.
④ 가용접은 본 용접을 실시하기 전에 좌우의 홈 또는 이음부분을 고정하기 위한 짧은 용접이다.

🔍 가용접은 본 용접보다 지름이 적은 용접봉을 사용해야 한다.

19 용접 이음의 종류가 아닌 것은?

① 겹치기 이음 ② 모서리 이음
③ 라운드 이음 ④ T형 필릿 이음

20 플라스마 아크 용접의 특징으로 틀린 것은?

① 용접부의 기계적 성질이 좋으며 변형도 적다.
② 용입이 깊고 비드 폭이 좁으며 용접속도가 빠르다.
③ 단층으로 용접할 수 있으므로 능률적이다.
④ 설비비가 적게 들고 무부하 전압이 낮다.

🔍 플라스마 아크 용접은 설비비가 많이 들며 무부하 전압이 높다.

21 용접 자세를 나타내는 기호가 틀리게 짝지어진 것은?

① 위보기자세 : O ② 수직자세 : V
③ 아래보기자세 : U ④ 수평자세 : H

🔍 아래보기 : F

22 이산화탄소 아크 용접의 보호가스 설비에서 저전류 영역의 가스유량은 약 몇 L/min 정도가 가장 적당한가?

① 1~5 ② 6~9
③ 10~15 ④ 20~25

🔍 • 저전류 영역(200A 이하) : 10 ~ 15L/min
• 고전류 영역(200A 이상) : 15 ~ 25L/min

23 가스 용접의 특징으로 틀린 것은?

① 응용 범위가 넓으며 운반이 편리하다.
② 전원 설비가 없는 곳에서도 쉽게 설치할 수 있다.
③ 아크 용접에 비해서 유해 광선의 발생이 적다.
④ 열집중성이 좋아 효율적인 용접이 가능하여 신뢰성이 높다.

🔍 가스 용접은 아크 용접에 비해 열집중력이 나빠 용접 효율이 떨어진다.

24 규격이 AW 300인 교류 아크 용접기의 정격 2차 전류 조정 범위는?

① 0~300A ② 20~220A
③ 60~330A ④ 120~430A

25 아세틸렌 가스의 성질 중 15℃ 1기압에서의 아세틸렌 1리터의 무게는 약 몇 g인가?

① 0.151 ② 1.176
③ 3.143 ④ 5.117

🔍 아세틸렌 가스는 비중이 0.906으로 공기보다 가볍고, 무게는 1.176g으로 산소보다 가볍다.

26 가스 용접에서 모재의 두께가 6mm일 때 사용되는 용접봉의 직경은 얼마인가?

① 1mm ② 4mm
③ 7mm ④ 9mm

🔍 가스용접봉지름 $= \frac{t}{2} + 1 = \frac{6}{2} + 1 = 4$

27 피복 아크 용접 시 아크열에 의하여 용접봉과 모재가 녹아서 용착금속이 만들어지는데 이때 모재가 녹은 깊이를 무엇이라 하는가?

① 용융지 ② 용입
③ 슬래그 ④ 용적

🔍 용입은 용접시 모재가 녹은 깊이를 말한다.

28 직류아크용접기로 두께가 15mm이고, 길이가 5m인 고장력 강판을 용접하는 도중에 아크가 용접봉 방향에서 한쪽으로 쏠리었다. 다음 중 이러한 현상을 방지하는 방법이 아닌 것은?

① 이음의 처음과 끝에 엔드탭을 이용한다.
② 용량이 더 큰 직류용접기로 교체한다.
③ 용접부가 긴 경우에는 후퇴 용접법으로 한다.
④ 용접봉 끝을 아크쏠림 반대 방향으로 기울인다.

29 강재 표면의 홈이나 개재물, 탈탄층 등을 제거하기 위해 얇고, 타원형 모양으로 표면으로 깎아내는 가공법은?

① 가스 가우징   ② 너깃
③ 스카핑   ④ 아크 에어 가우징

🔍 스카핑은 강재 표면의 홈이나 개재물, 탈탄층 등을 제거하기 위하여 될 수 있는 대로 얇게 그리고 타원형 모양으로 표면을 깎아 내는 가공법으로 주로 제강 공장에서 많이 사용한다.

30 가스용기를 취급할 때의 주의사항으로 틀린 것은?

① 가스용기의 이동시는 밸브를 잠근다.
② 가스용기에 진동이나 충격을 가하지 않는다.
③ 가스용기의 저장은 환기가 잘되는 장소에 한다.
④ 가연성 가스용기는 눕혀서 보관한다.

🔍 가스 용기는 반드시 세워서 보관해야 한다.

31 피복아크용접봉은 금속심선의 겉에 피복제를 발라서 말린 것으로 한쪽 끝은 홀더에 물려 전류를 통할 수 있도록 심선길이의 얼마만큼을 피복하지 않고 남겨두는가?

① 3mm   ② 10mm
③ 15mm   ④ 25mm

32 다음 중 두꺼운 강판, 주철, 강괴 등의 절단에 이용되는 절단법은?

① 산소창 절단   ② 수중 절단
③ 분말 절단   ④ 포갬 절단

🔍 산소창 절단은 지름 약 10mm 길이 1~2m의 강관에 산소를 불어넣어 절단할 때 강관이 용융되어 산화작용을 돕는 절단방법이다.

33 피복 배합제의 성분 중 탈산제로 사용되지 않는 것은?

① 규소철   ② 망간철
③ 알루미늄   ④ 유황

🔍 유황은 적열 취성의 원인으로 탄소 0.05% 이하로 제한한다.

34 고셀룰로오스계 용접봉은 셀룰로오스를 몇 % 정도 포함하고 있는가?

① 0~5   ② 6~15
③ 20~30 ④ 30~40

🔍 고셀룰로오스계 용접봉은 셀룰로오스를 20~30% 정도 포함하고 있으며 가스 실드계의 대표적인 용접봉이다.

35 용접법의 분류 중 압접에 해당하는 것은?

① 테르밋 용접   ② 전자 빔 용접
③ 유도가열 용접   ④ 탄산가스 아크 용접

36 피복 아크 용접에서 일반적으로 가장 많이 사용되는 차광유리의 차광도 번호는?

① 4~5   ② 7~8
③ 10~11 ④ 14~15

🔍
사용 전류(A)	45~75	100~200	150~250	200~300	300~400	400 이상
차광도	8번	10번	11번	12번	13번	14번

37 가스절단에 이용되는 프로판 가스와 아세틸렌 가스를 비교하였을 때 프로판 가스의 특징으로 틀린 것은?

① 절단면이 미세하며 깨끗하다.
② 포갬 절단 속도가 아세틸렌보다 느리다.
③ 절단 상부 기슭이 녹은 것이 적다.
④ 슬래그의 제거가 쉽다.

38 교류아크용접기의 종류에 속하지 않는 것은?

① 가동코일형 ② 탭전환형
③ 정류기형 ④ 가포화 리액터형

> • 교류아크 용접기 : 가동 철심형, 가동 코일형, 가포화 리액터형, 탭전환형
> • 직류아크 용접기 : 엔진 구동형, 전동 발전형, 정류기형

39 Mg 및 Mg 합금의 성질에 대한 설명으로 옳은 것은?

① Mg의 열전도율은 Cu와 Al보다 높다.
② Mg의 전기전도율은 Cu와 Al보다 높다.
③ Mg합금보다 Al합금의 비강도가 우수하다.
④ Mg는 알칼리에 잘 견디나, 산이나 염수에는 침식된다.

40 금속간 화합물의 특징을 설명한 것 중 옳은 것은?

① 어느 성분 금속보다 용융점이 낮다.
② 어느 성분 금속보다 경도가 낮다.
③ 일반 화합물에 비하여 결합력이 약하다.
④ Fe_3C는 금속간 화합물에 해당되지 않는다.

41 니켈-크롬 합금 중 사용한도가 1000℃까지 측정할 수 있는 합금은?

① 망가닌
② 우드메탈
③ 배빗메탈
④ 크로멜-알루멜

42 주철에 대한 설명으로 틀린 것은?

① 인장강도에 비해 압축강도가 높다.
② 회주철은 편상 흑연이 있어 감쇠능이 좋다.
③ 주철 절삭 시에는 절삭유를 사용하지 않는다.
④ 액상일 때 유동성이 나쁘며, 충격 저항이 크다.

> 주철은 압축강도가 인장강도의 3배 이상으로 유동성이 좋고, 취성이 크다.

43 철에 Al, Ni, Co를 첨가한 합금으로 잔류자속밀도가 크고 보자력이 우수한 자성 재료는?

① 퍼멀로이 ② 센더스트
③ 알니코 자석 ④ 페라이트 자석

> 알니코 자석은 알루미늄, 니켈, 코발트의 합금으로 강자성체이다.

44 물과 얼음, 수증기가 평형을 이루는 3 중점상태에서의 자유도는?

① 0 ② 1
③ 2 ④ 3

> 자유도 = 성분수 + 2 - 상수 = 1 + 2 - 3 = 0

45 황동의 종류 중 순 Cu와 같이 연하고 코이닝하기 쉬우므로 동전이나 메달 등에 사용되는 합금은?

① 95%Cu-5%Zn 합금
② 70%Cu-30%Zn 합금
③ 60%Cu-40%Zn 합금
④ 50%Cu-50%Zn 합금

46 금속재료의 표면에 강이나 주철의 작은 입자(Ø0.5mm~1.0mm)를 고속으로 분사시켜, 표면의 경도를 높이는 방법은?

① 침탄법 ② 질화법
③ 폴리싱 ④ 쇼트피닝

> 쇼트 피닝은 작은 입자를 고속으로 분사시켜 재료 표면을 두드려주는 작업으로 녹이나 이물질 제거 및 소성변형에 의해 잔류응력을 제거해 준다.

47 탄소강은 200~300℃에서 연신율과 단면수축률이 상온보다 저하되어 단단하고 깨지기 쉬우며, 강의 표면이 산화되는 현상은?

① 적열메짐 ② 상온메짐
③ 청열메짐 ④ 저온메짐

48 강에 S, Pb 등의 특수 원소를 첨가하여 절삭할 때 칩을 잘게 하고 피삭성을 좋게 만든 강은 무엇인가?

① 불변강　　② 쾌삭강
③ 베어링강　　④ 스프링강

> 쾌삭강은 열처리, 단조 등의 고온 가공이나 고온에서 사용하지 않는 부품의 절삭 능력을 높이기 위해 납, 황, 주석 등을 첨가하여 제조한 강이다.

49 주위의 온도 변화에 따라 선팽창 계수나 탄성률 등의 특정한 성질이 변하지 않는 불변강이 아닌 것은?

① 인바　　② 엘린바
③ 코엘린바　　④ 스텔라이트

> 불변강은 길이가 변하지 않는 강으로 인바, 슈퍼인바 등이 있으며 탄성이 불변하는 것으로는 엘린바, 코엘린바 등이 있다.

50 Al의 비중과 용융점(℃)은 약 얼마인가?

① 2.7, 660℃　　② 4.5, 390℃
③ 8.9, 220℃　　④ 10.5, 450℃

51 기계제도에서 물체의 보이지 않는 부분의 형상을 나타내는 선은?

① 외형선　　② 가상선
③ 절단선　　④ 숨은선

52 그림과 같은 입체도의 화살표 방향을 정면도로 표현할 때 실제와 동일한 형상으로 표시되는 면을 모두 고른 것은?

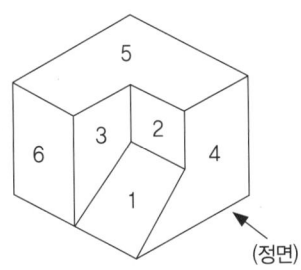

① 3과 4　　② 4와 6
③ 2와 6　　④ 1과 5

53 다음 중 한쪽 단면도를 올바르게 도시한 것은?

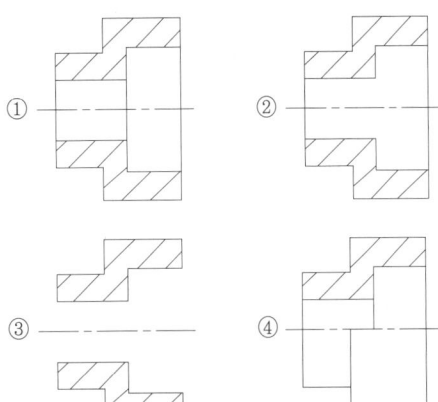

> 한쪽 단면도는 반단면도로 대칭이 되는 물체를 1/4 절단했을 때의 형상을 나타낸 것이다.

54 다음 재료 기호 중 용접구조용 압연 강재에 속하는 것은?

① SPPS 380　　② SPCC
③ SCW 450　　④ SM 400C

55 그림의 도면에서 X의 거리는?

① 510mm　　② 570mm
③ 600mm　　④ 630mm

56 다음 치수 중 참고 치수를 나타내는 것은?

① (50)　　② □50
③ 50　　④ 50

> • □50 : 가로세로가 50인 정사각형
> • (50) : 참고 치수

57 주투상도를 나타내는 방법에 관한 설명으로 옳지 않은 것은?

① 조립도 등 주로 기능을 나타내는 도면에서는 대상물을 사용하는 상태로 표시한다.
② 주투상도를 보충하는 다른 투상도는 되도록 적게 표시한다.
③ 특별한 이유가 없을 경우 대상물을 세로 길이로 놓은 상태로 표시한다.
④ 부품도 등 가공하기 위한 도면에서는 가공에 있어서 도면을 가장 많이 이용하는 공정에서 대상물을 놓은 상태로 표시한다.

58 그림에서 나타난 용접기호의 의미는?

① 플래어 K형 용접
② 양쪽 필릿 용접
③ 플러그 용접
④ 프로젝션 용접

🔍 삼각형 모양 기호는 필릿 용접으로 기준선에 대해 상하로 표시되어 있으므로 양쪽 필릿용접을 나타낸다.

59 그림과 같은 배관 도면에서 도시기호 S는 어떤 유체를 나타내는 것인가?

① 공기
② 가스
③ 유류
④ 증기

🔍 S(team) : 증기, A(ir) : 공기, G(as) : 가스, O(il) : 유류

60 그림의 입체도에서 화살표 방향을 정면으로 하여 제3각법으로 그린 정투상도는?

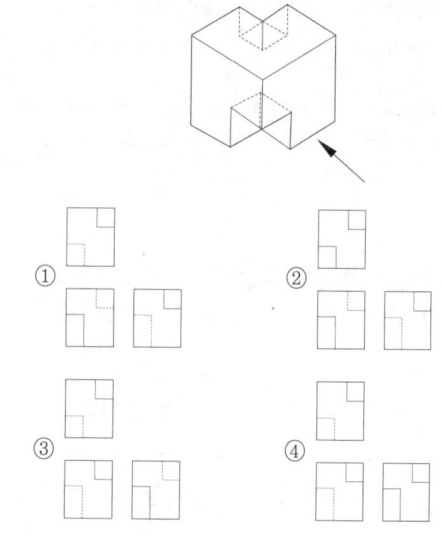

정답 용접기능사 2016년 1회				
01 ②	02 ①	03 ③	04 ③	05 ②
06 ①	07 ④	08 ④	09 ④	10 ②
11 ①	12 ①	13 ①	14 ③	15 ②
16 ③	17 ③	18 ①	19 ③	20 ④
21 ③	22 ③	23 ④	24 ③	25 ②
26 ②	27 ②	28 ②	29 ②	30 ④
31 ④	32 ①	33 ④	34 ③	35 ③
36 ③	37 ②	38 ③	39 ④	40 ③
41 ④	42 ④	43 ③	44 ①	45 ①
46 ④	47 ③	48 ②	49 ④	50 ①
51 ④	52 ①	53 ④	54 ④	55 ②
56 ①	57 ③	58 ②	59 ④	60 ①

2016년 2회 용접기능사

01 서브머지드 아크 용접에서 사용하는 용제 중 흡습성이 가장 적은 것은?

① 용융형 ② 혼성형
③ 고온소결형 ④ 저온소결형

> 용융형 용제는 고속 용접성이 양호하고 흡습성이 없으며 반복 사용성이 좋다.

02 고주파 교류 전원을 사용하여 TIG 용접을 할 때 장점으로 틀린 것은?

① 긴 아크유지가 용이하다.
② 전극봉의 수명이 길어진다.
③ 비접촉에 의해 융착 금속과 전극의 오염을 방지한다.
④ 동일한 전극봉 크기로 사용할 수 있는 전류 범위가 작다.

03 맞대기 용접이음에서 판두께가 9mm, 용접선길이 120mm, 하중이 7560N 일 때, 인장응력은 몇 N/mm^2 인가?

① 5 ② 6
③ 7 ④ 8

> 인장응력 = $\dfrac{7560}{9 \times 120}$ = 7

04 용접 설계상 주의사항으로 틀린 것은?

① 용접에 적합한 설계를 할 것
② 구조상의 노치부가 생성되게 할 것
③ 결함이 생기기 쉬운 용접 방법은 피할 것
④ 용접이음이 한곳으로 집중되지 않도록 할 것

> 구조상의 노치부가 없도록 설계해야 한다.

05 납땜에 사용되는 용제가 갖추어야 할 조건으로 틀린 것은?

① 청정한 금속면의 산화를 방지할 것
② 납땜 후 슬래그의 제거가 용이할 것
③ 모재나 땜납에 대한 부식 작용이 최소한 일 것
④ 전기 저항 납땜에 사용되는 것은 부도체 일 것

> 전기 저항 납땜에 사용되는 것은 전도체이어야 한다.

06 용접이음부에 예열하는 목적을 설명한 것으로 틀린 것은?

① 수소의 방출을 용이하게 하여 저온균열을 방지한다.
② 모재의 열 영향부와 용착금속의 연화를 방지하고, 경화를 증가시킨다.
③ 용접부의 기계적 성질을 향상시키고, 경화조직의 석출을 방지시킨다.
④ 온도분포가 완만하게 되어 열응력의 감소로 변형과 잔류응력의 발생을 적게 한다.

07 전자 빔 용접의 특징으로 틀린 것은?

① 정밀 용접이 가능하다.
② 용접부의 열 영향부가 크고 설비비가 적게 든다.
③ 용입이 깊어 다층용접도 단층용접으로 완성할 수 있다.
④ 유해가스에 의한 오염이 적고 높은 순도의 용접이 가능하다.

> 전자 빔 용접은 진공 중에서 용접을 행하게 되므로 설비비가 많이 들며 텅스텐, 몰리브텐과 같은 대기에서 반응하기 쉬운 금속도 용이하게 용접할 수 있다.

08 샤르피식의 시험기를 사용하는 시험 방법은?

① 경도시험 ② 인장시험
③ 피로시험 ④ 충격시험

> 충격시험은 시험편에 V형, U형의 노치를 만들고 충격적인 하중을 주어 시험편을 파괴시키는 시험으로 아이죠드식, 샤르피식 등이 있다.

09 다음 중 서브머지드 아크 용접의 다른 명칭이 아닌 것은?

① 잠호 용접
② 헬리 아크 용접
③ 유니언 멜트 용접
④ 불가시 아크 용접

> 헬리 아크 용접은 불활성 가스 텅스텐 아크 용접법의 상품 명칭에 해당된다.

10 용접제품을 조립하다가 V홈 맞대기 이음 홈의 간격이 5mm 정도 멀어졌을 때 홈의 보수 및 용접방법으로 가장 적합한 것은?

① 그대로 용접한다.
② 뒷댐판을 대고 용접한다.
③ 덧살올림 용접 후 가공하여 규정 간격을 맞춘다.
④ 치수에 맞는 재료로 교환하여 루트 간격을 맞춘다.

11 한 부분의 몇 층을 용접하다가 이것을 다음 부분의 층으로 연속시켜 전체 모양이 계단 형태를 이루는 용착법은?

① 스킵법 ② 덧살 올림법
③ 전진 블록법 ④ 캐스케이드법

> • 스킵법: 비석법으로 용접길이를 짧게 나누어 간격을 두면서 용접하는 방법
> • 덧살 올림법: 각 층마다 전체의 길이를 용접하면서 쌓아 올리는 방법
> • 전진 블록법: 한 개의 용접봉으로 덧살을 붙일만한 길이로 구분해서 홈을 한 부분씩 여러 층으로 쌓아 올린 다음, 다른 부분으로 진행하는 방법

12 산소와 아세틸렌 용기의 취급상의 주의사항으로 옳은 것은?

① 직사광선이 잘 드는 곳에 보관한다.
② 아세틸렌병은 안전상 눕혀서 사용한다.
③ 산소병은 40℃ 이하 온도에서 보관한다.
④ 산소병 내에 다른 가스를 혼합해도 상관없다.

> 용기는 반드시 세워서 사용해야 한다.

13 피복 아크 용집의 필릿 용접에서 루트 간격이 4.5mm 이상일 때의 보수 요령은?

① 규정대로의 각장으로 용접한다.
② 두께 6mm 정도의 뒤판을 대서 용접한다.
③ 라이너를 넣든지 부족한 판을 300mm 이상 잘라내서 대체 하도록 한다.
④ 그대로 용접하여도 좋으나 넓혀진 만큼 각장을 증가 시킬 필요가 있다.

14 다음 중 초음파 탐상법의 종류가 아닌 것은?

① 극간법
② 공진법
③ 투과법
④ 펄스 반사법

> • 초음파 탐상법 : 투과법, 펄스 반사법, 공진법
> • 자분 탐상법 : 축 통전법, 관통법, 직각 통전법, 코일법, 극간법

15 CO_2 가스 아크 편면용접에서 이면 비드의 형성은 물론 뒷면 가우징 및 뒷면 용접을 생략할 수 있고, 모재의 중량에 따른 뒤업기(turn over) 작업을 생략할 수 있도록 홈 용접부 이면에 부착하는 것은?

① 스캘롭
② 엔드탭
③ 뒷댐재
④ 포지셔너

16 탄산가스 아크 용접의 장점이 아닌 것은?

① 가시 아크이므로 시공이 편리하다.
② 적용되는 재질이 철계통으로 한정되어 있다.
③ 용착 금속의 기계적 성질 및 금속학적 성질이 우수하다.
④ 전류 밀도가 높아 용입이 깊고 용접 속도를 빠르게 할 수 있다.

17 현상제(MgO, BaCO₃)를 사용하여 용접부의 표면 결함을 검사하는 방법은?

① 침투 탐상법
② 자분 탐상법
③ 초음파 탐상법
④ 방사선 투과법

> 🔍 침투 탐상법은 용접부의 표면에 사용되는 검사법으로 비교적 간단하고 비용이 싸며 특히 자기 탐상 검사가 되지 않는 금속 재료에 주로 사용한다.

18 미세한 알루미늄 분말과 산화철 분말을 혼합하여 과산화바륨과 알루미늄 등의 혼합분말로 된 점화제를 넣고 연소시켜 그 반응열로 용접하는 방법은?

① MIG 용접
② 테르밋 용접
③ 전자 빔 용접
④ 원자 수소 용접

> 🔍 테르밋 용접은 용접 열원을 외부로부터 가하는 것이 아니라 테르밋 반응에 의해 생성되는 열을 이용하여 용접하는 방법이다.

19 용접결함에서 언더컷이 발생하는 조건이 아닌 것은?

① 전류가 너무 낮을 때
② 아크 길이가 너무 길 때
③ 부적당한 용접봉을 사용할 때
④ 용접속도가 적당하지 않을 때

> 🔍 언더컷 방지 대책
> • 낮은 전류를 사용한다.
> • 짧은 아크 길이를 유지한다.
> • 유지 각도를 바꾼다.
> • 용접 속도를 느리게 한다.

20 플라스마 아크 용접장치에서 아크 플라스마의 냉각가스로 쓰이는 것은?

① 아르곤과 수소의 혼합가스
② 아르곤과 산소의 혼합가스
③ 아르곤과 메탄의 혼합가스
④ 아르곤과 프로판의 혼합가스

21 피복아크용접 작업 시 감전으로 인한 재해의 원인으로 틀린 것은?

① 1차 측과 2차 측 케이블의 피복 손상부에 접촉되었을 경우
② 피용접물에 붙어있는 용접봉을 떼려다 몸에 접촉되었을 경우
③ 용접기기의 보수 중에 입출력 단자가 절연된 곳에 접촉 되었을 경우
④ 용접 작업 중 홀더에 용접봉을 물릴 때나, 홀더가 신체에 접촉 되었을 경우

22 보기에서 설명하는 서브머지드 아크 용접에 사용되는 용제는?

> – 화학적 균일성이 양호하다.
> – 반복 사용성이 좋다.
> – 비드 외관이 아름답다.
> – 용접 전류에 따라 입자의 크기가 다른 용제를 사용해야 한다.

① 소결형
② 혼성형
③ 혼합형
④ 용융형

23 기체를 수천도의 높은 온도로 가열하면 그 속도의 가스원자가 원자핵과 전자로 분리되어 양(+)과 음(-) 이온상태로 된 것을 무엇이라 하는가?

① 전자빔
② 레이저
③ 테르밋
④ 플라스마

> 🔍 플라스마 용접은 스테인리스강, 탄소강, 티타늄, 니켈합금, 동, 황동 등에 적용되며 용입이 깊고, 비드 폭이 좁으며 용접속도가 빠르다.

24 정격 2차 전류 300A, 정격 사용률 40%인 아크용접기로 실제 200A 용접 전류를 사용하여 용접하는 경우 전체시간을 10분으로 하였을 때 다음 중 용접 시간과 휴식 시간을 올바르게 나타낸 것은?

① 10분 동안 계속 용접한다.
② 5분 용접 후 5분간 휴식한다.
③ 7분 용접 후 3분간 휴식한다.
④ 9분 용접 후 1분간 휴식한다.

25 용해 아세틸렌 취급 시 주의 사항으로 틀린 것은?

① 저장 장소는 통풍이 잘 되어야 된다.
② 저장 장소에는 화기를 가까이 하지 말아야 한다.
③ 용기는 진동이나 충격을 가하지 말고 신중히 취급해야 한다.
④ 용기는 아세톤의 유출을 방지하기 위해 눕혀서 보관한다.

🔍 용기는 세워서 보관해야 한다.

26 다음 중 아크 절단법이 아닌 것은?

① 스카핑   ② 금속 아크 절단
③ 아크 에어 가우징   ④ 플라즈마 제트

🔍 스카핑은 강재 표면의 홈이나 개재물, 탈탄층 등을 제거하기 위하여 될 수 있는 대로 얇게 그리고 타원형 모양으로 표면을 깎아 내는 가공법으로 주로 제강 공장에서 많이 사용한다.

27 피복아크 용접봉의 피복제 작용을 설명한 것 중 틀린 것은?

① 스패터를 많게 하고, 탈탄 정련작용을 한다.
② 용융금속의 용적을 미세화하고, 용착효율을 높인다.
③ 슬래그 제거를 쉽게 하며, 파형이 고운 비드를 만든다.
④ 공기로 인한 산화, 질화 등의 해를 방지하여 용착금속을 보호한다.

28 용접법의 분류 중에서 융접에 속하는 것은?

① 시임 용접
② 테르밋 용접
③ 초음파 용접
④ 플래시 용접

🔍 압접 : 시임 용접, 초음파 용접, 플래시 용접

29 산소 용기의 윗부분에 각인되어 있는 표시 중 최고 충전 압력의 표시는 무엇인가?

① TP   ② FP
③ WP   ④ LP

🔍 TP : 내압시험 압력, FP : 최고 충전 압력

30 2개의 모재에 압력을 가해 접촉시킨 다음 접촉에 압력을 주면서 상대운동을 시켜 접촉면에서 발생하는 열을 이용하는 용접법은?

① 가스압접   ② 냉간압접
③ 마찰용접   ④ 열간압접

31 사용률이 60%인 교류 아크 용접기를 사용하여 정격전류로 6분 용접하였다면 휴식시간은 얼마인가?

① 2분   ② 3분
③ 4분   ④ 5분

🔍 사용률은 아크시간과 휴식 시간을 합한 전체 시간을 10분으로 기준하므로 사용률이 60%이면 아크시간 6분, 휴식 시간 4분이다.

32 모재의 절단부를 불활성가스로 보호하고 금속전극에 대전류를 흐르게 하여 절단하는 방법으로 알루미늄과 같이 산화에 강한 금속에 이용되는 절단방법은?

① 산소 절단   ② TIG 절단
③ MIG 절단   ④ 플라즈마 절단

33 용접기의 특성 중에서 부하전류가 증가하면 단자 전압이 저하하는 특성은?

① 수하 특성
② 상승 특성
③ 정전압 특성
④ 자기제어 특성

> • 수하 특성 : 부하 전류가 증가하면 단자 전압이 저하하는 특성
> • 상승 특성 : 부하 전류가 증가하면 단자 전압이 높아지는 특성

34 산소-아세틸렌 불꽃의 종류가 아닌 것은?

① 중성 불꽃
② 탄화 불꽃
③ 산화 불꽃
④ 질화 불꽃

35 리벳이음과 비교하여 용접이음의 특징을 열거한 중 틀린 것은?

① 구조가 복잡하다.
② 이음 효율이 높다.
③ 공정의 수가 절감된다.
④ 유밀, 기밀, 수밀이 우수하다.

36 아크에어 가우징 작업에 사용되는 압축공기의 압력으로 적당한 것은?

① 1~3kgf/cm²
② 5~7kgf/cm²
③ 9~12kgf/cm²
④ 14~156kgf/cm²

> 아크 에어 가우징은 탄소 아크 절단에 압축 공기(5~7kgf/cm²)를 사용하여 전극 홀더의 구멍에서 탄소 전극봉에 나란히 분출하는 고속의 공기를 분출시켜 용융 금속을 불어 내어 홈을 파는 방법이다.

37 탄소 전극봉 대신 절단 전용의 특수 피복을 입힌 전극봉을 사용하여 절단하는 방법은?

① 금속아크 절단
② 탄소아크 절단
③ 아크에어 가우징
④ 플라스마 제트 절단

38 산소 아크 절단에 대한 설명으로 가장 적합한 것은?

① 전원은 직류 역극성이 사용된다.
② 가스절단에 비하여 절단속도가 느리다.
③ 가스절단에 비하여 절단면이 매끄럽다.
④ 철강 구조물 해체나 수중 해체 작업에 이용된다.

39 다이캐스팅 주물품, 단조품 등의 재료로 사용되며 융점이 약 660℃이고, 비중이 약 2.7인 원소는?

① Sn
② Ag
③ Al
④ Mn

> 알루미늄의 녹는점은 660.32℃, 끓는점 2519℃, 밀도는 2.7g/cm³이다. 은백색의 가볍고 무른 금속으로 지구의 지각을 이루는 주 구성 원소 중 하나이다. 가볍고 내구성이 큰 특성을 이용해 원자재 및 재료로 많이 사용된다.

40 다음 중 주철에 관한 설명으로 틀린 것은?

① 비중은 C와 Si 등이 많을수록 작아진다.
② 용융점은 C와 Si 등이 많을수록 낮아진다.
③ 주철을 600℃ 이상의 온도에서 가열 및 냉각을 반복하면 부피가 감소한다.
④ 투자율을 크게 하기 위해서는 화합 탄소를 적게 하고 유리 탄소를 균일하게 분포시킨다.

41 금속의 소성변형을 일으키는 원인 중 원자 밀도가 장 큰 격자면에서 잘 일어나는 것은?

① 슬립
② 쌍정
③ 전위
④ 편석

42 다음 중 Ni - Cu 합금이 아닌 것은?

① 어드밴스
② 콘스탄탄
③ 모넬메탈
④ 니칼로이

> 니칼로이는 Ni - Mn 합금이다.

43 침탄법에 대한 설명으로 옳은 것은?

① 표면을 용융시켜 연화시키는 것이다.
② 망상 시멘타이트를 구상화시키는 방법이다.
③ 강재의 표면에 아연을 피복시키는 방법이다.
④ 홈강재의 표면에 탄소를 침투시켜 경화시키는 것이다.

44 그림과 같은 결정격자의 금속 원소는?

① Mi
② Mg
③ Al
④ Au

> 조밀육방격자(HCP)는 육각 기둥 상하 면의 각 모서리와 그 중심에 한 개씩의 원자가 존재하고, 또한 육각기둥을 구성하는 6개의 삼각 기둥 중에서 1개씩 띄워서 삼각 기둥의 중심에 1개의 원자가 배열된 결정 구조이다.

45 전해 인성 구리는 약 400℃ 이상의 온도에서 사용하지 않는 이유로 옳은 것은?

① 풀림취성을 발생시키기 때문이다.
② 수소취성을 발생시키기 때문이다.
③ 고온취성을 발생시키기 때문이다.
④ 상온취성을 발생시키기 때문이다.

46 구상흑연주철은 주조성, 가공성 및 내마멸성이 우수하다. 이러한 구상흑연주철 제조 시 구상화제로 첨가되는 원소로 옳은 것은?

① P, S
② O, N
③ Pb, Zn
④ Mg, Ca

47 형상 기억 효과를 나타내는 합금이 일으키는 변태는?

① 펄라이트 변태
② 마텐자이트 변태
③ 오스테나이트 변태
④ 레데뷰라이트 변태

> 마텐자이트 변태는 오스테나이트 탄소를 고용한 감마 철에서 급랭하여 얻어지는 조직으로 탄소강에서만 일어나는 변태

48 Y합금의 일종으로 Ti과 Cu를 0.2% 정도씩 첨가한 것으로 피스톤에 사용되는 것은?

① 두랄루민
② 코비탈륨
③ 로엑스합금
④ 하이드로날륨

49 시험편을 눌러 구부리는 시험방법으로 굽힘에 대한 저항력을 조사하는 시험방법은?

① 충격시험
② 굽힘시험
③ 전단시험
④ 인장시험

> 굽힘시험은 용접부의 연성 결함을 조사하기 위하여 사용되는 시험이다.

50 Fe-C 평 형상태도에서 공정점의 C%는?

① 0.02%
② 0.8%
③ 4.3%
④ 6.67%

51 다음 용접 기호 중 표면 육성을 의미하는 것은?

① ⌢
② =
③ //
④

> ① 표면 육성 ② 표면 접합부 ③ 경사 접합부 ④ 겹침 접합부

52 배관의 간략 도시방법에서 파이프의 영구 결합부(용접 또는 다른 공법에 의한다) 상태를 나타내는 것은?

53 제3각법의 투상도에서 도면의 배치 관계는?

① 평면도를 중심하여 정면도는 위에 우측면도는 우측에 배치된다.
② 정면도를 중심하여 평면도는 밑에 우측면도는 우측에 배치된다.
③ 정면도를 중심하여 평면도는 위에 우측면도는 우측에 배치된다.
④ 정면도를 중심하여 평면도는 위에 우측면도는 좌측에 배치된다.

54 그림과 같이 제3각법으로 정투상한 각뿔의 전개도 형상으로 적합한 것은?

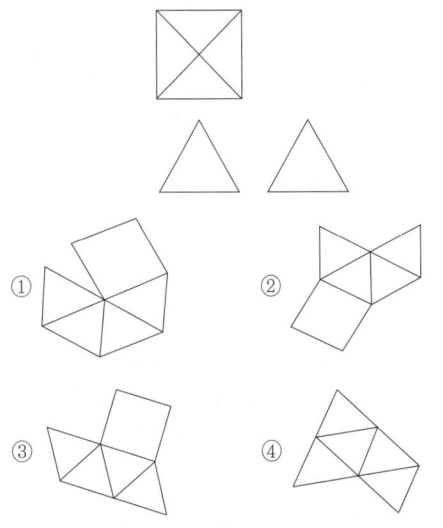

55 도면에 대한 호칭방법이 다음과 같이 나타날 때 이에 대한 설명으로 틀린 것은?

K2 B ISO 5457–Alt–TP 112.5–R–TBL

① 도면은 KS B ISO 5457을 따른다.
② A1 용지 크기이다.
③ 재단하지 않은 용지이다.
④ 112.5g/m² 사양의 트레이싱지이다.

56 그림과 같은 도면에서 나타난 "□40" 치수에서 "□"가 뜻하는 것은?

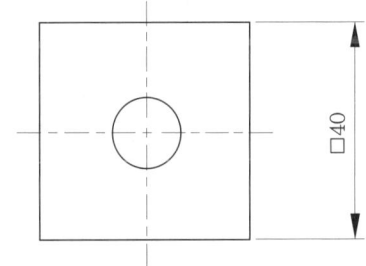

① 정사각형의 변
② 이론적으로 정확한 치수
③ 판의 두께
④ 참고치수

57 그림과 같이 원통을 경사지게 절단한 제품을 제작할 때, 다음 중 어떤 전개법이 가장 적합한가?

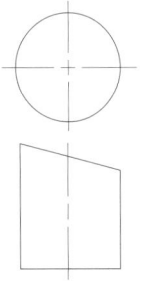

① 사각형법 ② 평행선법
③ 삼각형법 ④ 방사선법

58 다음 중 가는 실선으로 나타내는 경우가 아닌 것은?

① 시작점과 끝점을 나타내는 치수선
② 소재의 굽은 부분이나 가공 공정의 표시선
③ 상세도를 그리기 위한 틀의 선
④ 금속 구조 공학 등의 구조를 나타내는 선

59 그림과 같은 도면에서 괄호 안의 치수는 무엇을 나타내는가?

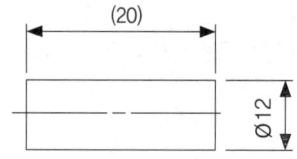

① 완성 치수　　② 참고 치수
③ 다듬질 치수　④ 비례척이 아닌 치수

60 다음 중 일반 구조용 탄소 강관의 KS 재료 기호는?

① SPP　　② SPS
③ SKH　　④ STK

- SPP : 배관용 탄소 강관
- SPS : 스프링 강재
- SKH : 고속도 공구강 강재
- STK : 일반 구조용 탄소 강관
- STKM : 기계 구조용 탄소 강관

정답 용접기능사 2016년 2회

01 ①	02 ④	03 ③	04 ②	05 ④
06 ②	07 ②	08 ④	09 ②	10 ③
11 ④	12 ③	13 ③	14 ①	15 ③
16 ②	17 ①	18 ②	19 ①	20 ①
21 ③	22 ④	23 ④	24 ④	25 ④
26 ①	27 ①	28 ②	29 ②	30 ①
31 ③	32 ③	33 ①	34 ②	35 ①
36 ②	37 ①	38 ④	39 ②	40 ③
41 ①	42 ④	43 ④	44 ②	45 ②
46 ④	47 ②	48 ②	49 ②	50 ③
51 ①	52 ③	53 ③	54 ②	55 ③
56 ①	57 ②	58 ④	59 ②	60 ④

2016년 3회 용접기능사

01 다음 중 용접시 수소의 영향으로 발생하는 결함과 가장 거리가 먼 것은?
① 기공 ② 균열
③ 은점 ④ 설퍼

> 설퍼 : 황을 뜻하며, 황에 의한 고온 균열의 일종인 설퍼크랙(균열)을 의미한다.

02 가스 중에서 최소의 밀도로 가장 가볍고 확산속도가 빠르며, 열전도가 가장 큰 가스는?
① 수소 ② 메탄
③ 프로판 ④ 부탄

03 용착금속의 인장강도가 55N/m², 안전율이 6이라면 이음의 허용응력은 약 몇 N/m²인가?
① 0.92
② 9.2
③ 92
④ 920

> • 안전율 = 인장강도/허용응력
> • 허용응력 = 인장강도 / 안전율 = 55 / 6 ≒ 9.2

04 팁 끝이 모재에 닿는 순간 순간적으로 팁 끝이 막혀 팁 속에서 폭발음이 나면서 불꽃이 꺼졌다가 다시 나타나는 현상은?
① 인화 ② 역화
③ 역류 ④ 선화

> 역화란 팁 끝이 모재에 닿는 순간 팁 끝이 막히거나 과열, 가스 압력이 부적당할 때 팁 속에서 폭발음을 내며 불꽃이 꺼졌다가 다시 나타나는 현상이다.

05 다음 중 파괴 시험 검사법에 속하는 것은?
① 부식시험
② 침투시험
③ 음향시험
④ 와류시험

> 부식시험 : 파괴시험의 일종으로 야금학적 시험법이다.

06 TIG 용접 토치의 분류 중 형태에 따른 종류가 아닌 것은?
① T형 토치 ② Y형 토치
③ 직선형 토치 ④ 플렉시블형 토치

07 용접에 의한 수축 변형에 영향을 미치는 인자로 가장 거리가 먼 것은?
① 가접
② 용접 입열
③ 판의 예열 온도
④ 판 두께에 따른 이음 형상

> 용접부의 수축 변형 : 금속은 가열되거나 용융하면 팽창하였다가 냉각하면 수축이 일어나며 용접입열, 판의 예열 온도, 판 두께, 이음 형상에 따라 다르다.

08 전자동 MIG 용접과 반자동 용접을 비교했을 때 전자동 MIG 용접의 장점으로 틀린 것은?
① 용접 속도가 빠르다.
② 생산 단가를 최소화 할 수 있다.
③ 우수한 품질의 용접이 얻어진다.
④ 용착 효율이 낮아 능률이 매우 좋다.

> MIG 용접 : 금속보호가스 아크용접을 말하며, 용착효율이 98% 이상으로 좋아 능률이 매우 우수하다.

09 다음 중 탄산가스 아크 용접의 자기쏠림 현상을 방지하는 대책으로 틀린 것은?

① 엔드 탭을 부착한다.
② 가스 유량을 조절한다.
③ 어스의 위치를 변경한다.
④ 용접부의 틈을 적게 한다.

10 다음 용접법 중 비소모식 아크 용접법은?

① 논 가스 아크 용접
② 피복 금속 아크 용접
③ 서브머지드 아크 용접
④ 불활성 가스 텅스텐 아크 용접

🔍 불활성 가스 텅스텐 아크 용접 : 텅스텐 전극과 모재 사이에 아크를 발생하여 모재를 용융시키고 그 용융지에 용접봉을 녹여 접합하는 방법으로 전극이 소모되지 않는다.

11 용접부를 끝이 구면인 해머로 가볍게 때려 용착금속부의 표면에 소성변형을 주어 인장응력을 완화시키는 잔류 응력 제거법은?

① 피닝법
② 노내 풀림법
③ 저온 응력 완화법
④ 기계적 응력 완화법

🔍 피닝법 : 사람에게 안마를 해주는 것과 같이 금속 내부에 잔류하는 응력을 풀어주는 효과가 있다.

12 용접 변형의 교정법에서 점 수축법의 가열온도와 가열시간으로 가장 적당한 것은?

① 100~200℃, 20초
② 300~400℃, 20초
③ 500~600℃, 30초
④ 700~800℃, 30초

🔍 점 수축법 : 박판이 변형된 경우 볼록한 부분에 군데 군데 적당히 가열한 후 수랭하는 것을 반복하여 변형을 교정하는 방법이다.

13 수직판 또는 수평면 내에서 선회하는 회전 영역이 넓고 팔이 기울어져 상하로 움직일 수 있어 주로 스폿 용접, 중량물 취급 등에 많이 이용되는 로봇은?

① 다관절 로봇
② 극좌표 로봇
③ 원통 좌표 로봇
④ 직각 좌표계 로봇

14 서브머지드 아크 용접시 발생하는 기공의 원인이 아닌 것은?

① 직류 역극성 사용
② 용제의 건조 불량
③ 용제의 산포량 부족
④ 와이어 녹, 기름, 페인트

🔍 용접부의 기공 발생은 용제나 모재의 흡습, 건조 불량, 녹, 페인트 부착 등이며, 극성과는 무관하다.

15 다음 중 전자 빔 용접에 관한 설명으로 틀린 것은?

① 용입이 낮아 후판 용접에는 적용이 어렵다.
② 성분 변화에 의하여 용접부의 기계적 성질이나 내식성의 저하를 가져올 수 있다.
③ 가공재나 열처리에 대하여 소재의 성질을 저하시키지 않고 용접할 수 있다.
④ $10^{-4} \sim 10^{-6}$ mmHg 정도의 높은 진공실 속에서 음극으로부터 방출된 전자를 고전압으로 가속시켜 용접을 한다.

🔍 전자 빔 용접 : 고진공 속에서 고용점 용접이기 때문에 용입이 깊어 후판 용접에 적당하다.

16 안전 보건표지의 색채, 색도기준 및 용도에서 지시의 용도 색채는?

① 검은색   ② 노란색
③ 빨간색   ④ 파란색

17 X선이나 γ선을 재료에 투과시켜 투과된 빛의 강도에 따라 사진 필름에 감광시켜 결함을 검사하는 비파괴 시험법은?

① 자분 탐상 검사 ② 침투 탐상 검사
③ 초음파 탐상 검사 ④ 방사선 투과 검사

18 다음 중 용접봉의 용융속도를 나타낸 것은?

① 단위 시간 당 용접 입열의 양
② 단위 시간 당 소모되는 용접 전류
③ 단위 시간 당 형성되는 비드의 길이
④ 단위 시간 당 소비되는 용접봉의 길이

> 용융속도 = 아크 전류×용접봉쪽 전압 강하. 단위시간당 소비되는 용접봉 길이

19 물체와의 가벼운 충돌 또는 부딪침으로 인하여 생기는 손상으로 충격 부위가 부어 오르고 통증이 발생되며 일반적으로 피부 표면에 창상이 없는 상처를 뜻하는 것은?

① 출혈 ② 화상
③ 찰과상 ④ 타박상

> 창상(절창)은 칼이나 유리 등에 베인 상처이며, 찰과상이란 무엇에 긁히거나 스쳐서 살갗이 벗겨진 상처를 말한다.

20 일명 비석법이라고도 하며, 용접 길이를 짧게 나누어 간격을 두면서 용접하는 용착법은?

① 전진법 ② 후진법
③ 대칭법 ④ 스킵법

21 금속 산화물이 알루미늄에 의하여 산소를 빼앗기는 반응에 의해 생성되는 열을 이용한 용접법은?

① 마찰 용접
② 테르밋 용접
③ 일렉트로 슬래그 용접
④ 서브머지드 아크 용접

> 테르밋 용접 : 알루미늄과 산화철 분말을 일정 비율로 혼합하여 마그네슘 등의 점화제를 넣고 점화하면 2800℃ 정도까지 상승하며 산화물과 용탕으로 형성되며 용탕을 용접부에 부어 용접하는 방법

22 저항 용접의 장점이 아닌 것은?

① 대량 생산에 적합하다.
② 후열 처리가 필요하다.
③ 산화 및 변질 부분이 적다.
④ 용접봉, 용제가 불필요하다.

23 정격 2차 전류 200A, 정격 사용률 40%인 아크용접기로 실제 아크 전압 30V, 아크 전류 130A로 용접을 수행한다고 가정할 때 허용 사용률은 약 얼마인가?

① 70% ② 75%
③ 80% ④ 95%

> 허용사용률(%) = $\frac{(정격\ 2차\ 전류)^2}{(실제\ 용접\ 전류)^2}$ × 정격사용률
> = $\frac{200^2}{130^2}$ × 40 = 95

24 아크 전류가 일정할 때 아크 전압이 높아지면 용접봉의 용융속도가 늦어지고 아크 전압이 낮아지면 용융속도가 빨라지는 특성을 무엇이라 하는가?

① 부저항 특성
② 절연회복 특성
③ 전압회복 특성
④ 아크 길이 자기 제어 특성

25 강재 표면의 흠이나 개재물, 탈탄층 등을 제거하기 위하여 될 수 있는 대로 얇게 그리고 타원형 모양으로 표면을 깎아내는 가공법은?

① 분말 절단 ② 가스 가우징
③ 스카핑 ④ 플라즈마 절단

> 스카핑은 강재 표면의 홈이나 개재물, 탈탄층 등을 제거하기 위하여 될 수 있는 대로 얇게 그리고 타원형 모양으로 표면을 깎아 내는 가공법으로 주로 제강 공장에서 많이 사용된다.

26 다음 중 야금적 접합법에 해당되지 않는 것은?

① 융접(fusion welding)
② 접어 잇기(seam)
③ 압접(pressure welding)
④ 납땜(brazing and soldering)

> 야금학적 접합법 : 용접법을 말하며 융접, 압접, 납땜을 포함한다.

27 다음 중 불꽃의 구성 요소가 아닌 것은?

① 불꽃심   ② 속불꽃
③ 겉불꽃   ④ 환원불꽃

> 환원 불꽃은 불꽃의 구성요소가 아니라 불꽃의 종류에 해당한다.

28 피복 아크 용접봉에서 피복제의 주된 역할이 아닌 것은?

① 용융금속의 용적을 미세화하여 용착효율을 높인다.
② 용착금속의 응고와 냉각속도를 빠르게 한다.
③ 스패터의 발생을 적게 하고 전기 절연작용을 한다.
④ 용착금속에 적당한 합금원소를 첨가한다.

> 피복제의 역할 : ① ③, ④ 외에 용착금속의 응고와 냉각속도를 느리게 하여 경화를 방지한다.

29 교류 아크 용접기에서 안정한 아크를 얻기 위하여 상용주파의 아크 전류에 고전압의 고주파를 중첩시키는 방법으로 아크 발생과 용접작업을 쉽게 할 수 있도록 하는 부속장치는?

① 전격방지장치   ② 고주파 발생장치
③ 원격 제어장치   ④ 핫 스타트장치

> 일반 교류 아크 용접기에는 거의 부착된 예가 없으며, 주로 TIG 용접장치에 부착되어 있다.

30 피복 아크 용접봉의 피복제 중에서 아크를 안정시켜 주는 성분은?

① 붕사   ② 페로 망간
③ 니켈   ④ 산화 티탄

31 산소 용기의 취급시 주의사항으로 틀린 것은?

① 기름이 묻은 손이나 장갑을 착용하고는 취급하지 않아야 한다.
② 통풍이 잘되는 야외에서 직사광선에 노출시켜야 한다.
③ 용기의 밸브가 얼었을 경우에는 따뜻한 물로 녹여야 한다.
④ 사용 전에는 비눗물 등을 이용하여 누설 여부를 확인한다.

> 가스 용기는 열을 받으면 급격히 팽창하여 폭발할 위험이 있기 때문에 직사광선을 피해서 40℃ 이하의 장소에 보관해야 된다.

32 피복 아크 용접봉의 기호 중 고산화티탄계를 표시한 것은?

① E 4301   ② E 4303
③ E 4311   ④ E 4313

> ① : 일미나이트계, ② : 라임티타니아계, ③ : 고셀룰로스계

33 가스 절단에서 프로판 가스와 비교한 아세틸렌 가스의 장점에 해당되는 것은?

① 후판 절단의 경우 절단속도가 빠르다.
② 박판 절단의 경우 절단속도가 빠르다.
③ 중첩 절단을 할 때에는 절단속도가 빠르다.
④ 절단면이 거칠지 않다.

34 용접기의 구비조건이 아닌 것은?

① 구조 및 취급이 간단해야 한다.
② 사용 중에 온도 상승이 적어야 한다.
③ 전류 조정이 용이하고 일정한 전류가 흘러야 한다.
④ 용접 효율과 상관없이 사용 유지비가 적게 들어야 한다.

> 용접 효율이 좋고 사용 유지비가 적게 들어야 한다.

35 다음 중 연강을 가스 용접할 때 사용하는 용제는?

① 붕사
② 염화나트륨
③ 사용하지 않는다.
④ 중탄산소다 + 탄산소다

🔍 연강의 가스 용접의 경우 용제가 필요하지 않다.

36 프로판 가스의 특징으로 틀린 것은?

① 안전도가 높고 관리가 쉽다.
② 온도 변화에 따른 팽창률이 크다.
③ 액화하기 어렵고 폭발 한계가 넓다.
④ 상온에서는 기체 상태이고 무색, 투명하다.

🔍 프로판 가스 : 액화하기 쉽고, 폭발 한계가 좁다. 2.4~9.5%, 아세틸렌은 2.5~80%로 매우 넓다.(폭발 위험이 크다)

37 피복 아크 용접봉에서 아크 길이와 아크 전압의 설명으로 틀린 것은?

① 아크 길이가 너무 길면 불안정하다.
② 양호한 용접을 하려면 짧은 아크를 사용한다.
③ 아크 전압은 아크 길이에 반비례한다.
④ 아크 길이가 적당할 때 정상적인 작은 입자의 스패터가 생긴다.

🔍 아크 전압은 아크 길이에 비례한다.

38 다음 중 용융금속의 이행 형태가 아닌 것은?

① 단락형 ② 스프레이형
③ 연속형 ④ 글로뷸러형

39 강자성을 가지는 은백색의 금속으로 화학 반응용 촉매, 공구 소결재로 널리 사용되고 바이탈륨의 주성분 금속은?

① Ti ② Co
③ Al ④ Pt

40 재료에 어떤 일정한 하중을 가하고 어떤 온도에서 긴 시간 동안 유지하면 시간이 경과함에 따라 스트레인이 증가하는 것을 측정하는 시험 방법은?

① 피로 시험 ② 충격 시험
③ 비틀림 시험 ④ 크리프 시험

41 금속의 결정구조에서 조밀육방격자(HCP)의 배위수는?

① 6 ② 8
③ 10 ④ 12

🔍 배위수
  • 체심입방격자(BCC) : 8
  • 면심입방격자(FCC) : 12
  • 조밀육방격자(HCP) : 12

42 주석청동의 용해 및 주조에서 1.5~1.7%의 아연을 첨가할 때의 효과로 옳은 것은?

① 수축률이 감소된다. ② 침탄이 촉진된다.
③ 취성이 향상된다. ④ 가스가 흡입된다.

43 금속의 결정구조에 대한 설명으로 틀린 것은?

① 결정입자의 경계를 결정입계라 한다.
② 결정체를 이루고 있는 각 결정을 결정입자라 한다.
③ 체심입방격자는 단위격자 속에 있는 원자수가 3개이다.
④ 물질을 구성하고 있는 원자가 입체적으로 규칙적인 배열을 이루고 있는 것을 결정이라 한다.

🔍 체심입방격자의 단위원자 수
2개(8개의 격자점은 인접격자와 1/8 공유하므로
$= \dfrac{8 \times 1}{8} + 1$(내부원자 1개) = 2

44 Al의 표면을 적당한 전해액 중에서 양극 산화처리하면 표면에 방식성이 우수한 산화 피막층이 만들어진다. 알루미늄의 방식 방법에 많이 이용되는 것은?

① 규산법 ② 수산법
③ 탄화법 ④ 질화법

45 강의 표면 경화법이 아닌 것은?

① 풀림
② 금속 용사법
③ 금속 침투법
④ 하드 페이싱

🔍 풀림은 연화, 안정화, 구상화 등을 목적으로 하는 열처리이다.

46 비금속 개재물이 강에 미치는 영향이 아닌 것은?

① 고온 메짐의 원인이 된다.
② 인성은 향상시키나 경도를 떨어뜨린다.
③ 열처리시 개재물로 인한 균열을 발생시킨다.
④ 단조나 압연 작업 중에 균열의 원인이 된다.

🔍 비금속 개재물 : 인성을 해치며, 경도를 낮게 한다.

47 해드 필드강(hadfield steel)에 대한 설명으로 옳은 것은?

① Ferrite계 고 Ni강이다.
② Pearlite계 고 Co강이다.
③ Cementite계 고 Cr강이다.
④ Austenite계 Mn강이다.

48 잠수함, 우주선 등 극한 상태에서 파이프의 이음쇠에 사용되는 기능성 합금은?

① 초전도 합금
② 수소 저장 합금
③ 아모퍼스 합금
④ 형상 기억 합금

49 탄소강에서 탄소의 함량이 높아지면 낮아지는 것은?

① 경도
② 항복강도
③ 인장강도
④ 단면 수축률

🔍 철강에 탄소가 증가하면 경도, 강도가 증가하게 되므로 연신율이나 단면수축률이 낮아지게 된다.

50 3~5%Ni, 1%Si을 첨가한 Cu 합금으로 C 합금이라고도 하며, 강력하고 전도율이 좋아 용접봉이나 전극재료로 사용되는 것은?

① 톰백
② 문쯔메탈
③ 길딩메탈
④ 코슨합금

51 치수 기입법에서 지름, 반지름, 구의 지름 및 반지름, 모떼기, 두께 등을 표시할 때 사용하는 보조기호 표시가 잘못된 것은?

① 두께 : D6
② 반지름 : R3
③ 모떼기 : C3
④ 구의 반지름 : SΦ6

🔍 판두께 : t

52 인접부분을 참고로 표시하는데 사용하는 것은?

① 숨은선
② 가상선
③ 외형선
④ 피치선

53 보기와 같은 KS 용접 기호의 해독으로 틀린 것은?

① 화살표 반대쪽 점 용접
② 점 용접부의 지름 6mm
③ 용접부의 개수(용접 수) 5개
④ 점 용접한 간격은 100mm

🔍 용접 기호 등이 수평선(기선)의 실선에 있으면 화살표 방향, 점선에 있으면 화살표 반대쪽에서 용접함을 뜻한다.

54 좌우, 상하 대칭인 그림과 같은 형상을 도면화하려고 할 때 이에 관한 설명으로 틀린 것은?(단, 물체에 뚫린 구멍의 크기는 같고 간격은 6mm로 일정하다.)

 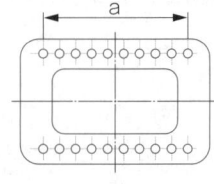

① 치수 a는 9×6(=54)으로 기입할 수 있다.
② 대칭기호를 사용하여 도형을 1/2로 나타낼 수 있다.
③ 구멍은 동일 형상일 경우 대표 형상을 제외한 나머지 구멍은 생략할 수 있다.

④ 구멍은 크기가 동일하더라도 각각의 치수를 모두 나타내야 한다.

🔍 동일 형상이 등간격으로 있을 경우 일부를 생략할 수 있다.

55 그림과 같은 제3각법 정투상도에 가장 적합한 입체도는?

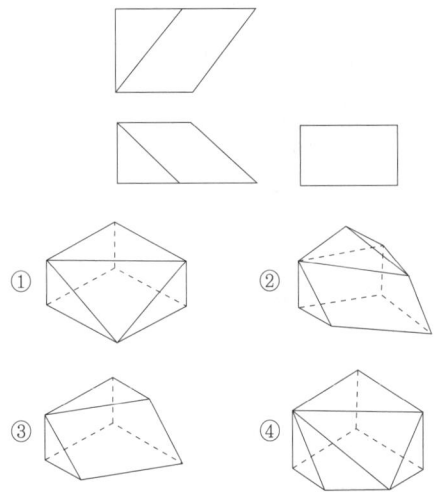

56 3각 기둥, 4각 기둥 등과 같은 각 기둥 및 원기둥 등을 평행하게 펼치는 전개 방법의 종류는?

① 삼각형을 이용한 전개도법
② 평행선을 이용한 전개도법
③ 방사선을 이용한 전개도법
④ 사다리꼴을 이용한 전개도법

57 SF-340A는 탄소강 단강품이며, 340은 최저인장강도를 나타낸다. 이 때 최저 인장강도의 단위로 가장 옳은 것은?

① N/m²   ② kgf/m²
③ N/mm²   ④ kgf/mm²

🔍 모두 강도의 단위로는 맞으나 SF 340A는 인장강도가 340N/mm²를 의미한다.

58 배관 도면에서 그림과 같은 기호의 의미로 가장 적합한 것은

① 체크 밸브   ② 볼 밸브
③ 콕 일반   ④ 안전 밸브

🔍 체크 밸브 역지 밸브라고도 한다.

59 한쪽 단면도에 대한 설명으로 올바른 것은?

① 대칭형의 물체를 중심선을 경계로 하여 외형도의 절반과 단면도의 절반을 조합하여 표시한 것이다.
② 부품도의 중앙 부위의 전후를 절단하여 단면을 90° 회전시켜 표시한 것이다.
③ 도형 전체가 단면으로 표시된 것이다.
④ 물체의 필요한 부분만 단면으로 표시한 것이다

60 판금 작업시 강판재료를 절단하기 위하여 가장 필요한 도면은?

① 조립도   ② 전개도
③ 배관도   ④ 공정도

정답 용접기능사 2016년 3회				
01 ④	02 ①	03 ②	04 ②	05 ①
06 ②	07 ①	08 ④	09 ②	10 ④
11 ①	12 ③	13 ④	14 ①	15 ①
16 ④	17 ④	18 ④	19 ④	20 ④
21 ②	22 ②	23 ④	24 ④	25 ③
26 ②	27 ④	28 ②	29 ②	30 ④
31 ②	32 ④	33 ②	34 ②	35 ③
36 ③	37 ③	38 ③	39 ②	40 ④
41 ②	42 ①	43 ②	44 ②	45 ④
46 ②	47 ④	48 ④	49 ②	50 ④
51 ①	52 ②	53 ①	54 ④	55 ③
56 ②	57 ③	58 ①	59 ①	60 ②

2014년 1회 특수용접기능사

01 다음 중 정전압 특성에 관한 설명으로 옳은 것은?

① 부하 전압이 변화하면 단자 전압이 변하는 특성
② 부하 전류가 증가하면 단자 전압이 저하하는 특성
③ 부하 전류가 변화하여도 단자 전압이 변하지 않는 특성
④ 부하 전류가 변화하지 않아도 단자 전압이 변하는 특성

🔍 전류가 증가하여도 아크 전압이 일정하게 유지되는 특성을 정전압 특성이라 하며, 전류가 증가할 때 전압이 다소 높아지는 특성을 상승특성(rising characteristic)이라 한다.

02 다음 중 연강 용접봉에 비해 고장력강 용접봉의 장점이 아닌 것은?

① 재료의 취급이 간단하고 가공이 용이하다.
② 동일한 강도에서 판의 두께를 얇게 할 수 있다.
③ 소요 강재의 중량을 상당히 무겁게 할 수 있다.
④ 구조물의 하중을 경감시킬 수 있어 그 기초공사가 단단해진다.

🔍 소요 강재의 중량을 상당히 경감시키는 장점이 있다.

03 다음 중 피복 아크 용접에 있어 위빙 운봉 폭은 용접봉 심선 지름의 얼마로 하는 것이 가장 적절한가?

① 1배 이하   ② 약 2~3배
③ 약 4~5배   ④ 약 6~7배

🔍 위빙 운봉 폭은 심선 지름의 2~3배로 한다.

04 피복 아크 용접에서 용접속도(welding speed)에 영향을 미치지 않는 것은?

① 모재의 재질   ② 이음 모양
③ 전류값   ④ 전압값

🔍 용접속도는 모재에 대한 용접선 방향의 아크 속도로 모재의 재질, 이음모양, 용접봉의 종류 및 전류값, 위빙의 유무 등에 따라 달라진다.

05 다음 중 가스 불꽃의 온도가 가장 높은 것은?

① 산소 - 메탄 불꽃
② 산소 - 프로판 불꽃
③ 산소 - 수소불꽃
④ 산소 - 아세틸렌 불꽃

🔍 ① : 2700℃   ② : 2820℃
   ③ : 2900℃   ④ : 3430℃

06 다음 중 아크 에어 가우징시 압축공기의 압력으로 가장 적합한 것은?

① 1~3 kgf/cm^2
② 5~7 kgf/cm^2
③ 9~15 kgf/cm^2
④ 11~20 kgf/cm^2

07 다음 중 직류 아크 용접의 극성에 관한 설명으로 틀린 것은?

① 전자의 충격을 받는 양극이 음극보다 발열량이 작다.
② 정극성일 때는 용접봉의 용융이 않고 모재의 용입은 깊다.
③ 역극성일 때는 용접봉의 용융속도는 빠르고 모재의 용입이 얕다.
④ 얇은 판의 용접에는 용락(burn through)을 피하기 위해 역극성을 사용하는 것이 좋다.

08 다음 중 원판상의 롤러 전극 사이에 용접할 2장의 판을 두고 가압·통전하여 전극을 회전시키며 연속적으로 점용접을 반복하는 용접법은?

① 심 용접
② 프로젝션 용접
③ 전자빔 용접
④ 테르밋 용접

🔍 심용접은 수밀, 기밀이 요구되는 액체와 기체를 넣는 용기를 제작하는데 사용되며, 통전방법에는 단속, 연속, 맥동 통전법이 있다.

09 다음 중 정격 2차 전류가 200A, 정격 사용률이 40%의 아크 용접기로 150A의 용접전류를 사용하여 용접하는 경우 사용률은 약 몇 %인가?

① 33%
② 40%
③ 50%
④ 71%

🔍 허용사용률 = $\frac{(정격\ 2차\ 전류)^2}{(실제\ 용접\ 전류)^2} \times 정격사용률$
= $\frac{200^2}{150^2} \times 40 = 71$

10 다음 중 가연성 가스가 가져야 할 성질과 가장 거리가 먼 것은?

① 발열량이 클 것
② 연소속도가 느릴 것
③ 불꽃의 온도가 높을 것
④ 용융금속과 화학반응을 일으키지 않을 것

🔍 연소속도는 빨라야 한다.

11 다음 중 전기용접에 있어 전격방지기가 기능하지 않을 경우 2차 무부하 전압은 어느 정도가 가장 적합한가?

① 20~30V
② 40~50V
③ 60~70V
④ 90~100V

🔍 2차 무부하 전압은 20~30V 정도일 때 전격을 방지할 수 있다.

12 다음 중 고속분출을 얻는데 적합하고, 보통의 팁에 비하여 산소의 소비량이 같을 때 절단속도를 20~25% 증가시킬 수 있는 절단 팁은?

① 직선형 팁
② 산소 – LP형 팁
③ 보통형 팁
④ 다이버전트형 팁

13 다음 중 산소-아세틸렌가스 용접에서 주철에 사용하는 용제에 해당하지 않는 것은?

① 붕사
② 탄산나트륨
③ 염화나트륨
④ 중탄산나트륨

🔍 주철에는 탄산나트륨 15% + 붕사 15% + 중탄산나트륨 70%가 사용된다.

14 다음은 수중 절단(underwater cutting)에 관한 설명으로 틀린 것은?

① 일반적으로 수중 절단은 수심 45m 정도까지 작업이 가능하다.
② 수중 작업 시 절단 산소의 압력은 공기 중에서의 1.5~2배로 한다.
③ 수중 작업 시 예열 가스의 양은 공기 중에서의 4~8배 정도로 한다.
④ 연료가스로는 수소, 아세틸렌, 프로판, 벤젠 등이 사용되나 그 중 아세틸렌이 가장 많이 사용된다.

🔍 수소는 높은 수압에서 사용이 가능하고 수중 절단 중 기포발생이 적어 작업이 용이하여 가장 많이 사용된다.

15 강재의 가스 절단 시 팁 끝과 연강판 사이의 거리는 백심에서 1.5~2.0mm 정도 떨어지게 하며, 절단부를 예열하여 약 몇 ℃ 정도가 되었을 때 고압산소를 이용하여 절단을 시작하는 것이 좋은가?

① 300~450℃
② 500~600℃
③ 650~750℃
④ 800~900℃

16 내용적이 40L, 충전압력이 150kgf/cm² 인 산소용기의 압력이 50kgf/cm² 까지 내려갔다면 소비한 산소의 량은 몇 L인가?

① 2000L ② 3000L
③ 4000L ④ 5000L

🔍 (150 − 50) × 40 = 4000

17 다음 중 연강용 피복 아크 용접봉 피복제의 역할과 가장 거리가 먼 것은?

① 아크를 안정하게 한다.
② 전기를 잘 통하게 한다.
③ 용착금속의 급랭을 방지한다.
④ 용착금속의 탈산 및 정련작용을 한다.

🔍 피복제는 전기 절연 작용을 한다.

18 담금질 가능한 스테인리스강으로 용접 후 경도가 증가하는 것은?

① STS 316
② STS 304
③ STS 202
④ STS 410

19 다음 중 저융점 합금에 대하여 설명한 것 중 틀린 것은?

① 납(Pb : 용융점 327℃)보다 낮은 융점을 가진 합금을 말한다.
② 가용합금이라 한다.
③ 2원 또는 다원계의 공정합금이다.
④ 전기 퓨즈, 화재경보기, 저온땜납 등에 이용된다.

🔍 저융점 합금은 Sn(융점 약 232℃)보다 낮은 융점을 가진 합금을 말한다.

20 열처리방법에 따른 효과로 옳지 않은 것은?

① 불림 − 미세하고 균일한 표준조직
② 풀림 − 탄소강의 경화
③ 담금질 − 내마멸성 향상
④ 뜨임 − 인성 개선

🔍 풀림은 내부응력을 제거하고 재질을 균일하게 한다.

21 고 Ni의 초고장력강이며 1370~2060 MPa의 인장강도와 높은 인성을 가진 석출경화형 스테인리스강의 일종은?

① 마르에이징(maraging)강
② Cr 18% − Ni 8%의 스테인리스강
③ 13% Cr강의 마텐자이트계 스테인리스강
④ Cr 12 − 17%, C 0.2%의 페라이트계 스테인리스강

22 다음 중 대표적인 주조 경질 합금은?

① HSS   ② 스텔라이트
③ 콘스탄탄 ④ 켈멧

23 침탄법을 침탄제의 종류에 따라 분류할 때 해당되지 않는 것은?

① 고체 침탄법
② 액체 침탄법
③ 가스 침탄법
④ 화염 침탄법

🔍 침탄법은 저탄소강의 표면에 탄소를 침투, 확산시켜 고탄소강으로 만든 후 담금질하여 표면을 경화하는 방법으로 고체, 액체, 가스 침탄법이 있다.

24 금속의 공통적 특성이 아닌 것은?

① 상온에서 고체이며 결정체이다.(단, Hg은 제외)
② 열과 전기의 양도체이다.
③ 비중이 크고 금속적 광택을 갖는다.
④ 소성변형이 없어 가공하기 쉽다.

🔍 연성과 전성이 많아 소성변형이 가능하다.

25 비자성이고 상온에서 오스테나이트 조직인 스테인리스강은?(단, 숫자는 %를 의미한다)

① 18 Cr – 8 Ni 스테인리스강
② 13 Cr 스테인리스강
③ Cr계 스테인리스강
④ 13 Cr – Al 스테인리스강

26 구리는 비철재료 중에 비중을 크게 차지한 재료이다. 다른 금속재료와의 비교 설명 중 틀린 것은?

① 철에 비해 용융점이 높아 전기제품에 많이 사용된다.
② 아름다운 광택과 귀금속적 성질이 우수하다.
③ 전기 및 열이 전도도가 우수하다.
④ 전연성이 좋아 가공이 용이하다.

27 크롬강의 특징을 잘못 설명한 것은?

① 크롬강은 담금질이 용이하고 경화층이 깊다.
② 탄화물이 형성되어 내마모성이 크다.
③ 내식 및 내열강으로 사용한다.
④ 구조용은 W, V, Co를 첨가하고 공구용은 Ni, Mn, Mo을 첨가한다.

28 청동은 다음 중 어느 합금을 의미하는가?

① Cu – Zn   ② Fe – Al
③ Cu – Sn   ④ Zn – Sn

> • 청동 : 구리 + 주석
> • 황동 : 구리 + 아연

29 용접부의 표면이 좋고 나쁨을 검사하는 것으로 가장 많이 사용하며 간편하고 경제적인 검사방법은?

① 자분검사   ② 외관검사
③ 초음파검사   ④ 침투검사

30 아크 용접 작업에 관한 안전 사항으로서 올바르지 않은 것은?

① 용접기는 항상 환기가 잘되는 곳에 설치할 것
② 전류는 아크를 발생하면서 조절할 것
③ 용접기는 항상 건조되어 있을 것
④ 항상 정격에 맞는 전류로 조절할 것

> 전류를 조절한 후 아크를 발생시켜 용접해야 한다.

31 서브머지드 아크용접에 사용되는 용융형 용제에 대한 특징 설명 중 틀린 것은?

① 흡습성이 거의 없으므로 재건조가 불필요하다.
② 미용융 용제는 다시 사용이 가능하다.
③ 고속 용접성이 양호하다.
④ 합금 원소의 첨가가 용이하다.

> 합금원소의 첨가가 용이한 것은 소결형 용제의 특징이다.

32 보통 화재와 기름 화재의 소화기로는 적합하나 전기 화재의 소화기로는 부적합한 것은?

① 포말 소화기
② 분말 소화기
③ CO_2 소화기
④ 물 소화기

33 다음 중 용접성 시험이 아닌 것은?

① 노치 취성 시험
② 용접 연성 시험
③ 파면 시험
④ 용접 균열 시험

> 금속학적 시험에는 파면시험, 매크로 조직시험, 현미경시험이 있다.

34 용접 결함 방지를 위한 관리기법에 속하지 않는 것은?

① 설계도면에 따른 용접 시공 조건의 검토와 작업 순서를 정하여 시공한다.
② 용접 구조물의 재질과 형상에 맞는 용접 장비를 사용한다.
③ 작업 중인 시공 상황을 수시로 확인하고 올바르게 시공할 수 있게 관리한다.
④ 작업 후에 시공 상황을 확인하고 올바르게 시공할 수 있게 관리한다.

35 용접부의 인장응력을 완화하기 위하여 특수해머로 연속적으로 용접부 표면층을 소성변형 주는 방법은?

① 피닝법
② 저온응력 완화법
③ 응력제거 어닐링법
④ 국부가열 어닐링법

🔍 피닝법과 롤러에 거는 방법은 외력만으로 소성 변형을 일어나게 하는 방법이다.

36 이산화탄소 아크 용접에서 일반적인 용접작업(약 200A 미만)에서의 팁과 모재간 거리는 몇 mm 정도가 가장 적합한가?

① 0~5mm
② 10~15mm
③ 40~50mm
④ 30~40mm

37 점용접 조건의 3대 요소가 아닌 것은?

① 고유저항
② 가압력
③ 전류의 세기
④ 통전시간

🔍 점용접의 3대 요소는 가압력, 전류세기, 통전시간이다.

38 경납용 용제의 특징으로 틀린 것은?

① 모재와 친화력이 있어야 한다.
② 용융점이 모재보다 낮아야 한다.
③ 모재와의 전위차가 가능한 한 커야 한다.
④ 모재와 야금적 반응이 좋아야 한다.

🔍 경납용 용제로는 붕사, 붕산, 붕산염, 불화물, 염화물, 알칼리 등으로 모재와의 전위차는 가능한 적어야 한다.

39 액체 이산화탄소 25kg 용기는 대기 중에서 가스량이 대략 12700L이다. 20L/min의 유량으로 연속 사용할 경우 사용 가능한 시간(hour)은 약 얼마인가?

① 60시간   ② 6시간
③ 10시간   ④ 1시간

🔍 시간당 20 × 60 = 1200리터를 사용하므로 12700 ÷ 1200 ≒ 10.58 시간이다.

40 파장이 같은 빛을 렌즈로 집광하면 매우 작은 점으로 집중이 가능하고 높은 에너지로 집속하면 높은 열을 얻을 수 있다. 이것을 열원으로 하여 용접하는 방법은?

① 레이저 용접
② 일렉트로 슬래그 용접
③ 테르밋 용접
④ 플라즈마 아크 용접

41 티그 용접의 전원 특성 및 사용법에 대한 설명이 틀린 것은?

① 역극성을 사용하면 적극의 소모가 많아진다.
② 알루미늄 용접 시 교류를 사용하면 용접이 잘 된다.
③ 정극성은 연강, 스테인리스강 용접에 적당하다.
④ 정극성을 사용할 때 전극봉은 둥글게 가공하여 사용하는 것이 아크가 안정된다.

🔍 정극성일때는 모재가 전극봉보다 열을 많이 받으므로 전극봉을 가늘게 가공해서 사용해야 한다.

42 플러그 용접에서 전단 강도는 일반적으로 구멍의 면적당 전용착금속 인장강도의 몇 % 정도로 하는가?

① 20~30%   ② 40~50%
③ 60~70%   ④ 80~90%

43 용접에서 변형교정 방법이 아닌 것은?

① 얇은 판에 대한 점 수축법
② 롤러에 거는 방법
③ 형재에 대한 직선 수축법
④ 노내 풀림법

🔍 노내 풀림법은 응력 제거 열처리 방법이다.

44 이산화탄소 가스 아크 용접에서 아크 전압이 높을 때 비드 형상으로 맞는 것은?

① 비드가 넓어지고 납작해진다.
② 비드가 좁아지고 납작해진다.
③ 비드가 넓어지고 볼록해진다.
④ 비드가 좁아지고 볼록해진다.

🔍 아크 전압이 높으면 비드가 넓어지고, 납작해지며, 지나치게 전압이 높으면 기포가 발생된다.

45 용접재 예열의 목적으로 옳지 않은 것은?

① 변형 방지   ② 잔류응력 감소
③ 균열 발생 방지   ④ 수소 이탈 방지

🔍 예열은 용접부의 냉각속도를 느리게 하여 수축변형을 감소, 균열 발생 방지, 잔류 응력 감소시킨다.

46 다음 중 용접부에 언더컷이 발생했을 경우 결함 보수 방법으로 가장 적당한 것은?

① 드릴로 정지 구멍을 뚫고 다듬질한다.
② 절단 작업을 한 다음 재용접한다.
③ 가는 용접봉을 사용하여 보수용접한다.
④ 일부분을 깎아내고 재용접한다.

🔍 기공, 슬래그 섞임은 깎아내고 재용접하며, 균열은 드릴로 정지 구멍을 뚫고 균열 있는 부분을 깎아내어 규정의 홈으로 다듬질한다. 또한 언더컷은 가는 용접봉을 사용하여 보수용접한다.

47 화재 및 폭발의 방지 조치사항으로 틀린 것은?

① 용접 작업 부근에 점화원을 두지 않는다.
② 인화성 액체의 반응 또는 취급은 폭발 한계범위 이내의 농도로 한다.
③ 아세틸렌이나 LP 가스 용접시에는 가연성 가스가 누설 되지 않도록 한다.
④ 대기 중에 가연성 가스를 누설 또는 방출시키지 않는다.

🔍 폭발 한계 범위 이내로 사용하면 폭발 우려가 있다.

48 가스용접 작업 시 주의사항으로 틀린 것은?

① 반드시 보호안경을 착용한다.
② 산소호스와 아세틸렌호스는 색깔 구분 없이 사용한다.
③ 불필요한 긴 호스를 사용하지 말아야 한다.
④ 용기 가까운 곳에서는 인화물질의 사용을 금한다.

49 불활성가스 금속아크 용접의 용접토치 구성 부품 중 와이어가 송출되면서 전류를 통전시키는 역할을 하는 것은?

① 가스 분출기(gas diffuser)
② 팁(tip)
③ 인슐레이터(insulator)
④ 플렉시블 콘딧(flexible conduit)

50 다음 중 테르밋 용접의 점화제가 아닌 것은?

① 과산화바륨   ② 망간
③ 알루미늄   ④ 마그네슘

🔍 점화제로 과산화바륨, 알루미늄, 마그네슘 등은 혼합 분말로 이루어져 있다.

51 그림과 같은 도면에서 지름 3mm 구멍의 수는 모두 몇 개인가?

① 24
② 38
③ 48
④ 60

🔍 38-Ø3 표시에서 38은 구멍수이며, 지름이 3mm를 나타낸다.

52 다음 중 도면의 일반적인 구비조건으로 거리가 먼 것은?

① 대상물의 크기, 모양, 자세, 위치의 정보가 있어야 한다.
② 대상물을 명확하고 이해하기 쉬운 방법으로 표현해야 한다.
③ 도면의 보존, 검색 이용이 확실히 되도록 내용과 양식을 구비해야 한다.
④ 무역과 기술의 국제 교류가 활발하므로 대상물의 특징을 알 수 없도록 보안성을 유지해야 한다.

53 그림과 같은 용접기호에서 a7이 의미하는 뜻으로 알맞은 것은?

① 용접부 목 길이가 7mm이다.
② 용접 간격이 7mm이다.
③ 용접 모재의 두께가 7mm이다.
④ 용접부 목 두께가 7mm이다.

🔍 a는 용접부 목 두께를 나타낸다.

54 일반적으로 표면의 결 도시 기호에서 표시하지 않는 것은?

① 표면 재료 종류
② 줄무늬 방향의 기호
③ 표면의 파상도
④ 컷오프값, 평가 길이

55 치수 숫자와 함께 사용되는 기호가 바르게 연결된 것은?

① 지름 : P
② 정사각형 : □
③ 구면의 지름 : Ø
④ 구의 반지름 : C

🔍 지름 : Ø, 구의 지름 : SØ, 구의 반지름 : SR

56 그림과 같은 입체도에서 화살표 방향을 정면으로 할 때 제3각법으로 올바르게 정투상한 것은?

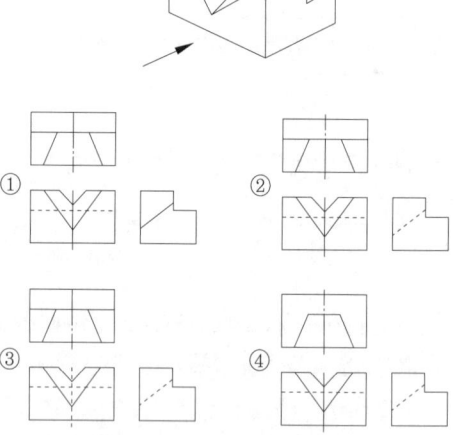

57 다음 중 일반구조용 압연강재의 KS 재료 기호는?

① SS 490
② SSW 41
③ SBC 1
④ SM 400A

58 배관의 접합 기호 중 플랜지 연결을 나타내는 것은?

①   ②

③ ━┤┠━   ④ ━┤⊃━

- ① : 나사이음
- ③ : 유니언 이음
- ④ : 턱걸이 이음

59 그림에서 '6.3'선이 나타내는 선의 명칭으로 옳은 것은?

① 가상선   ② 절단선
③ 중심선   ④ 무게 중심선

가상선의 용도
- 인접부분을 참고로 표시하는데 사용
- 가동부분을 이동 중의 특정한 위치 또는 이동한계의 위치로 표시하는데 사용
- 가공 전 또는 가공 후의 모양을 표시하는데 사용
- 가는 2점 쇄선으로 그림

60 다음 중 직원뿔 전개도의 형태로 가장 적합한 형상은?

①   ②

③   ④

정답	특수용접기능사 2014년 1회			
01 ③	02 ③	03 ②	04 ④	05 ④
06 ②	07 ①	08 ①	09 ④	10 ②
11 ①	12 ④	13 ③	14 ④	15 ④
16 ③	17 ②	18 ④	19 ①	20 ②
21 ①	22 ②	23 ④	24 ④	25 ①
26 ①	27 ④	28 ③	29 ②	30 ②
31 ④	32 ①	33 ④	34 ④	35 ①
36 ②	37 ①	38 ③	39 ③	40 ①
41 ④	42 ③	43 ④	44 ①	45 ④
46 ③	47 ②	48 ④	49 ②	50 ②
51 ②	52 ④	53 ④	54 ①	55 ②
56 ②	57 ①	58 ②	59 ①	60 ②

2014년 2회 특수용접기능사

01 다음 중 가스 압접의 특징으로 틀린 것은?

① 이음부의 탈탄 층이 전혀 없다.
② 작업이 거의 기계적이어서, 숙련이 필요하다.
③ 용가재 및 용제가 불필요하고, 용접시간이 빠르다.
④ 장치가 간단하여 설비비, 보수비가 싸고 전력이 불필요하다.

🔍 압접은 작업이 거의 기계적이며 숙련 기술이 필요없다.

02 절단용 산소 중의 불순물이 증가되면 나타나는 결과가 아닌 것은?

① 절단속도가 늦어진다.
② 산소의 소비량이 적어진다.
③ 절단 개시 시간이 길어진다.
④ 절단 홈의 폭이 넓어진다.

🔍 불순물이 많아지면 산소 소비량이 많아진다.

03 피복 아크 용접봉에서 피복 배합제인 아교의 역할은?

① 고착제   ② 합금제
③ 탈산제   ④ 아크 안정제

🔍 고착제는 규산나트륨, 규산칼륨 등의 수용액이 주로 사용되며 심선에 피복제를 고착시키는 역할을 한다.

04 가스 절단에 영향을 미치는 인자가 아닌 것은?

① 후열 불꽃   ② 예열 불꽃
③ 절단 속도   ④ 절단 조건

🔍 가스절단에 영향을 미치는 인자에는 절단조건, 절단용 산소, 예열 불꽃, 절단 속도, 절단팁, 드래그 등이 있다.

05 직류 아크용접의 극성에 관한 설명으로 옳은 것은?

① 직류 정극성에서는 용접봉의 녹음 속도가 빠르다.
② 직류 역극성에서는 용접봉에 30%의 열 분배가 되기 때문에 용입이 깊다.
③ 직류 정극성에서는 용접봉에 70%의 열 분배가 되기 때문에 모재의 용입이 얕다.
④ 직류 역극성은 박판, 주철, 고탄소강, 비철금속의 용접에 주로 사용된다.

🔍 정극성은 용접 녹음이 느리고, 모재 용입이 깊고, 비드 폭이 좁으며 일반적으로 많이 사용된다.

06 직류용접기와 비교하여 교류용접기의 특징을 틀리게 설명한 것은?

① 유지가 쉽다.
② 아크가 불안정하다.
③ 감전의 위험이 적다.
④ 고장이 적고, 값이 싸다.

🔍 교류 용접기는 감전 위험이 크다.

07 피복 아크 용접에서 아크열에 의해 모재가 녹아 들어간 깊이는?

① 용적   ② 용입
③ 용락   ④ 용착금속

08 탄소 아크 절단에 압축공기를 병용하여 전극 홀더의 구멍에서 탄소 전극봉에 나란히 분출하는 고속의 공기를 분출시켜 용융금속을 불어내어 홈을 파는 방법은?

① 금속 아크 절단
② 아크 에어 가우징
③ 플라스마 아크 절단
④ 불활성가스 아크 절단

09 서브머지드 아크 용접법에서 다전극 방식의 종류에 해당 되지 않는 것은?

① 텐덤식 방식
② 횡 병렬식 방식
③ 횡 직렬식 방식
④ 종 직렬식 방식

🔍 다전극 방식에는 텐덤식, 횡병렬식, 횡직렬식이 있다.

10 교류 아크 용접기 부속장치 중 용접봉 홀더의 종류(KS)가 아닌 것은?

① 100호
② 200호
③ 300호
④ 400호

🔍 용접용 홀더 종류에는 125호, 160호, 200호, 250호, 300호, 400호, 500호 가 있다.

11 피복 아크 용접작업에서 아크 길이에 대한 설명 중 틀린 것은?

① 아크 길이는 일반적으로 3mm 정도가 적당하다.
② 아크 전압은 아크 길이에 반비례한다.
③ 아크 길이가 너무 길면 아크가 불안정하게 된다.
④ 양호한 용접은 짧은 아크(short arc)를 사용한다.

🔍 아크 전압은 아크 길이와 비례한다.

12 균열에 대한 감수성이 좋아 구속도가 큰 구조물의 용접이나 탄소가 많은 고탄소강 및 황의 함유량이 많은 쾌삭강 등의 용접에 사용되는 용접봉의 계통은?

① 고산화티탄계
② 일미나이트계
③ 라임티탄계
④ 저수소계

🔍 저수소계는 석회석이나 형석을 주성분으로 사용한 것으로 강인성이 풍부하고 기계적 성질, 내균열성이 우수하다.

13 가스절단 시 예열 불꽃이 약할 때 나타나는 현상으로 틀린 것은?

① 절단속도가 늦어진다.
② 역화 발생이 감소된다.
③ 드래그가 증가한다.
④ 절단이 중단되기 쉽다.

🔍 예열 불꽃이 약할 때는 역화를 일으키기 쉽다.

14 가스용접 시 전진법과 후진법을 비교 설명한 것 중 틀린 것은?

① 전진법은 용접속도가 느리다.
② 후진법은 열 이용률이 좋다.
③ 후진법은 용접변형이 크다.
④ 전진법은 개선 홈의 각도가 크다.

🔍 전진법의 특징
• 열 이용률이 나쁘고 용접속도가 느리다.
• 비드모양은 좋으며 홈각도가 크다.
• 용접변형이 크며 산화정도가 심하고 조직이 거칠다.

15 오스테나이트계 스테인리스강은 용접 시 냉각되면서 고온균열이 발생되는데 주원인이 아닌 것은?

① 아크 길이가 짧을 때
② 모재가 오염되어 있을 때
③ 크레이터 처리를 하지 않을 때
④ 구속력이 가해진 상태에서 용접할 때

16 아세틸렌가스의 성질에 대한 설명으로 옳은 것은?

① 수소와 산소가 화합된 매우 안정된 기체이다.
② 1리터의 무게는 1기압 15℃에서 117g이다.
③ 가스용접용 가스이며, 카바이드로부터 제조된다.
④ 공기를 1로 했을 때의 비중은 1.91이다.

🔍 아세틸렌은 1리터 무게는 1.176g으로 비중은 0.906으로 공기보다 가벼우며, 탄소와 수소로 이루어져 있다.

17 금속의 접합법 중 야금학적 접합법이 아닌 것은?

① 융접
② 압접
③ 납땜
④ 볼트 이음

🔍 볼트 이음은 기계적 접합법이다.

18 다음의 열처리 중 항온열처리 방법에 해당되지 않는 것은?

① 마 칭
② 마템퍼링
③ 오스템퍼링
④ 인상 담금질

19 탄소강의 담금질 중 고온의 오스테나이트 영역에서 소재를 냉각하면 냉각 속도의 차에 따라 마텐자이트, 페라이트, 펄라이트, 소르바이트 등의 조직으로 변태되는데 이들 조직 중에서 강도와 경도가 가장 높은 것은?

① 마텐자이트
② 페라이트
③ 펄라이트
④ 소르바이트

20 주철에서 탄소와 규소의 함유량에 의해 분류한 조직의 분포를 나타낸 것은?

① T.T.T 곡선
② Fe-C 상태도
③ 공정반응 조직도
④ 마우러(maurer) 조직도

🔍 마우러 조직도는 주철의 조직을 탄소와 규소의 함유량에 따라서 분류한 조직도이다.

21 구리(Cu)와 그 합금에 대한 설명 중 틀린 것은?

① 가공하기 쉽다.
② 전연성이 우수하다.
③ 아름다운 색을 가지고 있다.
④ 비중이 약 2.7인 경금속이다.
　구리 비중은 8.65로 중금속이다.

22 베어링에 사용되는 대표적인 구리합금으로 70%Cu - 30%Pb 합금은?

① 켈밋(kelmet)
② 톰백(tombac)
③ 다우메탈(dow metal)
④ 배빗메탈(babbit metal)

🔍 켈밋은 납(Pb) 23~42%의 구리-납(Cu-Pb)계의 베어링용 동 합금으로 검은 부분은 Pb이고, 흰 부분은 구리(Cu)이며 하중에 잘 견딘다.

23 라우탈(Lautal) 합금의 주성분은?

① Al - Cu - Si
② Al - Si - Ni
③ Al - Cu - Mn
④ Al - Si - Mn

🔍 라우탈은 알루미늄에 구리 4%, 규소 5%를 가한 주조용 알루미늄 합금으로 490~510℃로 담금질한 다음 120~145℃에서 16~48시간 뜨임을 하면 기계적 성질이 좋아진다.

24 Mg-Al에 소량의 Zn과 Mn을 첨가한 합금은?

① 엘린바(Elinvar)
② 엘렉트론(Elektron)
③ 퍼멀로이(Permalloy)
④ 모넬메탈(Monel metal)

25 주강에 대한 설명으로 틀린 것은?

① 주조조직 개선과 재질 균일화를 위해 풀림처리를 한다.
② 주철에 비해 기계적 성질이 우수하고, 용접에 의한 보수가 용이하다.
③ 주철에 비해 강도는 작으나 용융점이 낮고 유동성이 커서 주조성이 좋다.
④ 탄소함유량에 따라 저탄소 주강, 중탄소 주강, 고탄소 주강으로 분류한다.

26 산소-아세틸렌가스를 사용하여 담금질성이 있는 강재의 표면만을 경화시키는 방법은?

① 질화법
② 가스 침탄법
③ 화염 경화법
④ 고주파 경화법

🔍 화염 경화법은 강 표면을 가열한 후 물을 분사해 급랭시키는 방법으로 부품 크기와 형상은 무관하며 설비가 저렴하다.

27 금속의 공통적 특성에 대한 설명으로 틀린 것은?

① 열과 전기의 부도체이다.
② 금속특유의 광택을 갖는다.
③ 소성변형이 있어 가공이 가능하다.
④ 수은을 제외하고 상온에서 고체이며, 결정체이다.

🔍 금속은 열과 전기의 양도체이다.

28 스테인리스강을 용접하면 용접부가 입계부식을 일으켜 내식성을 저하시키는 원인으로 가장 적합한 것은?

① 자경성 때문이다.
② 적열취성 때문이다.
③ 탄화물의 석출 때문이다.
④ 산화에 의한 취성 때문이다.

29 반자동 CO_2 가스 아크 편면(one side)용접 시 뒷댐 재료로 가장 많이 사용되는 것은?

① 세라믹 제품
② CO_2 가스
③ 테프론 테이프
④ 알루미늄 판재

30 공랭식 MIG 용접토치의 구성요소가 아닌 것은?

① 와이어
② 공기 호스
③ 보호가스 호스
④ 스위치 케이블

31 서브머지드 아크용접용 재료 중 외이어의 표면에 구리를 도금한 이유에 해당되지 않는 것은?

① 콘택트 팁과의 전기적 접촉을 좋게 한다.
② 와이어에 녹이 발생하는 것을 방지한다.
③ 전류의 통전 효과를 높게 한다.
④ 용착금속의 강도를 높게 한다.

32 화상에 의한 응급조치로서 적절하지 않은 것은?

① 냉찜질을 한다.
② 붕산수에 찜질한다.
③ 전문의의 치료를 받는다.
④ 물집을 터트리고 수건으로 감싼다.

33 언더컷의 원인이 아닌 것은?

① 전류가 높을 때
② 전류가 낮을 때
③ 빠른 용접 속도
④ 운봉각도의 부적합

🔍 전류가 낮은 경우에는 오버랩이 발생된다.

34 연강용 피복용접봉에서 피복제의 역할이 아닌 것은?

① 아크를 안정시킨다.
② 스패터(spatter)를 많게 한다.
③ 파형이 고운 비드를 만든다.
④ 용착금속의 탈산정련 작용을 한다.

🔍 피복제는 아크를 안정시키고 탈산 정련 작용을 하며 스패터 발생을 적게 한다.

35 전기 저항 점 용접작업 시 용접기 조작에 대한 3대 요소가 아닌 것은?

① 가압력   ② 통전시간
③ 전극봉   ④ 전류세기

🔍 점 용접 3대 요소에는 가압력, 통전시간, 전류세기이다.

36 솔리드 이산화탄소 아크 용접의 특징에 대한 설명으로 틀린 것은?

① 바람의 영향을 전혀 받지 않는다.
② 용제를 사용하지 않아 슬래그의 혼입이 없다.
③ 용접 금속의 기계적, 야금적 성질이 우수하다.
④ 전류 밀도가 높아 용입이 깊고 용융 속도가 빠르다.

37 용접부의 내부 결함으로써 슬래그 섞임을 방지하는 것은?

① 용접전류를 최대한 낮게 한다.
② 루트 간격을 최대한 좁게 한다.
③ 전층의 슬래그는 제거하지 않고 용접한다.
④ 슬래그가 앞지르지 않도록 운봉속도를 유지한다.

> 슬래그 섞임을 방지하기 위해서는 슬래그가 앞지르지 않도록 운봉 속도를 유지한다.

38 전격에 의한 사고를 입을 위험이 있는 경우와 거리가 가장 먼 것은?

① 옷이 습기에 젖어 있을 때
② 케이블의 일부가 노출되어 있을 때
③ 홀더의 통전부분이 절연되어 있을 때
④ 용접 중 용접봉 끝에 몸이 닿았을 때

39 서브머지드 아크 용접에 사용되는 용접용 용제 중 용융형 용제에 대한 설명으로 옳은 것은?

① 화학적 균일성이 양호하다.
② 미용융 용제는 다시 사용이 불가능하다.
③ 흡습성이 있어 재건조가 필요하다.
④ 용융 시 분해되거나 산화되는 원소를 첨가할 수 있다.

> 용융형 용제의 특징
> • 비드 외관이 아름답다.
> • 흡습성이 거의 없어 재건조가 필요없다.
> • 미용융 용제는 다시 사용 가능하다.
> • 용제의 화학적 균일성이 양호하다.
> • 용융시 분해되거나 산화도는 원소를 첨가할 수 없다.

40 수랭 동판을 용접부의 양면에 부착하고 용융된 슬래그 속에서 전극와이어를 연속적으로 송급하여 용융슬래그 내를 흐르는 저항 열에 의하여 전극와이어 및 모재를 용융 접합시키는 용접법은?

① 초음파 용접
② 플라즈마 제트 용접
③ 일렉트로 가스 용접
④ 일렉트로 슬래그 용접

41 아크 발생 시간이 3분, 아크 발생 정지 시간이 7분일 경우 사용률(%)은?

① 100%   ② 70%
③ 50%   ④ 30%

> 사용률 = $\dfrac{\text{아크시간}}{\text{아크시간} + \text{휴식시간}} \times 100$
> $= \dfrac{3}{3+7} \times 100 = 30$

42 논 가스 아크 용접(non gas arc welding)의 장점에 대한 설명으로 틀린 것은?

① 바람이 있는 옥외에서도 작업이 가능하다.
② 용접 장치가 간단하며 운반이 편리하다.
③ 용착금속의 기계적 성질은 다른 용접법에 비해 우수하다.
④ 피복 아크 용접봉의 저수소계와 같이 수소의 발생이 적다.

> 용착금속의 기계적 성질은 다른 용접법에 비해 다소 떨어진다.

43 전기누전에 의한 화재의 예방대책으로 틀린 것은?

① 금속관 내에 접속점이 없도록 해야 한다.
② 금속관의 끝에는 캡이나 절연 부싱을 하여야 한다.
③ 전선 공사 시 전선피복의 손상이 없는지를 점검한다.
④ 전기기구의 분해조립을 쉽게 하기 위하여 나사의 조임을 헐겁게 해 놓는다.

44 납땜 시 사용하는 용제가 갖추어야 할 조건이 아닌 것은?

① 사용재료의 산화를 방지할 것
② 전기 저항 납땜에는 부도체를 사용할 것
③ 모재와의 친화력을 좋게 할 것
④ 산화피막 등의 불순물을 제거하고 유동성이 좋을 것

> 전기 저항 납땜에 사용되는 것은 전도체이어야 한다.

45 용접 후 잔류응력이 있는 제품에 하중을 주어 용접부에 약간의 소성 변형을 일으키게 한 다음 하중을 제거하는 잔류응력 경감 방법은?

① 노내 풀림법
② 국부 풀림법
③ 기계적 응력 완화법
④ 저온 응력 완화법

46 용접부의 결함 검사법에서 초음파 탐상법의 종류에 해당되지 않는 것은?

① 공진법
② 투과법
③ 스테레오법
④ 펄스반사법

🔍 초음파 탐상법 종류에는 투과법, 펄스반사법, 공진법이 있다.

47 불활성가스 텅스텐 아크 용접의 장점으로 틀린 것은?

① 용제가 불필요하다.
② 용접 품질이 우수하다.
③ 전자세 용접이 가능하다.
④ 후판용접에 능률적이다.

🔍 후판 용접에서는 소모성 전극방식보다 능률이 떨어진다.

48 시험재료의 전성, 연성 및 균열의 유무 등 용접부위를 시험하는 시험법은?

① 굴곡시험
② 경도시험
③ 압축시험
④ 조직시험

🔍 굴곡시험은 용접부의 연성 결함을 조사하기 위한 방법으로 표면, 이면, 측면 시험 방법이 있다.

49 제품을 제작하기 위한 조립 순서에 대한 설명으로 틀린 것은?

① 대칭으로 용접하여 변형을 예방한다.
② 리벳작업과 용접을 같이 할 때는 리벳작업을 먼저 한다.
③ 동일 평면 내에 많은 이음이 있을 때는 수축은 가능한 자유단으로 보낸다.
④ 용접선의 직각 단면 중심축에 대하여 용접의 수축력의 합이 0(zero)이 되도록 용접순서를 취한다.

50 서브머지드 아크 용접에서 맞대기 용접이음 시 받침쇠가 없을 경우 루트간격은 몇 mm 이하가 가장 적합한가?

① 0.8mm
② 1.5mm
③ 2.0mm
④ 2.5mm

51 미터나사의 호칭지름은 수나사의 바깥지름을 기준으로 정한다. 이에 결합되는 암나사의 호칭지름은 무엇이 되는가?

① 암나사의 골지름
② 암나사의 안지름
③ 암나사의 유효지름
④ 암나사의 바깥지름

52 그림과 같은 입체도에서 화살표 방향이 정면일 경우 좌측면도로 가장 적합한 것은?

53 도면의 마이크로필름 촬영, 복사 할 때 등의 편의를 위해 만든 것은?

① 중심마크
② 비교눈금
③ 도면구역
④ 재단마크

🔍 중심마크는 완성된 도면을 영구적으로 보관하기 위하여 도면 위치를 알기 쉽도록 하기 위하여 표시하는 선이다.

54 원호의 길이 치수 기입에서 원호를 명확히 하기 위해서 치수에 사용되는 치수 보조 기호는?

① (20)   ② C20
③ 20   ④ ⌢20

55 그림과 같은 입체를 제3각법으로 나타낼 때 가장 적합한 투상도는?(단, 화살표 방향을 정면으로 한다.)

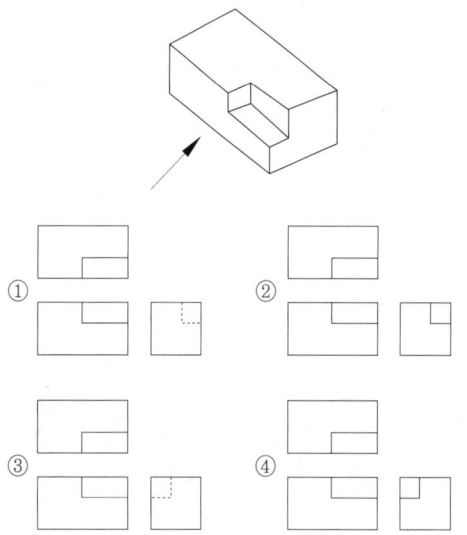

56 바퀴의 암(arm), 림(rim), 축(shaft), 훅(hook) 등을 나타낼 때 주로 사용하는 단면도로서, 단면의 일부를 90° 회전하여 나타낸 단면도는?

① 부분 단면도   ② 회전도시 단면도
③ 계단 단면도   ④ 곡면 단면도

🔍 회전도시 단면도는 핸들, 벨트 풀리, 기어 등을 절단면을 회전시켜서 표시하는 단면도이다.

57 용기 모양의 대상물 도면에서 아주 굵은 실선을 외형선으로 표시하고 치수 표시가 Øint 34로 표시된 경우 가장 올바르게 해독한 것은?

① 도면에서 int로 표시된 부분의 두께 치수
② 화살표로 지시된 부분의 폭방향 치수가 Ø34mm
③ 화살표로 지시된 부분의 안쪽 치수가 Ø34mm
④ 도면에서 int로 표시된 부분만 인치단위 치수

58 배관의 간략도시방법 중 환기계 및 배수계의 끝부분 장치 도시방법의 평면도에서 그림과 같이 도시된 것의 명칭은?

① 회전식 환기삿갓   ② 고정식 환기삿갓
③ 벽붙이 환기삿갓   ④ 콕이 붙은 배수구

59 용접부의 도시기호가 "a4▷3 × 25(7)"일 때의 설명으로 틀린 것은?

① ▷ – 필릿 용접
② 3 – 용접부의 폭
③ 25 – 용접부의 길이
④ 7 – 인접한 용접부의 간격

🔍 3 : 용접부의 개수

60 냉간 압연 강판 및 강대에서 일반용으로 사용되는 종류의 KS 재료 기호는?

① SPSC   ② SPHC
③ SSPC   ④ SPCC

정답 특수용접기능사 2014년 2회

01 ②	02 ②	03 ①	04 ①	05 ④
06 ③	07 ②	08 ②	09 ④	10 ①
11 ②	12 ④	13 ①	14 ③	15 ①
16 ③	17 ④	18 ④	19 ①	20 ④
21 ④	22 ①	23 ①	24 ②	25 ③
26 ③	27 ①	28 ③	29 ①	30 ②
31 ④	32 ②	33 ②	34 ②	35 ③
36 ①	37 ②	38 ③	39 ①	40 ④
41 ④	42 ②	43 ④	44 ②	45 ④
46 ③	47 ④	48 ①	49 ②	50 ①
51 ①	52 ②	53 ①	54 ④	55 ④
56 ②	57 ③	58 ①	59 ②	60 ④

2014년 3회 특수용접기능사

01 아크 용접에서 피복제의 작용을 설명한 것 중 틀린 것은?

① 전기절연 작용을 한다.
② 아크(arc)를 안정하게 한다.
③ 스패터링(spattering)을 많게 한다.
④ 용착금속의 탈산정련 작용을 한다.

🔍 피복제는 스패터의 발생을 적게 한다.

02 강의 인성을 증가시키며, 특히 노치 인성을 증가시켜 강의 고온 가공을 쉽게 할 수 있도록 하는 원소는?

① P
② Si
③ Pb
④ Mn

03 플라즈마 아크 절단법에 관한 설명이 틀린 것은?

① 알루미늄 등의 경금속에는 작동가스로 아르곤과 수소의 혼합가스가 사용된다.
② 가스절단과 같은 화학반응은 이용하지 않고, 고속의 플라즈마를 사용한다.
③ 텅스텐전극과 수랭 노즐사이에 아크를 발생시키는 것을 비이행형 절단법이라 한다.
④ 기체의 원자가 저온에서 음(-)이온으로 분리된 것을 플라즈마라 한다.

🔍 기체의 원자가 원자핵과 전자로 분리되어 (+), (-)의 이온상태로 된 것을 플라즈마라 부르며 이것은 고체, 액체, 기체 이외의 제4의 물리 상태이다.

04 AW 220, 무부하 전압 80V, 아크전압이 30V인 용접기의 효율은?(단, 내부손실은 2.5kW이다.)

① 71.5%
② 72.5%
③ 73.5%
④ 74.5%

🔍 • 아크출력 = 아크전압 × 정격2차 전류
      = 30 × 220 = 6600W = 6.6kW
• 소비전력 = 아크출력 + 내부손실 = 6.6 + 2.5 = 9.1
∴ 효율 = $\frac{아크출력}{소비전력} × 100 = \frac{6.6}{9.1} × 100 ≒ 72.5$

05 예열용 연소 가스로는 주로 수소가스를 이용하며, 침몰선의 해체, 교량의 교각 개조 등에 사용되는 절단법은?

① 스카핑
② 산소창 절단
③ 분말절단
④ 수중절단

🔍 수중 절단은 수중에서 예열불꽃을 안정하게 착화하고 연소시키기 위해 절단팁의 외측에 압축 공기를 보내 물을 배제하고 이 공간에 절단이 행해지도록 커버가 붙어 있다.

06 피복아크 용접봉의 보관과 건조 방법으로 틀린 것은?

① 건조하고 진동이 없는 곳에 보관한다.
② 저소수계는 100~150℃에서 30분 건조한다.
③ 피복제의 계통에 따라 건조 조건이 다르다.
④ 일미나이트계는 70~100℃에서 30~60분 건조한다.

🔍 저수소계는 사용하기 전에 300~350℃에서 1~2시간 건조한다.

07 가스절단 작업을 할 때 양호한 절단면을 얻기 위하여 예열 후 절단을 실시하는데 예열불꽃이 강할 경우 미치는 영향 중 잘못 표현된 것은?

① 절단면이 거칠어진다.
② 절단면이 매우 양호하다.
③ 모서리가 용융되어 둥글게 된다.
④ 슬래그 중의 철 성분의 박리가 어려워진다.

🔍 예열 불꽃이 강할 때 영향
• 절단면이 거칠어진다.
• 슬래그 중의 철 성분이 박리가 어려워진다.
• 모서리가 용융되어 둥글게 된다.

08 아크 용접기에 사용하는 변압기는 어느 것이 가장 적합한가?

① 누설 변압기
② 단권 변압기
③ 계기용 변압기
④ 전압 조정용 변압기

09 가스용접에서 전진법과 비교한 후진법의 설명으로 맞는 것은?

① 열이용률이 나쁘다.
② 용접속도가 느리다.
③ 용접변형이 크다.
④ 두꺼운 판의 용접에 적합하다.

🔍 후진법은 열이용률이 좋고, 용접속도가 빠르며, 용접변형이 적어 두꺼운 판 용접에 적합하다.

10 산소에 대한 설명으로 틀린 것은?

① 가연성 가스이다.
② 무색, 무취, 무미이다.
③ 물의 전기분해로도 제조한다.
④ 액체 산소는 보통 연한 청색을 띤다.

🔍 산소는 조연성 가스이다.

11 피복 아크 용접 시 용접회로의 구성순서가 바르게 연결된 것은?

① 용접기 → 접지케이블 → 용접봉홀더 → 용접봉 → 아크 → 모재 → 헬멧
② 용접기 → 전극케이블 → 용접봉홀더 → 용접봉 → 아크 → 접지케이블 → 모재
③ 용접기 → 접지케이블 → 용접봉홀더 → 용접봉 → 아크 → 전극케이블 → 모재
④ 용접기 → 전극케이블 → 용접봉홀더 → 용접봉 → 아크 → 모재 → 접지케이블

12 정류기형 직류 아크 용접기의 특성에 관한 설명으로 틀린 것은?

① 보수와 점검이 어렵다.
② 취급이 간단하고 가격이 싸다.
③ 고장이 적고, 소음이 나지 않는다.
④ 교류를 정류하므로 완전한 직류를 얻지 못한다.

🔍 정류기형은 취급이 간단하고 가격이 싸며 보수 점검이 간단하다.

13 동일한 용접조건에서 피복 아크 용접할 경우 용입이 가장 깊게 나타나는 것은?

① 교류(AC)
② 직류 역극성(DCRP)
③ 직류 정극성(DCSP)
④ 고주파 교류(ACHF)

14 탄소강의 종류 중 탄소 함유량이 0.3~0.5%이고 탄소량이 증가함에 따라서 용접부에서 저온 균열이 발생될 위험성이 커지기 때문에 150~250℃로 예열을 실시할 필요가 있는 탄소강은?

① 저탄소강   ② 중탄소강
③ 고탄소강   ④ 대탄소강

15 가스 용접봉의 성분 중에서 인(P)이 모재에 미치는 영향을 올바르게 설명한 것은?

① 기공을 막을 수 있으나 강도가 떨어지게 된다.
② 강의 강도를 증가시키나 연신율, 굽힘성 등이 감소된다.
③ 용접부의 저항력을 감소시키고, 기공 발생의 원인이 된다.
④ 강에 취성을 주며 가연성을 잃게 하는데 특히 암적색으로 가열한 경우는 대단히 심하다.

🔍 ① : 규소(Si), ② : 탄소(C), ③ : 유황(S) ④ : 인(P)
산화철 : 용접부 내에 남아서 거친 부분을 만들므로 강도가 떨어진다.

16 아크전류가 일정할 때 아크전압이 높아지면 용접봉의 용융속도가 늦어지고, 아크전압이 낮아지면 용융속도가 빨라지는 특성은?

① 부저항 특성
② 전압회복 특성
③ 절연회복 특성
④ 아크길이 자기제어 특성

🔍 아크 길이 자기 제어 특성은 전류밀도가 클 때 가장 잘 나타나고, 자동용접에서 와이어를 자동 송급할 경우 용접 중에 아크 길이가 다소 변하더라도 아크는 자동적으로 자기 제어 특성에 의해 항상 일정한 길이를 유지한다.

17 일반적으로 피복 아크 용접시 운봉폭은 심선 지름의 몇 배인가?

① 1~2배   ② 2~3배
③ 5~6배   ④ 7~8배

🔍 피복 아크 용접시 운봉폭은 심선 지름의 2~3배이다.

18 시중에서 시판되는 구리 제품의 종류가 아닌 것은?

① 전기동   ② 산화동
③ 정련동   ④ 무산소동

19 암모니아(NH_3) 가스 중에서 500℃ 정도로 장시간 가열하여 강제품의 표면을 경화시키는 열처리는?

① 침탄 처리   ② 질화 처리
③ 화염 경화처리   ④ 고주파 경화처리

20 냉간가공을 받은 금속의 재결정에 대한 일반적인 설명으로 틀린 것은?

① 가공도가 낮을수록 재결정 온도는 낮아진다.
② 가공시간이 길수록 재결정 온도는 낮아진다.
③ 철의 재결정온도는 330~450℃ 정도 이다.
④ 재결정 입자의 크기는 가공도가 낮을수록 커진다.

21 황동의 화학적 성질에 해당되지 않는 것은?

① 질량 효과
② 자연 균열
③ 탈아연 부식
④ 고온 탈아연

🔍 질량효과는 강재의 질량의 대소에 따라서 열처리 효과가 달라지는 비율을 말한다.

22 18%Cr - 8%Ni계 스테인리스강의 조직은?

① 페라이트계
② 마텐자이트계
③ 오스테나이트계
④ 시멘타이트계

🔍 오스테나이트계 스테인리스강은 내식성, 내열성이 우수하며 천 이온도도 낮고 강인한 성질을 갖고 있다.

23 주강제품에는 기포, 기공 등이 생기기 쉬우므로 제강 작업시에 쓰이는 탈산제는?

① P, S   ② Fe-Mn
③ SO_2 ④ Fe_2O_3

24 Fe-C 상태도에서 아공석강의 탄소함량으로 옳은 것은?

① 0.025~0.80%C
② 0.80~2.0%C
③ 2.0~4.3%C
④ 4.3~6.67%C

25 저온 메짐을 일으키는 원소는?

① 인(P)   ② 황(S)
③ 망간(Mn)   ④ 니켈(Ni)

🔍 저온 메짐은 어느 정도 이하의 저온에서 금속재료의 연성이 갑자기 저하하여 물러져서 파단되는 현상이다.

26 오스테나이트계 스테인리스강을 용접시 냉각과정에서 고온균열이 발생하게 되는 원인으로 틀린 것은?

① 아크의 길이가 너무 길 때
② 모재가 오염되어 있을 때
③ 크레이터 처리를 하였을 때
④ 구속력이 가해진 상태에서 용접할 때

🔍 크레이터 처리를 하지 않았을 때 고온 균열이 일어난다.

27 텅스텐(W)의 용융점은 약 몇 ℃인가?

① 1538℃ ② 2610℃
③ 3410℃ ④ 4310℃

28 저온뜨임의 목적이 아닌 것은?

① 치수의 경년변화 방지
② 담금질 응력 제거
③ 내마모성의 향상
④ 기공의 방지

29 현미경 시험용 부식제 중 알루미늄 및 그 합금용에 사용되는 것은?

① 초산 알코올 용액 ② 피크린산 용액
③ 왕수 ④ 수산화나트륨 용액

🔍 현미경 시험용 부식제
• 철강용 : 피크린산, 알코올액
• 스테인리스강용 : 왕수, 알코올액, 구리
• 구리 합금용 : 연화철액
• 알루미늄 및 그 합금용 : 플루오르화 수소액, 수산화나트륨, 수산화칼륨액 등

30 전기에 감전되었을 때 체내에 흐르는 전류가 몇 mA일 때 근육 수축이 일어나는가?

① 5mA ② 20mA
③ 50mA ④ 100mA

31 금속산화물이 알루미늄에 의하여 산소를 빼앗기는 반응에 의해 생성되는 열을 이용하여 금속을 접합하는 용접 방법은?

① 일렉트로 슬래그 용접
② 테르밋 용접
③ 불활성 가스 금속 아크 용접
④ 스폿 용접

🔍 테르밋 용접은 테르밋 반응에 의해 생성되는 열을 이용하여 금속을 용접하는 방법이다.

32 맞대기 용접에서 판 두께가 대략 6mm 이하의 경우에 사용되는 홈의 형상은?

① I형
② X형
③ U형
④ H형

🔍 I형은 홈 가공이 쉽고, 루트 간격을 좁게 하면 용착 금속의 양도 적어져서 경제적인 면에서는 우수하나 두께가 두꺼워지면 완전용입이 어렵게 된다.

33 TIG 용접에서 청정작용이 가장 잘 발생하는 용접전원은?

① 직류 역극성일 때
② 직류 정극성일 때
③ 교류 정극성일 때
④ 극성에 관계없음

34 다음 중 서브머지드 아크 용접에서 기공의 발생 원인과 거리가 가장 먼 것은?

① 용제의 건조불량
② 용접속도의 과대
③ 용접부의 구속이 심할 때
④ 용제 중에 불순물의 혼입

🔍 용접부의 구속이 심할 때는 균열의 발생원인이다.

35 안전모의 일반구조에 대한 설명으로 틀린 것은?

① 안전모는 모체, 착장체 및 턱끈을 가질 것
② 착장체의 구조는 착용자의 머리부위에 균등한 힘이 분배되도록 할 것
③ 안전모의 내부수직거리는 25mm 이상 50mm 미만일 것
④ 착장체의 머리 고정대는 착용자의 머리 부위에 고정하도록 조절할 수 없을 것

36 매크로 조직 시험에서 철강재의 부식에 사용되지 않는 것은?

① 염산 1 : 물 1의 액
② 염산 3.8 : 황산 1.2 : 물 5.0의 액
③ 소금 1 : 물 1.5의 액
④ 초산 1 : 물 3의 액

37 서브머지드 아크 용접의 용제에서 광물성 원료를 고온(1300℃ 이상)으로 용융한 후 분쇄하여 적합한 입도로 만드는 용제는?

① 용융형 용제
② 소결형 용제
③ 첨가형 용제
④ 혼성형 용제

38 용접결함과 그 원인을 조합한 것으로 틀린 것은?

① 선상조직 – 용착금속의 냉각속도가 빠를 때
② 오버랩 – 전류가 너무 낮을 때
③ 용입불량 – 전류가 너무 높을 때
④ 슬래그 섞임 – 전층의 슬래그 제거가 불완전할 때

🔍 용입불량 – 전류가 너무 낮을 때

39 용접작업을 할 때 발생한 변형을 가열하여 소성변형을 시켜서 교정하는 방법으로 틀린 것은?

① 박판에 대한 점수축법
② 형재에 대한 직선수축법
③ 가열 후 해머질 하는법
④ 피닝법

40 다음 중 CO_2 가스 아크용접에 적용되는 금속으로 맞는 것은?

① 알루미늄
② 황동
③ 연강
④ 마그네슘

41 모재의 열 변형이 거의 없으며, 이종 금속의 용접이 가능하고 정밀한 용접을 할 수 있으며, 비접촉식 방식으로 모재에 손상을 주지 않는 용접은?

① 레이저 용접
② 테르밋 용접
③ 스터드 용접
④ 플라즈마 제트 아크 용접

🔍 레이저 용접은 모재 열변형이 없으며, 이종 금속 용접이 가능하고, 정밀한 용접을 할 수 있다.

42 납땜에 관한 설명 중 맞는 것은?

① 경납땜은 주로 납과 주석의 합금용제를 많이 사용한다.
② 연납땜은 450℃ 이상에서 하는 작업이다.
③ 납땜은 금속 사이에 융점이 낮은 별개의 금속을 용융 첨가하여 접합한다.
④ 은납은 주성분은 은, 납, 탄소 등의 합금이다.

🔍 • 경납땜 : 450℃ 이상인 용가재(은납, 황동납 등)을 사용하여 납땜을 행하는 것
• 은납 : 구리, 은, 아연이 주성분으로 된 합금

43 용접부의 비파괴 시험에 속하는 것은?

① 인장시험
② 화학분석시험
③ 침투시험
④ 용접균열시험

🔍 비파괴 시험에는 외관, 누설, 침투, 형광, 음향, 초음파, 자기적, 와류, 방사선 투과, 천공시험 등이 있다.

44 용접 시 발생되는 아크 광선에 대한 재해 원인이 아닌 것은?

① 차광도가 낮은 차광 유리를 사용했을 때
② 사이드에 아크 빛이 들어 왔을 때
③ 아크 빛을 직접 눈으로 보았을 때
④ 차광도가 높은 차광 유리를 사용했을 때

45 용접전의 일반적인 준비 사항이 아닌 것은?

① 용접재료 확인
② 용접사 선정
③ 용접봉의 선택
④ 후열과 풀림

🔍 후열과 풀림은 용접 후의 준비사항이다.

46 TIG 용접에서 보호 가스로 주로 사용하는 가스는?

① Ar, He   ② CO, Ar
③ He, CO_2 ④ CO, He

47 이산화탄소 아크 용접의 시공법에 대한 설명으로 맞는 것은?

① 와이어의 돌출길이가 길수록 비드가 아름답다.
② 와이어의 용융속도는 아크전류에 정비례하여 증가한다.
③ 와이어의 돌출길이가 길수록 늦게 용융된다.
④ 와이어의 돌출길이가 길수록 아크가 안정된다.

48 서브머지드 아크 용접에서 루트 간격이 0.8mm 보다 넓을 때 누설방지 비드를 배치하는 가장 큰 이유로 맞는 것은?

① 기공을 방지하기 위하여
② 크랙을 방지하기 위하여
③ 용접변형을 방지하기 위하여
④ 용락을 방지하기 위하여

49 MIG 용접 시 와이어 송급 방식의 종류가 아닌 것은?

① 풀 방식   ② 푸시 방식
③ 푸시 풀 방식   ④ 푸시 언더 방식

🔍 와이어 송급 방식에는 푸시, 풀, 푸시-풀, 더블 푸시 방식이 있다.

50 다음 중 심 용접의 종류가 아닌 것은?

① 맞대기 심 용접   ② 슬롯 심 용접
③ 매시 심 용접   ④ 포일 심 용접

🔍 심 용접에는 맞대기 심, 매시 심, 포일 심 용접이 있다.

51 다음 중 기계제도 분야에서 가장 많이 사용되며, 제3각법에 의하여 그리므로 모양을 엄밀, 정확하게 표시할 수 있는 도면은?

① 캐비닛도   ② 등각투상도
③ 투시도   ④ 정투상도

52 그림과 같은 도면에서 ⓐ판의 두께는 얼마인가?

① 6 mm   ② 12 mm
③ 15 mm   ④ 16 mm

53 배관 도시 기호 중 체크밸브를 나타내는 것은?

🔍 • ① : 슬로스 밸브   • ② : 글로우브 밸브
   • ③ : 전동 밸브   • ④ : 체크 밸브

54 다음 중 단독형체로 적용되는 기하공차로만 짝지어진 것은?

① 평면도, 진원도
② 진직도, 직각도
③ 평행도, 경사도
④ 위치도, 대칭도

55 기계제도에서 도면의 크기 및 양식에 대한 설명 중 틀린 것은?

① 도면 용지는 A열 사이즈를 사용할 수 있으며, 연장하는 경우에는 연장사이즈를 사용한다.
② A4~A0 도면 용지는 반드시 긴 쪽을 좌우 방향으로 놓고서 사용해야 한다.
③ 도면에서 반드시 윤곽선 및 중심마크를 그린다.
④ 복사한 도면을 접을 때 그 크기는 원칙적으로 A4 크기로 한다.

> 폭이 넓은 쪽을 길이방향으로 사용해야 한다.

56 물체의 정면도를 기준으로 하여 뒤쪽에서 본 투상도는?

① 정면도 ② 평면도
③ 저면도 ④ 배면도

> • 배면도 : 물체의 뒤쪽에서 바라본 모양을 나타낸 도면
> • 정면도 : 물체의 앞에서 바라본 모양을 나타낸 도면
> • 평면도 : 물체의 위에서 내려다 본 모양을 나타낸 도면
> • 저면도 : 물체의 아래쪽에서 바라본 모양을 나타낸 도면

57 그림과 같은 용접 이음을 용접 기호로 옳게 표시한 것은?

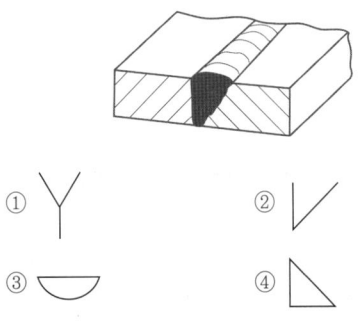

58 다음 중 치수 보조 기호를 적용할 수 없는 것은?

① 구의 지름 치수
② 단면이 정사각형인 면
③ 단면이 정삼각형인 면
④ 판재의 두께 치수

59 다음 중 용접 구조용 압연 강재의 KS 기호는?

① SS 400   ② SCW 450
③ SM 400 C   ④ SCM 415 M

> • SS 400 : 일반 구조용 압연 강재
> • SCM 415 : 기계 구조용 압금강 강재

60 다음 그림에서 축 끝에 도시된 센터 구멍 기호가 뜻하는 것은?

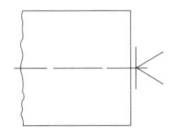

① 센터 구멍이 남아 있어도 좋다.
② 센터 구멍이 필요하지 않다.
③ 센터 구멍을 반드시 남겨둔다.
④ 센터 구멍이 필요하다.

정답 특수용접기능사 2014년 3회

01 ③	02 ④	03 ④	04 ②	05 ④
06 ②	07 ②	08 ①	09 ④	10 ①
11 ④	12 ①	13 ③	14 ②	15 ④
16 ④	17 ②	18 ①	19 ②	20 ①
21 ①	22 ③	23 ②	24 ①	25 ①
26 ③	27 ③	28 ④	29 ③	30 ②
31 ②	32 ①	33 ①	34 ③	35 ②
36 ③	37 ①	38 ①	39 ①	40 ③
41 ①	42 ①	43 ①	44 ④	45 ④
46 ①	47 ②	48 ①	49 ④	50 ①
51 ④	52 ③	53 ④	54 ①	55 ②
56 ④	57 ②	58 ③	59 ④	60 ②

2014년 4회 특수용접기능사

01 아크에어 가우징법으로 절단을 할 때 사용되어지는 장치가 아닌 것은?

① 가우징 봉
② 컴프레셔
③ 가우징 토치
④ 냉각장치

> 탄소 아크 절단에 압축공기를 병용하여 전극 홀더의 구멍에서 탄소 전극봉에 나란히 분출하는 고속의 공기를 분출시켜 용융 금속을 불어내어 홈을 파는 방법이다.

02 가스 실드계의 대표적인 용접봉으로 유기물을 20%~30% 정도 포함하고 있는 용접봉은?

① E4303
② E4311
③ E4313
④ E4324

> E4311은 셀룰로스계로 환원성 가스를 많이 발생하는 봉으로 배관 용접에 많이 사용된다.

03 가스 절단에서 절단하고자 하는 판의 두께가 25.4mm일 때, 표준 드래그의 길이는?

① 2.4mm
② 5.2mm
③ 6.4mm
④ 7.2mm

> 가스 절단의 표준 드래그 길이는 판 두께의 1/5(20%)이다.

04 수중절단에 주로 사용되는 가스는?

① 부탄가스
② 아세틸렌가스
③ LPG
④ 수소가스

> 아세틸렌 가스는 수압이 걸려 2기압 이상이면 폭발 위험이 있으므로 수중절단에서는 잘 사용하지 않는다.

05 직류 아크 용접의 정극성과 역극성의 특징에 대한 설명으로 옳은 것은?

① 정극성은 용접봉의 용융이 느리고 모재의 용입이 깊다.
② 역극성은 용접봉의 용융이 빠르고 모재의 용입이 깊다.
③ 모재에 음극(-), 용접봉에 양극(+)을 연결하는 것을 정극성이라 한다.
④ 역극성은 일반적으로 비드 폭이 좁고 두꺼운 모재의 용접에 적당하다.

> 정극성 특징
> • 용접봉(-) : 30%, 모재(+) : 70%
> • 모재 용입이 깊고 비드 폭이 좁다
> • 용접봉의 녹음이 느리고 일반적으로 많이 사용된다.

06 산소 용기에 각인되어 있는 TP와 FP는 무엇을 의미하는가?

① TP : 내압시험 압력, FP : 최고충전 압력
② TP : 최고충전 압력, FP : 내압시험 압력
③ TP : 내용적(실측), FP : 용기중량
④ TP : 용기중량, FP : 내용적(실측)

07 교류 아크 용접기의 규격 AW-300에서 300이 의미하는 것은?

① 정격 사용률
② 정격 2차 전류
③ 무부하 전압
④ 정격 부하 전압

> AW : 교류 아크 용접기, AW-300 : 정격 2차 전류

08 피복아크 용접봉의 용융금속 이행 형태에 따른 분류가 아닌 것은?

① 스프레이형　② 글로뷸러형
③ 슬래그형　　④ 단락형

🔍 용적 이행형식에 슬래그형은 없다.

09 일반적으로 가스용접봉의 지름이 2.6mm일 때 강판의 두께는 몇 mm 정도가 적당한가?

① 1.6mm　② 3.2mm
③ 4.5mm　④ 6.0mm

🔍 $\varnothing = \dfrac{t}{2} + 1$ 이므로, $\dfrac{t}{2} = \varnothing - 1$
$t = 2(\varnothing - 1) = 2 \times (2.6 - 1) = 3.2$

10 다음 중 용접 작업에 영향을 주는 요소가 아닌 것은?

① 용접봉 각도　② 아크 길이
③ 용접 속도　　④ 용접 비드

🔍 용접 비드는 용접 작업 영향과는 거리가 멀다.

11 피복 아크 용접에서 아크 안정제에 속하는 피복 배합제는?

① 산화티탄　② 탄산마그네슘
③ 페로망간　④ 알루미늄

🔍 아크안정제로는 산화티탄, 규산나트륨, 석회석, 규산칼륨 등이 주로 사용되며 아크열에 의하여 이온화되어 아크 전압을 강하시키고 아크를 안정시키는 역할을 한다.

12 아세틸렌은 각종 액체에 잘 용해된다. 그러면 1기압 아세톤 2ℓ에는 몇 ℓ의 아세틸렌이 용해되는가?

① 2　② 10
③ 25　④ 50

🔍 아세틸렌 가스는 아세톤에 1기압 상태에서 25L가 용해되므로 2L이면 50L가 된다.

13 아크용접에서 부하전류가 증가하면 단자전압이 저하하는 특성을 무슨 특성이라 하는가?

① 상승특성
② 수하특성
③ 정전류 특성
④ 정전압 특성

14 용접전류에 의한 아크 주위에 발생하는 자장이 용접봉에 대해서 비대칭으로 나타나는 현상을 방지하기 위한 방법 중 옳은 것은?

① 직류용접에서 극성을 바꿔 연결한다.
② 접지점을 될 수 있는 대로 용접부에서 가까이 한다.
③ 용접봉 끝을 아크가 쏠리는 방향으로 기울인다.
④ 피복제가 모재에 접촉할 정도로 짧은 아크를 사용한다.

🔍 아크 쏠림은 자장이 용접봉에 대해 비대칭으로 나타나 아크가 한쪽으로 쏠리는 현상으로, 방지대책으로 교류 용접을 하거나, 아크가 쏠리는 방향의 반대 방향으로 기울이며, 아크 길이를 짧게 한다.

15 아크가 발생하는 초기에 용접봉과 모재가 냉각되어 있어 용접 입열이 부족하여 아크가 불안정하기 때문에 아크 초기에만 용접 전류를 특별히 크게 해주는 장치는?

① 전격방지 장치
② 원격제어 장치
③ 핫 스타트 장치
④ 고주파발생 장치

16 산소용기의 내용적이 33.7리터인 용기에 120kgf/cm²이 충전되어 있을 때, 대기압 환산용적은 몇 리터인가?

① 2803　② 4044
③ 28030　④ 40440

🔍 $V = 33.7 \times 120 = 4044$

17 연강용 피복아크 용접봉 심선의 4가지 화학성분 원소는?

① C, Si, P, S
② C, Si, Fe, S
③ C, Si, Ca, P
④ Al, Fe, Ca, P

> 심선은 2종류가 있으며 SWR11의 화학성분은 C(0.09 이하), Si(0.03 이하), Mn(0.35~0.65), P(0.02 이하), S(0.023 이하), Cu(0.02 이하)로 구성되어 있다.

18 알루미늄 합금 재료가 가공된 후 시간의 경과에 따라 합금이 경화하는 현상은?

① 재결정
② 시효경화
③ 가공경화
④ 인공시효

> 시효경화는 가공된 후 시간 경과에 따라 경화되는 현상을 말한다.

19 경금속(Light Metal) 중에서 가장 가벼운 금속은?

① 리튬(Li)
② 베릴륨(Be)
③ 마그네슘(Mg)
④ 티타늄(Ti)

> • Li : 비중 0.5로 물 1보다 더 가벼워 물에 뜨는 금속이다.
> • Be : 1.85, Mg : 1.74, Ti : 4.5

20 정련된 용강을 노 내에서 Fe-Mn, Fe-Si, Al 등으로 완전 탈산시킨 강은?

① 킬드강
② 캡드강
③ 림드강
④ 세미킬드강

> 강괴 중에서 완전 탈산시킨 강을 킬드강, 거의 하지 않은 강을 림드강, 중간 정도 탈산한 강을 세미킬드강이라 한다.

21 합금 공구강을 나타내는 한국산업표준(KS)의 기호는?

① SKH 2
② SCr 2
③ STS 11
④ SNCM

22 스테인리스강의 금속 조직학상 분류에 해당하지 않는 것은?

① 마텐자이트계
② 페라이트계
③ 시멘타이트계
④ 오스테나이트계

> 시멘타이트계에는 해당되지 않는다.

23 구리에 40~50% Ni을 첨가한 합금으로서 전기저항이 크고 온도계수가 일정하므로 통신기자재, 저항선, 전열선 등에 사용하는 니켈합금은?

① 인바
② 엘린바
③ 모넬메탈
④ 콘스탄탄

> 콘스탄탄은 구리-니켈 합금으로 열전대 등에 많이 쓰인다.

24 강의 표면에 질소를 침투시켜 경화시키는 표면 경화법은?

① 침탄법
② 질화법
③ 세라다이징
④ 고주파 담금질

> 표면 경화법은 표면만을 경화시키는 방법으로 질소와 철의 반응을 이용한 방법이 질화법이다.

25 합금강의 분류에서 특수 용도용으로 게이지, 시계추 등에 사용되는 것은?

① 불변강
② 쾌삭강
③ 규소강
④ 스프링강

> 불변강은 길이나 탄성이 온도에 따라 변하지 않는 강으로, 길이 불변강은 인바, 탄성 불변강으로 엘린바가 있다.

26 인장강도가 98~196MPa정도이며, 기계 가공성이 좋아 공작기계의 베드, 일반기계 부품, 수도관 등에 사용되는 주철은?

① 백주철
② 회주철
③ 반주철
④ 흑주철

🔍 인장 강도 98~196MPa는 10~20kgf/cm²를 말하며, 보통 주철인 회주철에 해당된다.

27 열처리된 탄소강의 현미경 조직에서 경도가 가장 높은 것은?

① 소르바이트
② 오스테나이트
③ 마텐자이트
④ 트루스타이트

🔍 경도가 가장 높은 순으로 마텐자이트 > 트루스타이트 > 소르바이트 > 오스테나이트가 된다.

28 용접부품에서 일어나기 쉬운 잔류응력을 감소시키기 위한 열처리 방법은?

① 완전풀림(full annealing)
② 연화풀림(softening annealing)
③ 확산풀림(diffusion annealing)
④ 응력제거 풀림(stress relief annealing)

29 초음파 탐상법의 특징 설명으로 틀린 것은?

① 초음파의 투과 능력이 작아 얇은 판의 검사에 적합하다.
② 결함의 위치와 크기를 비교적 정확히 알 수 있다.
③ 검사 시험체의 한 면에서도 검사가 가능하다.
④ 감도가 높으므로 미세한 결함을 검출할 수 있다.

🔍 초음파 탐상은 감도가 높으므로 미세한 결함을 검출할 수 있다.

30 다음 중 용제와 와이어가 분리되어 공급되고 아크가 용제 속에서 일어나며 잠호용접이라 불리는 용접은?

① MIG 용접
② 시임용접
③ 서브머지드 아크 용접
④ 일렉트로 슬래그 용접

🔍 서브머지드 아크 용접은 아크가 보이지 않는 상태에서 용접이 진행된다고 하여 잠호 용접이라 한다.

31 용접 후 변형을 교정하는 방법이 아닌 것은?

① 박판에 대한 점 수축법
② 형재(形材)에 대한 직선 수축법
③ 가스 가우징법
④ 롤러에 거는 방법

32 용접전압이 25V, 용접전류가 350A, 용접속도가 40cm/min인 경우 용접 입열량은 몇 J/cm 인가?

① 10500 J/cm
② 11500 J/cm
③ 12125 J/cm
④ 13125 J/cm

🔍 $H = \dfrac{60EI}{V} = \dfrac{60 \times 25 \times 350}{40} = 13125$

33 용접 이음 준비 중 홈 가공에 대한 설명으로 틀린 것은?

① 홈 가공의 정밀 또는 용접 능률과 이음의 성능에 큰 영향을 준다.
② 홈 모양은 용접방법과 조건에 따라 다르다.
③ 용접 균열은 루트 간격이 넓을수록 적게 발생한다.
④ 피복 아크 용접에서는 54~70° 정도의 홈 각도가 적합하다.

🔍 용접 균열은 루트 간격이 좁을수록 적게 발생된다.

34 그림과 같이 용접선의 방향과 하중의 방향이 직교한 필릿 용접은?

① 측면 필릿 용접   ② 경사 필릿 용접
③ 전면 필릿 용접   ④ T형 필릿 용접

🔍 용접선의 방향과 하중의 방향이 직교한 것을 전면 필릿 용접이라 한다.

35 아크 플라즈마는 고전류가 되면 방전전류에 의하여 생기는 자장과 전류의 작용으로 아크의 단면이 수축된다. 그 결과 아크 단면이 수축하여 가늘게 되고 전류밀도가 증가한다. 이와 같은 성질을 무엇이라고 하는가?

① 열적 핀치효과
② 자기적 핀치효과
③ 플라스마 핀치효과
④ 동적 핀치효과

36 안전 보호구의 구비요건 중 틀린 것은?

① 착용이 간편할 것
② 재료의 품질이 양호할 것
③ 구조와 끝마무리가 양호할 것
④ 위험, 유해요소에 대한 방호성능이 나쁠 것

🔍 위험, 유해 요소에 대한 방호 성능이 좋아야 한다.

37 피복 아크 용접기를 설치해도 되는 장소는?

① 먼지가 매우 많고 옥외의 비바람이 치는 곳
② 수증기 또는 습도가 높은 곳
③ 폭발성 가스가 존재하지 않는 곳
④ 진동이나 충격을 받는 곳

🔍 용접기 설치 장소는 먼지, 습기가 없는 곳, 진동이나 충격이 없는 곳에 설치해야 된다.

38 CO_2 가스 아크 용접에서 복합 와이어의 구조에 해당하지 않는 것은?

① C관상 와이어
② 아코스 와이어
③ S관상 와이어
④ NCG 와이어

39 다음 중 비파괴 시험이 아닌 것은?

① 초음파 시험
② 피로 시험
③ 침투 시험
④ 누설 시험

🔍 피로 시험은 기계적 시험 중 파괴 시험이다.

40 다음 중 화재 및 폭발의 방지조치가 아닌 것은?

① 가연성 가스는 대기 중에 방출시킨다.
② 용접작업 부근에 점화원을 두지 않도록 한다.
③ 가스 용접시에는 가연성 가스가 누설되지 않도록 한다.
④ 배관 또는 기기에서 가연성 가스의 누출여부를 철저히 점검한다.

🔍 가연성 가스를 대기 중에 방출하면 폭발의 우려가 있다.

41 불활성 가스 금속 아크(MIG) 용접의 특징 설명으로 옳은 것은?

① 바람의 영향을 받지 않아 방풍대책이 필요 없다.
② TIG 용접에 비해 전류밀도가 높아 용융속도가 빠르고 후판용접에 적합하다.
③ 각종 금속용접이 불가능하다.
④ TIG 용접에 비해 전류밀도가 낮아 용접속도가 느리다.

42 가스 절단 작업시 주의 사항이 아닌 것은?

① 가스 누설의 점검은 수시로 해야 하며 간단히 라이터로 할 수 있다.
② 가스 호스가 꼬여 있거나 막혀 있는지를 확인한다.
③ 가스 호스가 용융 금속이나 산화물의 비산으로 인해 손상되지 않도록 한다.
④ 절단 진행 중에 시선은 절단면을 떠나서는 안된다.

43 본 용접의 용착법 중 각 층마다 전체 길이를 용접하면서 쌓아올리는 방법으로 용접하는 것은?

① 전진 블록법
② 캐스케이드법
③ 빌드업법
④ 스킵법

🔍 빌드업법은 덧살 올림법으로 전체 길이를 용접하면서 쌓아 올리는 방법으로 가장 일반적으로 사용되는 용착법이다.

44 TIG 용접시 텅스텐 전극의 수명을 연장시키기 위하여 아크를 끊은 후 전극의 온도가 얼마일 때까지 불활성 가스를 흐르게 하는가?

① 100℃
② 300℃
③ 500℃
④ 700℃

🔍 텅스텐 전극봉은 가열 상태에서 공기와 접촉하면 산화될 수 있으므로 300℃ 이하까지 냉각되도록 가스가 분출되어야 한다.

45 연납과 경납을 구분하는 용융점은 몇 ℃인가?

① 200℃
② 300℃
③ 450℃
④ 500℃

🔍 연납은 450℃ 이하, 경납은 450℃ 이상

46 용접부에 은점을 일으키는 주요 원소는?

① 수소
② 인
③ 산소
④ 탄소

🔍 용접에서 용착 금속의 파단면에 나타나는 은백색을 띤 어안 모양의 결함부를 말하며 수소가 주원인이다.

47 교류아크 용접기의 종류가 아닌 것은?

① 가동 철심형
② 가동 코일형
③ 가포화 리액터형
④ 정류기형

🔍 교류 아크 용접기에는 가동철심형, 가동코일형, 탭전환형, 가포화 리액터형이 있다.

48 TIG 용접에서 전극봉의 마모가 심하지 않으면서 청정 작용이 있고 알루미늄이나 마그네슘 용접에 가장 적합한 전원 형태는?

① 직류 정극성(DCSP)
② 직류 역극성(DCRP)
③ 고주파 교류(ACHF)
④ 일반 교류(AC)

🔍 청정 작용은 산화막 등을 제거하는 작용을 말하며, 직류 역극성일 때 일어나지만 실질적으로는 고주파 교류를 사용하여 용접하므로 답은 ③항이다.

49 일렉트로 슬래그 아크 용접에 대한 설명 중 맞지 않는 것은?

① 일렉트로 슬래그 용접은 단층 수직 상진 용접을 하는 방법이다.
② 일렉트로 슬래그 용접은 아크를 발생시키지 않고 와이어와 용융 슬래그 그리고 모재 내에 흐르는 전기 저항열에 의하여 용접한다.
③ 일렉트로 슬래그 용접의 홈 형상은 I형 그대로 사용한다.
④ 일렉트로 슬래그 용접 전원으로는 정전류형의 직류가 적합하고, 용융금속의 용착량은 90% 정도이다.

50 용접 결함 종류가 아닌 것은?

① 기공
② 언더컷
③ 균열
④ 용착금속

51 다음 그림과 같은 양면 용접부 조합기호의 명칭으로 옳은 것은?

① 양면 V 형 맞대기 용접
② 넓은 루트면이 있는 양면 V 형 용접
③ 넓은 루트면이 있는 K형 맞대기 용접
④ 양면 U 형 맞대기 용접

52 다음 그림은 경유 서비스 탱크 지지철물의 정면도와 측면도이다. 모두 동일한 ㄱ 형강일 경우 중량은 약 몇 kgf인가?(단, ㄱ형강(L-50 × 50 × 6)의 단위 m당 중량은 4.43kgf/m이고, 정면도와 측면도에서 좌우 대칭이다.)

① 44.3   ② 53.1
③ 55.4   ④ 76.1

🔍 무게 = 전체길이 × 무게
      = (1.3 × 4 + 1 × 4 + 0.7 × 4) × 4.43 = 53.16

53 3각법으로 정투상한 아래 도면에서 정면도와 우측면도에 가장 적합한 평면도는?

54 도면에 그려진 길이가 실제 대상물의 길이보다 큰 경우 사용한 척도의 종류인 것은?

① 현척
② 실척
③ 배척
④ 축척

🔍 배척은 도면에 도형을 실물보다 크게 제도하는 경우에 사용하며 1:2, 1:5, 1:10, 1:20, 1:50 등이 있다.

55 대상물의 보이는 부분의 모양을 표시하는데 사용하는 선은?

① 치수선
② 외형선
③ 숨은선
④ 기준선

🔍 • 숨은선(은선) : 물체의 보이지 않는 부분을 도면에 나타낼 때 쓰이는 파선으로 용도에 따라 숨은선이라고 한다.
• 외형선 : 대상물의 보이는 부분의 모양을 표시하는데 사용한다.

56 기계제도의 치수 보조 기호 중에서 SØ는 무엇을 나타내는 기호인가?

① 구의 지름
② 원통의 지름
③ 판의 두께
④ 원호의 길이

🔍 구의 지름 : SØ, 지름 : Ø, 반지름 : R, 구의 반지름 : SR

57 그림과 같은 관 표시 기호의 종류는?

① 크로스   ② 리듀서
③ 디스트리뷰터   ④ 휨 관 조인트

58 재료기호가 "SM400C"로 표시되어 있을 때 이는 무슨 재료인가?

① 일반 구조용 압연 강재
② 용접 구조용 압연 강재
③ 스프링 강재
④ 탄소 공구강 강재

59 회전도시 단면도에 대한 설명으로 틀린 것은?

① 절단할 곳의 전·후를 끊어서 그 사이에 그린다.
② 절단선의 연장선 위에 그린다.
③ 도형 내의 절단한 곳에 겹쳐서 도시할 경우 굵은 실선을 사용하여 그린다.
④ 절단면은 90° 회전하여 표시한다.

🔍 회전 도시 단면도를 도형 내의 절단한 곳에 겹쳐서 도시할 경우는 가는 실선으로 표시한다.

60 아래 그림은 원뿔을 경사지게 자른 경우이다. 잘린 원뿔 전개형태로 가장 올바른 것은?

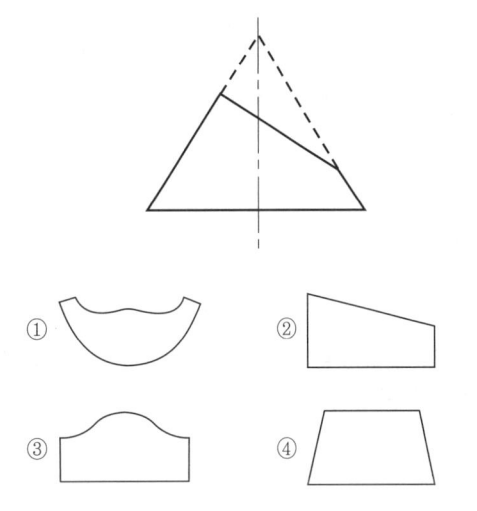

정답	특수용접기능사 2014년 4회			
01 ④	02 ②	03 ②	04 ④	05 ①
06 ①	07 ②	08 ③	09 ②	10 ④
11 ①	12 ④	13 ②	14 ④	15 ③
16 ②	17 ①	18 ②	19 ①	20 ①
21 ③	22 ③	23 ④	24 ②	25 ①
26 ②	27 ③	28 ④	29 ①	30 ③
31 ③	32 ③	33 ③	34 ③	35 ②
36 ④	37 ③	38 ①	39 ②	40 ①
41 ②	42 ①	43 ③	44 ②	45 ③
46 ①	47 ③	48 ③	49 ④	50 ④
51 ④	52 ②	53 ①	54 ③	55 ②
56 ①	57 ④	58 ②	59 ③	60 ①

2015년 1회 특수용접기능사

01 용접봉에서 모재로 용융금속이 옮겨가는 용적이행 상태가 아닌 것은?

① 글로뷸러형   ② 스프레이형
③ 단락형   ④ 핀치효과형

02 일반적으로 사람의 몸에 얼마 이상의 전류가 흐르면 순간적으로 사망할 위험이 있는가?

① 5 mA   ② 15 mA
③ 25 mA   ④ 50 mA

> • 1~8mA : 쇼크를 느끼지만 인체 기능에는 영향이 없다.
> • 8~15mA : 고통을 수반한 쇼크를 느끼나 근육의 운동은 자유롭다.
> • 15~20mA : 고통이 있는 쇼크를 느끼고 가까운 쪽의 근육이 마비되어 움직일 수 없다.
> • 20~50mA : 고통을 느끼고 강한 근육 수축이 일어나 호흡이 곤란해진다.
> • 50~100mA : 순간적으로 사망의 위험이 있다.

03 피복 아크 용접시 일반적으로 언더컷을 발생시키는 원인으로 가장 거리가 먼 것은?

① 용접 전류가 너무 높을 때
② 아크 길이가 너무 길 때
③ 부적당한 용접봉을 사용했을 때
④ 홈 각도 및 루트 간격이 좁을 때

> 홈 각도 및 루트 간격이 좁을 때 발생하는 용접 결함은 용입불량이다.

04 <보기>에서 용극식 용접 방법을 모두 고른 것은?

> ㉠ 서브머지드 아크 용접
> ㉡ 불활성 가스 금속 아크 용접
> ㉢ 불활성 가스 텅스텐 아크 용접
> ㉣ 솔리드 와이어 이산화탄소 아크 용접

① ㉠, ㉡   ② ㉢, ㉣
③ ㉠, ㉡, ㉢   ④ ㉠, ㉡, ㉣

> 불활성 가스 텅스텐 아크 용접은 전극 자체가 녹지 않으므로 용융금속으로 소모가 되지 않기 때문에 비용극식 또는 비소모식이라고 한다.

05 납땜을 연납땜과 경납땜으로 구분할 때 구분 온도는?

① 350℃   ② 450℃
③ 550℃   ④ 650℃

> 경납은 용융점이 450℃보다 높고, 연납은 450℃보다 낮다.

06 전기저항 용접의 특징에 대한 설명으로 틀린 것은?

① 산화 및 변질 부분이 적다
② 다른 금속 간의 접합이 쉽다.
③ 용제나 용접봉이 필요없다.
④ 접합 강도가 비교적 크다.

07 직류 정극성(DCSP)에 대한 설명으로 옳은 것은?

① 모재의 용입이 얕다.
② 비드 폭이 넓다.
③ 용접봉의 녹음이 느리다.
④ 용접봉에 (+)극을 연결한다.

> 직류 정극성(DCSP) : 모재가 (+)이므로 발열량이 높아 모재의 용입이 깊고, 용접봉이 천천히 녹으며, 비드 폭이 좁고, 일반적인 용접에 많이 사용된다.

08 다음 용접법 중 압접에 해당되는 것은?

① MIG 용접   ② 서브머지드 아크 용접
③ 점용접   ④ TIG 용접

> 점용접은 spot 용접이라고도 하며, 전기 저항용접의 겹치기 용접의 일종으로 압접에 속한다.

> 용접부는 가능한 한 한곳에 집중되지 않게 해야 된다. 또한, 한 곳으로 모이거나 겹치게 되면 그만큼 응력 집중이 많아지게 되므로 좋지 않다.

09 로크웰 경도시험에서 C스케일의 다이아몬드의 압입자 꼭지각 각도는?

① 100° ② 115°
③ 120° ④ 150°

> 로크웰C(HRC) 경도 측정 압입자는 120° 꼭지각의 원추형 다이아몬드를 사용하며, 비커스 경도계의 압입자는 대면각 136°의 다이아몬드 압입자를 사용한다.

10 아크 타임을 설명한 것 중 옳은 것은?

① 단위 기간 내의 작업여유 시간이다.
② 단위 시간 내의 용도여유 시간이다.
③ 단위 시간 내의 아크 발생 시간을 백분율로 나타낸 것이다.
④ 단위 시간 내의 시공한 용접길이를 백분율로 나타낸 것이다.

> 아크 타임이란 용접 작업에서 아크가 흘러나온 시간을 말한다.

11 용접부에 오버랩의 결함이 발생했을 때 가장 올바른 보수 방법은?

① 작은 지름의 용접봉을 사용하여 용접한다.
② 결함 부분을 깎아내고 재용접한다.
③ 드릴로 정지 구멍을 뚫고 재용접한다.
④ 결함 부분을 절단한 후 덧붙임 용접을 한다.

> 언더컷 보수 방법은 지름이 가는 용접봉을 사용하여 재용접하며, 균열의 경우는 균열 양 끝에 작은 드릴 구멍을 뚫고 균열부를 파낸 후 재용접한다.

12 용접 설계상 주의점으로 틀린 것은?

① 용접하기 쉽도록 설계할 것
② 결함이 생기기 쉬운 용접 방법은 피할 것
③ 용접 이음이 한 곳으로 집중되도록 할 것
④ 강도가 약한 필릿 용접은 가급적 피할 것

13 저온 균열이 일어나기 쉬운 재료에 용접 전에 균열을 방지할 목적으로 피용접물의 전체 또는 이음부 부근의 온도를 올리는 것을 무엇이라고 하는가?

① 잠열
② 예열
③ 후열
④ 발열

14 TIG 용접에 사용되는 전극의 재질은?

① 탄소 ② 망간
③ 몰리브덴 ④ 텅스텐

> TIG 용접에 사용되는 전극은 아크 발생을 위한 전극이므로 용융이 되지 않도록 용융점이 높은 것이 적합하다. 따라서 금속 중 용융점이 가장 높은 텅스텐(융점 3400°C)이 적합하며 이 텅스텐도 아르곤 가스가 분출되지 않으면 바로 용융되기 때문에 꼭 보호가스가 흐르도록 한 후 아크 발생을 해야 한다.

15 용접의 장점으로 틀린 것은?

① 작업 공정이 단축되어 경제적이다.
② 기밀, 수밀, 유밀성이 우수하며, 이음 효율이 높다.
③ 용접사의 기량에 따라 용접부의 품질이 좌우된다.
④ 재료의 두께에 제한이 없다.

> 보기 중 ③항은 용접의 단점에 대한 설명이다.

16 이산화탄소 아크 용접의 솔리드 와이어 용접봉의 종류 표시는 YGA-50W-1.2-20 형식이다. 이때 Y가 뜻하는 것은?

① 가스 실드 아크 용접
② 와이어 화학 성분
③ 용접 와이어
④ 내후성강용

17 용접선 양측을 일정 속도로 이동하는 가스 불꽃에 의하여 나비 약 150mm를 150~200℃로 가열한 다음 곧 수랭하는 방법으로 주로 용접선 방향의 응력을 완화시키는 잔류 응력 제거법은?

① 저온 응력 완화법
② 기계적 응력 완화법
③ 노 내 풀림법
④ 국부 풀림법

> 기계적 응력 완화법은 용접부에 하중을 가하여 소성변형을 일으켜 응력을 제거하는 방법이다.

18 용접 자동화 방법에서 정성적 자동제어의 종류가 아닌 것은?

① 피드백 제어
② 유접점 시퀀스 제어
③ 무접점 시퀀스 제어
④ PLC 제어

19 지름 13mm, 표점거리 150mm인 연강재 시험편을 인장시험한 후의 거리가 154mm가 되었다면 연신율은?

① 3.89%
② 4.56%
③ 2.67%
④ 8.45%

> 연신율 = $\dfrac{\text{늘어난 거리} - \text{표점거리}}{\text{표점거리}} \times 100$
> = $\dfrac{154 - 150}{150} \times 100 = 2.67$

20 용접균열에서 저온균열은 일반적으로 몇 ℃ 이하에서 발생하는 균열을 말하는가?

① 200~300℃ 이하
② 301~400℃ 이하
③ 401~500℃ 이하
④ 501~600℃ 이하

> 저온취성은 청열취성(200~300℃) 이하에서 발생한다.

21 스테인리스강을 TIG 용접할 때 적합한 극성은?

① DCSP
② DCRP
③ AC
④ ACRP

> 스테인리스강이나 탄소강은 직류 정극성을 사용하며, Al 합금 등은 고주파 중첩 교류를 사용한다.

22 피복 아크 용접 작업시 전격에 대한 주의사항으로 틀린 것은?

① 무부하 전압이 필요 이상으로 높은 용접기는 사용하지 않는다.
② 전격을 받은 사람을 발견했을 때는 즉시 스위치를 꺼야 한다.
③ 작업 종료시 또는 장시간 작업을 중지할 때는 반드시 용접기의 스위치를 끄도록 한다.
④ 낮은 전압에서는 주의하지 않아도 되며, 습기찬 구두는 착용해도 된다.

23 직류 아크 용접의 설명 중 옳은 것은?

① 용접봉을 양극, 모재를 음극에 연결하는 경우를 정극성이라고 한다.
② 역극성은 용입이 깊다.
③ 역극성은 두꺼운 판의 용접에 적합하다.
④ 정극성은 용접 비드의 폭이 좁다.

> 직류 역극성은 모재를 −극에 연결한 경우이며, 비드폭이 넓고 용입이 얕으므로 박판 용접, 청정작용이 있어 Al, Mg 합금 용접에 적합하며, 직류 정극성은 역극성의 반대이다.

24 다음 중 수중 절단에 가장 적합한 가스로 짝지어진 것은?

① 산소 - 수소 가스
② 산소 - 이산화탄소 가스
③ 산소 - 암모니아 가스
④ 산소 - 헬륨 가스

25 피복 아크 용접봉 중에서 피복제 중에 석회석이나 형석을 주성분으로 하고 피복제에서 발생하는 수소량이 적어 인성이 좋은 용착금속을 얻을 수 있는 용접봉은?

① 일미나이트계(E 4301)
② 고셀룰로스계(E 4311)
③ 고산화티탄계(E 4313)
④ 저수소계(E 4316)

🔍 저수소계(E 4316)는 용착금속의 강인성이 풍부하고 기계적 성질, 내균열성이 우수하다.

26 피복 아크 용접봉의 간접 작업성에 해당되는 것은?

① 부착 슬래그의 박리성
② 용접봉 용융 상태
③ 아크 상태
④ 스패터

27 가스 용접의 특징에 대한 설명으로 틀린 것은?

① 가열시 열량 조절이 비교적 자유롭다.
② 피복 아크 용접에 비해 후판 용접에 적당하다.
③ 전원 설비가 없는 곳에서도 쉽게 설치할 수 있다.
④ 피복 아크 용접에 비해 유해 광선의 발생이 적다.

🔍 가스 용접은 최고 3420℃ 정도로 온도가 낮으므로 두께 6mm 이하의 박판에 주로 사용되지만 최근에는 용접법이 매우 발달하여 가스 용접은 거의 사용되지 않고 있다.

28 피복 아크 용접봉의 심선의 재질로서 적당한 것은?

① 고탄소 림드강
② 고속도강
③ 저탄소 림드강
④ 반 연강

29 가스 절단에서 양호한 절단면을 얻기 위한 조건으로 틀린 것은?

① 드래그(drag)가 가능한 클 것
② 드래그(drag)의 홈이 낮고 노치가 없을 것
③ 슬래그 이탈이 양호할 것
④ 절단면 표면의 각이 예리할 것

🔍 양호한 절단면을 얻기 위해서는 드래그가 가능한 작고, 슬래그 이탈이 잘되며, 절단면이 평활하며, 드래그 홈이 낮아야 한다.

30 용접기의 2차 무부하 전압을 20~30V로 유지하고, 용접 중 전격 재해를 방지하기 위해 설치하는 용접기의 부속 장치는?

① 과부하방지 장치
② 전격 방지 장치
③ 원격 제어 장치
④ 고주파 발생 장치

🔍 전격방지기 : 아크가 발생되기 전에는 2차 무부하전압을 15V 만큼 내려주고 아크가 발생할 때에는 필요한 전압을 올려주게 되어 있다.

31 피복 아크 용접기로서 구비해야 할 조건 중 잘못된 것은?

① 구조 및 취급이 간편해야 한다.
② 전류 조정이 용이하고 일정하게 전류가 흘러야 한다.
③ 아크 발생과 유지가 용이하고 아크가 안정되어야 한다.
④ 용접기가 빨리 가열되어 아크 안정을 유지해야 한다.

32 피복 아크 용접에서 용접봉의 용융속도와 관련이 가장 큰 것은?

① 아크 전압
② 용접봉 지름
③ 용접기의 종류
④ 용접봉 쪽 전압강하

33 가스 가우징이나 치핑에 비교한 아크 에어 가우징의 장점이 아닌 것은?

① 작업 능률이 2~3배 높다.
② 장비 조작이 용이하다.
③ 소음이 심하다.
④ 활용 범위가 넓다.

🔍 아크 에어 가우징은 아크를 발생하여 용융시키고 고압의 공기로 불어내어 홈을 파는 방법으로 이론적으로는 소음이 적다고 되어 있으나 압축공기의 분출로 소음이 약간 크다.

34 피복 아크 용접에서 아크 전압이 30V, 아크 전류가 150A, 용접 속도가 20cm/min일 때 용접입열은 몇 joule/cm인가?

① 27000　　② 22500
③ 15000　　④ 13500

$H = \dfrac{60EI}{V} = \dfrac{60 \times 30 \times 150}{20} = 13,500$

35 다음 가연성 가스 중 산소와 혼합하여 연소할 때 불꽃 온도가 가장 높은 가스는?

① 수소　　② 메탄
③ 프로판　　④ 아세틸렌

산소-아세틸렌 : 3420℃, 산소-프로판 : 2900℃

36 피복 아크 용접봉의 피복제의 작용에 대한 설명으로 틀린 것은?

① 산화 및 질화를 방지한다.
② 스패터가 많이 발생한다.
③ 탈산 정련 작용을 한다.
④ 합금 원소를 첨가한다.

피복제는 아크를 안정시켜 스패터 발생을 방지한다.

37 부하 전류가 변화하여도 단자 전압은 거의 변하지 않는 특성은?

① 수하 특성　　② 정전류 특성
③ 정전압 특성　　④ 전기 저항 특성

• 수하 특성 : 부하 전류가 증가하면 단자전압이 감소하는 특성
• 정전류 특성 : 수하 특성의 전원 특성 곡선에 있어서 작동점 부근의 경사가 급격한 부분의 특성

38 용접기의 명판에 사용률이 40%로 표시되어 있을 때 다음 설명으로 옳은 것은?

① 아크 발생 시간이 40% 이다.
② 휴지 시간이 40% 이다.
③ 아크 발생 시간이 60% 이다.
④ 휴지 시간이 4분이다.

39 포금의 주성분에 대한 설명으로 옳은 것은?

① 구리에 8~12% Zn을 함유한 합금이다.
② 구리에 8~12% Sn을 함유한 합금이다.
③ 6:4 황동에 1% Pb을 함유한 합금이다.
④ 7:3 황동에 1% Mg을 함유한 합금이다.

40 다음 중 완전 탈산시켜 제조한 강은?

① 킬드강
② 림드강
③ 고망간강
④ 세미 킬드강

• 킬드강 : Al, Fe-Si, Fe-Mn 등으로 완전 탈산시킨 강. 기공이 없고 재질이 균일하고, 기계적 성질이 좋다.
• 림드강 : Fe-Mn으로 조금 탈산시켰으나 불충분하게 탈산시킨 강, 기공 및 편석이 많다.
• 세미 킬드강 : 킬드강과 림드강의 중간 정도 탈산한 강. 기공은 있으나 편석은 적다.

41 Al-Cu-Si 합금으로 실리콘(Si)을 넣어 주조성을 개선하고 Cu를 첨가하여 절삭성을 좋게 한 알루미늄 합금으로 시효 경화성이 있는 합금은?

① Y합금　　② 라우탈
③ 코비탈륨　　④ 로-엑스 합금

42 주철 중 구상 흑연과 편상 흑연의 중간 형태의 흑연으로 형성된 조직을 갖는 주철은?

① CV 주철　　② 에시큘라 주철
③ 니크로 실라 주철　　④ 미하나이트 주철

43 연질 자성 재료에 해당하는 것은?

① 페라이트 자석　　② 알니코 자석
③ 네오디뮴 자석　　④ 퍼멀로이

44 다음 중 황동과 청동의 주성분으로 옳은 것은?

① 황동 : Cu + Pb, 청동 : Cu + Sb
② 황동 : Cu + Sn, 청동 : Cu + Zn
③ 황동 : Cu + Sb, 청동 : Cu + Pb
④ 황동 : Cu + Zn, 청동 : Cu + Sn

> 황동은 구리에 아연을, 청동은 주석을 넣은 것을 말하나, 청동은 아연 이외의 원소를 함유한 것을 말한다.

45 다음 중 담금질에 의해 나타난 조직 중에서 경도와 강도가 가장 높은 것은?

① 오스테나이트
② 소르바이트
③ 마텐자이트
④ 트루스타이트

46 다음 중 재결정 온도가 가장 낮은 금속은?

① Al
② Cu
③ Ni
④ Zn

> 알루미늄 : 150℃, 철 : 350~450℃, 금 : 200℃,
> 구리 : 150~240℃, Zn : 5~25℃

47 다음 중 상온에서 구리(Cu)의 결정 격자 형태는?

① HCT
② BCC
③ FCC
④ CPH

> • FCC(면심입방격자) : Cu, Ni, Al, Ag, Au, γ철
> • BCC(체심입방격자) : W, Cr, Co, Mo, V, α철, δ철

48 Ni-Fe 합금으로서 불변강이라 불리우는 합금이 아닌 것은?

① 인바
② 모넬메탈
③ 엘린바
④ 슈퍼인바

> 모넬메탈 : Cu + Ni 65~70% 함유, 내열성, 내식성, 내마멸성, 연신율이 크다.

49 다음 중 Fe-C 평형 상태도에 대한 설명으로 옳은 것은?

① 공정점의 온도는 약 723℃이다.
② 포정점은 약 4.30%C를 함유한 점이다.
③ 공석점은 약 0.8%C를 함유한 점이다.
④ 순철의 자기 변태 온도는 210℃이다.

> Fe-C 상태도에서 공정점은 4.3%C, 1130℃이며, 순철의 자기 변태점은 768℃이다.

50 고주파 담금질의 특징을 설명한 것 중 옳은 것은?

① 직접 가열하므로 열효율이 높다.
② 열처리 불량은 적으나 변형 보정이 항상 필요하다.
③ 열처리 후의 연삭 과정을 생략 또는 단축시킬 수 없다.
④ 간접 부분 담금질법으로 원하는 깊이만큼 경화하기 힘들다.

51 다음 입체도의 화살표 방향 투상도로 가장 적합한 것은?

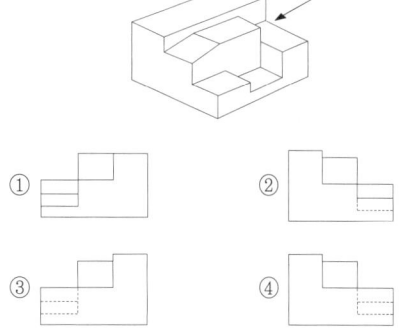

52 다음 그림과 같은 용접방법 표시로 맞는 것은?

① 삼각 용접
② 현장 용접
③ 공장 용접
④ 수직 용접

53 다음 밸브 기호는 어떤 밸브를 나타낸 것인가?

① 풋 밸브
② 볼 밸브
③ 체크 밸브
④ 버터플라이 밸브

54 다음 중 리벳용 원형강의 KS 기호는?

① SV
② SC
③ SB
④ PW

- SV : 리벳용 원형강(V : Rivet)
- SC : 탄소강 주강품(C : Casting)
- SB : 보일러 및 압력용기용 탄소강(B : Boiler)

55 대상물의 일부를 떼어낸 경계를 표시하는데 사용하는 선의 굵기는?

① 굵은 실선
② 가는 실선
③ 아주 굵은 실선
④ 아주 가는 실선

56 그림과 같은 배관도시 기호가 있는 관에는 어떤 종류의 유체가 흐르는가?

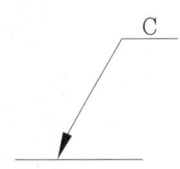

① 온수
② 냉수
③ 냉온수
④ 증기

57 제3각법에 대하여 설명한 것으로 틀린 것은?

① 저면도는 정면도 밑에 도시한다.
② 평면도는 정면도의 상부에 도시한다.
③ 좌측면도는 정면도의 좌측에 도시한다.
④ 우측면도는 평면도의 우측에 도시한다.

우측면도는 정면도 우측에 도시한다.

58 다음 치수 표현 중에서 참고 치수를 의미하는 것은?

① SØ
② t=24
③ (24)
④ □24

SØ : 구의 지름, t : 판 두께, □24 : 가로 세로 길이 24mm

59 구멍에 끼워 맞추기 위한 구멍, 볼트, 리벳의 기호 표시에서 현장에서 드릴가공 및 끼워 맞춤을 하고 양쪽 면에 카운터 싱크가 있는 기호는?

①
②
③
④

60 도면을 용도에 따른 분류와 내용에 따른 분류로 구분할 때 다음 중 내용에 따라 분류한 도면인 것은?

① 제작도
② 주문도
③ 견적도
④ 부품도

- 도면을 내용에 따라 분류 : 조립도, 부품도, 기초도, 배치도, 배근도, 장치도, 스케치도
- 용도에 따라 분류 : 계획도, 제작도, 주문도, 승인도, 견적도, 설명도

정답 특수용접기능사 2015년 1회

01 ④	02 ④	03 ④	04 ④	05 ②
06 ②	07 ③	08 ③	09 ③	10 ③
11 ②	12 ③	13 ②	14 ④	15 ③
16 ③	17 ①	18 ①	19 ③	20 ①
21 ①	22 ④	23 ①	24 ①	25 ①
26 ①	27 ③	28 ③	29 ①	30 ②
31 ④	32 ③	33 ③	34 ④	35 ④
36 ④	37 ③	38 ①	39 ④	40 ①
41 ④	42 ①	43 ①	44 ④	45 ③
46 ④	47 ③	48 ②	49 ③	50 ①
51 ③	52 ④	53 ①	54 ①	55 ②
56 ②	57 ④	58 ③	59 ④	60 ④

2015년 2회 특수용접기능사

01 피복아크 용접 후 실시하는 비파괴 검사방법이 아닌 것은?

① 자분 탐상법
② 피로 시험법
③ 침투 탐상법
④ 방사선 투과 검사법

> 피로 시험은 피로 시험기를 이용하여 재료에 규정된 반복 횟수만큼 반복 하중을 가하여 피로한도를 구하는 시험법, 기계적 파괴 시험법 중 동적 시험에 해당된다.

02 다음 중 용접이음에 대한 설명으로 틀린 것은?

① 필릿 용접에서는 형상이 일정하고, 미용착부가 없어 응력분포상태가 단순하다.
② 맞대기 용접이음에서 시점과 크레이터 부분에서는 비드가 급랭하여 결함을 일으키기 쉽다.
③ 전면 필릿 용접이란 용접선의 방향이 하중의 방향과 거의 직각인 필릿 용접을 말한다.
④ 겹치기 필릿 용접에서는 루트부에 응력이 집중되기 때문에 보통 맞대기 이음에 비하여 피로강도가 낮다.

> 필릿 용접부는 미용착부가 있어 응력 분포 상태가 복잡하고 응력 집중이 생기기 쉽다.

03 변형과 잔류응력을 최소로 해야 할 경우 사용되는 용착법으로 가장 적합한 것은?

① 후진법
② 전진법
③ 스킵법
④ 덧살 올림법

04 이산화탄소 용접에 사용되는 복합 와이어(flux cored wire)의 구조에 따른 종류가 아닌 것은?

① 아코스 와이어
② T관상 와이어
③ Y관상 와이어
④ S관상 와이어

> 복합 와이어 구조에 T관상 구조의 와이어는 없다.

05 불활성 가스 아크용접에 주로 사용되는 가스는?

① CO_2
② CH_4
③ Ar
④ C_2H_2

06 다음 중 용접 결함에서 구조상 결함에 속하는 것은?

① 기공
② 인장강도의 부족
③ 변형
④ 화학적 성질 부족

> 구조상 용접 결함에는 기공, 언더컷, 오버랩, 슬래그 섞임, 용입 불량, 균열 등이 있다. 참고로 ③항은 치수상 결함, ②항과 ④항은 성질상 결함에 해당된다.

07 다음 TIG 용접에 대한 설명 중 틀린 것은?

① 박판 용접에 적합한 용접법이다.
② 교류나 직류가 사용된다.
③ 비소모식 불활성 가스 아크 용접법이다.
④ 전극봉은 연강봉이다.

> TIG 용접은 텅스텐 전극을 사용하여 아크를 발생하는 비소모식 용접법이다.

08 아르곤(Ar)가스는 1기압 하에서 6500(L) 용기에 몇 기압으로 충전하는가?

① 100 기압
② 120 기압
③ 140 기압
④ 160 기압

09 불활성 가스 텅스텐(TIG) 아크 용접에서 용착금속의 용락을 방지하고 용착부 뒷면의 용착금속을 보호하는 것은?

① 포지셔너(positioner)
② 지그(zig)
③ 뒷받침(backing)
④ 앤드탭(end tap)

🔍 뒷받침은 TIG 용접뿐만 아니라 다른 용접법에서도 이면 비드의 용락을 방지하고, 공기와의 접촉을 막기 위해 사용하는 것으로 금속 또는 세라믹, 용제 등을 사용한다.

10 가스 용접에서 충전가스의 용기 도색으로 틀린 것은?

① 산소 – 녹색
② 탄산가스 – 청색
③ 아세틸렌 – 황색
④ 프로판 – 흰색

🔍 프로판은 회색이다.

11 용접 결함 중 치수상의 결함에 대한 방지대책과 가장 거리가 먼 것은?

① 역변형법 적용이나 지그를 사용한다.
② 습기, 이물질 제거 등 용접부를 깨끗이 한다.
③ 용접 전이나 시공 중에 올바른 시공법을 적용한다.
④ 용접조건과 자세, 운봉법을 적정하게 한다.

🔍 보기 중 ②항은 습기에 의한 기공, 이물질 등에 의한 슬래그나 비금속물질 혼입 등의 구조상 결함과 관계되는 항이다.

12 TIG용접에 사용되는 전극봉의 조건으로 틀린 것은?

① 고융용점의 금속
② 전자방출이 잘되는 금속
③ 전기 저항률이 많은 금속
④ 열 전도성이 좋은 금속

🔍 TIG 용접용 전극으로 전기 저항이 많으면 전극의 발열이 높아져 전극 소손이 높아진다.

13 철도 레일 이음 용접에 적합한 용접법은?

① 테르밋 용접
② 서브머지드 용접
③ 스터드 용접
④ 그래비티 및 오토콘 용접

14 통행과 운반관련 안전조치로 가장 거리가 먼 것은?

① 뛰지 말 것이며 한 눈을 팔거나 주머니에 손을 넣고 걷지 말 것
② 기계와 다른 시설물과의 사이의 통행로 폭은 30cm 이상으로 할 것
③ 운반차는 규정 속도를 지키고 운반시 시야를 가리지 않게 할 것
④ 통행로와 운반차, 기타 시설물에는 안전 표지색을 이용한 안전표지를 할 것

🔍 통행로의 폭은 80cm 이상으로 해야 된다.

15 플라즈마 아크의 종류 중 모재가 전도성 물질이어야 하며, 열효율이 높은 아크는?

① 이행형 아크
② 비이행형 아크
③ 중간형 아크
④ 피복 아크

🔍 이행형 플라즈마 : 2차측 전기의 연결이 토치와 모재를 연결하는 형이므로, 모재는 전기가 통하는 물질이어야 된다.

16 TIG 용접에서 전극봉은 세라믹 노즐의 끝에서부터 몇 mm 정도 돌출시키는 것이 가장 적당한가?

① 1~2mm
② 3~6mm
③ 7~9mm
④ 10~12mm

🔍 TIG 용접에서 노즐에서 텅스텐 전극의 돌출 길이는 이음부의 형상에 따라 다르며, 모서리 용접의 경우 1.5~2mm, 평판 맞대기 용접 등에서는 3~4mm, 필릿 용접에서는 4~6mm로 한다.

17 다음 파괴시험 방법 중 충격시험 방법은?

① 전단시험
② 샤르피 시험
③ 크리프시험
④ 응력부식 균열시험

🔍 충격 시험의 종류에는 샤르피식과 아이조드식이 있으며, 샤르피식은 시험편을 단순보 상태로 놓고 진자 해머로 충격을 주어 충격치를 측정하며, 아이조드식은 단순보 상태로 놓고 시험한다.

18 초음파 탐상 검사 방법이 아닌 것은?

① 공진법   ② 투과법
③ 극간법   ④ 펄스반사법

🔍 극간법은 자분 탐상법의 일종이다.

19 레이저 빔 용접에 사용되는 레이저의 종류가 아닌 것은?

① 고체 레이저
② 액체 레이저
③ 극간법
④ 펄스반사법

20 다음 중 저탄소강의 용접에 관한 설명으로 틀린 것은?

① 용접균열의 발생 위험이 크기 때문에 용접이 비교적 어렵고, 용접법의 적용에 제한이 있다.
② 피복 아크 용접의 경우 피복아크 용접봉은 모재와 강도 수준이 비슷한 것을 선정하는 것이 바람직하다.
③ 판의 두께가 두껍고 구속이 큰 경우에는 저수소계 계통의 용접봉이 사용된다.
④ 두께가 두꺼운 강재일 경우 적절한 예열을 할 필요가 있다.

🔍 저탄소강은 고온으로 가열되었다가 급랭되어도 경화될 우려가 적으므로 탄소강 중에서 가장 용접이 쉽다.

21 15℃, 1kgf/cm² 하에서 사용 전 용해 아세틸렌병의 무게가 50kgf이고, 사용 후 무게가 47kgf일 때 사용한 아세틸렌의 양은 몇 리터(L)인가?

① 2915
② 2815
③ 3815
④ 2715

🔍 용해 아세틸렌의 양 = 905 × (사용 전 무게 − 사용 후 무게)
    = 905 × (50 − 47) = 2715

22 다음 용착법 중 다층 쌓기 방법인 것은?

① 전진법
② 대칭법
③ 스킵법
④ 캐스케이드법

🔍 캐스케이드법 : 한부분의 몇 층을 용접하다가 이것을 다른 부분의 층으로 연속시켜 전체가 계단형태의 단계를 이루도록 용착시켜 나가는 방법으로 다층 쌓기의 일종이다.

23 다음 중 두께 20mm인 강판을 가스 절단하였을 때 드래그(drag)의 길이가 5mm이었다면 드래그 양은 몇 %인가?

① 5   ② 20
③ 25   ④ 100

🔍 드래그 길이(%) = $\frac{드래그 길이}{판두께}$ × 100
   = $\frac{5}{20}$ × 100 = 25%

24 가스용접에 사용되는 용접용 가스 중 불꽃 온도가 가장 높은 가연성 가스는?

① 아세틸렌   ② 메탄
③ 부탄   ④ 천연가스

🔍 아세틸렌 : 3430℃, 메탄 : 2700℃

25 가스용접에서 전진법과 후진법을 비교하여 설명한 것으로 옳은 것은?

① 용착금속의 냉각도는 후진법이 서랭된다.
② 용접변형은 후진법이 크다.
③ 산화의 정도가 심한 것은 후진법이다.
④ 용접속도는 후진법보다 전진법이 더 빠르다.

🔍 전진법은 후진법에 비해 열이용률이 나쁘고 용접 속도가 느리며, 비드모양이 좋으며 용접변형이 크며, 용착 금속 조직이 거칠다.

26 가스 절단시 절단면에 일정한 간격의 곡선이 진행방향으로 나타나는데 이것을 무엇이라 하는가?

① 슬래그(slag) ② 태핑(tapping)
③ 드래그(drag) ④ 가우징(gouging)

27 피복금속 아크 용접봉의 피복제가 연소한 후 생성된 물질이 용접부를 보호하는 방식이 아닌 것은?

① 가스 발생식 ② 슬래그 생성식
③ 스프레이 발생식 ④ 반가스 발생식

28 용해 아세틸렌 용기 취급시 주의사항으로 틀린 것은?

① 아세틸렌 충전구가 동결시는 50℃ 이상의 온수로 녹여야 한다.
② 저장 장소는 통풍이 잘 되어야 한다.
③ 용기는 반드시 캡을 씌워 보관한다.
④ 용기는 진동이나 충격을 가하지 말고 신중히 취급해야 한다.

🔍 동결된 용해 아세틸렌 가스 용기는 35℃ 이하의 온수로 녹인다.

29 AW300, 정격사용률이 40%인 교류아크 용접기를 사용하여 실제 150A의 전류 용접을 한다면 허용 사용률은?

① 80% ② 120%
③ 140% ④ 160%

🔍 허용사용률(%) = $\frac{(정격 2차 전류)^2}{(실제 용접 전류)^2}$ × 정격사용률
= $\frac{300^2}{150^2}$ × 40 = 160%

30 용접 용어와 그 설명이 잘못 연결된 것은?

① 모재 : 용접 또는 절단되는 금속
② 용융풀 : 아크열에 의해 용융된 쇳물 부분
③ 슬래그 : 용접봉이 용융지에 녹아 들어가는 것
④ 용입 : 모재가 녹은 깊이

31 직류아크 용접에서 용접봉을 용접기의 음(-)극에, 모재를 양(+)극에 연결한 경우의 극성은?

① 직류 정극성
② 직류 역극성
③ 용극성
④ 비용극성

🔍 모재를 기준으로 모재가 (+)이면 직류 정극성(DCSP), 모재가 (-)이면 직류 역극성(DCRP)이다.

32 강재 표면의 흠이나 개제물, 탈탄층 등을 제거하기 위하여 얇고 타원형 모양으로 표면을 깎아내는 가공법은?

① 산소창 절단
② 스카핑
③ 탄소아크 절단
④ 가우징

33 가동 철심형 용접기를 설명한 것으로 틀린 것은?

① 교류아크 용접기의 종류에 해당한다.
② 미세한 전류 조정이 가능하다.
③ 용접작업 중 가동 철심의 진동으로 소음이 발생할 수 있다.
④ 코일의 감긴 수에 따라 전류를 조정한다.

🔍 보기 중 ④항은 탭전환형에 대한 설명이다.

34 용접 중 전류를 측정할 때 전류계(클램프 미터)의 측정 위치로 적합한 것은?

① 1차측 접지선
② 피복 아크 용접봉
③ 1차측 케이블
④ 2차측 케이블

> 전류계를 사용하여 전류 측정시 2차측 케이블의 하나를 클램프 사이에 끼우고 아크를 발생하며 전류를 측정한다.

35 저수소계 용접봉은 용접시점에서 기공이 생기기 쉬운데 해결방법으로 가장 적당한 것은?

① 후진법 사용
② 용접봉 끝에 페인트 도색
③ 아크 길이를 길게 사용
④ 접지점을 용접부에 가깝게 물림

36 다음 중 가스용접의 특징으로 틀린 것은?

① 전기가 필요 없다.
② 응용범위가 넓다.
③ 박판용접에 적당하다.
④ 폭발의 위험이 없다.

37 다음 중 피복 아크 용접에 있어 용접봉에서 모재로 용융 금속이 옮겨가는 상태를 분류한 것이 아닌 것은?

① 폭발형   ② 스프레이형
③ 글로뷸러형   ④ 단락형

> 용적 이행 방식에는 단락형, 스프레이형, 글로뷸러형으로 크게 나눈다.

38 주철의 용접시 예열 및 후열 온도는 얼마 정도가 가장 적당한가?

① 100~200℃   ② 300~400℃
③ 500~600℃   ④ 700~800℃

39 융점이 높은 코발트(Co) 분말과 1~5m 정도의 세라믹, 탄화 텅스텐 등의 입자들을 배합하여 확산과 소결 공정을 거쳐서 분말 야금법으로 입자강화 금속 복합재료를 제조한 것은?

① FRP
② FRS
③ 서멧(cermet)
④ 진공청정구리(OFHC)

40 황동에 납(Pb)을 첨가하여 절삭성을 좋게 한 황동으로 스크류, 시계용 기어 등의 정밀가공에 사용되는 합금은?

① 리드 브라스(lead brass)
② 문쯔메탈(muntz metal)
③ 틴 브라스(tin brass)
④ 실루민(silumin)

> • 문쯔메탈(muntz metal) : 60%Cu + 40% Zn 합금
> • 실루민 : Al-Si계 내열합금
> • 틴 브라스(tin brass) : 애드미럴티 황동이나 네이벌 브레스 등을 말한다.

41 탄소강에 함유된 원소 중에서 고온 메짐(hot shortness)의 원인이 되는 것은?

① Si
② Mn
③ P
④ S

> 황(S)은 철과 결합하면 유화철(FeS)이 되며 용융점이 980℃ 정도로 낮아지며 열처리나 고온가공시 유화철 부분이 거의 용융점까지 가열되었다가 냉각시 수축하면서 가장 용점이 낮은 부분이 갈라지는 현상이 생길 수 있다.

42 알루미늄의 표면 방식법이 아닌 것은?

① 수산법   ② 염산법
③ 황산법   ④ 크롬산법

43 재료 표면상에 일정한 높이로부터 낙하시킨 추가 반발하여 튀어 오르는 높이로부터 경도값을 구하는 경도기는?

① 쇼어 경도기
② 로크웰 경도기
③ 비커즈 경도기
④ 브리넬 경도기

- 로크웰 경도기 : 1.588mm 강구나 120° 꼭지각을 갖는 다이아몬드 추를 시험체에 일정 하중으로 압입하여 경도 측정
- 비커스 경도 : 136° 대면각을 갖는 다이아몬드 압입자를 1~120kgf 하중으로 압입하여 경도 측정

44 Fe-C 평형 상태도에서 나타날 수 없는 반응은?

① 포정 반응
② 편정 반응
③ 공석 반응
④ 공정 반응

- 포정 반응 : E(용액) + G(α고용체) ⇌ F(β고용체), 1492℃, 0.1%C 부분에서 일어난다.
- 공정 반응 : 1130℃, 4.3%C 부분에서 용액에서 2개의 고체가 정출하는 반응이며, 레데브라이트 조직이 생긴다.
- 공석 반응 : 723℃, 0.8%C 부분에서 고체에서 두 개의 고체가 석출하는 반응이며, 펄라이트 조직이 생긴다.

45 강의 담금질 깊이를 깊게 하고 크리프 저항과 내식성을 증가시키며 뜨임 메짐을 방지하는데 효과가 있는 합금 원소는?

① Mo   ② Ni
③ Cr   ④ Si

- Ni : 강도, 인성, 저온 충격 저항성의 증가, 내열성 향상
- Cr : 내식성, 내열성, 내마모성을 향상
- Si : 전자기 특성과 내열성을 증가

46 2~10%Sn, 0.6%P 이하의 합금이 사용되며 탄성률이 높아 스프링 재료로 가장 적합한 청동은?

① 알루미늄 청동   ② 망간 청동
③ 니켈 청동   ④ 인청동

47 알루미늄 합금 중 대표적인 단련용 Al합금으로 주요성분이 Al-Cu-Mg-Mn인 것은?

① 알민
② 알드레이
③ 두랄루민
④ 하이드로날륨

48 인장시험에서 표점거리가 50mm의 시험편을 시험 후 절단된 표점거리를 측정하였더니 65mm가 되었다. 이 시험편의 연신율은 얼마인가?

① 20%
② 23%
③ 30%
④ 33%

- 연신율 = $\dfrac{\text{늘어난 길이} - \text{표점거리}}{\text{표점거리}} \times 100$
  = $\dfrac{65-50}{50} \times 100 = 30\%$

49 면심입방격자 구조를 갖는 금속은?

① Cr
② Cu
③ Fe
④ Mo

- FCC(면심입방격자) : Cu, Ni, Al, Ag, Au, γ철
- BCC(체심입방격자) : W, Cr, Co, Mo, V, α철, δ철

50 노멀라이징(normalizing) 열처리의 목적으로 옳은 것은?

① 연화를 목적으로 한다.
② 경도 향상을 목적으로 한다.
③ 인성부여를 목적으로 한다.
④ 재료의 표준화를 목적으로 한다.

- ① : 풀림, ② : 담금질, ③ : 뜨임

51 물체를 수직단면으로 절단하여 그림과 같이 조합하여 그릴 수 있는데, 이러한 단면도를 무슨 단면도라고 하는가?

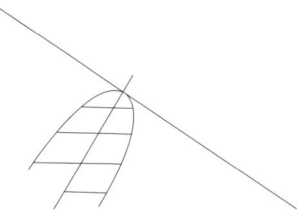

① 온 단면도
② 한쪽 단면도
③ 부분 단면도
④ 회전도시 단면도

52 일면 개선형 맞대기 용접의 기호로 맞는 것은?

①
②
③
④

🔍 ① : V형, ③ : 에지 플랜지형 용접, ④ : 점(spot) 용접

53 다음 배관 도면에 없는 배관 요소는?

① 티
② 엘보
③ 플랜지 이음
④ 나비 밸브

54 치수선상에서 인출선을 표시하는 방법으로 옳은 것은?

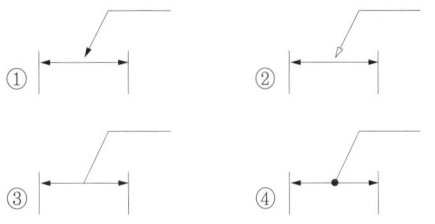

55 KS 재료기호 "SM10C"에서 10C는 무엇을 뜻하는가?

① 일련번호
② 항복점
③ 탄소함유량
④ 최저인장강도

🔍 재료기호 뒤에 숫자와 C가 붙으면 탄소 함유량을 뜻하며, 실제 탄소 함유량×100을 한 것으로 0.05~0.15%C의 탄소 함유강을 말한다. 0.1%C의 기계구조용강을 뜻한다. C가 붙지 않고 SS400 등으로 나타낸 것은 최저 인장강도 400N/mm²(41kgf/mm²)의 일반 구조용강을 뜻한다.

56 그림과 같이 정투상도의 제3각법으로 나타낸 정면도와 우측면도를 보고 평면도를 올바르게 도시한 것은?

57 도면을 축소 또는 확대했을 경우, 그 정도를 알기 위해서 설정하는 것은?

① 중심 마크
② 비교 눈금
③ 도면의 구역
④ 재단 마크

58 다음 중 선의 종류와 용도에 의한 명칭 연결이 틀린 것은?

① 가는 1점 쇄선 : 무게 중심선
② 굵은 1점 쇄선 : 특수지정선
③ 가는 실선 : 중심선
④ 아주 굵은 실선 : 특수한 용도의 선

🔍 가는 1점 쇄선의 용도 : 중심선, 피치선

59 다음 중 원기둥의 전개에 가장 적합한 전개도법은?

① 평행선 전개도법
② 방사선 전개도법
③ 삼각형 전개도법
④ 타출 전개도법

60 나사의 단면도에서 수나사와 암나사의 골밑(골지름)을 도시하는데 적합한 선은?

① 가는 실선   ② 굵은 실선
③ 가는 파선   ④ 가는 1점 쇄선

정답 특수용접기능사 2015년 2회

01 ②	02 ①	03 ③	04 ②	05 ③
06 ①	07 ④	08 ③	09 ③	10 ④
11 ②	12 ③	13 ①	14 ②	15 ①
16 ②	17 ②	18 ③	19 ④	20 ①
21 ④	22 ④	23 ③	24 ①	25 ①
26 ③	27 ③	28 ①	29 ④	30 ③
31 ①	32 ②	33 ④	34 ④	35 ①
36 ④	37 ①	38 ③	39 ③	40 ①
41 ④	42 ②	43 ①	44 ②	45 ①
46 ④	47 ③	48 ③	49 ②	50 ④
51 ④	52 ②	53 ④	54 ③	55 ③
56 ④	57 ②	58 ①	59 ①	60 ①

2015년 3회 특수용접기능사

01 CO₂ 용접에서 발생되는 일산화탄소와 산소 등의 가스를 제거하기 위해 사용되는 탈산제는?

① Mn   ② Ni
③ W   ④ Cu

🔍 탈산제는 규소철, 망간철, 티탄철 등의 철합금 또는 금속 망간, 알루미늄 등이 사용된다.

02 용접부의 균열 발생의 원인 중 틀린 것은?

① 이음의 강성이 큰 경우
② 부적당한 용접 봉 사용시
③ 용접부의 서랭
④ 용접 전류 및 속도 과대

🔍 균열 발생 원인
- 이음의 강성이 큰 경우
- 부적당한 용접봉 사용
- 모재의 탄소, 망간 등의 합금 원소 함량이 많을 때
- 과대 전류, 과대 속도
- 모재의 유황 함량이 많을 때

03 다음 중 플라즈마 아크 용접의 장점이 아닌 것은?

① 용접 속도가 빠르다.
② 1층으로 용접할 수 있으므로 능률적이다.
③ 무부하 전압이 높다.
④ 각종 재료의 용접이 가능하다.

🔍 플라즈마 아크 용접은 아크열로 가스를 가열하여 플라즈마 상으로 토치 노즐에서 분출되는 고속의 플라즈마 제트를 이용하는 용접 방식이다.

04 MIG 용접 시 와이어 송급방식의 종류가 아닌 것은?

① 풀(pull) 방식
② 푸시(push) 방식
③ 푸시언더(push-under) 방식
④ 푸시풀(push-pull) 방식

🔍 와이어 송급방식에는 푸시 방식, 풀 방식, 푸시풀 방식이 있다.

05 다음 용접 이음부 중에서 냉각속도가 가장 빠른 이음은?

① 맞대기 이음
② 변두리 이음
③ 모서리 이음
④ 필릿 이음

🔍 냉각속도는 필릿 이음이 가장 빠르다.

06 CO₂ 용접시 저전류 영역에서의 가스유량으로 가장 적당한 것은?

① 5~10 ℓ/min   ② 10~15 ℓ/min
③ 15~20 ℓ/min ④ 20~25 ℓ/min

🔍 저전류에는 10~15 ℓ/min, 고전류는 20~25 ℓ/min가 적당하다.

07 비소모성 전극봉을 사용하는 용접법은?

① MIG 용접
② TIG 용접
③ 피복아크 용접
④ 서브머지드 아크 용접

08 용접부 비파괴 검사법인 초음파 탐상법의 종류가 아닌 것은?

① 투과법   ② 펄스 반사법
③ 형광 탐상법 ④ 공진법

🔍 초음파 탐상법에는 투과법, 펄스 반사법, 공진법이 있다.

09 공기보다 약간 무거우며 무색, 무미, 무취의 독성이 없는 불활성 가스로 용접부의 보호능력이 우수한 가스는?

① 아르곤 ② 질소
③ 산소 ④ 수소

> 아르곤은 색이 없고, 맛이 없으며, 냄새가 없는 비활성 기체로 대기의 0.94%를 차지하여 질소, 산소 다음으로 공기 중에 풍부한 원소이다. 공기보다 무겁고 물과 유기용매에 녹는다.

10 예열 방법 중 국부 예열의 가열 범위는 용접선 양쪽에 몇 mm 정도로 하는 것이 가장 적합한가?

① 0~50mm
② 50~100mm
③ 100~150mm
④ 150~200mm

11 인장강도가 750MPa인 용접 구조물의 안전율은?(단, 허용응력은 250MPa이다.)

① 3 ② 5
③ 8 ④ 12

> 안전율 = 인장강도/허용응력 = 750/250 = 3

12 용접부의 결함은 치수상, 구조상, 성질상 결함으로 구분된다. 구조상 결함들로만 구성된 것은?

① 기공, 변형, 치수 불량
② 기공, 용입불량, 용접균열
③ 언더컷, 연성부족, 표면결함
④ 표면결함, 내식성 불량, 융합 불량

> 구조상 결함에는 기공, 슬래그 섞임, 융합 불량, 용입불량, 언더컷, 오버랩, 균열, 표면 결함 등이 있다.

13 다음 중 연납땜(Sn + Pb)의 최저 용융 온도는 몇 ℃인가?

① 327℃ ② 250℃
③ 232℃ ④ 183℃

14 레이저 용접의 특징으로 틀린 것은?

① 루비 레이저와 가스 레이저의 두 종류가 있다.
② 광선이 용접의 열원이다
③ 열 영향 범위가 넓다
④ 가스 레이저로는 주로 CO_2 가스 레이저가 사용된다.

> 레이저 용접은 열 영향 범위가 좁고 이종 금속의 용접이 가능하며 미세하고 정밀한 용접을 할 수 있다.

15 용접부의 연성 결함을 조사하기 위하여 사용되는 시험은?

① 인장 시험
② 경도 시험
③ 피로 시험
④ 굽힘 시험

16 용융 슬래그와 용융금속이 용접부로부터 유출되지 않게 모재의 양측에 수랭식 동판을 대어 용융 슬래그 속에서 전극 와이어를 연속적으로 공급하여 주로 용융 슬래그의 저항열로 와이어와 모재 용접부를 용융시키는 것으로 연속 주조 형식의 단층 용접법은?

① 일렉트로 슬래그 용접
② 논 가스 아크 용접
③ 그래비트 용접
④ 테르밋 용접

> 일렉트로 슬래그 용접은 단층 수직 상진 용접법으로 원판의 용접에 적당하며 1m 두께의 강판을 연속 용접할 수 있다.

17 맴돌이 전류를 이용하여 용접부를 비파괴 검사하는 방법으로 옳은 것은?

① 자분 탐상 검사
② 와류 탐상 검사
③ 침투 탐상 검사
④ 초음파 탐상 검사

18 화재 및 폭발의 방지 조치로 틀린 것은?

① 대기 중에 가연성 가스를 방출시키지 말 것
② 필요한 곳에 화재 진화를 위한 방화설비를 설치할 것
③ 배관에서 가연성 증기의 누출 여부를 철저히 점검할 것
④ 용접 작업 부근에 점화원을 둘 것

🔍 용접 작업 부근에는 점화원을 제거해야 한다.

19 연납땜의 용제가 아닌 것은?

① 붕산
② 염화 아연
③ 인산
④ 염화암모늄

🔍 연납땜 용제에는 염산, 염화암모니아, 염화아연, 수지, 인산, 목재 수지 등이 있다.

20 점용접에서 용접점이 앵글재와 같이 용접 위치가 나쁠 때, 보통 팁으로는 용접이 어려운 경우에 사용하는 전극의 종류는?

① P형 팁
② E형 팁
③ R형 팁
④ F형 팁

🔍 전극 종류
• R형 : 전극의 끝이 라운딩된 것으로 용접부 품질, 용접 횟수 및 수평 등에 우수하다.
• P형 : R형보다 용접부 품질, 수명이 떨어지나 많이 사용된다.
• C형 : 원추형의 끝이 갈라진 형으로 가장 많이 사용되고 성능도 우수하다.
• E형 : 용접 위치가 나쁠 때 보통 탭으로 어려운 경우 사용한다.
• F형 : 표면이 평평하여 전극 측에 누른 흔적이 거의 없다.

21 용접작업의 경비를 절감시키기 위한 유의사항으로 틀린 것은?

① 용접봉의 적절한 선정
② 용접사의 작업 능률의 향상
③ 용접지그를 사용하여 위보기 자세의 시공
④ 고정구를 사용하여 능률 향상

22 다음 중 표준 홈 용접에 있어 한쪽에서 용접으로 완전 용입을 얻고자 할 때 V형 홈이음의 판 두께로 가장 적합한 것은?

① 1~10mm
② 5~15mm
③ 20~30mm
④ 35~50mm

🔍 V형은 두께 20mm 이하의 판을 한쪽 용접으로 완전히 용입을 얻고자 할 때 사용된다.

23 프로판(C_3H_8)의 성질을 설명한 것으로 틀린 것은?

① 상온에서는 기체 상태이다.
② 쉽게 기화하며 발열량이 높다.
③ 액화하기 쉽고 용기에 넣어 수송이 편리하다.
④ 온도변화에 따른 팽창률이 작다.

24 다음 중 용접기의 특성에 있어 수하특성의 역할로 가장 적합한 것은?

① 열량의 증가
② 아크의 안정
③ 아크전압의 상승
④ 개로전압의 증가

25 용접기의 사용률이 40%일 때 아크 발생 시간과 휴식 시간의 합이 10분이면 아크 발생시간은?

① 2분
② 4분
③ 6분
④ 8분

🔍 • 사용률 = × 100
• 아크시간과 휴식시간을 합한 전체 시간은 10분을 기준으로 하므로 사용률이 40%이면 아크 시간은 4분이다.

26 다음 중 가스 용접에서 용제를 사용하는 주된 이유로 적합하지 않은 것은?

① 재료 표면의 산화물을 제거한다.
② 용융금속의 산화, 질화를 감소하게 한다.
③ 청정 작용으로 용착을 돕는다.
④ 용접봉 심선의 유해성분을 제거한다.

27 교류 아크 용접기 종류 중 코일의 감긴 수에 따라 전류를 조정하는 것은?

① 탭 전환형
② 가동철심형
③ 가동코일형
④ 가포화 리액터형

> 🔍 **탭 전환형 특징**
> • 코일의 감긴 수에 따라 전류를 조정한다.
> • 적은 전류 조정시 무부하 전압이 높아 전격의 위험이 크다.
> • 탭 전환부 소손이 심하다.
> • 넓은 범위의 전류 조정이 어렵고 주로 소형에 많다.

28 피복아크 용접에서 아크 쏠림 방지 대책이 아닌 것은?

① 접지점을 될 수 있는 대로 용접부에서 멀리 할 것
② 용접봉 끝을 아크쏠림 방향으로 기울일 것
③ 접지점 2개를 연결할 것
④ 직류용접으로 하지 말고 교류용접으로 할 것

> 🔍 아크 쏠림을 방지하기 위해서는 용접봉 끝을 아크 쏠림 반대 방향으로 기울어야 한다.

29 다음 중 피복제의 역할이 아닌 것은?

① 스패터의 발생을 많게 한다.
② 중성 또는 환원성 분위기를 만들어 질화, 산화 등의 해를 방지한다.
③ 용착 금속의 탈산 정련 작용을 한다.
④ 아크를 안정하게 한다.

> 🔍 피복제는 스패터의 발생을 적게 한다.

30 용접봉을 여러 가지 방법으로 움직여 비드를 형성하는 것을 운봉법이라 하는데, 위빙비드 운봉 폭은 심선지름의 몇 배가 적당한가?

① 0.5~1.5배
② 2~3배
③ 4~5배
④ 6~7배

31 수중 절단 작업시 절단 산소의 압력은 공기 중에서의 몇 배 정도로 하는가?

① 1.5~2배
② 3~4배
③ 5~6배
④ 8~10배

> 🔍 수중에서 작업을 할 때 예열가스의 양은 공기 중에서 4~8배 정도, 절단 산소 압력은 1.5~2배로 한다.

32 산소병의 내용적이 40.7리터인 용기에 압력이 100kgf/cm^{2}로 충전되어 있다면 프랑스식 팁 100번을 사용하여 표준불꽃으로 약 몇 시간까지 용접이 가능한가?

① 16시간
② 22시간
③ 31시간
④ 41시간

> 🔍 1시간 동안에 표준 불꽃을 이용하여 용접할 경우 아세틸렌 가스의 소비량으로 팁 번호를 나타낸다. 100번이면 시간당 100 리터이므로 40.7 × 100 = 4070리터이므로 약 41시간이다.

33 가스용접 토치 취급상 주의 사항이 아닌 것은?

① 토치를 망치나 갈고리 대용으로 사용하여서는 안 된다.
② 점화되어 있는 토치를 아무 곳에나 함부로 방치하지 않는다.
③ 팁 및 토치를 작업장 바닥이나 흙 속에 함부로 방치하지 않는다.
④ 작업 중 역류나 역화 발생 시 산소의 압력을 높여서 예방한다.

34 용접기의 특성 중 부하 전류가 증가하면 단자 전압이 저하되는 특성은?

① 수하 특성
② 동전류 특성
③ 정전압 특성
④ 상승 특성

> 🔍 수하 특성은 부하 전류가 증가하면 단자전압이 저하하는 특성이다.

35 다음 중 가스 절단시 예열 불꽃이 강할 때 생기는 현상이 아닌 것은?

① 드래그가 증가한다.
② 절단면이 거칠어진다.
③ 모서리가 용융되어 둥글게 된다.
④ 슬래그 중의 철 성분의 박리가 어려워진다.

36 보기와 같이 연강용 피복아크 용접봉을 표시하였다. 설명으로 틀린 것은?

E 4316

① E : 전기 용접봉
② 43 : 용착 금속의 최저 인장강도
③ 16 : 피복제의 계통 표시
④ E4316 : 일미나이트계

• E4316 : 저수소계
• E4301 : 일미나이트계

37 가스 절단에서 고속 분출을 얻는데 가장 적합한 다이버전트 노즐은 보통의 팁에 비하여 산소 소비량이 같을 때 절단 속도를 몇 % 정도 증가시킬 수 있는가?

① 5~10%   ② 10~15%
③ 20~25%   ④ 30~35%

보통 팁에 비하여 산소 소비량이 같을 때 절단 속도를 20~25% 증가시킬 수 있다.

38 직류아크 용접에서 정극성(DCSP)에 대한 설명으로 옳은 것은?

① 용접봉의 녹음이 느리다.
② 용입이 얕다.
③ 비드 폭이 넓다.
④ 모재를 음극(-)에 용접봉을 양극(+)에 연결한다.

정극성 특징
• 모재 용입이 깊고 비드 폭이 좁다.
• 용접봉의 녹음이 느리고 일반적으로 많이 사용된다.
• 용접봉(-)은 30%, 모재(+)는 70%이다.

39 게이지용 강이 갖추어야 할 성질에 대한 설명 중 틀린 것은?

① HRC 55 이하의 경도를 가져야 한다.
② 팽창계수가 보통 강보다 작아야 한다.
③ 시간이 지남에 따라 치수변화가 없어야 한다.
④ 담금질에 의하여 변형이나 담금질 균열이 없어야 한다.

40 알루미늄에 대한 설명으로 옳지 않은 것은?

① 비중이 2.7로 낮다.
② 용융점은 1067℃이다.
③ 전기 및 열전도율이 우수하다.
④ 고강도 합금으로 두랄루민이 있다.

알루미늄은 은백색의 가볍고 연한 금속. 일반적으로 전성·연성은 크나 순도에 따라 성질이 달라진다. 순도 99.996%의 것에서는 용융점 660.2℃, 비등점은 약 2,060℃이다.

41 강의 표면 경화 방법 중 화학적 방법이 아닌 것은?

① 침탄법   ② 질화법
③ 침탄 질화법   ④ 화염 경화법

42 황동 합금 중에서 강도는 낮으나 전연성이 좋고 금색에 가까워 모조금이나 판 및 선에 사용되는 합금은?

① 톰백(tombac)
② 7-3 황동(cartridge brass)
③ 6-4 황동(muntz metal)
④ 주석 황동(tin brass)

톰백은 황금에 가장 가까운 빛깔을 지닌 구리합금으로 8~20%의 아연을 구리에 첨가하였다. 또한, 소량의 납을 첨가하여 값이 싼 금색 합금을 만든다.

43 다음 중 비중이 가장 작은 것은?

① 청동   ② 주철
③ 탄소강   ④ 알루미늄

44 냉간가공 후 재료의 기계적 성질을 설명한 것 중 옳은 것은?

① 항복강도가 감소한다.
② 인장강도가 감소한다.
③ 경도가 감소한다.
④ 연신율이 감소한다.

🔍 냉간가공은 금속 등의 결정체에 재결정이 일어나는 온도보다 상당히 낮은 온도에서 소성변형을 주는 가공으로 연신율은 감소한다.

45 금속간 화합물에 대한 설명으로 옳은 것은?

① 자유도가 5인 상태의 물질이다.
② 금속과 비금속사이의 혼합 물질이다.
③ 금속이 공기 중의 산소와 화합하여 부식이 일어난 물질이다.
④ 두 가지 이상의 금속 원소가 간단한 원자비로 결합되어 있으며 원래 원소와는 전혀 다른 성질을 갖는 물질이다.

46 물과 얼음의 상태도에서 자유도가 "0(zero)"일 경우 몇 개의 상이 공존하는가?

① 0   ② 1
③ 2   ④ 3

47 변태 초소성의 조건과 원칙에 대한 설명 중 틀린 것은?

① 재료에 변태가 있어야 한다.
② 변태 진행 중에 작은 하중에도 변태 초소성이 된다.
③ 감도지수(m)의 값은 거의 0(zero)의 값을 갖는다.
④ 한 번의 열사이클로 상당한 초소성 변형이 발생한다.

48 Mg-희토류계 합금에서 희토류 원소를 첨가할 때 미시메탈(Misch-metal)의 형태로 첨가한다. 미시메탈에서 세륨(Ce)을 제외한 합금 원소를 첨가한 합금의 명칭은?

① 탈타뮴   ② 디디뮴
③ 오스뮴   ④ 갈바늄

🔍 디디뮴은 네오듐을 주성분으로 하는 것으로 희토류 금속 원소 같이 합금의 강도를 증가시키기 위하여 첨가한다.

49 인장 시험에서 변형량을 원표점 거리에 대한 백분율로 표시한 것은?

① 연신율   ② 항복점
③ 인장 강도   ④ 단면 수축률

🔍 연신율은 인장 시험에 있어서 파단 후의 시험편을 맞대고, 표점 사이의 변형량을 구해서 이것을 %로 나타낸 것이다.

50 강에 인(P)이 많이 함유되면 나타나는 결함은?

① 적열메짐   ② 연화메짐
③ 저온메짐   ④ 고온메짐

🔍 저온메짐은 상온 이하로 내려갈수록 경도, 인장강도는 증가하나 연신율은 감소하여 차차 여리며, 약해진다.

51 화살표가 가리키는 용접부의 반대쪽 이음의 위치로 옳은 것은?

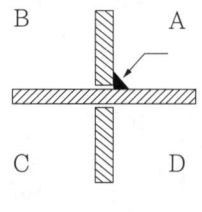

① A   ② B
③ C   ④ D

52 재료기호에 대한 설명 중 틀린 것은?

① SS 400은 일반 구조용 압연 강재이다.
② SS 400의 400은 최고 인장 강도를 의미한다.
③ SM 45C는 기계 구조용 탄소 강재이다.
④ SM 45C의 45C는 탄소 함유량을 의미한다.

🔍 SS 400의 400은 최저인장강도가 400MPa(41kgf/mm2)임을 의미한다.

53 보기 입체도의 화살표 방향이 정면일 때 평면도로 적합한 것은?

①

②

③

④

54 보조 투상도의 설명으로 가장 적합한 것은?

① 물체의 경사면을 실제 모양으로 나타낸 것
② 특수한 부분을 부분적으로 나타낸 것
③ 물체를 가상해서 나타낸 것
④ 물체를 90도 회전시켜서 나타낸 것

> 보조 투상도는 경사면의 실물 형상을 표시할 필요가 있을 때, 그 경사면에 대응하는 위치에 필요 부분만 그린 도면이다.

55 용접부의 보조 기회에서 제거 가능한 이면판재를 사용하는 경우의 표시 기호는?

① M ② P
③ MR ④ PR

> ① : 영구적인 덮개판 사용, ③ : 제거 가능한 덮개판 사용

56 그림과 같이 상하면의 절단된 경사각이 서로 다른 원통의 전개도 형상으로 가장 적합한 것은?

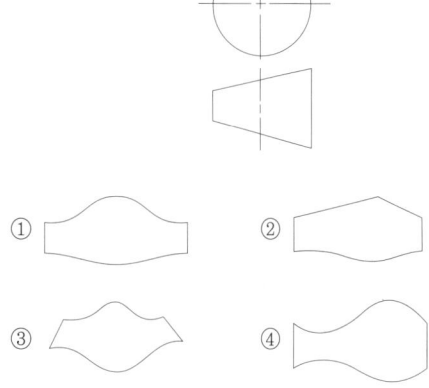

57 기계나 장치 등의 실체를 보고 프리핸드(freehand)로 그린 도면은?

① 배치도 ② 기초도
③ 조립도 ④ 스케치도

> 스케치도는 새로운 것을 만들 때는 먼저 기성품의 형상·치수·재질 등을 조사하고 작도방법은 치수를 측정하면서 그래프지 위에 자재화법으로 기입하는 방법인데 이 경우 기입치수의 정확도가 요구되지만 도형의 척도는 임의로 한다.

58 도면에서 2종류 이상의 선이 겹쳤을 때, 우선하는 순위를 바르게 나타낸 것은?

① 숨은선 > 절단선 > 중심선
② 중심선 > 숨은선 > 절단선
③ 절단선 > 중심선 > 숨은선
④ 무게 중심선 > 숨은선 > 절단선

> 도면에서 두 종류 이상의 선이 같은 장소에 겹치는 경우에는 외형선, 숨은선, 절단선, 중심선, 무게중심선, 치수 보조선 순으로 한다.

59 관용 테이퍼 나사 중 평행 암나사를 표시하는 기호는?(단, ISO 표준에 있는 기호로 한다.)

① G ② R
③ Rc ④ Rp

60 현의 치수 기입 방법으로 옳은 것은?

 ① ②

 ③ ④

정답	특수용접기능사 2015년 3회			
01 ①	02 ③	03 ③	04 ③	05 ④
06 ②	07 ②	08 ③	09 ①	10 ②
11 ①	12 ②	13 ④	14 ③	15 ④
16 ①	17 ②	18 ④	19 ①	20 ②
21 ③	22 ②	23 ④	24 ②	25 ②
26 ④	27 ①	28 ②	29 ①	30 ②
31 ①	32 ④	33 ④	34 ①	35 ①
36 ④	37 ③	38 ①	39 ①	40 ②
41 ④	42 ①	43 ④	44 ④	45 ④
46 ④	47 ③	48 ②	49 ①	50 ③
51 ②	52 ②	53 ③	54 ①	55 ③
56 ④	57 ④	58 ①	59 ④	60 ①

2015년 4회 특수용접기능사

01 CO_2 용접작업 중 가스의 유량은 낮은 전류에서 얼마가 적당 한가?

① 10~15 ℓ/min
② 20~25 ℓ/min
③ 30~35 ℓ/min
④ 40~45 ℓ/min

🔍 낮은 전류에서는 10~15 ℓ/min, 높은 전류에서는 20~25 ℓ/min가 적당하다.

02 피복 아크 용접 결함 중 용착 금속의 냉각 속도가 빠르거나, 모재의 재질이 불량할 때 일어나기 쉬운 결함으로 가장 적당한 것은?

① 용입 불량
② 언더컷
③ 오버랩
④ 선상조직

🔍 선상조직 방지책으로 급랭을 피하고 모재 재질에 맞는 적정봉을 선택해야 한다.

03 다음 각종 용접에서 전격방지 대책으로 틀린 것은?

① 홀더나 용접봉은 맨손으로 취급하지 않는다.
② 어두운 곳이나 밀폐된 구조물에서 작업 시 보조자와 함께 작업한다.
③ CO_2용접이나 MIG용접 작업 도중에 와이어를 2명이 교대로 교체할 때는 전원은 차단하지 않아도 된다.
④ 용접작업을 하지 않을 때에는 TIG전극봉은 제거하거나 노즐 뒤쪽에 밀어 넣는다.

🔍 와이어를 교체할 때는 전원은 차단시켜야 한다.

04 각종 금속의 용접부 예열온도에 대한 설명으로 틀린 것은?

① 고장력강, 저합금강, 주철의 경우 용접 홈을 50~350℃로 예열한다.
② 연강을 0℃ 이하에서 용접할 경우 이음의 양쪽 폭 100mm 정도를 40~75℃로 예열한다.
③ 열전도가 좋은 구리 합금은 200~400℃의 예열이 필요하다.
④ 알루미늄 합금은 500~600℃ 정도의 예열온도가 적당하다.

🔍 알루미늄 합금은 200~400℃ 정도의 예열온도가 적당하다.

05 다음 중 초음파 탐상법의 종류에 해당하지 않는 것은?

① 투과법
② 펄스 반사법
③ 관통법
④ 공진법

🔍 초음파 탐상법에는 투과법, 펄스 반사법, 공진법이 있다.

06 납땜에서 경납용 용제가 아닌 것은?

① 붕사
② 붕산
③ 염산
④ 알칼리

🔍 경납용 용제에는 붕사, 붕산, 붕산염, 불화물, 염화물, 알칼리 등이 있다.

07 플라즈마 아크의 종류가 아닌 것은?

① 이행형 아크
② 비이행형 아크
③ 중간형 아크
④ 텐덤형 아크

🔍 플라즈마 아크 종류에는 이행형, 비이행형, 중간형이 있다.

08 피복아크 용접 작업의 안전사항 중 전격방지 대책이 아닌 것은?

① 용접기 내부는 수시로 분해 · 수리하고 청소를 하여야 한다.
② 절연 홀더의 절연부분이 노출되거나 파손되면 교체한다.
③ 장시간 작업을 하지 않을 시는 반드시 전기 스위치를 차단한다.
④ 젖은 작업복이나 장갑, 신발 등을 착용하지 않는다.

09 서브머지드 아크 용접에서 동일한 전류 전압의 조건에서 사용되는 와이어 지름의 영향 설명 중 옳은 것은?

① 와이어의 지름이 크면 용입이 깊다.
② 와이어의 지름이 작으면 용입이 깊다.
③ 와이어의 지름과 상관이 없이 같다.
④ 와이어의 지름이 커지면 비드 폭이 좁아진다.

🔍 와이어 지름이 작으면 용입이 깊어지며 와이어 지름은 1.2~12.7mm가 있으나 보통 2.4~7.9 mm 정도가 주로 사용된다.

10 맞대기용접 이음에서 모재의 인장강도는 40kgf/mm² 이며, 용접 시험편의 인장강도가 45kgf/mm²일 때 이음효율은 몇 %인가?

① 88.9
② 104.4
③ 112.5
④ 125.0

🔍 이음효율 = $\dfrac{\text{용접시험편 인장강도}}{\text{모재 인장강도}} \times 100$
= $\dfrac{45}{40} \times 100 = 112.5$

11 용접입열이 일정할 경우에는 열전도율이 큰 것일수록 냉각속도가 빠른데 다음 금속 중 열전도율이 가장 높은 것은?

① 구리
② 납
③ 연강
④ 스테인리스강

🔍 열전도율은 구리가 가장 크다.

12 전자렌즈에 의해 에너지를 집중시킬 수 있고, 고용융 재료의 용접이 가능한 용접법은?

① 레이저 용접
② 피복아크 용접
③ 전자 빔 용접
④ 초음파 용접

🔍 전자 빔 용접은 10^{-4}mmHg 이상의 높은 진공실 속에서 음극으로부터 방출된 전자를 고전압으로 가속시켜 피용접물과의 충돌에 의한 에너지로 용접을 행하는 방법이다.

13 다음 중 연납의 특성에 관한 설명으로 틀린 것은?

① 연납땜에 사용하는 용가제를 말한다.
② 주석-납계 합금이 가장 많이 사용된다.
③ 기계적 강도가 낮으므로 강도를 필요로 하는 부분에는 적당하지 않다.
④ 은납, 황동납 등이 이에 속하고 물리적 강도가 크게 요구될 때 사용된다.

🔍 경납에는 은납, 황동납, 알루미늄납 등이 있다.

14 일렉트로 슬래그 용접에서 사용되는 수랭식 판의 재료는?

① 연강
② 동
③ 알루미늄
④ 주철

🔍 일렉트로 슬래그 용접은 단층 수직 상진 용접법으로 원판의 용접에 적당하며, 1m 두께의 강판을 연속 용접이 가능하며 수랭식 판은 동판으로 제작한다.

15 용접부의 균열 중 모재의 재질 결함으로써 강괴일 때 기포가 압연되어 생기는 것으로 설퍼 밴드와 같은 층상으로 편재해 있어 강재 내부에 노치를 형성하는 균열은?

① 라미네이션(lamination)균열
② 루트(root)균열
③ 응력 제거 풀림(stress relief)균열
④ 크레이터(crater)균열

16 심(seam)용접법에서 용접전류의 통전방법이 아닌 것은?

① 직 · 병렬 통전법 ② 단속 통전법
③ 연속 통전법 ④ 맥동 통전법

> 심 용접의 통전방법에는 단속, 연속, 맥동 통전법이 있다.

17 용접부의 결함이 오버 랩일 경우 보수 방법은?

① 가는 용접봉을 사용하여 보수한다.
② 일부분을 깎아내고 재용접한다.
③ 양단에 드릴로 정지 구멍을 뚫고 깎아내고 재용접한다.
④ 그 위에 다시 재용접한다.

18 다음 중 용접열원을 외부로부터 가하는 것이 아니라 금속분말의 화학반응에 의한 열을 사용하여 용접하는 방식은?

① 테르밋 용접 ② 전기저항 용접
③ 잠호 용접 ④ 플라즈마 용접

> 테르밋 용접은 테르밋 반응에 의해 생성되는 열을 이용하여 금속을 용접하는 방법이다.

19 논 가스 아크 용접의 설명으로 틀린 것은?

① 보호 가스나 용제를 필요로 한다.
② 바람이 있는 옥외에서 작업이 가능하다.
③ 용접장치가 간단하며 운반이 편리하다.
④ 용접 비드가 아름답고 슬래그 박리성이 좋다.

20 로봇용접의 분류 중 동작 기구로부터의 분류 방식이 아닌 것은?

① PTB 좌표 로봇 ② 직각 좌표 로봇
③ 극좌표 로봇 ④ 관절 로봇

> 동작기구로부터의 분류 방식은 직교좌표형, 원통좌표형, 구 좌표형, 수평 다관절형, 수직 다관절형, 병렬기구형 등이 있다.

21 용접기의 점검 및 보수시 지켜야 할 사항으로 옳은 것은?

① 정격사용률 이상으로 사용한다.
② 탭전환은 반드시 아크 발생을 하면서 시행한다.
③ 2차측 단자의 한쪽과 용접기 케이스는 반드시 어스(earth)하지 않는다.
④ 2차측 케이블이 길어지면 전압강하가 일어나므로 가능한 지름이 큰 케이블을 사용한다.

22 아크 용접에서 피닝을 하는 목적으로 가장 알맞은 것은?

① 용접부의 잔류응력을 완화시킨다.
② 모재의 재질을 검사하는 수단이다.
③ 응력을 강하게 하고 변형을 유발시킨다.
④ 모재표면의 이물질을 제거한다.

> 피닝은 용접부위를 연속적으로 해머로 두드려서 표면층에 소성 변형을 주는 조작이다.

23 가스용접에서 프로판 가스의 성질 중 틀린 것은?

① 증발 잠열이 작고, 연소할 때 필요한 산소의 양은 1 : 1 정도이다.
② 폭발한계가 좁아 다른 가스에 비해 안전도가 높고 관리가 쉽다.
③ 액화가 용이하여 용기에 충전이 쉽고 수송이 편리하다.
④ 상온에서 기체 상태이고 무색, 투명하며 약간의 냄새가 난다.

> 프로판 가스는 증발 잠열이 크며, 연소할 때 필요한 산소의 양은 1 : 4.5이다.

24 가변압식의 팁 번호가 200일 때 10시간 동안 표준 불꽃으로 용접할 경우 아세틸렌가스의 소비량은 몇 리터인가?

① 20 ② 200
③ 2000 ④ 20000

> 가변압식은 시간당 표준 불꽃을 이용하여 용접할 경우 아세틸렌 가스 소비량으로 나타내며 팁 번호가 200이므로 10시간 사용했을 경우에 소비량은 2000l이다.

25 가스용접에서 토치를 오른손에 용접봉을 왼손에 잡고 오른쪽에서 왼쪽으로 용접을 해나가는 용접법은?

① 전진법
② 후진법
③ 상진법
④ 병진법

🔍 전진법은 왼쪽 방향으로 움직인다하여 좌진법이라고도 한다.

26 정격 2차 전류가 200A, 아크출력 60kW인 교류용접기를 사용할 때 소비전력은 얼마인가?(단, 내부손실이 4kW이다.)

① 64 kW
② 104 kW
③ 264 kW
④ 804 kW

🔍 • 소비전력 = 내부손실 + 아크출력
• 아크출력 = 2차 정격전류 × 아크전압

27 수중절단 작업을 할 때 가장 많이 사용하는 가스로 기포발생이 적은 연료가스는?

① 아르곤   ② 수소
③ 프로판   ④ 아세틸렌

🔍 수중 절단은 침몰선의 해체나 교량의 개조, 항만의 방파제 공사 등에 사용되며 연료 가스는 수소가 주로 사용된다.

28 다음 중 용접봉의 내균열성이 가장 좋은 것은?

① 셀룰로오스계
② 티탄계
③ 일미나이트계
④ 저수소계

🔍 저수소계(E4316)는 피복제 중에 석회석이나 형석을 주성분으로 사용한 것으로 용착 금속은 강인성이 풍부하고 기계적 성질, 내균열성이 우수하다.

29 아크에어 가우징법의 작업능률은 가스 가우징법 보다 몇 배 정도 높은가?

① 2~3배   ② 4~5배
③ 6~7배   ④ 8~9배

🔍 아크에어 가우징은 작업능률이 가스 가우징보다 2~3배 높고 장비가 간단하고 작업 방법도 비교적 용이하며 활용범위가 넓어 비철 금속에도 적용될 수 있다.

30 피복아크용접에서 홀더로 잡을 수 있는 용접봉 지름(mm)이 5.0~8.0일 경우 사용하는 용접봉 홀더의 종류로 옳은 것은?

① 125호   ② 160호
③ 300호   ④ 400호

🔍 용접봉 홀더의 종류(KSC 9607)

종류	정격용접전류	용접봉 지름
125호	125	1.6 ~ 3.2
160호	160	3.2 ~ 4.0
200호	200	3.2 ~ 5.0
250호	250	4.0 ~ 6.0
300호	300	4.0 ~ 6.0
400호	400	5.0 ~ 8.0
500호	500	6.4 ~ 10.0

31 아크 길이가 길 때 일어나는 현상이 아닌 것은?

① 아크가 불안정해진다.
② 용융금속의 산화 및 질화가 쉽다.
③ 열 집중력이 양호하다.
④ 전압이 높고 스패터가 많다.

32 아크가 보이지 않는 상태에서 용접이 진행된다고 하여 일명 잠호용접이라 부르기도 하는 용접법은?

① 스터드 용접   ② 레이져 용접
③ 서브머지드 아크 용접 ④ 플라즈마 용접

🔍 서브머지드 아크 용접은 유니언 멜트, 링컨 용접법이라고도 한다.

33 용접기의 규격 AW 500의 설명 중 옳은 것은?

① AW은 직류 아크 용접기라는 뜻이다.
② 500은 정격 2차 전류의 값이다.
③ AW은 용접기의 사용률을 말한다.
④ 500은 용접기의 무부하 전압 값이다.

> • AW : 교류 아크 용접기
> • 500 : 정격 2차 전류

34 직류용접기 사용 시 역극성(DCRP)과 비교한, 정극성(DCSP)의 일반적인 특징으로 옳은 것은?

① 용접봉의 용융속도가 빠르다.
② 비드 폭이 넓다.
③ 모재의 용입이 깊다.
④ 박판, 주철, 합금강 비철금속의 접합에 쓰인다.

> 정극성은 용접봉(-) : 30%, 모재(+) : 70% 로 모재 용입이 깊고, 용접봉 녹음이 느리며 비드 폭이 좁고 일반적으로 많이 사용된다.

35 다음 중 부하전류가 변하여도 단자 전압은 거의 변화하지 않는 용접기의 특성은?

① 수하 특성
② 하향 특성
③ 정전압 특성
④ 정전류 특성

> 정전압 특성은 수하 특성의 반대 성질을 갖는 것으로 부하 전압이 변화하여도 단자 전압은 거의 변하지 않는 특성을 말한다.

36 용접기와 멀리 떨어진 곳에서 용접전류 또는 전압을 조절할 수 있는 장치는?

① 원격 제어 장치
② 핫 스타트 장치
③ 고주파 발생 장치
④ 수동전류조정장치

> 원격 제어 장치는 용접기에서 떨어져 작업을 할 때 작업 위치에서 전류를 조정할 수 있는 장치로 전동기 조작형, 가포화 리액터형이 있다.

37 피복 아크 용접봉에서 피복제의 주된 역할로 틀린 것은?

① 전기 절연 작용을 하고 아크를 안정시킨다.
② 스패터의 발생을 적게 하고 용착금속에 필요한 합금원소를 첨가시킨다.
③ 용착 금속의 탈산 정련 작용을 하며 용융점이 높고, 높은 점성의 무거운 슬래그를 만든다.
④ 모재 표면의 산화물을 제거하고, 양호한 용접부를 만든다.

> 피복제는 용융점이 낮은 적당한 점성의 가벼운 슬래그를 만든다.

38 가스 절단면의 표준 드래그(drag) 길이는 판 두께의 몇 % 정도가 가장 적당한가?

① 10%
② 20%
③ 30%
④ 40%

> 표준 드래그 길이는 판 두께의 20%가 적당하다.

39 다음 중 경질 자성 재료가 아닌 것은?

① 센더스트
② 알니코 자석
③ 페라이트 자석
④ 네오디뮴 자석

40 알루미늄과 알루미늄 가루를 압축 성형하고 약 500~600℃로 소결하여 압출 가공한 분산 강화형 합금의 기호에 해당하는 것은?

① DAP
② ACD
③ SAP
④ AMP

> SAP(sintered aluminum powder product) : 저온 내열재료, Al 기지 중에 Al2O3의 미세입자를 분산시킨 복합재료로 다른 Al 합금에 비하여 350~550℃에서도 안정한 강도를 나타낸다.

41 컬러 TV의 전자총에서 나온 광선의 영향을 받아 섀도 마스크가 열팽창하면 엉뚱한 색이 나오게 된다. 이를 방지하기 위해 섀도 마스크의 제작에 사용되는 불변강은?

① 인바
② Ni-Cr 강
③ 스테인리스강
④ 플래티나이트

🔍 인바는 팽창계수가 극히 낮아 시계, 계기 등에 쓰이고 있으며 성분 함량은 63.5 Fe, 36 Ni, 0.5 Mn으로 녹는점은 1425℃이다.

42 다음의 조직 중 경도 값이 가장 낮은 것은?

① 마텐자이트
② 베이나이트
③ 소르바이트
④ 오스테나이트

🔍 경도의 크기 : 마텐자이트 > 베이나이트 > 소르바이트 > 오스테나이트

43 열처리의 종류 중 항온열처리 방법이 아닌 것은?

① 마퀜칭
② 어닐링
③ 마템퍼링
④ 오스템퍼링

🔍 어닐링은 철이나 강의 연화 또는 결정 조직의 조정이나 내부 응력의 제거를 위하여 적당한 온도로 가열한 후 천천히 냉각시키는 조작을 말한다.

44 문쯔메탈(muntz metal)에 대한 설명으로 옳은 것은?

① 90%Cu-10%Zn 합금으로 톰백의 대표적인 것이다.
② 70%Cu-30%Zn 합금으로 가공용 황동의 대표적인 것이다.
③ 70%Cu-30%Zn 황동에 주석(Sn)을 1% 함유한 것이다.
④ 60%Cu-40%Zn 합금으로 황동 중 아연 함유량이 가장 높은 것이다.

🔍 문쯔메탈은 4·6황동으로 적열하면 단조할 수가 있어서, 가단 황동이라고도 하며 선저피막, 그외 해수에 직접 닿을 수 있는 장소의 볼트 및 리벳 등에 사용된다.

45 자기변태가 일어나는 점을 자기 변태점이라 하며, 이 온도를 무엇이라고 하는가?

① 상점
② 이슬점
③ 퀴리점
④ 동소점

🔍 퀴리점은 강자성체나 페라이트는 온도가 어느 값 이상이 되면 가지런하던 자기 모멘트의 방향이 흩어져서 비투자율이 거의 1로 되어 버리는데 이 온도를 말한다.

46 스테인리스강 중 내식성이 제일 우수하고 비자성이나 염산, 황산, 염소가스 등에 약하고 결정 입계 부식이 발생하기 쉬운 것은?

① 석출경화계 스테인리스강
② 페라이트계 스테인리스강
③ 마텐자이트계 스테인리스강
④ 오스테나이트계 스테인리스강

47 탄소 함량 3.4%, 규소 함량 2.4% 및 인 함량 0.6%인 주철의 탄소당량(CE)은?

① 4.0
② 4.2
③ 4.4
④ 4.6

🔍 주철의 탄소당량(Ceq) = $C + \frac{Si + P}{3}$

∴ $Ceq = 3.4 + \frac{2.4 + 0.6}{3} = 3.4 + 1 = 4.4$

48 라우탈은 Al-Cu-Si 합금이다. 이중 3~8%Si를 첨가하여 향상되는 성질은?

① 주조성
② 내열성
③ 피삭성
④ 내식성

🔍 라우탈은 단련용 알루미늄 합금의 일종으로서 480~520℃ 사이에서 단련이 잘 된다. 350~450℃에서 풀림한 것은 자유롭게 가공할 수 있어 자동차, 항공기, 선박 등의 부품에 사용된다.

49 면심입방격자의 어떤 성질이 가공성을 좋게 하는가?

① 취성   ② 내식성
③ 전연성 ④ 전기전도성

> 면심입방격자는 원자가 정육면체의 각 정점과 각면의 중심에 배열해 있는 결정 격자로 전연성은 좋지만, 강도는 그다지 크지 않고 동·니켈·알루미늄 등이다.

50 금속의 조직검사로서 측정이 불가능한 것은?

① 결함   ② 결정입도
③ 내부응력 ④ 비금속개재물

> 내부응력은 재료내부에 외력 이외의 원인(예를 들어, 팽창, 수축 등)에 의해 발생한 응력으로 금속의 조직 검사로 측정하기 어렵다.

51 나사의 감김 방향의 지시 방법 중 틀린 것은?

① 오른나사는 일반적으로 감김 방향을 지시하지 않는다.
② 왼나사는 나사의 호칭 방법에 약호 "LH"를 추가하여 표시한다.
③ 동일 부품에 오른나사와 왼나사가 있을 때는 왼나사에만 약호 "LH"를 추가한다.
④ 오른나사는 필요하면 나사의 호칭 방법에 약호 "RH"를 추가하여 표시할 수 있다.

52 그림과 같이 제 3각법으로 정투상한 도면에 적합한 입체도는?

 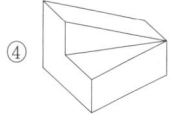

53 다음 냉동 장치의 배관 도면에서 팽창 밸브는?

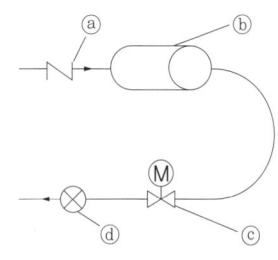

① ⓐ   ② ⓑ
③ ⓒ   ④ ⓓ

> ⓐ 체크 밸브, ⓒ 전동 밸브, ⓓ 팽창 밸브

54 3각법으로 그린 투상도 중 잘못된 투상이 있는 것은?

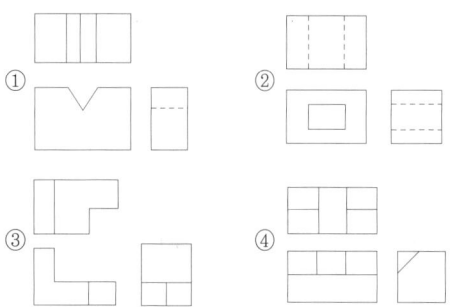

55 다음 중 열간 압연 강판 및 강대에 해당하는 재료 기호는?

① SPCC
② SPHC
③ STS
④ SPB

> • SPHC : 열간압연 강판 및 강대(P : Plate, H : Hot, C : Commercial)
> • SPCC : 냉간압연강판 및 강대(P : Plate, C : Cold, C : Commercial)

56 동일 장소에서 선이 겹칠 경우 나타내야 할 선의 우선 순위를 옳게 나타낸 것은?

① 외형선 > 중심선 > 숨은선 > 치수보조선
② 외형선 > 치수보조선 > 중심선 > 숨은선
③ 외형선 > 숨은선 > 중심선 > 치수보조선
④ 외형선 > 중심선 > 치수보조선 > 숨은선

> 도면에서 두 종류 이상의 선이 같은 장소에 겹치는 경우에는 외형선, 숨은선, 절단선, 중심선, 무게중심선, 치수 보조선 순으로 한다.

57 일반적인 판금 전개도의 전개법이 아닌 것은?

① 다각전개법
② 평행선법
③ 방사선법
④ 삼각형법

> 전개법에는 평행선, 방사선, 삼각형법이 있다.

58 다음 중 치수 보조기호로 사용되지 않는 것은?

① π   ② SØ
③ R   ④ □

> 치수보조 기호에는 (지름(Ø)), 반지름(R), 정사각형의 변(□), 판의 두께(t), 구 지름(SØ) 등 치수 숫자 앞에 쓰도록 하고 있다.

59 다음 단면도에 대한 설명으로 틀린 것은?

① 부분 단면도는 일부분을 잘라내고 필요한 내부 모양을 그리기 위한 방법이다.
② 조합에 의한 단면도는 축, 핀, 볼트, 너트류의 절단면의 이해를 위해 표시한 것이다.
③ 한쪽 단면도는 대칭형 대상물의 외형 절반과 온 단면도의 절반을 조합하여 표시한 것이다.
④ 회전도시 단면도는 핸들이나 바퀴 등의 암, 림, 혹, 구조물 등의 절단면을 90도 회전시켜서 표시한 것이다.

60 그림과 같은 도면의 해독으로 잘못된 것은?

① 구멍 사이의 피치는 50 mm
② 구멍의 지름은 10 mm
③ 전체 길이는 600 mm
④ 구멍의 수는 11개

> 11-10은 지름 10mm의 구멍을 11개 뚫으라는 의미이다. 따라서, 구멍과 구멍 사이 50mm 공간은 총 10곳으로 총 500mm이며, 첫번째 구멍의 왼쪽과 마지막 구멍의 오른쪽이 각각 25mm 이므로, 전체 길이는 550mm 이다.

정답	특수용접기능사 2015년 4회			
01 ①	02 ④	03 ③	04 ④	05 ③
06 ③	07 ④	08 ①	09 ②	10 ③
11 ①	12 ③	13 ④	14 ②	15 ①
16 ①	17 ②	18 ①	19 ③	20 ①
21 ④	22 ①	23 ①	24 ③	25 ①
26 ①	27 ②	28 ④	29 ①	30 ④
31 ①	32 ③	33 ②	34 ①	35 ③
36 ①	37 ③	38 ②	39 ①	40 ③
41 ①	42 ④	43 ②	44 ④	45 ③
46 ④	47 ③	48 ①	49 ③	50 ③
51 ③	52 ①	53 ④	54 ④	55 ②
56 ③	57 ①	58 ①	59 ②	60 ③

2016년 1회 특수용접기능사

01 용접이음 설계 시 충격하중을 받는 연강의 안전율은?

① 12 ② 8
③ 5   ④ 3

02 다음 중 기본 용접 이음 형식에 속하지 않는 것은?

① 맞대기 이음   ② 모서리 이음
③ 마찰 이음   ④ T자 이음

> 마찰용접의 기본 이음 형식으로 맞대기 용접, 필릿 용접, 모서리 용접, 겹치기 이음 등이 있다.

03 화재의 분류는 소화 시 매우 중요한 역할을 한다. 서로 바르게 연결된 것은?

① A급 화재 – 유류 화재
② B급 화재 – 일반 화재
③ C급 화재 – 가스 화재
④ D급 화재 – 금속 화재

> • A급 : 일반 화재
> • B급 : 유류 화재
> • C급 : 전기 화재

04 불활성 가스가 아닌 것은?

① C_2H_2 ② Ar
③ Ne   ④ He

> 불활성 가스 : 아르곤, 헬륨, 네온 등

05 서브머지드 아크 용접장치 중 전극형상에 의한 분류에 속하지 않는 것은?

① 와이어(wire) 전극   ② 테이프(tape) 전극
③ 대상(hoop) 전극   ④ 대차(carriage) 전극

> 서브머지드 아크 용접용 전극에 대차 전극은 없으며 대차란 레일을 따라 굴러가는 장치로 용접 헤드를 이동시킨다.

06 용접 시공 계획에서 용접 이음 준비에 해당되지 않는 것은?

① 용접 홈의 가공
② 부재의 조립
③ 변형 교정
④ 모재의 가용접

07 다음 중 서브머지드 아크 용접(Submerged Arc Welding)에서 용제의 역할과 가장 거리가 먼 것은?

① 아크 안정
② 용락 방지
③ 용접부의 보호
④ 용착금속의 재질 개선

08 다음 중 전기저항 용접의 종류가 아닌 것은?

① 점 용접   ② MIG 용접
③ 프로젝션 용접   ④ 플래시 용접

09 다음 중 용접 금속에 가공을 형성하는 가스에 대한 설명으로 틀린 것은?

① 응고 온도에서의 액체와 고체의 용해도 차에 의한 가스 방출
② 용접금속 중에서의 화학반응에 의한 가스 방출
③ 아크 분위기에서의 기체의 물리적 혼입
④ 용접 중 가스 압력의 부적당

> 가스 압력보다 가스 유량의 부적당에 의해 기공이 생긴다.

10 가스용접 시 안전조치로 적절하지 않는 것은?

① 가스의 누설검사는 필요할 때만 체크하고 점검은 수돗물로 한다.
② 가스용접 장치는 화기로부터 5m 이상 떨어진 곳에 설치해야 한다.
③ 작업 종료 시 메인 밸브 및 콕 등을 완전히 잠가 준다.
④ 인화성 액체 용기의 용접을 할 때는 증기 열탕물로 완전히 세척 후 통풍구멍을 개방하고 작업한다.

11 TIG 용접에서 가스이온이 모재에 충돌하여 모재 표면에 산화물을 제거하는 현상은?

① 제거효과
② 청정효과
③ 용융효과
④ 고주파효과

🔍 청정 효과란 알루미늄 등 표면의 산화막을 제거하는 효과를 말한다.

12 연강의 인장시험에서 인장시험편의 지름이 10mm이고, 최대하중이 5500kgf일 때 인장 강도는 약 몇 kgf/mm²인가?

① 60
② 70
③ 80
④ 90

🔍 인장강도 = $\dfrac{P}{A} = \dfrac{5500}{\dfrac{\pi \times 10^2}{4}} = 70$

13 용접부의 표면에 사용되는 검사법으로 비교적 간단하고 비용이 싸며, 특히 자기 탐상 검사가 되지 않는 금속 재료에 주로 사용되는 검사법은?

① 방사선비파괴 검사
② 누수 검사
③ 침투 비파괴 검사
④ 초음파 비파괴 검사

🔍 표면 결함 검사 : 자분 탐상, 침투 탐상 등

14 용접에 의한 변형을 미리 예측하여 용접하기 전에 용접 반대방향으로 변형을 주고 용접하는 방법은?

① 억제법
② 역변형법
③ 후퇴법
④ 비석법

15 다음 중 플라즈마 아크 용접에 적합한 모재가 아닌 것은?

① 텅스텐, 백금
② 티탄, 니켈 합금
③ 티탄, 구리
④ 스테인리스강, 탄소강

16 용접 지그를 사용했을 때의 장점이 아닌 것은?

① 구속력을 크게 하여 잔류응력 발생을 방지한다.
② 동일 제품을 다량 생산할 수 있다.
③ 제품의 정밀도를 높인다.
④ 작업을 용이하게 하고 용접능률을 높인다.

🔍 용접 지그는 구속력을 크게 하여 변형 방지는 가능하지만 구속이 큰 만큼 잔류응력이 생긴다.

17 일종의 피복아크 용접법으로 피더(feeder)에 철분계 용접봉을 장착하여 수평 필릿용접을 전용으로 하는 일종의 반자동 용접장치로서 모재와 일정한 경사를 갖는 금속지주를 용접 홀더가 하강하면서 용접되는 용접법은?

① 그래비트 용접
② 용사
③ 스터드 용접
④ 테르밋 용접

18 피복아크용접에 의한 맞대기 용접에서 개선 홈과 판 두께에 관한 설명으로 틀린 것은?

① I형 : 판 두께 6mm 이하 양쪽 용접에 적용
② V형 : 판 두께 20mm 이하 한쪽 용접에 적용
③ U형 : 판 두께 40~60mm 양쪽 용접에 적용
④ X형 : 판 두께 15~40mm 양쪽 용접에 적용

🔍 U형 : 판 두께 16~50mm

19 이산화탄소 아크 용접 방법에서 전진법의 특징으로 옳은 것은?

① 스패터의 발생이 적다.
② 깊은 용입을 얻을 수 있다.
③ 비드 높이가 낮고 평탄한 비드가 형성된다.
④ 용접선이 잘 보이지 않아 운봉을 정확하게 하기 어렵다.

> 전진법은 스패터 발생이 많고, 용입 깊이가 낮으며, 용접선이 잘 보이므로 운봉을 정확하게 할 수 있다.

20 일렉트로 슬래그 용접에서 주로 사용되는 전극 와이어의 지름은 보통 몇 mm인가?

① 1.2~1.5 ② 1.7~2.3
③ 2.5~3.2 ④ 3.5~4.0

21 볼트나 환봉을 피스톤형의 홀더에 끼우고 모재와 볼트 사이에 순간적으로 아크를 발생시켜 용접하는 방법은?

① 서브머지드 아크 용접
② 스터드 용접
③ 테르밋 용접
④ 불활성가스 아크 용접

22 용접 결함과 그 원인에 대한 설명 중 잘못 짝지어진 것은?

① 언더컷 – 전류가 너무 높을 때
② 기공 – 용접봉이 흡습되었을 때
③ 오버랩 – 전류가 너무 낮을 때
④ 슬래그 섞임 – 전류가 과대되었을 때

23 피복아크용접에서 피복제의 성분에 포함되지 않는 것은?

① 피복 안정제   ② 가스 발생제
③ 피복 이탈제   ④ 슬래그 생성제

> 피복제는 아크 안정, 가스 발생 용접부 보호, 슬래그 생성으로 산화방지와 냉각속도를 느리게 한다.

24 피복 아크 용접봉의 용융속도를 결정하는 식은?

① 용융속도=아크전류×용접봉쪽 전압강하
② 용융속도=아크전류×모재쪽 전압강하
③ 용융속도=아크전압×용접봉쪽 전압강하
④ 용융속도=아크전압×모재쪽 전압강하

25 용접법의 분류에서 아크용접에 해당되지 않는 것은?

① 유도가열용접
② TIG용접
③ 스터드용접
④ MIG용접

> 유도가열용접은 아크 발생을 하지 않고 유도 전기열을 이용하여 용접부를 용융시킨 후 가압하여 용접하는 방법이다.

26 피복아크용접 시 용접선 상에서 용접봉을 이동시키는 조작을 말하며 아크의 발생, 중단, 재아크, 위빙 등이 포함된 작업을 무엇이라 하는가?

① 용입
② 운봉
③ 키홀
④ 용융지

> 용접봉을 여러 가지 방법으로 움직여 비드를 형성하는 것을 운봉법이라 하며, 일반적으로 위빙 비드 운봉 폭은 심선지름의 2~3배가 적당하다.

27 다음 중 산소 및 아세틸렌 용기의 취급방법으로 틀린 것은?

① 산소용기의 밸브, 조정기, 도관, 취부구는 반드시 기름이 묻은 천으로 깨끗이 닦아야 한다.
② 산소용기의 운반 시에는 충돌, 충격을 주어서는 안 된다.
③ 사용이 끝난 용기는 실병과 구분하여 보관한다.
④ 아세틸렌 용기는 세워서 사용하며 용기에 충격을 주어서는 안 된다.

28 가스용접이나 절단에 사용되는 가연성 가스의 구비조건을 틀린 것은?

① 발열량이 클 것
② 연소속도가 느릴 것
③ 불꽃의 온도가 높을 것
④ 용융금속과 화학반응이 일어나지 않을 것

🔍 연소속도가 빨라야 한다.

29 다음 중 가변저항의 변화를 이용하여 용접전류를 조정하는 교류 아크 용접기는?

① 탭 전환형
② 가동 코일형
③ 가동 철심형
④ 가포화 리액터형

🔍 가포화 리액터형은 가변 저항의 변화로 용접전류를 조정하는 것으로 전기적 전류 조정으로 소음이 없고 기계 수명이 길다.

30 AW-250, 무부하전압 80V, 아크전압 20V인 교류 용접기를 사용할 때 역률과 효율은 각각 얼마인가?(단, 내부 손실은 4kW이다.)

① 역률 : 45%, 효율 : 56%
② 역률 : 48%, 효율 : 69%
③ 역률 : 54%, 효율 : 80%
④ 역률 : 69%, 효율 : 72%

31 혼합가스 연소에서 불꽃 온도가 가장 높은 것은?

① 산소 - 수소 불꽃
② 산소 - 프로판 불꽃
③ 산소 - 아세틸렌 불꽃
④ 산소 - 부탄 불꽃

32 연강용 피복 아크 용접봉의 종류와 피복제 계통으로 틀린 것은?

① E4303 : 라임티타니아계
② E4311 : 고산화티탄계
③ E4316 : 저수소계
④ E4327 : 철분산화철계

🔍 E4311 : 셀룰로스가 약 30% 이상 함유된 고셀룰로스계

33 산소-아세틸렌 가스 절단과 비교한 산소-프로판 가스 절단의 특징으로 옳은 것은?

① 절단면이 미세하며 깨끗하다.
② 절단 개시 시간이 빠르다.
③ 슬래그 제거가 어렵다.
④ 중성불꽃을 만들기가 쉽다.

🔍 산소-프로판 가스 절단은 산소-아세틸렌 가스 절단보다 슬래그 제거가 쉽고, 중성 불꽃의 조절이 어렵고, 절단 개시시간이 느리다.

34 피복 아크 용접에서 "모재의 일부가 녹은 쇳물 부분"을 의미하는 것은?

① 슬래그
② 용융지
③ 피복부
④ 용착부

35 가스 압력 조정지 취급 사항으로 틀린 것은?

① 압력 용기의 설치구 방향에는 장애물이 없어야 한다.
② 압력 지시계가 잘 보이도록 설치하며 유리가 파손되지 않도록 주의한다.
③ 조정기를 견고하게 설치한 다음 조정 나사를 잠그고 밸브를 빠르게 열어야 한다.
④ 압력 조정기 설치구에 있는 먼지를 털어내고 연결부에 정확하게 연결한다.

36 연강용 가스 용접봉에서 "625±25℃에서 1시간 동안 응력을 제거한 것"을 뜻하는 영문자 표시에 해당되는 것은?

① NSR
② GB
③ SR
④ GA

🔍 • NSR : 응력제거 풀림 안함
• SR : 625±25℃에서 응력 제거 풀림을 실시함

37 피복아크용접에서 위빙(weaving) 폭은 심선 지름의 몇 배로 하는 것이 가장 적당한가?

① 1배
② 2~3배
③ 5~6배
④ 7~8배

🔍 심선 지름의 2~3배가 적당하다.

38 전격방지기는 아크를 끊음과 동시에 자동적으로 릴레이가 차단되어 용접기의 2차 무부하 전압을 몇 V 이하로 유지시키는가?

① 20~30
② 35~45
③ 50~60
④ 65~75

39 30% Zn을 포함한 황동으로 연신율이 비교적 크고, 인장강도가 매우 높아 판, 막대, 관, 선 등으로 널리 사용되는 것은?

① 톰백(tombac)
② 네이벌 황동(naval brass)
③ 6 : 4 황동(muntz metal)
④ 7 : 3 황동(cartidge brass)

🔍 7:3 황동은 구리에 아연이 30%일 때 가장 연하여 연신율이 크다.

40 Au의 순도를 나타내는 단위는?

① K(carat)
② P(pound)
③ %(percent)
④ μm(micron)

41 다음 상태도에서 액상선을 나타내는 것은?

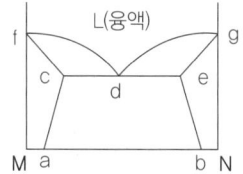

① acf
② cde
③ fdg
④ beg

🔍 액상선은 순금의 경우 용점과 융점이 동일하지만 합금의 경우 그 함량에 따라 용융점이 달라지며 동일 성분에서도 용점과 융점이 다르다.

42 금속 표면에 스텔라이트, 초경합금 등의 금속을 용착시켜 표면경화층을 만드는 것은?

① 금속 용사법
② 하드 페이싱
③ 쇼트 피이닝
④ 금속 침투법

🔍 하드 페이싱은 금속 표면에 단단한 금속을 용착시켜 표면만을 경화시키는 용착법이다.

43 철강 인장시험결과 시험편이 파괴되기 직전 표점거리 62 mm, 원표점거리 50 mm일 때 연신율은?

① 12%
② 24%
③ 31%
④ 36%

🔍 연신율 = $\dfrac{파단된 표점길이 - 원래 표점길이}{원래 표점길이} \times 100$
= $\dfrac{62-50}{50} \times 100 = 24\%$

44 주철의 조직은 C와 Si의 양과 냉각속도에 의해 좌우된다. 이들의 요소와 조직의 관계를 나타낸 것은?

① C.C.T 곡선
② 탄소 당량도
③ 주철의 상태도
④ 마우러 조직도

🔍 마우러 조직도는 주철에서 탄소와 규소의 함량에 따라 조직의 종류를 판별할 수 있는 조직도이다.

45 Al-Cu-Si계 합금의 명칭으로 옳은 것은?

① 알민
② 라우탈
③ 알드리
④ 코오슨 합금

46 Al 표면에 방식성이 우수하고 치밀한 산화 피막이 만들어지도록 하는 방식 방법이 아닌 것은?

① 산화법
② 수산법
③ 황산법
④ 크롬산법

47 다음 중 재결정온도가 가장 낮은 것은?

① Sn
② Mg
③ Cu
④ Ni

- Sn : -7~25℃
- Mg : 150℃
- Cu : 200~300℃
- Ni : 600℃

48 다음 중 해드필드(Hadfield)강에 대한 설명으로 틀린 것은?

① 오스테나이트조직의 Mn강이다.
② 성분은 10~14Mn%, 0.9~1.3C% 정도이다.
③ 이 강은 고온에서 취성이 생기므로 600~800℃에서 공랭한다.
④ 내마멸성과 내충격성이 우수하고, 인성이 우수하기 때문에 파쇄장치, 임펠러 플레이트 등에 사용한다.

49 Fe-C 상태도에서 A_3와 A_4 변태점 사이에서의 결정구조는?

① 체심정방격자
② 체심입방격자
③ 조밀육방격자
④ 면심입방격자

50 열팽창계수가 다른 두 종류의 판을 붙여서 하나의 판으로 만든 것으로 온도 변화에 따라 휘거나 그 변형을 구속하는 힘을 발생하며 온도감응소자 등에 이용되는 것은?

① 서멧 재료
② 바이메탈 재료
③ 형상기억합금
④ 수소저장합금

51 기계제도에서 가는 2점 쇄선을 사용하는 것은?

① 중심선
② 지시선
③ 피치선
④ 가상선

- 중심선, 피치선 : 가는 1점 쇄선
- 지시선 : 가는 실선

52 나사의 종류에 따른 표시기호가 옳은 것은?

① M – 미터 사다리꼴 나사
② UNC – 미니추어 나사
③ Rc – 관용 테이퍼 암나사
④ G – 전구나사

M : 미터나사, UNC : 미니추어 나사, G : 관용 평행 나사

53 배관용 탄소강관의 종류를 나타내는 기호가 아닌 것은?

① SPPS 380
② SPPH 380
③ SPCD 390
④ SPLT 390

- SPPH : 고압 배관용 탄소 강관
- SPPS : 압력 배관용 탄소 강관
- SPLT : 저온 배관용 강관

54 기계제도에서 도형의 생략에 관한 설명으로 틀린 것은?

① 도형이 대칭 형식인 경우에는 대칭 중심선의 한쪽 도형만을 그리고, 그 대칭 중심선의 양 끝 부분에 대칭그림기호를 그려서 대칭임을 나타낸다.
② 대칭 중심선의 한쪽 도형을 대칭 중심선을 조금 넘는 부분까지 그려서 나타낼 수도 있으며, 이때 중심선 양끝에 대칭그림기호를 반드시 나타내야 한다.
③ 같은 종류, 같은 모양의 것이 다수 줄지어 있는 경우에는 실형 대신 그림기호를 피치선과 중심선과의 교점에 기입하여 나타낼 수 있다.
④ 축, 막대, 관과 같은 동일 단면형의 부분은 지면을 생략하기 위하여 중간 부분을 파단선으로 잘라내서 그 긴요한 부분만을 가까이 하여 도시할 수 있다.

대칭 중심선 도형 표시에서 대칭 그림 기호는 특별한 경우가 아니면 생략할 수 있다.

55 모떼기의 치수가 2mm이고 각도가 45°일 때 올바른 치수 기입 방법은?

① C2
② 2C
③ 2-45°
④ 45°×2

🔍 모떼기 기호 C : 가로, 세로 길이가 동일하며 그 크기가 10mm 이하로 모떼기를 할 부분을 표시할 때 C를 적용한다.

56 도형의 도시 방법에 관한 설명으로 틀린 것은?

① 소성가공 때문에 부품의 초기 윤곽선을 도시해야 할 필요가 있을 때는 가는 2점 쇄선으로 도시한다.
② 필릿이나 둥근 모퉁이와 같은 가상의 교차선은 윤곽선과 서로 만나지 않은 가는 실선으로 투상도에 도시할 수 있다.
③ 널링 부는 굵은 실선으로 전체 또는 부분적으로 도시한다.
④ 투명한 재료로 된 모든 물체는 기본적으로 투명한 것처럼 도시한다.

🔍 도형의 도시에서 투명한 재료라 해도 기본적으로 물체 형상대로 표시해야 한다.

57 그림과 같은 제3각 정투상도에 가장 적합한 입체도는?

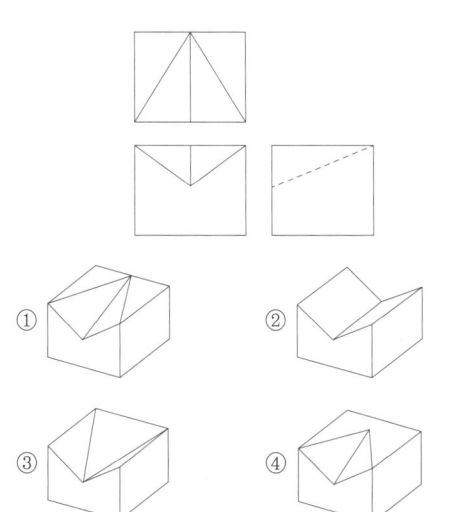

58 제3각법으로 정투상한 그림에서 누락된 정면도로 가장 적합한 것은?

59 다음 중 게이트 밸브를 나타내는 기호는?

60 그림과 같은 용접기호는 무슨 용접을 나타내는가?

① 심 용접
② 비트 용접
③ 필릿 용접
④ 점 용접

정답 특수용접기능사 2016년 1회

01 ①	02 ③	03 ④	04 ①	05 ④
06 ③	07 ②	08 ②	09 ④	10 ①
11 ②	12 ②	13 ③	14 ②	15 ①
16 ①	17 ①	18 ③	19 ③	20 ③
21 ②	22 ④	23 ③	24 ①	25 ①
26 ②	27 ①	28 ②	29 ④	30 ①
31 ③	32 ②	33 ①	34 ②	35 ③
36 ③	37 ②	38 ①	39 ④	40 ①
41 ③	42 ②	43 ②	44 ④	45 ①
46 ①	47 ②	48 ③	49 ①	50 ②
51 ④	52 ③	53 ②	54 ②	55 ①
56 ④	57 ①	58 ②	59 ①	60 ③

2016년 2회 특수용접기능사

01 용접봉의 습기가 원인이 되어 발생하는 결함으로 가장 적절한 것은?

① 기공
② 선상조직
③ 용입불량
④ 슬래그 섞임

🔍 기공 : 모재나 용접봉 피복제의 습기의 영향이나 아크 길이가 길 때, 전류 과대시 생길 수 있는 결함이다.

02 은납땜이나 황동납땜에 사용되는 용제(Flux)는?

① 붕사
② 송진
③ 염산
④ 염화암모늄

🔍 ②, ③, ④는 연납땜의 용제이다.

03 다음 금속 중 냉각속도가 가장 빠른 금속은?

① 구리
② 연강
③ 알루미늄
④ 스테인리스강

🔍 냉각속도는 판두께, 이음의 형상, 재질에 따라 다르며, 금속재료에서 동일 판두께의 경우 열전도가 큰 것일수록 냉각속도가 빠르다. 따라서 구리 〉알루미늄 〉연강 〉스테인리스강 순으로 빠르다.

04 아크 용접기의 사용에 대한 설명으로 틀린 것은?

① 사용률을 초과하여 사용하지 않는다.
② 무부하 전압이 높은 용접기를 사용한다.
③ 전격 방지기가 부착된 용접기를 사용한다.
④ 용접기 케이스는 접지(earth)를 확실히 한다.

🔍 무부하 전압이 높으면 감전의 위험도가 크므로 아크 발생이 가능한 범위에서 낮은 것이 좋다.

05 서브머지드 아크 용접에서 와이어 돌출 길이는 보통 와이어 지름을 기준으로 정한다. 적당한 와이어 돌출 길이는 와이어 지름의 몇 배가 가장 적합한가?

① 2배
② 4배
③ 6배
④ 8배

06 다음 중 지그나 고정구의 설계시 유의사항으로 틀린 것은?

① 구조가 간단하고 효과적인 결과를 가져와야 한다.
② 부품의 고정과 이완은 신속히 이루어져야 한다.
③ 모든 부품의 조립은 어렵고 눈으로 볼 수 없어야 한다.
④ 한번 부품을 고정시키면 차후 수정 없이 정확하게 고정되어 있어야 한다.

🔍 지그의 사용은 작업능률을 높이고 치수 정도를 높이며, 대량 생산을 하기 위해 사용하므로 조립이 쉽고 눈으로 확인할 수 있어야 한다.

07 다음 중 일반적으로 모재의 용융선 근처의 열영향부에서 발생되는 균열이며 고탄소강이나 저합금강을 용접할 때 용접열에 의한 열영향부의 경화와 변태응력 및 용착금속의 확산성 수소에 의해 발생되는 균열은?

① 루트 균열
② 설퍼 균열
③ 비드 밑 균열
④ 크레이트 균열

08 플라즈마 아크 용접의 특징으로 틀린 것은?

① 비드 폭이 좁고 용접속도가 빠르다.
② 1층으로 용접할 수 있으므로 능률적이다.
③ 용접부의 기계적 성질이 좋으며 용접변형이 적다.
④ 핀치효과에 의해 전류밀도가 작고 용입이 얕다.

🔍 플라즈마 아크 용접은 열적 핀치효과에 의해 전류 밀도가 크므로 용입이 깊은 용접을 할 수 있다.

09 가스용접시 안전사항으로 적당하지 않은 것은?

① 호스는 길지 않게 하며 용접이 끝났을 때는 용기 밸브를 잠근다.
② 작업자 눈을 보호하기 위해 적당한 차광유리를 사용한다.
③ 산소병은 60℃ 이상 온도에서 보관하고 직사광선을 피하여 보관한다.
④ 호스 접속부는 호스 밴드로 조이고 비눗물 등으로 누설 여부를 검사한다.

> 산소병은 40℃ 이하의 그늘진 곳에 보관해야 된다.

10 다음 중 연소의 3요소에 해당하지 않는 것은?

① 가연물
② 부촉매
③ 산소 공급원
④ 점화원

> 연소의 3요소 : 가연성 물질, 산소 공급원, 점화원

11 다음 중 불활성 가스인 것은?

① 산소
② 헬륨
③ 탄소
④ 이산화탄소

> 불활성 가스란 다른 물질과 화합하지 않는 가스를 말하며 용접에서 사용되는 것은 아르곤(Ar)과 헬륨(He)가 있으며, 일반적으로 아르곤이 많이 쓰이며 헬륨은 가볍기 때문에 아래보기 자세에서는 보호 효과가 적고 가격이 비싸므로 위보기 자세 등에서 보통 아르곤과 혼합하여 사용되고 있다.

12 다음 중 유도방사에 의한 광의 증폭을 이용하여 용융하는 용접법은?

① 맥동용접
② 스터드 용접
③ 레이저 용접
④ 피복아크 용접

13 저항 용접의 특징으로 틀린 것은?

① 산화 및 변질부분이 적다.
② 용접봉, 용제 등이 불필요하다.
③ 작업속도가 빠르고 대량생산에 적합하다.
④ 열손실이 많고, 용접부에 집중열을 가할 수 있다.

> 저항 용접의 특징 : 열손실이 적고 용접 후 산화, 질화, 변질, 변형이나 잔류응력이 적다.

14 제품을 용접한 후 일부분에 언더컷이 발생하였을 때 보수 방법으로 가장 적당한 것은?

① 홈을 만들어 용접한다.
② 결함부분을 절단하고 재 용접한다.
③ 가는 용접봉을 사용하여 재 용접한다.
④ 용접부 전체 부분을 가우징으로 따낸 후 재 용접한다.

> • 오버랩 결함 보수법 : 결함부분을 깎아내고 재 용접한다.
> • 언더컷 결함 보수법 : 가는 용접봉을 사용하여 재 용접한다.

15 서브머지드 아크 용접법에서 두 전극 사이의 복사열에 의한 용접은?

① 텐덤식
② 횡 직렬식
③ 횡 병렬식
④ 종 병렬식

16 다음 중 TIG 용접시 사용하는 가스는?

① CO_2
② H_2
③ O_2
④ Ar

17 심 용접의 종류가 아닌 것은?

① 횡 심 용접
② 매시 심 용접
③ 포일 심 용접
④ 맞대기 심 용접

> 심 용접은 원판상의 롤러 전극 사이에 용접물을 끼워 전극을 회전시켜 연속적으로 점 용접을 반복하는 방법으로 종류에는 맞대기, 매시, 포일 심 용접이 있다.

18 용접 순서에 관한 설명으로 틀린 것은?

① 중심선에 대하여 대칭으로 용접한다.
② 수축이 적은 이음은 먼저하고 수축이 큰 이음은 후에 용접한다.
③ 용접선의 직각 단면 중심축에서 대하여 용접의 수축력의 합이 0이 되도록 한다.
④ 동일 평면 내에 많은 이음이 있을 때는 수축은 가능한 자유단으로 보낸다.

🔍 용접 우선 순위 : 맞대기 용접 등 수축이 큰 이음을 먼저하고 필릿 용접 등과 같이 수축이 적은 이음은 후에 용접한다.

19 맞대기 용접이음에서 판두께가 6mm, 용접선 길이가 120mm, 인장응력이 $9.5N/mm^2$일 때 모재가 받는 하중은 몇 N인가?

① 5680
② 5860
③ 6480
④ 6840

🔍 인장강도 = $\dfrac{하중\ P}{단면적\ A}$에서
하중 = 인장강도 × 단면적 = 9.5 × 6 × 120 = 6840N

20 다음 인장시험에서 알 수 없는 것은?

① 항복점　　② 연신율
③ 비틀림 강도　　④ 단면수축률

🔍 인장시험으로 알 수 있는 성질 : ①, ②, ④ 외에 인장강도, 탄성한도, 비례한도, 파단강도, 최대하중 등이 있다. 비틀림 강도는 비틀림 시험으로 알 수 있다.

21 다음 용접 결함 중 구조상의 결함이 아닌 것은?

① 기공　　② 변형
③ 용입 불량　　④ 슬래그 섞임

🔍 치수상 결함 : 변형이나 치수 오차, 형상 불량, 각도 불량 등의 결함을 말한다.

22 다음 중 일렉트로 가스 아크 용접의 특징으로 옳은 것은?

① 용접속도는 자동으로 조절된다.
② 판두께가 얇을수록 경제적이다.
③ 용접장치가 복합하여 취급이 어렵고 고도의 숙련을 요한다.
④ 스패터 및 가스의 발생이 적고, 용접 작업시 바람의 영향을 받지 않는다.

🔍 일렉트로 가스 용접 : 판두께가 두꺼울수록 유리하며, 경제적이다.

23 피복 아크 용접에서 아크의 특성 중 정극성에 비교하여 역극성의 특징으로 틀린 것은?

① 용입이 얕다.
② 비드 폭이 좁다.
③ 용접봉의 용융이 빠르다.
④ 박판, 주철 등 비철금속의 용접에 쓰인다.

🔍 직류 역극성 : 모재가 (−)일 때의 극성으로 (+)쪽에서 열이 약 70% 발생하므로 용접봉 용융이 빠르며 모재는 용입이 얕고 넓은 비드를 형성한다.

24 가스 용접봉 선택조건으로 틀린 것은?

① 모재와 같은 재질일 것
② 용융 온도가 모재보다 낮을 것
③ 불순물이 포함되어 있지 않을 것
④ 기계적 성질에 나쁜 영향을 주지 않을 것

🔍 가스 용접봉은 용융온도가 모재와 동일하거나 유사한 것이 적당하다.

25 아크 용접에 속하지 않는 것은?

① 스터드 용접
② 프로젝션 용접
③ 불활성가스 아크 용접
④ 서브머지드 아크 용접

🔍 프로젝션 용접은 전기 저항용접의 일종이다.

26 아세틸렌가스의 성질로 틀린 것은?

① 비중이 1.906으로 공기보다 무겁다.
② 순수한 것은 무색, 무취의 기체이다.
③ 구리, 은, 수은과 접촉하면 폭발성 화합물을 만든다.
④ 매우 불안전한 기체이므로 공기 중에서 폭발 위험성이 크다.

🔍 아세틸렌의 비중 : 기체의 경우 공기를 1로 했을 때 공기보다 무거우면 1.xxx, 공기보다 가벼우면 0.xxx로 표현한다. 아세틸렌의 비중은 0.906으로 공기보다 가볍다.

27 용접용 2차 케이블의 유연성을 확보하기 위하여 주로 사용하는 캡타이어 전선에 대한 설명으로 옳은 것은?

① 가는 구리선을 여러 개로 꼬아 얇은 종이로 싸고 그 위에 니켈 피복을 한 것
② 가는 구리선을 여러 개로 꼬아 튼튼한 종이로 싸고 그 위에 고무 피복을 한 것
③ 가는 알루미늄선을 여러 개로 꼬아 튼튼한 종이로 싸고 그 위에 니켈 피복을 한 것
④ 가는 알루미늄선을 여러 개로 꼬아 얇은 종이로 싸고 그 위에 고무 피복을 한 것

28 산소 용기를 취급할 때 주의사항으로 가장 적합한 것은?

① 산소밸브의 개폐는 빨리해야 한다.
② 운반 중에 충격을 주지 말아야 한다.
③ 직사광선이 쬐이는 곳에 두어야 한다.
④ 산소 용기의 누설시험에는 순수한 물을 사용해야 한다.

🔍 산소용기 취급 : 개폐는 서서히 하며, 직사광선이 쬐이지 않은 그늘진 곳에 세워서 보관한다. 용기의 누설 검사는 비눗물을 사용하는 것이 좋다.

29 프로판 가스의 성질에 대한 설명으로 틀린 것은?

① 기화가 어렵고 발열량이 낮다.
② 액화하기 쉽고 용기에 넣어 수송이 편리하다.
③ 온도 변화에 따른 팽창률이 크고 물에 잘 녹지 않는다.
④ 상온에서는 기체 상태이고 무색, 투명하고 약간의 냄새가 난다.

🔍 프로판 가스의 특성은 기화가 쉽고 상용 가스 중 발열량이 가장 높아 20780cal/m³ 정도이다.

30 아크가 발생될 때 모재에서 심선까지의 거리를 아크 길이라 한다. 아크 길이가 짧을 때 일어나는 현상은?

① 발열량이 작다.
② 스패터가 많아진다.
③ 기공 균열이 생긴다.
④ 아크가 불안정해진다.

🔍 ②, ③, ④항은 아크 길이가 길 때의 현상이다.

31 피복 아크 용접 중 용접봉의 용융속도에 관한 설명으로 옳은 것은?

① 아크전압 × 용접봉쪽 전압 강하로 결정된다.
② 단위 시간당 소비되는 전류 값으로 결정된다.
③ 동일종류 용접봉인 경우 전압에만 비례하여 결정된다.
④ 용접봉 지름이 달라도 동일 종류 용접봉인 경우 용접봉 지름에는 관계가 없다.

🔍 피복 아크 용접봉의 용융속도 : 아크 전류×용접봉쪽 전압 강하로 결정한다.

32 산소-아세틸렌가스 용접기로 두께가 3.2mm인 연강판을 V형 맞대기 이음을 하려면 이에 적합한 연강용 가스 용접봉의 지름(mm)을 계산식에 의한 구하면 얼마인가?

① 2.6
② 3.2
③ 3.6
④ 4.6

🔍 가스 용접봉의 지름 계산 $= \dfrac{모재두께(t)}{2} + 1$
$= \dfrac{3.2}{2} + 1 = 2.6$

33 산소 프로판 가스 절단에서, 프로판 가스 1에 대하여 얼마의 비율로 산소를 필요로 하는가?

① 1.5 ② 2.5
③ 4.5 ④ 6

> 산소-프로판 가스 절단의 경우 프로판 1리터에 대하여 산소의 소비는 약 4.5리터가 소비되지만 프로판 가스의 가격이 아세틸렌 가스보다 현저히 싸고, 산소-아세틸렌 가스 절단보다 두꺼운 판의 절단이 용이하고 산화물 제거가 쉬우며 절단면이 깨끗하므로 많이 사용된다.

34 가스 절단작업에서 절단 속도에 영향을 주는 요인과 가장 관계가 먼 것은?

① 모재의 온도 ② 산소의 압력
③ 산소의 순도 ④ 아세틸렌 압력

> 가스 절단 속도에 영향을 주는 요소로 산소의 순도나 압력은 영향이 크지만 아세틸렌의 압력은 예열 불꽃을 형성하는 가스이므로 절단 속도에 크게 영향이 미치지 않는다.

35 일미나이트계 용접봉을 비롯하여 대부분의 피복 아크 용접봉을 사용할 때 많이 볼 수 있으며 미세한 용적이 날려서 옮겨가는 용접이행 방식은?

① 단락형 ② 누적형
③ 스프레이형 ④ 글로뷸러형

> 용접봉 이행 형식 중 미세한 입자(용적)이 분사되듯 날려서 옮겨지는 형식을 스프레이형 또는 분무형이라 한다.

36 아크 용접기의 구비 조건으로 틀린 것은?

① 효율이 좋아야 한다.
② 아크가 안정되어야 한다.
③ 용접 중 온도상승이 커야 한다.
④ 구조 및 취급이 간단해야 한다.

37 피복 아크 용접봉에서 피복제의 역할로 틀린 것은?

① 용착금속의 급랭을 방지한다.
② 모재 표면의 산화물을 제거한다.
③ 용착금속의 탈산 정련 작용을 방지한다.
④ 중성 또는 환원성 분위기로 용착금속을 보호한다.

> 피복제의 역할 : ①, ②, ④ 외에 용착금속의 탈산 정련 작용을 하며, 아크를 안정시키고 합금 원소를 첨가하며, 녹슴 방지와 전기 절연 작용을 한다.

38 가스용접에서 용제(flux)를 사용하는 가장 큰 이유는?

① 모재의 용융온도를 낮게 하여 가스 소비량을 적게 하기 위해
② 산화작용 및 질화 작용을 도와 용착금속의 조직을 미세화기 위해
③ 용접봉의 용융속도를 느리게 하여 용접봉을 소모를 적게 하기 위해
④ 용접 중에 생기는 금속의 산화물 또는 비금속 개재물을 용해하여 용착금속의 성질을 양호하게 하기 위해

39 인장시험편의 단면적이 $50mm^2$이고 최대 하중이 500kgf일 때 인장 강도는 얼마인가?

① $10mm^2/kgf$ ② $50mm^2/kgf$
③ $100mm^2/kgf$ ④ $250mm^2/kgf$

> 인장강도 = 하중 / 단면적 = 500 / 50 = 10

40 4%Cu, 2%Ni, 1.5%Mg 등을 알루미늄에 첨가한 Al 합금으로 고온에서 기계적 성질이 매우 우수하고, 금형 주물 및 단조용으로 이용될 뿐만 아니라 자동차 피스톤용에 많이 사용되는 합금은?

① Y합금 ② 슈퍼인바
③ 코슨합금 ④ 두랄루민

> Y합금 : 내열용 알루미늄 합금의 대표적인 것

41 Al-Si계 합금을 개량처리하기 위해 사용되는 접종처리제가 아닌 것은?

① 금속나트륨 ② 염화나트륨
③ 불화알칼리 ④ 수산화나트륨

42 [그림]과 같은 결정격자는?

 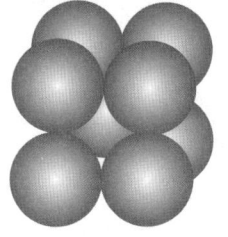

① 면심입방격자 ② 조밀육방격자
③ 저심입방격자 ④ 체심입방격자

> 체심입방격자 : 육면체의 각 모서리에 원자 1개 그 중심에 원자 하나가 있는 단위 격자의 모양이므로, 입방격자란 격자상수가로, 세로, 높이가 동일하며 격자상수간의 각도가 동일하게 90도인 결정격자이며, 대체로 경도가 크고 용융점이 높은 금속이 여기에 속한다.

43 Mg의 비중과 용융점(℃)은 약 얼마인가?

① 0.8, 350℃   ② 1.2, 550℃
③ 1.74, 650℃ ④ 2.7, 780℃

44 다음 중 Fe-C 평형 상태도에서 가장 낮은 온도에서 일어나는 반응은?

① 공석반응   ② 공정반응
③ 포석반응   ④ 포정반응

> 공석 반응 : 723℃, 0.85%C, 공정반응 : 1130℃, 4.3%C, 포정반응 : 1492℃, 0.18%C

45 금속의 공통적 특성으로 틀린 것은?

① 열과 전기의 양도체이다.
② 금속 고유의 광택을 갖는다.
③ 이온화하면 음(-) 이온이 된다.
④ 소성 변형성이 있어 가공하기 쉽다.

> 금속의 공통 특성 : 열과 전기를 잘 통하는 도체(양도체)이며, 이온화되면 음이온(-)과 양이온(+)이 된다.

46 담금질한 강을 뜨임 열처리하는 이유는?

① 강도를 증가시키기 위하여
② 경도를 증가시키기 위하여
③ 취성을 증가시키기 위하여
④ 인성을 증가시키기 위하여

> 담금질한 강은 매우 단단하며, 급격한 냉각에 의해 조직의 변태(면심에서 체심입방 격자로) 되며 수축에 따른 왜곡현상으로 잔류 응력이 많이 존재하므로 인성을 부여하기 위해 고온 뜨임을 하거나 경도는 약간 낮추거나 그대로 유지하며 응력을 제거하는 저온 뜨임처리를 한다.

47 다음 중 소결 탄화물 공구강이 아닌 것은?

① 듀콜(ducole)강   ② 미디아(midia)
③ 카볼로이(carboloy) ④ 텅갈로이(tungalloy)

> 듀콜강은 저망간강(Fe에 1~2%Mn 함유한 강)이며, 소결 탄화한 공구강은 초경합금으로 상품명으로 미디아, 카블로이, 당갈로이 등으로 불려진다.

48 미세한 결정립을 가지고 있으며, 어느 응력 하에서 파단에 이르기까지 수백% 이상의 연신율을 나타내는 합금은?

① 제진합금   ② 초소성 합금
③ 비정질합금 ④ 형상기억합금

> 초소성 합금 : 소성 능력 즉 연신율이 일반 금속보다 매우 커서 수백 %까지 연신이 가능한 특성을 가진 신금속의 일종이다.

49 합금공구강 중 게이지용강이 갖추어야 할 조건으로 틀린 것은?

① 경도는 HRC 45 이하를 가져야 한다.
② 팽창계수가 보통강보다 작아야 한다.
③ 담금질에 의한 변형 및 균열이 없어야 한다.
④ 시간이 지남에 따라 치수의 변화가 없어야 한다.

> 게이지강은 공구강을 의미하므로 내마모성이 커야 된다. 따라서 로크웰 C경도(HRC) 45 이상되어야 한다.

50. 상온에서 방치된 황동 가공재나, 저온 풀림 경화로 얻은 스프링재가 시간이 지남에 따라 경도 등 여러 가지 성질이 악화되는 현상은?

① 자연균열
② 경년 변화
③ 탈아연 부식
④ 고온 탈아연

51. 그림과 같이 기점 기호를 기준으로 하여 연속된 치수선으로 치수를 기입하는 방법은?

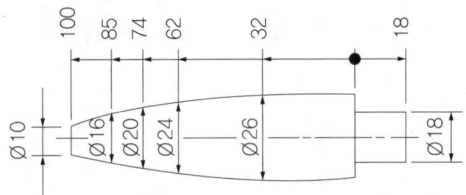

① 직렬 치수 기입법
② 병렬 치수 기입법
③ 좌표 치수 기입법
④ 누진 치수 기입법

52. 아주 굵은 실선의 용도로 가장 적합한 것은?

① 특수 가공하는 부분의 범위를 나타내는데 사용
② 얇은 부분의 단면도시를 명시하는데 사용
③ 도시된 단면의 앞쪽을 표현하는데 사용
④ 이동한계의 위치를 표시하는데 사용

53. 나사의 표시방법에 대한 설명으로 옳은 것은?

① 수나사의 골지름은 가는 실선으로 표시한다.
② 수나사의 바깥지름은 가는 실선으로 표시한다.
③ 암나사의 골지름은 아주 굵은 실선으로 표시한다.
④ 완전 나사부와 불완전 나사부의 경계선은 가는 실선으로 표시한다.

54. 다음 입체도의 화살표 방향을 정면으로 한다면 좌측면도로 적합한 투상도는?

①

②

③

④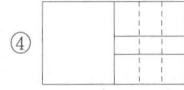

55. 판을 접어서 만든 물체를 펼친 모양으로 표시할 필요가 있을 경우 그리는 도면을 무엇이라 하는가?

① 투상도
② 개략도
③ 입체도
④ 전개도

56. 배관 도시기호에서 유량계를 나타내는 기호는?

①   ②

③   ④

① : 압력계(P), ② : 온도계(T)

57 그림과 같은 입체도의 정면도로 적합한 것은?

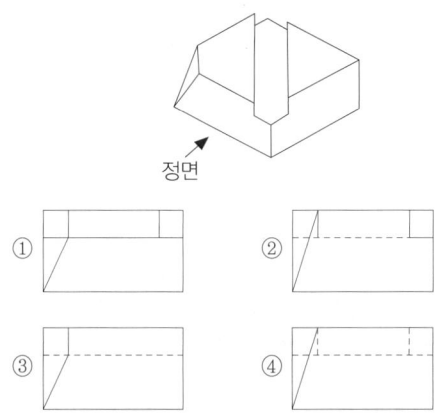

58 재료 기호 중 SPHC의 명칭은?

① 배관용 탄소 강관
② 열간 압연 연강판 및 강대
③ 용접 구조용 압연 강재
④ 냉간 압연 강판 및 강대

59 용접 보조기호 중 "제거 가능한 이면 판재 사용" 기호는?

①   ② ────

③   ④

60 기계제도에서 사용하는 척도에 대한 설명으로 틀린 것은?

① 척도의 표시방법에는 현척, 배척, 축척이 있다.
② 도면에 사용한 척도는 일반적으로 표제란에 기입한다.
③ 한 장의 도면에 서로 다른 척도를 사용할 필요가 있을 경우에 해당되는 척도를 모두 표제란에 기입한다.
④ 척도는 대상물과 도면의 크기로 정해진다.

> 한 도면에서 서로 다른 척도를 사용할 필요가 있을 때에는 주 척도는 표제란에 기입하며, 일부 치수가 척도와 다른 경우는 치수 밑에 밑줄을 긋는다.

정답 특수용접기능사 2016년 2회

01 ①	02 ①	03 ①	04 ②	05 ④
06 ③	07 ③	08 ④	09 ③	10 ②
11 ②	12 ③	13 ④	14 ③	15 ②
16 ④	17 ①	18 ②	19 ③	20 ③
21 ②	22 ①	23 ②	24 ②	25 ②
26 ①	27 ②	28 ②	29 ①	30 ①
31 ④	32 ③	33 ③	34 ②	35 ③
36 ③	37 ③	38 ④	39 ①	40 ①
41 ②	42 ④	43 ③	44 ①	45 ③
46 ④	47 ①	48 ②	49 ①	50 ②
51 ④	52 ②	53 ①	54 ①	55 ④
56 ③	57 ②	58 ②	59 ①	60 ③

2016년 3회 특수용접기능사

01 다음 중 MIG 용접에서 사용하는 와이어 송급 방식이 아닌 것은?

① 풀(pull) 방식
② 푸시(push) 방식
③ 푸시 풀(push-pull) 방식
④ 푸시 언더(push-under) 방식

02 용접결함과 그 원인의 연결이 틀린 것은?

① 언더컷 – 용접전류가 너무 낮을 경우
② 슬래그 섞임 – 운봉속도가 느릴 경우
③ 기공 – 용접부가 급속하게 응고될 경우
④ 오버랩 – 부적절한 운봉법을 사용했을 경우

🔍 언더컷 : 용접 전류가 너무 높을 때, 용접 속도가 빠를 때, 운봉 불량시 발생한다.

03 일반적으로 용접순서를 결정할 때 유의해야할 사항으로 틀린 것은?

① 용접물의 중심에 대하여 항상 대칭으로 용접한다.
② 수축이 작은 이음을 먼저 용접하고 수축이 큰 이음은 나중에 용접한다.
③ 용접 구조물이 조립되어감에 따라 용접작업이 불가능한 곳이나 곤란한 경우가 생기지 않도록 한다.
④ 용접 구조물의 중립축에 대하여 용접 수축력의 모멘트 합이 0이 되게 하면 용접선 방향에 대한 굽힘을 줄일 수 있다.

🔍 용접 순서 : ①, ③, ④ 외에 수축이 큰 맞대기 이음을 먼저 용접하고 필릿 이음 등 수축이 적은 이음을 나중에 한다.

04 용접부에 생기는 결함 중 구조상의 결함이 아닌것은?

① 기공
② 균열
③ 변형
④ 용입 불량

🔍 변형, 형상 불량, 각도 불량 등은 치수상 결함이다.

05 스터드 용접에서 내열성의 도기로 용융금속의 산화 및 유출을 막아주고 아크 열을 집중시키는 역할을 하는 것은?

① 페룰
② 스터드
③ 용접토치
④ 제어장치

06 다음 중 저항 용접의 3요소가 아닌 것은?

① 가압력
② 통전 시간
③ 용접 토치
④ 전류의 세기

07 다음 중 용접이음의 종류가 아닌 것은?

① 십자 이음
② 맞대기 이음
③ 변두리 이음
④ 모따기 이음

🔍 이음 형상에 따라 맞대기, T형 필릿, 변두리, 겹치기, 모서리, 십자 이음 등이 있다.

08 일렉트로 슬래그 용접의 장점으로 틀린 것은?

① 용접 능률과 용접 품질이 우수하다.
② 최소한의 변형과 최단시간의 용접법이다.
③ 후판을 단일층으로 한 번에 용접할 수 있다.
④ 스패터가 많으며 80%에 가까운 용착 효율을 나타낸다.

🔍 일렉트로 슬래그 용접 : 두꺼운 판의 상진 용접법으로 스패터가 거의 없으며 용착 효율은 100%에 가깝다.

09 선박, 보일러 등 두꺼운 판의 용접시 용융 슬래그와 와이어의 저항 열을 이용하여 연속적으로 상진하는 용접법은?

① 테르밋 용접
② 넌실드 아크 용접
③ 일렉트로 슬래그 용접
④ 서브머지드 아크 용접

10 다음 중 스터드 용접법의 종류가 아닌 것은?

① 아크 스터드 용접법
② 저항 스터드 용접법
③ 충격 스터드 용접법
④ 텅스텐 스터드 용접법

11 탄산 가스 아크 용접에서 용착속도에 관한 내용으로 틀린 것은?

① 용접속도가 빠르면 모재의 입열이 감소한다.
② 용착률은 일반적으로 아크전압이 높은 쪽이 좋다.
③ 와이어 용융속도는 와이어의 지름과는 거의 관계가 없다.
④ 와이어 용융속도는 아크 전류에 거의 정비례하며 증가한다.

> 아크 길이가 길어지면 아크 전압이 높아지며 상대적으로 용접 전류가 낮아지므로 용착률이 떨어진다.

12 플래시 버트 용접 과정의 3단계는?

① 업셋, 예열, 후열
② 예열, 검사, 플래시
③ 예열, 플래시, 업셋
④ 업셋, 플래시, 후열

13 용접결함 중 은점의 원인이 되는 주된 원소는?

① 헬륨   ② 수소
③ 아르곤   ④ 이산화탄소

> 수소 : 용접부에 수소는 은점, 선상조직, 비드밑 균열 등을 일으키기 쉬우므로 가능한 적게 함유시켜야 된다.

14 다음 중 제품별 노내 및 국부풀림의 유지온도와 시간이 올바르게 연결된 것은?

① 탄소강 주강품 : 625±25℃, 판두께 25mm에 대하여 1시간
② 기계구조용 연강재 : 725±25℃, 판두께 25mm에 대하여 1시간
③ 보일러용 압연강재 : 625±25℃, 판두께 25mm에 대하여 4시간
④ 용접구조용 연강재 : 725±25℃, 판두께 25mm에 대하여 2시간

15 용접 시공에서 다층 쌓기로 작업하는 용착법이 아닌 것은?

① 스킵법
② 빌드업법
③ 전진 블록법
④ 캐스케이드법

> 스킵법 : 비석법이라고도 하며, 박판의 용접 변형을 줄이는 방법으로 한쪽에서 드문드문 용접한 후 다시 그 사이를 용접하는 용착법으로 다층쌓기법의 일종은 아니다.

16 예열의 목적에 대한 설명으로 틀린 것은?

① 수소의 방출을 용이하게 하여 저온 균열을 방지한다.
② 열영향부와 용착 금속의 경화를 방지하고 연성을 증가시킨다.
③ 용접부의 기계적 성질을 향상시키고 경화조직의 석출을 촉진시킨다.
④ 온도 분포가 완만하게 되어 열응력의 감소로 변형과 잔류 응력의 발생을 적게 한다.

> 예열의 목적 : ①, ②, ④ 외에 용접부의 응고속도를 느리게 하여 경화 조직 생성을 억제하고 수소 방출을 촉진시켜 균열을 방지하기 위함이다.

17 용접 작업에서 전격의 방지대책으로 틀린 것은?

① 땀, 물 등에 의해 젖은 작업복, 장갑 등은 착용하지 않는다.
② 텅스텐봉을 교체할 때 항상 전원 스위치를 차단하고 작업한다.
③ 절연홀더의 절연부분이 노출, 파손되면 즉시 보수하거나 교체한다.
④ 가죽 장갑, 앞치마, 발 덮게 등 보호구를 반드시 착용하지 않아도 된다.

> 전격 방지 : 감전 방지를 말하며, 물기가 있는 장갑, 보호구 착용은 절대 해서는 안된다.

18 서브머지드 아크용접에서 용제의 구비조건에 대한 설명으로 틀린 것은?

① 용접 후 슬래그(Slag)의 박리가 어려울 것
② 적당한 입도를 갖고 아크 보호성이 우수할 것
③ 아크 발생을 안정시켜 안정된 용접을 할 수 있을 것
④ 적당한 합금성분을 첨가하여 탈황, 탈산 등의 정련작용을 할 것

> 용제는 용착금속의 산화, 질화를 방지하기 위해 대기와 차단하기 위해 사용하는 것으로 슬래그에 의해 응고속도를 느리게 한다. 그러나 슬래그 제거는 쉬워야 된다.

19 MIG 용접의 전류밀도는 TIG 용접의 약 몇 배 정도인가?

① 2
② 4
③ 6
④ 8

> MIG 용접의 전류 밀도는 TIG 용접의 2배, 피복 아크 용접의 5~8배 크다.

20 다음 중 파괴시험에서 기계적 시험에 속하지 않는 것은?

① 경도 시험
② 굽힘 시험
③ 부식 시험
④ 충격 시험

> 부식 시험 : 파괴 시험법이면서 야금학적 시험법의 일종이다.

21 다음 중 초음파 탐상법에 속하지 않는 것은?

① 공진법
② 투과법
③ 프로드법
④ 펄스 반사법

> 초음파 탐상법 : 공진법, 투과법, 펄스 반사법이 있으며, 펄스 반사법에는 수직 탐상법과 사각탐상법으로 나누어진다.

22 화재 및 소화기에 관한 내용으로 틀린 것은?

① A급 화재란 일반화재를 뜻한다.
② C급 화재란 유류화재를 뜻한다.
③ A급 화재에는 포말소화기가 적합하다.
④ C급 화재에는 CO_2 소화기가 적합하다.

> C급 화재 : 전기 화재를 뜻하며, CO_2 소화기가 적당하다.

23 TIG 절단에 관한 설명으로 틀린 것은?

① 전원은 직류 역극성을 사용한다.
② 절단면이 매끈하고 열효율이 좋으며 능률이 대단히 높다.
③ 아크 냉각용 가스에는 아르곤과 수소의 혼합가스를 사용한다.
④ 알루미늄, 마그네슘, 구리와 구리합금, 스테인리스강 등 비철금속의 절단에 이용한다.

> TIG 절단 : 스테인리스강 등의 절단에 쓰이며 용입 깊이가 깊은 직류 정극성이 적용된다.

24 다음 중 기계적 접합법에 속하지 않는 것은?

① 리벳
② 용접
③ 접어 잇기
④ 볼트 이음

> 용접법은 야금학적 접합법의 일종이다.

25 다음 중 아크절단에 속하지 않는 것은?

① MIG 절단 ② 분말 절단
③ TIG 절단 ④ 플라즈마 제트 절단

🔍 분말 절단 : 일반 가스 절단으로 절단이 어려운 스테인리스강 등의 절단시 용제 등 분말을 고압산소와 함께 분출시켜 산화 반응을 높여서 절단하는 가스 절단법의 일종이다.

26 가스 절단 작업시 표준 드래그 길이는 일반적으로 모재 두께의 몇 % 정도인가?

① 5   ② 10
③ 20 ④ 30

🔍 가스 절단시 표준 드래그 길이는 판 두께의 20%(1/5) 정도로 한다.

27 용접 중에 아크를 중단시키면 중단된 부분이 오목하거나 납작하게 파진 모습으로 남게 되는 것은?

① 피트   ② 언더컷
③ 오버랩 ④ 크레이터

28 10000~30000℃의 높은 열에너지를 가진 열원을 이용하여 금속을 절단하는 절단법은?

① TIG 절단법
② 탄소 아크 절단법
③ 금속 아크 절단법
④ 플라즈마 제트 절단법

29 일반적인 용접의 특징으로 틀린 것은?

① 재료의 두께에 제한이 없다.
② 작업공정이 단축되며 경제적이다.
③ 보수와 수리가 어렵고 제작비가 많이 든다.
④ 제품의 성능과 수명이 향상되며 이종 재료도 용접이 가능하다.

🔍 용접의 특징 : 보수가 용이하고 수명이 향상되며, 제작비가 적게 든다.

30 일반적으로 두께가 3mm인 연강판을 가스 용접하기에 가장 적합한 용접봉의 직경은?

① 약 2.6 mm   ② 약 4.0 mm
③ 약 5.0 mm   ④ 약 6.0 mm

🔍 가스 용접봉의 지름 계산식 = $\frac{T}{2} + 1 = \frac{3}{2} + 1 = 2.5$

31 연강용 피복 아크 용접봉의 종류에 따른 피복제 계통이 틀린 것은?

① E 4340 : 특수계
② E 4316 : 저수소계
③ E 4327 : 철분산화철계
④ E 4313 : 철분산화티탄계

🔍 E 4313 : 산화티탄이 30% 이상 함유한 고산화티탄계로 용입이 얕고 비드 외관이 미려하므로 박판 용접, 완성 비드의 화장용 비드로 쓰인다.

32 다음 중 아크 쏠림 방지대책으로 틀린 것은?

① 접지점 2개를 연결할 것
② 용접봉 끝은 아크 쏠림 반대 방향으로 기울일 것
③ 접지점을 될 수 있는 대로 용접부에서 가까이 할 것
④ 큰 가접부 또는 이미 용접이 끝난 용착부를 향하여 용접할 것

🔍 아크 쏠림 방지대책 : ①, ②, ④ 외에 접지점을 가능한 용접부에서 멀리하며, 용접봉을 아크 쏠림 반대 방향으로 기울여서 용접하거나 후퇴법을 사용할 것

33 양호한 절단면을 얻기 위한 조건으로 틀린 것은?

① 드래그가 가능한 클 것
② 슬래그 이탈이 양호할 것
③ 절단면 표면의 각이 예리할 것
④ 절단면이 평활하다 드래그의 홈이 낮을 것

🔍 절단면이 양호하려면 드래그 길이는 가능한 짧은 것이 좋다.

34 산소-아세틸렌가스 절단과 비교한, 산소-프로판 가스 절단의 특징으로 틀린 것은?

① 슬래그 제거가 쉽다.
② 절단면 윗 모서리가 잘 녹지 않는다.
③ 후판 절단시에는 아세틸렌보다 절단속도가 느리다.
④ 포갬 절단시에는 아세틸렌보다 절단속도가 빠르다.

> 산소 : 프로판 절단은 후판 절단시 아세틸렌가스 절단보다 절단 속도가 빠르다.

35 용접기의 사용률(duty cycle)을 구하는 공식으로 옳은 것은?

① 사용률 = $\dfrac{휴식시간}{아크발생시간+휴식시간} \times 100$

② 사용률 = $\dfrac{아크발생시간}{아크발생시간+휴식시간} \times 100$

③ 사용률 = $\dfrac{아크발생시간}{아크발생시간-휴식시간} \times 100$

④ 사용률 = $\dfrac{휴식시간}{아크발생시간-휴식시간} \times 100$

> 정격 사용률은 10분을 기준으로 순수 아크발생시간에 대한 아크 발생시간과 휴식시간의 비율을 말한다.

36 가스절단에서 예열불꽃의 역할에 대한 설명으로 틀린 것은?

① 절단산소 운동량 유지
② 절단산소 순도 저하 방지
③ 절단개시 발화점 온도 가열
④ 절단재의 표면 스케일 등의 박리성 저하

> 가스 절단시 예열 불꽃은 절단재를 연소 온도까지 가열하며, 절단재 표면의 스케일 등의 박리를 쉽게 해주는 역할을 한다.

37 가스 용접 작업에서 양호한 용접부를 얻기 위해 갖추어야 할 조건으로 틀린 것은?

① 용착 금속의 용입 상태가 균일해야 한다.
② 용접부에 첨가된 금속의 성질이 양호해야 한다.
③ 기름, 녹 등을 용접 전에 제거하여 결함을 방지한다.
④ 과열의 흔적이 있어야 하고 슬래그나 기공 등도 있어야 한다.

> 양호한 용접부는 과열되지 않아야 하며, 용착금속 내부에 기공이나 슬래그 혼입이 없어야 된다.

38 용접기 설치시 1차 입력이 10 kVA이고 전원전압이 200V이면 퓨즈 용량은?

① 50A   ② 100A
③ 150A   ④ 200A

> 휴즈 용량 = 1차입력 / 전원 전압 = 10×1000/ 200 = 50

39 다음의 희토류 금속원소 중 비중이 약 16.6, 용융점은 약 2996℃이고, 150℃ 이하에서 불활성 물질로서 내식성이 우수한 것은?

① Se   ② Te
③ In   ④ Ta

40 압입체의 대면각이 136°인 다이아몬드 피라미드에 하중 1~120kg을 사용하여 특히 얇은 물건이나 표면 경화된 재료의 경도를 측정하는 시험법은 무엇인가?

① 로크웰 경도 시험법   ② 비커스 경도 시험법
③ 쇼어 경도 시험법   ④ 브리넬 경도 시험법

> 로크웰C(HRC) 경도 측정 압입자는 120° 꼭지각의 원추형 다이아몬드를 사용하며, 비커스 경도계의 압입자는 대면각 136°의 다이아몬드 압입자를 사용한다.

41 T.T.T 곡선에서 하부 임계냉각 속도란?

① 50% 마텐자이트를 생성하는데 요하는 최대의 냉각속도
② 100% 오스테나이트를 생성하는데 요하는 최소 냉각속도
③ 최초에 소르바이트가 나타나는 냉각속도
④ 최초에 마텐자이트가 나타나는 냉각속도

42 1000~1100℃에서 수중냉각 함으로써 오스테나이트 조직으로 되고, 인성 및 내마멸성 등이 우수하여 광석 파쇄기, 기차 레일, 굴삭기 등의 재료로 사용되는 것은?

① 고 Mn강
② Ni – Cr강
③ Cr – Mo강
④ Mo계 고속도강

> 고망간강 : 해드필드(hadfield)강이라고도 하며, 망간을 10~14% 함유한 강이다.

43 게이지용 강이 갖추어야 할 성질로 틀린 것은?

① 담금질에 의해 변형이나 균열이 없을 것
② 시간이 지남에 따라 치수변화가 없을 것
③ HRC55 이상의 경도를 가질 것
④ 팽창계수가 보통 강보다 클 것

> 게이지강은 온도에 따라 길이나 탄성이 변하지 않는 불변강이 요구되므로 팽창계수가 보통강보다 매우 적어야 한다.

44 알루미늄을 주성분으로 하는 합금이 아닌 것은?

① Y합금
② 라우탈
③ 인코넬
④ 두랄루민

> 인코넬 : Ni에 Cr 12~21%, Fe 6.5% 함유한 합금으로 내식, 내열성이 매우 좋다.

45 두 종류 이상의 금속 특성을 복합적으로 얻을 수 있고 바이메탈 재료 등에 사용되는 합금은?

① 제진 합금
② 비정질 합금
③ 클래드 합금
④ 형상 기억 합금

> 클래드 합금 : 2중판, 즉 클래드란 합판을 의미하며 두가지의 금속을 압연이나 육성 용접 등으로 붙인 합금이다.

46 황동 중 60%Cu + 40%Zn 합금으로 조직이 α + β이므로 상온에서 전연성이 낮으나 강도가 큰 합금은?

① 길딩 메탈(gilding metel)
② 문쯔 메탈(Muntz metel)
③ 두라나 메탈(durana metel)
④ 애드미럴티 메탈(Admiralty metel)

> 문쯔 메탈(Muntz metal)은 4·6황동으로 적열하면 단조할 수가 있어서, 가단 황동이라고도 하며 선저피막, 그 외 해수에 직접 닿을 수 있는 장소의 볼트 및 리벳 등에 사용된다.

47 가단주철의 일반적인 특징이 아닌 것은?

① 담금질 경화성이 있다.
② 주조성이 우수하다.
③ 내식성, 내충격성이 우수하다.
④ 경도는 Si량이 적을수록 좋다.

> 가단 주철은 백주철을 탈탄이나 흑연화시켜 연성(가단성)을 높인 것으로 경도는 규소(Si) 함량이 많을수록 좋다.

48 금속에 대한 성질을 설명한 것으로 틀린 것은?

① 모든 금속은 상온에서 고체 상태로 존재한다.
② 텅스텐(W)의 용융점은 약 3410℃이다.
③ 이리듐(Ir)의 비중은 약 22.5 이다.
④ 열 및 전기의 양도체이다.

> 금속의 공통성질 : 수은을 제외하고 모든 금속은 상온에서 고체이다. 수은은 금속이지만 용융점이 −38.4℃이므로 상온에서는 액체 금속이다.

49 순철이 910℃에서 Ac_3 변태를 할 때 결정격자의 변화로 옳은 것은?

① BCT → FCC
② BCC → FCC
③ FCC → BCC
④ FCC → BCT

> 순철의 동소 변태 : 순철은 온도에 따라 A_3변태점(910℃) 이상에서 α철, 체심입방격자(BCC)에서 γ철 면심입방격자(FCC)로, 또 A_4 변태점(1410℃)에서 면심입방격자(FCC)에서 δ철, 체심입방격자(BCC)로 변한다.

50 압력이 일정한 Fe-C 평형상태도에서 공정점의 자유도는?

① 0
② 1
③ 2
④ 3

🔍 공정점에서의 성분 수는 2개(Fe, C), 상의 수는 3개(액체, 두 개의 고체(알파철, 시멘타이트) 자유도 F = N(성분 수) − P(상의 수) + 1 = 2 − 3 + 1 = 0

51 다음 중 도면의 일반적인 구비조건으로 관계가 가장 먼 것은?

① 대상물의 크기, 모양, 자세, 위치의 정보가 있어야 한다.
② 대상물을 명확하고 이해하기 쉬운 방법으로 표현해야 한다.
③ 도면의 보존, 검색 이용이 확실히 되도록 내용과 양식을 구비해야 한다.
④ 무역과 기술의 국제 교류가 활발하므로 대상물의 특징을 알 수 없도록 보안성을 유지해야 한다.

🔍 무역 등 국제 교류가 활발하므로 ISO 규격등 국제 규격에 맞추어야 된다.

52 보기 입체도를 제 3각법으로 올바르게 투상한 것은?

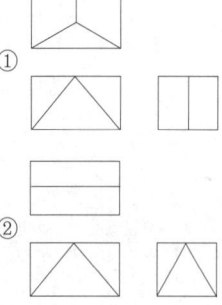

53 배관도에서 유체의 종류와 문자 기호를 나타내는 것 중 틀린 것은?

① 공기 : A
② 연료 가스 : G
③ 증기 : W
④ 연료유 또는 냉동기유 : O

🔍 증기 : S(steam), 물 : W(water)

54 리벳의 호칭 표기법을 순서대로 나열한 것은?

① 규격번호, 종류, 호칭지름×길이, 재료
② 종류, 호칭지름×길이, 규격번호, 재료
③ 규격번호, 종류, 재료, 호칭지름×길이
④ 규격번호, 호칭지름×길이, 종료, 재료

55 다음 중 일반적으로 긴 쪽 방향으로 절단하여 도시할 수 있는 것은?

① 리브
② 기어의 이
③ 바퀴의 암
④ 하우징

🔍 길이 방향으로 절단하여 단면을 표시하지 않는 부품은 회전 단면으로 표시해야 된다. : 축, 기어의 이, 바퀴의 암, 키, 리브 등

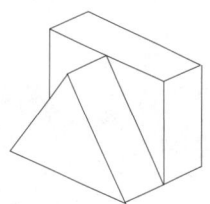

🔍 제3각법의 도면 배열 위치
평면도
정면도 우측면도

56 단면의 무게 중심을 연결한 선을 표시하는데 사용하는 선의 종류는?

① 가는 1점 쇄선　② 가는 2점 쇄선
③ 가는 실선　　　④ 굵은 파선

> 가는 2점 쇄선은 가상선이라 하며 인접 부분의 공구 위치, 크랭크 등의 활동 범위 등을 나타내는 선이다.

57 다음 용접 보조기호에 현장 용접기호는?

① 　②

③ 　④

> ① : 비드쌓기, ③ : 전둘레 용접

58 보기 입체도의 화살표 방향 투상 도면으로 가장 적합한 것은?

① 　②

③ 　④

59 탄소강 단강품의 재료 표시기호 "SF 490A"에서 "490"이 나타내는 것은?

① 최저 인장강도　② 강재 종류 번호
③ 최대 항복강도　④ 강재 분류 번호

> SF490 : S : steel, F : forging(단조), 490 : 최저 인장강도가 490N/mm²(50kgf/mm²)

60 다음 중 호의 길이 치수를 나타내는 것은?

① 　②

③ 　④

> ② : 각도 표시, ③ : 현의 표시

정답 특수용접기능사 2016년 3회

01 ④	02 ①	03 ②	04 ③	05 ①
06 ③	07 ④	08 ④	09 ③	10 ④
11 ②	12 ③	13 ②	14 ①	15 ①
16 ③	17 ④	18 ①	19 ③	20 ③
21 ③	22 ②	23 ①	24 ②	25 ②
26 ③	27 ④	28 ②	29 ③	30 ①
31 ④	32 ③	33 ①	34 ④	35 ②
36 ④	37 ③	38 ①	39 ④	40 ②
41 ④	42 ①	43 ②	44 ③	45 ③
46 ②	47 ④	48 ①	49 ②	50 ①
51 ④	52 ④	53 ③	54 ①	55 ④
56 ②	57 ②	58 ③	59 ①	60 ①

PART 05

Craftsman Shielded Arc Welding

CBT 대비
적중모의고사

01 적중모의고사 1회
02 적중모의고사 2회
03 적중모의고사 3회
04 적중모의고사 4회
05 적중모의고사 5회
06 적중모의고사 6회
07 적중모의고사 7회
08 적중모의고사 8회
09 적중모의고사 9회
10 적중모의고사 10회

1회 CBT 대비 적중모의고사

01 피복 아크 용접봉에 사용되는 피복제의 주된 역할은?

① 스패터의 발생을 많게 한다
② 용착 금속에 필요한 합금원소를 제거한다.
③ 모재 표면에 산화물이 생기게 한다
④ 용착금속 냉각속도를 느리게 하여 급랭을 방지한다.

🔍 피복제의 역할
- 아크를 안정하게 한다.
- 중성 또는 환원성 분위기로 용착금속을 보호한다.
- 용적(globule)을 미세화하여 용착효율을 향상시킨다.
- 용착금속의 냉각속도를 느리게 하여 급랭을 방지한다.
- 용착금속의 탈산 정련 작용을 한다.
- 슬래그를 제거하기 쉽게 하고, 파형이 고운 비드를 형성한다.
- 모재 표면의 산화물을 제거한다.
- 용착금속에 필요한 합금원소를 첨가하고 전기절연작용을 한다.

02 저압식 토치의 아세틸렌 사용압력은 발생기식의 경우 몇 kgf/cm² 이하의 압력으로 사용하여야 하는가?

① 0.3   ② 0.07
③ 0.17 ④ 0.4

🔍 • 저압식 토치 : 0.07kgf/cm²
   • 중압식 토치 : 0.07~0.39kgf/cm²

03 가스용접봉을 선택하는 공식으로 다음 중 맞는 것은?
(단, D : 용접봉지름[mm], T : 판두께[mm]이다)

① $D=\dfrac{T}{2}+1$ ② $D=\dfrac{T}{2}+2$
③ $D=\dfrac{T}{2}-2$ ④ $D=\dfrac{T}{2}-1$

04 직류아크 용접기와 비교하여 교류아크 용접기에 대한 설명으로 가장 올바른 것은?

① 무부하 전압이 높고 감전의 위험이 많다.
② 구조가 복잡하고 극성변화가 가능하다.
③ 자기쏠림 방지가 불가능하다.
④ 아크가 비교적 안정적이다.

🔍 직류와 교류 아크 용접기의 비교

구분	직류 용접기	교유 용접기
아크 안정성	우수	약간 떨어짐
극성 변화	가능	불가능
자기 쏠림 방지	불가능	가능
무부하 전압	40~60V	70~80V
감전 위험	적음	많음
구조	복잡함	간단함
역률	매우 양호	불량
가격	비쌈	저렴

05 산소용기의 내용적이 33.7리터인 용기에 120kgf/cm²이 충전되어 있을 때 대기압 환산용적은 몇 리터 인가?

① 2803   ② 4044
③ 404400 ④ 3560

🔍 33.7×120 = 4044

06 가스 절단시 산소 대 프로판 가스의 혼합비로 적당한 것은?

① 2.0 : 1   ② 4.5 : 1
③ 3.0 : 1   ④ 3.5 : 1

07 피복제의 계통에 따른 용접봉의 종류를 표시한 것이다. 틀린 것은?

① 일미나이트계 — E4301
② 라임티타니아계 — E4303
③ 철분산화티탄계 — E4324
④ 고산화티탄계 — E4316

- 고산화티탄계 : E4313
- 저수소계 : E4316

08 아크에어 가우징에 사용되는 전극봉은?

① 피복 금속봉   ② 탄소 전극봉
③ 텅스텐 전극봉   ④ 플라즈마 전극봉

> 아크에어 가우징은 탄소 아크 절단에 압축 공기를 병용하여 전극 홀더의 구멍에서 탄소 전극봉에 나란히 분출하는 고속의 공기를 분출시켜 용융 금속을 불어 내어 홈을 파는 방법을 이용한다.

09 용접에 사용되지 않는 열원은?

① 기계적 에너지
② 전기 에너지
③ 위치 에너지
④ 가스 에너지

> 용접 열원
> - 가스 에너지 : 가연성 가스와 지연성 가스를 적당히 혼합 연소시 발생하는 열을 이용하는 것으로 얇은 판이나 비철 금속의 용접에 주로 이용된다.
> - 전기 에너지 : 모재와 전극 사이에 아크열 또는 전기 저항열을 이용하는 방법으로 용접 작업에서의 주된 에너지원이다.
> - 기계적 에너지 : 기계적 압력, 마찰, 진동에 의한 열을 이용하는 용접방식으로 마찰 압접, 초음파 용접, 냉간 압접 등이 이에 속한다.

10 산소와 아세틸렌을 1:1로 혼합하여 연소시킬 때 생성되는 불꽃이 아닌 것은?

① 불꽃심   ② 속불꽃
③ 겉불꽃   ④ 산화불꽃

> 산화불꽃은 중성불꽃에서 산소의 양이 많을 때 생기는 불꽃이다.

11 작업자 사이에 현장(노천)에서 다른 사람에게 유해광선의 해를 끼치지 않게 하기 위해서 여러 사람이 공동으로 용접작업을 할 때 설치해야 하는 것은?

① 차광막   ② 경계통로
③ 환기장치   ④ 집진장치

12 강재 표면의 홈이나 개재물, 탈탄층 등을 제거하기 위해 얇고, 타원형 모양으로 표면을 깎아내는 가공법은?

① 가스 가우징   ② 너깃
③ 스카핑   ④ 아크 에어 가우징

> 가스 가공
> - 가스 가우징 : 용접 부분의 뒷면을 따내든지 U형, H형의 용접 홈을 가공하기 위한 가공법을 말한다.
> - 스카핑 : 강재 표면의 홈이나 개재물, 탈탄층 등을 제거하기 위하여 될 수 있는 대로 얇게 그리고 타원형 모양으로 표면을 깎아내는 가공법이다.

13 용접기의 특성 중에서 MIG 또는 CO_2 용접 등에 적합한 특성으로 일명 CP 특성이라고도 하는 특성은?

① 상승특성   ② 정전류특성
③ 수하특성   ④ 정전압특성

> 용접기의 특성
> - 수하특성 : 부하 전류(아크 전류)가 증가하면 단자 전압이 저하하는 특성
> - 정전압특성 : 수하특성과는 반대의 성질을 갖는 것으로서 부하 전류가 변하여도 단자 전압은 거의 변화하지 않는 특성으로서 CP특성이라고도 함
> - 상승특성 : 부하 전류가 증가할 때 단자 전압이 약간 높아지는 특성
> - 정전류 특성 : 아크 길이에 따라 전압이 변동하여도 아크 전류는 변하지 않는 특성

14 프로판 가스의 성질에 대한 설명으로 틀린 것은?

① 쉽게 기화하며 발열량이 낮다.
② 액화하기 쉽고 용기에 넣어 수송이 편리하다.
③ 온도 변화에 따른 팽창률이 크고 물에 잘 녹지 않는다.
④ 상온에서는 기체 상태이고, 무색 투명하고 약간의 냄새가 난다.

> 프로판 가스는 기화 및 액화가 용이하고, 발열량이 12000.8kcal/kg 정도로 크다.

15 연강용 피복 아크 용접봉의 간접 작업성에 해당하는 것은?

① 아크 발생   ② 스패터 제거의 난이도
③ 용접봉 용융상태   ④ 슬래그 상태

16 가스용접 작업에서 후진법이 전진법보다 더 좋은 점이 아닌 것은?

① 열 이용률이 좋다.
② 용접속도가 빠르다.
③ 얇은 판의 용접에 적당하다.
④ 용접 변형이 적다.

🔍 전진법과 후진법 비교

구분	전진법	후진법
열 이용률	나쁨	좋음
용접 속도	느림	빠름
비드 모양	보기 좋음	매끈하지 못함
홈 각도	큼	작음
용접 변형	큼	작음
용접가능 판 두께	얇음(5mm까지)	두꺼움
용착금속의 냉각	급랭	서랭
용착금속의 조직	거칠어짐	미세함
산화 정도	심함	약함

17 직류아크 용접기로 두께가 15mm이고, 길이가 5m인 고장력 강판을 용접하는 도중에 아크가 용접봉 방향에서 한쪽으로 쏠리었다. 이러한 현상을 방지하는 방법 중 틀리게 설명한 것은?

① 용접봉 끝을 아크 쏠림 반대 방향으로 기울일 것
② 용량이 더 큰 직류용접기로 교체할 것
③ 용접부가 긴 경우에는 후퇴 용접법으로 할 것
④ 이음의 처음과 끝에 엔드 탭을 이용할 것

🔍 아크 쏠림의 방지 대책
- 직류로 사용하지 않고 교류 용접으로 할 것
- 큰 가접부 또는 이미 용접이 끝난 용착부를 향하여 용접할 것
- 용접부가 긴 경우는 후퇴용접법(back step welding)으로 할 것
- 접지점을 될 수 있는 대로 용접부에서 멀리 할 것
- 짧은 아크를 사용할 것(피복제가 모재에 접촉할 정도로 짧게 할 것)
- 용접봉 끝을 아크 쏠림 반대방향으로 기울일 것
- 이음의 처음과 끝은 엔드탭(end tap) 등을 이용할 것
- 접지점 2개를 연결할 것

18 주조시 주형에 냉금을 삽입하여 주물표면을 급냉시키므로 백선화하고 경도를 증가시킨 내마모성 주철에 해당되는 것은?

① 보통 주철
② 고급 주철
③ 합금 주철
④ 칠드 주철

🔍 칠드 주철은 용융 상태에서 금형에 주입하여 접촉면을 백주철로 만든 것으로 각종 용도의 롤러, 기차 바퀴에 사용된다.

19 구리의 성질에 대한 설명으로 틀린 것은?

① 전기 및 열의 전도율이 높은 편이다.
② 전연성이 좋아 가공이 용이하다.
③ 화학적 저항력이 적어서 부식이 적다.
④ 아름다운 광택과 귀금속적 성질이 우수하다.

🔍 구리는 화학적 저항력이 커서 내식성이 좋다.

20 일반적으로 철강을 크게 순철, 강, 주철로 대별할 때 기준이 되는 함유원소는?

① Si
② Mn
③ P
④ C

🔍 탄소함유량 0.025% 이하는 순철, 2.1% 이하는 강, 2.1% 이상은 주철로 구분된다.

21 강을 표준상태로 하기 위하여 가공조직의 균일화, 결정립의 미세화, 기계적 성질의 향상을 목적으로 소재를 A3나 Acm보다 30~50℃ 정도 높은 온도로 가열한 후 공랭하는 열처리 방법은?

① 불림
② 심냉
③ 담금질
④ 뜨임

🔍
- 담금질 : 경도 증가
- 뜨임 : 강의 강인성 부여
- 불림 : 조직의 균일화 및 표준화
- 풀림 : 가공 경화된 재료의 연화

22 청백색의 조밀육방격자금속이며, 비중이 7.1이며 용융점이 420℃인 금속은?

① P
② Pb
③ Sn
④ Zn

- 인(P) : 비중 2, 용융점 44℃
- 납(Pb) : 비중 11.3, 용융점 327.4℃
- 주석(Sn) : 비중 7.3, 231.9℃
- 아연(Zn) : 비중 7.1, 용융점 419.5℃

① 연성
② 전성
③ 인장강도
④ 단면 수축율

23 탄소강에 특수원소를 첨가한 합금강에서 특수원소의 역할로 적당하지 않은 것은?

① 오스테나이트의 입자 조정
② 변태속도의 변화
③ 소성 가공성의 개량
④ 황 등의 원소 첨가

24 오스테나이트계 스테인리스강의 대표적인 화학적 조성으로 맞는 것은?

① 13% Cr, 18% Ni   ② 13% Ni, 18% Cr
③ 18% Ni, 8% Cr   ④ 18% Cr, 8% Ni

오스테나이트계 스테인리스강
- 화학적 조성은 18% Cr, 8% Ni이다.
- 스테인리스강 중 내식성이 가장 높다.
- 비자성으로, 용접이 비교적 잘 되며 가공성이 좋다.

25 Al-Si계의 합금의 조대한 공정조직을 미세화하기 위해 나트륨, 가성소다, 알칼리염류 등을 합금용탕에 첨가하여 10~15분간 유지하는 처리를 무엇이라 하는가?

① T6 처리   ② 응력제거 풀림처리
③ 개량 처리   ④ 풀링 처리

개량처리(개질처리, modification)란 Si의 거친 육각판상 조직을 나트륨, 가성소다, 알칼리염류 등을 접종시켜 조직을 미세화하고 강도를 개선하기 위한 처리 과정이다.

26 다음 그래프는 금속의 기계적 성질과 냉간가공도의 관계를 나타낸 것이다. ( ) 안에 들어갈 성질로 옳은 것은?

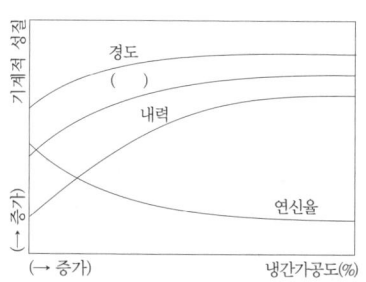

27 연강재 표면에 스텔라이트나 경합금을 용착시켜 표면 경화시키는 방법은?

① 브레이징
② 숏 피닝
③ 하드 페이싱
④ 질화법

하드 페이싱은 금속 표면에 스텔라이트 등을 융착시켜 표면 경화층을 생성한다.

28 주강의 설명으로 틀린 것은?

① 일반적인 주강의 탄소함량은 0.1~0.6% 정도이다.
② 기포, 기공 등이 생기기 쉬우므로 제강작업시 다량의 탈산제가 필요하다.
③ 주조상태로는 취성이 있어 이것을 억제하기 위해 Ac_3보다 60~90℃ 높게 가열하여 저온 풀림 처리를 한다.
④ 주철로서는 강도가 부족되는 곳에 사용된다.

주강 주입온도는 1450~1530℃에 풀림 처리한다.

29 용접부의 결함 중 오버랩의 발생 원인으로 가장 거리가 먼 것은?

① 용접전류가 너무 낮을 때
② 운봉 및 봉의 유지 각도가 불량할 때
③ 모재에 황 함유량이 많을 때
④ 용접봉의 선택이 잘못 되었을 때

황은 900~950℃에서 적열취성을 발생시킨다.

30 납땜에 사용되는 용제가 갖추어야 할 조건으로 틀린 것은?

① 청정한 금속면의 산화를 방지할 것
② 납땜 후 슬래그의 제거가 용이할 것
③ 전기 저항 납땜에 사용되는 것은 부도체일 것
④ 모재나 땜납에 대한 부식 작용이 최소한 일 것

> 용제의 구비 조건
> • 아크 발생을 안정시켜 안정된 용접을 할 수 있을 것
> • 적당한 합금 성분을 첨가하여 탈산, 탈황 등 정련 작용을 할 것
> • 적당한 입도를 가져 아크 보호성이 좋을 것
> • 용접 후 슬래그의 박리성이 양호할 것

31 용접 중에 아크를 중단시키면 중단된 부분이 오목하거나 납작하게 파진 모습으로 남는 것을 무엇이라고 하는가?

① 오버랩 ② 언더 컷
③ 은점   ④ 크레이터

> 아크가 중단된 부분이 오목하거나 납작하게 파진 모습을 크레이터라 한다.

32 X형 홈과 같이 양면용접이 가능한 경우에 용착 금속의 양과 패스 수를 줄일 목적으로 사용되며 모재가 두꺼울수록 유리한 홈의 형상은?

① I형 홈   ② V형 홈
③ U형 홈   ④ H형 홈

> • I형 홈 : 판 두께가 대략 6mm 이하의 경우 사용되며 홈 가공이 쉽고 루트 간격을 좁게하면 용착 금속의 양도 적어져 경제적인 면에서 우수하나 두께가 두꺼워지면 완전 용입이 어렵다.
> • V형 홈 : 두께 20mm 이하의 판을 한쪽 용접으로 완전히 용입을 얻고자 할 때 쓰이며, 홈 가공은 쉬우나 판 두께가 두꺼워지면 용착 금속의 양이 증가하고 각 변형이 발생할 위험이 있음으로 판재의 두께에 따라 홈의 선택에 신중을 기하여야 한다.
> • U형 홈 : 두꺼운 판의 양면 용접을 할 수 없는 경우에 가공하는 방법으로 한쪽 용접에 의해 충분한 용입을 얻으려고 할 때 사용된다.
> • H형 홈 : X형 홈과 같이 양면 용접이 가능한 경우에 용착 금속의 양과 패스 수를 줄일 목적으로 사용되며 모재가 두꺼울수록 유리하다.

33 열전도율이 다음 중 가장 큰 금속은?

① 구리   ② 알루미늄
③ 스테인리스강 ④ 연강

> 열전도율은 은 〉 구리 〉 백금 〉 알루미늄 등이다.

34 10^{-4}mmHg 이상의 높은 진공실 속에서 음극으로부터 방출된 전자를 고전압으로 가속시켜, 피 용접물과의 충돌에 의한 에너지로 용접을 행하는 방법은?

① 레이저 용접
② 플라즈마 아크 용접
③ 일렉트론 빔 용접
④ 논 가스 용접

> 전자(일렉트론) 빔 용접은 고진공 중에서 높은 전압에 의한 열원을 이용하여 행하는 용접법이다.

35 이산화탄소 가스 아크 용접의 결함에서 아크가 불안정할 때의 원인으로 틀린 것은?

① 팁이 마모되어 있다.
② 와이어 송급이 불안정하다.
③ 팁과 모재간 거리가 길다.
④ 이음 형상이 나쁘다.

> 아크가 불안정할 때의 원인
> • 팁이 마모되어 있다.
> • 와이어 송급이 불안정하다.
> • 팁과 모재간 거리가 길다.
> • 팁의 치수가 부적합하다.
> • 전원의 1차전압이 불안정하다.
> • 용접전류가 낮다.
> • 어스의 접속이 불안정하다.

36 서브머지드 아크 용접에서 맞대기 용접이음시 받침쇠가 없을 경우 루트간격은 몇 mm 이하가 가장 적당한가?

① 0.8   ② 1.5
③ 2.0   ④ 2.5

> 루트간격 0.8mm 이하, 홈각도 오차 ±5, 루트오차 ±20mm로 홈 정밀도가 높아야 한다.

37 아크 용접의 재해라 볼 수 없는 것은?

① 아크 광선에 의한 전안염
② 스패터 비산으로 인한 화상
③ 역화로 인한 화재
④ 전격에 의한 감전

38 전기용접기의 누전시 조치사항으로 가장 알맞은 것은?

① 전원 스위치를 내리고 누전된 부분을 절연시킨 후 계속 용접하여도 된다.
② 전압이 낮을 때에는 계속 용접하여도 된다.
③ 용접기를 만지지만 않으면 계속 용접하여도 된다.
④ 전원만 바꾸면 계속 용접하여도 된다.

39 서브머지드 아크 용접에서 연강용 와이어 중 저망간계의 망간함유량은 얼마인가?

① 0.5% 이하
② 0.6~0.7%
③ 0.8~0.9%
④ 1~1.5%

- 저망간계 : 0.5% 이하
- 중망간계 : 1~1.5%
- 고망간계 : 1.8~2.1%

40 무색, 무취, 무미와 독성이 없고 공기 중에 약 0.94% 정도를 포함하는 불활성 가스는?

① 헬륨(He)
② 아르곤(Ar)
③ 네온(Ne)
④ 크립톤(Kr)

아르곤(Ar)은 무색, 무취, 무미의 독성이 없는 불활성 가스로 TIG 용접 및 MIG 용접에 가장 적합하게 사용된다.

41 대상물에 감마선, 엑스선을 투과시켜 필름에 나타나는 상으로 결함을 판별하는 비파괴 검사법은?

① 초음파 탐상 검사
② 침투 탐상 검사
③ 와류 탐상 검사
④ 방사선 투과 검사

42 산업안전보건법 시행규칙상 안전을 표시하는 색채 중 특정행위의 지시 및 사실의 고지 등을 나타내는 색은?

① 노란색
② 녹색
③ 파란색
④ 흰색

안전·보건표지의 색채 및 용도

색채	용도	사용례
빨간색	금지	정지신호, 소화설비 및 그 장소, 유해행위의 금지
	경고	화학물질 취급장소에서의 유해·위험 경고
노란색	경고	화학물질 취급장소에서의 유해·위험 경고 이외의 위험 경고, 주의표지 또는 기계방호물
파란색	지시	특정 행위의 지시 및 사실의 고지
녹색	안내	비상구 및 피난소, 사람 또는 차량의 통행 표시
흰색	–	파란색 또는 녹색에 대한 보조색
검은색	–	문자 및 빨간색 또는 노란색에 대한 보조색

43 MIG용접 제어장치의 기능으로 아크가 처음 발생되기 전 보호가스를 흐르게 하여 아크를 안정되게 하여 결함발생을 방지하기 위한 것은?

① 스타트 시간
② 가스 지연 유출 시간
③ 버언 백 시간
④ 예비 가스 유출 시간

제어 장치 기능
- 예비가스 유출시간 : 아크가 처음 발생되기 전 보호가스를 흐르게 하여 아크를 안정하게 하여 결함 발생을 방지하기 위한 기능
- 스타트 시간 : 핫 스타트 기능과 슬로우 다운 기능
- 크레이터 충전 시간 : 용접이 끝나는 지점에서 토치 스위치를 다시 누르면 용접 전류와 전압이 낮아져 쉽게 크레이터가 채워져 결함을 방지하는 기능
- 버언 백 시간 : 크레이터 처리 기능에 의해 낮아진 전류가 서서히 줄어들면서 아크가 끊어지는 기능으로 이면 용접부가 녹아내리는 것을 방지
- 가스지연 유출시간 : 용접이 끝난 후에도 5~25초 동안 가스가 계속 흘러나와 크레이터 부위의 산화를 방지하는 기능

44 용접선 양측을 일정 속도로 이동하는 가스 불꽃에 의해 용접선 나비의 60~150mm에 걸쳐서 150~200℃ 정도로 가열 후 수랭시키는 잔류응력 제거법은?

① 노내 풀림법 ② 국부 풀림법
③ 저온응력 완화법 ④ 기계적응력 완화법

> • 노내 풀림법 : 제품 전체를 가열로 안에 넣고 적당한 온도에서 얼마동안 유지한 다음 노내에서 서랭하는 방법
> • 국부 풀림법 : 제품이 커서 노내에 넣을 수 없을 때나 현장 용접된 것으로 노내 풀림을 하지 못할 경우에 용접선의 좌우 양측을 각각 250mm 이상 범위 혹은 판 두께의 12배 이상의 범위를 가스 불꽃 등으로 노내 풀림과 같은 온도 및 시간을 유지한 다음 서랭
> • 저온응력 완화법 : 용접선 양측을 일정속도로 이동하는 가스 불꽃에 의하여 너비 약 150mm를 150~200℃로 가열한 다음 수랭하는 방법
> • 기계적 응력 완화법 : 잔류응력이 있는 제품에 하중을 주고 용접부에 약간의 소성 변형을 일으킨 다음 하중을 제거하는 방법

45 불활성가스 아크 용접법에 관한 설명으로 틀린 것은?

① 불활성 가스 아크 용접은 용접의 품질이 우수하고 전자세 용접이 가능하다.
② 텅스텐 아크 용접(TIG)시 역극성으로 아르곤 가스를 이음하면 청정작용이 있다.
③ 금속 아크 용접(MIG)은 교류 정전압 특성을 이용하므로 스패터가 많다.
④ 금속 아크 용접(MIG)은 전극이 녹는 용극식 아크 용접으로 와이어가 아크열에 의해 선단으로부터 녹아서 용적이 되면서 모재로 이행해 나간다.

> MIG 용접은 정전압 특성 또는 상승 특성의 직류 용접기가 사용된다.

46 용접법 중 전원이 필요하지 않은 용접법은?

① 플래시 용접법
② 프로젝션 용접법
③ 테르밋 용접법
④ 일렉트로 슬래그 용접법

> 테르밋 용접은 테르밋 반응에 의한 발열을 이용하므로 전원이 필요없다.

47 어떤 물질이 산소와 화합하여 완전 연소할 때 생기는 열량은?

① 생성열 ② 연소열
③ 분해열 ④ 발생열

> • 발생열 : 화학반응 전에 발생되는 열
> • 생성열 : 화학반응 후에 생성되는 열

48 와전류 탐상 검사의 장점이 아닌 것은?

① 결함의 크기, 두께 및 재질의 변화 등을 동시에 검사할 수 있다.
② 결함 지시가 모니터에 전기적 신호로 나타나므로 기록 보존과 재생이 용이하다.
③ 검사체의 표면으로부터 깊은 내부결함 및 강자성 금속도 탐상이 가능하다.
④ 표면부 결함의 탐상 강도가 우수하며 고온에서의 검사 및 얇고 가는 소재와 구멍의 내부 등을 검사할 수 있다.

> 와전류 탐상 검사의 단점
> • 표면 아래 깊은 곳에 있는 결함의 검출이 곤란하다.
> • 검사를 통해 얻은 지시로 직접 결함의 종류, 형상 등을 판별하기 어렵다.
> • 검사의 숙련도가 요구되고 강자성 금속에 적용이 어렵다.

49 이산화탄소 가스 아크 용접의 특징으로 적당하지 않은 것은?

① 용착금속의 기계적 및 금속학적 성질이 우수하다.
② 피복 아크 용접처럼 피복 아크 용접봉을 갈아 끼우는 시간이 필요없으므로 용접작업시간을 길게 할 수 있다.
③ 전류 밀도가 높아 용입이 깊고 용접속도를 빠르게 할 수 있다.
④ 모든 재질에 적용이 가능하다.

> 적용 재질이 철계통으로 한정되어 있다.

50 저항용접의 3요소에 대하여 설명한 것 중 맞는 것은?

① 용접전류, 가압력, 통전시간

② 가압력, 용접전압, 통전시간
③ 용접전류, 용접전압, 가압력
④ 용접전류, 용접전압, 통전시간

> 저항용접의 3요소 : 통전전류, 통전시간, 가압력

① 구멍지름 16mm, 구멍수량 20개
② 구멍지름 20mm, 구멍수량 16개
③ 구멍지름 16mm, 구멍수량 5개
④ 구멍지름 20mm, 구멍수량 5개

51 그림과 같이 외형도에 있어서 파단선을 경계로 필요로 하는 요소의 일부만을 단면으로 표시하는 단면도는?

① 온 단면도   ② 부분 단면도
③ 한쪽 단면도   ④ 회전 단면도

> 부분 단면도는 외형도에 있어 필요로 하는 요소 일부분만을 부분 단면도로 표시한다.

52 도면의 긴 쪽 길이를 가로방향으로 한 X형 용지에서 표제란의 위치로 가장 적당한 것은?

① 오른쪽 중앙
② 왼쪽 위
③ 오른쪽 아래
④ 왼쪽 아래

> 도면의 오른쪽 아래에 표제란을 두어 도면번호, 도명, 척도, 투상법, 제도한 곳, 도면 작성 연월일, 제도자 이름 등을 기입한다.

53 그림과 같이 철판에 구멍이 뚫려 있는 도면의 설명으로 올바른 것은?

54 그림과 같은 입체도의 화살표 방향이 정면일 경우 저면도로 가장 적합한 것은?

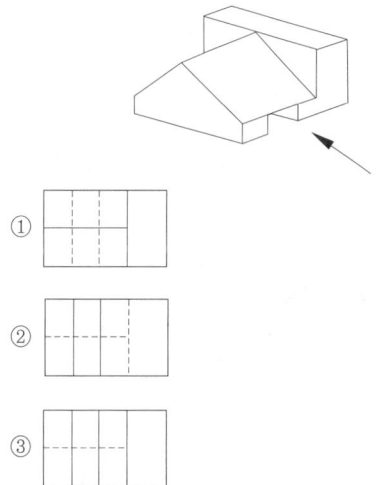

55 치수 기입법에서 지름, 반지름, 구의 지름 및 반지름, 모따기, 두께 등을 표시할 때 사용되는 보조 기호로 잘못된 것은?

① 두께 : D6   ② 반지름 : R3
③ 모따기 : C3   ④ 구의 지름 : SØ6

> 두께는 t로 표시한다.

56 전개도법의 종류 중 주로 각기둥이나 원기둥의 전개에 가장 많이 이용되는 방법은?

① 삼각형을 이용한 전개도법
② 방사선을 이용한 전개도법
③ 평행선을 이용한 전개도법
④ 사각형을 이용한 전개도법

57 그림과 같은 용접도시기호의 설명으로 올바른 것은?

① 홈 깊이 5mm   ② 목 길이 5mm
③ 목 두께 5mm   ④ 루트 간격 5mm

- a5 : 목 두께 5mm
- Z : 목길이(Z = a$\sqrt{2}$)
- ▷ : 필릿 용접
- 300 : 용접 길이

58 도면에 2가지 이상의 선이 같은 장소에 겹치어 나타나게 될 경우 우선 순위가 가장 높은 것은?

① 숨은선   ② 외형선
③ 절단선   ④ 중심선

- 선의 우선 순위 : 외형선 > 숨은선 > 절단선 > 중심선 > 무게 중심선 > 치수 보조선

59 그림과 같은 입체도에서 화살표방향이 정면일 경우 평면도로 가장 적당한 것은?

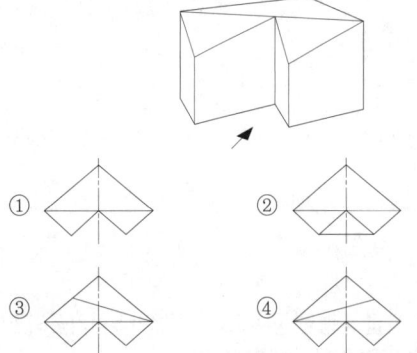

60 배관 도시기호 중 글로브 밸브인 것은?

①   ②

③   ④

- ① 글로브 밸브, ② 슬루스 밸브, ③ 삼방 밸브, ④ 앵글 밸브

정답 적중모의고사 1회

01 ④	02 ②	03 ①	04 ①	05 ②
06 ②	07 ④	08 ②	09 ③	10 ④
11 ①	12 ③	13 ④	14 ①	15 ②
16 ③	17 ②	18 ④	19 ③	20 ④
21 ①	22 ④	23 ④	24 ④	25 ③
26 ③	27 ③	28 ③	29 ③	30 ③
31 ④	32 ③	33 ①	34 ③	35 ④
36 ①	37 ③	38 ①	39 ①	40 ②
41 ④	42 ③	43 ④	44 ③	45 ③
46 ③	47 ③	48 ③	49 ④	50 ①
51 ②	52 ③	53 ①	54 ②	55 ①
56 ③	57 ③	58 ②	59 ①	60 ①

2회 CBT 대비 적중모의고사

01 용접선이 응력의 방향과 대략 직각인 필릿 용접은?

① 전면 필릿 용접 ② 측면 필릿 용접
③ 경사 필릿 용접 ④ 뒷면 필릿 용접

🔍 하중 방향에 따른 용접의 종류
- 전면 필릿 용접 : 용접선의 방향이 응력의 방향과 직각
- 측면 필릿 용접 : 용접선의 방향이 응력의 방향과 평행
- 경사 필릿 용접 : 용접선의 방향이 응력의 방향과 사선

02 불활성 가스 텅스텐 아크 용접에 주로 사용되는 가스는?

① He, Ar ② Ne, Lo
③ Rn, Lu ④ CO, Xe

🔍 불활성 가스 아크 용접 : 아르곤(Ar) 또는 헬륨(He) 등 고온에서도 금속과 반응하지 않고 불활성 가스 분위기속에서 텅스텐 전극봉 또는 와이어와 모재와의 사이에서 아크를 발생시켜 그 열로 용접하는 방식이다.

03 다음 중 용접 홈을 설계할 때 고려하여야 할 사항으로 가장 거리가 먼 것은?

① 용접 방법 ② 변형 및 수축
③ 모재의 두께 ④ 아크 쏠림

🔍 용접 이음의 선택 조건
- 각종 이음의 특성
- 하중의 종류, 크기
- 용접방법, 판 두께, 구조물의 종류, 형상, 재질
- 변형도 및 용접의 난이도
- 이음의 준비 및 설계 용접에 필요한 비용

04 안전모의 내부수직거리로 가장 적당한 것은?

① 25mm 이상 50mm 미만일 것
② 15mm 이상 40mm 미만일 것
③ 10mm 미만일 것
④ 25mm 미만일 것

🔍 안전모의 일반 구조
- 안전모는 모체, 착장체 및 턱끈을 가질 것
- 착장체의 머리고정대는 착용자의 머리부위에 적합하도록 조절할 수 있을 것
- 착장체의 구조는 착용자의 머리에 균등한 힘이 분배되도록 할 것
- 모체, 착장체 등 안전모의 부품은 착용자에게 상해를 줄 수 있는 날카로운 모서리 등이 없을 것
- 모체에 구멍이 없을 것(착장체 및 턱끈의 설치 또는 안전등, 보안면 등을 붙이기 위한 구멍은 제외)
- 턱끈은 사용 중 탈락되지 않도록 확실히 고정되는 구조일 것
- 안전모의 착용높이는 85mm 이상이고 외부수직거리는 80mm 미만일 것
- 안전모의 내부수직거리는 25mm 이상 50mm 미만일 것
- 안전모의 수평간격은 5mm 이상일 것
- 머리받침끈이 섬유인 경우에는 각각의 폭은 15mm 이상이어야 하며, 교차되는 끈의 폭의 합은 72mm 이상일 것
- 턱끈의 폭은 10mm 이상일 것
- 안전모의 모체, 착장체 및 충격흡수재를 포함한 질량은 440g을 초과하지 않을 것

05 용접순서를 결정하는 기준이 잘못 설명된 것은?

① 용접구조물이 조립되어 감에 따라 용접작업이 불가능한 곳이 발생하지 않도록 한다.
② 용접물 중심에 대하여 항상 대칭으로 용접한다.
③ 수축이 작은 이음을 먼저 용접한 후 수축이 큰 이음을 뒤에 한다.
④ 용접구조물의 중립축에 대한 수축모멘트의 합이 0이 되도록 한다.

🔍 수축이 큰 이음을 먼저 용접하고 수축이 작은 이음은 나중에 용접한다.

06 서브머지드 아크 용접의 장점에 해당되지 않는 것은?

① 용접속도가 수동용접보다 빠르고 능률이 높다.
② 개선각을 작게 하여 용접 패스 수를 줄일 수 있다.
③ 콘택트 팁에서 통전되므로 와이어 중에 저항열이 적게 발생되어 고전류 사용이 가능하다.
④ 용접진행상태의 좋고 나쁨을 육안으로 확인할 수 있다.

🔍 용접진행상태는 아크가 보이지 않으므로 직접 확인할 수 없다.

07 전격의 방지대책에 대한 설명 중 틀린 것은?

① 땀, 물 등에 의해 습기찬 작업복, 장갑, 구두 등을 착용해도 된다.
② 홀더나 용접봉은 절대로 맨손으로 취급하지 않는다.
③ 용접기의 내부에 함부로 손을 대지 않는다.
④ 절연 홀더의 절연부분이 노출 파손되면 곧 보수하거나 교체한다.

🔍 습기찬 작업복, 장갑, 구두 등을 착용하면 감전의 우려가 있다.

08 전기저항 점 용접법에 대한 설명으로 틀린 것은?

① 인터랙 점 용접이란 용접점의 부분에 직접 2개의 전극을 물리지 않고 용접전류가 피용접물의 일부를 통하여 다른 곳으로 전달하는 방식이다.
② 단극식 점 용접이란 전극이 1쌍으로 1개의 용접부를 만드는 것이다.
③ 맥동 점 용접은 사이클 단위를 몇 번이고 전류를 연속하여 통전하며 용접 속도 향상 및 용접 변형 방지에 좋다.
④ 직렬식 점 용접이란 1개의 전류회로에 2개 이상의 용접점을 만드는 방법으로 전류 손실이 많아 전류를 증가시켜야 한다.

🔍 점 용접법의 종류
- 단극식 점 용접 : 1쌍의 전극으로 1점의 용접부를 만드는 용접법
- 다전극 점 용접 : 전극을 2개 이상으로 하여 2점 이상의 용접을 하며 용접 속도 향상, 용접 변형을 방지시키는 효과
- 직렬식 점 용접 : 1개의 전류 회로에 2개 이상의 용접점을 만드는 방법
- 맥동 점 용접 : 모재 두께가 다른 경우에 전극의 과열을 피하기 위해 전류를 단속하여 용접
- 인터랙 점 용접 : 용접 전류가 피용접물의 일부를 통하여 다른 곳으로 전달하는 방식

09 불활성 가스 금속 아크 용접(MIG)법에서 가장 많이 사용되는 것으로 용가재가 고속으로 용융되어 미립자의 용적으로 분사되어 모재로 옮겨가는 이행방식은?

① 단락 이행
② 입상 이행
③ 펄스아크 이행
④ 스프레이 이행

🔍 스프레이 이행은 높은 전류 범위 내에서 용접되므로 용착속도가 빠르고 능률적이다.

10 CO_2 아크 용접에서 가장 두꺼운 판에 사용되는 용접 홈은?

① I형
② V형
③ H형
④ J형

🔍 판두께와 홈 형상

홈 형상	판두께(mm)	홈 형상	판두께(mm)
I	6 이하	V	6~20
X	12 이상	J	6~20
K	12 이상	U	16~50
H	20 이상		

11 융점 450℃ 이상의 땜납재인 경납에 속하지 않는 것은?

① 주석납
② 황동납
③ 백금납
④ 은납

🔍 경납은 450℃ 이상의 용가재를 사용하여 납땜을 하는 것으로 용가재로는 은납, 황동납, 양은납, 금납, 백금납, 알루미늄납, 철납 등이 있다.

12 아크 용접 작업 중 허용전류가 20~50mA일 때 인체에 미치는 영향으로 맞는 것은?

① 고통을 느끼고 가까운 근육이 저려서 움직이지 않는다.
② 고통을 느끼고 강한 근육 수축이 일어나며 호흡이 곤란하다.
③ 고통을 수반한 쇼크를 느낀다.
④ 순간적으로 사망할 위험이 있다.

🔍 허용전류와 인체에 미치는 영향
- 1mA : 전기를 약간 느낄 정도
- 5mA : 상당한 고통
- 10mA : 견디기 어려울 정도 고통
- 20mA : 심한 고통, 강한 근육 수축 발생
- 50mA : 상당히 위험한 상태
- 100mA : 치명적인 결과 초래(사망위험)

13 용접결함이 오버랩일 경우 그 보수방법으로 가장 적당한 것은?

① 정지구멍을 뚫고 재 용접한다.
② 결함부분을 깎아내고 재 용접한다.
③ 가는 용접봉을 사용하여 재 용접한다.
④ 결함부분을 절단하여 재 용접한다.

- 오버랩 결함 보수법 : 결함부분을 깎아내고 재 용접한다.
- 언더컷 결함 보수법 : 가는 용접봉을 사용하여 재 용접한다.

14 용접균열에서 저온균열은 일반적으로 몇 ℃ 이하에서 발생하는 균열을 말하는가?

① 200~300℃ 이하   ② 300~400℃ 이하
③ 400~500℃ 이하   ④ 500~600℃ 이하

- 저온취성은 청열취성(200~300℃) 이하에서 발생된다.

15 용접부의 시험 및 검사의 분류에서 충격 시험은 무슨 시험에 속하는가?

① 기계적 시험   ② 낙하 시험
③ 화학적 시험   ④ 압력 시험

- 기계적 시험에는 인장, 굽힘, 경도, 충격, 피로시험이 있다.

16 볼트나 환봉을 피스톤의 홀더에 끼우고 모재와 볼트 사이에 순간적으로 아크를 발생시켜 용접하는 방법은?

① 서브머지드 아크 용접
② 스터드 용접
③ 테르밋 용접
④ 불활성가스 아크 용접

- 스터드 용접은 건축 구조물 및 교량 공사 등에서 볼트나 환봉, 핀 등을 직접 강판이나 형강에 용접하는 방법이다.

17 TIG 용접에서 교류(AC), 직류 정극성(DCSP), 직류 역극성(DCRP)의 용입 깊이를 비교한 것 중 옳은 것은?

① DCSP 〈 AC 〈 DCRP   ② AC 〈 DCSP 〈 DCRP
③ AC 〈 DCRP 〈 DCSP   ④ DCRP 〈 AC 〈 DCSP

- TIG용법에서의 용입 깊이
  - 직류 정극성(DCSP) : 모재가 (+) 전극봉 (-)로 용입 깊이가 제일 깊다.
  - 직류 역극성(DCRP) : 용접 깊이가 제일 낮고, 주로 얇은 판이나 MIG 용접에 이용된다.
  - 교류(AC) : 용입 깊이가 중간이 된다.

18 용접봉의 습기가 원인이 되어 발생하는 결함으로 가장 적절한 것은?

① 선상조직   ② 기공
③ 용입불량   ④ 슬래그 섞임

- 선상조직 : 용착금속의 냉각속도가 빠를 때 발생
- 기공 : 용접봉의 습기가 원인이 되어 발생
- 용입 불량 : 전류가 낮거나 용접 속도가 빠를 때 발생
- 슬래그 섞임 : 전층의 슬래그 제거가 불완전 할 때 발생

19 테르밋 용접의 특징에 대한 설명 중 틀린 것은?

① 용접 작업이 단순하다.
② 용접 시간이 길고 용접 후 변형이 크다.
③ 용접기구가 간단하고 작업장소의 이동이 쉽다.
④ 전기가 필요 없다.

- 테르밋 용접은 산화철 분말과 미세한 알루미늄 분말을 약 3~4 : 1 중량비로 혼합한 테르밋제에 점화제를 혼합하여 점화시키면 테르밋 반응에 의해 온도가 발생되는 것을 이용한 용접법이다.

20 두께가 3.2mm인 박판을 탄산가스 아크 용접법으로 맞대기 용접을 하고자 한다. 용접전류 100A를 사용할 때, 이에 적합한 아크 전압[V]의 조정 범위는 어느 정도 인가?

① 10~13[V]   ② 18~21[V]
③ 23~26[V]   ④ 28~31[V]

- 아크 전압(V_0) 산출 공식
  - 박판 : $V_0 = [(0.04 × 전류) + 15.5] ± 1.5$
  - 후판 : $V_0 = [(0.04 × 전류) + 20.0] ± 2.0$
  - ∴ $V_0 = [(0.04 × 100) + 15.5] ± 1.5$
         $= (4 + 15.5) ± 1.5$
         $= 19.5 ± 1.5$

21 용접부의 결함 검사법에서 초음파 탐상법의 종류에 해당 되지 않는 것은?

① 스테레오법 ② 투과법
③ 펄스반사법 ④ 공진법

> 초음파 탐상법에는 투과법, 펄스반사법, 공진법이 있다.

22 가스절단 작업시 유의할 사항으로 틀린 것은?

① 호스가 꼬여 있는지 확인한다.
② 가스절단에 알맞은 보호구를 착용한다.
③ 절단부가 예리하고 날카로우므로 상처를 입지 않도록 주의한다.
④ 절단 진행 중에 시선은 절단면을 떠나도 된다.

> 절단 진행 중에 시선은 절단면을 주시하고 있어야 한다.

23 피복 아크 용접 작업에서 아크길이 및 아크전압에 관한 설명으로 틀린 것은?

① 품질 좋은 용접을 하려면 원칙적으로 짧은 아크를 사용해야 한다.
② 아크 길이가 너무 길면 아크가 불안정하고, 용융 금속이 산화 및 질화가 되기 어렵다.
③ 아크 길이는 보통 용접봉 심선의 지름 정도이나 일반적인 아크의 길이는 3mm 정도이다.
④ 아크 전압은 아크 길이에 비례한다.

> 아크 길이가 너무 길면 아크가 불안정하며, 용융 금속이 산화 및 질화되기 쉽고, 열집중의 부족, 용입 불량 및 스패터가 발생 된다.

24 용극식 용접법으로 용접봉과 모재 사이에 발생하는 아크의 열을 이용하여 용접하는 것은?

① 피복 아크 용접 ② 플라즈마 아크 용접
③ 테르밋 용접 ④ 이산화탄소 아크 용접

> 피복 아크 용접은 피복제를 바른 용접봉과 모재 사이의 전기 아크열을 이용하여(약 5000℃) 모재와 용접봉을 녹여서 접합하는 용극식 방법(consumable electrode method)으로 직류 또는 교류전압을 걸어 아크를 발생시킨다.

25 헬멧이나 핸드실드의 차광유리 앞에 보호유리를 끼우는 가장 타당한 이유는?

① 시력을 보호하기 위하여
② 가시광선을 차단하기 위하여
③ 적외선을 차단하기 위하여
④ 차광유리를 보호하기 위하여

> 보호유리는 차광유리를 보호하기 위해 차광유리 앞에 끼워서 사용하며 크기는 차광유리와 같으며 두께는 약 3mm 정도가 적당하다.

26 가연성 가스의 종류 중 불꽃의 온도가 가장 높은 것은?

① 아세틸렌 ② 수소
③ 프로판 ④ 메탄

> 아세틸렌 : 3230℃, 수소 : 2982℃, 프로판 : 2926℃, 메탄 : 2760℃

27 교류 아크 용접기에 비해 직류 아크 용접기에 관한 설명으로 올바른 것은?

① 구조가 간단하다.
② 아크 안정성이 떨어진다.
③ 감전의 위험이 많다.
④ 극성의 변화가 가능하다.

> 직류와 교류 아크 용접기의 비교

구분	직류 용접기	교유 용접기
아크 안정성	우수	약간 떨어짐
극성 변화	가능	불가능
자기 쏠림 방지	불가능	가능
무부하 전압	40~60V	70~80V
감전 위험	적음	많음
구조	복잡함	간단함
역률	매우 양호	불량
가격	비쌈	저렴

28 가스용접시 모재의 두께가 3.2mm일 때 용접봉의 지름(mm)으로 가장 적당한 것은?

① 1.2 ② 2.6

③ 3.5   ④ 4.0

🔍 용접봉의 지름(mm)
용접봉의 지름(D) = $\frac{t}{2}$ + 1
∴ D = $\frac{3.2}{2}$ + 1 = 2.6mm

29 피복 아크 용접봉의 용융속도를 결정하는 식은?

① 용융속도 = 아크전류 × 용접봉 쪽 전압강하
② 용융속도 = 아크전류 × 모재 쪽 전압강하
③ 용융속도 = 아크전압 × 용접봉 쪽 전압강하
④ 용융속도 = 아크전압 × 모재 쪽 전압강하

🔍 용융속도(melting rate)
• 단위 시간당 소비되는 용접봉의 길이 또는 무게
• 용융속도 = 아크전류 × 용접봉 쪽 전압강하

30 내용적 33.7ℓ의 산소병에 150kgf/cm²의 압력이 게이지에 표시되었다면 산소병에 들어있는 산소량은 몇 ℓ인가?

① 3400   ② 5055
③ 4700   ④ 4800

🔍 산소량 = 내용적 × 게이지 압력 = 33.7 × 150 = 5055

31 아세틸렌은 각종 액체에 잘 용해된다. 그러면 1기압 아세톤은 2ℓ에는 몇 ℓ의 아세틸렌이 용해되는가?

① 2   ② 10
③ 25   ④ 50

🔍 15℃, 1기압에서 아세틸렌은 물에는 1.1배, 석유에는 2배, 벤젠에는 4배, 알코올에는 6배, 아세톤에는 25배가 용해된다.

32 아크에어 가우징의 작업 능률은 치핑이나, 그라인딩 또는 가스 가우징보다 몇 배 정도 높은가?

① 10~12배   ② 8~9배
③ 5~6배   ④ 2~3배

🔍 아크 에어 가우징의 작업 능률은 가스 가우징보다 2~3배 높다.

33 용접 열원에 기계적 에너지를 사용하는 용접법은?

① 초음파 용접
② 고주파 용접
③ 전자빔 용접
④ 레이저빔 용접

🔍 용접 열원
• 가스 에너지 : 가연성 가스와 지연성 가스를 적당히 혼합 연소시 발생하는 열을 이용하는 것으로 얇은 판이나 비철 금속의 용접에 주로 이용된다.
• 전기 에너지 : 모재와 전극 사이에 아크열 또는 전기 저항열을 이용하는 방법으로 용접 작업에서의 주된 에너지원이다.
• 기계적 에너지 : 기계적 압력, 마찰, 진동에 의한 열을 이용하는 용접방식으로 마찰 압접, 초음파 용접, 냉간 압접 등이 이에 속한다.

34 피복 아크 용접봉의 용접부 보호방식에 의한 분류에 속하지 않는 것은?

① 슬래그 생성식
② 가스 발생식
③ 아크 발생식
④ 반가스 발생식

🔍 보호방식에는 슬래그 생성식, 가스 생성식, 반가스 생성식이 있다.

35 특수 절단 및 가스 가공 방법인 아닌 것은?

① 수중절단   ② 스카핑
③ 치핑   ④ 가스 가우징

🔍 치핑(chipping)이란 어느 정도 마무리가 된 금속 제품의 갈라진 틈이나 표면의 결점 등을 제거하는 작업을 말한다.

36 교류전원이 없는 옥외 장소에서 사용하는데 가장 적합한 직류 아크 용접기는?

① 정류기형   ② 가동 철심형
③ 엔진 구동형   ④ 전동 발전형

🔍 옥외나 교류전원이 없는 장소에 가능한 것은 엔진 구동형이다.

37 산소-아세틸렌 가스로 두께가 25mm 이하인 연강판을 산소절단 할 때 차광번호로 가장 적합한 것은?

① 10~12
② 7~8
③ 3~4
④ 12~14

🔍 용도에 따른 차광번호

용도		토치	차광번호
연납땜		공기-아세틸렌	2
경납땜		산소-아세틸렌	3~4
가스 용접	3.2mm 이하	–	4~5
	3.2~12.7mm	–	5~6
	12.7mm 이상	–	6~8

38 가스 용접에서 전진법과 비교한 후진법의 특징 설명으로 옳은 것은?

① 용접속도가 느리다.
② 홈 각도가 크다
③ 용접가능 판 두께가 두껍다.
④ 용접변형이 크다.

🔍 전진법과 후진법 비교

구분	전진법	후진법
열 이용률	나쁨	좋음
용접 속도	느림	빠름
비드 모양	보기 좋음	매끈하지 못함
홈 각도	큼	작음
용접 변형	큼	작음
용접가능 판 두께	얇음(5mm까지)	두꺼움
용착금속의 냉각	급랭	서랭
용착금속의 조직	거칠어짐	미세함
산화 정도	심함	약함

39 가스절단에서 절단용 산소 중에 불순물이 증가하면 나타나는 결과가 아닌 것은?

① 절단면이 거칠어 진다.
② 절단속도가 늦어진다.
③ 슬래그의 이탈성이 나빠진다.
④ 산소의 소비량이 적어진다.

🔍 절단 산소 중에 불순물 증가시 절단속도가 늦어지고, 절단면이 거칠고 산소 소비량이 많아지며 슬래그의 이탈성이 나빠지고 절단 홈의 폭이 넓어진다.

40 탄소 공구강 및 일반 공구재료의 구비조건 중 틀린 것은?

① 상온 및 고온경도가 클 것
② 내마모성이 클 것
③ 강인성 및 내충격성이 작을 것
④ 가공 및 열처리성이 양호할 것

🔍 강인성 및 내충격성이 커야 한다.

41 두랄루민(duralumin)의 성분 재료로 맞는 것은?

① Al, Cu, Mg, Mn
② Al, Cu, Fe, Si
③ Al, Fe, Si, Mg
④ Al, Cu, Mn, Pb

🔍 두랄루민은 단조용 알루미늄 합금의 대표로 불순물로 규소가 함유되어 있으며 고온에서 물로 급랭하여 시효경화시켜 강인성을 얻는다.

42 기본열처리 방법의 목적을 설명한 것으로 틀린 것은?

① 담금질 – 급랭시켜 재질을 경화시킨다.
② 풀림 – 재질을 연하고 균일화하게 한다.
③ 뜨임 – 담금질된 것에 취성을 부여한다.
④ 불림 – 소재를 일정온도에서 가열 후, 공랭시켜 표준화 한다.

🔍 뜨임(tempering)은 담금질한 강의 강인성을 부여하기 위해 담금질된 강을 A1 변태점 이하로 가열 후 냉각시켜 담금질로 인한 취성을 제거하고 경도를 떨어뜨려 강인성을 증가시키기 위한 열처리를 말한다.

43 구리와 구리 합금이 다른 금속에 비하여 우수한 점이 아닌 것은?

① 전기 및 열 전도율이 높다.
② 연하고 전연성이 좋아 가공하기 쉽다.

③ 철강보다 비중이 낮아 가볍다.
④ 철강에 비해 내식성이 좋다.

> 구리의 비중은 8.96으로 철강보다 높다.

44 주강의 특성을 설명한 것으로 틀린 것은?

① 유동성이 나쁘다.
② 주조시의 수축이 적다.
③ 고온 인장강도가 낮다.
④ 표피 및 그 인접부위의 품질이 양호하다.

> 주강은 주철보다 기계적 성질이 우수해 강도를 필요로 하는 부품에 사용되며 용융점이 높아 주조하기 힘들고 대량 생산에 적합하다.

45 마그네슘 합금의 성질 및 특징을 나타낸 것으로 적당하지 않은 것은?

① 비강도가 크고, 냉간가공이 거의 불가능하다.
② 인장강도, 연신율, 충격값이 두랄루민보다 적다.
③ 피절삭성이 좋으며, 부품의 무게 경감에 큰 효과가 있다.
④ 바닷물에 접촉하여도 침식되지 않는다.

> 마그네슘은 알칼리에는 강하지만 산이나 염류에는 침식된다.

46 냉간가공의 특징을 설명한 것으로 틀린 것은?

① 제품의 표면이 미려하다.
② 제품의 치수 정도가 좋다.
③ 가공경화에 의한 강도가 낮아진다.
④ 가공공수가 적어 가공비가 적게 든다.

> 냉간 가공 시 인장강도, 경도, 피로강도는 증가하고 연신율, 전연성은 감소한다.

47 산소-아세틸렌 가스를 사용하여 담금질성이 있는 강재의 표면만을 경화시키는 방법은?

① 화염 경화법   ② 질화법
③ 고주파 경화법   ④ 가스 침탄법

> 화염 경화법은 화염으로 표면만 가열 냉각하여 경화시키는 방법으로 경화층 깊이는 불꽃온도, 가열시간, 불꽃 이동 속도로 조정한다.

48 주로 전자기 재료로 사용되는 Ni-Fe 합금이 아닌 것은?

① 인바
② 슈퍼인바
③ 콘스탄탄
④ 플라티나이트

> 콘스탄탄은 Ni-Cu 합금으로 전기저항이 크고 온도계수가 작아 전기 저항선, 열전쌍으로 많이 사용된다.

49 오스테나이트계 스테인리스강 용접시 유의해야 할 사항이 아닌 것은?

① 아크를 중단하기 전에 크레이터 처리를 한다.
② 아크 길이를 길게 유지한다.
③ 낮은 전류로 용접하여 용접 입열을 억제한다.
④ 용접봉은 가급적 모재의 재질과 동일한 것을 사용한다.

> 아크 길이를 너무 길게 하면 언더컷의 발생 원인이 된다.

50 가단주철은 주조성이 우수한 백선주물을 만들고 열처리함으로써 강인한 조직과 단조를 가능케 한 주철인데 그 종류가 아닌 것은?

① 백심가단주철
② 펄라이트 가단주철
③ 특수가단주철
④ 오스테나이트 가단주철

> 가단주철은 백주철을 풀림처리하여 탈탄 또는 흑연화에 의하여 가단성을 준 것으로 흑심가단주철, 백심가단주철, 펄라이트 가단주철이 있다.

51 그림과 같은 용접도시기호를 올바르게 해석한 것은?

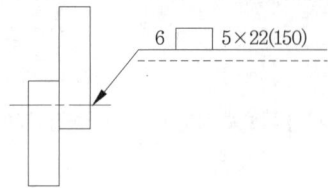

① 슬롯 용접의 용접 수 22
② 슬롯의 너비 6mm, 용접길이 22mm
③ 슬롯 용접 루트간격 6mm, 폭 150mm
④ 슬롯의 너비 5mm, 피치 22mm

- 6 : 슬롯의 너비 6mm
- 5 : 슬롯 용접수 5개
- ☐ : 슬롯 또는 플러그 용접
- 22 : 용접 길이 22mm
- (150) : 슬롯 용접의 간격(피치) 150mm

52 보기 입체도에서 화살표 방향 투상도로 적합한 것은?

53 다음 중 머리부를 포함한 리벳의 전체 길이로 리벳 호칭길이를 나타내는 것은?

① 얇은 납작머리 리벳
② 접시머리 리벳
③ 둥근머리 리벳
④ 냄비머리 리벳

- 리벳의 크기 표시
  - 머리 부분을 제외한 길이 : 둥근머리 리벳, 납작머리 리벳, 냄비머리 리벳
  - 머리 부분을 포함한 전체 길이 : 접시머리 리벳

54 기계제도에서 사용하는 선의 용도에 따라 사용하는 선의 종류가 틀린 것은?

① 외형선 : 가는 실선
② 피치선 : 가는 1점 쇄선
③ 중심선 : 가는 1점 쇄선
④ 숨은선 : 가는 파선 또는 굵은 파선

- 외형선은 굵은 실선이다.

55 용접부의 보조기호에서 제거 가능한 이면 판재를 사용하는 경우 표시 기호는?

- ① : 영구적인 이면판재 사용, ③ : 제거 가능한 이면판재 사용

56 그림과 같은 입체도에서 화살표 방향이 정면일 때 3각법으로 올바르게 투상한 것은?

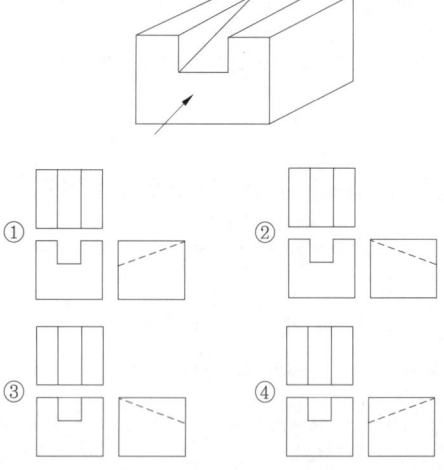

57 모서리나 중심축에 평행선을 그어 전개하는 방법으로 주로 각기둥이나 원기둥을 전개하는데 가장 적합한 전개도법의 종류는?

① 삼각형을 이용한 전개도법
② 평행선을 이용한 전개도법
③ 방사선을 이용한 전개도법
④ 사다리꼴을 이용한 전개도법

58 원호의 길이 42mm를 나타낸 것으로 옳은 것은?

59 3개의 좌표축의 투상이 서로 120°가 되는 축측 투상으로 평면, 측면, 정면을 하나의 투상면 위에 동시에 볼 수 있도록 그려진 투상법은?

① 등각 투상법
② 국부 투상법
③ 정 투상법
④ 경사 투상법

🔍 등각투상도 : 물체의 세면을 동시에 볼 수 있도록 그리는 제도기법이다. 직각으로 만나는 3개의 모서리가 각각 120°를 이룬다.

60 도면에서 표제란의 투상법란에 그림과 같은 투상법 기호로 표시되는 경우 몇 각법 기호인가?

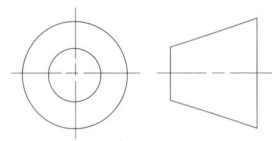

① 1각법
② 2각법
③ 3각법
④ 4각법

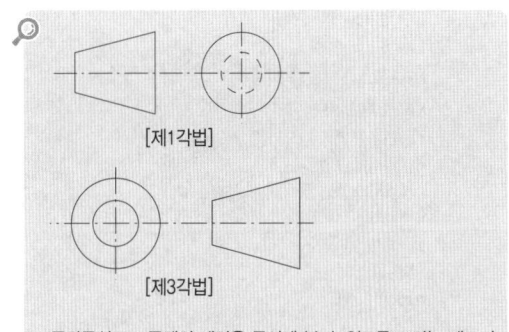

[제1각법]

[제3각법]

등각투상도 : 물체의 세면을 동시에 볼 수 있도록 그리는 제도기법이다. 직각으로 만나는 3개의 모서리가 각각 120°를 이룬다.

정답 적중모의고사 2회

01 ①	02 ①	03 ④	04 ①	05 ③
06 ④	07 ①	08 ③	09 ④	10 ③
11 ①	12 ②	13 ②	14 ①	15 ①
16 ②	17 ④	18 ②	19 ②	20 ②
21 ①	22 ④	23 ②	24 ①	25 ④
26 ①	27 ④	28 ②	29 ①	30 ②
31 ④	32 ③	33 ①	34 ③	35 ③
36 ③	37 ③	38 ③	39 ④	40 ③
41 ①	42 ③	43 ③	44 ②	45 ④
46 ③	47 ①	48 ③	49 ③	50 ④
51 ②	52 ②	53 ②	54 ①	55 ③
56 ④	57 ②	58 ④	59 ①	60 ③

3회 CBT 대비 적중모의고사

01 산소용기의 각인에 포함되지 않는 사항은?

① 내압시험압력
② 최고충전압력
③ 내용적
④ 용기의 도색 색채

> 산소용기 각인 내용
> • 용기제조자의 명칭
> • 충전가스 명칭
> • 내압시험 년월일
> • 제조자의 용기번호 및 제조번호
> • 내압시험압력[TP]
> • 최고충전압력[FP]
> • 내용적
> • 용기의 중량(W)

02 다음 중 피복제의 역할이 아닌 것은?

① 용적을 굵게 하여 스패터의 발생을 많게 한다.
② 중성 또는 환원성 분의기를 만들어 질화, 산화 등의 해를 방지한다.
③ 용착금속의 탈산 정련 작용을 한다.
④ 아크를 안정하게 한다.

> 슬래그가 되어 용착금속의 급랭을 막아 조직을 좋게 하고 아크를 안정시켜 스패터 발생을 적게 한다.

03 피복 아크 용접에서 전기가 없는 곳에서 사용할 수 있는 용접기는?

① 정류기형 직류 아크 용접기
② 엔진 구동형 용접기
③ AC-DC 아크 용접기
④ 가포화리액터형 교류 아크 용접기

> 교류전원이 없는 옥외 장소에서 사용하는데 가장 적합한 직류 아크 용접기는 엔진 구동형 용접이다.

04 가스용접에서 용제(flux)를 사용하는 이유는?

① 산화작용 및 질화작용을 도와 용착금속의 조직을 미세화하기 위해
② 모재의 용융속도를 낮게 하여 가스 소비량을 적게 하기 위해
③ 용접봉의 용융속도를 느리게 하여 용접봉 소모를 적게 하기 위해
④ 용접 중에 생기는 금속의 산화물 또는 비금속 개재물을 용해하여 용착금속의 성질을 양호하게 하기 위해

> 용제(flux)는 분말상의 입자로서 광물성 물질을 가공하여 만들며, 아크의 안정, 아크의 주변 실드, 화학적 금속 반응으로서의 정련작용, 합금 첨가 작용 등의 역할을 한다.

05 용접기의 전원 스위치를 넣기 전 점검사항 중 가장 관계가 먼 것은?

① 용접기의 케이스에 접지선이 연결되어 있는지 점검한다.
② 회전부나 마찰부에 윤활유가 알맞게 주유되어 있는지 점검한다.
③ 케이블이 손상된 곳은 은박테이프로 감아 보호를 하여 사용한다.
④ 홀더의 파손여부를 점검하고 작업장 주위의 작업위험 요소가 없는지 확인한다.

> 케이블이 손상된 곳은 절연테이프로 감아 보호하여 사용한다.

06 용접기의 아크 발생을 8분간 하고 2분간 쉬었다면 사용률은 몇 %인가?

① 25
② 40
③ 65
④ 80

🔍 사용률 = 아크발생시간 / (아크발생시간 + 정지시간) × 100
= 8 / (2 + 8) × 100 = 80

07 전격방지기는 아크를 끊음과 동시에 자동적으로 릴레이가 차단되어 용접기의 2차 무부하 전압을 몇 V 이하로 유지시키는가?

① 20~30V
② 35~45V
③ 50~60V
④ 65~75V

🔍 전격방지기는 출력 측의 무부하 전압을 1.5초 이내에 30V 이하로 떨어뜨리는 감전방지용 안전장치이다.

08 산소 아크 절단을 가스 절단과 비교할 때 장점이 아닌 것은?

① 변형이 적다.
② 절단속도가 빠르다.
③ 수중 해체 작업에 이용된다.
④ 절단면이 정밀하다.

🔍 산소 아크 절단은 직류 정극성이나 교류를 사용하며, 가스 절단에 비해 절단면이 거칠다.

09 수동 아크 용접기의 특성으로 옳은 것은?

① 수하 특성인 동시에 정전압 특성
② 상승 특성인 동시에 정전류 특성
③ 수하 특성인 동시에 정전류 특성
④ 복합 특성인 동시에 정전압 특성

🔍 수동 아크 용접기는 부하(아크) 전류가 증가하면 단자 전압이 저하되는 수하 특성, 아크 길이에 따라 전압이 변동하여도 아크 전류는 변하지 않는 정전류 특성을 갖는다.

10 가스용접에서 탄화불꽃의 설명과 관련이 가장 적은 것은?

① 표준불꽃이다.
② 아세틸렌 과잉불꽃이다.
③ 속불꽃과 겉불꽃 사이에 밝은 백색의 제 3불꽃이 있다.
④ 산화작용이 일어나지 않는다.

🔍 표준불꽃은 중성불꽃으로 산소와 아세틸렌가스의 용적비가 1:1로 혼합될 때 얻어지는 불꽃이다.

11 LP 가스의 특성 설명으로 가장 관계가 없는 것은?

① 연소시 많은 공기가 필요하다.
② 연소시 발열량이 크다.
③ 액화하기 어렵고 수송이 편리하다.
④ 안전도가 높고 관리가 쉽다.

🔍 LP가스는 기화 및 액화가 용이하고, 액화하면 부피가 줄어들기 때문에 수송 및 저장도 용이하다.

12 금속과 금속을 충분히 접근시키면 그들 사이에 원자간의 인력이 작용하여 서로 결합한다. 이 결합을 이루기 위해서는 원자들을 몇 cm 정도까지 접근시켜야 하는가?

① $1Å = 10^{-7}$cm
② $1Å = 10^{-8}$cm
③ $1Å = 10^{-6}$cm
④ $1Å = 10^{-9}$cm

🔍 금속 원자가 인력에 의하여 접합할 수 있는 원자간의 거리는 1Å ($1Å = 10^{-8}$cm)이다.

13 가스 절단과 비슷한 토치를 사용하여 강재의 표면에 U형, H형의 용접홈을 가공하기 위한 가공법은?

① 산소창 절단
② 선삭
③ 가스 가우징
④ 천공

🔍 가스 가우징은 강재의 표면에 둥근 홈을 파내는 것으로 "둥근 홈파내기 작업"이라고도 한다.

14 산소-프로판 가스용접 작업에서 산소와 프로판 가스의 최적 혼합비는?

① 프로판 1 : 산소 2.5
② 프로판 1 : 산소 4.5
③ 프로판 2.5 : 산소 1
④ 프로판 4.5 : 산소 1

15 단위 시간당 소비되는 용접봉의 길이 또는 무게로 나타내는 것은?

① 용접속도　　② 용융속도
③ 용착속도　　④ 용접전류

🔍 단위 시간당 소비되는 용접봉의 길이 또는 무게를 용융속도라 한다.

16 가스 용접시 토치의 팁이 막혔을 때 조치 방법으로 가장 올바른 것은?

① 팁 클리너를 사용한다.
② 내화벽돌 위에 가볍게 문지른다.
③ 철판 위에 가볍게 문지른다.
④ 줄칼로 부착물을 제거한다.

🔍 팁 클리너를 사용하여 팁을 청소한다.

17 연강판의 두께가 6mm인 경우 사용할 가스용접봉의 지름은 몇 mm인가?

① 1.0　　② 1.6
③ 2.6　　④ 4.0

🔍 용접봉지름 $= \dfrac{판두께}{2} + 1 = \dfrac{6}{2} + 1 = 4$

18 구리판이 전기 저항용접이 어려운 이유로 가장 적합한 것은?

① 용융점이 높기 때문이다.
② 열전도와 열팽창 계수가 높기 때문이다.
③ 표면에 산화막이 형성되어 있기 때문이다.
④ 비자성체로 되어 있기 때문이다.

🔍 열전도 높고 열팽창계수가 큰 은, 구리, 금, 알루미늄 등은 일반 용접법으로는 용접이 곤란하다.

19 금속 표면에 스텔라이트나 경합금 등의 금속을 용착시켜 표면 경화층을 만드는 법은?

① 하드 페이싱　　② 고주파 경화법
③ 숏 피닝　　　　④ 화염 경화법

🔍 하드 페이싱은 금속 표면에 스텔라이트 등을 용착시켜 표면 경화층을 생성한다.

20 니켈과 구리 합금으로 온도 측정용, 전기 저항선으로 쓰이는 합금은?

① 콘스탄탄　　② 니켈로이
③ 퍼멀로이　　④ 플래티나이트

🔍 콘스탄탄은 구리 55% + 니켈 45%의 합금으로 열전대용, 전기 저항선에 사용한다.

21 질화용 강으로 만들기 위하여 중탄소강에 합금 원소를 첨가시키는데 질화를 촉진시켜 주기 위해 첨가하는 원소가 아닌 것은?

① 니켈(Ni)　　② 알루미늄(Al)
③ 크롬(Cr)　　④ 몰리브덴(Mo)

22 탄소강 중에 함유되어 있는 대표적인 5대 원소는?

① Mn, S, P, H_2, Si　　② C, P, S, Si, Mn
③ Si, C, Ni, Cr, Mo　　④ P, S, Si, Ni, O_2

23 불림(normalizing)에 의해서 얻는 조직으로 가장 관계가 있는 것은?

① 일반조직　　② 표준조직
③ 유상조직　　④ 항온열처리조직

🔍 불림(노멀라이징) 과정을 통해 조직의 균일화 및 표준화, 잔류 응력의 제거를 위해 공기 중 공랭하여 미세한 소르바이트 조직을 얻는다.

24 보통 주철에 합금원소를 첨가하여 강도, 내마모성, 내열성 등의 성질을 개량한 주철을 무엇이라 하는가?

① 고급주철 또는 크롬주철이라고 한다.
② 흑연주철 또는 강력주철이라고 한다.
③ 합금주철 또는 특수주철이라고 한다.
④ 회주철 또는 가단주철이라고 한다

25 면심입방격자(FCC)에 속하는 금속이 아닌 것은?

① 크롬(Cr) ② 구리(Cu)
③ 납(Pb) ④ 니켈(Ni)

> • 면심입방격자 : 알루미늄, 은, 납, 구리, 니켈 등
> • 체심입방격자 : 크롬, 텅스텐, 나트륨 등
> • 조밀육방격자 : 마그네슘, 아연, 티탄, 카드뮴 등

26 스테인리스 강을 금속 조직학상으로 분류할 때 속하지 않는 것은?

① 페라이트계 ② 펄라이트계
③ 마텐자이트계 ④ 오스테나이트계

> 스테인리스강의 종류 : 마텐자이트계, 페라이트계, 오스테나이트계

27 저탄소강에 18%의 크롬과 8% 니켈이 합금된 18-8형 스테인리스 강의 조직은?

① 페라이트 ② 마르텐자이트
③ 오스테나이트 ④ 펄라이트

28 Cr 10~11%, Co 26~58%, Ni 10~16%와 Fe의 합금으로 온도변화에 대한 탄성율이 극히 적어 기상관측용 기구의 부품에 주로 사용되는 강은?

① 초인바 ② 엘린바
③ 인바 ④ 코엘린바

> 코엘린바(Coelinvar)는 엘린바에 코발트(Co)를 첨가한 것으로 탄성율이 극히 적어 기상관측용 기구의 부품에 주로 사용된다.

29 심 용접에서 사용하는 통전 방법이 아닌 것은?

① 포일 통전법 ② 단속 통전법
③ 연속 통전법 ④ 맥동 통전법

> 심용접은 수밀, 기밀이 요구되는 액체와 기체를 넣는 용기를 제작하는데 사용되며, 통전방법에는 단속, 연속, 맥동 통전법이 있다.

30 용제(flux)가 필요한 용접봉은?

① MIG 용접
② 원자수소 용접
③ CO_2 용접
④ 서브머지드 아크 용접

> 서브머지드 아크 용접은 모재 표면 위에 미리 미세한 입상의 용제를 살포하여 두고 이 용제 속에 용접봉을 꽂아 넣어 용접하는 자동 아크용접법이다.

31 일반적으로 연납땜과 경납땜의 구분온도는 몇 ℃인가?

① 350
② 450
③ 550
④ 650

> 450℃보다 높으면 경납땜, 낮으면 연납땜이라 한다.

32 사람이 몸에 얼마 이상의 전류가 흐르면 심장마비를 일으켜 사망할 위험이 있는가?

① 50mA 이상
② 30mA 이상
③ 20mA 이상
④ 10mA 이상

> 일반적으로 심실세동에 이를 수 있는 상용주파교류의 감전전류 크기는 50mA~100mA 수준이다.

33 피복 아크 용접에서 용입 불량의 방지대책으로 틀린 것은?

① 용접봉의 선택을 잘한다.
② 적정 용접전류를 선택한다.
③ 용접 속도를 빠르지 않게 한다.
④ 루트 간격 및 홈 각도를 적게 한다.

> 루트 간격 및 치수를 크게 해야 용입불량을 방지할 수 있다.

34 아세틸렌(C_2H_2) 가스의 폭발성에 해당되지 않는 것은?

① 406~408℃가 되면 자연발화한다.
② 마찰, 진동, 충격 등의 외력이 작용하면 폭발위험이 있다.
③ 은, 수은 등과 접촉하면 이들과 화합하여 120℃ 부근에서 폭발성이 있는 화합물을 생성한다.
④ 아세틸렌 85%, 산소 15% 부근에서 가장 폭발위험이 크다.

🔍 산소 85%, 아세틸렌 15% 부근에서 가장 폭발위험이 크다.

35 반자동 CO_2 가스 아크 편면 용접시 뒷댐 재료로 가장 많이 사용되는 것은?

① 세라믹 제품　② CO_2 가스
③ 테프론 테이프　④ 알루미늄 판재

🔍 뒷댐재에는 구리 뒷댐재, 글라스 테이프, 세라믹 제품 등이 있으나 일반적인 뒷댐재에는 세라믹 제품이 주로 사용되고 홈의 형상이나 재료의 두께에 따라 다양한 모양의 뒷댐재가 사용되고 있다.

36 일렉트로 슬래그 용접법의 장점이 아닌 것은?

① 용접 시간이 단축되어 능률적이고 경제적이다.
② 후판 강재 용접에 적합하다.
③ 특별한 홈 가공이 필요로 하지 않는다.
④ 냉각속도가 빠르고 고온균열이 발생한다.

🔍 장점으로 냉각속도가 느리므로 기공 및 슬래그 섞임이 없고 고온 균열도 발생하지 않는다.

37 용접 전 꼭 확인해야 할 사항이 아닌 것은?

① 예열, 후열의 필요성 여부를 검토한다.
② 용접전류, 용접순서, 용접조건을 미리 정해둔다.
③ 사용재료 및 용접 후의 모재의 변형 등을 몰라도 된다.
④ 이음부에 페인트, 기름, 녹 등의 불순물을 제거한다.

38 맞대기 이음에서 판두께 10mm, 용접선의 길이 200mm, 하중 9000kgf에 대한 인장응력은?

① $4.5kgf/mm^2$　② $3.5kgf/mm^2$
③ $2.5kgf/mm^2$　④ $1.5kgf/mm^2$

🔍 $\dfrac{9000}{10 \times 200} = 4.5$

39 모재의 열팽창 계수에 따른 용접성에 대한 설명으로 옳은 것은?

① 열팽창 계수가 작을수록 용접하기 쉽다.
② 열팽챙 계수가 높을수록 용접하기 쉽다.
③ 열팽창 계수와는 관련이 없다.
④ 열팽창 계수가 높을수록 용접 후 급냉해도 무방하다.

🔍 열팽창 계수가 작을수록 용접성이 우수하며, 열팽창 계수가 크면 변형의 가능성이 커진다.

40 불활성 가스 금속아크 용접의 용적이행 방식 중 용융이행 상태는 아크기류 중에서 용가재가 고속으로 용융, 미입자의 용적으로 분사되어 모재에 용착되는 용적이행은?

① 용락 이행
② 단락 이행
③ 스프레이 이행
④ 글로뷸러 이행

🔍 스프레이형(분무형)은 스패터가 거의 없고 용착 속도가 빠르고 용입이 깊기 때문에 가장 많이 사용된다.

41 내식성을 필요로 하며 고도의 기밀, 유밀을 필요로 하는 내압용기 제작에 가장 적당한 용접법은?

① 아크 스터드 용접
② 일렉트로 슬래그 용접
③ 원자 수소 아크 용접
④ 아크 점용접

42 피복아크 용접에서 스패터가 많이 발생하는 원인과 가장 관계가 없는 것은?

① 굵은 용접봉을 사용한다.
② 전류가 너무 높다.
③ 아크 길이가 너무 길다.
④ 수분이 많은 봉을 사용한다.

🔍 스패터와 용접봉 굵기하고는 상관없다.

43 일반적으로 가스 폭발을 방지하기 위한 예방대책 중 제일 먼저 조치를 취하여야 할 것은?

① 방화수 준비
② 가스 누설의 방지
③ 착화의 원인 제거
④ 배관의 강도 증가

🔍 가스 폭발은 가연성 가스가 산소 또는 공기와 혼합하여 점화되면서 빛과 열을 발생시키는 것으로 가스 누설의 방지가 첫번째 예방대책이다.

44 모재의 홈 가공을 U형으로 했을 경우 엔드탭은 어떤 조건으로 하는 것이 가장 좋은가?

① I형 홈 가공으로 한다.
② X형 홈 가공으로 한다.
③ U형 홈 가공으로 한다.
④ 홈 가공이 필요 없다.

🔍 엔드탭은 모재의 홈 가공과 같은 조건으로 한다.

45 용접부의 시험법 중 비파괴 시험법에 해당하는 것은?

① 경도시험
② 누설시험
③ 부식시험
④ 피로시험

🔍 비파괴 시험에는 외관, 누설, 침투, 형광, 음향, 초음파, 자기적, 와류, 방사선 투과, 천공시험이 있다.

46 MIG 알루미늄 용접을 그 용적 이행 형태에 따라 분류할 때 해당되지 않는 용접법은?

① 단락 아크 용접
② 스프레이 아크 용접
③ 펄스 아크 용접
④ 저전압 아크 용접

47 아크 용접기의 사용에 대한 설명으로 틀린 것은?

① 전격방지기가 부착된 용접기를 사용한다.
② 용접기 케이스는 접지를 확시히 해 둔다.
③ 무부하 전압이 높은 용접기를 사용한다.
④ 사용율를 초과하여 사용하지 않는다.

🔍 무부하 전압이 낮은 용접기를 사용해야 한다.

48 용제와 와이어가 분리되어 공급되고 아크가 용제 속에서 일어나며 잠호용접이라 불리는 용접은?

① MIG 용접
② 일렉트로 슬랙용접
③ 서브머지드 아크용접
④ 시임용접

🔍 서브머지드 아크 용접은 용접봉을 용제 속에 넣고 아크를 일으켜 용접하는 방법으로 아크가 보이지 않는 상태에서 용접이 진행된다 하여 잠호 용접, 유니언 멜트 용접, 링컨 용접이라 한다.

49 TIG 용접 및 MIG 용접에 사용되는 불활성가스로 가장 적합한 것은?

① 수소가스
② 아르곤가스
③ 산소가스
④ 질소가스

🔍 아르곤(Ar) 가스는 공기보다 약간 무거우며 무색, 무미, 무취의 독성이 없는 불활성 가스로 용접부의 보호능력이 우수하다.

50 용접부의 시험법 중 기계적 시험법이 아닌 것은?

① 인장시험
② 경도시험
③ 굽힘시험
④ 현미경시험

🔍 현미경 시험은 야금학적 시험에 포함된다.

51. 보기와 같은 KS 용접기호 설명으로 올바른 것은?

① 화살표 반대쪽 필릿용접으로 용접부의 표면 모양은 볼록하게 한다.
② 화살표 반대쪽 필릿용접으로 용접부의 표면 모양은 오목하게 한다.
③ 화살표쪽 필릿용접으로 용접부의 표면 모양은 볼록하게 한다.
④ 화살표쪽 필릿용접으로 용접부의 표면 모양은 오목하게 한다.

52. 도면에서 표제란에 표시된 NS의 뜻으로 옳은 것은?

① 스케치도가 아님을 표시
② 1:1 척도를 표시
③ 비례척이 아님을 표시
④ 도면의 종류 표시

> NS는 비례척이 아님을 나타낸다.

53. 대칭형 물체의 1/4을 잘라내어 물체의 바깥과 안쪽을 동시에 나타내는 단면 방법은?

① 온단면도
② 한쪽 단면도
③ 회전도시 단면도
④ 계단 단면도

> 한쪽 단면도는 대칭인 물체에서 1/4 부분을 절단한 것으로 가상하여 나타낸 단면도로 상하 대칭인 경우 중심선에 대하여 상부에는 단면을 하단에는 외형으로 나타내는 것이 일반적이다.

54. 보기는 제3각법의 정투상도로 나타낸 정면도 우측면도이다. 평면도로 가장 적합한 것은?

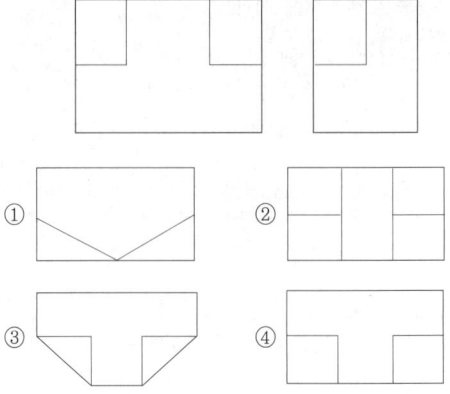

55. 그림과 같은 원뿔의 높이가 40mm, 밑면의 지름이 Ø60mm일 때 빗면의 길이는 얼마인가?

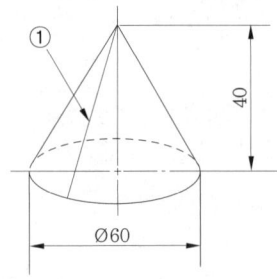

① 43mm
② 46mm
③ 50mm
④ 60mm

> 피타고라스의 정리에 따르면 직각삼각형에서 직각을 낀 두 변의 길이를 각각 a, b라하고 빗변의 길이를 c라할 때, $a^2 + b^2 = c^2$이 성립한다.
> 따라서, 빗면 길이 = $\sqrt{40^2 + 30^2} = 50$

56. 보기와 같이 제3각법으로 나타낸 정투상도에 대한 입체도로 적합한 것은?

57 다음 그림과 같이 나사산의 각도가 30° 또는 29°인 나사 명칭으로 가장 적합한 것은?

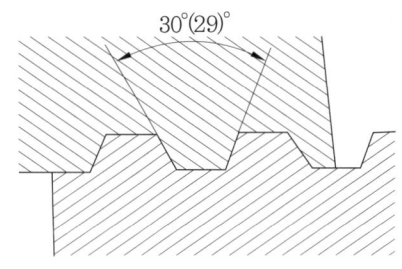

① 삼각나사 ② 사각나사
③ 사다리꼴나사 ④ 톱니나사

🔍 사다리꼴나사는 나사산의 각도가 30°인 미터계 나사와 29°인 인치계 나사(애크미 나사)의 2종류가 있으며, 공작기계의 리드 나사 등에 사용된다.

58 파이프의 접속 표시를 나타낸 것이다. 관이 접속하지 않을 때의 상태는 어느 것인가?

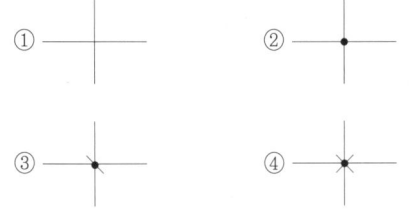

🔍 보기 중 ①항은 접속하지 않을 때, ②항은 접속하고 있을 때의 상태이다.

59 기하공차의 기호 중에서 원통도 공차의 기호는?

①   ②

③   ④ ═══

🔍 ① 진원도, ② 위치도, ③ 원통도, ④ 대칭도

60 치수기입의 원칙에 대한 설명으로 맞는 것은?

① 중요한 치수는 중복하여 기입 한다.
② 치수는 되도록 주 투상도에 집중 기입 한다.
③ 계산하여 구한 치수는 되도록 식을 같이 기입 한다.
④ 치수 중 참고 치수에 대하여는 네모 상자 안에 치수 수치를 기입한다.

🔍 • 치수는 중복 기입을 피한다.
• 치수는 되도록 계산해서 구할 필요가 없도록 기입한다.
• 치수 중 참고 치수에 대하여는 치수 수치에 괄호를 붙인다

정답 적중모의고사 3회

01 ④	02 ①	03 ②	04 ④	05 ③
06 ④	07 ①	08 ④	09 ③	10 ①
11 ③	12 ②	13 ③	14 ②	15 ②
16 ①	17 ④	18 ②	19 ①	20 ①
21 ①	22 ②	23 ②	24 ③	25 ①
26 ②	27 ③	28 ④	29 ①	30 ④
31 ②	32 ①	33 ④	34 ③	35 ①
36 ④	37 ②	38 ①	39 ①	40 ③
41 ③	42 ①	43 ②	44 ③	45 ②
46 ④	47 ②	48 ③	49 ②	50 ④
51 ①	52 ②	53 ②	54 ④	55 ③
56 ③	57 ③	58 ①	59 ③	60 ②

4회 CBT 대비 적중모의고사

01 일반적으로 많이 사용되는 용접변형 방지법이 아닌 것은?

① 비녀장법 ② 억제법
③ 도열법 ④ 역변형법

> 용접변형 방지법으로 억제법, 역변형법, 도열법, 피닝법, 롤링법, 가열법이 있다.

02 크레이터 처리 미숙으로 일어나는 결함이 아닌 것은?

① 냉각 중에 균열이 생기기 쉽다.
② 파손이나 부식의 원인이 된다.
③ 불순물과 편석이 남게 된다.
④ 용접봉의 단락 원인이 된다.

> 크레이터는 용접 중에 아크를 중단시키면 중단된 부분이 오목하거나 납작하게 파진 모습을 말한다.

03 불활성 가스 텅스텐 아크 용접의 상품 명칭에 해당되지 않는 것은?

① 헬리아크 ② 아르곤 아크
③ 헬리웰드 ④ 필러아크

> 불활성 가스 텅스텐 아크 용접법(TIG 용접)은 헬륨아크, 헬리아크, 헬리웰드, 아르곤 아크 용접법 등의 상품명으로도 불리운다.

04 금속재료 시험법과 시험목적을 설명한 것으로 틀린 것은?

① 인장시험 : 인장강도, 항복점, 연신율 계산
② 경도시험 : 외력에 대한 저항의 크기 측정
③ 굽힘시험 : 피로한도 값 측정
④ 충격시험 : 인성과 취성의 정도 조사

> 굽힘시험은 모재 및 용접부의 연성 결함 유무를 조사하기 위해 한다.

05 맞대기 용접 이음에서 최대 인장하중이 800kgf이고, 판두께가 5mm, 용접선의 길이가 20cm 일 때 용착 금속의 인장강도는 몇 kgf/mm²인가?

① 0.8
② 8
③ 80₩
④ 800

> 인장강도 $= \dfrac{800}{5 \times 200} = 0.8$

06 가스용접에서 매니폴드를 설치할 경우 고려할 사항으로 틀린 것은?

① 순간 최소사용량
② 가스용기를 교환하는 주기
③ 필요한 가스용기의 수
④ 사용량에 적합한 압력 조정기 및 안전기

07 이산화탄소 가스 아크 용접에서 아크 전압이 높을 때 비드 형상으로 맞는 것은?

① 비드가 넓어지고 납작해진다.
② 비드가 좁아지고 납작해진다.
③ 비드가 넓어지고 볼록해진다.
④ 비드가 좁아지고 볼록해진다.

> 전압이 높을 때 비드는 넓어지고 납작해진다.

08 서브머지드 아크용접 장치의 구성 부분이 아닌 것은?

① 수랭동판 ② 콘택드 팁
③ 주행대차 ④ 가이드 레일

서브머지드 아크용접 장치

09 탄산가스 아크 용접법으로 주로 용접하는 금속은?

① 연강
② 구리와 동합금
③ 스테인리스강
④ 알루미늄

> 탄산가스 아크 용접법은 불활성 가스 대신에 이산화탄소를 이용한 용극식 용접 방법으로 연강 용접에 사용된다.

10 저항용접의 종류 중에서 맞대기 용접이 아닌 것은?

① 프로젝션 용접
② 업셋 용접
③ 플래시 버트 용접
④ 퍼커션 용접

> • 겹치기 저항용접 : 점, 프로젝션, 심용접
> • 맞대기 저항용접 : 업셋, 플래시, 퍼커션, 버트 심포일 심 용접

11 용착법의 설명으로 틀린 것은?

① 한 부분에 대해 몇 층을 용접하다가 다음 부분의 층으로 연속시켜 용접하는 것이 스킵법이다.
② 잔류응력이 다소 적게 발생하고 용접 진행 방향과 용착방향이 서로 반대가 되는 방법이 후진법이다.
③ 각 층마다 전체의 길이를 용접하면서 다층용접을 하는 방식이 덧살 올림법이다.
④ 한 개의 용접봉으로 살을 붙일만한 길이로 구분해서 홈을 한 부분씩 여러 층으로 쌓아 올린 다음 다른 부분으로 진행하는 용접방법이 전진 블록법이다.

> 스킵법은 용접 길이를 짧게 나누어 놓고 간격을 두면서 용접하는 방법으로 잔류 응력을 적게 할 경우 사용한다.

12 용접 작업 중 전격방지 대책으로 틀린 것은?

① 용접기의 내부에 함부로 손을 대지 않는다.
② 홀더의 절연부분이 파손되면 보수하거나 교체한다.
③ 숙련공은 가죽장갑, 앞치마 등 보호구를 착용하지 않아도 된다.
④ 용접 작업이 끝났을 때는 반드시 스위치를 차단한다.

> 숙련공이더라도 보호구는 착용해야 한다.

13 MIG용접에서 와이어 송급 방식이 아닌 것은?

① 푸시방식
② 풀방식
③ 푸시-풀방식
④ 포운방식

> 송급방식에는 푸시식, 풀식, 푸시풀식이 있다.

14 일렉트로 가스 아크 용접에 주로 사용하는 실드 가스는?

① 아르곤 가스
② CO_2 가스
③ 프로판 가스
④ 헬륨 가스

> 일렉트로 가스 아크 용접은 일렉트로 슬래그 용접과 같이 수직 자동 용접의 일종으로 실드 가스는 주로 탄산가스를 사용한다.

15 이산화탄소 가스 아크 용접에서 용착속도에 따른 내용 중 틀린 것은?

① 와이어 용융속도는 아크 전류에 거의 정비례하며 증가한다.
② 용접속도가 빠르면 모재의 입열이 감소한다.
③ 용착물은 일반적으로 아크 전압이 높은 쪽이 좋다.
④ 와이어 용융속도는 와이어의 지름과는 거의 관계가 없다.

> 아크 길이가 길어지면 아크 전압이 높아지며, 상대적으로 용접 전류가 낮아지므로 용착률이 떨어진다.

16 용접 결함에서 치수상 결함에 속하는 것은?

① 기공   ② 슬래그 섞임
③ 변형   ④ 용접균열

> 치수상 결함에는 변형, 용접금속부 크기 및 형상 부적당이 있으며, 구조상 결함에는 기공, 용입불량, 융합불량, 언더컷, 오버랩, 균열, 표면결함, 슬래그 섞임 등이 있다.

17 용융 슬래그 속에 전극 와이어를 연속적으로 공급하여 주로 용융 슬래그의 저항열에 의하여 와이어와 모재를 용융시키는 용접은?

① 원자 수소 용접   ② 일렉트로 슬래그 용접
③ 테르밋 용접   ④ 플라스마 아크 용접

> 일렉트로 슬래그 용접은 고능률 전기용접으로 용융 슬래그 중의 저항 발열을 이용하여 용접하는 방법이다.

18 연납땜의 용제가 아닌 것은?

① 붕산   ② 염화아연
③ 염산   ④ 염화암모늄

> 연납땜 용제에는 염산, 염화암모니아, 염화아연, 수지, 인산, 목재 수지 등이 있다.

19 응급처치 구명 4단계에 해당되지 않는 것은?

① 기도 유지   ② 상처 보호
③ 환자의 이송   ④ 지혈

> 응급처치 구명 4단계 : 기도유지, 지혈, 쇼크(shock)예방, 상처보호

20 다음 그림에서 루트 간격을 표시하는 것은?

① a   ② b
③ c   ④ d

> a는 루트간격, d는 홈각도이다.

21 가스용접시 안전조치로 적절하지 않은 것은?

① 가스의 누설검사는 필요할 때만 체크하고 점검은 수돗물로 한다.
② 가스 용접 장치는 화기로부터 5m 이상 떨어진 곳에 설치해야 한다.
③ 산소병 밸브, 압력조정기, 도관, 연결부위는 기름 묻은 천으로 닦아서는 안 된다.
④ 인화성 액체 용기의 용접을 할 때는 증기 열탕물로 완전히 세척 후 통풍구멍을 개발하고 작업한다.

22 플라스마 아크 용접에서 사용되는 가스가 아닌 것은?

① 헬륨   ② 수소
③ 아르곤   ④ 암모니아

23 가스 용접에서 전진법과 비교한 후진법의 특성을 설명한 것으로 틀린 것은?

① 열 이용률이 좋다.   ② 용접속도가 빠르다.
② 용접 변형이 적다.   ④ 산화정도가 심하다.

> 후진법은 열이용률이 좋고, 용접 속도가 빠르며, 용접 변형이 적고, 산화정도가 약하고 홈각도는 적으며, 용착 금속의 냉각도는 서랭이다.

24 용접이음에 대한 특성 설명 중 옳은 것은?

① 복잡한 구조물 제작이 어렵다.
② 기밀, 수밀, 유밀성이 나쁘다.
③ 변형의 우려가 없어 시공이 용이하다.
④ 이음 효율이 높고 성능이 우수하다.

25 피복 아크 용접에서 일반적으로 용접모재에 흡수되는 열량은 용접입열의 몇 %인가?

① 40~50%   ② 50~60%
③ 75~85%   ④ 90~100%

26 아크 용접기의 구비조건으로 틀린 것은?

① 구조 및 취급이 간단해야 한다.
② 용접 중 온도상승이 커야 한다.
③ 아크 발생 및 유지가 용이하고 아크가 안정되어야 한다.
④ 역률 및 효율이 좋아야 한다.

🔍 용접 중 온도상승은 없어야 한다.

27 직류 아크 용접의 정극성에 대한 결선상태가 맞는 것은?

① 용접봉(-), 모재(+)   ② 용접봉(+), 모재(-)
③ 용접봉(-), 모재(-)   ④ 용접봉(+), 모재(+)

🔍 역극성은 용접봉(+), 모재(-)으로 모재용입이 얕고 비드폭이 넓으며, 박판, 주철, 합금강, 비철금속에 쓰인다.

28 용접 홀더 종류 중 용접봉을 잡는 부분을 제외하고는 모두 절연되어 있어 안전 홀더라고 하는 것은?

① A형   ② B형
③ C형   ④ D형

🔍 전체가 절연된 것은 A형, 손잡이 부분만 절연된 것은 B형이다.

29 가스 용접에 사용되는 연료가스의 일반적 성질 중 틀린 것은?

① 불꽃의 온도가 높아야 한다.
② 연소속도가 늦어야 한다.
③ 발열량이 커야 한다.
④ 용융금속과 화학반응을 일으키지 말아야 한다.

🔍 연소속도는 빨라야 한다.

30 피복 금속 아크 용접봉에서 피복제의 주된 역할에 대한 설명으로 틀린 것은?

① 아크를 안정시키고, 스패터의 발생을 적게 한다.
② 산화성 분위기로 대기 중의 산화, 질화 등의 해를 방지한다.
③ 용착금속의 탈산 정련 작용을 한다.
④ 전기 절연 작용을 한다.

🔍 **피복제의 역할**
- 중성 또는 환원성 분위기를 만들어 질화나 산화를 방지하고 용융금속을 보호한다.
- 아크를 안정시킨다.
- 용접을 미세화하여 용착효율을 높인다.
- 용착금속의 탈산·정련 작용을 한다.
- 용착금속에 합금 원소를 첨가한다.
- 용융점이 낮고 적당한 점성의 가벼운 슬래그를 생성한다.
- 용착 금속의 응고와 냉각속도를 느리게 한다.
- 어려운 자세의 용접작업을 쉽게 한다.
- 비드(bead) 파형을 곱게 하며 슬래그 제거도 쉽게 된다.
- 절연 작용을 한다.

31 수중 가스 절단에서 주로 사용되는 가스는?

① 아세틸렌 가스
② 도시 가스
③ 프로판 가스
④ 수소 가스

🔍 수중 가스 절단에서 주로 사용되는 가스는 수소 가스이며, 수중 절단 작업을 할 때에는 예열가스의 양을 공기 중의 4~8배로 한다.

32 탄소 아크 절단에 주로 사용되는 용접 전원은?

① 직류정극성
② 직류역극성
③ 용극성
④ 교류역극성

🔍 탄소 아크 절단은 탄소 또는 흑연 전극봉과 금속 사이에서 아크를 일으켜 금속의 일부를 용융 제거하는 절단법으로 직류정극성이 많이 사용되며 교류도 가능하다.

33 가스절단 속도와 절단산소의 순도에 관한 설명으로 옳은 것은?

① 절단속도는 절단산소의 압력이 높고 산소소비량이 많을 수록 정비례하여 증가한다.
② 절단속도는 모재의 온도가 낮을수록 고속절단이 가능하다.
③ 산소 중에 불순물이 증가되면 절단속도가 빨라진다.
④ 산소의 순도(99% 이상)가 높으면 절단속도가 느리다.

34 산소용기의 취급상 주의할 점이 아닌 것은?

① 운반 중에 충격을 주지 말 것
② 그늘진 곳을 피하여 직사광선이 드는 곳에 둘 것
③ 산소 누설시험에는 비눗물을 사용할 것
④ 산소용기의 운반시 밸브를 닫고 캡을 씌워 이동할 것

🔍 가스용기는 직사광선을 피해야 한다.

35 연강용 피복아크 용접봉의 심선에 대한 설명으로 옳지 않은 것은?

① 주로 저탄소 림드강이 사용된다.
② 탄소함량이 많은 것으로 사용한다.
③ 황이나 인등의 불순물을 적게 함유한다.
④ 규소의 양을 적게 하여 제조한다.

🔍 KS규격에 규정된 연강용 피복아크 용접봉 심선의 재질은 저탄소림드강이다.

36 부탄가스의 화학 기호로 맞는 것은?

① C_4H_{10}
② C_3H_8
③ C_5H_{12}
④ C_2H_6

🔍 ② 프로판, ③ 펜탄, ④ 에탄

37 가변압식 토치의 팁 번호가 400번을 사용하여 중성불꽃으로 1시간 동안 용접할 때, 아세틸렌가스의 소비량은 몇 리터인가?

① 400
② 800
③ 1600
④ 2400

🔍 가변압식은 프랑스식으로 팁 번호가 아세틸렌가스 소비량을 나타낸다.

38 연강판 두께 4.4mm의 모재를 가스용접 할 때 가장 적당한 가스 용접봉의 지름은 몇 mm인가?

① 1.0
② 1.6
③ 2.0
④ 3.2

🔍 용접봉지름 = $\frac{4.4}{2} + 1 = 3.2$

39 2개의 모재에 압력을 가해 접촉시킨 다음 접촉면에 상대운동을 시켜 접촉면에서 발생하는 열을 이용하여 이음 압접하는 용접법을 무엇이라 하는가?

① 초음파용접
② 냉간압접
③ 마찰용접
④ 아크용접

🔍 마찰 용접은 마찰열을 이용하여 접합부의 산화물을 녹여 내리면서 압력으로 접합하는 방식이다.

40 인장강도 70kgf/mm² 이상 용착금속에서는 다층 용접하면 용접한 층이 다음 층에 의하여 뜨임이 된다. 이때 어떤 변화가 생기는가?

① 뜨임 취화
② 뜨임 연화
③ 뜨임 조밀화
④ 뜨임 연성

41 순철의 동소체가 아닌 것은?

① α철
② β철
③ γ철
④ δ철

🔍 순철은 변태에 따라 α철, γ철, δ철 3개 동소체가 있다.

42 실용금속 중 밀도가 유연하며, 윤활성이 좋고 내식성이 우수하며 방사선의 투과도가 낮은 것이 특징인 금속은?

① 니켈(Ni)
② 아연(Zn)
③ 구리(Cu)
④ 납(Pb)

> 납(Pb)은 회백색의 금속으로 윤활성이 좋고 내식성이 우수하며, X선이나 라듐 등의 방사선 차단용으로 사용된다.

43 화염 경화법의 장점이 아닌 것은?

① 국부적인 담금질이 가능하다.
② 일반 담금질법에 비해 담금질 변형이 적다.
③ 부품의 크기나 형상에 제한이 없다.
④ 가열온도의 조절이 쉽다.

> 화염 경화법은 부품 크기와 형상에 무관하며, 설비비가 저렴하지만 가열온도 조절이 어렵다.

44 탄소강에 함유된 구리의 영향으로 틀린 것은?

① Ar1 변태점을 저하시킨다.
② 강도, 경도, 탄성한도를 증가시킨다.
③ 내식성을 저하시킨다.
④ 다량 함유하면 강재압연시 균열의 원인이 되기도 한다.

> 구리는 화학적 저항성이 커서 부식이 잘되지 않는다.

45 스테인리스강의 내식성 향상을 위해 첨가하는 가장 효과적인 원소는?

① Zn
② Sn
③ Cr
④ Mg

> 크롬(Cr)
> • 경도를 증가시킨다.
> • 흑연화를 방지한다.
> • 탄화물을 안정시킨다.
> • 내열성 및 내식성이 향상된다.

46 구리, 마그네슘, 망간, 알루미늄으로 조성된 고강도 알루미늄 합금은?

① 실루민
② Y합금
③ 두랄루민
④ 포금

> • 실루민 : Al + Si
> • Y합금 : Cu + Al + Ni + Mg
> • 두랄루민 : Cu + Al + Mg + Mn
> • 포금 : Cu + Sn + Zn

47 강괴를 용강의 탈산정도에 따라 분류할 때 해당되지 않는 것은?

① 킬드강
② 세미킬드강
③ 정련강
④ 림드강

> 탈산정도에 따른 강괴의 분류 : 킬드강, 세미 킬드강, 림드강

48 주철조직 중 흑연의 형상이 아닌 것은?

① 공정상 흑연
② 편상 흑연
③ 침상 흑연
④ 괴상 흑연

> 주철의 흑연 형상 종류에는 공정상, 편상, 괴상, 장미상, 국화상, 구상 흑연이 있다.

49 구리의 일반적인 성질 설명으로 틀린 것은?

① 체심입방정(BCC) 구조로 성형성과 단조성이 나쁘다.
② 화학적 저항력이 커서 부식되지 않는다.
③ 내산화성, 내수성, 내염수성의 특성이 있다.
④ 전기 및 열의 전도성이 우수하다.

> 구리는 면심입방격자 구조이다.

50 용접용 고장력강에 해당되지 않는 것은?

① 망간(실리콘)강   ② 몰리브덴 함유강
③ 인 함유강   ④ 주강

> 주강(SC)은 탄소강으로 수축률이 주철의 2배 정도이며, 융점(1600℃)이 높고 강도가 크나 유동성이 작다.

51 그림과 같이 제 3각법으로 정투상한 도면의 입체도로 가장 적합한 것은?

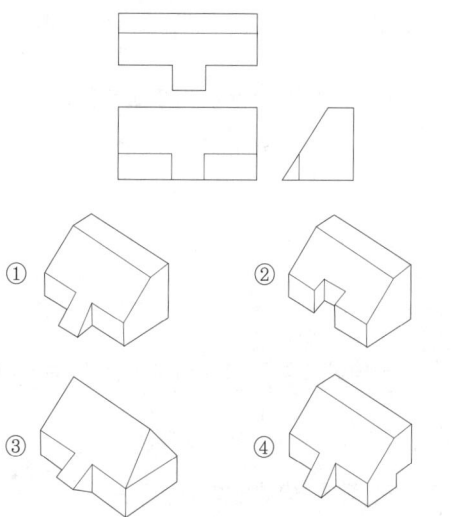

52 그림의 입체도에서 화살표 방향을 정면으로 하여 3각법으로 정투상한 도면으로 가장 적합한 것은?

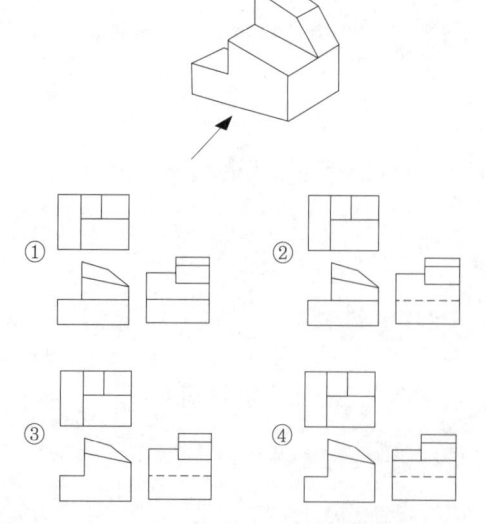

53 리벳 이음(Rivet Joint) 단면의 표시법으로 가장 올바르게 투상된 것은?

54 위쪽이 보기와 같이 경사지게 절단된 원통의 전개방법으로 가장 적당한 것은?

① 삼각형 전개법
② 방사선 전개법
③ 평행선 전개법
④ 사변형 전개법

55 보기와 같은 배관도면에 표시된 밸브는?

① 체크 밸브
② 이스케이프 밸브
③ 슬루스 밸브
④ 리프트 밸브

> 체크밸브 :   , 슬루스 밸브 :

56 KS 재료기호 SM10C에서 10C는 무엇을 뜻하는가?

① 제작방법   ② 종별 번호
③ 탄소함유량   ④ 최저인장강도

57 그림의 도면에서 리벳의 개수는?

① 12개 ② 13개
③ 25개 ④ 100개

🔍 지름 25mm인 리벳을 100mm 간격으로 13개 배치한 도면이다.

58 도면용으로 사용하는 A2 용지의 크기로 맞는 것은?(단 길이 단위는 mm이다)

① 841 × 1189 ② 594 × 841
③ 420 × 594   ④ 270 × 420

🔍 ① A0, ② A1, ③ A2, ④ A3

59 보기와 같이 도시된 용접부 형상을 표시한 KS 용접기호의 명칭으로 올바른 것은?

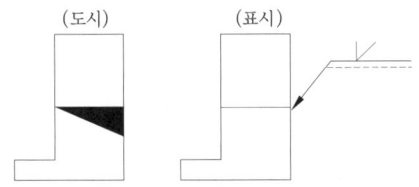

① 일면 개선형 맞대기 용접
② V형 맞대기 용접
③ 플랜지형 맞대기 용접
④ J형 이음 맞대기 용접

60 물체에 인접하는 부분을 참고로 도시할 경우에 사용하는 선은?

① 가는 실선 ② 가는 파선
③ 가는 1점 쇄선 ④ 가는 2점 쇄선

🔍 가는 2점 쇄선의 용도
- 인접 부분을 참고로 표시하는 데 사용한다.
- 공구, 지그 등의 위치를 참고로 나타내는 데 사용한다.
- 가공 부분을 이동 중의 특정한 위치 또는 이동 한계의 위치로 표시하는 데 사용한다.
- 가공 전 또는 가공 후의 모양을 표시하는 데 사용한다.
- 되풀이하는 것을 나타내는 데 사용한다.
- 도시된 단면의 앞쪽에 있는 부분을 표시하는 데 사용한다.
- 단면의 무게 중심을 연결한 선을 표시하는데 사용한다.

정답 적중모의고사 4회

01 ①	02 ④	03 ④	04 ③	05 ①
06 ①	07 ①	08 ①	09 ①	10 ①
11 ①	12 ③	13 ④	14 ②	15 ③
16 ③	17 ②	18 ①	19 ③	20 ①
21 ①	22 ④	23 ④	24 ④	25 ③
26 ②	27 ①	28 ①	29 ②	30 ②
31 ④	32 ③	33 ①	34 ③	35 ②
36 ①	37 ①	38 ④	39 ③	40 ①
41 ②	42 ④	43 ②	44 ③	45 ③
46 ③	47 ③	48 ③	49 ①	50 ④
51 ①	52 ④	53 ④	54 ③	55 ①
56 ③	57 ②	58 ③	59 ①	60 ④

5회 CBT 대비 적중모의고사

01 산소병 내용적이 40.7 리터인 용기에 100kgf/cm²로 충전되어 있다면 프랑스식 팁 100번을 사용하여 표준 불꽃으로 약 몇시간까지 용접이 가능한가?

① 약 16시간　② 약 22시간
③ 약 31시간　④ 약 40시간

> • 산소용기 총 가스량 = 내용적 × 기압
> • 사용할 수 있는 시간 = 용기 총 가스량/시간당 소비량
> • 시간 = (40.7×100)/100

02 아크에어 가우징을 할 때 압축공기의 압력은 몇 kgf/cm² 정도의 압력이 가장 좋은가?

① 0.5~1　② 3~4
③ 5~7　④ 9~10

> 아크 전압 35V, 전류 200~500A, 압축공기는 5~7kgf/cm² (4kgf/cm² 이하로 떨어지면 용융금속이 잘 불려 나가지 않는다)이다.

03 피복금속 아크 용접봉의 피복제가 연소한 후 생성된 물질이 용접부를 보존하는 방식이 아닌 것은?

① 가스 발생식　② 슬래그 생성식
③ 스프레이 발생식　④ 반가스 발생식

> 용착금속 보호 형식
> • 슬래그 생성식(무기물형) : 슬래그로 산화, 질화방지
> • 가스 발생식 : 셀룰로오스가 있고 전자세용접 용이
> • 반가스 발생식 : 슬래그 생성식과 가스 발생식 혼합

04 가스 절단에서 팁의 백심 끝과 강판사이의 간격으로 적당한 것은?

① 0.1~0.3mm　② 0.4~1.0mm
③ 1.5~2.0mm　④ 4.0~5.0mm

> 수동가스 절단시 백심과 모재 사이의 거리는 1.5~2.0mm이다.

05 피복금속 아크 용접봉의 전류밀도는 통상적으로 1mm² 단면적에 약 몇 A의 전류가 적당한가?

① 10~13
② 15~20
③ 20~25
④ 25~30

> 용접전류는 일반적으로 심선의 단면적 1mm²에 10~13A 정도로 한다.

06 가스용접에 쓰이는 수소가스에 관한 설명으로 틀린 것은?

① 부탄가스라고도 한다.
② 수중절단의 연료 가스로도 사용된다.
③ 무색, 무미, 무취의 기체이다.
④ 공업적으로 물의 전기분해에 의해 제조한다.

> 수소의 성질은 무색, 무미, 무취로 납땜이나 수중절단용으로 사용된다 물의 전기분해 및 코크스의 가스화법으로 제조한다.

07 다음 표에서 직류 용접기의 정극성과 역극성에 관하여 바르게 나타낸 것은?

구분	극성	모재	용접봉
1	정극성	+	+
2	역극성	+	−
3	정극성	−	−
4	역극성	−	+

① 1　② 2
③ 3　④ 4

> 정극성은 모재(+) 용접봉(−)
> 역극성은 모재(−) 용접봉(+)

08 수동 가스 절단기에서 저압식 절단 토치의 아세틸렌 가스 압력이 보통 kgf/cm² 이하에서 사용되는가?

① 0.07
② 0.40
③ 0.70
④ 1.40

> 토치 압력에 따라 0.07kgf/cm²일 때 저압식, 0.07~0.4kgf/cm²는 중압식으로 분류한다.

09 용접봉의 종류 중 고산화 티탄계를 나타내는 것은?

① E4301
② E4311
③ E4313
④ E4316

> • E4301(일미나이트계)   • E4303(라임티탄계)
> • E4311(고셀룰로스계)   • E4313(고산화티탄계)
> • E4316(저수소계)   • E4324(철분산화티탄계)
> • E4326(철분저수소계)   • E4327(철분산화철계)

10 직류 아크 중 전압의 분포에서 음극전압강하를 V_K 양극전압강하를 V_A 아크기둥의 전압강하를 V_p라 할 때 아크 전압 V_a는?

① $V_a = V_K + V_A + V_p$
② $V_a = V_K - V_A + V_p$
③ $V_a = V_K - V_A - V_p$
④ $V_a = V_K + V_A \times V_p$

> 아크전압은 양극전압강하, 음극전압강하, 아크기 둥전압강하의 합으로 구할 수 있고 일반적으로 아크길이가 커지면 아크 전압이 커진다.

11 가스 용접봉의 조건에 들지 않는 것은?

① 모재와 같은 재질일 것
② 불순물이 포함되어 있지 않을 것
③ 용융온도가 모재보다 낮을 것
④ 기계적 성질에 나쁜 영향을 주지 않을 것

> 가스 용접봉은 모재와 같은 재질이므로 용융온도도 같아야 한다.

12 용접기의 현장 사용에서 사용률이 40%일 때 10분을 기준으로 해서 몇 분을 아크 발생하는 것이 좋은가?

① 10분
② 6분
③ 4분
④ 2분

> • 사용률 = $\dfrac{\text{아크발생시간}}{\text{아크발생시간 + 정지시간}} \times 100$
> • 아크발생시간 = 사용률 × (아크시간 + 휴식시간)
>   = 0.4 × 10 = 4

13 교류 아크 용접기의 아크 안정을 확보하기 위하여 상용 주파의 아크 전류 외에 고전압의 고주파 전류를 중첩시키는 부속장치는?

① 전격 방지 장치
② 원격 제어 장치
③ 고주파 발생 장치
④ 저주파 발생 장치

14 스카핑의 설명으로 맞는 것은?

① 가우징에 비해 나비가 좁은 홈을 가공한다.
② 가우징 토치에 비해 능력이 작다.
③ 작업방법은 스카핑 토치를 공작물의 표면과 직각으로 한다.
④ 강재표면의 탈 탄층 또는 홈을 제거하기 위해 사용된다.

> 스카핑은 강재 표면의 탈탄층 또는 홈을 제거하기 위해 사용하는 것으로 용접 홈을 파는 가우징과 달리 표면을 얇고 넓게 깎는 것이다.

15 위빙 비드에 해당되지 않는 것은?

① 박판용접 및 홈용접의 이면비드 형성시 사용한다.
② 위빙 운동폭은 심선지름의 2~3배로 한다.
③ 크레이터 발생과 언더컷 발생이 생길 염려가 있다.
④ 용접봉은 용접진행방향으로 70~80° 좌우에 대하여 90°가 되게 한다

> 박판용접 및 홈용접의 이면비드 형성시에는 직선비드를 사용한다.

16 KS에 규정된 용접봉의 지름 치수에 해당하지 않는 것은?

① 1.0　　② 2.0
③ 3.0　　④ 4.0

🔍 용접봉의 지름은 1.6, 2, 2.6, 3.2, 4, 4.5, 5 등이 있다.

17 용해 아세틸렌 가스는 몇 ℃, 몇 kgf/cm²으로 충전하는 것이 가장 적당한가?

① 40℃, 160kgf/cm²　　② 35℃, 150kgf/cm²
③ 20℃, 30kgf/cm²　　④ 15℃, 15kgf/cm²

🔍 일반적으로 15℃, 15기압으로 충전한다.

18 공구용 재료로서 구비해야 할 조건으로 틀린 것은?

① 열처리가 용이할 것
② 내마모성이 클 것
③ 강인성이 있을 것
④ 상온 및 고온 경도가 낮을 것

🔍 공구용 재료는 고온경도, 내마모성, 강인성이 크며, 열처리가 쉬워야 한다.

19 탄소강 중에 규소(Si)가 함유되는데, 규소가 탄소강에 미치는 영향은?

① 인장강도, 탄성한계, 경도를 감소시킨다.
② 결정립을 조대화시키고 가공성을 증가시킨다.
③ 연신율과 충격값을 향상시킨다.
④ 용접성을 저하시킨다.

20 비중 4.5정도이며 가볍고 강하며 열에 잘 견디고 내식성이 강한 특징을 가지고 있으며 융점이 1670℃ 정도로 높고 스테인리스강보다도 우수한 내식성 때문에 600℃까지 고온 산화가 거의 없는 비철금속은?

① 티탄　　② 아연
③ 크롬　　④ 마그네슘

21 크롬계 스테인리스강 중 크롬을 약 18% 정도 함유한 것은?

① 시멘타이트계　　② 펄라이트계
③ 오스테나이트계　　④ 페라이트계

🔍 페라이트계로 13 크롬과 18 크롬이 있다.

22 황동의 합금명에서 6 : 4황동을 바르게 나타낸 것은?

① 레드 브라스　　② 문쯔 메탈
③ 로우 브라스　　④ 톰백

🔍 문쯔메탈이라 하며 값이 싸고 내식성이 낮고 탈아연 부식을 일으키기 쉬우나 강력하므로 기계부품용으로 많이 사용된다.

23 공정 주철의 탄소 함유량으로 가장 적합한 것은?

① 1.3% C　　② 2.3% C
③ 4.3% C　　④ 6.3% C

🔍 탄소량 4.3%를 기준으로 그 이하는 아공정 주철, 그 이상을 과공정 주철이라 한다.

24 고주파 경화법의 특징 설명으로 틀린 것은?

① 급열이나 급냉으로 인하여 재료가 변형되는 경우가 많다.
② 마텐자이트 생성에 의한 체적변화 때문에 내부 응력이 발생한다.
③ 가열시간이 짧으므로 산화 및 탈탄의 염려가 많다.
④ 경화층이 이탈되거나 담금질 균열이 생기기 쉽다.

🔍 고주파 경화법은 경화시간이 짧고 탄화물을 고용시키기가 쉽고, 가열 후 수냉하고 복잡한 형상의 소재도 쉽게 적응할 수 있다.

25 조직에 따른 구상흑연주철의 분류가 아닌 것은?

① 페라이트형　　② 펄라이트형
③ 오스테나이트형　　④ 시멘타이트형

🔍 페라이트, 펄라이트, 시멘타이트형이 있다.

26 경금속 중 순수한 알루미늄의 비중은?

① 1.74
② 2.7
③ 7.81
④ 8.89

🔍 알루미늄은 비중 2.7, 용융점은 660℃, 은백색이며 열 및 전기의 양도체이다.

27 A3 또는 Acm선보다 30~50℃ 높은 온도로 가열하고 일정시간 유지하면 균일한 오스테나이트 조직으로 되며 정지된 공기 중에서 냉각하면 미세하고 균일한 표준화된 조직을 얻을 수 있는 열처리는?

① 담금질
② 뜨임
③ 불림
④ 풀림

🔍 불림은 조직 표준화 즉 균일화하기 위해 공냉한다.

28 주강의 설명으로 틀린 것은?

① 주철로서는 강도가 부족되는 부분에 사용된다.
② 철도 차량, 조선, 기계 및 광산 구조용 재료로 사용된다.
③ 주강 제품에는 기포나 기공이 적당히 있어야 한다.
④ 탄소 함유량에 따라 저탄소, 주강, 중탄소주강, 고탄소주강으로 구분한다.

🔍 주강은 용융한 탄소강 또는 합금강을 주조 방법에 의해 만든 제품을 주강품이라 하며, 그 재질을 주강이라 한다.

29 테르밋 용접에서 미세한 알루미늄 분말과 산화철 분말의 중량비로 가장 올바른 것은?

① 1~2:1
② 3~4:1
③ 5~6:1
④ 7~8:1

🔍 테르밋은 3~4:1 중량비로 테르밋 반응에 의한 화학 반응열을 이용하여 용접한다.

30 피복 금속 아크 용접에서 용접 전류가 낮을 때 발생하는 것은?

① 오버랩
② 기공
③ 균열
④ 언더컷

🔍 오버랩은 전류가 너무 낮을 때, 용접속도가 너무 늦을 때, 용접봉의 유지 각도가 부적당할 때 생긴다.

31 불활성가스의 종류에 해당되지 않는 것은?

① 아르곤(Ar)
② 헬륨(He)
③ 네온(Ne)
④ 염소(Cl2)

🔍 불활성 가스로는 헬륨, 네온, 아르곤, 크립톤, 크세논, 라돈 등이 있다.

32 맞대기 용접 이음에서 모재의 이장강도는 45kgf/mm²이며, 용접 시험편의 인장강도가 47kgf/mm²일 때 이음효율은 약 몇 %인가?

① 104 ② 96
③ 60   ④ 69

🔍 이음효율 = $\dfrac{\text{용접 시험편 인장강도}}{\text{모재인장강도}} \times 100$
= $\dfrac{47}{45} \times 100 = 104$

33 로봇 용접의 장점에 관한 설명 중 맞지 않는 것은?

① 작업의 표준화를 이룰 수 있다.
② 복잡한 형상의 구조물에 적응하기 쉽다.
③ 반복작업이 가능하다.
④ 열악한 환경에서도 작업이 가능하다.

🔍 로봇 용접은 자동화를 통한 균일화, 정밀도 높은 제품생산, 생산성이 향상된다.

34 전기 저항 용접의 특징에 대한 설명으로 올바르지 않은 것은?

① 산화 및 변질 부분이 적다.
② 다른 금속 간의 접합이 쉽다.
③ 용제나 용접봉이 필요없다.
④ 접합 강도가 비교적 크다.

> 전기 저항 용접은 저항열로 접합부가 가열되었을 때 가압하여 접합하는 방법으로 저항 용접의 3대 요소는 용접전류, 통전시간, 가압력이며, 이종 재료 접합은 어렵다.

35 사람의 몸에 얼마 이상의 전류가 흐르면 순간적으로 사망할 위험이 있는가?

① 10mA　　② 20mA
③ 30mA　　④ 50mA

> 인체에 50mA 이상 흐르면 사망 위험이 있다.

36 용접 변형을 적게 하기 위한 방법으로 틀린 것은?

① 전공급 열량을 가능한 적게 할 것
② 용접 속도를 느리게 할 것
③ 열량이 한군데 집중하지 않도록 할 것
④ 처짐 변형의 방지에 주의할 것

> 용접 입열은 용접 속도에 반비례하고 전류, 전압에 비례하므로 속도가 늦으며 입열이 커져 변형이 커질 수 있다.

37 불활성 가스 금속 아크(MIG) 용접의 특징이 아닌 것은?

① 아크 자기 제어 특성이 있다.
② 정전압특성, 상승 특성이 있는 직류용접기이다.
③ 반자동 또는 전자동 용접기로속도가 빠르다.
④ 전류밀도가 낮아 3mm 이하 얇은 판 용접에 능률적이다.

> 불활성 가스 금속 아크 용접 장점
> • 용접조작이 간단해 손쉽게 용접이 가능하다.
> • 용접속도가 빠르고 슬랙이 없고 용접 후 처리가 필요없으며 용착 효율이 좋다.
> • 3mm 이상 후판 용접에 적당하다.

38 연납땜 중 내열성 땜납으로 주로 구리, 황동용에 사용되는 것은?

① 인동납　　② 황동납
③ 납-은납　　④ 은납

> 연납땜 중 구리와 황동에는 납-은납이 사용되고 인동납, 황동납, 은납은 경납땜이다.

39 이음 홈의 형상 중 두꺼운 판의 양면 용접을 할 수 없는 경우에 가공하는 방법으로 한쪽 용접에 의해 충분한 용입을 얻을 수 있지만 홈가공이 다소 어려운 것이 단점이 홈형상으로 가장 적합한 것은?

① I형　　② V형
③ U형　　④ J형

> 판두께가 6mm까지는 I형, 16~50mm에는 U형, 50mm 이상에는 H형 맞대기 이음에 쓰인다.

40 전기용접의 안전 작업에 위배되는 사항은?

① 용접 작업 중 용접봉은 절대로 맨손으로 취급하지 않는다.
② 물에 젖었거나 습기찬 작업복은 착용하지 않는다.
③ 규정된 안전보호구를 반드시 착용한다.
④ 용접 중 용접기 내부의 수리는 작업자가 수시로 한다.

> 용접기 수리는 전문가에 의뢰해야 한다.

41 CO_2 가스 아크 용접에서 솔리드 와이어에 비교한 복합 와이어의 특징을 설명한 것으로 틀린 것은?

① 양호한 용착금속을 얻을 수 있다.
② 스패터가 많다.
③ 아크가 안정된다.
④ 비드 외관이 깨끗하며 아름답다.

> 플럭스 코어 아크 용접은 용접부의 금속학적 성질이 향상되며, 매끄러운 비드 외관을 유지할 수 있고 비드 처짐 방지로 고전류 사용이 가능하다.

42 이산화탄소 아크용접의 특징 설명으로 틀린 것은?

① 용제를 사용하지 않아 슬래그 혼입이 없다.
② 용접 금속의 기계적, 야금적 성질이 우수하다.
③ 전류 밀도가 높아 용입이 깊고 용융속도가 빠르다.
④ 바람의 영향을 전혀 받지 않는다.

🔍 이산화탄소 아크용접은 이산화탄소 가스를 보호가스로 사용하여 용접하므로 바람이 부는 옥외에는 가스보호에 영향을 받을 수 있다.

43 용접 결함의 보수 용접에 관한 사항 중 옳지 않은 것은?

① 기공이나 슬래그 섞임은 깎아내고 재 용접한다.
② 균열부분은 균열 양단에 드릴로 정지구멍을 뚫고 규정의 홈으로 다듬질하여 재용접한다.
③ 언더컷일 경우에는 가는 용접봉을 사용하여 보수한다.
④ 오버랩은 굵은 용접봉을 사용하여 덧붙이 용접을 한다.

🔍 오버랩은 덮인 일부분을 깎아내고 가는 용접봉을 사용하여 재용접한다.

44 용접부의 중앙으로부터 양끝을 향해 대칭적으로 용접해 나가는 용착법은?

① 전진법   ② 스킵법
③ 대칭법   ④ 후진법

🔍 대칭법은 용접 전 길이에 대하여 중심에서 좌우로 용접하여 변형과 수축 응력을 경감한다.

45 서브머지드 아크용접에서 용제의 구비조건에 대한 설명으로 틀린 것은?

① 적당한 입도를 갖고 아크 보호성이 우수할 것
② 적당한 합금성분으로 탈황, 탈산 등의 정련작용을 할 것
③ 아크 발생을 안정시켜 안정된 용접을 할 수 있을 것
④ 용접 후 슬래그의 박리가 어려울 것

🔍 용접 후 슬래그가 잘 떨어져야 되므로 일반적으로 용제에는 슬래그의 박리성이 좋도록 하는 성분이 들어 있다.

46 산업안전보건법시행 규칙상 안전·보건표지의 색채 중 금지를 나타내는 색채는?

① 빨강   ② 녹색
③ 파랑   ④ 흰색

🔍 안전·보건 표지의 색채 중 금지를 나타내는 것은 빨강이다.

47 용접부의 시험법 중 기계적 시험법이 아닌 것은?

① 굽힘 시험   ② 경도 시험
③ 인장 시험   ④ 부식 시험

🔍 부식 시험은 화학적 시험법이다.

48 일반 화재에 속하지 않는 것은?

① 목재   ② 종이
③ 금속   ④ 섬유

🔍 일반화재는 A급으로 목재, 종이 섬유 등이 연소한 후 재를 남기는 화재를 말한다.

49 초음파 탐상법에 속하지 않는 것은?

① 펄스반사법   ② 투과법
③ 공진법   ④ 관동법

🔍 초음파 검사에는 투과법, 공진법, 펄스반사법이 있다.

50 불활성 가스 아크(TIG)용접이 사용되는 곳으로 적합하지 않는 것은?

① 주철 용접   ② 스테인리스강 용접
③ 알루미늄 용접   ④ 동 용접

🔍 불활성 가스 아크 용접은 일반적으로 스테인리스, 알루미늄, 강, 동 용접에 적합하다.

51 배관 제도 밸브 도시 기호에서 밸브가 닫힌 상태를 도시한 것은?

🔍 밸브 및 콕이 닫혀 있는 경우는 기호를 까맣게 하거나, 닫혀있다는 것을 표시하는 문자 "폐", "C" 등을 표시한다.

52 보기와 같은 입체도에서 화살표 방향이 정면일 때 정면도로 가장 적합한 것은?

53 두께가 t, 길이가 ℓ인 그림과 같은 단면 형상의 등변형 강의 표시 방법으로 가장 적합한 것은?

① $\ell - Lt \times A \times A$
② $LA \times A \times t - \ell$
③ $A \times A \times t - \ell$
④ $IA \times A \times t - \ell$

🔍 평강 또는 형강의 치수 표시는 (모양나비 × 나비 × 두께 – 길이)로 표시한다.

54 보기의 입체도에서 화살표 방향이 정면일 때 제 3각법으로 투상한 것으로 가장 옳은 것은?

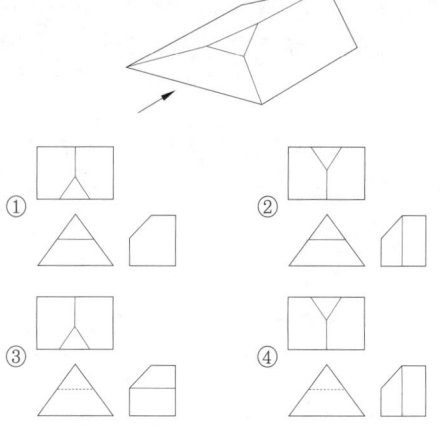

55 도면의 표제란에 척도로 표시된 NS는 무엇을 뜻하는가?

① 축척
② 비례척이 아님
③ 배척
④ 모든 척도가 1:1임

🔍 NS는 Not to scale로 비례척을 따르지 않음

56 화살표 방향이 정면일 때 좌우 대칭인 보기와 같은 입체도의 좌측면도로 가장 적합한 것은?

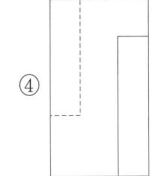

57 KS 기계제도 선의 종류에서 가는 2점 쇄선으로 표시되는 선의 용도에 해당하는 것은?

① 가상선 ② 치수선
③ 해칭선 ④ 지시선

- 가상선, 무게중심선 : 가는 2점 쇄선
- 치수선, 지시선 : 가는 실선
- 해칭선 : 가는 실선을 규칙적으로 줄 늘어 놓은 것

58 보기와 같이 도시된 용접부 형상을 표시한 KS용접기호의 명칭으로 올바른 것은?

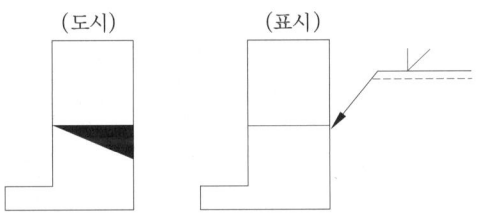

① 일명 개선형 맞대기 용접
② V형 맞대기 용접
③ 플랜지형 맞대기 용접
④ J형 이음 맞대기 용접

59 KS 기계제도에서 치수 기입방법의 원칙설명으로 올바른 것은?

① 길이의 치수는 원칙적으로 mm로 하고 단위기호로 밀리미터(mm)를 기재하여야 한다.
② 각도의 치수는 일반적으로 라디안(rad)으로 하고 필요한 경우에는 분 및 초를 병용한다.
③ 치수에 사용하는 문자는 KS A0107에 따르고 자릿수가 많은 경우 세자리마다 숫자 사이에 콤마를 붙인다.
④ 치수는 해당되는 형체를 가장 명확하게 보여 줄 수 있는 주 투상도나 단면도에 기입한다.

치수는 밀리미터는 도면에는 기입하지 않고 각도치수는 도, 분, 초를 사용하며, 자릿누름 표시라는 콤머 등은 사용하지 않는다.

60 개스킷, 박판, 형강 등과 같이 절단면의 두께가 얇은 경우 실제 치수와 관계없이 단면을 특정 선으로 표시할 수 있다. 이 선은 무엇인가?

① 3개의 가는 실선 ② 굵은 1점 쇄선
③ 아주 굵은 실선   ④ 가는 1점 쇄선

얇은 물체인 개스킷, 박판, 형강의 경우는 한 줄의 굵은 실선으로 단면 표시한다.

정답 적중모의고사 5회

01 ④	02 ③	03 ③	04 ③	05 ①
06 ①	07 ④	08 ①	09 ③	10 ①
11 ③	12 ③	13 ③	14 ④	15 ①
16 ③	17 ③	18 ④	19 ④	20 ①
21 ④	22 ②	23 ③	24 ③	25 ③
26 ②	27 ③	28 ③	29 ③	30 ①
31 ④	32 ①	33 ②	34 ③	35 ④
36 ②	37 ③	38 ③	39 ③	40 ④
41 ②	42 ④	43 ④	44 ③	45 ④
46 ①	47 ④	48 ③	49 ④	50 ①
51 ④	52 ④	53 ②	54 ①	55 ②
56 ④	57 ①	58 ①	59 ④	60 ③

6회 CBT 대비 적중모의고사

01 리벳이음에 비교한 용접이음의 특징 설명으로 틀린 것은?

① 수밀, 기밀, 유밀이 우수하다.
② 품질검사가 간단하다.
③ 응력집중이 생기기 쉽다.
④ 저온 취성이 생길 우려가 있다.

> 용접의 단점
> • 재질의 변형 및 잔류응력이 발생한다.
> • 저온취성이 생길 우려가 있다.
> • 품질검사가 곤란하고 변형과 수축이 생긴다.
> • 용접사의 기량에 따라 용접부의 품질이 좌우된다.

02 가스 용접 작업에서 보통 작업할 때 압력조정기의 산소압력은 몇 kgf/cm² 이하이어야 하는가?

① 5~6
② 3~4
③ 1~2
④ 0.1~0.3

> 가스 용접 작업의 일반적 산소 압력은 3~4kgf/cm², 절단 작업은 5kgf/cm² 정도로 한다.

03 일반적으로 모재의 두께가 1mm 이상일 때 용접봉의 지름을 결정하는 방법으로 사용되는 식은?(단 D : 용접봉 지름[mm], T : 판 두께[mm])

① $D = \dfrac{1}{2} + T$
② $D = \dfrac{1}{2} + T$
③ $D = \dfrac{2}{T} + 1$
④ $D = \dfrac{T}{2} + 1$

> 가스 용접봉은 NSR(응력을 제거하지 않은 것) SR(응력 제거 풀림)이 있고 크기는 판 두께의 반에다 1을 더한 것으로 생각하면 된다.

04 가변압식 팁 번호가 200일 때 10시간 동안 표준 불꽃으로 용접할 경우 아세틸렌 가스의 소비량은 몇 리터인가?

① 20
② 200
③ 2000
④ 20000

> 가변압식 팁 번호 200의 시간당 아세틸렌 가스 소비량은 200 리터이므로 200 × 10 = 2000

05 가스용접에서 전진법과 비교한 후진법 설명으로 맞는 것은?

① 열이용률이 나쁘다.
② 용접속도가 느리다.
③ 용접변형이 크다.
④ 두꺼운 판의 용접에 적합하다.

> 전진법과 후진법 비교
>
> | 구분 | 전진법 | 후진법 |
> |---|---|---|
> | 열 이용률 | 나쁨 | 좋음 |
> | 용접 속도 | 느림 | 빠름 |
> | 비드 모양 | 보기 좋음 | 매끈하지 못함 |
> | 홈 각도 | 큼 | 작음 |
> | 용접 변형 | 큼 | 작음 |
> | 용접가능 판 두께 | 얇음(5mm까지) | 두꺼움 |
> | 용착금속의 냉각 | 급랭 | 서랭 |
> | 용착금속의 조직 | 거칠어짐 | 미세함 |
> | 산화 정도 | 심함 | 약함 |

06 용접 중에 아크를 중단시키면 중단된 부분이 오목하거나 납작하게 파진 모습으로 남게 되는 것은?

① 언더컷
② 크레이터
③ 피트
④ 오버랩

> 크레이터는 아크 길이를 짧게 하여 운봉을 정지시켜서 크레이터를 채운 뒤, 용접봉을 빠른 속도로 들어 아크를 끊는 방법으로 처리한다.

07 피복 아크 용접봉에서 피복제의 역할 중 틀린 것은?

① 중성 또는 환원성 분위기로 용착금속을 보호한다.

② 용착금속의 급랭을 방지한다.
③ 모재 표면의 산화물을 제거한다.
④ 용착 금속의 탈산 정련 작용을 방지한다.

🔍 피복제의 역할
- 아크를 안정하게 한다.
- 중성 또는 환원성 분위기로 용착금속을 보호한다.
- 용적(globule)을 미세화하여 용착효율을 향상시킨다.
- 용착금속의 냉각속도를 느리게 하여 급랭을 방지한다.
- 용착금속의 탈산 정련 작용을 한다.
- 슬래그를 제거하기 쉽게 하고, 파형이 고운 비드를 형성한다.
- 모재 표면의 산화물을 제거한다.
- 용착금속에 필요한 합금원소를 첨가하고 전기절연작용을 한다.

08 1차 압력이 22kVA, 전원전압 220V의 전기를 사용할 때 퓨즈 용량은?

① 10000　　② 100
③ 10　　　　④ 1

🔍 퓨즈용량 = $\dfrac{22000}{220}$ = 100

09 아크 절단의 종류에 해당하는 것은?

① 철분 절단　　② 수중 절단
③ 스카핑　　　 ④ 아크 에어 가우징

🔍 아크 에어 가우징은 탄소 아크 절단에 압축 공기를 병용하여 결함을 제거하는 방법으로 가스 가우징보다 작업능률이 2~3배 좋다.

10 직류아크 용접에서 용접봉을 용접기의 (-)극에, 모재를 (+)극에 연결한 경우의 극성은?

① 직류정극성　　② 직류역극성
③ 용극성　　　　④ 비용극성

🔍 극성효과와 청정작용
- 직류정극성(DCSP) : 용접기의 양극(+)에 모재를, 음극(-)에 용접봉을 연결하는 방식으로 비드 폭이 좁고 용입이 깊다.
- 직류역극성(DCRP) : 용접기의 음극(-)에 모재를, 양극(+)에 용접봉을 연결하는 방식으로 비드 폭이 넓고 용입이 얕으며 산화 피막을 제거하는 청정작용이 있다.
- 고주파 교류(ACHF) : 직류정극성과 직류역극성의 중간 형태의 용입과 비드 폭을 얻을 수 있으며 청정효과가 있어 알루미늄이나 마그네슘 등의 용접에 이용된다.

11 강재 표면의 홈이나 개재물, 탈탄층 등을 제거하기 위하여 얇고 타원형 모양으로 표면을 깎아 내는 가공법은?

① 산소창 절단　　② 스카핑
③ 탄소 아크 절단　④ 가우징

🔍
- 스카핑 : 표면을 얇고 넓게 깎는 것
- 가우징 : 홈을 파내는 가공법

12 가스 절단면의 표준 드래그의 길이는 얼마 정도로 하는가?

① 판 두께의 1/2
② 판 두께의 1/3
③ 판 두께의 1/5
④ 판 두께의 1/7

🔍 표준 드래그는 판 두께의 20%이다.

13 가스 용접에서 산소용 고무호스의 사용 색은?

① 노랑　　② 흑색
③ 흰색　　④ 적색

🔍 고압가스 용기 및 호스의 도색

가스의 종류	용기	호스
산소	녹색	녹색 또는 검은색
아세틸렌	황색	적색

14 가스 용접에서 주로 사용되는 산소의 성질에 대해서 설명한 것 중 옳은 것은?

① 다른 원소와 화합시 산화물 생성을 방지한다.
② 다른 물질의 연소를 도와주는 조연성 기체이다.
③ 유색, 유취, 유미의 기체이다.
④ 공기보다 가볍다.

🔍 산소는 자기 자신은 타지 않고 다른 물질의 연소를 도와주는 조연성 가스에 해당된다.

15 저수소계 용접봉은 사용하기 전 몇 ℃에서 몇 시간 정도 건조시켜 사용해야 하는가?

① 100~150℃, 30시간
② 150~250℃, 1시간
③ 300~350℃, 1~2시간
④ 450~550℃, 3시간

🔍 피복제는 습기를 흡수하기 쉽기 때문에 사용전 300~350℃, 1~2시간 정도 건조시켜 사용한다.

16 피복 아크 용접에서 아크 전류와 아크 전압을 일정하게 유지하고 용접속도를 증가시킬 때 나타나는 현상은?

① 비드 폭은 넓어지고 용입은 얕아진다.
② 비드 폭은 좁아지고 용입은 깊어진다.
③ 비드 폭은 좁아지고 용입은 얕아진다.
④ 비드 폭은 넓어지고 용입은 깊어진다.

🔍 아크 전류와 전압이 일정할 때 용접 속도를 증가시키면 비드 폭은 좁아지고 용입도 얕아진다.

17 용접기 규격 AW 500의 설명 중 맞는 것은?

① AW는 직류 아크 용접기라는 뜻이다.
② AW는 정격 2차 전류의 값이다.
③ AW는 용접기 사용률을 말한다.
④ 500은 용접기의 무부하 전압 값이다.

🔍 교류아크용접기의 규격

종류	정격 2차전류	정격 사용률	정격 부하전압
AWL 130	130A	30%	25.2V
AWL 150	150A		26.0V
AWL 180	180A		27.2V
AWL 250	250A		30.0V
AW 200	200A		28V
AW 300	300A	40%	32V
AW 400	400A		36V
AW 500	500A	60%	40V

18 철계 주조재의 기계적 성질 중 인장강도가 가장 높은 철은?

① 보통 주철
② 백심가단 주철
③ 고급 주철
④ 구상흑연 주철

🔍 주철의 인장강도 : 구상흑연 주철 > 펄라이트가단 주철 > 백심가단 주철 > 흑심가단 주철 > 미하나이트 주철 > 칠드 주철

19 알루미늄 합금, 구리합금 용접에서 예열온도로 가장 적합한 것은?

① 200~400℃
② 100~200℃
③ 60~100℃
④ 20~50℃

🔍 알루미늄 용융점은 660℃이며, 예열온도는 200 ~ 400℃ 정도이다.

20 풀림 열처리 목적으로 틀린 것은?

① 내부의 응력 증가
② 조직의 균일화
③ 가스 및 불순물 방출
④ 조직의 미세화

🔍 풀림(소둔, 어닐링) : 단조, 압연 등의 소성가공이나 주조로 거칠어진 조직을 미세화하고 편석이나 잔류 응력을 제거하기 위하여 910℃보다 약 30~50℃ 높게 가열하여 공기 중에서 공랭하는 것을 말하며, 결정 입자와 조직이 미세하게 되어서 경도, 강도가 크게 증가하고 연신율과 인성도 조금 증가한다.

21 탄소강에서 자성이 있으며 전성과 연성이 크고 연하며 순철에 가까운 조직은?

① 마르텐사이트
② 페라이트
③ 오스테나이트
④ 시멘타이트

🔍 페라이트는 순철에 가까운 조직으로 극히 연하고 상온에서 강자성체인 체심입방격자 조직이다.

22 오스테나이트계 스테인리스강을 용접하여 사용 중에 용접에서 녹이 발생하였다. 이를 방지하기 위한 방법이 아닌 것은?

① Ti, V, Nb 등이 첨가된 재료를 사용한다.
② 저탄소의 재료를 선택한다.

③ 용체화처리 후 사용한다.
④ 크롬 탄화물을 형성토록 시효처리한다.

> 크롬 탄화물이 형성되면 입계부식이 일어난다.

23 내열성 알루미늄 합금으로 실린더 헤드, 피스톤 등에 사용되는 것은?

① 알민 ② Y합금
③ 하이드로날륨 ④ 알드레이

> Y-합금(내열합금)은 Al 92.5%, Cu 4%, Ni 2%, Mg 1.5%로 고온 강도가 크므로 내연기관 실린더에 많이 사용된다.

24 제강법 중 쇳물 속으로 공기 또는 산소를 불어 넣어 불순물을 제거하는 방법으로 연료를 사용하지 않는 것은?

① 평로 제강법 ② 아크 전기로 제강법
③ 전로 제강법 ④ 유도 전기로 제강법

> 전로 제강법은 로(爐) 위에서 산소를 불어넣어 쇳물 안의 탄소나 규소와 그 밖의 불순물을 산화연소시켜, 정련 과정을 통하여 강으로 만드는 방법이다.

25 마그네슘 합금에 속하지 않는 것은?

① 다우메탈 ② 엘렉트론
③ 미쉬메탈 ④ 화이트메탈

> 화이트 메탈(White Metal)은 주석(Sn)+구리(Cu)+안티몬(Sb)+아연(Zn)의 합금으로 저속기관의 베어링에 사용된다.

26 금속표면에 내식성과 내산성을 높이기 위해 다른 금속을 침투 확산시키는 방법으로 종류와 침투제가 바르게 연결된 것은?

① 세라다이징 – Mn ② 크로마이징 – Cr
③ 칼로라이징 – Fe ④ 실리코나이징 – C

> 금속침투법
> • 크로마이징(chromizing) – 크롬(Cr)
> • 세라다이징(sheradizing) – 아연(Zn)
> • 칼로라이징(calorizing) – 알루미늄(Al)
> • 실리코나이징(siliconizing) – 규소(Si)
> • 보로나이징(boronizing) – 붕소(B)

27 킬드강을 제조할 때 사용하는 탈산제는?

① C, Fe-Mn ② C, Al
③ Fe-Mn, S ④ Fe-Si, Al

> 탈산제인 페로실리콘(Fe-si), 페로망간(Fe-Mn), 알루미늄 등을 첨가하여 충분히 탈산시킨 다음 주형에 주입하여 응고시킨다.

28 니켈 – 구리 합금이 아닌 것은?

① 큐프로니켈 ② 콘스탄탄
③ 모넬메탈 ④ 문쯔메탈

> 문쯔메탈은 6:4 황동으로 구리-아연 합금이다.

29 피복금속 아크 용접에 비해 서브머지드 아크용접의 특징 설명으로 옳은 것은?

① 용접 장비의 가격이 싸다.
② 용접 속도가 느리므로 저능률의 용접이다.
③ 비드 외관이 거칠다.
④ 용접선이 구부러지거나 짧으면 비능률적이다.

> 서브머지드 아크용접의 장·단점

구분	내용
장점	• 대기 중의 산소, 질소 등의 해를 받는 일이 적다. • 용접속도가 수동용접의 10~20배가 된다. • 용접금속의 품질을 양호하게 할 수 있다. • 용제의 단열작용으로 용입을 크게 한다. • 용접조건을 일정하게 하면 용접공의 기술 차이가 없다. • 강도가 좋아 이음의 신뢰도가 높다. • 높은 전류밀도로 용접 할 수 있다. • 용접 홈의 크기가 작아도 상관없고 재료소비가 적어 경제적 용접변형이 적다.
단점	• 아크가 보이지 않으므로 용접의 적부를 확인해서 용접할 수 없다. • 설비비가 많이 든다. • 용입이 크므로 모재의 재질을 신중히 검사해야 한다. • 용접선이 짧고 복잡한 형상의 경우에는 용접기의 조작이 번거롭다. • 용입이 크기 때문에 요구된 이음 가공의 정도가 엄격하다. • 특수한 장치를 사용하지 않는 한 용접자세가 아래보기나 수평 필릿에 한정된다. • 용제는 흡습이 쉽기 때문에 건조나 취급을 잘해야 한다. • 용접시공 조건을 잘못 잡으면 제품의 불량률이 커진다.

30 TIG 용접에서 직류정극성으로 용접할 때 전극 선단의 각도가 가장 적합한 것은?

① 5~10° ② 10~20°
③ 30~50° ④ 60~70°

🔍 직류정극성(DCSP)
- 열분배는 용접봉(-) 30%, 모재(+) 70%이다.
- 전극 선단의 각도는 30~50°이다.
- 모재의 용입이 깊다.
- 용접봉의 녹음이 느리다.
- 비드 폭이 좁다.
- 일반적으로 많이 사용된다.

31 비드 밑 균열은 비드의 바로 밑 용융선을 따라 열 영향부에 생기는 균열로 고탄소강이나 합금강 같은 재료를 용접할 때 생기는데, 그 원인으로 맞는 것은?

① 탄산가스
② 수소가스
③ 헬륨가스
④ 아르곤가스

🔍 비드 밑 균열 : 일반적으로 모재의 용융선 근처의 열영향부에서 발생되는 균열이며 고탄소강이나 저합금강을 용접할 때 용접열에 의한 열영향부의 경화와 변태응력 및 용착금속 속의 확산성 수소에 의해 발생되는 균열을 말한다.

32 응급처치의 3대 요소가 아닌 것은?

① 상처보호
② 쇼크방지
③ 기도유지
④ 응급후송

🔍 응급후송은 응급 처치 후의 조치이다.

33 수평 필릿 용접시 목의 두께는 각장(다리길이)의 약 몇 % 정도가 적당한가?

① 50 ② 160
③ 70 ④ 180

🔍 이론상 목두께 = 각장 × cos 45° = 0.707 × 각장

34 서브머지드 아크 용접시 받침쇠를 사용하지 않을 경우 루트 간격은 몇 mm 이하로 하여야 하는가?

① 0.2 ② 0.4
③ 0.6 ④ 0.8

🔍 서브머지드 아크 용접의 단점
- 장비의 가격이 고가이다.
- 용접선이 짧거나 불규칙한 경우 비능률적이다.
- 홈가공의 정밀을 요한다.(루트간격 0.8mm 이하)
- 용접 도중 용접상태를 육안으로 확인할 수 없다.
- 아래보기 자세로 한정된다.(단, 지그 사용 시는 가능)
- 탄소강, 저합금강, 스테인리스강 등 한정된 재료의 용접에 사용된다.

35 용접 전 꼭 확인해야 할 사항이 틀린것은?

① 예열, 후열의 필요성을 검토한다.
② 용접전류, 용접순서, 용접조건을 미리 선정한다.
③ 양호한 용접성을 얻기 위해서 용접부에 물로 분무한다.
④ 이음부에 페인트, 기름, 녹 등의 불순물이 없는지 확인 후 제거한다.

🔍 용접 전 확인 사항
- 용접법, 이음부 형상, 용접자세
- 홈가공방법 및 상태
- 용접방법(위빙유무)
- 이면 가우징, 뒷댐재, 용접재 종류 및 치수
- 용가재 및 플럭스의 취급방법
- 전기적 용접변수(전류, 전압, 극성, 펄스조건)
- 용접조건(용접속도, 와이어 송급속도)
- 예열 및 후열의 필요성 및 조건 등

36 저항 용접의 3요소가 아닌 것은?

① 가압력 ② 통전시간
③ 통전전압 ④ 전류의 세기

🔍 저항 용접의 3대 요소는 용접전류, 통전시간, 가압력을 들 수 있다.

37 용접부의 형상에 따른 필릿 용접의 종류가 아닌 것은?

① 연속 필릿 ② 단속 필릿
③ 경사 필릿 ④ 지그재그 필릿

> 필릿 용접의 형상에 따라 분류하면 연속, 단속, 지그재그 등의 방법이 있다.

38 용접 작업시 주의사항으로 거리가 가장 먼 것은?

① 좁은 장소 및 탱크 내에서의 용접은 충분히 환기한 후에 작업한다.
② 훼손된 케이블은 용접 작업 종료 후 절연 테이프로 보수한다.
③ 전격방지기가 설치된 용접기를 사용하여 작업한다.
④ 안전모, 안전화 등 보호장구를 착용한 후 작업한다.

> 훼손된 케이블은 즉시 절연 테이프로 보수하여야 한다.

39 이산화탄소의 성질이 아닌 것은?

① 색, 냄새가 없다.
② 대기 중에서 기체로 존재한다.
③ 상온에서도 쉽게 액화한다.
④ 공기보다 가볍다.

> 이산화탄소의 비중은 1.529로 공기(비중 1)에 비해 무겁다.

40 화재 및 폭발의 방지 조치로 틀린 것은?

① 대기 중에 가연성 가스를 방출시키지 말 것
② 필요한 곳에 화재 진화를 위한 방화설비를 설치할 것
③ 용접 작업 부근에 점화원을 둘 것
④ 배관에서 가연성 증기의 누출 여부를 철저히 점검할 것

> 용접 작업부근에 점화원을 두면 화재 및 폭발의 위험이 있다.

41 용접부에 오버랩의 결함이 생겼을 때 가장 올바른 보수 방법은?

① 작은 지름의 용접봉을 사용하여 용접한다.
② 결함 부분을 깎아내고 재용접한다.
③ 드릴로 정지구멍을 뚫고 재 용접한다.
④ 결함부분을 절단한 후 덧붙임 용접한다.

> 결함보수 방법
> • 기공 또는 슬래그 섞임 : 그 부분을 깎아내고 재용접한다.
> • 언더컷 : 가는 용접봉을 사용해 파인 부분을 용접한다.
> • 오버랩 : 결함 부분을 깎아내고 가는 용접봉을 사용하여 재용접한다.

42 불활성 가스 금속 아크 용접에서 주로 사용되는 가스는?

① CO   ② Ar
③ O_2 ④ H

> 불활성 가스는 18족의 가스로 다른 기체와 반응하지 않아 비활성 가스라고 하고 헬륨, 네온, 아르곤, 크립톤, 크세논, 라돈 등이 있다. 특히 이들 중 아르곤(Ar)은 전류 밀도가 크고 청정 능력이 좋아 불활성 가스 금속 아크 용접에서 주로 사용된다.

43 텅스텐 전극과 모재 사이에 아크를 발생시켜 모재를 용융하여 절단하는 방법은?

① 티그 절단
② 미그 절단
③ 플라즈마 절단
④ 산소아크 절단

> 불활성 가스 아크절단
> • 미그(MIG) 절단 : 고전류 밀도의 MIG 아크가 보통 아크용접에 비하면 상당히 깊은 용입이 되는 것을 이용하여 모재와의 사이에서 아크를 발생시켜 용융 절단 하는 것
> • 티그(TIG) 절단 : TIG 용접과 같이 텅스텐 전극과 모재와의 사이에 아크를 발생시켜 불활성 가스를 공급해서 절단하는 방법

44 기체나 액체 연료를 토치나 버너로 연소시켜 그 불꽃을 이용하여 납땜하는 것은?

① 유도가열 납땜   ② 담금 납땜
③ 가스 납땜   ④ 저항 납땜

> 가스 경납땜은 산소-아세틸렌 화염을 이용하여 가열해 이음하는 방식이다.

45 일렉트로 슬래그 용접법에 사용되는 용제의 주성분이 아닌 것은?

① 산화규소 ② 산화망간
③ 산화알루미늄 ④ 산화티탄

🔍 일렉트로 슬래그 용접에 사용되는 용제의 주성분은 산화규소(SiO_2), 산화망간(MnO), 산화알루미늄(Al_2O_3) 등으로 되어 있다.

46 샤르피의 시험기를 사용하는 시험 방법은?

① 경도시험 ② 충격시험
③ 인장시험 ④ 피로시험

🔍 충격시험 재료의 인성과 취성을 알아보기 위한 것으로 샤르피식, 아이조드식이 있다.

47 용접부의 완성검사에 사용되는 비파괴 시험이 아닌 것은?

① 방사선 투과시험 ② 형광 침투시험
③ 자기 탐상법 ④ 현미경 조직시험

🔍 용접부 검사의 종류(비파괴시험)
 • 외관시험 : 비드 모양, 언더컷, 오버랩, 용입불량, 표면균열, 기공 등의 검사
 • 누설시험
 • 침투시험 : 형광침투시험, 염료침투시험
 • 음향시험
 • 초음파시험
 • 자기적시험
 • 와류시험(맴돌이 검사)
 • 방사선투과시험
 • 천공시험

48 스터드 용접에서 페롤의 역할이 아닌 것은?

① 용융금속의 탈산방지
② 용융금속의 유출방지
③ 용착부의 오염방지
④ 용접사의 눈을 아크로부터 보호

🔍 페롤(ferrule)의 역할
 • 용접이 진행되는 동안 아크열이 집중된다.
 • 용융금속의 산화가 방지되며, 용융금속의 유출을 방지한다.
 • 용착부의 오염을 방지한다.
 • 용접사의 눈을 아크 광선으로부터 보호해 준다.

49 용접할 때 변형과 잔류응력을 경감시키는 방법으로 틀린 것은?

① 용접 전 변형방지책으로 억제법, 역변형법을 쓴다.
② 용접시공에 의한 경감법으로는 대칭법, 후진법, 스킵법 등을 쓴다.
③ 모재의 열전도를 억제하여 변형을 방지하는 방법으로 도열법을 쓴다.
④ 용접 금속부의 변형과 응력을 제거하는 방법으로는 담금질을 한다.

🔍 담금질은 수랭 또는 유랭으로 급랭시켜 강을 강하게 만드는 열처리이다.

50 가스 용접 작업에 관한 안전사항으로 틀린 것은?

① 산소 및 아세틸렌 등 빈병은 섞어서 보관한다.
② 호스의 누설 시험시에는 비눗물을 사용한다.
③ 용접시 토치의 끝을 긁어서 오물을 털지 않는다.
④ 아세틸렌 병 가까이에서 흡연하지 않는다.

🔍 가연성 가스와 지연성 가스는 따로 보관해야 한다.

51 절단된 원추를 3각법으로 정투상한 정면도와 평면도가 보기와 같을 때 가장 적합한 전개도 형상은?

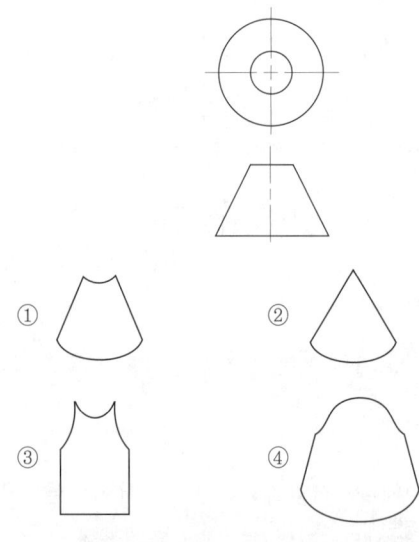

🔍 보기 ①항과 같은 전개도 형상을 말아 놓으면 진원이 두 개인 평면도를 얻을 수 있다.

52 기계제도에서 도면에 치수를 기입하는 방법에 대한 설명으로 틀린 것은?

① 길이는 원칙적으로 mm의 단위로 기입하고 단위 기호는 붙이지 않는다.
② 치수의 자릿수가 많은 경우 세 자리마다 콤마를 붙인다.
③ 관련 치수는 되도록 한 곳에 모아서 기입한다.
④ 치수는 되도록 주 투상도에 집중하여 기입한다.

> 치수 수치의 표시 방법
> • 길이 치수 : 원칙적으로 mm의 단위로 기입하고 단위 기호는 붙이지 않는다.
> • 각도 치수 : 도의 단위로 기입하고, 필요한 경우에는 분 및 초를 병기할 수 있다. 각도를 표시하는 데에는 숫자의 오른쪽 위에 각각 °, ', "를 기입한다. 또 각도의 치수 수치를 라디안의 단위로 기입하는 경우에는 그 단위 기호 rad를 기입한다.
> • 치수 수치의 소수점 : 아래쪽의 점으로 하고 숫자 사이를 적당히 떼어서 그 중간에 약간 크게 쓴다. 또, 치수 수치의 자리수가 많은 경우 3자리마다 숫자의 사이를 적당히 띄우고 콤마는 찍지 않는다.

53 보기 도면의 "□40"에서 치수 보조기호인 정사각형으로 "□"가 뜻하는 것은?

① 정사각형의 변
② 이론적으로 정확한 치수
③ 판의 두께
④ 참고 치수

> 치수 기입에 사용되는 기호
>
> | 기호 이름 | 모양 | 기호 이름 | 모양 |
> |---|---|---|---|
> | 지름 | Ø | 45° 모따기 | C |
> | 반지름 | R | 이론적으로 정확한 치수 | 50 |
> | 구의 지름 | SØ | 참고치수 | (50) |
> | 구의 반지름 | SR | 치수의 취소 | 5̶0̶ |
> | 정사각형의 변 | □ | 비례척도가 아닌 치수 | 50 |
> | 판의 두께 | t | 치수의 기준 | ◆― |
> | 원호의 길이 | ⌒ | | |

54 보기와 같은 KS용접 기호 해독으로 올바른 것은?

① 화살표 쪽에 용접
② 화살표 반대 쪽에 용접
③ V홈에 단속 용접
④ 작업자 편한 쪽에 용접

> 실선(기준선)에 용접 기호가 붙으면 화살표 쪽에 용법, 파선(동일선)에 용접 기호가 붙으면 화살표 반대쪽에 용접한다.

55 물체의 구멍, 홈 등 특정 부분만의 모양을 도시하는 것으로 그림과 같이 그려진 투상도의 명칭은?

① 회전 투상도
② 보조 투상도
③ 부분 확대도
④ 국부 투상도

> 국부 투상도 : 대상물의 구멍, 홈 등 한 국부만의 모양을 도시하는 것으로 충분한 경우에는 그 필요 부분만을 국부투상도로 나타낸다.

56 나사의 단면도에서 수나사와 암나사의 골밑은 어떤 선으로 도시하는가?

① 굵은 실선   ② 가는 1점 쇄선
③ 가는 파선   ④ 가는 실선

🔍 **나사의 도시법**
- 수나사의 바깥지름, 암나사의 안지름을 나타내는 선은 굵은 실선으로 그린다.
- 나사의 골을 표시하는 선은 가는 실선으로 그린다.
- 불완전 나사부를 표시하는 경계선은 굵은 실선으로 그린다.
- 보이지 않는 부분의 나사는 외형선 약 1/2 정도 크기의 파선으로 그린다.
- 수나사와 암나사의 결합된 부분은 수나사로 표시한다.
- 나사부의 단면을 해칭하는 경우는 나사산까지 하여야 한다.
- 불완전 나사부의 골을 나타내는 선은 축선에 대하는 30°의 가는 실선으로 그린다.
- 수나사와 암나사를 측면에서 본 것은 수나사와 암나사의 골지름은 3/4 만큼 그린다.
- 암나사의 단면에서 드릴 구멍의 끝부분은 굵은 실선으로 120° 되게 그린다.

57 도면에서 표제란과 부품란으로 구분할 때, 부품란에 기입할 사항이 아닌 것은?

① 품명
② 재질
③ 수량
④ 척도

🔍 **표제란과 부품란**
- 표제란 : 도면 오른쪽 아랫부분에 위치하며 도번, 도명, 척도, 투상법, 기업(단체, 학교)명, 도면작성 연월일, 제도자 이름 등을 기입한다.
- 부품란 : 일반적으로 표제란 위에 위치하며 부품번호(품번), 부품명(품명), 재질, 수량, 공정, 중량, 비고 내용 등을 기입한다.

58 열간 성형 리벳의 호칭법 표시 방법으로 옳은 것은?

① (종류) (호칭지름) × (길이) (재료)
② (종류) (호칭지름) (길이) × (재료)
③ (종류) × (호칭지름) (길이) − (재료)
④ (종류) (호칭지름) (길이) − (재료)

🔍 리벳의 호칭은 "(규격번호) (종류) (호칭지름)×(길이) (재료)"로 표시하며 규격번호는 생략할 수 있다. 또한, 규격번호를 사용하지 않는 경우는 종류의 명칭에 열간 또는 냉간을 앞에 기입한다.

59 보기 입체도의 화살표 방향이 정면일 때 평면도로 적합한 것은?

60 기계제도에서 대상물의 보이는 부분의 외형을 나타내는 선의 종류는?

① 가는 실선
② 굵은 파선
③ 굵은 실선
④ 가는 일점쇄선

🔍
- 굵은 실선 : 외형선
- 가는 실선 : 치수선, 치수보조선, 지시선, 회전단면선, 중심선, 수준면선
- 가는 일점쇄선 : 중심선, 기준선, 피치선
- 굵은 파선 : 숨은선

정답 적중모의고사 6회

01 ②	02 ②	03 ④	04 ③	05 ④
06 ②	07 ④	08 ②	09 ④	10 ①
11 ②	12 ③	13 ②	14 ②	15 ③
16 ②	17 ②	18 ④	19 ①	20 ①
21 ②	22 ④	23 ②	24 ③	25 ④
26 ②	27 ④	28 ②	29 ④	30 ③
31 ②	32 ④	33 ②	34 ④	35 ③
36 ③	37 ③	38 ②	39 ④	40 ③
41 ②	42 ④	43 ①	44 ④	45 ④
46 ②	47 ④	48 ①	49 ④	50 ①
51 ①	52 ②	53 ①	54 ①	55 ④
56 ④	57 ④	58 ①	59 ③	60 ③

7회 CBT 대비 적중모의고사

01 피복 금속 아크 용접에서 "모재의 일부가 녹은 쇳물 부분"을 의미하는 것은?

① 슬래그
② 용융지
③ 용입부
④ 용착부

> **용어의 정의**
> - 용융지 : 모재가 녹은 쇳물 부분
> - 용적 : 용접봉이 녹아 모재로 이행되는 쇳물 방울
> - 용착 : 용접봉이 녹아 용융지에 들어가는 것
> - 용입 : 모재가 녹은 깊이
> - 용락 : 모재가 녹아 홈의 뒷면으로 녹아 흘러내리는 것

02 가스 용접에서 가변압식 팁의 능력을 표시하는 것은?

① 표준불꽃으로 용접시 매시간당 아세틸렌가스의 소비량을 리터로 표시한 것
② 표준불꽃으로 용접시 매시간당 산소의 소비량을 리터로 표시한 것
③ 표준불꽃으로 용접시 매분당 아세틸렌가스의 소비량을 리터로 표시한 것
④ 표준불꽃으로 용접시 매분당 산소의 소비량을 리터로 표시한 것

> **팁의 능력**
> - 독일식(불변압식, A형) : 강판의 용접을 기준으로 해서 팁이 용접하는 판 두께로 표시
> - 프랑스식(가변압식, B형) : 1시간 동안 표준 불꽃으로 용접하는 경우 아세틸렌의 소비량으로 표시

03 용접기의 특성 중에서 부하전류(아크전류)가 증가하면 단자 전압이 저하하는 특성은?

① 수하 특성
② 정전압 특성
③ 상승 특성
④ 자기제어 특성

> **용접기의 특성**
> - 수하특성 : 부하 전류(아크 전류)가 증가하면 단자 전압이 저하하는 특성
> - 정전압특성 : 수하특성과는 반대의 성질을 갖는 것으로서 부하 전류가 변하여도 단자 전압은 거의 변화하지 않는 특성으로서 CP특성이라고도 함
> - 상승특성 : 부하 전류가 증가할 때 단자 전압이 약간 높아지는 특성
> - 정전류 특성 : 아크 길이에 따라 전압이 변동하여도 아크 전류는 변하지 않는 특성

04 금속 아크 용접법의 개발자는?

① 톰슨
② 푸세
③ 슬라비아노프
④ 베르나도스

> - 톰슨 : 전기 저항 용접법
> - 푸세 : 가스 용접법
> - 슬라비아노프 : 금속 아크 용접법
> - 베르나도스 : 탄소 아크 용접법

05 정격전류 200A, 정격 사용률 45%인 아크 용접기로써 실제 아크 전압 30V, 아크 전류 150A로 용접을 수행한다고 가정하면 허용사용률은 약 얼마인가?

① 70%
② 80%
③ 90%
④ 65%

> 허용사용률 = $\dfrac{정격2차전류^2}{실제용접전류^2} \times 정격사용률$
> = $\dfrac{200^2}{150^2} \times 45 = 80$

06 피복 아크 용접봉에서 피복제의 주된 역할이 아닌 것은?

① 아크를 안정하게 한다.
② 용착금속의 탈산 정련작용을 한다.
③ 용착금속의 냉각속도를 느리게 한다.
④ 용융점이 높은 적당한 점성의 가벼운 슬래그를 만든다.

🔍 **피복제의 역할**
- 아크를 안정하게 한다.
- 중성 또는 환원성 분위기로 용착금속을 보호한다.
- 용적(globule)을 미세화하여 용착효율을 향상시킨다.
- 용착금속의 냉각속도를 느리게 하여 급랭을 방지한다.
- 용착금속의 탈산 정련 작용을 한다.
- 슬래그를 제거하기 쉽게 하고, 파형이 고운 비드를 형성한다.
- 모재 표면의 산화물을 제거한다.
- 용착금속에 필요한 합금원소를 첨가하고 전기절연작용을 한다.

07 가스 용접에서 알루미늄을 가스용접 하고자 할 때 일반적으로 어떠한 용접봉을 사용해야 하는가?

① Al에 소량의 P를 첨가한 용접봉
② Al에 소량의 S를 첨가한 용접봉
③ Al에 소량의 C를 첨가한 용접봉
④ Al에 소량의 Fe를 첨가한 용접봉

🔍 가스용접의 용접봉은 원칙적으로 모재와 같은 용착금속을 얻기 위해서 모재와 조성이 동일하거나 비슷한 것이 사용되지만 용접부는 용접 중에 야금(冶金)적 현상 때문에 성분과 성질이 변하므로 알루미늄의 용접에는 용접봉의 성질과 성분을 보충할 성분을 포함하고 있는 소량의 P를 첨가한 용접봉을 사용한다.

08 산소-아세틸렌 용접법에서 전진법과 비교한 후진법의 설명으로 틀린 것은?

① 열 이용률이 좋다.
② 용접변형이 작다.
③ 용접속도가 느리다.
④ 홈 각도가 작다.

🔍 **전진법과 후진법 비교**

구분	전진법	후진법
열 이용률	나쁨	좋음
용접 속도	느림	빠름
비드 모양	보기 좋음	매끈하지 못함
홈 각도	큼	작음
용접 변형	큼	작음
용접가능 판 두께	얇음(5mm까지)	두꺼움
용착금속의 냉각	급랭	서랭
용착금속의 조직	거칠어짐	미세함
산화 정도	심함	약함

09 가스용접에 사용되는 가스의 종류가 아닌 것은?

① 천연가스   ② 부탄가스
③ 도시가스   ④ 티탄가스

🔍 가스용접은 가연성 가스의 연소열로 금속을 가열하여 용접하는 방법으로 지연성 가스로 산소를 사용하고 가연성 가스로 아세틸렌, 수소, 프로판, 메탄 등이 사용된다.

10 플라즈마 제트 절단에서 주로 이용하는 효과는?

① 열적 핀치 효과   ② 열적 불림 효과
③ 열적 담금 효과   ④ 열적 뜨임 효과

🔍 핀치 효과 : 플라즈마 속에서 흐르는 전류와 그것으로 생기는 자기장과의 상호작용으로 플라즈마 자신이 가는 줄 모양으로 수축하는 현상으로 핀치 효과에는 전자기 핀치 효과와 열 핀치 효과의 2종류가 있다.

11 연강용 피복 아크 용접봉 심선의 성분 중 고온균열을 일으키는 성분은?

① 황   ② 인
③ 망간   ④ 규소

🔍 연강용 피복 아크 용접봉 심선은 탄소(C), 규소(Si), 망간(Mn), 인(P), 황(S), 구리(Cu)로 조성되어 있으며, 이들 성분 중 망간은 균열을 방지하는 성분, 황은 고온균열을 일으키는 성분이다.

12 피복 금속 아크 용접에 대한 설명으로 잘못된 것은?

① 전기의 아크열을 이용한 용접법이다.
② 모재와 용접봉을 녹여서 접합하는 비용극식이다.
③ 보통 전기용접이라 한다.
④ 용접봉은 금속 심선의 주위에 피복제를 바른 것을 사용한다.

🔍 **피복 아크 용접**
- 피복제를 바른 용접봉과 모재 사이의 전기 아크열을 이용하여 모재와 용접봉을 녹여서 접합하는 용극식 방법으로 직류 또는 교류전압을 걸어 아크를 발생시킨다.
- 아크 온도가 높아서 열효율이 높고 용접속도가 빠르며, 효율적인 용접이 가능하다.
- 변형이 적고, 폭발 위험이 없다.
- 전격의 위험이 있고, 초기 설비 투자 비용이 비싸다.
- 높은 열과 아크 광선에 피해를 입을 수 있다.

13 아크에어 가우징에 사용되는 압축공기에 대한 설명으로 올바른 것은?

① 압축공기의 압력은 2~3kgf/cm² 정도가 좋다.
② 압축공기 분사는 항상 봉의 바로 앞에서 이루어져야 효과적이다.
③ 약간의 압력 변동에도 작업에 영향을 미치므로 주의한다.
④ 압축공기가 없을 경우 긴급시에는 용기에 압축된 질소나 아르곤 가스를 사용한다.

> 압축공기 압력은 5~7kgf/cm² 정도가 좋으며 분사는 봉의 바로 뒤에서 이루어져야 하며, 약간의 압력변동은 작업에 거의 영향을 미치지 않는다.

14 무부하 전압이 85~90V로 비교적 높은 교류 아크 용접기에 감전재해의 위험으로부터 보호하기 위해 사용되는 장치는?

① 고주파 발생 장치 ② 원격 제어 장치
③ 전격 방지 장치   ④ 하트 스타트 장치

> 아크 용접에 있어 아크가 튀지 않을 때 용접기의 2차 무부하 전압을 낮추어 전격을 방지하는 장치를 전격 방지 장치라 한다.

15 가스 절단면에 있어서 절단 기류의 입구점과 출구점 사이의 수평거리를 무엇이라 하는가?

① 드래그   ② 절단 깊이
③ 절단 거리 ④ 너깃

> 가스 절단면에 있어서 절단 기류의 입구점과 출구점 사이의 수평거리를 드래그라 하며, 표준 드래그의 길이는 판 두께의 20% 이다.

16 아세틸렌은 각종 액체에 잘 용해되는데 벤젠에서는 몇 배의 아세틸렌가스를 용해하는가?

① 4   ② 10
③ 15 ④ 20

> 아세틸렌은 물과는 같은 양, 석유에는 2배, 벤젠에는 4배, 아세톤에는 25배 용해된다.

17 직류 아크 용접에서 역극성에 대한 설명 중 틀린 것은?

① 용접봉의 용융속도가 빠르다.
② 모재의 용입이 얕다.
③ 박판, 주철, 비철금속의 용접에 쓰인다.
④ 모재에 양극(+)을, 용접봉에 음극(-)을 연결한다.

> 정극성과 역극성

극성	열분배	후진법
직류정극성 (DCSP)	용접봉(-) : 30% 모재(+) : 70%	• 모재의 용입이 깊다. • 용접봉의 녹음이 느리다. • 비드 폭이 좁다. • 일반적으로 많이 사용된다.
직류역극성 (DCRP)	모재(-) : 30% 용접봉(+) : 70%	• 모재의 용입이 얕다. • 용접봉의 녹음이 빠르다. • 비드 폭이 넓다. • 박판, 주철, 고탄소강, 합금강, 비철금속의 용접에 사용된다.

18 특수용도용 합금강에서 내열강의 요구 성질에 관한 설명으로 옳은 것은?

① 고온에서 O₂, SO₂ 등에 침식되어야 한다.
② 고온에서 우수한 기계적 성질을 가져야 한다.
③ 냉간 및 열간 가공이 어려워야 한다.
④ 반복응력에 대한 피로강도가 적어야 한다.

> 특수용도 합금강
> • 스테인리스강 : 페라이트계, 마르텐사이트계, 오스테나이트계가 있으며 오스테나이트는 내식성이 가장 우수하며 스테인리스강의 대표로 가공성이 좋고 용접성이 우수하다.
> • 내열강 : Cr, Al, Si 첨가로 고온에서 기계적, 화학적 성질이 안정적이며 가공성, 용접성이 우수하며 인코넬, 서미트, 탐켄, 해스텔로이가 있다.
> • 불변강 : 인바, 엘린바, 플래티나이트, 코엘린바 등이 있다.

19 Al - Cu합금의 G.P 집합체(Guinier Preston Zone)에 의한 경화는?

① 시효 경화 ② 석출 경화
③ 확산 경화 ④ 섬유 경화

> Guinier-Preston Zone(G.P존)은 Al-Cu 합금의 시효 경화 현상을 설명하는 데 유용하다.

20 6:4 황동에 Fe를 1% 정도 품은 것으로 강도가 크고 내식성이 좋아 광산기계, 선박용기계, 화학기계 등에 사용되는 합금은?

① 연황동　　　② 주석황동
③ 델타메탈　　④ 망간황동

> • 연황동 : 3% 이하의 납(Pb)을 첨가
> • 주석황동 : 1% 정도의 주석(Sn)을 첨가
> • 델타메탈(철황동) : 1% 정도의 철(Fe)을 첨가
> • 망간황동 : 3% 이하의 망간(Mn)을 첨가

21 조성이 같은 탄소강을 담금질함에 있어서 질량의 대소에 따라 담금질 효과가 다른 현상을 무엇이라 하는가?

① 질량효과　　② 담금효과
③ 경화효과　　④ 자연효과

> 강의 질량이 담금질에 미치는 영향을 질량효과라 하며, 탄소강의 질량효과가 가장 크다.

22 합금강에서 고온에서의 크리프 강도를 높게 하는 원소는?

① O　　② S
③ Mo　④ H

> 몰리브덴(Mo)을 강 및 주철에 첨가하면 강도, 담금질성, 용접성, 인성, 고온 강도 및 내식성을 향상시키며, 니켈계 합금에서는 부식 및 고온 크리프 변형에 대한 내성을 향상시킨다.

23 다음 재료에서 용융점이 가장 높은 재료는?

① Mg　② W
③ Pb　④ Fe

> Mg : 650℃, W : 3400℃, Pb : 327℃, Fe : 1538℃

24 강괴를 탈산의 정도에 따라 분류할 때 이에 해당되지 않는 것은?

① 킬드강　　　② 림드강
③ 세미킬드강　④ 쾌삭강

> 탈산 정도에 따른 강괴의 분류
> • 킬드강 : 완전 탈산강으로 탈산제로는 Fe-Si, Fe-Mn, Al 등을 이용한다. 편석이 적고 재질이 균일하며 압연재로 널리 사용된다.
> • 세미킬드강 : 약간 탈산강, 킬드강보다 탈산이 적은 것, 킬드강과 림드강의 중간이다.
> • 림드강 : 탈산 및 가스처리가 불충분한 상태의 것, 강괴 전부를 쓸 수 있는 이점이 있으나 기계적 성질은 킬드강만 못하여 용접봉, 선재 등으로 쓰인다.

25 탄소강에 함유된 황(S)에 대해 설명한 것 중 맞는 것은?

① 황은 철과 화합하여 용융온도가 높은 황화철을 만든다.
② 황은 단조온도에서 융체로 되어 결정입계로 나와 저온 가공을 해친다.
③ 황은 절삭성을 향상시킨다.
④ 황에 의한 청열취성의 폐해를 제거하기 위하여 망간을 첨가한다.

> 탄소강에 함유된 황(S)
> • 절삭성을 양호하게 한다.
> • 편석과 적열취성의 원인이 된다.
> • 철을 여리게 하며 알칼리성에 약하다.

26 탄소 주강품 SC 370에서 숫자 370은 무엇을 나타내는가?

① 인장강도　② 탄소 함유량
③ 연신율　　④ 단면수축률

> 첫 번째 부분은 재질(S는 강), 두 번째 부분은 제품명 또는 규격(C는 주물), 숫자는 최저인장강도를 표시한다.

27 오스테나이트계 스테인리스강의 표준조성으로 맞는 것은 어느 것인가?

① Cr 18% – Ni 8%　② Ni 18% – Cr 8%
③ Cr 13% – Ni 4%　④ Ni 13% – Cr 4%

> 오스테나이트계 스테인리스강
> • 표준 조성은 Cr 18% – Ni 8% 이다.
> • 내식 · 내산성이 스테인리스강 중 가장 우수하다.
> • 용접성이 가장 우수하다.
> • 담금질로 경화되지 않는다.
> • 비자성체이다.

28 금속 침투법 중 Cr을 침투시키는 것은?

① 세라다이징
② 크로마이징
③ 칼로라이징
④ 실리코나이징

> 금속침투법
> • 크로마이징(chromizing) – 크롬(Cr)
> • 세라다이징(sheradizing) – 아연(Zn)
> • 칼로라이징(calorizing) – 알루미늄(Al)
> • 실리코나이징(siliconizing) – 규소(Si)
> • 보로나이징(boronizing) – 붕소(B)

29 다층 용접시 용접이음부의 청정방법으로 틀린 것은?

① 그라인더를 이용하여 이음부 등을 청소한다.
② 많은 양의 청소는 쇼트 블라스트를 이용한다.
③ 녹슬지 않도록 기름걸레로 청소한다.
④ 와이어 브러시를 이용하여 용접부의 이물질을 깨끗이 제거한다.

> 이음부 및 와이어는 기름, 페인트, 수분, 녹 등 이물질을 제거해야 한다.

30 서브머지드 아크 용접에서 본용접 시점과 끝나는 부분에 용접결함을 효과적으로 방지하기 위해 사용하는 것은?

① 동판 받침　② 백킹
③ 엔드 탭　　④ 실링 비드

> 엔드 탭(end tap)은 용접의 시작부와 끝부분에 용접결함을 효과적으로 방지하기 위해 설치하는 보조판으로 모재와 동일한 재질을 사용한다.

31 이산화탄소 아크 용접의 특징이 아닌 것은?

① 전원은 교류 정전압 또는 수하 특성을 사용한다.
② 가시 아크이므로 시공이 편리하다.
③ 모든 용접자세로 용접이 가능하다.
④ 산화나 질화가 되지 않는 양호한 용착 금속을 얻을 수 있다.

> 이산화탄소 아크 용접은 교류 전원에서 동력을 받아 정류시켜 직류 전류로 사용되며, 직류 정전압 특성 또는 상승 특성의 용접 전원이 이용된다.

32 CO_2 용접 중 와이어가 팁에 용착될 때의 방지대책으로 틀린 것은?

① 팁과 모재 사이의 거리는 와이어의 지름에 관계없이 짧게만 사용한다.
② 와이어를 모재에서 떼놓고 아크 스타트를 한다.
③ 와이어에 대한 팁의 크기가 맞는 것을 사용한다.
④ 와이어의 선단에 용적이 붙어 있을 때는 와이어 선단을 절단한다.

> 팁과 모재 사이의 거리는 사용되는 와이어 지름에 따라 결정된다.

33 가연성가스로 스파크 등에 의한 화재에 대하여 가장 주의해야 할 가스는?

① LPG
② CO_2
③ He
④ O_2

> 가연성 가스는 폭발한계농도의 하한이 10% 이하 또는 상·하한의 차이가 20% 이상인 가스로 수소, 아세틸렌, 메탄, 에탄, 프로판, 부탄 등이 대표적이다.

34 불활성 가스 금속 아크 용접의 용접 토치 구성 부품 중 노즐과 토치 몸체 사이에서 통전을 막아 절연시키는 역할을 하는 것은?

① 가스 분출기
② 인슐레이터
③ 팁
④ 플렉시블 콘딧

> • 가스 분출기 : 토치 내부의 가스 공급호스로부터 나오는 가스를 분출시키는데 사용
> • 플렉시블 콘딧 : 와이어 송급장치로부터 토치 몸체까지 와이어가 원활하게 송급되도록 안내하는 역할
> • 팁 : 와이어가 송출되면서 전류를 통전시키는 역할

35 CO_2 가스 아크 용접 조건에 대한 설명으로 틀린 것은?

① 전류를 높게 하면 와이어의 녹아내림이 빠르고 용착률과 용입이 증가한다.
② 아크 전압을 높이면 비드가 넓어지고 납작해지며, 지나치게 아크 전압을 높이면 기포가 발생한다.
③ 아크 전압이 너무 낮으면 볼록하고 넓은 비드를 형성하며 와이어가 잘 녹는다.
④ 용접 속도가 빠르면 모재의 입열이 감소되어 용입이 얕아지고 비드 폭이 좁아진다.

> 아크 전압이 너무 낮을 때
> • 볼록하고 좁은 비드를 형성한다.
> • 용입이 얕아진다.
> • 오버랩(overlap) 현상이 일어나기 쉽다.

36 가접 방법에서 가장 옳은 설명은?

① 가접은 반드시 본 용접을 실시할 홈 안에 하도록 한다.
② 가접은 가능한 한 튼튼하게 하기 위하여 길고 많게 한다.
③ 가접은 본 용접과 비슷한 기량을 가진 용접공이 할 필요는 없다.
④ 가접은 강도상 중요한 곳과 용접의 시점 및 종점이 되는 끝부분에는 피해야 한다.

> 가접
> • 조립 및 가접은 용접 시공에서 중요한 공정의 하나이다.
> • 본 용접을 실시하기 전에 좌우의 홈 부분을 잠정적으로 고정하기 위한 짧은 용접이다.
> • 가접 상태의 좋고 나쁨은 용접 결과에 직접 영향을 준다.
> • 본 용접 시와 동일한 기량을 가진 용접사에 의해 실시하여야 한다.
> • 본 용접보다는 지름이 약간 가는 용접봉을 사용하는 것이 좋다.
> • 본 용접보다 높은 온도에서 예열한다.
> • 강도상 중요한 곳(응력이 집중하는 곳)과 용접의 시점 및 종점이 되는 끝부분은 피해야 한다.
> • 홈 안에 불가피 가접하였을 때는 본 용접 전에 갈아내는 것이 좋다.

37 스터드 용접에서 페룰의 역할이 아닌 것은?

① 용융금속의 산화를 방지한다.
② 용융금속의 유출을 막아준다.
③ 용착부의 오염을 방지한다.
④ 아크열을 발산한다.

> 페룰(ferrule)의 역할
> • 용접이 진행되는 동안 아크열이 집중된다.
> • 용융금속의 산화가 방지되며, 용융금속의 유출을 방지한다.
> • 용착부의 오염을 방지한다.
> • 용접사의 눈을 아크 광선으로부터 보호해 준다.

38 전격의 방지대책으로 적합하지 않은 것은?

① 용접기의 내부는 수시로 열어서 점검하거나 청소한다.
② 홀더나 용접봉은 절대로 맨손으로 취급하지 않는다.
③ 절연 홀더의 절연부분이 파손되면 즉시 보수하거나 교체한다.
④ 땀, 물 등에 의해 습기 찬 작업복, 장갑, 구두 등은 착용하지 않는다.

> 용접기의 내부는 전원을 차단한 후 점검, 청소해야 한다.

39 전자 빔 용접의 특징으로 틀린 것은?

① 정밀 용접이 가능하다.
② 용입이 깊어 다층용접도 단층용접으로 완성할 수 있다.
③ 유해가스에 의한 오염이 적고 높은 순도의 용접이 가능하다.
④ 용접부의 열 영향부가 크고 설비비가 적게 든다.

> 전자 빔 용접의 특징
> • 활성재료가 용이하게 용접이 되며 진공 중에서도 용접하므로 유해가스에 의한 오염이 적고 높은 순도의 용접법이다.
> • 용접부의 기계적 야금 성질이 우수하다.
> • 용접부 열이 적고 용접부가 좁고 용입이 깊으므로 다층용접도 단층용접으로 완성할 수 있다.
> • 용접 변형이 적고, 정밀 용접이 가능하다.
> • 고융융점 재료의 용접이 가능하다.
> • 얇은 판 뿐만 아니라 두꺼운 판 용접이 가능하다.
> • 에너지 밀도가 크다.
> • 설비비가 많이 든다.

40 불활성 가스에 해당되는 것은?

① Sr
② H_2
③ Ar
④ O_2

> 불활성 가스는 보통 상태에서는 다른 원소와 거의 화합하지 않은 가스로 아르곤(Ar), 헬륨(He) 등이 대표적이다.

41 용접법 중 소모식 전극을 사용하는 방법이 아닌 것은?

① TIG 용접
② 피복 아크 용접
③ 탄산가스 아크 용접
④ 서브머지드 아크 용접

> TIG 용접(불활성 가스 텅스텐 아크 용접)은 텅스텐 전극봉을 사용하여 아크를 발생시키고 용접봉을 아크로 녹이면서 용접하는 방법으로 비용극식 또는 비소모식 불활성가스 아크 용접법이라 한다.

42 연납은 주로 납과 무엇으로 그 성분이 구성되어 있나?

① 니켈
② 주석
③ 알루미늄
④ 스테인리스

> 연납
> • 연납은 인장강도 및 경도가 낮고 용융점이 낮으므로 납땜 작업이 쉽다.
> • 연납땜은 융점이 450℃ 이하인 용가재를 사용한다.
> • 대표적인 것은 주석(Sn) 40%, 납(Pb) 60%의 합금이다.
> • 전기적인 접합이나 기밀, 수밀을 필요로 하는 장소에 사용된다.

43 용접부 검사법 중 기계적 시험법이 아닌 것은?

① 굽힘 시험
② 경도 시험
③ 인장 시험
④ 부식 시험

> 용접부 검사 중 파괴시험의 종류
> • 기계적 시험 : 인장시험, 굽힘시험, 경도시험, 충격시험, 피로시험, 그 밖의 고온 및 저온시험
> • 물리적 시험 : 비중·점성·표면장력·탄성 등의 물성시험, 팽창·비열·열전도 등의 열특성시험, 전기·저항·기전력·투자율 등의 자기특성시험
> • 화학적 시험 : 화학분석시험, 부식시험, 함유 수소시험
> • 야금학적 시험 : 육안 조직시험, 현미경 조직시험, 파면시험, 설퍼프린트시험
> • 용접성 시험 : 노치 취성 시험, 용접 경화성 시험, 용접 연성 시험, 용접 균열 시험
> • 내압시험
> • 낙하시험

44 CO_2 가스 아크 용접시 저전류 영역에서 가스 유량은 약 몇 ℓ/min 정도가 가장 적당한가?

① 1~5
② 6~10
③ 10~15
④ 16~20

> 이산화탄소 가스 용접 시 가스 유량
> • 저전류 영역 : 10~15 ℓ/min
> • 대전류 영역 : 20~25 ℓ/min

45 KS에서 "용착부에 나타난 비금속 물질"을 나타내는 용접 용어는?

① 덧살
② 슬래그 섞임
③ 슬래그
④ 스패터

> 용어의 정의
> • 가용접(tack welding) : 본 용접을 하기 전에 정한 위치에 용접물의 부재를 유지하기 위한 용접
> • 필렛 용접(Fillet Weld) : 겹치기 이음, T형 이음, 모서리 이음에 있어서 대략 직교하는 두면을 결합하는 3각형 단면의 용착부를 갖는 용접
> • 홈 용접(Groove Weld) : 홈에 층으로 용접한 것, 표준형으로 I형, V형, L형, U형, J형, X형, H형, K형, 양면 J형 홈용접 등이 있다.
> • 루트 간격(Root Opening) : 홈 밑부분의 간격
> • 루트 면(Root Face) : 홈 밑부분의 면
> • 베벨각(Bevel Angle) : 부재에 홈을 만들기 위하여 가공한 끝면과 부재표면에 수직인 평면 사이에 이루는 각
> • 교류 아크용접(AC Arc Welding) : 교류 아크를 사용하는 용접
> • 직류 아크용접(DC Arc Welding) : 직류 아크를 사용하는 용접
> • 피복아크 용접봉(Coated Electrode/Covered Electrode) : 아크용접의 전극으로 쓰이는 용접봉이며, 피복재를 바른 것
> • 위빙(Weaving) : 용접봉을 용접방향에 대하여 옆으로 교대로 움직이며 용접하는 방법
> • 층(Layer) : 한 번 또는 그 이상의 패스로 형성된 용착금속의 층
> • 패스(Pass) : 용접의 선방향에 따른 1회의 용접조작
> • 슬래그(Slag) : 용착부에 나타난 비금속 물질
> • 스패터(Spatter) : 아크용접과 가스용접에 있어서 용접 중에 비산하는 슬래그 및 금속입자
> • 기공(Blow Hole) : 용착금속 중에 가스에 의하여 나타난 빈 자리

46 용접선의 방향이 전달하는 응력의 방향과 거의 평행한 필릿 용접은?

① 전면 필릿 용접
② 측면 필릿 용접
③ 단속 필릿 용접
④ 슬롯 필릿 용접

> 하중 방향에 따른 필릿 용접
> • 전면 필릿 용접 : 용접선의 방향이 응력의 방향에 직각
> • 측면 필릿 용접 : 용접선의 방향이 응력의 방향과 거의 평행
> • 경사 필릿 용접 : 용접선의 방향이 응력의 방향과 사선

47 저항용접의 종류가 아닌 것은?

① 스폿 용접　② 심 용접
③ 업셋 맞대기 용접　④ 초음파 용접

> 저항용접에는 점용접, 심용접, 프로젝션용접, 플래시 맞대기 용접, 업셋 맞대기 용접, 방전 충격용접이 있다.

48 작은 강구나 다이아몬드를 붙인 소형의 추를 일정높이에서 시험편 표면에 낙하시켜 튀어 오르는 반발 높이에 의하여 경도를 측정하는 것은?

① 로크웰 경도　② 쇼어 경도
③ 비커스 경도　④ 브리넬 경도

> 경도시험
> • 로크웰 경도 : 다이아몬드 압자나 원형 압자로 기준 하중, 시험 하중을 걸어 시험기의 지시 장치에 표시된 경도를 측정
> • 쇼어 경도 : 시료의 시험편 표면에 일정 높이에서 다이아몬드를 붙인 추를 떨어뜨려 튀어오르는 높이로 경도를 측정
> • 비커스 경도 : 대면각 136°의 다이아몬드 사각추입자로 시험면에 홈을 만들었을 때의 시험 하중과 홈의 대각선 길이로 홈의 면적을 구해 측정
> • 브리넬 경도 : 원형 입자(강재 또는 초경 합금)로 시험면에 홈을 만들었을 때 시험 하중을 홈 직경으로 구한 표면적으로 나눈 몫으로 측정

49 용착강의 터짐에 대한 발생원인의 경우가 아닌 것은?

① 용착강에 기포 등의 결함이 있는 경우
② 예열·후열을 한 경우
③ 유황 함량이 많은 강을 용접한 경우
④ 나쁜 용접봉을 사용한 경우

> 용착강 터짐의 원인
> • 용착강에 기포 등의 결함이 있는 경우
> • 유황 함량이 많은 강을 용접한 경우
> • 나쁜 용접봉을 사용한 경우
> • 이음의 강성이 너무 큰 경우
> • 용접봉 심선이 나쁘거나 건조가 불충분한 경우
> • 이음의 친화성이 나쁜 경우
> • 이음각도가 너무 좁아 작고 좁은 비드가 형성된 경우
> • 모재로부터 과잉의 탄소, 합금원소가 가해진 경우

50 재해와 숙련도 관계에서 사고가 많이 발생하는 경향이 있는 것으로 가장 알맞은 것은?

① 경험이 1년 미만인 근로자
② 경험이 3년인 근로자
③ 경험이 5년인 근로자
④ 경험이 10년인 근로자

> 통계에 따르면 경험이 1년 미만인 근로자가 전체 재해의 50% 이상을 차지하고 있다.

51 지그재그 선을 사용하는 경우에 해당하는 것은?

① 특정 부분의 단면을 90° 회전하여 나타내는 경우
② 대상물의 일부를 파단한 경계를 표시하는 경우
③ 인접을 참고로 표시하는 경우
④ 반복을 표시하는 경우

> 불규칙한 파형의 가는 실선 또는 지그재그선은 대상물의 일부를 파단하는 경계 또는 일부를 떼어낸 경계를 표시하는데 사용한다.

52 도면을 축소 또는 확대했을 경우, 그 정도를 알기 위해서 설정하는 것은?

① 중심 마크　② 비교 눈금
③ 도면의 구역　④ 재단 마크

> 비교눈금은 도면을 축소 또는 확대했을 경우, 그 정도를 알기 위해 설정하는 것으로 길이 100mm를 눈금간격 10mm로 10등분하여 도면 아래 중심마크를 중심으로 표시하며, 눈금선의 굵기는 윤곽선과 같고, 길이는 5mm이내로 한다.

53 파이프의 영구 결합부(용접 등)는 어떤 형태로 표시하는가?

> 관 결합방식의 표시 방법
>
> | 결합방식 | 표시 | 결합방식 | 표시 |
> |---|---|---|---|
> | 일반 | ─┼─ | 용접식 | ─●─ |
> | 플랜지식 | ─╫─ | 접수구방식 | ─┤ |
> | 유니온식 | ─╫╫─ | | |

54 아래 왼쪽 입체도를 오른쪽과 같이 3각법으로 정투상하여 나타냈을 경우 이 도면에 관한 설명으로 맞는 것은?

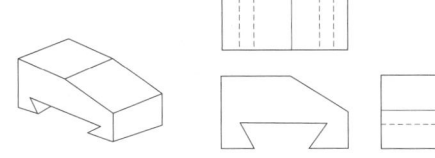

① 정면도만 틀림
② 평면도만 틀림
③ 우측면도만 틀림
④ 투상한 도면은 모두 올바름

55 한변이 10mm인 정사각형을 2:1로 도시하려고 한다. 실제 정사각형 면적을 L이라고 하면 도면 도형의 정사각형 면적은 얼마인가?

① 1/2L
② 2L
③ 1/4L
④ 4L

🔍 2:1로 도시하는 경우 도면 도형의 정사각형 면적은 2^2이 된다.

56 그림과 같이 상하면의 절단된 경사각이 서로 다른 원통의 전개도 형상으로 가장 적합한 것은?

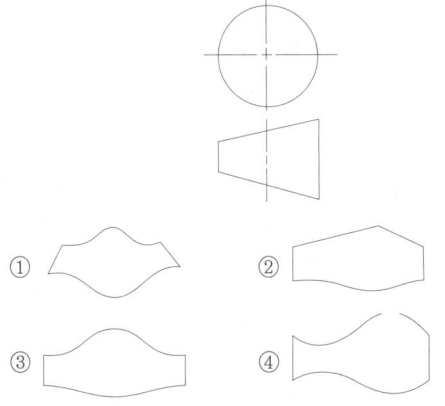

57 그림과 같은 KS 용접기호의 용접 명칭으로 올바른 것은?

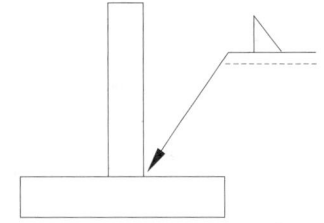

① I형 맞대기 용접 ② 플러그 용접
③ 필릿 용접   ④ 점 용접

🔍 ① ||, ② ▭, ④ ○

58 나사 호칭 표시 "M20 × 2"에서 숫자 "2"의 뜻은?

① 나사의 등급   ② 나사의 줄 수
③ 나사의 지름   ④ 나사의 피치

🔍 • M : 나사의 종류를 표시하는 기호
• 20 : 나사의 호칭 지름
• 2 : 나사의 피치

59 판의 두께를 나타내는 치수 보조 기호는?

① C   ② R
③ w   ④ t

🔍 치수 기입에 사용되는 기호

기호 이름	모양	기호 이름	모양
지름	Ø	45° 모따기	C
반지름	R	이론적으로 정확한 치수	50
구의 지름	SØ	참고치수	(50)
구의 반지름	SR	치수의 취소	5̶0̶
정사각형의 변	□	비례척도가 아닌 치수	50
판의 두께	t	치수의 기준	⊕
원호의 길이	⌒		

60 그림과 같은 입체도에서 화살표 방향으로 본 투상도로 적합한 것은?

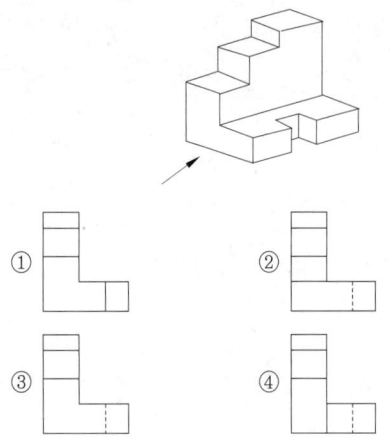

정답	적중모의고사 7회			
01 ②	02 ①	03 ①	04 ③	05 ②
06 ④	07 ①	08 ③	09 ④	10 ①
11 ①	12 ②	13 ④	14 ③	15 ①
16 ①	17 ①	18 ②	19 ①	20 ③
21 ①	22 ③	23 ②	24 ④	25 ①
26 ①	27 ①	28 ②	29 ③	30 ③
31 ①	32 ③	33 ①	34 ②	35 ③
36 ④	37 ④	38 ①	39 ④	40 ③
41 ①	42 ②	43 ④	44 ③	45 ③
46 ②	47 ③	48 ②	49 ②	50 ①
51 ②	52 ②	53 ④	54 ④	55 ④
56 ④	57 ③	58 ④	59 ④	60 ③

8회 CBT 대비 적중모의고사

01 용해 아세틸렌 용기 취급시 주의사항으로 틀린 것은?

① 아세틸렌 충전구가 동결시는 50℃ 이상의 온수로 녹여야 한다.
② 저장 장소는 통풍이 잘 되어야 한다.
③ 용기는 반드시 캡을 씌워 보관한다.
④ 용기는 진동이나 충격을 가하지 말고 신중히 취급해야 한다.

> 충전구가 동결시는 40℃ 이상의 온수 및 열습포로 문지른다.

02 피복 아크 용접봉 취급시 주의사항으로 잘못된 것은?

① 보관시 진동이 없고 건조한 장소에 보관한다.
② 보관 용접봉은 70~100℃에서 30~60분 건조 후 사용한다.
③ 사용 중에 피복제가 떨어지는 일이 없도록 건조 후 사용한다.
④ 하중을 받지 않는 상태에서 지면보다 낮은 곳에 보관한다.

03 교류 아크 용접기에서 안정한 아크를 얻기 위하여 상용주파의 아크 전류에서 고전압의 고주파를 중첩시키는 방법으로 아크발생과 용접작업을 쉽게 할 수 있도록 하는 부속장치는?

① 전격방지장치 ② 고주파 발생장치
③ 원격제어장치 ④ 핫 스타트장치

04 표준 불꽃에서 프랑스식 가스용접 토치의 용량은?

① 1시간에 소비하는 아세틸렌가스의 양
② 1분에 소비하는 아세틸렌가스의 양
③ 1시간에 소비하는 산소가스의 양
④ 1분에 소비하는 산소가스의 양

05 용접법 중 융접에 해당하지 않는 것은?

① 피복 아크 용접 ② 서브머지드 아크 용접
③ 스터드 용접 ④ 단접

06 용접기의 사용률이 40%인 경우 아크 시간과 휴식시간을 합한 전체시간은 10분을 기준으로 했을 때 아크 발생시간은 몇 분인가?

① 4 ② 6
③ 8 ④ 10

> • 사용률 = $\dfrac{\text{아크발생시간}}{\text{아크발생시간} + \text{정지시간}} \times 100$
> • 아크발생시간 = $(40 \times 100)/100 = 4$

07 피복 아크 용접에서 직류 역극성(DCRP) 용접의 특징으로 옳은 것은?

① 모재의 용입이 깊다.
② 비드 폭이 좁다.
③ 봉의 용융이 느리다.
④ 박판, 주철, 고탄소강의 용접 등에 쓰인다.

08 수중 절단시 높은 수압에서 사용이 가능하고 기포의 발생이 적은 연료 가스는?

① 수소 ② 부탄
③ 헬륨 ④ 이산화탄소

09 아크에어 가우징의 특징 설명으로 관계가 없는 것은?

① 가스가우징이나 치핑에 비해 작업능률이 좋다.
② 보수용접 시 균열부분이나 용접 결함부를 제거하는데 적합하다.
③ 장비가 복잡하고 작업방법이 어렵다
④ 활용범위가 넓어 스테인리스강, 동합금, 알루미늄에도 적용될 수 있다.

10 용접열원의 하나인 가스에너지 중 가연성 가스가 아닌 것은?

① 아세틸렌   ② 부탄
③ 산소   ④ 수소

🔍 산소는 조연성 가스이다.

11 산소-아세틸렌 불꽃의 종류가 아닌 것은?

① 중성 불꽃   ② 탄화 불꽃
③ 질화 불꽃   ④ 산화 불꽃

12 피복아크 용접봉의 피복 배합제 중 아크 안정제가 아닌 것은?

① 알루미늄   ② 석회석
③ 산화티탄   ④ 규산나트륨

🔍 아크 안정제에는 규산칼륨, 산화티탄, 탄산바륨, 석회석 등이 있다.

13 가스용접에 사용되는 연소가스의 혼합으로 틀린 것은?

① 산소-아세틸렌   ② 산소-질소가스
③ 산소-프로판   ④ 산소-수소가스

14 연강의 가스 용접에 적당한 용제는?

① 탄산나트륨
② 염화나트륨
③ 인산
④ 일반적으로 사용하지 않음

15 피복 아크 용접 작업에서 아크 길이 및 아크 전압에 관한 설명으로 틀린 것은?

① 양호한 용접을 하려면 되도록 짧은 아크를 사용하는 것이 유리하다.
② 아크 길이는 지름 2.6mm 이하의 용접봉에서는 심선의 지름보다 3배 길어야 좋다.
③ 아크 전압은 아크 길이에 비례한다.
④ 아크 길이가 너무 길면 아크가 불안정하게 된다.

16 U형, H형의 용접홈을 가공하기 위하여 슬로우 다이버전트로 설계된 팁을 사용하여 깊은 홈을 파내는 가공법은?

① 치핑   ② 슬랙절단
③ 가스 가우징   ④ 아크에어 가우징

🔍 깊은 홈을 파내는 가공법을 가스 가우징이라 한다.

17 연강용 가스 용접봉의 KS규격 GA43에서 43이 의미하는 것은?

① 용착금속의 연신율 구분
② 용착금속의 최소 인장강도 수준
③ 용착금속의 탄소 함유량
④ 가스 용접봉

🔍 GA : 가스용접봉, 숫자 : 최소 인장강도를 나타낸다.

18 다이캐스팅용 알루미늄 합금으로 요구되는 성질이 아닌 것은?

① 유동성이 좋을 것
② 열간취성이 적을 것
③ 금형에 대한 정착성이 좋을 것
④ 응고 수축에 대한 용탕 보급성이 좋을 것

19 합금주철의 원소 중 흑연화를 방지하고 탄화물을 안정시키는 원소는?

① 크롬(Cr)   ② 니켈(Ni)
③ 구리(Cu)   ④ 몰리브덴(Mo)

🔍 니켈 : 흑연화 촉진, 몰리브덴 : 조직의 균일화

20 다음 중 비중이 가장 적은 금속은?

① 금 ② 백금
③ 바나듐 ④ 망간

🔍 금 : 19.3 백금 : 21.4 망간 : 7.4 바나듐 : 5.98

21 철강의 열처리에서 열처리 방식에 따른 종류가 아닌 것은?

① 계단 열처리 ② 항온 열처리
③ 표면경화 열처리 ④ 내부경화 열처리

22 Mg-Al-Zn 합금으로 내연기관의 피스톤 등에 사용되는 것은?

① 실루민 ② 듀랄루민
③ Y합금 ④ 엘렉트론

23 다음 중 특수 주강의 종류가 아닌 것은?

① 망간(Mn) 주강 ② 니켈(Ni) 주강
③ 크롬(Cr) 주강 ④ 티탄(Ti) 주강

24 탄소강 함유원소 중 망간(Mn)의 영향으로 가장 거리가 먼 것은?

① 고온에서 결정립 성장을 억제 시킨다.
② 주조성을 좋게 하며 S의 해를 감소시킨다.
③ 강의 담금질 효과를 증대 시킨다.
④ 강의 강도, 경도, 인성을 저하 시킨다.

25 구리의 성질을 설명한 것으로 틀린 것은?

① 전기 및 열의 전도성이 우수하다.
② 비중이 철(Fe)보다 적고 아름다운 광택을 갖고 있다.
③ 전연성이 좋아 가공이 용이하다.
④ 화학적 저항력이 커서 부식되지 않는다.

26 칼로라이징 금속침투법은 철강 표면에 어떤 금속을 침투시키는가?

① 규소 ② 알루미늄
③ 크롬 ④ 아연

🔍 • 칼로라이징 : 알루미늄
• 크로마이징 : 크롬
• 세라다이징 : 아연
• 실리코나이징 : 규소

27 다음 중 18% W - 4% Cr - 1% V 조성으로 된 공구강은?

① 고속도강 ② 합금공구강
③ 다이스강 ④ 게이지용강

28 스테인리스강 중에서 내식성이 가장 높고 비자성체인 것은?

① 페라이트계
② 마텐자이트계
③ 오스테나이트계
④ 시멘타이트계

29 TIG 용접에서 아크 발생이 용이하며 전극의 소모가 적어 직류 정극성에는 좋으나 교류에는 좋지 않은 것으로 주로 강, 스테인리스강, 동합금 용접에 사용되는 전극봉은?

① 토륨 텅스텐 전극봉
② 순 텅스텐 전극봉
③ 니켈 텅스텐 전극봉
④ 지르코늄 텅스텐 전극봉

30 MIG 용접의 와이어 송급 방식 중 와이어 릴과 토치 측의 양측에 송급장치를 부착하는 방식을 무엇이라 하는가?

① 푸시 방식 ② 풀 방식
③ 푸시-풀방식 ④ 더블 푸시 방식

31 플라즈마 아크 용접의 장점이 아닌 것은?

① 핀치효과에 의해 전류밀도가 작고 용입이 얕다.
② 용접부의 기계적 성질이 좋으며 용접변형이 적다.
③ 1층으로 용접할 수 있으므로 능률적이다.
④ 비드 폭이 좁고 용접속도가 빠르다.

32 이산화탄소 아크 용접에서 아르곤과 이산화탄소를 혼합한 보호가스를 사용할경우의 설명으로 가장 거리가 먼 것은?

① 스패터의 발생량이 적다.
② 용착효율이 양호하다.
③ 박판의 용접조건 범위가 좁아진다.
④ 혼합비는 아르곤이 80%일 때 용착효율이 가장 좋다.

33 이산화탄소 아크 용접의 시공법에 대한 설명으로 맞는 것은?

① 와이어의 돌출길이가 길수록 비드가 아름답다.
② 와이어의 용융속도는 아크 전류에 정비례하며 증가한다.
③ 와이어의 돌출길이가 길수록 늦게 용융된다.
④ 와이어의 돌출길이가 길수록 아크가 안정된다.

34 보수용접에 관한 설명 중 잘못된 것은?

① 보수용접이란 마멸된 기계부품에 덧살 올림 용접을 하고 재생, 수리하는 것을 말한다.
② 용접 금속부의 강도는 매우 높으므로 용접할 때 충분한 예열과 후열 처리를 한다.
③ 덧살 올림의 경우에 용접봉을 사용하지 않고 용융된 금속을 고속기류에 의해 불어 붙이는 용사 용접이 사용되기도 한다.
④ 서브머지드 아크 용접에서는 덧살 올림 용접이 전혀 이용되지 않는다.

35 전기 스위치류의 취급에 관한 안전 사항으로 틀린 것은?

① 운전 중 정전 되었을 때 스위치는 반드시 끊는다.
② 스위치의 근처에는 여러 가지 재료 등을 놓아두지 않는다.
③ 스위츠를 끊을 때는 부하를 무겁게 해 놓고 끊는다.
④ 스위츠는 노출시켜 놓지 말고, 반드시 뚜껑을 만들어 장착한다.

36 연강의 인장시험에서 하중 100kgf 시험편의 최초 단면적 20mm²일 때 응력은 몇 kgf/mm²인가?

① 5
② 10
③ 15
④ 20

응력 = $\frac{하중}{단위면적당}$ = $\frac{100}{20}$ = 5

37 가스 절단 작업시 주의 사항이 아닌 것은?

① 절단 진행 중에 시선은 절단면을 떠나서는 안 된다.
② 가스 호스가 용융 금속이나 산화물의 비산으로 인해 손상되지 않도록 한다.
③ 가스 호스가 꼬여 있거나 막혀 있는지 확인한다.
④ 가스 누설의 점검은 수시로 해야 하며 간단히 라이터로 할 수 있다.

가스 누설 점검은 간단히 비눗물로 할 수 있다.

38 이음부에 납땜재와 용제를 발라 저항열을 이용하여 가열하는 방법으로 스폿 용접이 곤란한 금속의 납땜이나 작은 이종금속의 납땜에 적당한 방법은?

① 담금 납땜 ② 저항 납땜
③ 노내 납땜 ④ 유도 가열 납땜

39 필릿 용접에서 루트 간격이 1.5mm 이하일 때 보수용접 요령으로 가장 적당한 것은?

① 그대로 규정된 다리길이로 용접한다.
② 그대로 용접하여도 좋으나 넓혀진 만큼 다리길이를 증가시킬 필요가 있다.
③ 다리길이를 3배수로 증가시켜 용접한다.
④ 라이너를 넣든지, 부족한 판을 300mm이상 잘라내서 대체한다.

40 TIG 용접에서 모재가 (-)이고 전극이 (+)인 극성은?

① 정극성
② 역극성
③ 반극성
④ 양극성

41 서브머지드 아크 용접에서 루트간격이 몇 mm 이상이면 받침쇠를 사용하는가?

① 0.1
② 0.3
③ 0.5
④ 0.8

42 플라스틱 용접(plastics welding)의 용접 방법만으로 조합된 것은?

① 마찰 용접, 아크 용접
② 고주파용접, 열풍 용접
③ 플라스마 용접, 열기구 용접
④ 업셋용접, 초음파 용접

43 점 용접의 3대 요소가 아닌 것은?

① 전극모양
② 통전시간
③ 가압력
④ 전류세기

🔍 점 용접의 3대 요소 : 통전시간, 가압력, 전류세기

44 피로시험에서 사용되는 하중 방식이 아닌 것은?

① 반복하중
② 교번하중
③ 편진하중
④ 회전하중

45 용접 결함의 분류에서 치수상 결함에 속하는 것은?

① 융합불량
② 변형
③ 슬래그 섞임
④ 언더컷

🔍 융합불량, 슬래그 섞임, 언더컷, 오버랩, 기공 등은 구조상 결함이다.

46 공장 내에 안전표지판을 설치하는 가장 주된 이유는?

① 능동적인 작업을 위해
② 통행을 통제하기 위해
③ 사고방지 및 안전을 위해
④ 공장 내의 환경 정리를 위해

47 가연물을 가열할 때 가연물이 점화원의 직접적인 접촉 없이 연소가 시작되는 최저온도를 무엇이라 하는가?

① 인화점
② 발화점
③ 연소점
④ 융점

48 용접부에 생긴 잔류응력을 제거하는 방법에 해당되지 않는 것은?

① 노 내 풀림법
② 역변형법
③ 국부 풀림법
④ 기계적 응력 완화법

49 피복 아크 용접에서 용접 전류가 너무 낮을 때 생기는 용접 결함 현상 중 가장 적합한 것은?

① 언더컷
② 기공
③ 스패터
④ 오버랩

50 용접부의 연성결함을 조사하기 위하여 사용되는 시험법은?

① 브리넬 시험 ② 비커스 시험
③ 굽힘 시험   ④ 충격 시험

51 용접 보조기호에서 현장 용접인 것은?

① 　②
③ ○　④ ─

52 보기 입체도의 화살표 방향에서 본 투상도가 가장 적합한 것은?

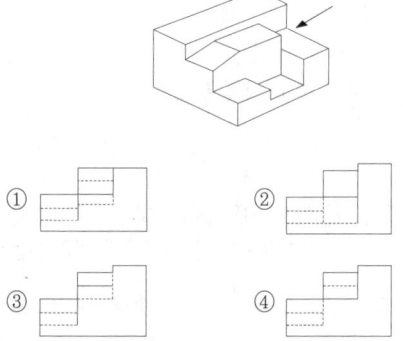

53 보기 입체도를 제 3각법으로 올바르게 투상한 것은?

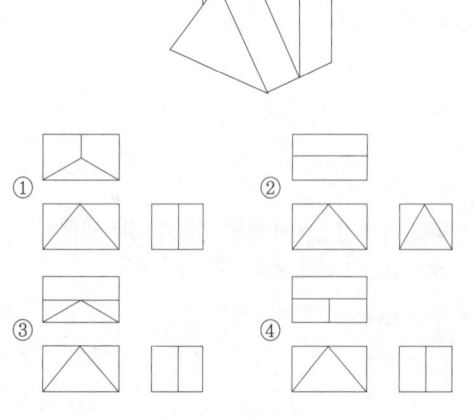

54 기계제도에서 도형 표시 방법으로 가장 적절하지 않은 것은?

① 투상도는 표준 배치에 의한 6면도를 모두 그린다.
② 물체의 특징이 가장 잘 나타난 면을 주 투상도라 한다.
③ 투상도에는 가급적 숨은 선을 쓰지 않고 나타낼 수 있도록 한다.
④ 도형이 대칭인 것은 중심선을 경계로 하여 한쪽만을 도시할 수 있다.

55 다음 그림에서 A부의 치수는 얼마인가?

① 5   ② 10
③ 15   ④ 14

56 용도에 따른 선의 종류에서 가는 1점 쇄선의 용도가 아닌 것은?

① 중심선 ② 기준선
③ 피치선 ④ 지시선

🔍 가는 1점 쇄선 : 중심선, 기준선, 피치선

57 재료 기호가 "SM400C"로 표시되어 있을 때 이는 무슨 재료인가?

① 일반 구조물 압연 강재
② 용접 구조용 압연 강재
③ 스프링 강재
④ 탄소 공구강 강재

🔍 SM : 용접 구조용 압연 강재, SS : 일반 구조용 압연 강재

58 도면에서 척도란 NS로 표시된 것은 무엇을 뜻하는가?

① 축척임을 표시
② 제 1각법임을 표시
③ 배척임을 표시
④ 비례척이 아님을 표시

🔍 도면을 정해진 척도값으로 그리지 못하거나 비례하지 않을 때에는 척도를 'NS'로 표시할 수 있다.

59 다음 도면의 (*)안에 치수로 가장 적합한 것은?

① 1400mm
② 1300mm
③ 1200mm
④ 1100mm

🔍 13개의 구멍을 100mm 간격으로 배치하는 것이므로 해당 치수는 1200mm이다.

60 제 1각법에서 좌측면도는 정면도를 기준으로 어느 쪽에 배치되는가?

① 좌측
② 우측
③ 상부
④ 하부

🔍 좌측면도는 1각법에서 정면도의 우측에, 3각법에서는 좌측에 배치된다.

정답 적중모의고사 8회

01 ①	02 ④	03 ②	04 ①	05 ④
06 ①	07 ④	08 ①	09 ③	10 ③
11 ③	12 ①	13 ②	14 ④	15 ②
16 ③	17 ②	18 ③	19 ①	20 ③
21 ④	22 ④	23 ②	24 ④	25 ②
26 ②	27 ①	28 ③	29 ①	30 ③
31 ①	32 ③	33 ②	34 ④	35 ③
36 ①	37 ④	38 ②	39 ①	40 ②
41 ④	42 ②	43 ①	44 ④	45 ②
46 ③	47 ②	48 ②	49 ④	50 ②
51 ①	52 ④	53 ②	54 ①	55 ②
56 ④	57 ②	58 ④	59 ③	60 ②

9회 CBT 대비 적중모의고사

01 상온에서 강하게 압축함으로써 경계면을 국부적으로 소성 변형시켜 압접하는 방법은?

① 가스 압접
② 마찰 압접
③ 냉간 압접
④ 테르밋 압접

> 냉간 압접은 2개의 금속을 밀착시켜 자유 전자가 공동화하여 결정 격자점의 금속이온과 상호 작용으로 금속 원자를 결합시키는 방법으로 상온에서 단순히 가압만으로 금속상호 간의 확산을 일으켜 접합하는 방식이다.

02 용접의 일반적인 특징을 설명한 것 중 틀린 것은?

① 제품의 성능과 수명이 향상되며 이종 재료도 용접이 가능하다.
② 재료의 두께에 제한이 없다.
③ 보수와 수리가 어렵고 제작비가 많이 든다.
④ 작업공정이 단축되며 경제적이다.

> 용접은 제작비가 적게 든다.

03 혼합가스 연소에서 불꽃 온도가 가장 높은 것은?

① 산소 - 수소 불꽃
② 산소 - 프로판 불꽃
③ 산소 - 아세틸렌 불꽃
④ 산소 - 부탄 불꽃

> 아세틸렌 : 3230℃, 수소 : 2982℃, 프로판 : 2926℃, 메탄 : 2760℃

04 피복 아크 용접 회로의 구성요소로 맞지 않는 것은?

① 용접기
② 전극케이블
③ 용접봉 홀더
④ 콘덴싱 유닛

> 피복 아크 용접의 회로는 용접기, 전극 케이블, 용접봉 홀더, 피복 아크 용접봉, 아크, 피용접물 또는 모재, 접지 케이블 등으로 이루어져 있다.

05 피복제 중에 TiO_2를 포함하고, 아크가 안정되고 스패터도 적으며 슬래그의 박리성이 대단히 좋아 비드 표면이 고우며 작업성이 우수한 피복 아크 용접은?

① E4301
② E4311
③ E4316
④ E4313

> E4301 : 일미나이트계, E4311 : 고셀룰로오스계, E4316 : 저수소계, E4313 : 고산화티탄계

06 가스용접에서 충전가스의 용기도색으로 틀린 것은?

① 산소 - 녹색
② 프로판 - 흰색
③ 탄산가스 - 청색
④ 아세틸렌 - 황색

> 프로판은 회색이다.

07 피복 아크 용접에서 아크의 발생 및 소멸 등에 관한 설명으로 틀린 것은?

① 용접봉 끝으로 모재 위를 긁는 기분으로 운봉하여 아크를 발생시키는 방법이 긁기법이다.
② 용접봉 끝을 모재의 표면에서 10mm 정도 되게 가까이 대고 아크발생 위치를 정하고 핸드실드로 얼굴을 가린다.
③ 아크를 소멸시킬 때에는 용접을 정지시키려는 곳에서 아크 길이를 길게 하여 운봉을 정지시킨 후 한다.
④ 용접봉을 순간적으로 재빨리 모재면에 접촉시켰다가 3~4mm 정도 떼면 아크가 발생한다.

> 아크를 소멸시킬 때에는 용접을 정지시키려는 곳에서 아크 길이를 짧게 하여 운봉을 정지시킨 후 크레이터를 채운 다음 용접봉을 빠른 속도로 들어올린다.

08 교류피복 아크 용접기에서 아크발생 초기에 용접전류를 강하게 흘려보내는 장치를 무엇이라고 하는가?

① 원격 제어장치
② 핫 스타트 장치
③ 전격 방지기
④ 고주파 발생장치

🔍 핫 스타트 장치는 아크가 발생하는 초기에 용접전류를 특별히 크게 하는 것으로 아크 발생을 쉽게하고, 기포를 방지하며, 비드 모양을 개선하고, 초기의 비드 용입을 좋게 한다.

09 산소-아세틸렌가스 용접기로 두께가 3.2mm인 연강판을 V형 맞대기 이음을 하려면 이에 적당한 연강용 가스 용접봉의 지름(mm)은?

① 4.6
② 3.2
③ 3.6
④ 2.6

🔍 용접봉 지름 = $\dfrac{두께}{2}$ + 1 = $\dfrac{3.2}{2}$ + 1 = 2.6

10 가스용접용 토치의 팁 중 표준불꽃으로 1시간 용접시 아세틸렌 소모량이 200L인 것은?

① 고압식 200번 팁
② 중압식 200번 팁
③ 가변압식 200번 팁
④ 불변압식 200번 팁

🔍 가변압식 팁 번호는 1시간 동안 표준 불꽃을 이용하여 용접할 경우 아세틸렌 가스의 소비량으로 나타내므로 200리터 사용하였으므로 200번이 적당하다.

11 다음 중 조연성 가스는?

① 수소
② 프로판
③ 산소
④ 메탄

🔍 산소는 연소를 도와주는 조연성 가스이다.

12 가스용접에서 아세틸렌 과잉 불꽃이라 하며 속불꽃과 겉불꽃 사이에 아세틸렌 페더가 있는 불꽃의 명칭은?

① 바깥불꽃
② 중성불꽃
③ 산화불꽃
④ 탄화불꽃

🔍 탄화 불꽃(아세틸렌 과잉 불꽃) : 아세틸렌의 양이 산소보다 많을 때 생기는 불꽃으로 백심과 겉불꽃과의 사이에 연한 백심의 제3의 불꽃으로 알루미늄, 스테인리스 강의 용접에 이용된다.

13 스카핑(Scarfing)에 대한 설명 중 옳지 않은 것은?

① 수동용 토치는 서서 작업할 수 있도록 긴 것이 많다.
② 토치는 가우징 토치에 비해 능력이 큰 것을 사용한다.
③ 되도록 좁게 가열해야 첫 부분이 깊게 파지는 것을 방지할 수 있다.
④ 예열면이 점화온도에 도달하여 표면의 불순물이 떨어져 깨끗한 금속면이 나타날 때까지 가열한다.

14 피복 아크 용접봉의 피복제가 연소한 후 생성된 물질이 용접부를 보호하는 형식에 따라 분류한 것에 해당되지 않는 것은?

① 반가스 발생식
② 스프레이 형식
③ 슬래그 생성식
④ 가스 발생식

🔍 스프레이 형식은 MIG 용접에서 용적 이행 형태로 단락, 입상, 스프레이 이행이 있다.

15 발전(모터, 엔진형)형 직류 아크용접기와 비교하여 정류기형 직류 아크 용접기를 설명한 것 중 틀린 것은?

① 고장이 적고 유지보수가 용이하다.
② 취급이 간단하고 가격이 싸다.
③ 초소형 경량화 및 안정된 아크를 얻을 수 있다.
④ 완전한 직류를 얻을 수 있다.

🔍 교류를 정류하므로 완전한 직류를 얻지 못한다.

16 가스용접에서 용제를 사용하는 가장 중요한 이유로 맞는 것은?

① 용접봉 용융속도를 느리게 하기 위하여
② 용융온도가 높은 슬래그를 만들기 위하여
③ 침탄이나 질화를 돕기 위하여
④ 용접 중에 생기는 금속의 산화물을 용해하기 위하여

> 가스용접에서 용제의 역할
> • 용접 중 발생되는 금속 산화물을 용해한다.
> • 용착금속의 성질을 개선한다.
> • 모재의 표면을 깨끗하게 한다.
> • 슬래그를 용융 금속 위로 떠오르게 한다.

17 다음 중 가스절단이 가장 용이한 금속은?

① 주철
② 저합금강
③ 알루미늄
④ 아연

> 가스절단은 강 또는 합금강의 절단에 이용되며, 비철 금속에는 분말 가스절단 또는 아크절단이 이용된다.

18 재료의 내외부에 열처리 효과의 차이가 생기는 현상으로 강의 담금질성에 의해 영향을 받는 것은?

① 심랭처리
② 질량효과
③ 금속간 화합물
④ 소성변형

> 강의 질량이 담금질에 미치는 영향을 질량효과라 하며, 질량효과가 가장 큰 금속은 탄소강이다.

19 알루미늄에 대한 설명으로 틀린 것은?

① 전기 및 열의 전도율이 매우 떨어진다.
② 경금속에 속한다.
③ 융점이 660℃ 정도이다.
④ 내식성이 좋다.

> 알루미늄은 전기 및 열 전도율이 매우 좋다.

20 금속 표면에 알루미늄을 침투시켜 내식성을 증가시키는 것은?

① 칼로라이징
② 크로마이징
③ 세라다이징
④ 실리코라이징

> 크로마이징 : 크롬, 세라다이징 : 아연, 실리코나이징 : 규소, 칼로라이징 : 알루미늄, 브로나이징 : 붕소

21 Cu-Ni 합금에 소량의 Si를 첨가하여 전기전도율을 좋게 한 것은?

① 네이벌 황동
② 아암즈 청동
③ 코로손 합금
④ 켈밋

> 코로손(corson) 합금은 Cu에 Ni 4%, Si 1% 함유한 것으로 전기전도율이 좋아 전선용으로 사용된다.

22 탄소 주강에 망간이 10~14% 정도 첨가된 하드 필드 주강을 주조상태의 딱딱하고 메진 성질을 없어지게 하고 강인한 성질을 갖게 하기 위하여 몇 ℃에서 수인법으로 인성을 부여하는가?

① 400~500℃
② 600~700℃
③ 800~900℃
④ 1000~1100℃

23 주철의 일반적인 특성 및 성질에 대한 설명으로 틀린 것은?

① 주조성이 우수하며, 크고 복잡한 것도 제작할 수 있다.
② 인장강도, 휨 강도 및 충격값은 크나, 압축강도는 작다.
③ 금속재료 중에서 단위 무게당의 값이 싸다.
④ 주물의 표면은 굳고 녹이 잘 슬지 않는다.

> 주철은 탄소 2~6.68%를 함유한 철이나 보통 탄소 4.5%까지의 것을 쓰며 압축강도가 크다.

24 탄소강의 주성분 원소로 맞는 것은?

① Fe + C ② Fe + Si
③ Fe + Mn ④ Fe + P

🔍 탄소강(carbon steel)은 철(Fe)과 탄소(C)의 합금으로 탄소 함량이 0.02~2.11%인 것을 말하며, 소량의 규소, 망간, 인, 유황 등을 포함하고 있다.

25 특수 용도강의 스테인리스강에서 그 종류를 나열한 것 중 틀린 것은?

① 페라이트계 ② 베이나이트계
③ 마텐자이트계 ④ 오스테나이트계

🔍 스테인리스강에는 페라이트계, 마텐자이트계, 오스테나이트계가 있다.

26 다음 중 연성이 가장 큰 재료는?

① 순철 ② 탄소강
③ 경강 ④ 주철

🔍 순철은 상온에서 연성과 전성이 우수하고 용접성이 좋으며 탄소강에 비해서 내식성이 우수하다.

27 구조용강 중 크롬강의 특성으로 틀린 것은?

① 경화층이 깊고 마텐자이트 조직을 안정화 한다.
② Cr_4C_2, Cr_7C_3 등의 탄화물이 형성되어 내마모성이 크다.
③ 내식성 및 내열성이 좋아 내식강 및 내열강으로 사용된다.
④ 유중 담금질 효과가 좋아지면서 단접이 잘된다.

28 황동이 고온에서 탈 아연(Zn)되는 현상을 방지하는 방법으로 황동표면에 어떤 피막을 형성시키는가?

① 탄화물 ② 산화물
③ 질화물 ④ 염화물

29 용접결함이 언더컷인 경우 결함의 보수 방법은?

① 밑부분을 깎아내고 재 용접한다.
② 홈을 만들어 용접한다.
③ 가는 용접봉을 사용하여 보수한다.
④ 결함부분을 절단하여 재 용접한다.

🔍 언더컷은 가는 용접봉을 사용해 재용접하여 보수한다.

30 전기용접 작업시 전격에 관한 주의사항으로 틀린 것은?

① 무부하 전압이 필요 이상으로 높은 용접기는 사용하지 않는다.
② 전격을 받은 사람을 발견했을 때는 즉시 스위치를 꺼야 한다.
③ 작업종료시 또는 장시간 작업을 중지할 때는 반드시 용접기의 스위치를 끄도록 한다.
④ 낮은 전압에서는 주의하지 않아도 되며, 습기찬 구두는 착용해도 된다.

🔍 습기찬 구두를 착용하면 감전의 우려가 있다.

31 전류가 증가하여도 전압이 일정하게 되는 특성으로 이산화탄소 아크 용접장치 등의 아크 발생에 필요한 용접기의 외부 특성은?

① 상승 특성
② 정전류 특성
③ 정전압 특성
④ 부저항 특성

🔍 용접기의 특성
• 수하특성 : 부하 전류(아크 전류)가 증가하면 단자 전압이 저하하는 특성
• 정전압특성 : 수하특성과는 반대의 성질을 갖는 것으로서 부하 전류가 변하여도 단자 전압은 거의 변화하지 않는 특성으로서 CP특성이라고도 함
• 상승특성 : 부하 전류가 증가할 때 단자 전압이 약간 높아지는 특성
• 정전류 특성 : 아크 길이에 따라 전압이 변동하여도 아크 전류는 변하지 않는 특성

32 CO_2 가스 아크 용접에서 기공발생의 원인이 아닌 것은?

① CO_2 가스 유량이 부족하다.
② 노즐과 모재간 거리가 지나치게 길다.
③ 바람에 의해 CO_2 가스가 날린다.
④ 엔드 탭(end tab)을 부착하여 고전류를 사용한다.

> 엔드 탭은 아크 쏠림을 방지하기 위하여 이음의 처음과 끝에 사용된다.

33 용접변형과 잔류응력을 경감시키는 방법을 틀리게 설명한 것은?

① 용접 전 변형 방지책으로는 역변형법을 쓴다.
② 용접시공에 의한 잔류응력 경감법으로는 대칭법, 후진법, 스킵법 등이 쓰인다.
③ 모재의 열전도를 억제하여 변형을 방지하는 방법으로는 도열법을 쓴다.
④ 용접 금속부의 변형과 응력을 제거하는 방법으로는 담금질법을 쓴다.

> 용접 금속부의 변형을 교정하는 방법으로 피닝법, 롤링 및 가열법이 있다.

34 연소의 3요소에 해당하지 않는 것은?

① 가연물   ② 부촉매
③ 산소공급원   ④ 점화에너지 열원

> 연소의 3요소는 가연성물질, 산소공급원, 점화원이다.

35 피복 아크 용접에서 기공 발생의 원인으로 가장 적당한 것은?

① 용접봉이 건조하였을 때
② 용접봉에 습기가 있었을 때
③ 용접봉이 굵었을 때
④ 용접봉이 가늘었을 때

> 용접봉의 습기는 기공 발생의 원인이다. 또한, 용접부에 수소량이 많으면 기공, 적으면 은점이 발생된다.

36 텅스텐, 몰리브덴 같은 대기에서 반응하기 쉬운 금속도 용이하게 용접할 수 있으며 고진공속에서 음극으로부터 방출되는 전자를 고속으로 가속시켜 충돌에너지를 이용하는 용접방법은?

① 레이저 용접
② 전자 빔 용접
③ 테르밋 용접
④ 일렉트로 슬래그 용접

37 불활성 가스 텅스텐 아크 용접에서 중간형태의 용입과 비드 폭을 얻을 수 있으며 청정효과가 있어 알루미늄이나 마그네슘 등의 용접에 사용되는 전원은?

① 직류 정극성
② 직류 역극성
③ 고주파 교류
④ 교류전원

> 극성효과와 청정작용
> • 직류정극성(DCSP) : 용접기의 양극(+)에 모재를, 음극(−)에 용접봉을 연결하는 방식으로 비드 폭이 좁고 용입이 깊다.
> • 직류역극성(DCRP) : 용접기의 음극(−)에 모재를, 양극(+)에 용접봉을 연결하는 방식으로 비드 폭이 넓고 용입이 얕으며 산화 피막을 제거하는 청정작용이 있다.
> • 고주파 교류(ACHF) : 직류정극성과 직류역극성의 중간 형태의 용입과 비드 폭을 얻을 수 있으며 청정효과가 있어 알루미늄이나 마그네슘 등의 용접에 이용된다.

38 알루미늄이나 스테인리스강, 구리와 그 합금의 용접에 가장 많이 사용되는 용접법은?

① 산소-아세틸렌 용접
② 탄산가스 아크 용접
③ 테르밋 용접
④ 불활성가스 아크 용접

39 산업안전보건법 시행규칙에서 화학물질 취급 장소에서의 유해·위험 경고 이외의 위험경고, 주의표지 또는 기계 방호물을 나타내는 색채는?

① 빨간색   ② 노란색
③ 녹색   ④ 파란색

안전보건표지의 색채 및 용도

색채	용도	사용례
빨간색	금지	정지신호, 소화설비 및 그 장소, 유해행위의 금지
	경고	화학물질 취급장소에서의 유해·위험 경고
노란색	경고	화학물질 취급장소에서의 유해·위험 경고 이외의 위험 경고, 주의 표지 또는 기계방호물
파란색	지시	특정 행위의 지시 및 사실의 고지
녹색	안내	비상구 및 피난소, 사람 또는 차량의 통행 표시
흰색	–	파란색 또는 녹색에 대한 보조색
검은색		문자 및 빨간색 또는 노란색에 대한 보조색

40 서브머지드 아크 용접기로 아크를 발생할 때 모재와 용접 와이어 사이에 놓고 통전시켜주는 재료는?

① 용제　　　② 스틸 울
③ 탄소봉　　④ 엔드 탭

🔍 서브머지드 아크 용접은 아크발생을 쉽게 하기 위하여 모재와 용접 와이어 사이에 놓고 통전시켜주는 재료인 스틸 울(steel wool)을 사용한다.

41 용접 지그(jig) 사용에 대한 설명으로 틀린 것은?

① 작업이 용이하고 용접능률을 높일 수 있다.
② 제품의 정밀도를 높일 수 있다.
③ 구속력을 매우 크게 하여 잔류응력의 발생을 줄인다.
④ 동일제품을 다량 생산할 수 있다.

🔍 용접 지그는 구속력을 크게 하여 변형 방지는 가능하지만 구속이 큰 만큼 잔류응력이 생긴다.

42 모재 및 용접부의 연성과 안전성을 조사하기 위하여 사용되는 시험법으로 맞는 것은?

① 경도 시험　　② 압축 시험
③ 굽힘 시험　　④ 충격 시험

🔍 용접부의 연성과 안전성을 조사하는 시험은 굽힘 시험이다.

43 용접부의 잔류 응력 제거법에 해당되지 않는 것은?

① 응력제거 풀림　　② 기계적 응력완화법
③ 고온 응력완화법　④ 국부가열 풀림법

🔍 잔류 응력 제거법에는 노내풀림법, 국부풀림법, 기계적 응력완화법, 저온 응력완화법, 피닝법이 있다.

44 전기 저항용접에 속하지 않는 것은?

① 테르밋 용접　　② 점 용접
③ 프로젝션 용접　④ 심 용접

🔍 테르밋 용접은 특수용접에 속한다.

45 불활성가스 금속 아크 용접의 특성 설명으로 틀린 것은?

① 아크의 자기제어 특성이 있다.
② 일반적으로 전원은 직류 역극성이 이용된다.
③ MIG 용접은 전극이 녹는 용극식 아크 용접이다.
④ 일반적으로 굵은 와이어일수록 용융속도가 빠르다.

🔍 가는 와이어일수록 용융속도가 빠르다.

46 전류를 통하여 자화가 될 수 있는 금속재료 즉 철, 니켈과 같이 자기변태를 나타내는 금속 또는 그 합금으로 제조된 구조물이나 기계부품의 표면부에 존재하는 결함을 검출하는 비파괴시험법은?

① 맴돌이 전류시험　② 자분 탐상시험
③ γ선 투과시험　　 ④ 초음파 탐상시험

47 아크를 보호하고 집중시키기 위하여 내열성의 도기로 만든 페룰 기구를 사용하는 용접은?

① 스터드 용접　　② 테르밋 용접
③ 전자빔 용접　　④ 플라스마 아크 용접

🔍 페룰은 스터드 용접에서 사용되는 내열성의 도기로 용융금속의 산화 및 유출을 막아주고 아크 열을 집중시키는 역할을 한다.

48 경납땜에 사용하는 용제로 맞는 것은?

① 염화아연
② 붕산염
③ 염화암모늄
④ 염산

> 경납땜 용제로는 붕사, 붕산, 붕산염, 알칼리, 불화물, 염화물 등이 사용된다.

49 MIG 용접의 용적 이행 행태에 대한 설명 중 맞는 것은?

① 용적 이행에는 단락 이행, 스프레이 이행, 입상 이행이 있으며, 가장 많이 사용되는 것은 입상 이행이다.
② 스프레이 이행은 저전압, 저전류에서 Ar 가스를 사용하는 경합금 용접에서 주로 나타난다.
③ 입상 이행은 와이어 보다 큰 용적으로 용융되어 이행하며 주로 CO_2 가스를 사용할 때 나타난다.
④ 직류 정극성일 때 스패터가 적고 용입이 깊게 되며 용적 이행이 안정한 스프레이 이행이 된다.

> 가장 많이 사용되는 것은 스프레이 이행형이며, 고전압, 고전류에서 얻어지며 직류 역극성에서 용적 이행이 안정하다.

50 플러그 용접에서 전단강도는 일반적으로 구멍의 면적당 전 용착금속 인장강도의 몇 % 정도로 하는가?

① 20~30
② 40~50
③ 60~70
④ 80~90

51 보기 입체도를 3각법으로 올바르게 도시한 것은?

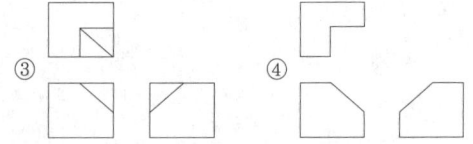

52 도면에서 척도의 표시가 "NS"로 표시된 것은 무엇을 의미하는가?

① 배척
② 나사의 척도
③ 축척
④ 비례척이 아님

> NS는 비례척이 아님을 나타낸다.

53 보기 도면에서 A 부의 길이 치수로 가장 적합한 것은?

① 185
② 190
③ 195
④ 200

> 총 길이 210mm에서 좌측의 15mm를 빼고, 우측 부분의 5mm를 빼면 A 부의 길이는 190mm가 된다.

54 3각법으로 투상한 정면도와 평면도가 보기와 같이 도시되어 있을 때 우측면도의 투상으로 적합한 것은?

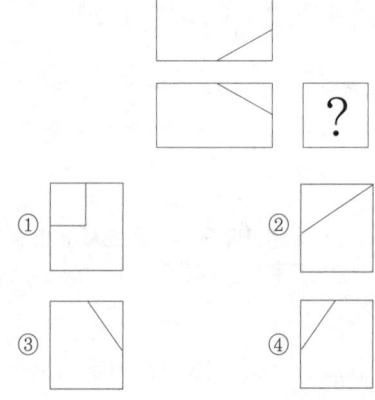

55 그림과 같은 입체도의 화살표 방향을 정면도로 할 때 우측면도로 가장 적합한 투상은?

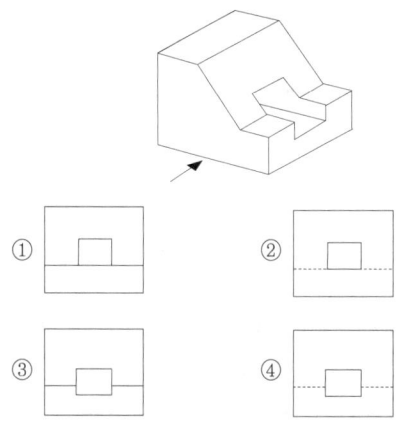

56 그림과 같은 KS 용접기호의 해석이 잘못된 것은?

① 온둘레 용접이다.
② 점(용접부)의 지름은 5mm 이다.
③ 스폿용접 간격은 50mm 이다.
④ 스폿용접의 용접 수는 3 이다.

🔍 ○은 스폿용접(점용접)을 나타낸다.

57 기계제도에서 치수에 사용되는 기호의 설명 중 틀린 것은?

① 지름 : Ø   ② 구의 지름 : SØ
③ 반지름 : R   ④ 직사각형 : ☐

🔍 ④항은 정사각형의 변을 나타내는 기호로 정사각형의 모양이나 위치 치수 앞에 붙인다.

58 대상물의 일부를 파단한 경계 또는 일부를 떼어낸 경계를 표시하는 데 사용하는 선은?

① 가상선   ② 파단선
③ 절단선   ④ 외형선

🔍 파단선은 불규칙한 파형의 가는 실선 또는 지그재그 선으로 표시한다.

59 도면과 같은 투상도의 명칭으로 가장 적합한 것은?

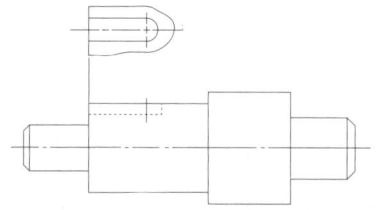

① 회전 투상도   ② 보조 투상도
③ 국부 투상도   ④ 회전도시 투상도

60 배관도에서 유체의 종류와 글자 기호를 나타내는 것 중 틀린 것은?

① 공기 : A
② 연료 가스 : G
③ 연료유 또는 냉동기유 : O
④ 증기 : V

🔍 증기는 S로 표시한다.

정답	적중모의고사 9회			
01 ③	02 ③	03 ③	04 ④	05 ④
06 ②	07 ③	08 ②	09 ④	10 ③
11 ③	12 ④	13 ③	14 ②	15 ④
16 ④	17 ②	18 ②	19 ①	20 ①
21 ③	22 ④	23 ②	24 ①	25 ②
26 ①	27 ④	28 ②	29 ③	30 ④
31 ③	32 ③	33 ④	34 ③	35 ②
36 ②	37 ③	38 ④	39 ②	40 ②
41 ③	42 ③	43 ③	44 ①	45 ④
46 ②	47 ①	48 ②	49 ③	50 ③
51 ③	52 ④	53 ②	54 ④	55 ③
56 ①	57 ④	58 ②	59 ③	60 ④

10회 CBT 대비 적중모의고사

01 저수소계 피복 용접봉(E4316)의 피복제의 주성분으로 맞는 것은?

① 석회석
② 산화티탄
③ 일미나이트
④ 셀룰로오스

> 저수소계 피복 용접봉의 피복제 주성분은 석회석, 형석으로 용착금속 중 수소 함유량이 다른 용접봉에 비해 약 1/10정도로 적다.

02 병렬접속저항에서 $R_1 = 4Ω$, $R_2 = 5Ω$, $R_3 = 10Ω$일 때 합성 저항은 약 몇 Ω인가?

① 1.8
② 18
③ 19
④ 1.9

> • $\frac{1}{R} = \frac{1}{R_1} + \frac{1}{R_2} + \frac{1}{R_3} = \frac{1}{4} + \frac{1}{5} + \frac{1}{10}$
> • $R = \frac{10}{5.5} = 1.8$

03 가스 절단 작업에서 절단속도에 영향을 주는 요인과 가장 관계가 먼 것은?

① 모재의 온도
② 산소의 압력
③ 아세틸렌 압력
④ 산소의 순도

> 모재온도는 높을수록 고속절단이 가능하고 산소압력이 높고, 소비량이 많을수록 증가한다.

04 산소 용기의 윗부분에 각인되어 있지 않은 것은?

① 용기의 중량
② 산소의 압력
③ 내압시험 압력
④ 최저 충전압력

> 용기 제작사명, 충전가스명칭, 제조업자 기호 및 제조번호, 용기 내용적, 용기 중량, 내압시험, 최고 충전압력 등이 각인된다.

05 탄소 아크 절단에 압축 공기를 병용한 방법은?

① 산소창 절단
② 아크에어 가우징
③ 스카핑
④ 플라즈마 절단

06 교류 아크 용접기의 원격 제어 장치에 대한 설명으로 맞는 것은?

① 전류를 조절한다.
② 2차 무부하 전압을 조절한다.
③ 전압을 조절한다.
④ 전압과 전류를 조절한다.

> 원격 제어 장치는 용접 전류의 조정을 원격으로 조작하기 위한 장치로 가동철심 또는 코일을 소형 전동기로 움직이는 방법과 가변 저항기의 전환에 의한 방법이 있다.

07 각종 금속의 가스 용접시 사용하는 용제들 중 주철용접에 사용하는 용제들만 짝지어진 것은?

① 붕사 – 염화리듐
② 탄산나트륨 – 붕사 – 중탄산나트륨
③ 염화리듐 – 중탄산나트륨
④ 규산칼륨 – 붕사 – 중탄산나트륨

08 산소-아세틸렌 가스용접에 대한 장점 설명으로 틀린 것은?

① 운반이 편리하다.
② 후판 용접이 용이하다.
③ 아크 용접에 비해 유해 광선이 적다.
④ 전원 설비가 없는 곳에서도 쉽게 설치할 수 있다.

> 가스용접의 장점
> • 응용범위가 넓으며 운반이 편리하다.
> • 열량 조절이 자유롭고 박판 용접에 적당하다.
> • 아크용접에 비해 유해 광선의 발생이 적다.
> • 무전원이므로 설치가 쉽고 비용이 저렴하다.

09 피복 아크 용접, TIG 용접처럼 토치의 조작을 손으로 함에 따라 아크 길이를 일정하게 유지하는 것이 곤란한 용접법에 적용되는 특성은?

① 수하특성　　② 정전압특성
③ 상승특성　　④ 단락특성

🔍 수하특성은 부하전류가 증가하면 단자 전압이 저하하는 특성으로 피복 아크 용접에서 아크를 안정시키는데 필요한 특성이다.

10 용접기에서 허용 사용율(%)을 나타내는 식은?

① $\dfrac{(정격2차전류)^2}{(실제의\ 용접전류)^2} \times 정격사용율$

② $\dfrac{(실제의\ 용접전류)^2}{(정격2차전류)^2} \times 100$

③ $\dfrac{(정격2차전류)}{(실제의\ 용접전류)} \times 정격사용율$

④ $\dfrac{(실제의\ 용접전류)}{(정격2차전류)} \times 100$

11 탄소 전극봉 대신 절단 전용의 특수 피복을 입힌 피복봉을 사용하여 절단하는 방법은?

① 금속분말 절단　　② 금속아크 절단
③ 전자빔 절단　　④ 플라스마 절단

12 피복 아크 용접에서 차광도의 번호로 많이 사용하는 것은?

① 4~5　　② 7~8
③ 10~11　　④ 13~15

🔍 용접법과 차광도 번호
- 피복아크 용접 : 10~11
- MIG 용접 : 12~13
- 가스용접 : 4~6

13 가스 용접봉을 선택할 때 고려할 사항이 아닌 것은?

① 가능한 한 모재와 같은 재질이어야 하며 모재에 충분한 강도를 줄 수 있을 것

② 기계적 성질에 나쁜 영향을 주지 않아야 하며 용융온도가 모재와 동일할 것

③ 용접봉의 재질중에 불순물을 포함하고 있지 않을 것

④ 강도를 증가시키기 위하여 탄소함유량이 풍부한 고탄소강을 사용할 것

🔍 가스 용접봉의 선택 조건
- 가능한 모재와 같은 재질이며 모재에 충분한 강도를 줄 수 있을 것
- 기계적 성질에 나쁜 영향을 주지 않으며 용융온도가 모재와 같을 것
- 용접봉의 재질 중에 불순물이 포함하고 있지 않을 것
- 연강용은 인, 유황 등이 적은 저탄소강을 사용할 것

14 연강용 피복 아크 용접봉 중 아래보기와 수평 필릿 자세에 한정되는 용접봉의 종류는?

① E4324　　② E4316
③ E4303　　④ E4301

🔍 E4324는 철분산화티탄계로 아래보기(F), 수평필릿에 한정되어 있다.

15 산소-아세틸렌 용접에서 표준불꽃으로 연강판 두께 2.0mm를 60분간 용접하였더니 200ℓ의 아세틸렌가스가 소비되었다면 가장 적당한 가변압식 팁 번호는?

① 100번　　② 200번
③ 300번　　④ 400번

🔍 가변식은 가스 소비량과 팁 번호가 동일하다.

16 용해 아세틸렌 취급시 주의사항으로 잘못 설명된 것은?

① 저장 장소는 통풍이 잘 되어야 한다.
② 저장 장소에는 화기를 가까이 하지 말아야 한다.
③ 용기는 아세톤의 유출을 방지하기 위해 눕혀서 보관한다.
④ 용기는 진동이나 충격을 가하지 말고 신중히 취급해야 한다.

🔍 용기는 항상 세워서 보관해야 한다.

17 피복 아크 용접에서 직류 역극성으로 용접하였을 때 나타나는 현상에 대한 설명으로 가장 적합한 것은?

① 용접봉의 용융속도는 늦고 모재의 용입은 직류 정극성보다 깊어진다.
② 용접봉의 용융속도는 빠르고 모재의 용입은 직류정극성보다 얕아진다.
③ 용접봉의 용융속도는 극성에 관계없으며 모재의 용입만 직류 정극성보다 얕아진다.
④ 용접봉의 용융속도와 모재의 용입은 극성에 관계없이 전류의 세기에 따라 변한다.

- 직류정극성(DCSP) : 용접기의 양극(+)에 모재를, 음극(-)에 용접봉을 연결하는 방식으로 비드 폭이 좁고 용입이 깊다.
- 직류역극성(DCRP) : 용접기의 음극(-)에 모재를, 양극(+)에 용접봉을 연결하는 방식으로 비드 폭이 넓고 용입이 얕으며 산화 피막을 제거하는 청정작용이 있다.

18 델터메탈(delta metal)에 속하는 것은?

① 7:3 황동에 Fe 1~2%를 첨가한 것
② 7:3 황동에 Sn 1~2%를 첨가한 것
③ 6:4 황동에 Sn 1~2%를 첨가한 것
④ 6:4 황동에 Fe 1~2%를 첨가한 것

델터메탈은 철황동으로 불리며, 강도가 크고 내식성이 좋아 광산기계, 선박기계, 화학기계용으로 사용된다.

19 상온가공을 하여도 동소변태를 일으켜 경화되지 않는 재료는?

① 금(Ag) ② 주석(Sn)
③ 아연(Zn) ④ 백금(Pt)

주석은 동소변태를 하며, 철 표면 부식방지, 청동, 베어링 메탈용 땜납에 사용된다.

20 용접시 용접균열이 발생할 위험성이 가장 높은 재료는?

① 저탄소강 ② 중탄소강
③ 고탄소강 ④ 순철

고탄소강은 0.5~1.3%의 탄소를 함유한 강을 말하면 연강에 비해 용접에 의해 일어나는 열영향부의 경화가 현저하다.

21 아연과 그 합금에 대한 설명으로 틀린 것은?

① 조밀육방 격자형이며 청백색으로 연한 금속이다.
② 아연 합금에는 Zn-Al계, Zn-Al-Cu계, Zn-Cu계 등이 있다.
③ 주조성이 나쁘므로 다이캐스팅용에 사용되지 않는다.
④ 주조한 상태의 아연은 인장강도나 연신율이 낮다.

아연은 다이캐스팅용에 사용된다.

22 침탄법의 종류가 아닌 것은?

① 고체 침탄법 ② 액체 침탄법
③ 가스 침탄법 ④ 증기 침탄법

침탄법의 종류에는 고체, 가스, 액체침탄법이 있다.

23 주조용 알루미늄 합금의 종류가 아닌 것은?

① Al-Cu계 합금 ② Al-Si계 합금
③ 내열용 Al합금 ④ 내식성 Al합금

주조용 알루미늄 합금에는 Al-Cu계, Al-Si계, Y합금, 다이캐스팅 합금 등이 있다.

24 주강에 대한 설명으로 틀린 것은?

① 주철로써는 강도가 부족할 경우에 사용된다.
② 용접에 의한 보수가 용이하다.
③ 주철에 비하여 주조시의 수축량이 커서 균열 등이 발생하기 쉽다.
④ 주철에 비하여 용융점이 낮다.

25 열처리 방법 중 불림의 목적으로 가장 적합한 것은?

① 급냉시켜 재질을 경화시킨다.
② 소재를 일정온도에 가열 후 공냉시켜 표준화한다.
③ 담금질된 것에 인성을 부여한다.
④ 재질을 강하게 하고 균일하게 한다.

> 불림은 주조 또는 단조한 제품의 조대화한 조직을 미세화, 표준화하기 위해 실시한다.

26 스테인리스강의 종류가 아닌 것은?

① 오스테나이트계 ② 페라이트계
③ 퍼얼라이트계 ④ 마르텐자이트계

> 스테인리스강의 종류에는 오스테나이트계, 페라이트계, 마르텐자이트계가 있다.

27 탄소강에 크롬(Cr), 텅스텐(W), 바나듐(V), 코발트(Co) 등을 첨가하여 500~600℃의 고온에서도 경도가 저하되지 않고 내마멸성을 크게 한 강은?

① 합금 공구강 ② 고속도강
③ 초경합금 ④ 스텔라이트

28 가스 용접에서 일반적으로 용제를 사용하지 않는 용접 금속은?

① 구리합금 ② 주철
③ 알루미늄 ④ 연강

29 테르밋 용접의 특징 설명으로 틀린 것은?

① 용접 작업이 단순하고 용접 결과의 재현성이 높다.
② 용접 시간이 짧고 용접 후 변형이 적다.
③ 전기가 필요하고 설비비가 비싸다.
④ 용접기구가 간단하고 작업장소의 이동이 쉽다.

> 테르밋 용접의 특징
> • 용접작업이 단순하고 용접결과의 재현성이 높다.
> • 용접기구가 간단하며 설비비도 저렴하다.
> • 전기를 필요로 하지 않는다.
> • 용접 가격이 저렴하다.
> • 용접 후 변형이 적다.

30 CO_2 가스 아크 용접 결함에 있어서 다공성이란 무엇을 의미하는가?

① 질소, 수소, 일산화탄소 등의 의한 기공을 말한다.
② 와이어 선단부에 용적이 붙어 있는 것을 말한다.
③ 스패터가 발생하여 비드의 외관에 붙어 있는 것을 말한다.
④ 노즐과 모재간 거리가 지나치게 작아서 와이어 송급불량을 의미한다.

31 CO_2 아크 용접에서의 기공과 피트의 발생 원인으로 맞지 않는 것은?

① 탄산가스가 공급되지 않는다.
② 노즐과 모재사이의 거리가 작다.
③ 가스노즐에 스패터가 부착되어 있다.
④ 모재의 오염, 녹, 페인트가 있다.

> 노즐과 모재 사이의 거리가 너무 멀 경우 기공 발생의 원인이 된다.

32 펄스 TIG 용접기의 특징 설명으로 틀린 것은?

① 저주파 펄스용접기와 고주파 펄스용접기가 있다.
② 직류용접기에 펄스 발생 회로를 추가한다.
③ 전극봉의 소모가 많은 것이 단점이다.
④ 20A 이하의 저 전류에서 아크 발생이 안정하다.

> 펄스 TIG 용접은 직류 용접기에 펄스 발생회로를 추가한 것으로 전극봉의 소모가 적어 수명이 길다.

33 용접 이음을 설계할 때 주의 사항으로 틀린 것은?

① 용접 구조물의 제 특성 문제를 고려한다.
② 강도가 강한 필릿 용접을 많이 하도록 한다.
③ 용접성을 고려한 사용재료의 설정 및 열영향 문제를 고려한다.
④ 구조상의 노치부를 피한다.

34 용접금속에 수소가 잔류하면 헤어크랙의 원인이 된다. 용접시 수소의 흡수가 가장 많은 강은?

① 저탄소킬드강 ② 세미킬드강
③ 고탄소킬드강 ④ 림드강

35 용접재해 중 전격에 의한 재해 방지대책으로 맞는 것은?

① TIG 용접시 텅스텐 전극봉을 교체할 때는 항상 전원 스위치를 차단하고 교체한다.
② 용접 중 홀더나 용접봉은 맨손으로 취급해도 무방하다.
③ 밀폐된 구조물에서는 혼자서 작업하여도 무방하다.
④ 절연 홀더의 절연부분이 균열이나 파손되어 있으면 작업이 끝난 후에 보수하거나 교체한다.

36 용접부의 시험과 검사에서 부식시험은 어느 시험법에 속하는가?

① 방사선 시험법
② 기계적 시험법
③ 물리적 시험법
④ 화학적 시험법

🔍 화학적 시험법에는 부식, 수소시험 등이 있다.

37 용접지그를 사용할 때 장점이 아닌 것은?

① 공정수를 절약하므로 능률이 좋다.
② 작업을 쉽게 할 수 있다.
③ 제품의 정도가 균일하다.
④ 조립하는데 시간이 많이 소요된다.

38 용접 시험편에서 P = 최대하중, D = 재료의 지름, A = 재료의 최초 단면적일 때, 인장강도를 구하는 식으로 옳은 것은?

① $\dfrac{P}{\pi D}$
② $\dfrac{P}{A}$
③ $\dfrac{P}{A^2}$
④ $\dfrac{A}{P}$

39 화재 및 폭발의 방지 조치사항으로 틀린 것은?

① 용접 작업 부근에 점화원을 두지 않는다.
② 인화성 액체의 반응 또는 취급은 폭발 한계범위 이내의 농도로 한다.
③ 아세틸렌이나 LP가스 용접시에는 가연성 가스가 누설되지 않도록 한다.
④ 대기 중에 가연성 가스를 누설 또는 방출시키지 않는다.

🔍 폭발한계는 폭발이 일어나는데 필요한 농도나 압력의 범위를 말한다.

40 납땜의 용제가 갖추어야 할 조건이 아닌 것은?

① 모재의 산화 피막과 같은 불순물을 제거하고 유동성이 나쁠 것
② 청정한 금속면의 산화를 방지할 것
③ 땜납의 표면장력을 맞추어서 모재와의 친화력을 높일 것
④ 용제의 유효온도 범위와 납땜 온도가 일치할 것

41 15℃, 1kgf/cm² 하에서 사용 전 용해 아세틸렌 병의 무게가 50kgf이고, 사용 후 무게가 47kgf일 때 사용한 아세틸렌의 양은 몇 ℓ 인가?

① 2915
② 2815
③ 3815
④ 2715

🔍 C = 905(사용 전 병 전체무게 - 사용 후 무게)
= 905(50 - 47) = 2715

42 TIG 용접법에 대한 설명으로 틀린 것은?

① 금속 심선을 전극으로 사용한다.
② 텅스텐을 전극으로 사용한다.
③ 아르곤 분위기에서 한다.
④ 교류나 직류전원을 사용할 수 있다.

🔍 불활성 가스 텅스텐 아크용접법은 텅스텐 전극봉을 사용하여 아크를 발생시키고 용접봉을 아크로 녹이면서 용접하는 방법이다.

43 전기 저항 용접법 중 극히 짧은 지름의 용접물을 접합하는데 사용하고 축전된 직류를 전원으로 사용하며 일명 충돌 용접이라고도 하는 용접은?

① 업셋 용접
② 플래시 버트 용접
③ 퍼커션 용접
④ 심 용접

44 줄 작업시의 방법 및 안전수칙에 위배되는 사항은?

① 줄 작업은 당길 때 힘을 많이 주어 절삭되도록 한다.
② 줄 작업 전 줄 자루가 단단하게 끼워져 있는가를 확인한다.
③ 줄은 해머나 공구용으로 사용하지 않는다.
④ 줄눈에 끼인 칩은 와이어 브러쉬로 제거한다.

🔍 줄 작업은 밀 때 힘을 주어 절삭되도록 한다.

45 용접변형의 교정방법이 아닌 것은?

① 박판에 대한 점 수축법
② 형재에 대한 직선 수축법
③ 가열 후 해머링하는 방법
④ 정지구멍을 뚫고 교정하는 방법

🔍 용접 변형 교정 방법에는 얇은 판에 대한 점 수축법, 형재에 대한 직선 수축법, 가열 후 해머링법, 롤러가공, 피닝법 등이 있다.

46 작업장에 따라 작업 특성에 맞는 적당한 조명을 하여야 한다. 보통 작업시 조도기준으로 적합한 것은?

① 750Lux 이상
② 75Lux 이상
③ 150Lux 이상
④ 300Lux 이상

🔍 • 750Lux 이상 : 초정밀 작업
• 300Lux 이상 : 정밀 작업
• 150Lux 이상 : 보통 작업
• 75Lux 이상 : 그 밖의 작업

47 불활성 가스 금속 아크 용접의 특징이 아닌 것은?

① 대체로 모든 금속의 용접이 가능하다.
② 수동 피복 아크 용접에 비해 용착효율이 높아 고능률 적이다.
③ 전류밀도가 낮아 3mm 이상의 두꺼운 용접에 비능률적이다.
④ 아크의 자기제어 기능이 있다.

🔍 전류밀도가 매우 높아 3mm 이상의 두꺼운 용접에 능률적이다.

48 플라스마 아크 용접장치에서 아크 플라스마의 냉각가스로 쓰이는 것은?

① 아르곤과 수소의 혼합가스
② 아르곤과 산소의 혼합가스
③ 아르곤과 메탄의 혼합가스
④ 아르곤과 프로판의 혼합가스

🔍 아크 플라스마의 냉각가스는 열집중 효과를 얻기 위하여 일반적으로 아르곤(Ar)과 수소(H_2)의 혼합가스를 사용한다.

49 CO_2 가스 아크 용접할 때 전원특성과 아크 안정 제어에 대한 설명 중 틀린 것은?

① CO_2 가스 아크 용접기는 일반적으로 직류 정전압 특성이나 상승특성의 용접전원이 사용된다.
② 정전압 특성은 용접전류가 증가할 때마다 다소 높아 지는 특성을 말한다.
③ 정전압 특성 전원과 와이어의 송급방식의 결합에서는 아크의 길이 변동에 따라 전류가 대폭 증가 또는 감소하여도 아크 길이를 일정하게 유지시키는 것은 "전원의 자기제어 특성에 의한 아크 길이 제어"라 한다.
④ 전원의 자기제어 특성에 의한 아크 길이 제어 특성은 솔리드 와이어나 직경이 작은 복합와이어 등을 사용하는 CO_2 가스아크 용접기의 적합한 특성이다.

🔍 정전압특성은 부하 전류가 변하여도 단자 전압은 거의 변화하지 않는 특성으로서 CP특성이라고도 한다.

50 서브머지드 아크 용접의 용접 조건을 설명한 것 중 맞지 않는 것은?

① 용접 전류를 크게 증가시키면 와이어의 용융량과 용입이 크게 증가한다.
② 아크 전압이 증가하면 아크 길이가 길어지고 동시에 비드 폭이 넓어지면서 평평한 비드가 형성된다.
③ 용착량과 비드 폭은 용접속도의 증가에 거의 비례하여 증가하고 용입도 증가한다.
④ 와이어 돌출길이를 길게 하면 와이어의 저항열이 많이 발생하게 된다.

51 그림과 같은 입체도에서 화살표 방향을 정면으로 하여 3각법으로 도시할 때 평면도로 가장 적합한 것은?

52 그림과 같은 용접 도시 기호를 올바르게 설명한 것은?

① 돌출된 모서리를 가진 평판 사이의 맞대기 용접이다.
② 평행(I형) 맞대기 용접이다.
③ U형 이음으로 맞대기 용접이다.
④ J형 이음으로 맞대기 용접이다.

53 배관 도시기호 중 체크밸브에 해당하는 것은?

③ : 앵글밸브, ④ : 안전밸브

54 기계제도에서 선의 굵기가 가는 실선이 아닌 것은?

① 치수선   ② 수준면선
③ 지시선   ④ 특수지정선

가는 실선에는 치수선, 치수보조선, 지시선, 회전 단면선, 중심선, 수준면선 등이 있으며 특수지정선은 굵은 일점쇄선으로 나타낸다.

55 그림과 같은 입체도에서 화살표 방향 투상도로 가장 적절한 것은?

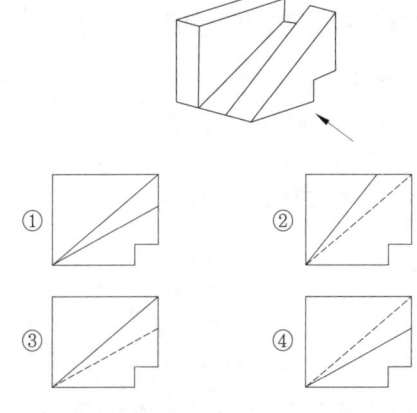

56 일반적으로 치수선을 표시할 때, 치수선 양 끝에 치수가 끝나는 부분임을 나타내는 형상으로 사용하는 것이 아닌 것은?

57 도면의 표제란에 표신된 "NS"의 의미로 적절한 것은?

① 나사를 표시
② 비례척이 아닌 것을 표시
③ 각도를 표시
④ 보통나사를 표시

🔍 NS는 비례척이 아닌 것을 나타낸다.

58 도면에 나사가 M10 × 1.5 – 6g로 표시되어 있을 경우 나사의 해독으로 가장 올바른 것은?

① 한줄 왼나사 호칭경 10mm이고, 피치가 1.5mm 이며 등급은 6g이다.
② 한줄 오른나사 호칭경 10mm이고, 피치가 1.5mm이며 등급은 6g이다.
③ 한줄 오른나사 호칭경 10mm이고, 피치가 1.5mm에서 6mm 중 하나면 된다.
④ 줄수와 나사 감김방향은 알 수가 없고 미터나사 10mm짜리로 피치는 1.5mm × 6mm이다.

59 그림과 같은 입체도에서 화살표 방향이 정면일 때 제3각법으로 제도한 것으로 올바른 것은?(단, 정면을 기준으로 좌우 대칭 형상이다.)

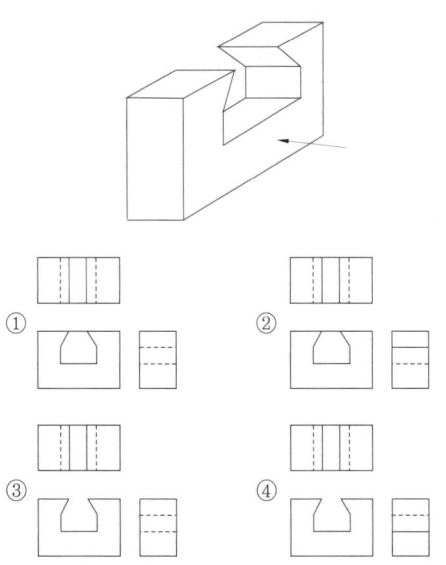

60 그림과 같이 구조물의 부재 등에서 절단할 곳의 전후를 끊어서 90° 회전하여 그 사이에 단면 형상을 표시하는 단면도는?

① 부분 단면도 ② 한쪽 단면도
③ 회전 도시 단면도 ④ 조합 단면도

정답 적중모의고사 10회

01 ①	02 ①	03 ③	04 ④	05 ②
06 ①	07 ②	08 ②	09 ①	10 ①
11 ②	12 ③	13 ④	14 ①	15 ②
16 ③	17 ②	18 ④	19 ②	20 ③
21 ③	22 ④	23 ④	24 ④	25 ②
26 ③	27 ②	28 ④	29 ③	30 ①
31 ②	32 ③	33 ②	34 ①	35 ①
36 ④	37 ④	38 ②	39 ②	40 ①
41 ④	42 ①	43 ③	44 ①	45 ④
46 ③	47 ③	48 ①	49 ②	50 ③
51 ④	52 ①	53 ②	54 ④	55 ③
56 ④	57 ②	58 ②	59 ③	60 ③

피복아크용접기능사 필기
(가스텅스텐아크용접/이산화탄소가스아크용접 포함)

2026년 01월 05일 인쇄
2026년 01월 20일 발행

저자	나중식, 김법헌 공저
발행처	(주)도서출판 책과상상
등록번호	제2020-000205호
발행인	이강복
주소	경기도 고양시 일산동구 장항로 203-191
대표전화	(02)3272-1703~4
팩스	(02)3272-1705
홈페이지	www.sangsangbooks.co.kr
ISBN	979-11-6967-285-6

저자협의
인지생략

값 20,000원
Copyright© 2026
Book & SangSang Publishing Co.